高等学校专业教材

中国轻工业“十四五”规划教材

# 农特产品干燥技术

李 栋 主编

U0825558

中国轻工业出版社

**图书在版编目(CIP)数据**

农特产品干燥技术 / 李栋主编. —北京：中国轻工业出版社，2024.9

高等学校专业教材　中国轻工业“十四五”规划教材

ISBN 978-7-5184-4780-0

Ⅰ. ①农…　Ⅱ. ①李…　Ⅲ. ①农产品加工—干燥—高等学校—教材　Ⅳ. ①S37

中国国家版本馆 CIP 数据核字(2024)第 052539 号

责任编辑：伊双双　邹婉羽

策划编辑：伊双双　　责任终审：白　洁　　封面设计：锋尚设计

版式设计：锋尚设计　　责任校对：朱　慧　朱燕春　　责任监印：张　可

出版发行：中国轻工业出版社(北京鲁谷东街 5 号，邮编：100040)

印　　刷：北京君升印刷有限公司

经　　销：各地新华书店

版　　次：2024 年 9 月第 1 版第 1 次印刷

开　　本：787×1092　1/16　印张：22.25

字　　数：569 千字

书　　号：ISBN 978-7-5184-4780-0　定价：59.00 元

邮购电话：010-85119873

发行电话：010-85119832　010-85119912

网　　址：http：//www.chlip.com.cn

Email：club@chlip.com.cn



231619J1X101ZBW

# 本书编写人员

**主　编**　李　栋

**副主编**　汪立君　吴　敏　吕为乔

**参　编**　刘嫣红　肖红伟　周宇光　魏　青　尚　楠

# 前言 Preface

干燥是发生在物料表面与内部的传热传质过程，它能够减少物料水分以抑制微生物生长繁殖、物料霉变和贮藏过程中的化学变化，从而延长产品保质期，提高产品质量，并降低贮藏和运输的成本。干燥过程主要体现在水的两种转移方式上，一种是通过内孔从物料内部到物料表面的转移；另一种是通过蒸发从物料表面扩散到环境中的转移。农特产品干燥工艺涉及国民经济的很多部门，与生产有着密不可分的联系。

我国农特产品种类繁多，产量也在快速增加，农特产品收获后的干燥环节就成为决定其生产品质的关键因素之一，并在很大程度上影响着农特产品的收获后处理。农特产品干燥的目的在于将含水率降低至足以防止产品腐败变质的水平，进而获得干制品，并保持低含水率进行长期贮藏。传统生产中，很多农特产品借助阳光、风等自然晾晒的方式进行干燥，但此种干燥方式受天气气候等因素影响较大，干燥品质得不到保证。随着农业机械化程度的提高，农特产品收获后的高效率机械干燥成为亟待解决的问题。

近年来，随着信息时代的到来，我国经济蓬勃发展，人民生活水平显著提高，节能减排、绿色环保逐渐成为人们日常关心的话题。我国的农特产品干燥工艺经历了国内初期起步、从国外引进吸收、技术创新研究开发以及逐渐走向成熟的发展过程。经过几代研究人员的不懈努力，我国在农特产品干燥方面有了很大的进步，但目前我国的干燥设备大多还存在生产成本高、能耗严重、干燥用时长、自动化水平较低等问题，这些问题需要在以后的工作中不断完善，提高设备对物料的适用性，提高干燥机的生产效率，向着更高水平不断发展前进。

本书以粮食、水果、蔬菜、中药材、菌类等农特产品为干燥对象，介绍了热风干燥、太阳能干燥、热泵干燥、红外辐射干燥、微波干燥、射频干燥、真空冷冻干燥和真空脉动干燥等技术的工作原理与设备，分析了各种技术的优缺点，并附有应用实例，为进一步优化农特产品干燥技术提供了思路。

本书由中国农业大学组织撰写：第一章由李栋撰写，第二章由魏青撰写，第三章由周宇光撰写，第四章由汪立君撰写，第五章由吴敏撰写，第六章由吕为乔撰写，第七章由刘嫣红撰写，第八章由尚楠撰写，第九章由肖红伟撰写。

由于水平有限，书中难免出现疏漏和不足之处，殷切欢迎广大读者批评指正。

编　者

2024 年 6 月

# 目录 | Contents

第一章

CHAPTER 1

# 绪　论

[学习目标]

1. 理解干燥的重要性与意义。
2. 掌握所列干燥技术的原理和特点。
3. 熟悉干燥器的分类与选择。
4. 了解我国农特产品干燥产业存在的问题。

## 第一节　干燥概述

干燥是农业和农特产品加工中非常重要的大规模过程，它确保了农特产品的高质量，并使其能够长期保存。在过去，干燥是用于保存农业、海洋和草药产品的技术之一，通常是指借助自然或人工的方式将热量加诸物料上从而达到脱水除湿的目的，将含水量高的液态、半固态以及固态的物料变成含水量低的产品，从而防止生物污染物（如昆虫和真菌）发展的一种保护措施。因为保持低湿度会抑制昆虫和真菌的生命过程，阻碍它们的发育，从而减少杀虫剂和杀菌剂的使用，并确保粮食的高质量。

同时干燥也是一个能量密集化的过程。在去除水分的过程中，潜热从产品中释放出来，去除水分所需的能量则来自化石燃料、生物质能和太阳能。然而，由于化石燃料资源的持续耗竭，随之而来的是其价格上涨问题。此外，使用化石燃料还会带来环境问题。因此使用可再生能源的重要性在全球得到了强调。

### 一、干燥机制

干燥的机制如图 1-1 所示。根据干燥速率，干燥过程可分为两个阶段，即恒速干燥阶段和降速干燥阶段。首先，在干燥过程中，产品温度升高，随后由于水分的蒸发，表面冷却。这段时间被称为预热期或初始调整期，用虚线 $A'B$ 和 $AB$ 表示。初始调整期过后，加热和冷却过程趋于稳定，产品的温度保持不变，如 $B$ 点和 $C$ 点之间的虚线所示，称为恒速干燥阶段。在此期间，水分从产品表面以恒定的速率蒸发，$C$ 点的 $w_1$ 表示恒速干燥阶段结束时的第一个临界含水率。由于产品表面水分蒸发，水分子从中心迁移到产品表面。在毛细管作用下，水分子向表面的迁移导致了第一个下降速率期从 $C$ 点开始。在第一个临界含水率后，干燥速率开始下降。$C$ 点和 $D$ 点之间的虚线表示第一个下降速率期。到第二个临界含水率 $w_2$（$D$ 点）后，干燥速率进一步降低，达到平衡含水率 $w_3$（$E$ 点）。

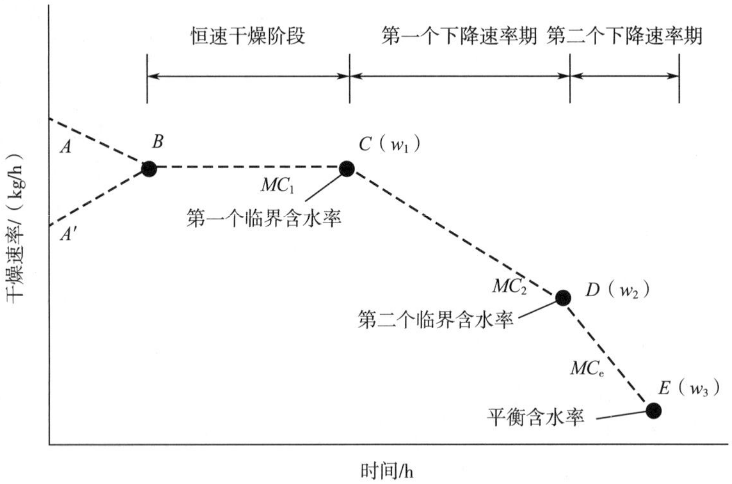


图 1-1　干燥机制

上面提到的两个干燥阶段中，速率较慢的那个可以决定整体的干燥速率。对流传导或辐射可以将环境中的热量传递给物料，但在某些特殊情况，多个传热方式会对物料进行联合干燥，而占主导地位的传热方法会使工业干燥装置在形式和设计上存在差异。在大多数情况下，热量传递是由外向内的，即从物料表面传至物料内部。而介电、射频或微波干燥是截然相反的，这些方式提供的能量在物料内部产生再向外传递。

## 二、干燥技术

随着人类社会的进步和科学技术的发展，人们研究出很多种脱水干燥加工技术。在农特产品和新鲜食品加工过程中，干燥技术既是十分关键的加工技术又是一门跨学科的综合技术。由于不同物料的物理化学性质不同，不同物料采用的干燥技术也不同。以下介绍几种干燥技术。

### （一）热风干燥技术

热风干燥技术是依据介质传热原理，利用热源加热干燥室内的空气，依靠热空气和物料之间的温度梯度和水分梯度使物料内部水分蒸发，并由流动的热风将物料表面蒸发的水蒸气带走的干燥技术。热风干燥是目前使用较为广泛的干燥技术。这种干燥技术是在常压下让物料与空气直接接触，因此影响热风干燥的因素有热风温度、热风风速、物料特性等。在多种影响因素中以热风温度影响最为显著。在众多的干燥技术中，热风干燥技术具有设备成熟、操作简单、成本低、产量大、不受气候条件影响等优势。但是热风干燥技术仍面临一些问题。目前我国热风干燥设备最常用的热源是锅炉或炉窑燃烧产生的过热蒸汽（或烟气），而且许多燃煤热风炉的热效率不足 75%，这使得热风干燥的能耗大、热效率低；同时热风干燥工艺也不甚合理，因为我国制定的干燥工艺基本属于实验基础上的经验总结，不能全面考虑每种物料的干燥特性，导致许多干燥工艺费时、费力、精度差、工作效率低。最重要的是我国热风干燥机的设计还停留在初始发展阶段：自动化程度低，干燥后的物料品质得不到保证。此外该技术是在较高工作温度和有氧条件下进行的，与物料接触的热空气温度越高，效能越好；但若干燥温度控制不好，极易造成物料氧化及热损伤，从而使物料营养损失、色香味欠佳、产品等级下降。但随着节能减排技术、预处理和联合干燥技术的发展，这些问题正在逐步被克服。

### （二）太阳能干燥技术

目前的物料干燥方法可分为三类：自然干燥、传统能源干燥和清洁能源干燥。对于自然干燥，新鲜的农业物料一般放置在通风良好的地面上并直接暴露在阳光下，这种干燥方法存在干燥面积大、干燥时间长、干燥质量易受外界环境影响等缺点。而传统能源干燥则是利用燃烧化石能源或木材产生的热风来干燥物料，这不仅加剧了环境污染和能源短缺的问题，还会对物料的质量产生不利影响。如今备受关注的清洁能源干燥是通过空气能或太阳能驱动的动力循环来实现物料脱水的，如空气源热泵干燥和太阳能联合干燥装置。太阳能被证明是清洁和安全的，对环境没有负面影响。地球每年接收的太阳辐射总量是世界每年一次能源消耗总量（450EJ）的7500倍以上。而我国约2/3的国土面积年日照时数大于2200h，辐射量高于5000MJ/（$m^2$·a），相当于170kg以上的标准煤燃烧所发出的热量。特别是在我国的青藏高原、甘肃北部、宁夏北部和新疆南部等太阳能资源最丰富的地区，全年日照时数最高可达3300h，辐射量达8400MJ/（$m^2$·a），相当于285kg左右的标准煤燃烧所发出的热量。20世纪八九十年代，我国曾一度兴起利用太阳能进行农特产品干燥的热潮，也取得了不少研究成果。例如，1984年，河北省石家庄市晋县建成采光面积303$m^2$的太阳能干燥器，开始研究利用太阳能干燥果脯；1998年，安徽省郎溪县茶场进行了太阳能烘干茶叶的研究；1999年，吉林省通化县农业环保监测站杨育文开始太阳能烘干人参的研究；1999年，农业部农村可再生能源重点开放实验室的刘圣勇研究太阳能烘干食用豆油油料的实验。但是由于当时社会各界对节能与环境保护的重视力度不够，并且当时我国的农特产品加工业尚处于起步阶段，对太阳能干燥技术的需求不大，因而太阳能干燥农特产品研究工作的进展开始减缓，导致至今大多数农特产品太阳能干燥未能实现产业化。而且由于我国太阳能丰富的地区往往是经济相对落后、科技欠发达的地区，缺乏开发太阳能干燥装置的资金和技术支持，导致20世纪90年代对太阳能干燥技术的研究应用进入低谷。但是近年来由于世界各国都面临着环境和能源的双重压力，太阳能干燥技术又重新受到了重视。太阳能丰富的能源供应为其在国内工业部门的应用创造了巨大的潜力。将太阳能作为主要或辅助能源用于农特产品干燥，具有节能减排、提高干燥质量等优点，现已成为研究热点。太阳能隧道干燥、太阳能温室干燥、太阳能热泵干燥相结合、太阳能流化床、太阳能储存干燥和太阳能光伏（PV）温室干燥等太阳能干燥应用克服了传统干燥方法的瓶颈，大幅缩短干燥时间、提高产品质量、减少初期投资、缩短资金回收期，并且通过辅助装置可实现对干燥环境的精确控制从而避免外界环境条件的影响，使得在不同天气条件下能够获得理想的、较高的干燥效率与产品质量。同时通过精确控制干燥参数还可实现自动控制干燥装置，进而实现工业化、商业化干燥。

太阳能干燥装置属于农业机械技术领域。农业农村部规划设计研究院一直致力于太阳能干燥农产品技术及装备的研究与开发：建立太阳能干燥研究试验平台并生产了混联式太阳能多功能果蔬干燥成套装置以及生产型高效太阳能集热厢式果蔬干燥房两种装置。农业农村部规划设计研究院从2011年开始连续每年召开太阳能干燥农产品节能减排技术示范推广会，邀请太阳能节能领域的相关领导、企业代表、行业专家等进行深入交流和成果宣传推广以打造科技合作平台，致力于改善我国农产品干燥企业生产装置陈旧、技术含量低、资源利用率低、产品档次低、能耗高、环境污染严重等问题。

### （三）热泵干燥技术

为了保证农特产品的贮藏品质，干燥已成为农特产品加工过程中普遍的单元操作。但是农特产品干燥能耗仅次于造纸干燥能耗，因此，在保证农特产品干燥品质的前提下，需要寻求降低干燥过程能耗的方式。热泵干燥是随着热泵技术的兴起而发展起来的，与传统干燥方式相比具有实现大气污染物和温室气体协同减排的效果。热泵是一种通过输入少量高品位能量，从而将低温物体的热量转移到高温物体的装置。热泵装置已被研究和发展为不同的应用，主要用于空间采暖、冷却和除湿。热泵干燥器是一种能够控制干燥温度、相对湿度、抽提水分、干燥风速、干燥周期等并保证农特产品质量的干燥装置。在改进热泵干燥器时需要考虑的因素包括安装成本、干燥参数（如空气流速、干燥温度和相对湿度）、热泵干燥器组的组合性能、装置运行所需的功率以及回收期。近年来，热泵干燥技术在农业方面的应用已成为干燥领域关注和研究的热点，该技术已被广泛应用于干燥农特产品，如谷物、水产品、蔬菜、菌类和中药材等。

随着对热泵技术的深入研究与不断完善，热泵产品的相关费用逐渐降低。以空气等为热源，节省了购买化石能源的资金，且其本身能耗较低，耗电量较低。此外，通过燃烧化石能源来获取热能进行干燥的方式存在显著弊端。不可再生的化石能源储量有限，而且化石能源的燃烧还会造成较为严重的环境问题。以空气作为热源，可以有效地避免这些问题，从而节约能源。除此之外，热泵机组具有较高的性能系数（coefficient of performance，COP），可以有效地将能量进行转换，具有显著的节能效果。最重要的是热泵干燥较为温和，干燥室内气流和温度都较为均匀，可以覆盖到干燥室内的全部物料，使得物料表面水分蒸发，同时对物料的损害也很小，保证物料拥有良好的品质。

但是就目前而言，热泵干燥装置的温度控制往往还是依赖人工来完成的，尚未实现自动化。虽然热泵可以为干燥农特产品提供较为稳定的环境，但由于农特产品干燥过程的复杂性，还需要依据粮食干燥所需的温度进行合理的调试，而目前的热泵装置还无法对温度和湿度等参数进行精确的控制。除此之外，热泵干燥温度会受到外界温度的影响。当外界温度过低时，热泵的产热效果会降低。热泵的干燥温度主要集中在40~80℃，对于一些需采用更高温度干燥的农特产品来说，干燥效率较为低下。

目前结合热泵多能互补的研究思路，针对热泵干燥装置与太阳能、微波和电热等装置的耦合研究已成为农特产品干燥行业新的研究热点，为进一步实现农特产品干燥的节能、降本、提质和增效提供了方向。此外，通过开发高温热泵来提高热泵干燥效率、采用变频技术减少热泵装置压缩机输出的热量、利用回热技术降低加热所需热量从而提高效率降低能耗等都是热泵干燥技术的研究发展趋势。

### （四）红外辐射干燥技术

红外辐射同时具有光和波的性质，属于不可见光。当物体分子的固有振动频率与被吸收的红外辐射频率相同时，就会产生共振并伴随辐射能转化为热能，使得物体内外温度同时上升，有利于物体内水分的外逸，从而达到加热和干燥物料的目的。红外干燥较传统干燥技术相比有以下优点：①不需要加热介质，既提高了热传导的效率又缩短了干燥时间及生产线长度，提高了产量，且无粉尘及热气流外逸，环境清洁；②易实现自动控制，在各干燥阶段能有效地控制能量供给及分布，达到节能的目的，产品质量好而稳定；③装置的附属部分少，制造及维护简便；④启动、停机速率快，热惯性小，安全可靠，因此非常适合用于干燥热敏性物料或对湿度、温度波动要求严格的物料。

然而红外辐射穿透能力弱是其比较突出的缺陷。辐射的穿透能力与波长有关，波长越短穿透能力越强。所以较多学者利用间歇式红外干燥方式对物料进行干燥处理，在能够得到较高产品质量的同时能有效地避免红外辐射穿透能力弱的缺陷。同时红外干燥还存在干燥不均匀，干燥后期干燥速率降低、干燥终点难确定、产品局部温度过高、部分产品烧焦、产品质量下降等问题。红外干燥技术与其他干燥方法的有机结合，将会组成一个更加经济合理的工艺流程。但是由于我国红外辐射干燥技术研究起步晚，技术尚不成熟，所以目前还未大面积推广。

### （五）微波干燥技术

微波干燥技术是通过发射电磁波，让穿透性较强的微波进入物料内部，起到内外同时加热干燥的效果。其加热干燥原理为物料内部分子的极化。物料当中的其他成分介电常数往往在50以下，水的介电常数则达到了78.5。含有水分的物料被放置到微波干燥仪器当中时，微波以相当高的频率改变着电场方向，使物料内部的水分子以极高的频率运动产生热量，进而水分子从物料当中向外逸出。持续不断的微波能够充斥物料的每一处，从而实现整个物料的均匀干燥，极大降低了物料干燥时外部过焦的不良风险。微波加热干燥过程迅速且控制灵敏，因为微波高频电磁波的特性赋予了其快速加热物料的能力，物料在干燥过程中的温度梯度与水分蒸发出去的方向相同，使得物料加热干燥的时间极大缩短。此外，微波热惯性小的特性使得物料加热干燥过程能够实现灵敏控制、快速加热、快速停止且没有“余热”存在，实现加热干燥过程的“收放自如”。微波干燥的产品具有多孔性，其密度比传统干燥得到的产品小，并且具有更好的弹性与更低的黏性，与真空干燥联用，弹性增加更显著。微波干燥效果容易受微波剂量的影响，多采用与其他干燥方式联合使用的方式来削弱微波干燥技术的不稳定性。

与微波干燥技术较为成熟的国家相比，虽然我国微波干燥技术起步较晚，但是也屡创新高，取得了不少成果。目前我国已研发出了一系列农特产品干燥加工的装置和生产线，为我国农特产品的高效深加工奠定了基础。但是目前我国微波干燥技术应用的范围还是过于狭窄，微波干燥装置的数量与种类都有待增加。微波干燥技术中存在的种种问题仍需重点研究和解决。

### （六）射频干燥技术

射频（RF）干燥也叫高频干燥，是一种基于电磁波的新型加热技术，其频率范围是3kHz~300MHz。为避免射频对通信产生干扰，美国联邦通信委员会（Federal Communications Commission，FCC）规定国际上用于工业、科研以及医药行业的3个射频频率分别为13.56，27.12，40.68MHz。射频干燥的工作原理是：射频穿透到物料内部，引起物料内部极性分子与带电离子的振荡迁移和相互摩擦，将电能转化为热能，物料的温度升高，进而达到干燥的目的。相比微波干燥技术，射频干燥技术具有装置投资小、穿透深和产品质量高等优势。利用射频能量穿透深的优势，可解决装料厚度受限的问题，提高生产效率。但装料厚度过大易导致物料内部热量和水分扩散受阻，使得局部出现高温。由于与射频加热速率呈正相关的介电损耗因子随温度的升高而增大，射频能量往往集中于局部温度较高的部位，导致该部位过热，出现热偏移现象。此外，当装有物料的规则料盘（如长方体料盘）放在上下极板之间加热时，作用于料盘边缘的电场线会发生弯曲，边角处电场密度增大，造成边角处物料过度加热，产生边角效应，导致加热不均匀。射频加热过程中出现的热偏移问题和边角效应问题不仅降低了物料的整体干燥速率，还会降低其干燥品质，是影响射频干燥技术推广的主要障碍。利用热风辅助射频（HA-RF）加热可以改善射频加热均匀性，提高加工效率，降低加工能耗，目前已被研究应用于谷物杀虫、干燥、灭霉等领域。

### （七）真空冷冻干燥技术

真空冷冻干燥主要包括预冻、升华干燥及解吸干燥 3 个阶段。水有固、液、气 3 种不同的相态，冷冻干燥物料加工工艺就是利用了水的这 3 种相态。水、冰和水蒸气在温度和水蒸气压分别为 0.0098℃和 610.5Pa 的时候可以相互平衡，此时三相共存，称为三相点。冰在三相点以下可以直接由固态升华为气态。在高真空的状态下可以利用升华的原理，直接将物料进行冷冻，整个过程中水分将会直接转化为水蒸气，进而达到干燥的效果，这就是真空冷冻干燥技术的基本原理。

在采用真空冷冻干燥加工工艺时，需要在前期做好相应的预处理工作，即对一些杂质进行处理，降低物料的含杂率，这样有利于后期进行冷冻干燥。在完成预处理以后，需要进行预冻处理，为了保证冷冻干燥的效果，要对预冻温度进行合理控制，预冻时间也要充足，温度下降速率尽可能控制在每分钟下降 1~4℃。在进行速冻的过程中，时间一定要短，终了温度应该控制在-30℃左右，这个温度可以快速固化物料中的水分并避免蛋白质出现变质。当物料冻结完成以后，需要进行快速升华干燥，让物料中的冰晶转化为水蒸气。之后再将温度提高到 45℃左右，保证料温和板温趋于一致，目的是清除较为牢固的结合水。同时，还要使整个加工过程都处于一种高度真空的状态，这样才能确保经冷冻干燥的物料结构不会被破坏，而且能够最大限度地保留物料的营养。该技术对于一些容易氧化、热敏感度较高的物料加工效果良好。此外，经过真空冷冻干燥技术加工后的物料具有较好的复水性，在吸收水分后，能够很好地保证物料的新鲜程度。整个真空冷冻干燥的过程时间为 8~9h。在完成全部操作以后，需要对物料进行后期包装处理，包装应选择密封性好，颜色较深且强度高的包装材料。

尽管真空冷冻干燥技术有诸多优势，其存在的问题也是比较明显的，冷冻恒温无法得到保证就是问题之一。物料在进行冷冻干燥时，需要对其进行预冻，由于冻结时间和温度的差异性导致物料的冷冻质量存在一定问题。其次是干燥效果不够理想，因食品在冷冻的过程中会产生一些细小的冰晶，若不及时对冰晶进行处理，在后期加工过程中将会严重影响干燥质量。目前我国在食品冷冻干燥过程中一般采用慢速冷冻技术，虽然其应用范围较广，但仍存在许多缺陷。因为在慢速冷冻过程中，细胞内的水分会始终以液态形式存在，当内外压强存在差异时，内部水分就会冲破细胞壁产生一个个细小的冰晶，这会直接导致食品中的一些营养物质流失，且对于后续的食品保存也不利。采用快速冷冻方式，能有效避免上述问题。此外，真空冷冻干燥技术还存在成本高的问题，因为该技术需要真空和低温两个条件，所以真空冷冻干燥机要配置一套真空装置和一套低温装置，投资费用和运行费用都比较高。未来真空干燥技术的研究方向主要涉及以下几点：①发展流水线式的真空干燥装置，增加产量，降低成本，提高生产效益；②目前国内的冻干机装置从数量、品质上都不能满足社会发展的需求，应加大研发力度，研发出低成本、高效益的机器；③开发真空干燥装置与其他装置的联用，形成产业多元化。

### （八）真空脉动干燥技术

真空脉动干燥技术是一种新型干燥技术，对于表面有蜡质层覆盖、易褐变、高糖分、难干燥的果蔬物料有很好的干燥效果。该技术是将物料置于密闭的干燥室内，在保持一定干燥温度的同时，让干燥室内的真空度达到相应值并保持一段时间，然后再让干燥室恢复到常压状态并保持一定时间，如此交替循环，使物料一直处于真空和常压的交变状态下，直至干燥过程完成。真空和常压的脉动循环变化能够使物料的微观孔道不断被挤压与扩张，这个过程可以将一些不相连的微孔连通以形成通道，进而显著提高水分迁移速率。

真空脉动干燥过程中，物料大部分时间都是处于真空隔氧环境，能够有效抑制干燥过程中发生的氧化褐变，保持物料原有的感官品质，减少营养成分的损失并达到较优的干燥效果。对于多孔性物料或以提高脆性为目的的干燥加工，真空脉动干燥技术在压强周期变化的过程中能一定程度扩充物料微孔道，在提高物料质地脆性的同时也提高了干燥产品的复水性。

由于真空脉动干燥技术的干燥均匀性较差，国内外学者在提高干燥均匀性方面进行了大量研究，发现干燥装备均匀性和物料均匀性是两个主要影响因素。在微波干燥中，提高干燥均匀性主要通过改善微波腔中电磁场的均匀性和在干燥过程中改变物料位置两种方式来改善微波能吸收的均匀性。在热风干燥中，主要通过优化干燥室内温度场的方式来改善均匀性。真空脉动干燥中的多层辐射加热方式不同于微波干燥和热风干燥，相关研究较少，仅有通过增加辐射间距来改善单层干燥均匀性的报道，但这并未解决多层整体干燥均匀性问题。现有的真空脉动干燥机普遍采用的开关式加热板温度控制方式也无法满足提高干燥均匀性的需求。在实际生产中，真空脉动干燥机的生产成品率为60%~90%，仍然存在较大的提升空间，其中干燥均匀性是影响生产成品率的重要因素，因此提高干燥均匀性对降低干燥损失，推进真空脉动干燥装备工程化应用具有重要意义。

## 三、干燥装置

1. 干燥装置的分类

干燥装置有不同的分类方式。第一种分类是以传热方法为基础，即传导加热、对流加热、辐射加热、微波和介电加热。冷冻干燥可认为是传导加热的一种特殊情况。第二种分类是根据干燥容器的类型，如托盘、转鼓、流化床、气流或喷雾。

按照物料在干燥装置中的停留时间分类，包括停留很短时间（<1min）的闪急、喷雾、转鼓干燥装置，停留很长时间（>1h）的隧道、小推车或带式干燥装置。物料在大多数干燥装置中的停留时间居于其间。

除此之外还可按原料的物理形状来分类。

2. 干燥装置的选择

干燥装置的选择是一个受诸多因素影响的过程，下面介绍各种影响干燥装置选择的因素。

（1）对流　对流加热是干燥颗粒或膏状物料最通用的方式。热空气或其他气体流过物料表面或穿过物料层提供热量，而蒸发的湿分由干燥介质带走。空气（最常见）、惰性气体（如 $N_2$，在干燥物料湿分为有机溶剂时采用）、直接燃烧气或过热蒸汽（或溶剂蒸气）均可用作对流干燥装置的加热介质。

这种干燥装置也称作直接（加热）干燥装置，在初始恒速干燥阶段（此阶段表面湿分被排除），物料表面温度为对应加热介质的湿球温度①；在降速干燥阶段，物料的温度逐渐逼近介质

① 湿球温度：某一状态下的空气，同湿球温度表的湿润温包接触，发生绝热热湿交换，使其达到饱和状态时的温度。

的干球温度[1]，在干燥热敏性物料时，必须考虑这些因素。

当采用过热蒸汽干燥时，物料的最高温度与操作压力时的饱和温度是相对应的，例如在0.1MPa时蒸汽为100℃。对于可能氧化和对氧敏感的物料在蒸汽环境中，产品质量可以得到保护和改善。

对流（直接）干燥器有流化床、闪急、转筒或喷雾干燥装置、固定床或穿透干燥装置、带式、小推车-隧道干燥装置等。

（2）传导　传导或间接干燥器更适用于薄层物料或很湿的物料。蒸发热由通过安置在干燥器内的加热面（静态的或移动的）供给，蒸发出的湿分由真空操作或少量气流带走，对热敏性物料推荐真空操作。在对流干燥装置中由于焓随干燥空气逸失是很大的，故其热效率很低，而传导干燥器热效率就较高。干燥膏状物料的桨式干燥装置、内部装有蒸汽管的转筒干燥装置、干燥薄层糊状物的转鼓干燥器均属于间接干燥装置。

对某些操作，可结合直接和间接两种加热方式的优点，例如在流化床干燥器中装有浸没加热管组或蛇管用于干燥热敏性聚合物或松香片，这种干燥装置的尺寸仅为单纯对流流化床干燥器完成同样作业时的1/3。

值得注意的是，有时某些装置可以直接方式、间接方式或联合方式操作。例如振动流化床干燥器可以是单纯对流的（如茶叶干燥）、单纯传导的（如药物颗粒的真空干燥）或者是直接-间接结合的。

（3）辐射　各种电磁辐射源具有的波长从太阳频谱到微波（0.2μm~0.2m）。太阳能辐射仅仅照射在物料的表层上，物料只吸收一部分入射能，吸收能量仅取决于入射波的波长，例如4~8μm频带的远红外辐射常用于薄型带状物和膜等的干燥。虽然大多数湿物料是50~60Hz电流的不良导体，但对辐射频率其阻抗却显著地下降。这种辐射可用于容积性地加热物料，因此降低了对传热的内部阻力。由于水分子选择性地吸收能量，因此可以使物料干燥时消耗较少的能量。但鉴于投资和操作费用较高，故这种技术一般用于干燥高值产品或湿度场的最终调整，因为此时仅仅是排除少量难以排除的水分。

辐射与对流联合干燥，如远红外加空气喷射或微波与冲击联合干燥薄片状的食品也已应用于工业中。

3. 选择干燥装置前的试验

选择干燥装置会遇到一些困难，其中之一为必须采用与工业装置相似的试验装置来做试验，以提供物料干燥特性的关键数据，并探索从物料中排除液体的真实机制。由于人们对许多干燥器的操作并未真正理解，以至于对某些干燥装置根据实验室数据，甚至小试装置数据的放大方法也不可靠。在选择干燥装置前，应了解以下情况：①工艺流程参数，如干燥物料量、排除的总液量和湿物料的来源；②原料是否做过预脱水，如过滤、机械压缩、离心分离等，将物料供给干燥装置的方法，湿物料中颗粒尺寸的分布，湿物料和干物料的物理性质和易处理性及磨蚀性能；③原料的理化性质，如异味，物料可否用含有二氧化碳、二氧化硫、氮的氧化物和含微量部分燃烧的碳氢化合物的热燃气来干燥、温度极限与相变相关的温度以及腐蚀性；④干燥产品的规格和性质，如湿含量、溶剂异味的排除、颗粒尺寸的分布、堆积密度、杂质的最高占比，所希望的颗粒化或结晶形式、流动性、干燥物料在贮藏前必须冷却的温度；⑤由试验型

---

① 干球温度：曝露于空气中而又不受太阳直接照射的干球温度表上所读取的数值。

装置或实验室以及以往在大型装置中用较少物料得到的干燥性能试验所获得的干燥数据、溶剂回收的资料、产品损失以及场地条件。

## 四、干燥能源

随着能源消耗和食品消费的日益增长，延长食品新鲜度和优化能量利用变得非常必要。食品部门的能源消耗占欧盟总能源消耗的7%。尽管实行了集约化农业，但仍有约1/3的粮食生产是收获后损失的（每年约13亿t），包括使食品不适合食用的损失。生产它们所消耗的资源（水、土地、能源）被浪费了，温室气体被排放到环境中。干燥可降低收获谷物中18%~25%的水分。在发达国家，干燥大多采用对流、感应和能量场等传统方法。这些技术使用的装置简单，但非常耗能。机械干燥控制热风温度，利用蒸发从谷物中除去水分所需的能量大于4.5MJ/kg，蒸发水分所需的能量为2.3MJ/kg。

在谷物种植中，谷物干燥所需能量约占直接能量输入的30%，占总能量消耗的11%（间接用于肥料、农业机械）。由于能源成本不断增加，人们正在寻求通过引入创新干燥技术来降低能源成本。这些技术通过混合装置进行，并得到红外、微波和超声波的加持，以降低工艺成本和碳排放。也可以通过利用可再生能源——太阳能和地热，减少对环境的负面影响。现代解决方案还开发了生物质作为替代燃料。减少其他温室气体的排放的解决方案之一是采用催化剂，主要是将废气中的 $NO_n$ 转化为分子氮（$N_2$）。对干燥的改进应该基于有效的解决方案，以减少能源的消耗和污染的产生。有报道称，使用预处理（在乙醇、高压、超声波或脉动电场中浸泡材料）可以改善食品干燥质量，同时降低能耗。预处理可以显著缩短干燥时间，但会导致加工食品的质量下降（如抑制酶活性），因此必须正确应用。然而，预处理可能不是一个充分的创新。有限的能源资源（原油、天然气或化石煤）督促人们寻找新的、更有效的能源供应。为了可持续发展和防止污染物排放到生态装置中，开发利用可再生能源是可取的。

当前常用的干燥塔设计方法是确定干燥介质的流动参数及其去湿能力。干燥控制装置监测干燥剂的参数，并根据干燥谷物的参数（主要是湿度）调节干燥效率。在干燥机的设计中，人为因素以及干燥过程与贮存工艺的配合也是一个重要的参数。在谷物干燥过程中应用这些创新措施将有助于降低干燥成本，并在减少干燥空气中有毒成分的排放方面形成积极的环境影响。使用燃烧催化剂来清洁气体燃烧器的废气或生物质锅炉的废气，将允许干燥器的生态运行。基于传统和替代燃料的干燥需要催化烟气净化方法，该市场提供了以贵金属和金属氧化物为基础的多种催化剂，它们负责催化还原或分解反应。烟气除尘和温室气体，特别是氮氧化物的转化，可以减少谷物干燥对环境的不利影响，催化剂提高了该过程的能源效率。但到目前为止，这些创新尚未在工业规模上实施。通过降低能耗提高干燥性能获得优质农特产品，是当前面临的挑战。它符合可持续发展、环境保护、消费者安全，不可否认是清洁生产的保障。在大多数基于可再生能源干燥器的例子中，太阳能起到了主要作用，光伏驱动的通风机大幅减少了对化石燃料和电力的依赖。这种类型的解决方案可以支持地热能和生物质燃烧的能源，极大增加了开拓装置广泛使用的前景。

# 第二节 我国农特产品干燥概述

农特产品干燥技术是以机械为主要手段，采用合适的工艺与技术，在尽可能不损害农特产品品质的前提下，通过控制温度、湿度等因素，减少物料中的水分并达到国家安全贮藏标准的干燥技术。它有以下几个较为突出的优点：①有效地减少各种灾害性天气对农特产品造成的损失；②利用机器降低劳动强度，提高劳动生产率；③提高农特产品的质量和耐储存性，有利于以后的深加工；④防止传统自然干燥方式污染物料并避免农民占用公共道路来干燥物料而造成交通事故。农特产品干燥技术的发展使完全依赖太阳的传统翻晒方法逐渐退出历史舞台并为乡村振兴提供了强有力的技术支持。

## 一、我国农特产品干燥技术发展历程

在 20 世纪 80 年代，我国在农特产品生产和加工方面，很大程度上是依靠人工晾晒的方式使其失水，从而达到干燥效果。长期以来大多数农户通过人工晾晒的方法解决了小部分农特产品的干燥问题，但人工晾晒费时、费人、费力，同时还受气候、晾晒场地等条件的制约，所以有一定的缺陷。

由于农特产品种类繁多，它们的物理性状也存在明显的差异，这使得各种各样的干燥装置也应运而生。根据实践调查与研究可以发现，目前国内干燥装置的种类已超过了 300 种，并且在工业领域方面所研发的干燥装置种类也超过了 100 种。

在长期的发展过程中，农特产品干燥已逐渐由对太阳能的简单使用发展至目前集中表现在电热隧道干燥、滚筒干燥与流化床干燥等加工技术方面。我国农特产品脱水干燥技术的发展经过了以下 4 个阶段。

（1）箱式与床式干燥装置 基本原理就是利用流动热风，以达到加热并干燥产品的目的，在谷物或片状食品中的应用相对较广。现阶段，这种类型的干燥装置也仍在使用，以传热与传质系数的提高为目标，以期实现传热与传质效果的全面提升。

（2）喷雾与滚筒干燥装置 解决了泥状与液态物料的干燥问题。其中，喷雾干燥器可以获取大小均匀的粉末状产品，保证连续性操作，且自动化水平较高。而且喷雾干燥装置内部的物料停留时间不长，使得实际干燥过程中热敏性物质不会出现大量的损失。滚筒干燥装置通常用于黏稠物料的干燥，如淀粉。

（3）冷冻干燥与渗透压脱水技术 这种干燥技术的应用，可以保证干燥产品仍以原有的形态存在，尽可能地规避物料色香味和营养成分的损失。其中，渗透压脱水技术就是在高渗透压溶液当中浸泡物料，在水果与蔬菜脱水方面应用最多。

（4）微波与无线电波射频干燥技术 微波与无线电波可以在物料的内外部同步加热，改变了传统的加热方式，使得干燥的速率明显加快。射频加热的基本原理和微波加热存在一定的类似之处，两者最大的区别就是射频的频率低于微波的频率，且具有较强的穿透力。微波真空干燥技术的本质是融合了微波装置和真空装置，干燥装置本身压强下降，创造出常温快速干燥的条件，充分保留了干燥食品的色香味，产品质量与冷冻干燥十分接近。应用微波与无线电波射频干燥技术，其干燥与装置运行成本比喷雾干燥、冷冻干燥等要更低一些。

## 二、我国农特产品干燥现状

在生活中，保存不当或者储存方法不合适都会导致收获的产品变质和损失。干燥不仅是保存食物的重要手段，也是一项涉及农特产品安全的重要技术。相比于烟熏和腌制技术，经过脱水干燥处理的干制产品可以最大限度、最长时间地保持产品的色、香、味和营养成分，使得产品更加健康与绿色。此外，适当的干燥还可以显著降低农特产品的质量和体积，从而降低运输和包装成本。但是由于产地运输不畅，加之加工技术较为落后等诸多原因，我国农特产品损耗率较高。权威数据统计，我国每年损耗的果蔬有上亿吨，比很多国家一年的果蔬总产量还多。我国进口水果的商品果成果率高达 80%~90%，上架后的损耗率也只有 5%~8%；而国内水果的商品果成果率只有 50%~60%，流通过程中的损耗率高达 30%。

我国农特产品采摘后无法在第一时间预冷、分级、包装、标准化，导致我国农特产品损耗高，超越了欧美等国家。有数据显示，由于保鲜和腐烂问题的存在，生鲜农产品对农民收入的影响弹性最大，其中的损失主要由农户承担。2019 年，我国农产品总产量 19.80 亿 t，其中生鲜农产品产量超过 11 亿 t。无法及时销售的生鲜农产品损耗可达 20%~30%。据统计，我国粮食、马铃薯、水果、蔬菜的产后损耗率分别为 7%~11%、15%~20%、15%~20%和 20%~25%。根据农业农村部有关专家测算，这远高于发达国家的平均损耗率；折算经济损失达 3000 亿元以上，相当于 1 亿多亩（1 亩 $=666.7m^2$）耕地的投入和产出被浪费掉。此外，国际欧亚科学院院士、农业农村部规划设计研究院原院长朱明大致测算，中国果蔬产品在“最先一公里”的损耗率高达 15%~25%，也就是说，在农民手里没卖出去就烂掉了这么多，再加上粮食的损耗，共计相当于 2 亿亩耕地的产出白白浪费掉了。

目前，我国的农产品链条非常长，从种植到消费经历了四五个环节，每个环节都加价百分之几十，这就造成了“菜贱伤农，菜贵伤民”的现象。产业链条长导致了农产品腐损率高达 20%~30%，而在欧美国家这个数字还不到 5%。由此可见谷物、蔬菜和水果采摘后的干燥处理是至关重要的一步。

在农业生产过程中，水果与蔬菜是主要的农特产品，其营养价值很高，是人们获取维生素、矿质元素（钙、磷、铁等）、碳水化合物、膳食纤维和其他营养物质的重要途径。然而需要注意的是，部分新鲜水果与蔬菜含水率超过 90%，如果收获后处理不当，极易在运输、储存、销售的过程中出现腐烂变质的问题。

现阶段，脱水蔬菜备受关注，并且形成了 3 种不同的市场：①调味品，集中表现在辣椒粉、大蒜粉、姜粉以及洋葱粉等方面；②食品工业原料或配料市场，主要包括方便食品配料与方便食品配菜等；③替代新鲜蔬菜的特殊产品市场。在发达国家，脱水比重较大的是大品种果蔬。在美国，脱水洋葱约占洋葱收获量的 20%，脱水大蒜约占大蒜收获量的 80%，脱水葡萄约占葡萄收获量的 25%。而在中国，除辣椒外的其他脱水蔬菜所占比例都很小。至于脱水水果一般是作为零食食用的，如草莓干、榴莲干、菠萝蜜干等，在保质期长的基础上，它们不但外观好看，还保存了水果本来的味道，最重要的是减少了营养的流失。

我国幅员辽阔，资源丰富且很大一部分处于亚热带地区，为蔬菜与水果生长提供了天然的良好条件，使得蔬菜和水果种类繁多，产量巨大，而且我国的劳动力资源也很丰富，脱水蔬菜与水果等类型的产品在我国具有极为明显和广阔的发展前景。

## 三、我国农特产品干燥未来发展趋势

欧美农业发达国家采后粮食烘干比例达95%以上，日本达到97%，但中国不到10%。国家统计局公布的全国粮食生产数据显示，2020年全国粮食总产量为6695亿kg，比上年增加56.5亿kg，增长0.9%，粮食生产再获丰收，产量连续6年保持在0.65万亿kg以上。但是有些粮食的含水量特别高，可达90%以上，如果不及时进行干燥处理就会发生腐败变质。由此可知，我国每年因干燥不及时或干燥不当造成的粮食损失量是巨大的。尽管目前国内粮食综合机械化率突破80%，全国粮食作物耕种收环节已经基本上达到高级阶段的水平，但是现在最突出的短板就是烘干，干燥环节机械化目前还处于快速发展期。未来的干燥机械应该向高能效、低污染的方向发展，不管采用何种技术，最终还是要在售价、品质、使用成本、环保几个方面找平衡。

目前，我国无论是在农特产品干燥技术研究方面还是在装置研发与制造方面都已取得了长足的发展，国际上有的技术和装置我国基本上也已经具备。但我国在农特产品干燥技术研究和装置研发方面仍旧存在着一些不足和问题，从可持续发展的角度来看，我国农特产品干燥技术研究和装备研发今后应朝着如下趋势发展。

（1）由于农特产品收获后水分普遍比较高，因此干燥加工的能量消耗也比较高，不仅需要动能，还需要热能。但是由于能源日趋紧张，进一步研究开发节能型的干燥工艺技术和装置及自动化控制装置将会成为今后重点研究和发展的方向，如现在在南方研究推广的以电作为动力的节能型空气源热泵干燥机等。

（2）目前，我国农特产品干燥加热仍是以燃煤为主，特别是一些适用于多种农特产品物料干燥的热风烘房也大多采用手烧燃煤加热炉的方式对物料进行烘干，其排放的烟气对大气污染较重。但从未来能源结构来看，除规模化和生产自动化程度较高的中大型企业外，将我国大量采用石油、天然气的当下情况变成全部用电作为农特产品干燥加热能源的可能性不大。因此，多种能源并存和互补将是今后农特产品烘干能源构成的一个必然格局。为此，一是针对单独使用的中小型烘房加快研究燃煤加热炉的排烟除尘方法和装置；二是针对能够集中使用的连排烘房以及自动化程度高的大型干燥装置，要设计选用具有较好燃烧、除尘、除硫性能的蒸汽锅炉加热方式；三是借鉴韩国农特产品烘干的模式，让小型户用烘干装置向电加热方向发展，形成像家用电器一样的家电产品，包括研究开发小型家用节能型空气源热泵干燥箱等；四是研究开发利用太阳能和沼气等可再生能源与常规能源互补的新型烘干装置和产地加工模式。

（3）对于大型加工企业，可设计采用在干燥前期使用静止式干燥，后期使用带式连续式干燥；或在前期使用静止式干燥，后期使用真空冷冻干燥等先进的组合工艺，以提高干燥加工的效率和品质。干燥装置应该朝着复合干燥、组合干燥的方向发展。

（4）在发展标准化烘干装置的基础上，由专业技术部门指导生产厂家根据不同的机型和农特产品的种类，试验研究其烘干工艺和操作控制方法，并作为产品使用说明的一个重要部分提供给用户。

（5）制定农特产品干燥装置产品检测标准，促进干燥装置的标准化，并建立干燥装置生产许可证制度，建立或委托相应的机构负责检测和发放生产许可证。

（6）在干燥过程中实现自动化控制研究。利用自动化、信息化和智能化改造传统的干燥器，使干燥器的数控技术研究从以前的单一目标控制向多目标控制转变。利用非线性、复杂性和人工智能理论研究干燥过程控制和品质控制的特性，并重视实物模拟技术和数字模拟技术，加强干燥过程中的检测、预测和控制，利用模糊控制、神经网络、预测控制和专家装置等进行干燥过程控制和品质控制。

# 第三节 我国农特产品干燥发展中的问题

## 一、我国农特产品干燥产业存在的问题

干燥在农特产品的加工、储存和运输中起着至关重要的作用——农特产品的干燥工艺几乎涉及了所有经济部门，与人们的生产生活息息相关。但是目前我国的干燥行业依旧存在着许多不足之处，以下列举了其中几个比较突出的问题。

（1）我国在解决北方寒冷地区大批量高水分粮食干燥方面取得了辉煌成果，但在面对小批量、温带及以南地区的湿粮干燥，尤其是土地流转后机械化作业所带来的湿粮干燥问题还未得到很好的解决。

（2）大型烘干机不适合南方使用。温带及以南地区湿粮状况：农户种植规模小，各家湿粮收获量小且分散，加之收获季节的气温高，湿粮无法大规模、长时间堆放。在 20 世纪 60 年代推广的 200 台烘干机，从建成到报废几乎没有使用，加上 2010 年前后建好的一些大型机也没有很好使用的事例说明了这些地区不适合使用大型移动床烘干机。

（3）中小型干燥装置短缺。目前，我国干燥机形式单一，大多数为大型的横流式和混流式干燥机，投资大，利用率低且不能移动。市场上缺少小型干燥机，但是南方和华北大城市的郊区对中小型移动式干燥机的需求却日益迫切。

（4）干燥工艺不合理，干燥质量差。传统粮食干燥机工艺简单、粗糙，对粮食品种的适应性差，干燥质量差，经常有过热干燥或干燥不均匀的现象发生。而且干燥装置对粮食类型挑剔、敏感，如水稻干燥时常出现爆腰、焦煳现象，这也是粮食干燥中的一个难题。

（5）能耗高。干燥技术是降低水分含量的重要单元操作，有助于长期储存，防止微生物污染和食品原料中的其他有害化学反应，如酶促和非酶促褐变，以及营养素保留，如大量营养素（蛋白质、糖、膳食纤维、维生素和矿物质）或生物活性化合物（酚类化合物、类胡萝卜素、异黄酮）。而目前保存物料最常用的干燥工艺是常规的热干燥，这是一个高能耗的过程。相关数据显示，在大多数发达国家，超过 12%的工业能耗都产生于干燥过程。据英国对 11 种行业的统计，干燥作业的能源消耗占总能源消耗的 11.6%。意大利科学家的调查则显示：水稻干燥加工的能源消耗占水稻生产加工总能耗的 64%，但是其中有 35%~45%的能源投入被浪费了，因为热废气导致了高能量损失和高温室气体排放。因此，自 20 世纪 70 年代初发生石油危机以来，粮食干燥机的高能耗是一个十分突出的问题，世界各国均对干燥加工的节能技术展开了广泛而深入的研究。另一个缺点则是在较长的干燥时间中，由于不均匀地曝露在温度中使得农特产品产生硬化。为了避免这些问题，相关领域的技术人员致力于改进现有的干燥技术和开发干燥替代技术。近年来，为了减少能源消耗和温室气体排放，世界各地的政府机构都对行业实施了多项环境法律法规。预计新一代干燥机和干燥技术将以更高的热效率和能源效率、更低的运行成本来提高产品质量进而促进更可持续的发展。

总而言之，生产成本高、干燥时间长、能耗高、自动化程度低等仍是目前各类干燥机普遍存在的问题，需要不断改进完善。此外还要根据不同类型的农特产品来选择最合适的干燥工艺，研究出最佳干燥工艺参数和操作控制方法，从而达到降低能耗、提高干燥效率的目的。

为了提高装置对物料的适用性，提高干燥机的生产效率并达到更高的水平，这些问题在未来必须不断改进。

## 二、干燥农特产品的品质问题

干燥处理对农特产品的品质具有很大的影响，有时甚至起到决定性的作用。其对干燥品质的影响主要包括物理变化和化学变化两个主要方面。谷物在干燥过程中会发生收缩，产生裂纹，这种物理变化是谷物干燥的主要问题。谷物裂纹直接影响谷物的品质，如水稻产生裂纹后，会在脱壳时形成碎米；玉米产生裂纹后会影响淀粉产率，不能用来加工玉米片等食品；同时在贮藏时裂纹谷粒更容易在裂纹处形成霉变，如果作为种子贮藏，还会影响种子的发芽率，即使作为饲料原料也必须严格限制玉米的裂纹率。有些农特产品在干燥时还会发生一些影响产品品质的化学变化，如淀粉糊化和蛋白质变性等。

近年来，随着我国经济的飞速发展，人们的生活水平有了显著的提高。饮食结构和消费观念也发生了明显的变化。消费品新鲜卫生、营养丰富和省时方便成为人们追求的目标，“回归自然”已成为人们的强烈愿望和一种潮流。尽管干燥的方法有很多，如晒干、烘干、煮干、喷雾干燥和真空干燥等。但这些干燥方法都是在0℃以上或更高的温度下进行，而且干燥所得的产品，不是体积缩小就是质地变硬，甚至有些物质发生了氧化，使得一些易挥发的成分大部分都损失掉了。此外有些热敏性物质，如蛋白质和维生素则会发生变性、微生物会失去生物活力、干燥后的物质不易在水中溶解等。因此与干燥前相比，干燥后的产品在形状和有效成分上有很大的差别。

虽然热风干燥对农特产品的色泽、维生素及其他生物活性物质破坏的程度较大，但是其生产成本低廉，目前仍然占主导地位。若要获得优质干燥产品，常常需要采用昂贵的方法和装置，如真空冷冻干燥等。干燥的经济性和产品质量之间目前还存在着很大的矛盾，如何在降低成本与能耗的同时，提高干燥产品的质量和品质，是今后一个时期干燥产业面临的重要问题，也是今后干燥技术的发展方向。

总之，农特产品干燥中的两个最主要问题仍旧是高能耗和干燥产品品质难以保证。

## 三、影响我国农特产品干燥产业发展的因素

虽然我国是农业大国，近年来农村干燥产业也得到了一定的发展，但与农业发达国家相比，仍有相当大的差距。其主要原因如下。

（1）农业体制和传统生产方式的影响　我国农村至今大量存在着小规模的小农生产方式，导致农业生产机械化、产业化程度低。因为需求的不足，投资农业生产的机械设计和制造的资金不足，导致了整体水平的落后，尤其是干燥机械。

（2）传统思想的束缚　农村中的传统思想误以为中国有过多的剩余劳动力，认为依靠这些人力即可，投资干燥机械得不偿失，还有些人甚至没有认识到干燥机械的重要性。这种传统的小农经济思想限制了干燥产业的发展。

（3）干燥机械产业发展滞后　尽管目前我国已能够生产不同型式、不同原理的烘干装置

20余种，但据干燥机械装置质量监督检测中心的报告，很多机型是没有市场竞争优势和技术优势的。我国干燥机械生产企业比较分散，没有具有一定市场优势、技术优势和服务体系的大企业，没有行业的领头羊。因此我国的干燥机械产业急需进行企业的改组整合，在市场经济规律的指导下，加强自主创新能力，不断提高自己的核心竞争力，努力创建知名品牌，积极地开展国际合作，参与国际竞争，促进我国农特产品干燥行业的持续、稳定、健康发展。

## 四、小结

不同类别的农特产品干燥目的不同，物料相应的干燥标准也有所不同。农特产品的颜色和气味的质量影响是消费者是否购买的主要因素。实际上，干燥质量是根据干燥材料的外观和内部结构组成来评估的。评价干燥质量的常用指标包括外观、质地、风味、颜色、活性成分等。这些干燥质量评价指标均与干燥参数、干燥工艺、干燥前处理密切相关。

我国的农特产品干燥工艺经历了国内初期起步、从国外引进吸收、技术创新研发开发以及逐渐走向成熟的发展历程。虽然已经经过几代研究人员的不懈努力，我国在这方面也有了很大的进步，然而同世界先进水平相比，仍然存在着差距。此外由于干燥材料和干燥工艺的多样化，现有的研究还缺乏对干燥质量的明确分类评价。这就制约了一些干燥技术的优化和推广。当前各类干燥装置还存在生产成本高、干燥时间长、耗能严重、自动化水平低等问题，仍需要在以后的工作中不断完善，根据不同种类的农特产品选择最适合的干燥技术，试验研究出最佳干燥工艺参数和操作控制方法，并开发出利用高效能源的干燥技术，且这种干燥技术既具有成本优势，又在环境上具有可持续性，并且能够保持干燥产品的颜色、外观、风味、味道和化学成分等质量参数，最终达到降低能耗、提高干燥效率、向着更高水平不断发展前进的目的。

### 思考题

1. 任选一种干燥技术，简述其工作原理和特点。
2. 干燥装置有几种分类准则？分别是什么？
3. 农特产品脱水干燥技术的发展经过了哪几个阶段？请列举出来。
4. 简述我国农特产品干燥技术研究和装置研发今后的发展趋势。
5. 列举我国农特产品干燥产业存在的几个比较突出的问题。
6. 束缚我国农特产品干燥产业发展的主要原因是什么？

CHAPTER 2

# 第二章 热风干燥技术

[学习目标]

1. 理解热风干燥技术的原理和特点。

2. 掌握各种热风干燥装置、热风干燥机控制装置、热风干燥供热装置、热风联合干燥技术的特性。

3. 熟练掌握谷物、油料作物、果蔬、肉制品、茶叶、中药饮片的热风干燥特性及相关工艺。

## 第一节 概述

### 一、热风干燥定义

热风干燥是使干燥介质（空气、惰性气体、燃气或其他热气体）与被干燥物料直接接触的一种传统干燥技术。即被干燥固体与热流体直接接触，两相接触面积大，传热传质过程被强化。一直以来，这种干燥技术被广泛应用于散粒状固体物料的干燥。

### 二、热风干燥原理

热风干燥以热气体为干燥介质，采用自然或强制换热方式（对流换热、辐射换热）使干燥介质与物料进行湿热交换。物料表面上的水分即水汽，通过表面气膜向热气流主体扩散。同时由于物料表面水分汽化，使得物料内部和表面之间产生水分梯度差和温度梯度差，物料内部的水分进而会以气态或液态的形式向表面扩散，温度由表及里升高，即整个干燥过程有对流换热、辐射换热以及水分迁移。这对物料而言是一个升温减湿的减重过程，对干燥介质则是一个冷却增湿的加湿过程。

### 三、热风干燥的优势与劣势

#### （一）热风干燥优势

（1）气固两相传热传质的表面积大。例如，小尺寸散粒状物料在热气流中呈悬浮状态，这极大增加了气固两相之间的传热传质表面积。由于采用较高气体流速，使得气固两相间的相对速率也较高，不仅使气固两相具有较大的传热面积，而且体积传热系数也相当高。固体颗粒在气流中高度分散，物料的临界含水率也随之大幅下降。

(2) 热效率高、降水速率快、处理量大。热风干燥一般采用气固两相并流（又叫顺流）操作，这样可以使高温热介质最先遇到湿度最大的物料。且物料的含水率越高，干燥介质的温度就越高。根据物料的物性（如形状、尺寸、硬度等）也可采用气固两相横流、对流、混合流的操作。

(3) 热风干燥器结构简单、生产效率高、操作方便。相比其他技术的干燥装置，热风干燥器的装置投资费用较小，可按市场需求将粉碎、筛分、干燥、输送等加工环节联合起来，使流程简化且易实现自动控制。

### (二) 热风干燥劣势

热风干燥装置的流动阻力较大，因此必须选用高压或中压通风机，采用正压、负压或正负压联合作业模式，所以装置的整体动力消耗较大。而且干燥所用气体流速高、流量大，经常选用大尺寸高功率的旋风分离器和袋式除尘器，或配套独立的分离室和除尘室，导致整体装置体积大、占地面积大。热风干燥对于干燥载荷也很敏感，固体物料输送量过大时，气流输送会出现过载停机现象。

## 第二节　热风干燥装置

热风干燥装置主要由燃烧室、热风管、调温器、鼓风机、干燥室等组成，燃烧室内一般用煤或燃油作为热源来加热空气。热风在调温器的作用下可实现温度均匀并在鼓风机的吹动下由热风管输入干燥室内，与物料进行对流传热传质，再在鼓风机的吹动下由热风口排出。

有些工程书籍称热风干燥为对流干燥。装置工作时，热空气以对流换热的方式将热量传给物料，起着载热体的作用；同时，热空气还会把物料蒸发出的水蒸气及时带走，又起到了载湿体的作用，所以热空气在有些工程书籍中既被称为载热体，又被称为载湿体。

热风干燥目前仍是农产品干燥的主要方法，如水稻热风干燥装置通过热空气把热量传给稻粒，再由热空气把稻粒蒸发出的水分带走，最终达到干燥稻粒的目的。通常根据热空气的温度高低将热风干燥装置分为低温干燥机和高温干燥机。

### 一、低温干燥机

低温干燥机适用于谷物干燥、储存，它一般以常温或比常温高 2~8℃ 的热空气对谷物进行通风干燥。批量作业时，每批谷物的干燥时间较长，为 11~12d，每小时降水率为 0.5%左右。低温干燥机具有耗能低和干品质量好的优点，但占地面积较大且受大气湿度的影响也较大，有时会因空气湿度大、干燥时间长而出现谷物在干燥机内霉烂的现象，所以低温干燥机适用于降水频率低且气候干燥的地区或季节，按结构形式可以分为底板通风式干燥机、径向通风式干燥机、斜床式干燥机。

### （一）底板通风式干燥机

底板通风式干燥机为圆仓式或方仓式。方形底板通风式干燥仓如图 2-1 所示，仓的底板为多孔结构，底板下方为空气道，由风机吸入并吹出的常温空气或少许热空气穿过底板孔及谷层对物料进行干燥，废气经上方排风口排出。此机是干燥与储存的通用装置，干燥时堆积的谷层为 1m 以内；储存时可以将谷物堆积满仓并根据谷物的温度状况不定时通风。

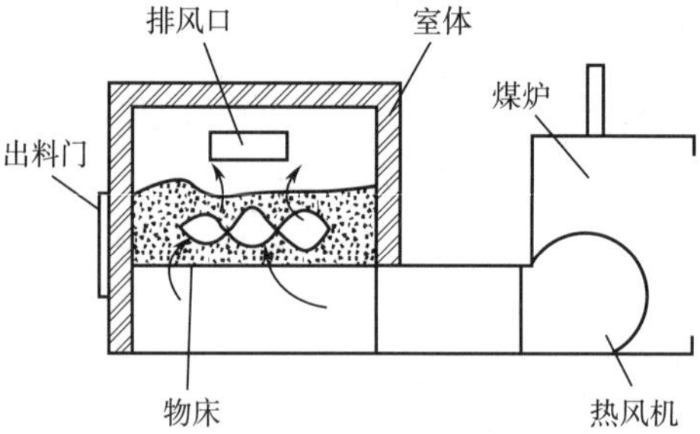


图 2-1　方形底板通风式干燥仓

圆形底板通风式干燥仓（图 2-2）在底板中心设有出料口，底板上面有自转和公转的扫仓绞龙，下面有出粮绞龙。上粮时，将湿粮放入升运器料斗运至干燥仓上方并经上输送绞龙（又称装仓绞龙）将湿粮装入仓内。

卸粮时，先开动出粮绞龙和升运器，将由仓中心流粮口流出的干粮经出粮绞龙运至升运器并升运到顶部，由该升运器另一侧的出粮管流出，这时底板上的扫仓绞龙不动（不自转也不公转）。待仓内的谷物靠自流卸粮达到极限状态时，开动扫仓绞龙将仓底积存的谷物集中到仓中心的出粮口，再经出粮绞龙和升运器运出。

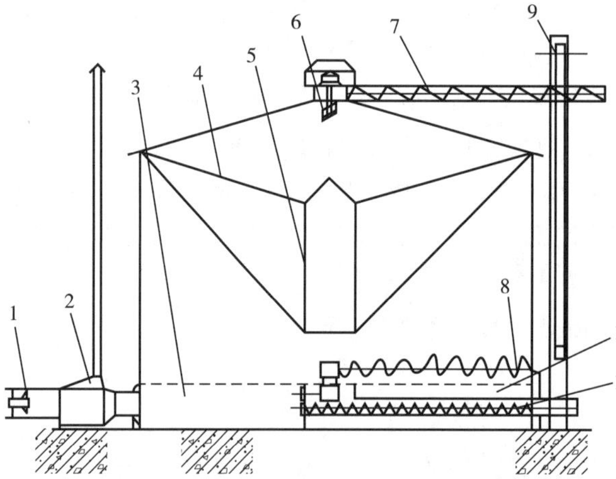


图 2-2　圆形底板通风式干燥仓

1—风机；2—加热器；3—通风机；4—圆形仓体；5—中间挡粮筒；6—均布器；7—上输送绞龙；8—扫仓绞龙；9—升运器；10—热风室；11—出粮绞龙。

上述圆仓式低温干燥仓干燥的谷层厚度不可过大，一般为 0.5～1m。谷层过厚将使上下谷层的水分差距过大，气流阻力也会显著增加。为了缓解这个问题，有的在仓内设有垂直自转并可移动位置的松粮绞龙，该绞龙将谷物从下方掘起并运至上方，起到上下翻动谷层的作用，同时改善谷层的透气性，减小谷层阻力。采用这种措施可将谷层厚度增加到2~3m，但也使仓的机构复杂度增加，提高了成本。

### （二）径向通风式干燥机

径向通风式干燥机（图2-3）由上料器、均料盘、外网筒、内网筒、换热器、燃油炉等组成。工作时，空气经燃油炉换热成低温热风，再通过热风管向圆筒仓体中心位置的热风室供给热风。热风径向穿过内外网筒间的谷层进行加热和干燥，废气穿过外网筒后散失在大气之中。径向通风式干燥机为批量作业式，上料时先切断风机的热源并关闭通向热风管的闸阀，用螺旋输料器经输送管向仓内上料，待上料完毕后开始干燥。

径向通风干燥仓的谷层厚度不宜过大，一般为0.4~0.6m，该仓直径是2~2.5m，高度一般为6m左右。此装置还能通过添加移动底盘等组件改为可移动式，很适合在粮食产地用于优质水稻的批量干燥。

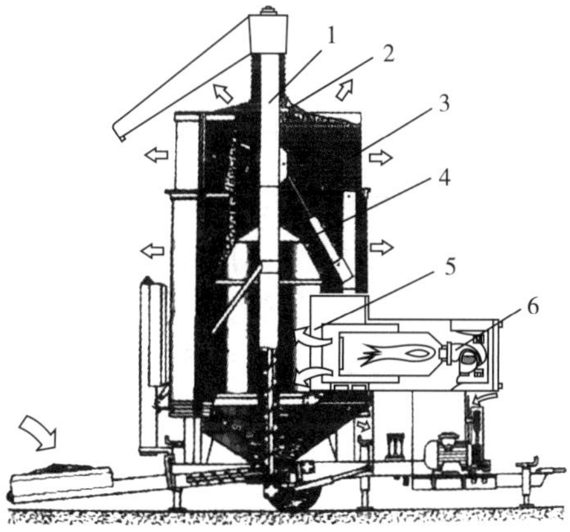


图2-3　径向通风式干燥机

1—上料器；2—均料盘；3—外网筒；4—内网筒；5—换热器；6—燃油炉。

### （三）斜床式干燥机

斜床式干燥机（图2-4）为方仓式，一般由若干个并列的方仓组成，仓的底部为倾斜式通气孔板，通气孔板的下部为通风道。该机的底板倾角要略小于谷物的自然堆角（一般取20°左右），作业时需注意谷层表面的坡度角要与底板角保持一致以确保谷层厚度相同。

斜床式干燥机的谷层堆积厚度与底板通风式干燥机相同，通常为1m左右。小粒谷物（如小麦及稻谷）因单位谷层厚度阻力大，则堆积厚度宜小些，而大粒谷物（玉米）的堆积厚度宜大些。斜床式干燥机除了适用于散粒谷物的干燥外还可干燥玉米果穗，其中玉米果穗堆因孔隙率较大，堆积高度可增加至3m。

机器的卸粮门位于底板低处的一侧，为卸粮方便，卸粮门为多个门并联形式，这样可以加快卸粮速率。在卸粮门的下方常设有皮带式输送机，可及时将卸出的粮运走。

为了改善固定床式谷物干燥的均匀性，有的斜床式干燥机上设有双向可调的进气门及排气门。在干燥开始的前一半时间内采取底部进气，废气由上排气孔排出，后一半时间则改用上进气门进气，废气由下排气门排出。

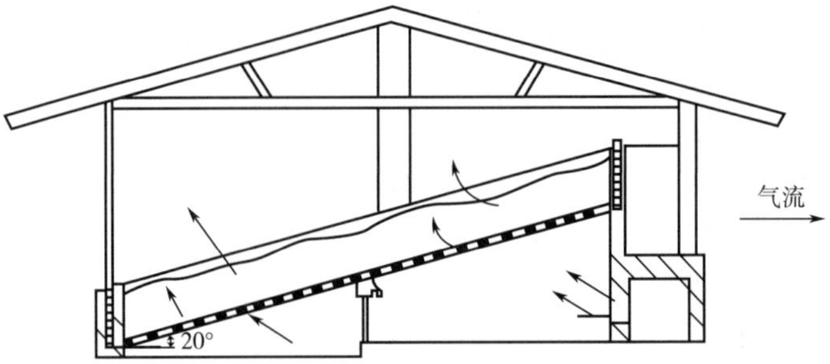


图 2-4　斜床式干燥机

## 二、高温干燥机

高温干燥机的热空气温度多为 80~300℃，干燥速率快（每小时降水为 2.5%左右）。故高温干燥机又被称为高温快速干燥机。常见的有流化床式干燥机、滚筒式干燥机、气流式干燥机、竖箱式干燥机、混流式干燥机、循环式干燥机、仓式干燥机、平床干燥机。

### （一）流化床式干燥机

流化床干燥是在 20 世纪 60 年代发展起来的，目前在化工、轻工、医药行业中得到了广泛应用。固体颗粒在干燥时会悬浮于干燥介质中，使得流体与固体接触面积较大。此外，物料被剧烈搅动，极大减少了气膜阻力，因而热效率较高，可达 60%~80%。

在干燥谷物时，流化床式干燥机（图 2-5）由倾斜 3°~5°的孔板下面向上吹热风，将谷层吹成流化状态，谷物沿孔板向低处缓缓流动并逐步得到干燥。干燥后的谷物从一侧流出，穿过谷层的潮气由机器上方的排气口排出。由于谷层较薄气流围绕谷粒分布比较均匀，其干燥均匀度较好，但因干燥时间较短（40~50s），物料降水率也较小（1%~1.5%）。流化床式干燥机没有冷却装置，干燥后的热粮需人工摊晾，使其温度下降到不高于环境温度 5℃ 的程度，以防谷层表面结露。该机适合小规模农户的生产使用，其批量使用常见于药品企业。

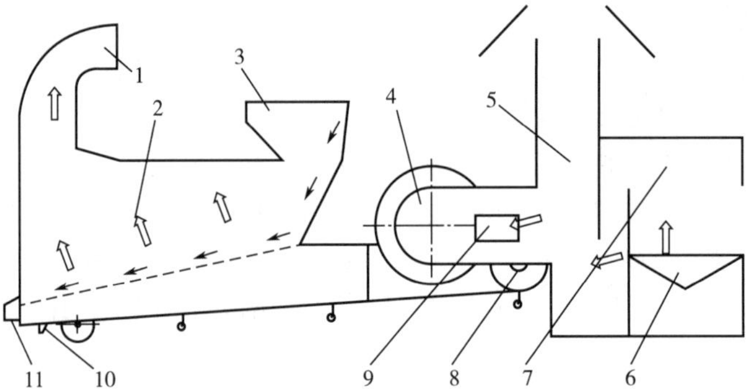


图 2-5　流化床式干燥机

1—排气口；2—烘干室；3—喂料斗；4—风机；5—烟囱；6—炉条；7—炉膛；8—电机；9—冷风机；10—集尘器；11—排粮口。

## （二）滚筒式干燥机

滚筒式干燥机有简易型和复式型两种。前者只有干燥转筒，后者除有干燥转筒外还设有降温转筒。以图 2-6 所示的复式滚筒式干燥机为例，湿谷物随同热空气（或炉气）由干燥转筒的一端进入滚筒，由于滚筒旋转（26~30r/min）并与其轴线有 1°~3.5°的倾斜，使得谷粒不断被筒内的抄板带起而又滚落，逐步向滚筒的低处端移动，由出口流出，继而进入降温转筒，经冷却后流出。进入干燥转筒的介质温度为 150~200℃，谷物受热 1~2min，降水率 1%~1.5%。目前，采用滚筒式干燥机的物料除了谷物外还有牧草、中药材、叶片状蔬菜等。

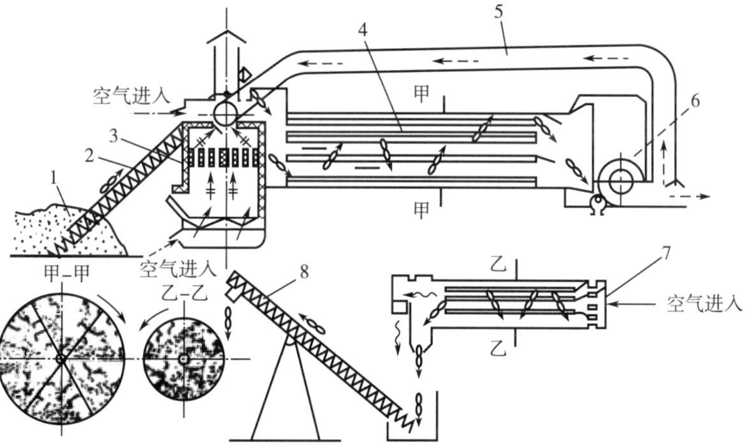


图 2-6 滚筒式干燥机整体布局

1—特干谷物；2—螺旋升运器；3—燃烧炉；4—干燥转筒；5—废气管道；6—通风机；7—降温转筒；8—螺旋升运器（卸谷）；甲-甲、乙-乙为剖面图。

## （三）气流式干燥机

气流式干燥机是在物料被气流输送过程中对其进行加热和干燥的。在谷物干燥时，该机还可设有缓苏段和余热加热段。典型的气流式干燥机如图 2-7 所示。该机由热风管、导粮管、缓苏室、余热回收管、余热干燥室、排风管、废气出口等组成。

谷粒在导粮管中一方面随着高温气流（80~90℃）上升，一方面被加热，吸收一定的热量。热量中的一部分使谷粒表面的水分蒸发，一部分使谷粒的温度升高。温度升高的谷粒在出管后碰到挡帽（反射弧形），落入缓苏室。在缓苏过程中，热量继续向谷粒内部传递，使谷粒内部的水分不断向其表面转移扩散。谷粒靠自重进入余热干燥室，被回收再利用的余热空气加热干燥，废气则由废气出口排出机外。该机结构较简单，使用比较方便，适于小规模批量生产。

## （四）竖箱式干燥机

用于干燥大批量谷物（玉米、稻谷、小麦、大豆等）的装置主要是竖箱式干燥机。谷物从竖箱的上端流至竖箱的下端，箱内通过的热空气使谷物得到加热和干燥。根据气流方向的不同和结构上的差异，竖箱式干燥机又有顺流式、对流式、横流式和混流式之分。

### 1. 顺流式干燥机

顺流（并流）式干燥是最新发展起来的一种干燥工艺（图 2-8），它是指热介质与谷物的运动方向（自上而下）相同，热介质在顺流干燥过程中首先与温度最低、水分最大的湿谷物接

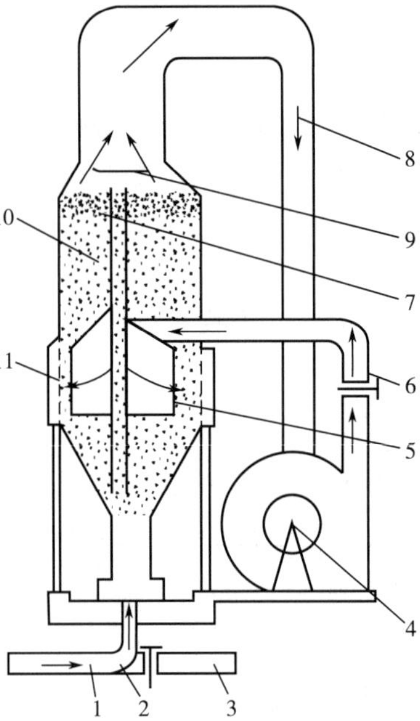


图 2-7　气流式干燥机

1—进粮口；2—热风管；3—出粮管；4—离心风机；5—余热干燥室；6—余热回收管；
7—导粮管；8—排风管；9—挡帽；10—缓苏室；11—废气出口。

触。由于两者的温差较大，谷物温度迅速上升并达到湿球温度，而介质温度随着谷温的升高反而迅速下降，两者温度在趋近一致后再一起随谷物水分的下降而继续缓慢下降，直到谷物流出为止。在干燥过程中，谷物受高温加热的时间较短，受中温加热的时间较长，故其干燥质量较好（图 2-9）。为了提高干燥能力，常采用温度 200℃以上的高温介质进行干燥，但谷物温度仍不过热。

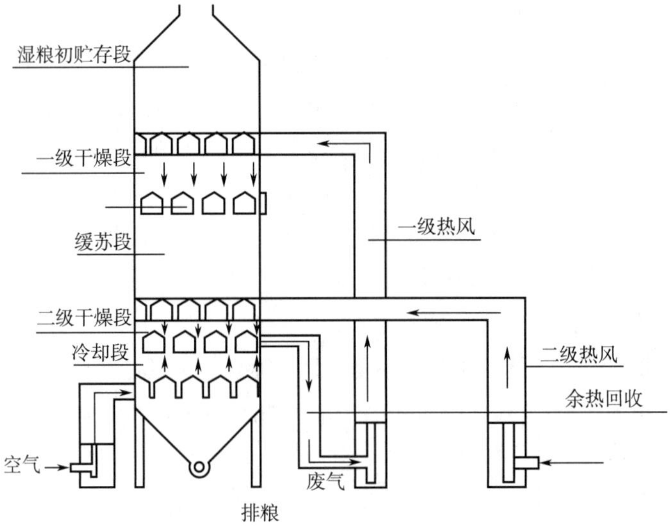


图 2-8　顺流式干燥机

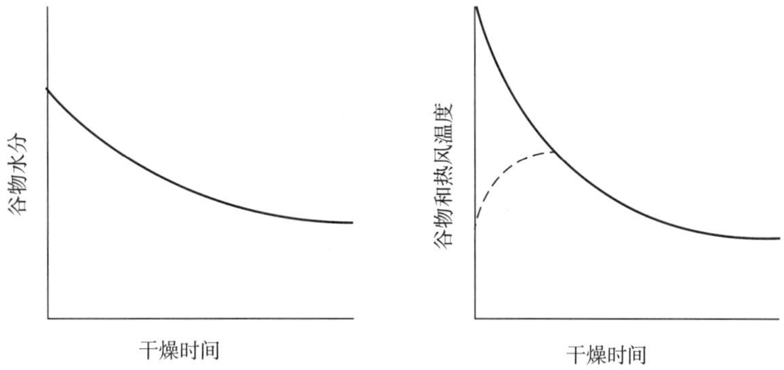


图 2-9　顺流式干燥机干燥特性曲线

顺流式干燥机的特点：①热风与谷物运动方向相同；②可以使用很高温度的热风（100～300℃），因此干燥速率快；③高温介质首先与最湿、最冷的谷物接触；④热风和粮食平行流动，干燥质量较好；⑤干燥均匀，无水分梯度；⑥粮层较厚，粮食对气流的阻力大，风机功率较大；⑦适合干燥多种谷物；⑧适合批量干燥。

2. 对流式干燥机

对流式干燥是指热介质流动的方向与谷物的流动方向（从上向下）相反。热介质首先与已经干燥的、温度较高、水分较低的谷物接触，而后逐渐与温度较低、水分较大的谷物接触，最终与湿粮接触后排出。对流式干燥机如图 2-10 所示，由干燥特性曲线（图 2-11）可知，谷物水分早期下降甚微，后期逐步加快；而谷物温度早期上升缓慢，后期则升温迅速。干燥后的出粮温度与热介质温度比较接近，所以热介质温度不能太高，一般为 60℃左右，干燥速率也因此较慢。

对流式干燥机的特点：①热介质温度不能过高；②热效率较高；③粮食温度可以接近热空气温度；④热风所携带的热能可以充分利用。

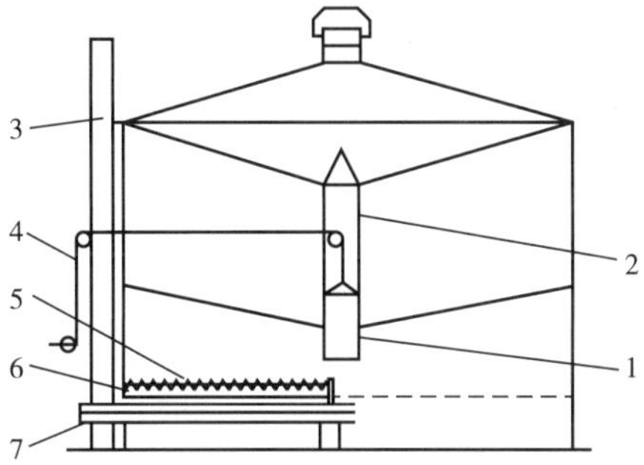


图 2-10　对流式干燥机

1—活塞；2—风筒；3—提升机；4—绳索；5—扫仓螺旋；6—透风板；7—输送螺旋。

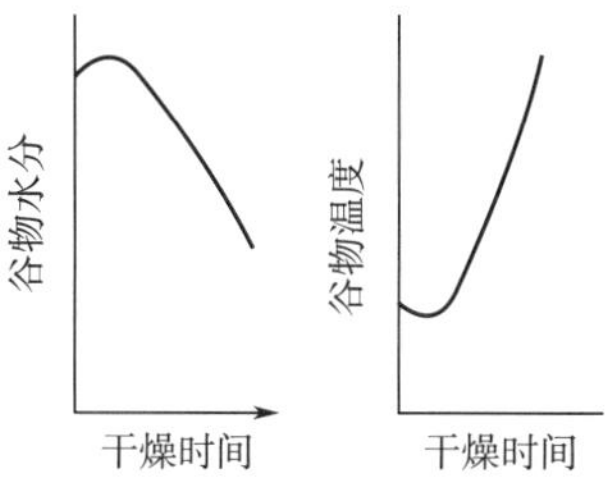


图 2-11　对流式干燥机干燥特性曲线

3. 横流式干燥机

横流式干燥机的主体由一个或几个立式柱构成，所以它也被称为柱式横流干燥机（图 2-12）。谷物靠自重从顶部湿粮入口进入干燥室。干燥室内部从上到下分成缓苏段、干燥段和冷却段，在干燥段热空气受迫通过热风室壁面的筛网从一侧横穿过干燥室的粮食层，再从干燥室另一侧的废气室排出，安装在后方的排气口会加装排湿风机来增加热空气横穿粮食层的速率。因为热风的流向与机内谷物的流向垂直，故称横流式干燥机。谷层具有一定厚度，靠近热风一侧的谷物总是与热介质接触，使得谷物温度上升较快且水分下降迅速。此外，由于多采用高温干燥使得该部位的谷物水分容易“过干”。靠近出风口（排出废气）一侧的谷物总是与温度较低的介质接触，所以谷物的温度上升速率和水分下降速率都很慢，而中间层的谷物温度与水分变化则介于两者之间（三种不同位置的谷物温度与水的干燥特性曲线如图 2-13 所示）。为此，横流干燥机在设计时进行了一定的改进，其改进如下。

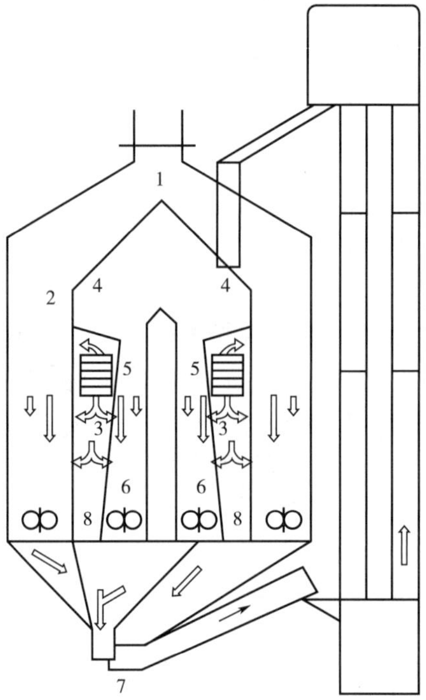


图 2-12　柱式横流干燥机

1—湿粮入口；2—外粮粒；3—热风室；4—缓苏段；5—内粮粒；6—差速轮；7—排粮口；8—冷却段。

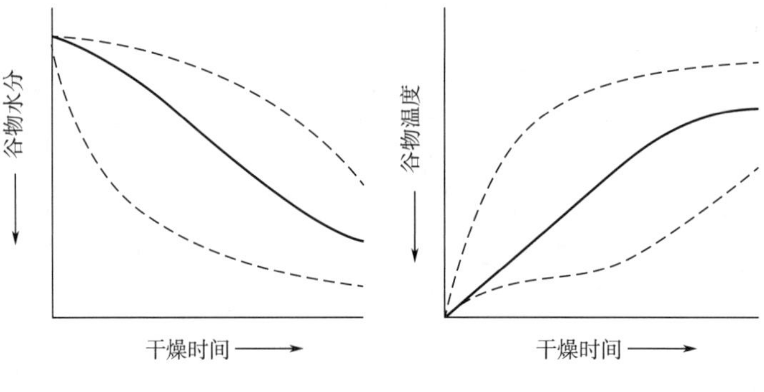


图 2-13　横流式干燥机干燥特性曲线

①谷物层换位：为了克服横流式干燥机的干燥不均匀性，可在横流式干燥机的网柱中部安装谷物换层器，使网柱内侧的谷物流到外侧，外侧的谷物流到内侧，从而降低粮食水分的不均匀性。

②差速排粮：为改善干燥的不均匀性，在横流式干燥机的排粮口处设置两个排粮辊。两轮的转速不同，进风侧的排粮辊转速较快，而排风侧的则较慢。这种设计缩短了高温侧谷物的受热时间，可使谷物的水分保持均匀。

③热风换向：即沿横流式干燥机网柱方向分成两段或多段，使热风先由内向外吹送，再由外向内吹送，谷物在向下流动的过程中受热比较均匀，干燥效果得以改善。

横流式干燥机的特点：①结构简单、制造方便、成本低；②谷物流向与热风流向垂直；③谷层薄（200~400mm），热风温度较低，一般不超过 90℃。④适合干燥多种谷物；⑤适于批量干燥。存在的主要问题是：干燥不均匀，靠近热风室一侧的谷物过干，而排气一侧则干燥不足，使谷物存在水分差与温度差。

## （五）混流式干燥机

混流式干燥是指热介质与谷物流向是多向的，既有横向、逆向，又有顺向及混合状态。干燥段交替布置着一排排的进气和排气角状管，谷粒按照 S 形曲线向下流动，交替受到高温和低温气流的作用（图 2-14）。在干燥段，谷物总是与温度最高的热风相遇，使得谷物水分呈阶梯式下降，其干燥特性曲线如图 2-15 所示。

混流式谷物干燥机的特点：①结构较横流式干燥机复杂，每单位处理量的制造成本比横流式干燥机高 15%~20%；②干燥介质的单位消耗量比横流式干燥机低，风机动力较小；③单位热耗较横流式干燥机低 5%~15%；④烘后粮食的温度比较均匀且含水率不均匀度比横流式干燥机小；⑤适用性强，可干燥玉米、水稻、小麦等多种作物；⑥适于批量干燥。

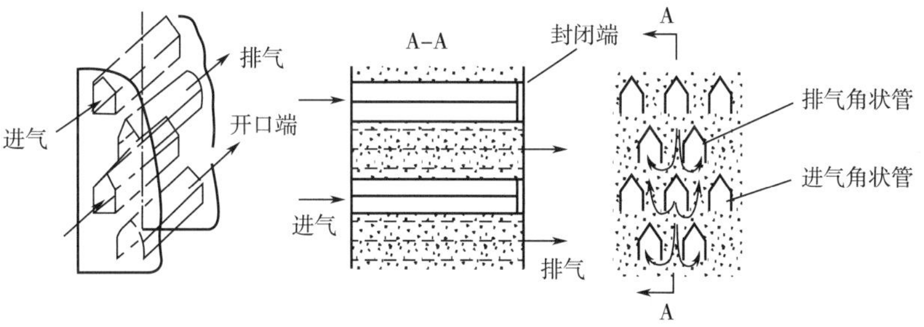


图 2-14 混流式干燥机角状管的配置

A-A 为剖面图。

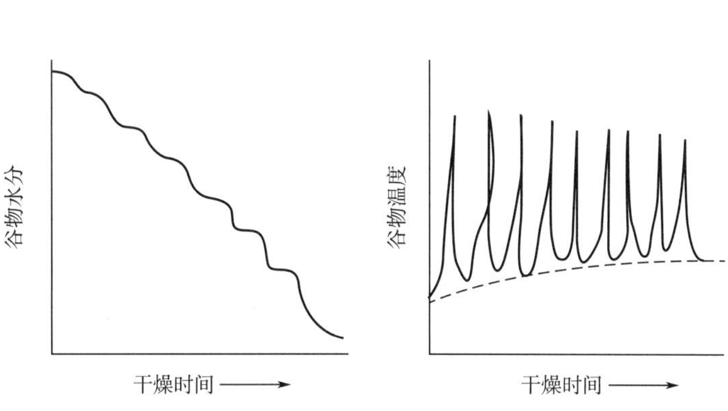


图 2-15 混流式干燥机干燥特性曲线

### （六）循环式干燥机

循环式干燥机是比较先进的批量式干燥机。作业时，先将一批待干燥谷物全部装入干燥机内，然后启动机器进行干燥。谷物在干燥机内不断流动，流经干燥段时谷物直接受热被干燥，流经缓苏段时谷物内部水分向外表继续扩散。

循环式干燥机的干燥、缓苏同时进行。干燥后的谷物用立式螺旋送到上锥体上方，进行短时间的缓苏，便于谷粒内部水分继续向外扩散。这符合谷物干燥规律并有利于减少谷粒的破碎率，从而保证干品的品质。谷物在循环干燥过程中始终处于不断混合与流动的状态，故实现了干燥的均匀性。具体的干燥时间受原粮水分影响较大，水分高时循环时间长。

根据循环提升装置的布置，循环式干燥机可分为内循环和外循环两种。

1. 圆筒内循环干燥机

图 2-16 所示为一种圆筒内循环干燥机。谷物通过中心螺旋升运器输送到上部，再靠重力下移，在干燥段处与热风接触蒸发水分，运动到底部时再由中心螺旋升运器输送上去，不断循环进行干燥。这类干燥机还可以做成移动式，30kW 左右的拖拉机就可以实现对这类干燥机的牵引及传动，解决谷物收获与干燥环节的运输问题。

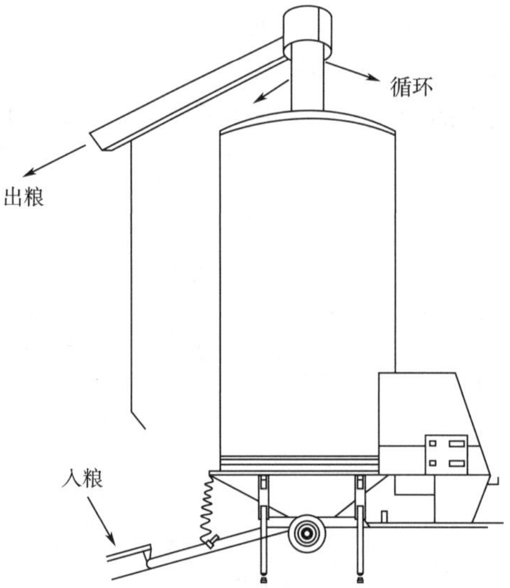

图 2-16　圆筒内循环干燥机

圆筒内循环干燥机的特点：①生产率高、干燥速率快。一个直径 24m，高 5m 左右，质量 1500kg 的干燥机每小时可干燥玉米约 2t（降水率 5%），一天（20h）可干燥约 40t 粮食。②谷物循环速率快，每 10~15min 完成一次循环，循环 20 次就可降水 20% 以上。比混流式干燥机的谷物流速高 7 倍，比普通横流式干燥机高 3 倍。因此可使用高的风温，而不致使谷物温度过高。并且干燥均匀，混合好。③机器结构紧凑，占地面积小，制造容易；在相同的生产率和降水幅度下，谷物高速循环流动使得机身尺寸极大减小，比起塔式干燥机，可节约钢材。④干燥、缓苏同时进行，热空气分布均匀，粮食受热一致且符合粮食干燥规律，有利于保证粮食品质。

2. 横流式外循环干燥机

横流式外循环干燥机是常见的批量式干燥机之一，其主机一般由干燥箱（缓苏段、干燥段）、上下输送搅轮、提升机和热风室组成（图2-17）。它与内循环干燥机的不同之处在于谷物是从干燥段下部的排粮辊排出，然后由下螺旋输送搅轮推送到干燥机一侧，经外部的斗式提升机输送到干燥箱顶部的上输送搅轮，再均匀地由上输送搅轮散布到缓苏段内，经缓苏、干燥后，再进入下一循环。该类型的干燥机采用较低风温（50~60℃）、较长距离的缓苏过程使得谷物降水速率较慢，干燥均匀，提高谷物食用品质的同时不影响其发芽率。

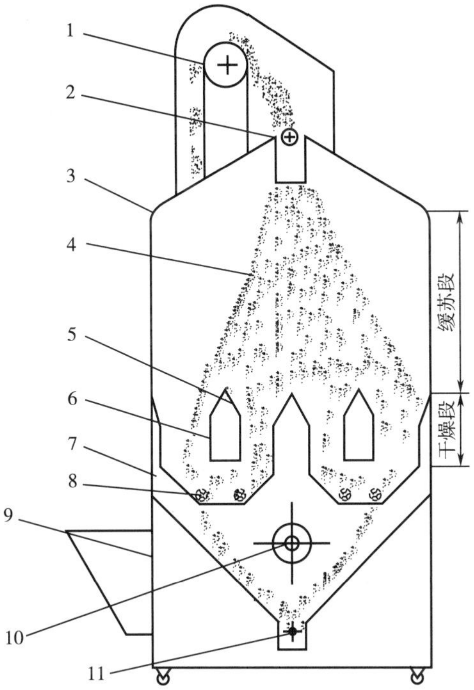


图2-17　横流式外循环干燥机

1—提升机；2—上输送搅轮；3—干燥箱；4—谷物；5—热风室；6—透气孔板；7—废气室；8—排粮辊；9—进粮斗；10—轴流吸风机；11—下输送搅轮。

## （七）仓式干燥机

1. 仓内贮存干燥机（干贮仓）

仓内贮存干燥机又名干贮仓，由金属仓、透风板、抛撒器、风机、加热器、扫仓螺旋和卸粮螺旋组成，其结构如图2-18所示。湿谷装入干贮仓后，立刻启动风机和加热器，将低温热风送入仓内，继续运转风机直到谷物水分达到要求为止。随着收获作业的进行，湿谷不断加入仓内，当谷层达到一定厚度时停止加粮。仓内的谷物量由干贮仓的生产率和湿谷的水分决定，每一批谷物的干燥时间为12~24h不等。

2. 循环流动式干燥仓

图2-19所示为一个循环流动式干燥仓，其结构与仓内贮存干燥机相同。谷物从进料斗进入，经提升器、上输送绞龙送到均布器，并均匀地撒在透风板面上直到达到所要求的谷层厚度为止，然后开启风机，把加热过的空气压入热风室，热风从下而上穿过谷层，由排气窗排出室外。为加热均匀，需翻动谷物，此时开动扫仓绞龙、下输送绞龙、提升器、上输送绞龙和均布器。下层谷物由扫仓绞龙送到下输送绞龙，经提升器、上输送绞龙到达均布器，再次均匀地抛

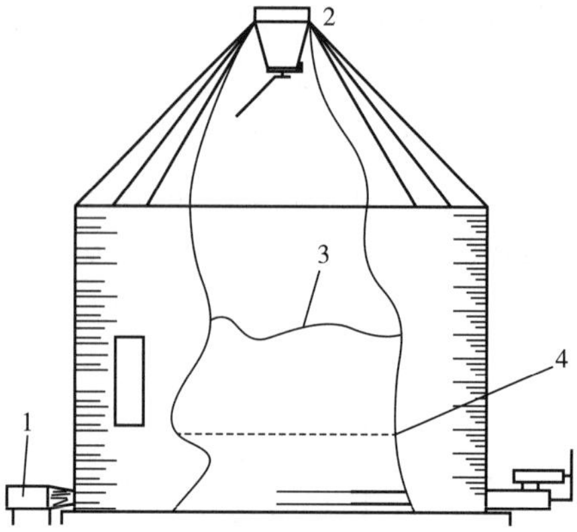


图 2-18　仓内贮存干燥机

1—风机和热源；2—抛撒器；3—粮食；4—透风板。

撒回干燥仓。通过这样依次不断地间歇翻动，使上下层谷物调换位置，从而达到干燥均匀的目的。此种类型的干燥器机械化程度较高，但装置投资大。

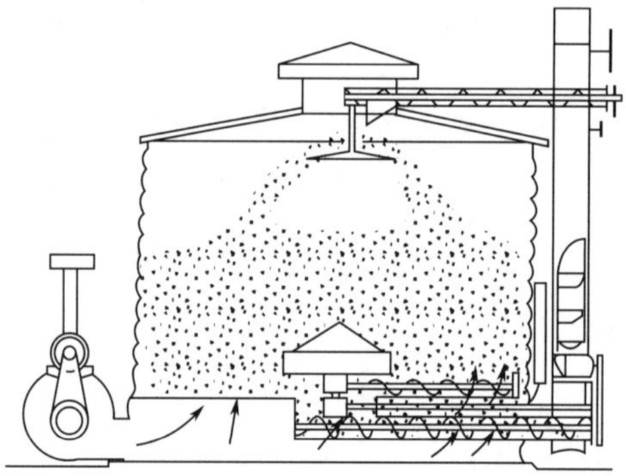

图 2-19　循环流动式干燥仓

3. 仓顶式干燥仓

仓顶式干燥仓一般在顶部下方 1m 处安装锥形透风板，加热器和风机则装在孔板下（图 2-20）。当谷物被干燥后，利用绳索拉动活门可使谷物落到下面的多孔底板上，在多孔底板的底部设有通风机用于冷却撒落的热粮，与此同时顶部又装入新的湿粮进行干燥。此批粮食干燥后又落到已冷却的干粮上。如此重复进行，直到仓内粮面到达加热器平面为止。这种干燥仓的优点是干燥、冷却同时进行，卸粮不影响干燥。此外，粮食从顶部下落时对粮食有混合作用，可改善干燥的均匀性。

4. 立式螺旋搅拌干燥仓

为了增加谷层厚度和保证粮食干燥后的水分均匀性，可在圆仓式干燥机中加装立式螺旋（图 2-21），对粮食进行搅拌。搅拌螺旋用电机驱动，螺旋除自转外还可绕圆仓中心公转，同时还能沿半径方向移动。立式螺旋搅拌干燥仓的优点是：疏松谷层，增加孔隙率，减少谷粒对气流的阻力，因而增大了风量；使上下层的谷物混合，减少干燥不均匀性；提高干燥速率，缩短干燥时间。

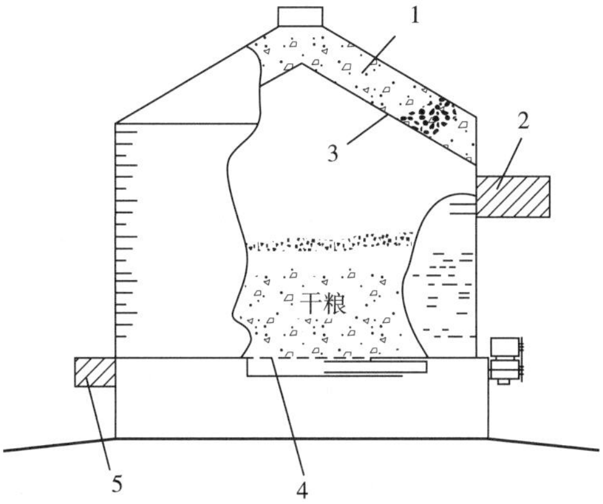


图 2-20　仓顶式干燥仓

1—湿粮；2—风机和热源；3—上透风板；4—下透风板；5—冷风板。

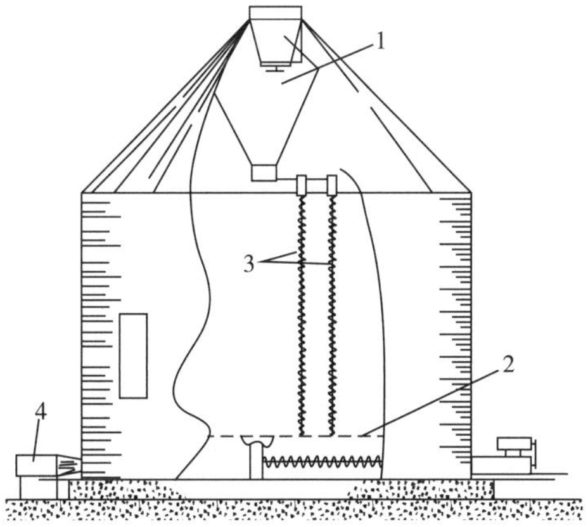


图 2-21　立式螺旋搅拌干燥仓

1—抛撒器；2—透风板；3—搅拌螺旋；4—风机和热源。

### （八）平床干燥机

平床干燥机受物料尺寸形状影响较小，是一种通用型机型，常见于个体用户。使用时，把物料平整地堆放在干燥机平床筛网的上部。筛网下部是通风道，热风炉产生的热风在风机的作用下通过通风道，然后穿透物料层进行干燥。由于物料层是静止不动的，因此物料层下部受到的热风温度高，干燥速率快，上层则反之。所以在干燥过程中要经常翻动物料。

# 第三节　热风干燥机控制装置

## 一、概述

控制装置在热风干燥过程中起着至关重要的作用。在整个干燥过程中，它能最大限度地保证物料品质满足或高于行业标准，精准执行预先设定的干燥工艺，提高装置的工作效率并保证生产过程的安全，尽可能地降低装置能耗以及减少装置运行对环境的污染等。这些都直接反映了控制装置的性能。

根据人介入控制装置的程度可将控制装置分为人工控制、自动控制、智能控制。人工控制完全依赖操作者的经验去调节干燥过程；自动控制是在人工控制的基础上产生的，装置根据干燥参数检测值偏离设定值的大小来选择和执行预设的调节方案；智能控制则是在自动控制的基础上发展而来。人工控制或自动控制装置的调节方案在智能控制装置中都有所体现，智能控制装置区别于前两者的最大特点是可以自我判断、评价和改进干燥过程。

农特产品干燥技术是一个集生物、化学、热力学、机械学、流体力学等多学科交叉运用的综合技术。早在 20 世纪 60 年代，发达国家如美国、日本的农产品干燥机已经实现了干燥作业半自动化和干燥介质温度控制的自动化。到了 20 世纪 70 年代，随着电子技术的飞速发展，经典控制理论实现了谷物干燥过程的自动化。发展至今，由于微型计算机的迅速普及，智能控制装置中的专家装置、模糊逻辑控制等已经开始应用于农产品干燥过程的智能控制。下面以农产品为例，介绍其干燥控制装置。

### （一）农产品干燥控制装置的基本目标

（1）在喂入干燥机的农产品水分和温度及干燥作业条件变化的情况下，保证农产品干品的品质满足国家标准或高于行业标准。

（2）以最低的干燥成本和能耗达到最大的处理量。

（3）避免农产品被干燥过度或欠干燥，干燥过度是指农产品干品水分低于标准要求，导致农产品干品品质下降以及干燥过程能耗增加，造成经济损失；欠干燥是指农产品干品水分过高，没有达到标准要求，使得农产品干品在后期贮藏或深加工过程中发生霉烂变质，造成经济损失。

（4）避免发生火灾及环境污染（热、尘）。

（5）排除外部环境干扰。

（6）保持干燥过程稳定。

（7）使干燥过程实现最优化。

### （二）干燥机控制装置的性能要求

干燥装置性能直接决定被干物料的干后品质，由此，对干燥控制装置提出了以下基本要求。

（1）精确性　即控制精度，一般以稳态误差来衡量。稳态误差是指具有一定变化规律的输入信号作用于装置，在调整过程结束且趋势稳定时，输入量的实际值与期望值之间的误差值。它反映了动态过程后期的性能，稳态误差越小，控制精确度就越高，即出机物料的水分含量接近于产品要求的水分含量。

（2）稳定性　控制装置包含储能元件，若装置参数匹配不当，便可能引起振荡。稳定性就是指装置动态过程的振荡倾向及其恢复平衡状态的能力。对于稳定性强的装置，当输出量偏离平衡状态时，能随着时间收敛并最终回到初始平衡状态。稳定性是保证控制装置正常工作的先决条件，干燥过程必须稳定，否则出机物料的水分含量将严重不均匀。

（3）响应速率　是指当装置的输出量与输入量之间产生偏差时，消除这种偏差的快慢程度。响应速率快的装置消除偏差的过渡时间短，能复现快速变化的输入信号并具有较好的动态性能。对任何干扰（如喂入物料水分含量的变化），控制装置都应该迅速响应，调节平衡以保证装置稳定输出。

(4) 适应性 控制装置能够在较大范围的过程条件下正常工作。即使在工况特性发生了某些变化、某些部件发生故障或外部环境条件发生较大变化时（如高温高湿、低温、高粉尘等恶劣环境条件），也不允许控制装置超差甚至失效。也就是说，控制装置要具备一定的稳定裕量和冗余量。

### （三）干燥过程变量

由于农产品的干燥是一个复杂的热质交换过程，有很多因素会影响物料的干燥品质，因而干燥过程自动化要考虑很多过程参数，如干燥过程的动态特性、干燥过程中需要控制或监测的过程变量个数、热介质的温度允许范围、热介质的流量、物料流量、物料的初始水分和终了水分含量等。此外还应有安全保护需要的临界过程参数及互锁功能，控制装置和传感器应易于校正，装置应易于维护保养，作业应可靠。控制装置的成本及装置的可靠性都是重要因素。

干燥过程变量可以分为两类。①输入变量：含控制变量和扰动变量；②输出变量：又称为被控变量。

(1) 输入变量 ①控制变量，控制变量是可以自动或人工调节的变量，干燥机最重要的输入操作为：A. 热介质温度、湿度；B. 物料流量；C. 热介质流量。②扰动变量，控制装置不能调节的变量称为扰动变量，最常见的扰动变量为：A. 环境温度；B. 环境相对湿度；C. 入机湿谷水分含量。

(2) 输出变量 输出变量（被控变量）可分为可测量的输出变量和不可测量的（难以测量）输出变量，干燥机输出变量为：A. 干燥后物料水分含量；B. 干燥后物料温度；C. 排气温度；D. 排气相对湿度；E. 物料品质（色泽、爆腰率、发芽率等）。

一般来说，物料品质的在线测量是很困难的，通常是根据经验来估计的。在干燥过程中，如果采用合适的水分在线测量传感器，物料水分含量就是可测量的输出变量。若干燥机上没有安装水分在线测量传感器，则物料水分是不可测量的输出变量。

输出变量、控制变量和扰动变量构成物料干燥过程中的控制装置变量。干燥时，控制装置的主要目标是控制出机物料水分含量这一输出变量。对出机物料水分含量的控制可分为间接控制和直接控制。前者是通过检测和控制干燥机的排气温度、湿度来间接控制物料水分。因干燥机排气温度的测量简单、精确、价格低、容易实现，市面上很多小型干燥机采用的就是这种控制方法。但干燥机的排气温度受扰动变量影响较大，所以与出机物料水分的相关程度并不是很高。因此间接控制的控制度低、控制性能差。后者是利用物料水分在线传感器对干燥机出口物料水分进行直接在线测量和控制。这种控制方法能够显著改进干燥机的控制性能，但物料水分传感器种类多、价格高，所以这种控制方法常见于大型干燥机。

### （四）干燥过程控制方法

按照控制装置的工作原理，可把干燥机上常见的控制方法分为手动控制、反馈控制、前馈控制、前馈-反馈控制和智能控制。

#### 1. 手动控制

手动控制是由操作者根据经验来判断干燥状态，进而控制干燥过程，具体步骤为：①启动干燥机；②设定初始处理参数；③测量出机物料水分含量并与要求达到的水分含量比较；④根据实测的水分含量与要求的水分含量的差值大小，凭借经验调节控制变量（如燃油输入量、谷物流量等）以实现要求的水分含量。

手动控制的机器成本低，但干燥过程的控制全凭操作者的经验，劳动强度大，控制精度差，出机物料的水分含量稳定性差。

2. 反馈控制

反馈控制是干燥过程普遍采用的控制方法之一。反馈控制器的功能是使被控变量保持在设定值，其控制原理为：控制装置测得被控变量如物料水分含量，并与设定值的许可范围进行比较，由此产生一个误差信号并将其传送给主控制器，主控制器通过调节控制变量以最短时间消除该误差。一般来说，主控制器并不能直接调节控制变量，而是通过执行机构控制装置来实现对控制变量的调节，如控制燃油流量的电磁阀、控制物料流量的排料电机、控制热介质流速等。理想状态就是反馈控制对过程输出变量产生精确的校正，迫使输出变量回到设定值的许可范围。

三种基本的反馈控制是比例控制（P）、积分控制（I）和微分控制（D）。比例调节为基本环节；积分调节能消除静误差，提高精度，但会使装置的响应速率变慢，稳定性变差；微分调节能增加稳定性，加快装置响应速率。三者可独立使用，也可组合应用，常见的 PID（Proportion Integration Differentiation）控制器就是采用了这三者的组合（图 2-22）。

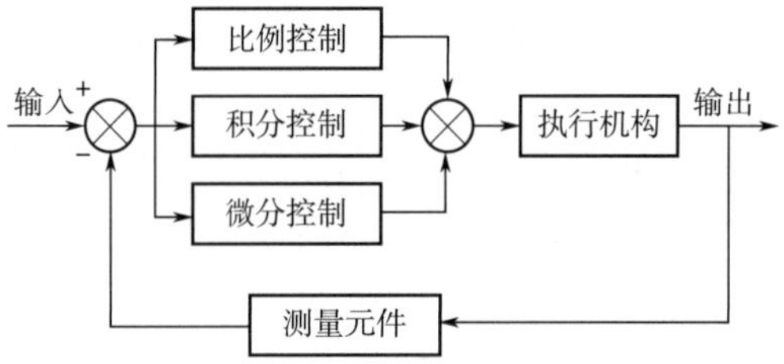


图 2-22 PID 控制器控制原理示意图

PID 控制是应用非常广泛的控制算法。小到控制一个元件的温度，大到控制无人机的飞行姿态和飞行速率等，都可以使用 PID 控制。PID 控制器的控制输出公式如式（2-1）。

$$\mu(t) = K_p\left[p(t) + \frac{1}{T_i}\int_0^t p(t)\,dt + T_d\frac{d_p}{d_t}\right] + \mu_0 \tag{2-1}$$

式中 $\mu(t)$——控制变量；

$K_p$——比例系数；

$p$——偏差；

$t$——时间；

$T_i$——积分常数；

$T_d$——微分常数；

$\mu_0$——控制常量，或称为控制基准，如初始状态控制变量的基准值。

式（2-1）中，比例、微分、积分的前面都有一个系数（由比例系数和常数组成）且离散化，很适合编程。但在真正的工程实践中，最难的就是确定这三个项的系数。它需要大量的实验以及经验支持来选择适当的参数，从而实现稳定控制。

反馈控制的优点是不需要识别和测量扰动变量，且对干燥过程模型的不稳定性和参数的变化不敏感。其缺点是要等到扰动变量对干燥过程起作用后才能实施控制，不适用于对测量时间过于滞后的装置控制，否则可能产生不稳定性。

3. 前馈控制

农产品干燥时，物料在机内的驻留时间较长。所以在调节输入控制变量时，要经过较长时间才能在输出变量上得到反应，滞后较大。如果干燥机的一个流程时间过长，反馈控制将难以达到控制精度和稳定性的要求，而预测型的前馈控制器可解决反馈过于滞后的问题。

前馈控制器通过测量扰动变量并根据其变化，直接调节控制变量并作出补偿，而不是等到输出变量变化时再调节控制变量。前馈控制在干燥机上是通过测量扰动变量（如入机物料水分含量）实现的，在控制器中采用的是能够表达扰动变量（如入机物料水分含量）、控制变量（如物料流量）和输出变量（如出机物料水分含量）的干燥过程模型。控制目标是使被控输出变量（出机物料水分含量）保持在设定值。前馈控制的效果取决于干燥过程模型的精确度，前馈控制原理如图 2-23 所示。

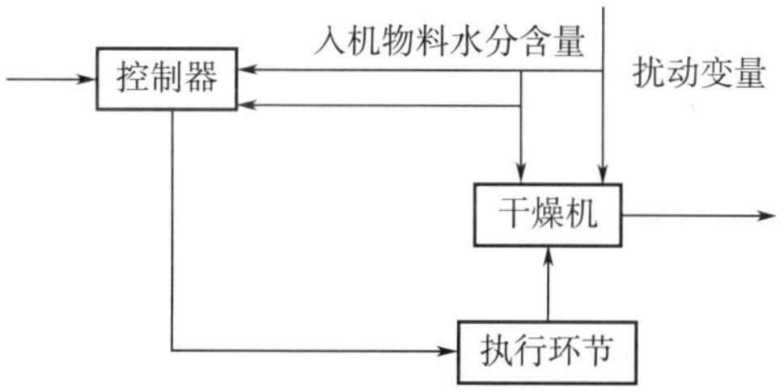


图 2-23 前馈控制原理示意图

前馈控制的优点是在扰动变量对干燥过程起作用之前就可以对其作出补偿，适用于大滞后装置的控制，并且不会降低干燥过程的稳定性。其缺点是要识别所有可能的扰动变量并直接测量这些扰动变量，但不能对不可测的扰动变量作出补偿。此外，它对过程参数的变化敏感，需要过程模型且模型的精确性决定了控制装置的精确性。

4. 前馈-反馈控制

图 2-24 所示为前馈控制和反馈控制的组合，由采用干燥过程模型的前馈控制单元、反馈控制单元及动态补偿单元组成。它具有前馈控制器和反馈控制器的优点，对装置的不确定性和模型的不精确性都不敏感。反馈控制单元的功能是校正前馈控制单元模型的不精确性和对扰动变量测量的不精确性。

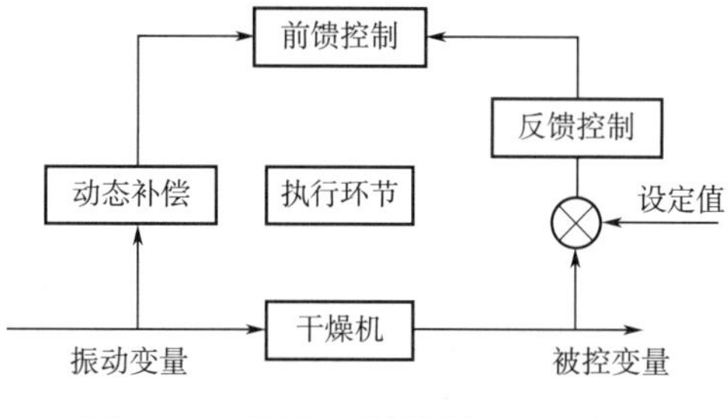


图 2-24 前馈-反馈控制原理示意图

5. 智能控制

智能控制以控制理论、计算机科学、人工智能、运筹学等学科为基础，扩展了相关的理论和技术。其中应用较多的有模糊逻辑、神经网络、专家装置、遗传算法等理论以及自适应控制、自组织控制和自学习控制等技术。传统控制无论怎么发展，其控制核心是建立被控对象的数学模型，这与智能控制有本质区别。智能控制采取了人的思维方式：建立逻辑模型，使用类似人脑的控制方法来实现目标。干燥机上常用的智能控制装置有神经网络控制装置和专家控制装置。

（1）神经网络控制装置　反向传播神经网络（又称 BP 神经网络）是一种按照误差反向传播（Back propagation，BP）算法训练的多层前馈神经网络，是应用最广泛的神经网络模型之一。BP 神经网络具有任意非线性的表达能力，在不清楚各输入参数与输出参数之间的关系时，通过大量装置数据的训练可得到响应的控制模型。相比于传统控制，BP 神经网络控制在减少编程量的基础上得到了所需的控制效果，更适用于非线性的农产品干燥。例如，BP 神经网络 PID 控制器就是利用 BP 神经网络的这种特性，在无穷变化的非线性组合中找出比例、微分、积分的最佳关系以实现对出机物料水分的控制。图 2-25 所示为 BP 神经网络 PID 控制器的控制结构。温湿度偏差作为算法输入，通过 BP 神经网络自学习算法训练、加权系数调整，输出 PID 控制参数 $K_P$、$K_I$、$K_D$（比例、微分、积分系数）的最优组合。PID 控制器计算得出最终所需的温湿度控制变量并直接作用于控制对象。

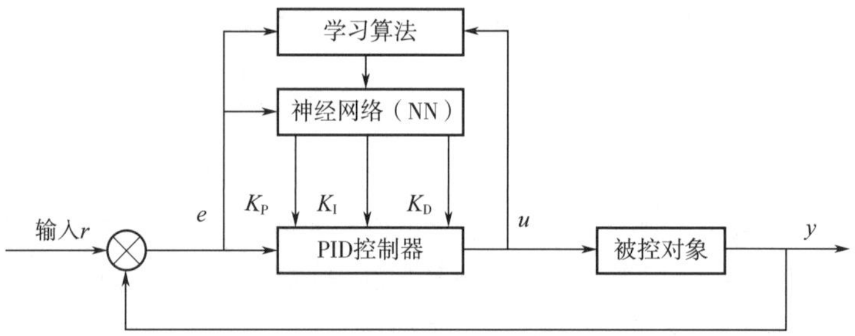


图 2-25　BP 神经网络 PID 控制器示意图

图 2-25 所示的 BP 神经网络 PID 控制器一般采用简单的三层神经网络结构，$r$ 表示输入值，$e$ 表示误差值，$u$ 表示控制变量，$y$ 表示输出值，NN 表示神经网络（Neutral Network）。如图 2-26 所示，它有 3 个输入层节点（$M$）、4 个隐含层节点（$Q$）、3 个输出层节点。输入层节点对应所选的装置运行状态量，必要时需做归一化处理；输出层节点分别对应 PID 控制器的三个可调参数 $K_P$、$K_I$、$K_D$，三个参数不能为负数，所以输出层神经元的激发函数取非负对称的 Sigmoid 函数即可；而隐含层可取正负对称的 Sigmoid 函数。从本质上讲，BP 神经网络的控制算法就是以网络误差平方为目标函数，采用梯度下降法来计算目标函数的最小值，具体编程可分为两步。①网络状态的初始化：选定 BP 神经网络结构，即确定 $M$ 和 $Q$ 的值。设定初始状态与初始化参数值，包括将初始状态的输入输出值设置为零，随机产生初始状态下各层的权值系数初值；设定较优的学习速率和惯性系数以及设定计数上限。例如，对图 2-26 所示的结构，可设学习速率 $n=0.5$，惯性系数 $\alpha=0.49$，计数器为 $k=1$，计数上限为 5。②网络计算过程：基本算法包括信号的前向传播和误差的反向传播两个过程。即计算误差输出时按从输入到输出的方向进行，而调整权值和阈值则按从输出到输入的方向进行。正向传播时，输入信号通过隐含层作

用于输出层节点，经过非线性变换后产生输出信号。若实际输出与期望输出不相符，则转入误差的反向传播过程。误差反向传播是将输出误差通过隐含层向输入层逐层反向传播并将误差分摊给各层所有单元，凭借从各层获得的误差信号作为调整各单元权值的依据。通过调整输入层节点与隐含层节点的联接强度、隐含层节点与输出层节点的联接强度以及阈值，使误差沿梯度方向下降。经过反复学习训练，确定与最小误差相对应的网络参数（权值和阈值），训练就会停止。此时经过训练的神经网络能对类似样本的输入信息进行自行处理并输出误差最小且经过非线性转换的信息。例如，对图 2-26 所示的结构，通过采集温湿度数据信息，设计并计算得到 $e(k)$ 在 $k$ 时刻的实际输入。将计算的 $e(k)$、储存的 $e(k-1)$、$e(k-2)$ 作为隐含层输入。在初始状态时，前两次的 $e(k-1)$、$e(k-2)$ 并不真实存在，可直接取 0.00001 来代替 0。其他输入参数也是做归一化处理，而后通过 BP 神经网络前向传播计算，得出输出层的 $K_P$、$K_I$、$K_D$。再通过反向传播计算，修正输出层和隐含层的加权系数。此时参数已更新，设置为 $k=k+1$，判断 $k$ 是否已达设定的上限，是的话就结束，否则就返回继续进行前向传播和误差的反向传播计算。

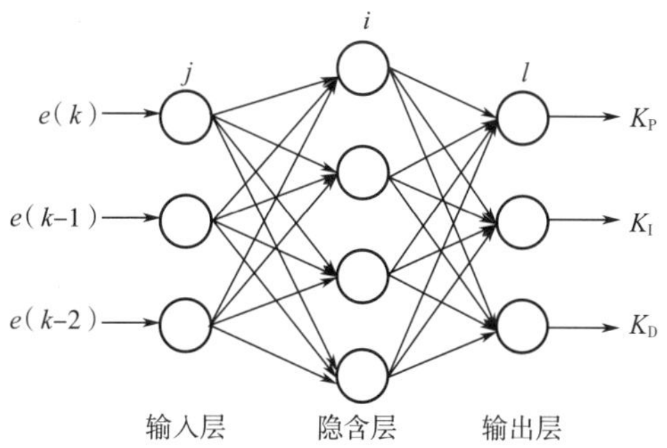


图 2-26　三层 BP 神经网络结构

*j* 表示输入层，*i* 表示隐含层，*l* 表示输出层。

（2）专家控制装置　专家控制装置是利用专家水平的知识和经验对特定领域的高水平难题进行处理的控制装置，它在解决复杂的高级推理中获得了较为成功的应用。干燥过程的实时控制要求专家控制装置在控制过程中能实时采集数据、处理数据并进行推理和决策，以便对过程进行及时控制。农产品干燥过程的被控对象具有非线性、时变性、强干扰等特性，要求专家控制装置具有很强的自适应和自学习能力，以保证在复杂多变的各种不确定性因素存在强干扰的不利环境下获得优良的控制性能。同时，用户在农产品干燥过程中需要控制装置，从而实现根据干燥过程中的工况变化来灵活方便地设置参数、修改规则等。所以专家控制装置在实践中可称为复合控制装置，是反馈控制、前馈控制等两种或两种以上控制手段有机组合而形成的一种多段综合控制装置。

在农产品干燥过程中，控制的任务是保证出机物料水分和产品质量符合工艺要求，控制手段则是改变干燥室排料轮的转动速率。把进料水分、进风温度、环境温湿度变化等信号以前馈形式引入干燥过程控制装置中，而把出机物料的水分反馈到输入端，可以修正控制模型中的相关系数，消除因干燥装置工况变化引起的扰动。对于前馈控制，需要专家控制装置把热风炉当作一个单元子装置来控制。例如，为混合出不同温度的热风，要通过控制风量分流调节阀开度来调配冷热风的比例。对于反馈控制，由于参数的变化规律并不是预先确定的，而是在获得热风温度、环境温度、入口物料水分等前馈干扰量的基础上，由干燥专家控制装置计算出物料在干燥室的驻留时间，从而给出控制变频器的既定频率。通过双向通信线路，频率从干燥专家控制装置所在的服务器传递给控制变频器，进而控制排料轮的转速使其在相应的时间、位置处平稳作出相应的变动，以保证出机物料水分和产品质量符合工艺要求。这种排除各种干扰因素的影响、准确复现控制信号的控制装置能获得比单一控制装置更高的控制精度和稳定性。而双向通信技术将干燥专家装置融入控制装置，把干燥自动控制装置提升为干燥专家智能控制装置，使装置的工作效率、干燥效率、干燥质量等均有了大幅度的提升。

（3）微型计算机控制装置　微型计算机控制装置又称为计算机控制装置或微机控制装置，表现形式有很多种，它可以是闭环的也可以是开环的。微机把测量元件、变送单元和模/数（A/D）转换器送来的数字信号直接反馈到输入端并与设定值进行比较，然后根据要求按偏差进行运算。所得到数字量输出信号经过数/模（D/A）转换器送到执行机构，对被控对象进行控制，使被控变量稳定在设定值上，这种装置称为闭环控制装置。开环控制装置有两种方式：一种是微机只按时间顺序或某种给定的规则影响被控对象；另一种是微机将来自被控对象的信息处理后，只向用户提供操作指导信息，然后由人工去影响被控对象。无论哪种控制都需要有数/模转换器和模/数转换器这两个环节。

在农产品干燥过程中，微机控制装置可以将用户的经验决策和操作指令通过智能卡传送到干燥机上的智能控制终端以实现智能控制干燥过程。图2-27所示为微机控制装置示意图。微机控制装置从在线测量装置接收数据，根据已经编成并存储在微机存储器中的控制算法或用户操作来计算控制变量以实现对干燥过程的智能控制。微机控制装置通过分时控制来实现对多个回路的控制，能动态或静态显示过程变量，对不同的过程变量（如热介质温度、湿度、压力、流量及物料水分含量等）进行数据采集和存储以及对干燥过程进行优化控制和管理等。

从起初的PID控制装置，到自适应PID和非线性PID的变种控制装置，再到模糊控制、变结构控制装置，再到面向测控管一体化设计的分散控制（DCS）装置以及已经推广的现场总线控制（FCS）装置，微机控制装置正向智能化、网络化和集成化的方向发展。

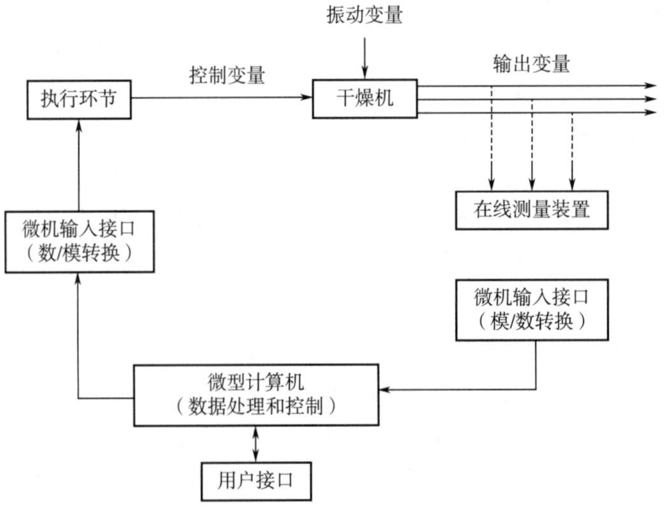


图2-27　微机控制装置示意图

## 二、典型热风干燥机控制装置

以下介绍 3 种典型的控制装置在热风干燥机上的具体运作过程。

### （一）前馈-反馈控制装置

早期的连续横流式干燥机一直是手动控制的，通过调节排料螺旋输送机的转速来控制谷物在干燥机内的驻留时间，但手动控制常常导致物料过干。横流干燥机最早采用的自动控制是对排气温度的反馈控制，干燥机的排气温度与出机物料水分之间的不确定性使得该控制方法的效果不理想。后来，很多谷物干燥装置上都采用了直接控制谷物水分的控制装置。控制方式一般采用传统的 PID 控制、前馈控制和前馈-反馈控制，对连续流动横流式谷物干燥机控制效果最好的是前馈-反馈控制装置。控制装置由基于模型的前馈控制器及用于校正前馈控制器的反馈控制器和动态补偿器组成。装置中，被控变量是出机谷物的水分含量，控制变量是排料螺旋输送机的转速，主要的扰动变量是入机谷物的水分含量。控制装置由微型计算机、在线水分传感器、电机转速控制器和控制软件等组成，如图 2-28 所示。

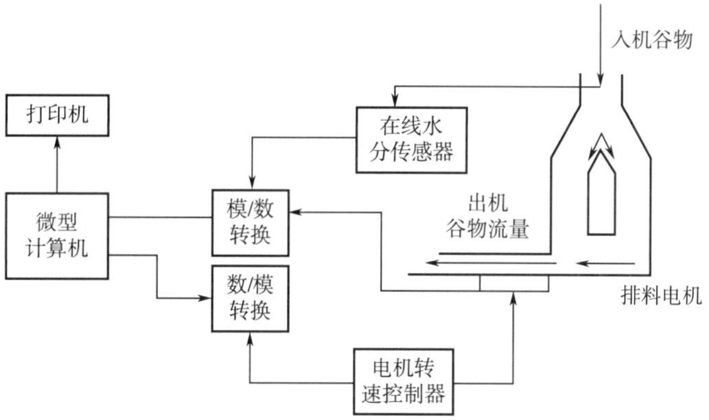


图 2-28　横流物料干燥前馈-反馈控制装置

当扰动变量变化或过程模型精度低或入机谷物水分测量不精确时，反馈控制校正将迫使出机谷物水分回到设定值并借助对入机谷物水分加权平均的方法来实现动态补偿，干燥机出机谷物平均水分的控制精度误差为±0.5%。

### （二）模糊逻辑控制装置

干燥机的控制方法大多采用数学方程或算法，如古典控制理论采用差分方程或传递函数，现代控制理论则采用状态空间方法，这些方法都需要把干燥过程的装置知识和已有信息表达成解析式。在实际使用和设计中，谷物干燥机的控制装置采用这种方法会遇到很多困难，原因是：①谷物干燥过程是复杂的、时变的和非线性的；②某些干燥过程变量（如谷物品质和色泽）是不能直接测量的，有些变量（如物料水分含量）的测量可能是不连续、不精确、不完整或不可靠的；③干燥机的过程模型是对实际过程的近似且需要大量的计算时间；④干燥机的被控变量与控制变量之间存在交互效应；⑤干燥机的作业条件复杂，扰动变量的范围宽，难以调控。

显然，几乎不可能用一个合适的模型来完全表达一个非线性、时变且滞后的过程。要克服上述困难需对干燥机的传统控制方法不断改进并探索新的、更有效的控制方法。近年来，人工智能控制理论开始应用于谷物干燥机，明显提高了干燥过程的精确性，如模糊逻辑控制。

模糊逻辑控制是以专家知识为基础的控制策略。它在规则中采用模糊语言变量来模拟人脑控制方法以解决过程的动态特性及控制环境的不确定性，因此它又被称为模糊逻辑过程控制。在模糊逻辑控制中，模糊逻辑将模糊语言变量转换成精确的数值控制操作。

模糊逻辑控制装置也属于微机控制装置的一种，所以模糊控制装置的组成类同于微机控制装置，模糊逻辑控制装置的基本原理可由图 2-29 表示。它的核心部分为模糊控制器，其控制规律由计算机程序实现。在干燥过程中，实现一步模糊逻辑控制算法的过程是：计算机由中断采样获取被控制变量（出机物料水分）的精确值，再将此量与设定值比较得到误差信号 $E$，然后把误差信号的精确量进行模糊化，变成模糊量。误差 $E$ 的模糊量可用相应的模糊语言表示，至此则有了 $E$ 的模糊语言集合的一个子集 $e$（实际上是一个模糊向量）。再由 $e$ 和模糊控制规则 $R$（模糊关系）根据推理的合成规则进行模糊决策，得到模糊控制变量 $u$。为了对被控对象施加精密控制，还需要将模糊控制变量转化为精确量，这一步称为非模糊化（又称清晰化）处理。得到了精确数字变控制量后，经数模转化为精确的模拟量并将其传输给执行机构，对被控过程（入机空气的加热过程或入机热风温度的调节过程）进行第一步控制，然后中断并等待第二次采样，接着进行第二步控制，如此循环下去，便实现了对被控对象的模糊控制。

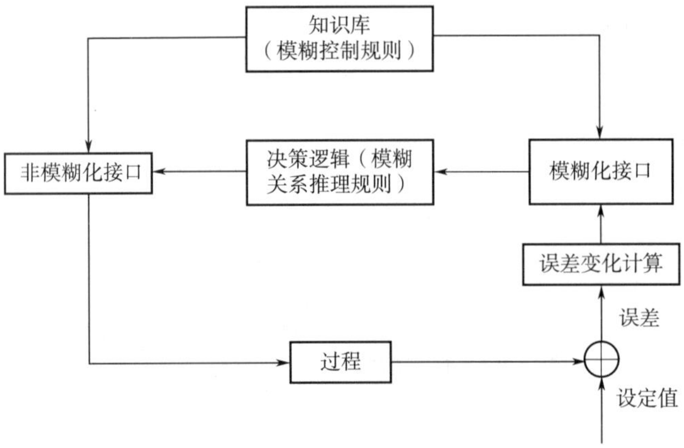


图 2-29 模糊逻辑控制装置示意图

综上所述，每一步的模糊逻辑控制算法可概括为 4 个主要步骤：①根据本次采样得到的装置输出值（出机物料水分），计算出装置的输入变量（入机热风温度）；②将输入变量的精确值变为模糊量；③根据输入变量（模糊量）及模糊控制规则，按模糊推理合成规则计算得到控制量；④将上述得到的控制变量视为转化为计算精确的控制量。

### （三）自适应控制装置

自适应控制装置是指能按照环境的变化进行自身调整使得其行为在新的或者已经改变了的环境下达到最好或者达到“容许”的控制装置。物料干燥自适应控制装置由干燥专家装置、物料水分在线检测装置、温度检测装置、热风配额调节装置、控制器等构成。进风温度和环境温湿度的变化、进料水分和干燥装置工况波动是该装置的扰动变量，出机物料水分是输出变量，控制变量是变频赫兹数。干燥粮食时，干燥效率以及品质指标应保持在规定的范围内，如确保粮食干品的水分含量与目标水分含量之间的精度误差为±0.5%。

1. 自适应控制装置的构成

自适应控制装置如图 2-30 所示，主要由传感器群、水分在线检测装置、变送器、小信号处理装置、可编程触摸屏、控制器、驱动电机、安全报警系统、工业变频器、智能排料装置、热风配额调节装置、热风导流装置、上位计算机（专家系统）及热能发生装置（燃煤炉）等构成，该装置所有的在线检测量都要经过控制器转送到上位计算机（专家系统）。专家装置根据在线的实时检测量计算出控制器的给定值，并通过控制器与上位计算机间的双向通信自动设定给控制器。装置的扰动变量依照专家装置的给定值进行前馈调节，这样不仅能大幅提高调节速率和干燥热能利用率以及大幅降低干燥控制成本，还能把出机物料水分含量作为输出变量提供给专家装置，专家装置以此来判断干燥机的工况变动情况并为控制器提供新的控制策略。在这样一种由前馈、反馈有机组合构成的复合控制装置中，控制器的设定值及其变化规律不是预先确定的，而是由专家装置根据在线检测值进行计算得到的，即实时给定的。控制器本身既是一个完整的独立控制单元，又是一个基本数据采集节点，与上位计算机之间实现双向通信。它不仅为专家装置提供在线数据，同时也能实时接受来自专家装置的计算结果，使得控制装置能够自动迎合进风条件和环境温湿度变化、进料水分和干燥装置工况波动，实时调整控制策略，形成高质量的热风干燥自适应控制装置。

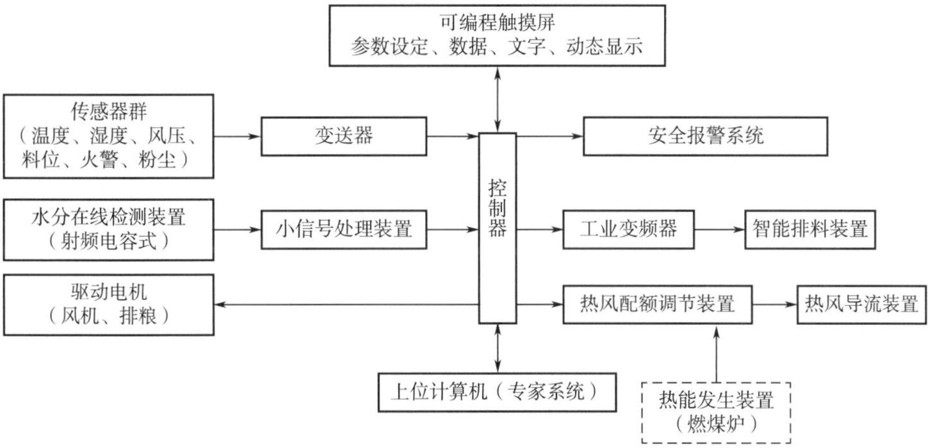


图 2-30 自适应控制装置示意图

2. 自适应控制装置的任务

自适应控制装置的任务是根据实时给定的干燥时间选择变频器的输出频率以控制排粮轮转速，其目的是根据最优干燥温度和风量并按照控制规则来改变冷风调配量，混合出合适的入机热风。控制手段采用 PID 控制，在传统的 PID 控制方法和典型结构的基础上，扩充了控制器参数调整知识，使装置在运行过程中将实时的输入值、输出值以及偏差变化范围等以调整规则的形式存于专家装置中，而后输出控制模式和调整 PID 参数（如风量、风温），从而实现干燥过程的实时调整控制（在线控制）。自适应控制装置示意图如图 2-31 所示。

专家控制装置包含知识库和模型库。装置的设定值如物料种类、干燥的最高和最低安全温度范围、用户要求、各调节规律的模型（如针对物料干燥特性和气流状态的变化特性推理产生的调整规则模型）、干燥过程中的各种特征参数等都可存储到专家控制装置。同时，实时智能

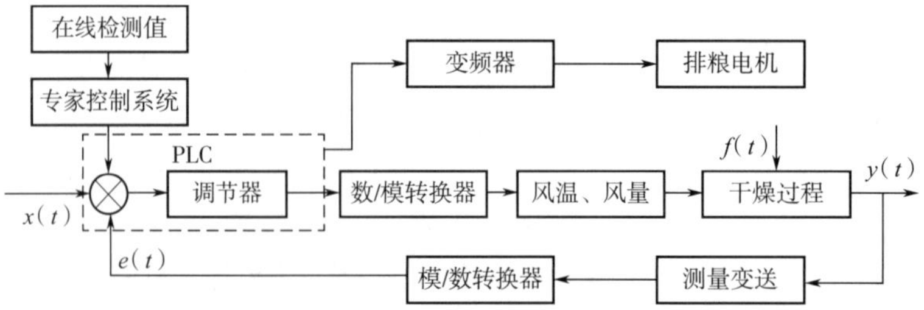


图 2-31　自适应控制装置示意图

$t$ 表示时间，$x(t)$ 表示输入值，$e(t)$ 表示误差值，

$f(t)$ 表示控制变量，$y(t)$ 表示输入值，PLC 是可编程逻辑控制器。

专家装置必须具备智能检测诊断和异常状况预测管理的实时处理能力，并根据诊断结果和管理结论得出干燥装置最优的工作制度和调整方案。

3. 自适应控制装置的特点

（1）扰动变量多。

（2）专家控制系统充足。

（3）干燥装置与控制器、控制器与服务器之间均为双向通信。

4. 自适应控制装置的应用效果

基于谷物深层干燥动态解析理论和粮食水分精确在线测量技术开发的谷物干燥自适应控制装置能适应较大水分含量变化范围（如 10%～35%）和空气温度变化范围（-30.6～30℃）。与传统干燥控制装置相比，谷物爆腰率能降低约 2.5%，干燥效率提高约 30%且能控制干燥机出粮水分精度误差小于±0.5%。对比传统控制装置，该装置控制性能提升显著，控制过程稳定性好，环境适应能力强，极大程度地避免了人为介入，还极大提升了谷物干品品质。

## 第四节　热风干燥供热装置

热风干燥技术的供热装置是向干燥机输送炉气或热空气的炉灶，又称热风炉。热风炉的性能对干燥过程和干品品质很重要。

### 一、热风炉分类

（1）根据加热方式分类，主要有直接加热热风炉和间接换热热风炉。后者根据热载体的不同又可分为导热油加热炉、蒸汽加热式热风炉、烟气热风炉等。根据换热器形式的不同，还可分为无管式热风炉、列管式热风炉、热管式热风炉等。

（2）根据燃料类型分类，可分为固体燃料热风炉、液体燃料热风炉、气体燃料热风炉。其中，固体燃料热风炉最为常见，它在炉中的基本燃烧方式有三种：铺层燃烧、悬浮燃烧和沸腾燃烧。与之相应的燃烧装置分别称为层燃式热风炉、悬燃式热风炉和沸腾燃烧式热风炉。层燃式热风炉又分为手烧式热风炉、链条式热风炉和往复式炉排热风炉。

（3）根据燃料或热源类型分类，可分为燃生物质材料热风炉、燃气热风炉、燃煤热风炉、燃油热风炉、电加热器和太阳能集热器等。

（4）根据司炉方式可分为机烧式热风炉和手烧式热风炉。

（5）根据炉体结构可分为卧式热风炉和立式热风炉。

（6）根据炉排分布形式可分为水平炉排热风炉和倾斜炉排热风炉。

（7）根据功率大小可分为大型热风炉、中型热风炉和小型热风炉。

本节主要介绍农产品热风干燥机上常用的热风炉。

## 二、直接加热热风炉

直接加热热风炉的特点是燃料燃烧后的烟气不通过换热器而是直接用于加热干燥，产生的烟气温度可达 800℃，且装置成本较低、热损失小、燃料的消耗量比间接换热热风炉减少一半左右。直接加热热风炉增加换热器后可改为间接换热热风炉。

### （一）块煤直接加热热风炉

用于直接加热空气的块煤直接加热热风炉结构如图 2-32 所示，它主要由炉膛、沉降室和混合室组成。沉降室和炉膛之间为燃尽室，这里保持着较高温度，使可燃性挥发气体能燃烧完全。燃料自炉门加入，在炉排上形成燃烧层。燃料燃烧时所需空气由出灰门进入，通过炉排和燃烧层使燃料燃烧。灰渣则通过炉缝隙落入灰坑，从出灰门排出。炉膛中的燃烧产物（烟道气）经燃尽室充分燃烧和沉降室分离炉灰、火花后，进入混合室（连接风道），同来自冷风门的冷空气混合且达到要求温度后，由通风机吸出并被压入干燥室中。二次空气先由炉排下面侧壁上的小孔进入空气隔层预热，然后由炉膛上方侧壁的小孔进入炉膛，从而使炉膛中未燃尽的挥发物和气流带动炉膛、燃尽室、沉降室、混合室上来的细小炭粒进一步燃尽。

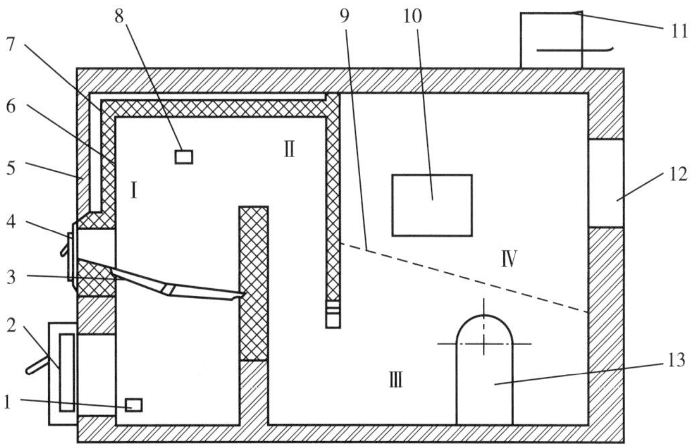


图 2-32　块煤直接加热热风炉示意图

Ⅰ. 炉膛　Ⅱ. 燃尽室　Ⅲ. 沉降室　Ⅳ. 混合室

1—二次空气进口；2—出灰门；3—炉排；4—炉门；5—红砖炉壁；6—耐火砖内衬；7—空气隔层；8—二次风出口；9—火花扑灭装置；10—冷风门；11—烟囱；12—炉气出口；13—清灰门。

热空气温度的调整可通过调节冷风门的开度来实现，直接加热空气的燃煤炉只适合用无烟煤作燃料以减少对物料的污染。

### （二）煤粉直接加热热风炉

煤粉直接加热热风炉的总体结构如图 2-33 所示。将在煤场粗碎、干燥后的煤加入破碎输送机，破碎至粒径小于或等于 10mm 并经固定式磁选筛自动磁选和筛分后，再由斗式提升机送至储煤仓备用。储煤仓与风扇式磨煤机将煤磨成粒度大于或等于 120 目的煤粉并由输煤管送往燃烧器，煤粉在燃烧器内经高温燃烧和气化反应后，以半气化状态喷入炉体内实现完全燃烧。燃烧过程产生的粉煤灰一部分由排渣机构自行排出，一部分随烟气经热风除尘器排出，少量随烟气进入干燥塔。排烟装置仅用于炉子冷态点火过程的短暂排烟。

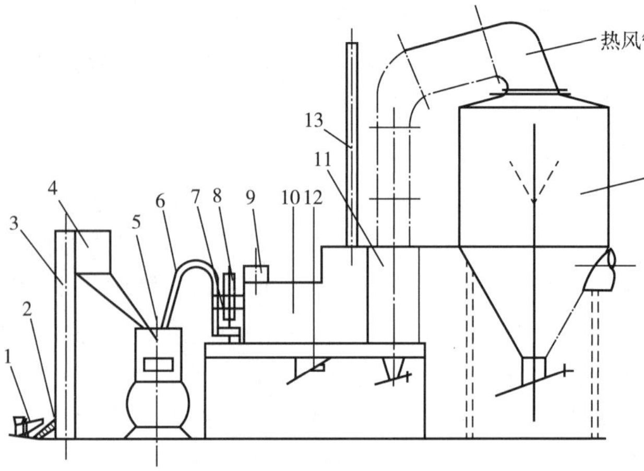


图 2-33　煤粉直接加热热风炉示意图

1—破碎输送机；2—固定式磁选筛；3—斗式提升机；4—储煤仓；5—风扇式磨煤机；6—输煤管；7—预燃式燃烧器；8—助燃风管；9—配风管；10—炉体；11—排渣机构；12—热风除尘器；13—排烟装置。

煤粉直接加热热风炉的核心部件是煤粉喷嘴，根据喷嘴结构的不同，可分为扩散式燃烧器和预燃式燃烧器两大类。前者有旋风式喷嘴燃烧器，涡流式喷嘴燃烧器，双管式粉煤喷嘴燃烧器，煤气、粉煤两用燃烧器，电加热多级点火燃烧器，速差射流型喷嘴燃烧器等多种形式。后者有带根部二次风预燃式直接点火燃烧器、中心火炬式煤粉直接点火燃烧器、抛物线内筒式直接点火燃烧器、等离子直接点火燃烧器等多种形式。

煤粉或煤粉与重油的联合燃烧室可分为立式喷燃燃烧室和卧式燃烧室两种。为使燃烧更充分以便排烟和除渣，有些煤粉直接加热热风炉设有 3 个室，即主燃烧室、副燃烧室和混合室。

燃烧器喷入的细煤粉以悬浮状态集中在主燃烧室燃烧。空气过剩系数设计在 1.5~2.0 内可调，使室内始终保持超氧化性气氛。该室的设计温度可达 1300℃ 以上，实际操作需考虑灰渣熔点等因素，所以温度一般略低。

副燃烧室的作用是提高未燃挥发物以及气体、固体未完全燃烧物（如一氧化碳等）的燃尽率。目前市场上这种热风炉的内部结构设计是：主燃烧室的火焰经 90°转向，分成两股进入副燃烧室，从而延长了燃料在炉内的停留时间并加强了气体扰动和空气助燃作用，使内部燃烧更为完全。这种结构设计可避免因局部气流不畅导致温度过高造成结渣。

从副燃烧室出来的 1000℃ 以上的烟气，由混合室与配风机输送的冷风混合成干燥机所需的进风温度后，被送入热风管路。在设计时，副燃烧室具有一定的高度，从而起到沉降煤灰、杂质的作用。

有时为了加强炉内气体的振动以提高燃烧效率，在炉内还设有炉膛二次风装置。高压风机分出的二次风可以以 50m/s 的速率有力地穿过主燃烧室的火焰中心，从底部进入副燃烧室。炉膛二次风的设置使炉膛内的气体发生涡流，混合更完全，从而延长了气体燃烧时间，改进了空气助燃作用并减少了化学、机械不完全燃烧损失。同时，炉膛二次风的设置也是控制和提高炉内空气过剩系数的有效手段。

### （三）生物质燃料直接加热热风炉

生物质燃料的共性是水分含量高、灰分少、发热值偏低、形状不规则。除了一些农产品的外壳（稻壳、核桃壳、椰子壳等）和果核（玉米芯、桃核等）可直接燃烧外，其他燃料如秸秆、树枝等在燃烧前必须经过处理以保证燃烧的均匀性。

1. 生物质燃料层状燃烧装置

国内有将燃煤炉改造成燃生物质炉的实例，即采用与块煤同样形式的层状燃烧装置，如图 2-34 所示。若用层状燃炉燃烧生物质燃料的话，当燃料由料斗送到炉排上时，无法像煤那样均匀分布，即料层疏密不均，从而导致布风不匀。薄层处空气短路，燃料不能充分燃烧；而厚层处则需大量空气助燃，但由于厚层阻力较大致使空气量少，整体布风也不利于厚层的燃烧和燃尽。

当前国内外大多采用具有倾斜炉排的生物质燃料燃烧炉，炉排有固定和振动两种。这种堆积燃烧型炉体结构简单，但热效率低，燃烧时温度难以控制。生物质燃料燃烧产生的烟气有害成分较少，因此其烟道气可直接用于干燥产品。也可采用换热的方式生产洁净热空气。所用的换热器有无管式、列管式和热管式。

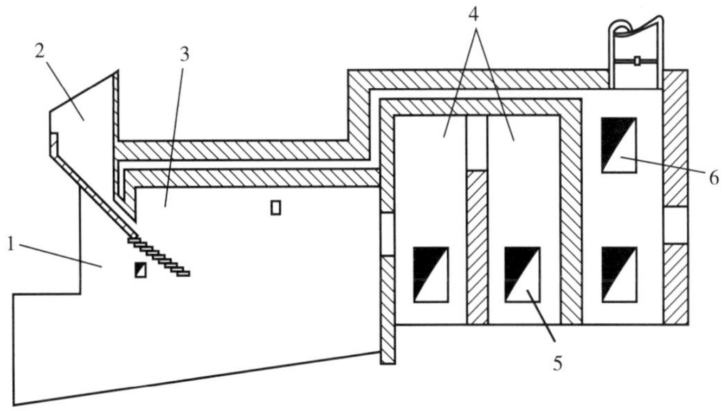


图 2-34 固定式稻壳热风炉示意图

1—料斗；2—灰坑；3—炉膛；4—燃尽室；5—出灰门；6—冷风调节门燃烧炉。

2. 生物质燃料流化床燃烧装置

生物质燃料的形状一般是不规则的，有线条状、多边形状、角形状等。如果生物质的形状当量直径相差大的话，在热风炉内受到气流作用时就容易破碎和变形。所以其在流化床中不能单独进行流化，通常要加入廉价、易得的惰性物料，如沙子、白云石等，使其与生物质构成双组分混合物，从而解决了生物质难以流化的问题。

流化床的密相区（颗粒浓度较大区域）有流化媒体。流化媒体是一些惰性粒子，这些粒子相对密度大、粒径小，在密相区可使粒径大的燃料粒子在低风速下与空气充分混合并得到良好的流化。生物质燃料被给料器送入密相区后，首先与大量流化媒体充分混合。密相区的温度一般为 850~950℃，因此，即使生物质含水率高达 50%~60%，水分也能够迅速蒸发掉，达到迅速着火燃烧的效果。加之密相区内的燃料与空气接触良好，扰动强烈，故燃烧效率非常高。

国外企业如瑞典、美国企业将树枝、树叶、森林废弃物、树皮、锯末和泥炭碎片切碎后送到热电厂，在大型生物质燃料流化床锅炉中燃烧，可供热 $1.06\times10^8 \sim 1.32\times10^8$ kJ/h。我国哈尔滨工业大学开发的 12.5t/h 甘蔗流化床锅炉、4t/h 稻壳流化床锅炉、10t/h 碎木和木屑流化床锅炉的燃烧效率可达 99%，已得到了很好的应用。

## （四）液体燃料直接加热热风炉

液体燃料一般是石油炼制过程中的产品或副产品，主要有渣油、重油、柴油等。渣油和重油含杂质较多，燃烧不完全且燃烧控制比较困难，因此大多用于间接加热。有些陶瓷、水泥等的干燥加热会采用直接重油燃烧或重油和煤粉混合燃烧。

石油炼制的轻油易于完全燃烧且污染较小，因此农产品的燃油干燥装置大多采用轻油直接加热。

如图 2-35 所示为移动式直接加热燃油热风炉。工作时，燃油经燃烧器喷射燃烧，产生的高温烟气与进入的外界空气混合达到符合要求的温度后，被风机压入（或吸入）干燥室。这种形式的燃油热风炉结构比较简单、热效率较高。

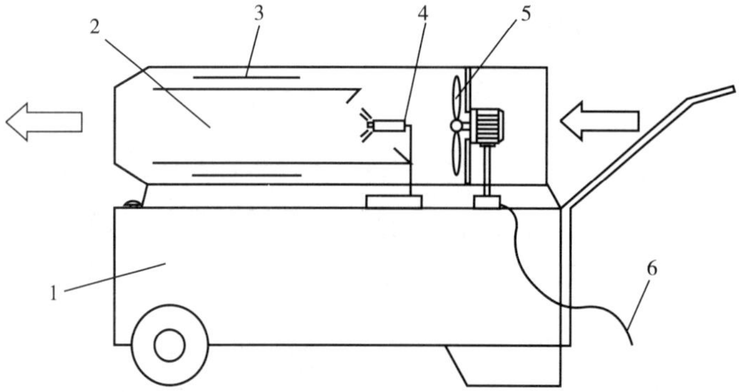


图 2-35 移动式直接加热燃油热风炉示意图

1—油箱；2—燃烧室；3—辐射板；4—燃烧器；5—风机；6—电源线。

## （五）气体燃料直接燃烧热风炉

### 1. 气体燃料燃烧器

气体燃料燃烧器按照燃烧方法的不同可分为有焰燃烧器和无焰燃烧器。

气体燃料燃烧过程可分三个阶段：混合、着火和燃烧。燃料的混合过程比燃烧过程要缓慢得多，而燃料的混合过程是决定气体燃料燃烧方式和燃烧效果的主要因素。气体燃料燃烧器按燃料与空气的混合方式可分为扩散式煤气燃烧器、引射式煤气燃烧器、半引射式煤气燃烧器。

### 2. 燃气直接加热热风炉

如图 2-36 所示为一天然气低压热风炉，主要由风机、喷枪和燃烧室三大部分组成。喷枪包括扩散式枪体和喷嘴，燃烧室包括外筒体和风罩，风罩和喷嘴两部件是核心设计。在不同作用的干燥器上应分别设计不同结构的风罩，如360t/d级浮法窑烤窑时采用了三种风罩：一种是分段锥管式，用于投料口；一种是分段圆孔式，用于熔化部末端；还有一种是分段长孔式，用于冷却部。三种结构的共同之处是从火根段到火稍段的进风孔尺寸逐渐增大，目的是稳定燃烧火焰，使助燃风形成多股细流与天然气流从不同夹角相遇，增大燃烧面积、减少回火现象。喷嘴设计成中心主火孔和与之呈一定角度的环形火孔组成的多孔喷嘴，且不同尺寸的喷嘴分别用于不同部位的热风器中。喷嘴的多孔设计是为了使天然气迅速扩散并使不同方向的热气流形成速率差，加强与天然气的充分对流混合。实践表明，对于低压风机，天然气喷枪的喷嘴口径大一些，热负荷更大，热风温度也更高；而高压风机的配风效果更好，燃烧更迅速。天然气在分段圆孔式、分段长孔式风罩中的燃烧效果相同，火焰稳定；在分段锥管式风罩中的燃烧速率稍慢，但混合效果较好。

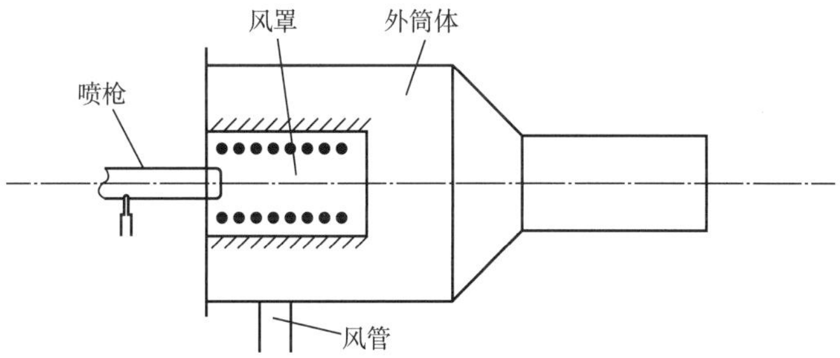


图 2-36 天然气低压热风炉示意图

## 三、间接换热热风炉

### （一）无管式热风炉

无管式热风炉主要由燃料供给机构、炉膛、无管式换热器和烟囱等部分组成，如图 2-37 所示。工作时，燃料由自动上煤机加入煤斗，经自动炉排定量加入炉膛，在炉膛内充分燃烧。燃烧产生的高温烟气进入换热器进行热交换，换热后的烟气一部分被回收循环使用，一部分经烟道从烟囱排出。

无管式热风炉有以下几种分类方式。

（1）根据所用燃料可分为燃煤式、燃油式、燃气式等。燃煤式热风炉的燃料来源丰富且燃料费用低，但结构复杂且尺寸较大、卫生条件差、污染大。燃油式、燃气式热风炉结构简单、尺寸相对较小、卫生条件好、无污染或基本无污染，但燃料费用高。

（2）根据热风炉换热部分的结构形式可分为套筒式和螺旋板式。套筒式热风炉是指在同一轴心的多个不同直径的金属筒组成换热器换热面的热风炉。烟道气与空气分别在不同直径的同心金属筒壁间流动，实现烟道气与空气的热交换。螺旋板式热风炉是烟道气与空气的通道由导向螺旋状金属板隔开的热风炉。这种炉的燃烧室与热交换器一般做成一体，导向螺旋状金属板作为热交换面，用于烟道气与空气的隔离和热交换。两种热风炉都具有结构紧凑、换热效果佳的特点，且装置可移动、安装快、使用运输方便。套筒式热风炉结构紧凑、换热效果好，但集尘清除困难，不便于维修和维护。

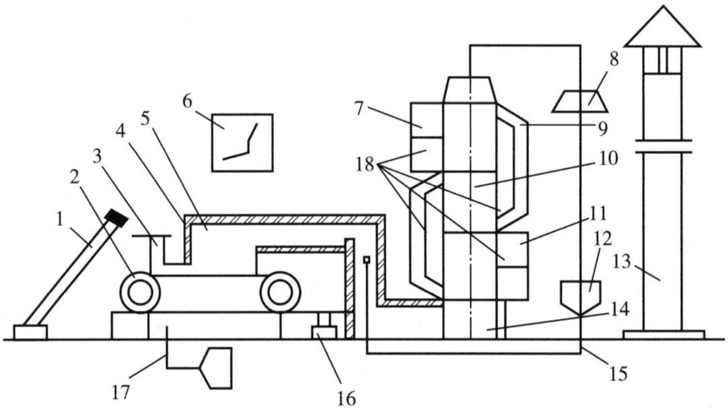


图 2-37　RL-500 型无管式热风炉示意图

1—自动上煤机；2—自动炉排；3—煤斗；4—前炉；5—炉膛；6—电器装置；7—防雨器；8—除尘器；9—空气连通道；10—无管式换热器；11—空气尾道；12—引风机；13—烟囱；14—后炉；15—余热回收装置；16—出渣机；17—冷风装置；18—均流板。

(3) 根据放置形式可分为立式和卧式。立式热风炉占地面积较小，一般为中小型热风炉；卧式热风炉占地面积较大，一般为大中型热风炉。

(4) 根据热风炉与换热器的配置形式可分为分体式和整体式。一般大中型热风炉采用分体式结构，其优点是运输、安装和维护方便；中小型热风炉则采用整体式结构，其优点是结构紧凑、占地面积小、安装方便。

## (二) 列管式热风炉

列管式热风炉由炉膛、列管式换热器、烟道、烟囱等组成，如图 2-38 所示。

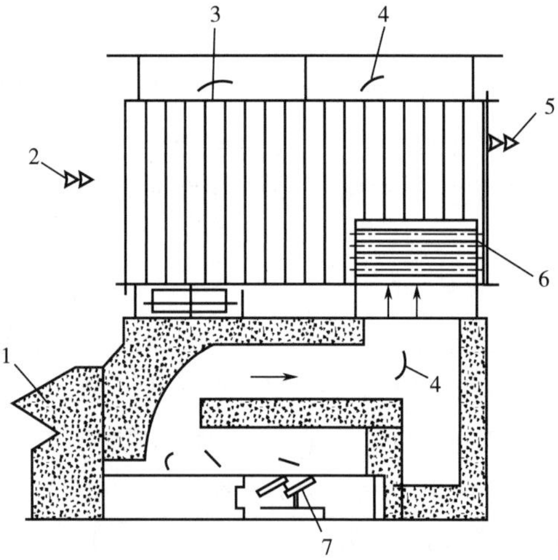


图 2-38　WR 列管式热风炉示意图

1—喂入斗；2—冷空气；3—碳钢列管束；4—烟气；5—热空气；6—合金钢列管束；7—自动炉排。

列管式热风炉有以下分类方式。

(1) 根据热风炉放置形式可分为立式和卧式。立式热风炉是将列管式换热器置于炉膛的正上方并一体化设计的热风炉。排管式和套管式热风炉均可以设计成立式结构，多用于热功率小于 $500\times10^4$kJ/h 的中小型热风炉。卧式热风炉是换热器与炉膛分开放置，由烟道连接的成套装置，多用于热功率大于 $500\times10^4$kJ/h 的大中型热风炉。

（2）根据热风炉与换热器的配置形式可分为分体式和整体式。分体式是指炉膛与换热器分别制作，在使用现场再组装为一体，多用于热功率大于 $500\times10^4$kJ/h 的大中型热风炉。分体式具有制造工艺简单、便于维护等优点，但占地面积较大。整体式是指炉膛与换热器制作为一体，多用于热功率小于 $500\times10^4$kJ/h 的中小型热风炉。整体式热风炉具有安装方便、占地面积较小等优点，但制造工艺复杂且不便于维护。

### （三）热管式热风炉

热管通过全封闭真空管内工质的蒸发与冷凝来传递热量，具有极高的导热性、良好的等温性，冷热两侧的传热面积可任意改变，能远距离传热以及温度可控等一系列优点。热管结构简单、无运动部件、操作无噪声、质量轻、工作可靠、寿命长。

热管的尺寸、形状可以多样化，热管的外形一般为圆柱形，也可以根据需要制成各种各样其他的形状。其中，单向传热的热管可当作热流阀使用。

根据热管的工作温度可将热管分为深冷热管（工作温度-50℃以下）、低温热管（工作温度-50~50℃）、中温热管（工作温度 50~350℃）和高温热管（工作温度 350℃以上）。按冷凝液回流方式可将热管分为离心热管、重力热管与吸液芯热管。深冷热管可采用的工质有氦、氢、氖、氮、氧、甲烷、乙烷等；低温热管可采用的工质有氟利昂、氨、丙酮、甲醇、乙醇、水等；中温热管可采用的工质有水银、铯、水以及钾-钠混合液；高温热管的工质一般采用液态金属，如钾、钠、锂、银等。

热管式热风炉是将热风炉产生的热量供给热管换热器，再由热管换热器直接供给被加热工质的供热装置。

### （四）蒸汽加热式热风炉

蒸汽加热式热风炉主要由锅炉装置和热交换装置两大部分组成。锅炉装置主要由锅炉和辅助部件组成；热交换装置主要由换热器（散热排管）、风机、空气过滤器和管道等部件组成。

工作时，锅炉产生的蒸汽进入换热器，通过管壁与空气进行热交换。蒸汽冷凝放热后变为冷凝水排出，空气被加热成热风后送入用热装置。

蒸汽需要量 $G$ 按式（2-2）计算：

$$G=Q/r \tag{2-2}$$

式中　$Q$——换热器的总换热量，kJ/h；

　　$r$——饱和蒸汽的冷凝潜热，kJ/t。

锅炉容量 $G_g$ 按式（2-3）计算：

$$G_g=1.15G \tag{2-3}$$

用蒸汽加热空气时，蒸汽作为载热体，其压强一般不超过 0.8MPa，热空气温度一般在 160℃以下。由于空气的给热系数较低，而另一侧介质的给热系数较高（尤其是采用饱和水蒸气作加热介质时，其差值可达 2 个数量级之高），所以通常会在换热管上加装翅片以提高整体的传热系数。

换热器一般由多块散热排管组成，排管由紫铜或钢管制成，管外套着能增加传热效果的翅片，翅片与管子有良好的接触。安装时，应使空气从翅片的深处穿过，故不宜让翅片管管轴垂直于地面安装。蒸汽从管内通过，被加热空气在管外翅片间流过。

由于金属材质及翅片结构形式不同，翅片式换热器有多种形式：绕片式有钢制 CL 型和 SRZ 型、铜制 S 型和 U 型；挤压式有钢铝复合 SRL 型、KL 型和 FUL 型；此外还有浮头式油散热器和 TLS 型铜铝串片式热交换器等。

### （五）导热油加热式热风炉

导热油加热式热风炉主要由导热油循环装置、燃烧装置、电器控制装置三大部分组成。

导热油循环装置由油管、膨胀槽、储油槽、热油循环泵、注油泵、油过滤器、油气分离器等组成；燃烧装置由鼓风机、引风机、除尘器、调速箱、上煤机、出渣机、空气预热器等组成；电器控制装置由电器控制柜及检测、显示、控制仪表等组成。

安装在燃烧装置的炉膛内或烟道中且加工成一定形状的导热油管和燃烧装置共同构成导热油加热炉组件。加装翅片后的导热油管形成导热油与空气的热交换器，与风机、空气过滤器和风管等共同构成热交换器组件。导热油热交换器与蒸汽热交换器类似，可参考蒸汽热交换器进行计算和设计。换热器已标准化，以导热油为媒介的散热器主要有 GLll 型和 FUL 型，可根据需要选用。导热油加热式热风炉装置如图 2-39 所示。

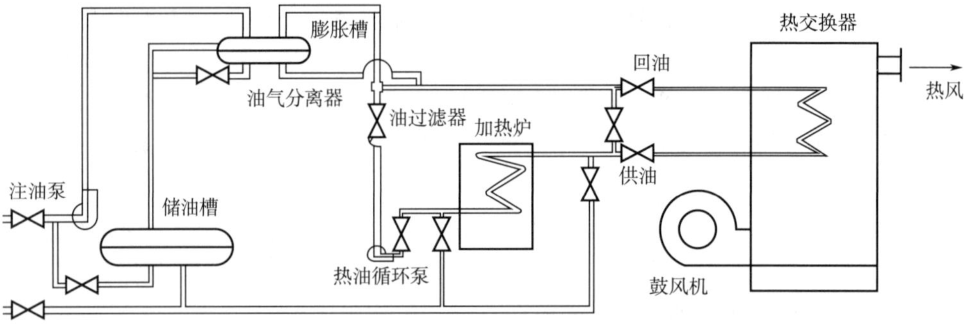


图 2-39 导热油加热式热风炉装置示意图

导热油加热式热风炉的工作原理为：加热炉将管道内的导热油加热，导热油通过循环装置进入换热器将空气加热，产生干热空气，供给用热装置。

导热油加热式热风炉与蒸汽加热式热风炉相比具有以下优点。

（1）最大的优点是能在较低工作压力下，使用热装置获得较高的工艺温度。如热媒采用导热油时，压强为 0.3~1.0MPa，温度为 50~400℃；而采用蒸汽加热时，蒸汽压强为 4.0MPa，温度为 240~260℃。

（2）热效率高。一般有机热载体的热效率为 70%~80%，最高可达 90%，而蒸汽加热式热风炉的热效率只有 30%~40%。

（3）油温稳定。可以获得理想的工艺温度且温差变化极小，对提高产品质量起到很大作用。

（4）节省了水处理装置、人员及药品等费用并节约了大量的锅炉用水，在缺水地区尤为重要。

（5）安全可靠。导热油加热装置的工作压力低，减少了跑、冒、滴、漏现象。

### （六）电加热式热风装置

电加热以其初期投资少、清洁卫生、操作方便、热效率高的优点，受到人们的青睐。根据其加热器形式不同，电加热热风装置可以组成各种不同的外形。SRQ 系列电加热器很常见，其管状电热元件结构及尺寸如图 2-40 所示。电热元件一般都是错列布置在加热器中，加热器中的风速一般为 8~12m/s，工作电压不得超过额定值的 10%，电接头应放在保温层的外部且外壳应接地，安装方式如图 2-41 所示。

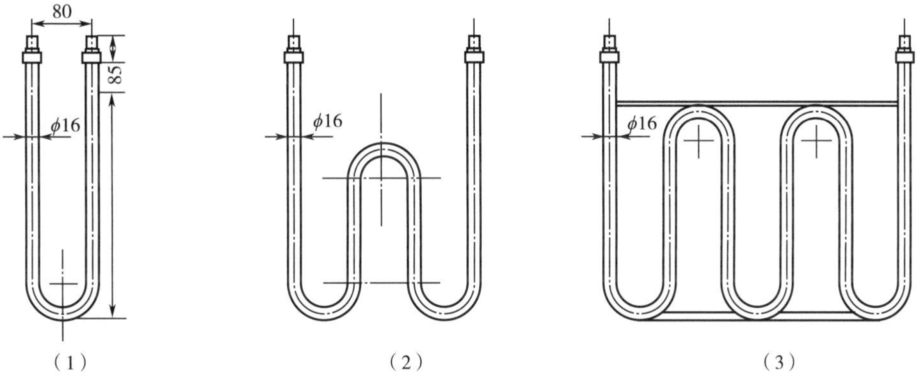


（1）SRQ1　（2）SRQ2　（3）SRQ3

图 2-40　SRQ 系列管状电热元件示意图

图中数字单位：mm。

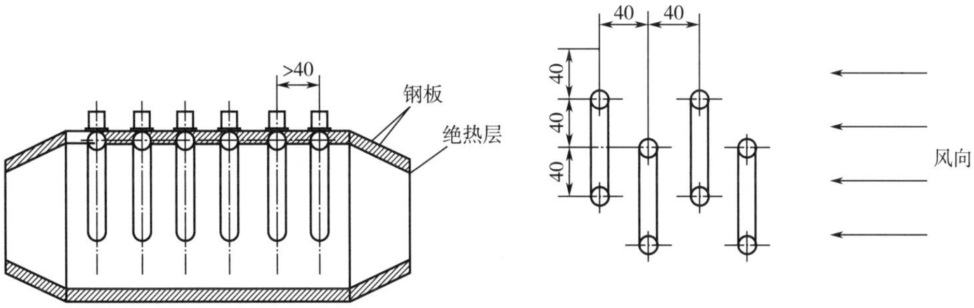


图 2-41　电热元件在风管中的安装方式示意图

图中数字单位：mm。

SRK2 系列电加热器是另一种电加热热风装置，其结构尺寸如图 2-42、图 2-43 所示。

此外，还有一种抽屉式空气加热箱。当电热元件损坏需要调换时，可将抽屉拉出进行检修，不需要拆除连接管路，所以该装置具有安装方便、容易维修等优点。由于干燥装置所需电功率大小不一，因此加热箱的尺寸及结构形式大多根据具体条件进行设计、制作。

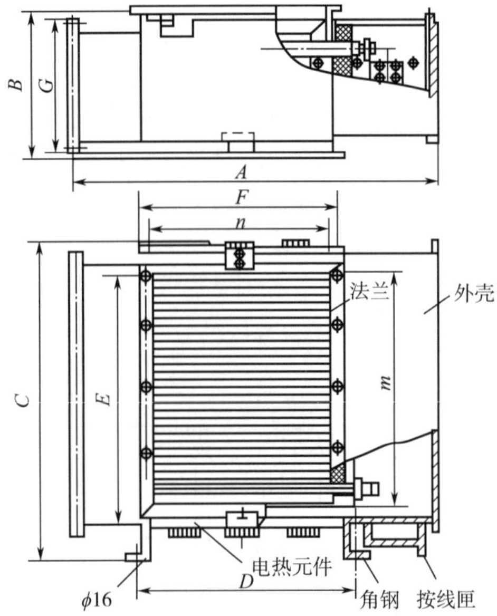

图 2-42 SRK2-4、8、10、15 型电加热器

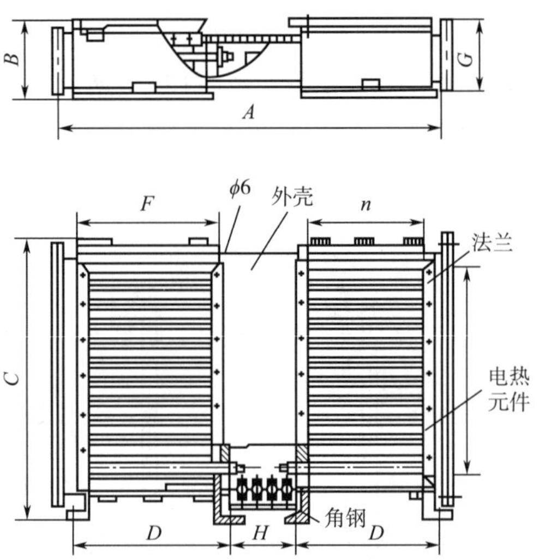

图 2-43 SRK2-45 型电加热器

# 第五节 热风联合干燥技术

联合干燥技术是指组合两种或两种以上的干燥技术，充分利用各自的优点以优化干燥过程而形成的一种混合干燥技术。联合的目的是提高干品品质和干燥效率、降低干燥能耗、提高企业经济效益。

热风干燥是干燥农产品最常用的方法之一。单一的热风干燥容易造成农产品色泽与口感变差、营养成分丢失、复水率低以及褐变反应，并且干燥机直接向大气排出高温、高湿废气、机器能耗高、能量利用效率较低，所以常将热风干燥与其他干燥方式联合。

## 一、微波热风联合干燥技术

微波热风联合干燥技术一方面可以弥补热风干燥速率慢的缺点，另一方面可以弥补微波干燥不均匀的缺点，综合提高干品品质。微波干燥原理见第六章。

国内外许多学者都对农特产品进行过微波热风联合干燥研究。岑顺友等通过先微波后热风的联合干燥，探讨生姜干燥的最佳优化工艺条件。试验表明，在微波功率 590W、热风干燥温度 63.5℃、干燥转换点含水率 34%的条件下，干燥所得的生姜质量较好。热风微波联合干燥的姜，其辣素含量比单独使用微波干燥提高了 17.19%，比单独使用热风干燥提高了 7.47%。联合干燥的能耗占单独热风干燥的 18.40%，时间为单独热风干燥的 19.87%，复水比相较单独使用微波干燥提高了 33.59%。所以微波热风联合干燥具有高效节能、产品品质高的优点，更适合生姜的脱水干燥。

刘伟东等研究了微波热风联合干燥与传统热风干燥对枸杞品质变化和杀菌效果的影响。结果表明，经过两种干燥工艺联合加工后的枸杞，其多糖、总糖、粗蛋白、粗脂肪等的含量均会减少。在多糖和总糖方面，联合干燥的损失率明显低于传统热风干燥，分别降低了15.44%和11.06%；在粗蛋白和粗脂肪方面，两者并无显著差异；相较传统热风干燥，微波-热风联合干燥的杀菌效果更明显。

王童研究发现，微波热风联合干燥花生所需时间最短并兼具干燥温度均匀和干燥效率高的优点。干燥后，花生中的油脂与蛋白质的氧化水解程度相对较小，营养价值也更高，感官品质优于其他干燥方式所得到的花生仁。

张一鸣通过真空微波热风联合干燥银杏果以减少银杏果在干燥过程中的成分损失。以银杏果的含水率、黄酮含量、色度为评价指标，结合单因素试验及响应面优化试验，对银杏果的真空微波热风干燥进行了优化。结果表明，真空微波热风联合干燥的最优工艺条件为：微波干燥时间13min、微波功率700W、装载量125g，热风干燥温度70℃、干燥时间10h。通过真空微波热风联合干燥制得的银杏果的总黄酮含量为2.1763mg/g、含水率为6.3%，色度更优。该工艺条件下的银杏果功能成分溶出率高、品质好，可为银杏果的精深加工提供参考。

泰伦斯（Talensc）等通过建立热力学模型来了解橘皮在微波热风干燥过程中由内向外的加热和水分传输机制，并预测其化学和结构变化。采用不同的微波输出功率及热风，在55℃的条件下干燥柑橘皮5，15，40，60，120min。测量新鲜和干燥样品的质量、体积、表面积、水分活度、水分含量和介电常数，并建立热力学模型来解释微波热风联合干燥过程中质量和能量传递的机制，该模型可以优化传统的热风干燥。通过耦合微波，将废料橘皮作为一种新的柑橘副产品进行研究，得到了可减少加工时间、降低加工成本的实用性加工工艺。

## 二、红外热风联合干燥技术

产品经红外辐射加热后温度升高，附着在其上的微生物也发生自热效应，导致菌体蛋白质变性，菌体死亡，无法繁殖。将红外与热风联合，既可提高干燥效率，又可实现杀菌功能。国内许多学者利用红外热风联合干燥技术对农产品干燥进行了深入且实用的研究。红外干燥原理见第五章。

谢小雷研究了牛肉干在中红外热风联合干燥过程中水分的迁移规律，进而阐明了这种干燥工艺的合理性。在干燥温度70℃、辐射强度0.48W/cm$^2$、辐射距离8cm、风速为1m/s的条件下，通过对比牛肉干中红外热风联合干燥和传统热风干燥的干燥曲线、热收缩率并测定水分扩散率、内外温差等指标，分别从宏观和微观两方面阐释了中红外热风组合干燥牛肉干的内部水分迁移机制，如图2-44所示。

不仅如此，谢小雷还为解决现有肉干干燥装置效率低、品质差等问题研制了一种适合肉干连续化生产的中红外热风联合干燥装置。该装置是在现有的热风干燥装置基础上改造而成的，主要包括进料端、加热段和出料冷却端3个单元，每个加热段均由输送装置、加热装置、对流循环装置和控制装置组成。生产试验表明，在相同条件下（加热功率105kW、加热温度70℃、热风风速1m/s、冷却风速3m/s、加热距离8cm），与原有热风干燥装置相比，连续式中红外热风干燥装置能够加快肌肉蛋白的变性，降低干燥活化能，减少牛肉干脱水所需的能量，进而提高牛肉干脱水效率、降低干燥耗时、提高生产效率。其活化能降低了10.33%，干燥时间减少了57.14%，生产量提高了2倍。与热风干燥装置相比，连续式红外热风干燥装置能够显著改善牛

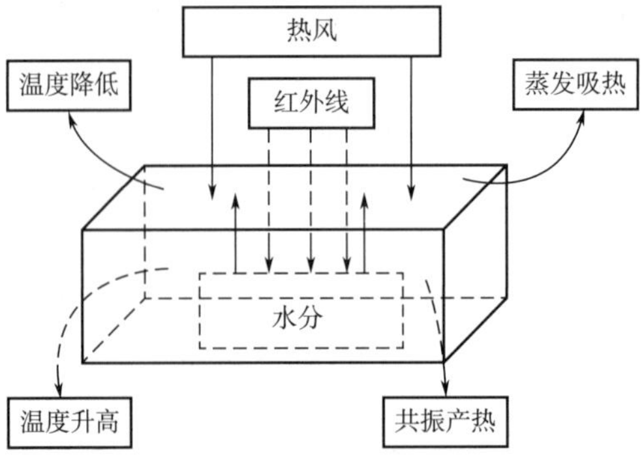


图 2-44 中红外热风联合干燥牛肉干的内部水分迁移机制

肉干的品质，减轻牛肉干表面结痂现象，减缓肌红蛋白的氧化，提高氧合肌红蛋白的含量、降低高铁肌红蛋白的含量（$P<0.05$），使牛肉干呈现出较好的质构和色泽，提升其总体可接受度。

曲文娟为改善干制核桃的品质，考察了变温滚筒催化红外热风干燥（VTDCIR-HAD）处理后核桃油理化性质（酸价、碘值、过氧化值、油酸、亚油酸、亚麻酸和棕榈酸含量）、蛋白质结构（红外光谱、圆二色谱、扫描电镜、荧光光谱、表面疏水性、氨基酸组成）、多酚［含量、$IC_{50}$①（DPPH②）、$IC_{50}$（ABTS③）和铁离子还原能力］的变化，并与单一热风干燥和恒温滚筒催化红外热风干燥相比较。得出结论，与单一热风干燥和恒温滚筒催化红外热风联合干燥相比，变温滚筒催化红外热风联合干燥方式更有利于保护干制核桃的营养品质，能有效减缓核桃内部的油脂氧化酸败速率并改善蛋白质结构、表面疏水性以及氨基酸组成，减少干燥过程中酚类化合物的损失，显著提升其抗氧化活性。

刘旺星为探究甜叶菊红外热风联合干燥特性，以江西甜叶菊守田 3 号为试验材料。在研制的红外热风联合干燥样机基础上，开展与热风温度（90，100，110，120℃）、排湿功率（0，140，240，340W）和辐射距离（140，150，160，170mm）有关的单因素试验和正交试验，从而探究甜叶菊红外热风干燥特性曲线及干燥速率曲线并优化甜叶菊的干燥工艺参数。结果表明，甜叶菊红外热风联合干燥过程包括预热加速干燥阶段和降速干燥阶段；影响甜叶菊红外热风联合干燥生产效率的因素由强到弱的顺序是：热风温度>辐射距离>排湿速率；最佳干燥工艺参数是：热风温度 120℃、排湿功率 240W、辐射距离 140mm，此时甜叶菊的干燥时长为 6.57min，能耗 1.25kW · h。

汪喜波进行了红外热风对流联合干燥的理论分析及试验研究，建立了联合干燥的数学模型。数值模拟了稻谷干燥中的热质传递过程并根据数值模拟的干燥条件，搭建了红外热风对流联合干燥试验台。通过红外热风对流联合干燥试验，研究了不同操作条件对干燥过程的影响。试验结果表明，在红外热风对流联合干燥过程中，物料对流介质温度、初始含水率对稻谷干燥指标没有显著影响；辐射强度是影响稻谷干燥指标最重要的因素；红外辐射辐照距离的变化对物料的失水及温度影响较大；物料装载厚度影响物料失水幅度、干燥速率和温度等干燥指标；对流风速对物料的失水幅度、干燥速率和温度有一定影响。

① $IC_{50}$：半抑制浓度。

② DPPH：1,1-二苯基-2-三硝基苯肼。

③ ABTS：2,2-联氮-二（3-乙基-苯并噻唑-6-磺酸）。

夏朝勇等设计了先红外辐射加热、后热风对流排湿的红外热风联合谷物干燥机，进行了以不同红外辐射强度和热风温度组合的稻谷干燥试验。试验表明，采用较强的红外辐射和较低的热风温度不仅能提高失水率，还能降低爆腰率，对新型谷物干燥装置的研制和谷物干燥工艺的优化有参考价值。

## 三、热泵热风联合干燥技术

有学者提出采用前期热泵干燥，后期热风干燥的联合工艺。张绪坤等以胡萝卜、青椒为原料分别进行热泵热风联合干燥、热泵干燥以及热风干燥。结果发现，联合干燥比单纯热风或热泵干燥的能耗低、产品复水率高、干燥品质好。前期采用热泵低温干燥可有效避免产品因高温干燥而产生的表面收缩结壳现象；产品在干燥后期含水率低且产品中的营养物质受温度影响较小，此时采用热风高温干燥可有效提高干燥效率。热泵干燥原理见第四章。

从海花等研究了热泵热风联合干燥腌渍海参的干燥特性以及复水品质，热泵与热风干燥均采用逐步升温的形式。研究表明，与热风干燥相比，联合干燥后的海参收缩均匀，平均收缩系数最小且平均复水倍数最高，分别为 16. 64 和 10. 18 并且联合干燥后的海参表观形态也很好，其流变特性及感官评价指数均达到理想值。

为了提高蔓三七叶的干燥品质并缩短干燥时间，胡居吾利用闭路式热泵热风联合干燥装置（图 2-45）进行了干燥试验。试验中，对干燥时加热空气速率和温度等技术参数进行了研究，并根据干燥过程的特征建立了干燥过程数学模型，对试验结果进行了比较。试验表明，相比于单纯热泵干燥，热泵热风联合干燥能显著缩短干燥时间，并最大程度上减少单纯采用热风干燥对物料中绿原酸等有效成分的热破坏，极大提高了干燥产品品质。

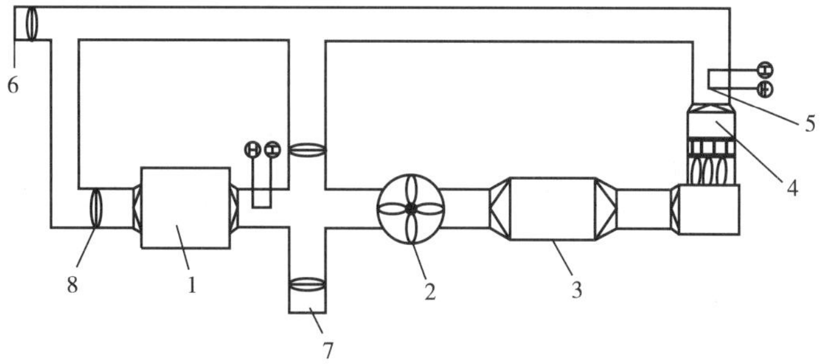


图 2-45 闭路式热泵热风联合干燥装置示意图

1—除湿机；2—离心式风机；3—电阻丝加热器；4—穿流干燥装置；5—温湿度传感器；6—排湿口；7—补风口；8—风阀。

李远志等对胡萝卜和金针菇进行了试验研究，探讨了风速、热泵除湿与热风调换时，物料含水率、热风湿度对脱水速率、能耗和干制品复水倍数的影响规律，提出了最优干制工艺参数。张绪坤采用热泵干燥温度 35℃、转换点含水率 1. 36%及热风干燥温度 65℃的联合干燥工艺，发现干燥时间比单纯热泵干燥缩短了 3. 5h，复水倍数比单纯热泵干燥提高 16. 6%、比单纯热风干燥提高 24. 5%，而耗能仅为真空冷冻干燥的 9. 4%。任爱清等通过研究确定了热泵热风联合干燥鱿鱼的最佳工艺参数，得到的鱿鱼干品质优于单纯热风干燥且干燥能耗降低了 38. 67%。季阿敏等对大红皮萝卜进行了热泵-热风联合干燥研究，得出了各因素对干燥速率的影响规律并分析了干燥效果，确定出相应的优化组合方式。

卢映洁为解决刚收获后的含水率高的带壳鲜花生因干燥不及时易发霉腐败，以及花生在贮藏过程中因贮藏方式不当、湿热、虫害等降低花生品质的问题，采用热风、热泵、热泵热风联合干燥方式对带壳鲜花生在干燥过程中的水分变化、品质变化进行了研究。优化了热泵热风联合干燥对带壳鲜花生的干燥工艺，以干燥时间、感官评分、收缩比为指标与单一热风、单一热泵干燥进行对比。研究发现热泵热风联合干燥对带壳鲜花生这种双层物料具有良好效果。对回归模型进行分析并根据实际情况调整，带壳鲜花生热泵热风联合干燥的最佳干燥工艺条件为：热风温度 50℃、转换点含水率 0.39%、热泵温度 52℃。在此工艺条件下，热泵热风联合干燥的品质接近单一热泵干燥，但干燥时间大幅缩短。

## 四、冷冻热风联合干燥技术

冷冻热风联合干燥应用价值较高，已非常广泛地应用于工业化生产。冷冻干燥原理见第八章。

宋悦以白桃、黄桃为研究对象，在测定了黄桃片在热风干燥（75℃）和真空冷冻干燥过程中色泽、温度、玻璃化转变温度、总酚、抗坏血酸等变化的基础上进行了真空冷冻热风联合干燥试验，从而确定了最佳的联合工艺。综合质构、营养品质和干燥时间等多项指标来看，先真空冷冻干燥 15h、后热风干燥 5h 是最佳的干燥工艺。

张莉会以草莓为原料，研究了真空冷冻干燥与不同时间、不同温度热风的联合干燥对物料品质的影响。以干燥后草莓的色泽、花色苷含量、硬度、气味、挥发性物质、水分流动性等为指标来比较热风干燥中热风温度和时间对草莓品质的影响。结果表明，真空冷冻干燥分别结合 3 种热风干燥条件（60℃下干燥 2.5h、70℃下干燥 2h、80℃下干燥 1.5h），能较好维持草莓的色泽，减少花色苷的损失，且硬度适中。

杨婧分析了不同温度的热风预干燥对真空冷冻热风联合干燥龙眼果干品质的影响，建立了龙眼果干联合干燥工艺。得出真空冷冻热风联合干燥工艺的最佳水分转换点为：100℃热风干燥 3h，此时的含水率为 67.63%，褐变较轻，密度为 1.10g/mL，总糖含量为 2.11mg/g（干重），多糖含量为 1.94mg/g（干重），单位能耗为 16.74MJ/kg。此外，杨婧分析评价了真空冷冻干燥、热风干燥与三种温度条件下真空冷冻-热风联合干燥等干燥方式对龙眼果干品质的影响。结果表明，真空冷冻干燥的龙眼果干品质最好，真空冷冻热风联合干燥的产品在硬度、色泽及感官评价上都优于热风干燥，更接近于真空冷冻干燥。真空冷冻热风联合干燥采用高温度、短时间的热风预干燥，极大保留了新鲜龙眼的色泽和外观，不仅节约了干燥时间和能耗，还提高了产品的品质、干燥效率和附加值，是一种可工业化应用的龙眼干燥新技术。

罗小梅采用真空冷冻热风联合干燥技术对金花茶花朵进行干燥，以微波干燥、真空冷冻干燥作为对照，对 3 种不同干燥方法所得的金花茶花朵的感官品质、内含成分、贮藏过程中品质变化、干燥效率等指标进行综合评价。结果表明，真空冷冻热风联合干燥所制的金花茶花朵的综合品质明显优于其他两种干燥工艺，并能较好地保留花朵中茶多酚的活性成分，在室温下（18~22℃）贮藏时间长、不易变质且干燥效率高于单一真空冷冻干燥。

李丰延为提高桑葚干的品质，比较了真空冷冻干燥、热风干燥和真空冷冻热风联合干燥对桑葚干品质的影响，对桑葚干干燥后的色泽、硬度、脆性、复水比、总花色苷及单体酚类物质的保留量、DPPH 清除能力进行了分析。结果表明，真空冷冻干燥有利于花色苷的保留、色泽的保持，所得干制品硬度适中且脆性极佳，联合干燥还能使桑葚干外观鲜艳明亮。真空冷冻干燥联合较短时间的热风干燥有利于花色苷及其单体酚类物质的保留。桑葚干抗氧化能力与花色苷及酚类物质的含量有极显著的相关性。

徐英英将冷冻热风联合干燥应用于土豆片的脱水加工过程，既克服了热风干燥品质差、冷冻时间长、成本高的缺点，又发挥了热风干燥效率高、冷冻品质好的优点，较大提升了土豆片干燥加工的效率和品质。其次又通过单因素试验得到了各因素对土豆联合干燥的影响规律。最后基于响应面分析及目标函数参数优化获得了较优的土豆片联合干燥工艺参数：热风温度63℃、中间含水率36%、切片厚度3mm、绝对压强40Pa。此时干燥时间为12.2h，复水倍数为4.7。

## 第六节　热风干燥技术在农特产品干燥中的应用

农产品的生产、储运是关系国计民生的大问题。干燥是农产品收获后与储藏前的必要加工环节，所以研究不同农产品的干燥技术和工艺具有重要意义。

### 一、谷物干燥

#### （一）谷物干燥特性

谷物的干燥过程可概括为两个基本过程：①谷物内部的水分以气态或液态的形式沿毛细管扩散（转移）到谷物表面；②谷物表面的水分再由表面蒸发到干燥介质中。一般来说，内部扩散与外部蒸发同时发生，但两者速率不一定时刻相等。当内部扩散速率大于外部蒸发速率时，蒸发速率的快慢对干燥过程起控制作用，称为外部控制，反之则称为内部控制。合理的干燥工艺应该是内部扩散速率等于或近似等于外部蒸发速率。

对于薄的叶片（如茶叶）及小颗粒谷物，内部扩散速率一般大于外部蒸发速率。若要提高干燥速率，应设法提高外部蒸发速率。此外，在外部控制的干燥过程中，被干物料的表面温度等于干燥介质的湿球温度，而且干燥介质与被干物料间的温度差还可被认为是定值。

对于颗粒较大的谷物，内部扩散速率一般小于外部蒸发速率（特别是含水率较低时）。此时提高干燥速率的关键是设法加快内部扩散速率，而不是提高外部蒸发速率。因为在这种情况下，提高外部蒸发速率不但不会对干燥速率有明显影响，而且会引起谷物爆裂、变形等不良后果。

当出现内部扩散速率小于外部蒸发速率时（如在谷物干燥的减速干燥阶段），谷物温度将逐渐升高而干燥速率逐渐下降。此时谷物的表面温度不再等于湿球温度，干燥介质与谷物的温度差也不是定值。

对谷物干燥来说，当内部扩散速率小于外部蒸发速率时，很难人为地提高内部扩散速率。因此，为了使扩散速率与蒸发速率相协调，常采用以下两个措施。

（1）适当降低外部蒸发速率，该措施可通过降低干燥介质温度或减小通过谷物的干燥介质流速来实现。

（2）暂时停止干燥并将处于热状态的谷物堆放起来，使谷物内部水分逐渐向外扩散。此时的扩散过程称为缓苏过程，简称缓苏。谷物缓苏后的表层含水率比缓苏前提高了，这有利于干燥。实践证明，为使缓苏达到预期效果，缓苏时间可在40min~4h内选择。缓苏仓较小时，缓苏时间可取下限；缓苏仓较大时，缓苏时间则取上限。缓苏后，即使不再加热干燥而是只送入外界空气加以冷却，仍可使谷物含水率在冷却过程中继续降低0.5%~1%。当内部扩散速率大于外部蒸发速率时（如谷物的恒速干燥阶段以前），采取缓苏措施是没有必要的。

### （二）谷物干燥特性曲线

根据第一章干燥机制的表述可知，谷物干燥是一个复杂的物理过程，因此谷物干燥特性曲线一般都是根据试验数据做出的。分析试验所得曲线对实际干燥过程是具有指导意义的。

谷物干燥特性曲线包括谷物水分随干燥时间而变化的曲线 $M=f(\tau)$、谷物温度随时间而变化的曲线 $T=f(\tau)$ 以及谷物干燥速率随时间而变化的曲线 $f(\tau)=dM/d\tau$，这些曲线是在薄层干燥条件下试验测定的。典型干燥过程（图2-46）包括预热、恒速干燥、降速干燥、缓苏及冷却5个阶段。

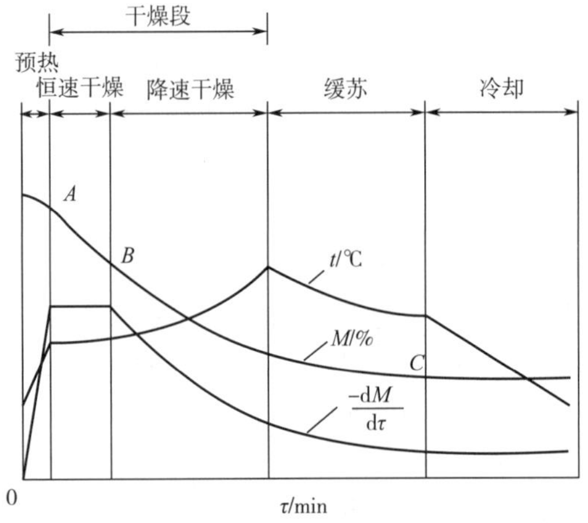


图2-46　谷物干燥特性曲线

1. 预热阶段

在预热阶段，干燥介质供给谷物的热量主要用来提高谷物温度，只有一部分热量用于水分蒸发。随着谷物温度的升高，谷物表面的水蒸气分压也在不断增大，加快了干燥速率。当干燥介质供给谷物的热量等于水分蒸发所需热量时，谷物温度不再升高，干燥速率也不再变化，干燥过程进入恒速干燥阶段。预热阶段的长短取决于谷物初温、谷层厚度、干燥介质温度及流速等因素。在小型试验中，预热阶段一般很短，有时甚至难以测出。

2. 恒速干燥阶段

谷物干燥在此阶段已达到了介质的湿球温度且谷物水分由内向外的扩散速率较高，干燥速率较快并维持稳定不变，相当于自由水的蒸发。该阶段的谷物温度保持为湿球温度，谷物含水率直线下降。

3. 降速干燥阶段

随着干燥过程的进行，谷物含水率逐渐下降，干燥室内不同位置的谷物的含水率有所不同。当某一位置的谷物的含水率降低到吸湿含水率之后，其表面上的水蒸气分压会下降，使谷物表面与干燥介质之间的水蒸气分压的差减小，从而使谷物的平均干燥速率减慢，此时干燥过程进入降速干燥阶段。

降速干燥阶段中，干燥速率逐渐下降，而谷物温度却逐渐上升。恒速干燥阶段与降速干燥阶段的交点称为第一临界点，与此点相应的谷物平均含水率称为第一临界含水率。当第一临界点出现时，由于只有干燥室某一位置的谷物含水率达到吸湿含水率，而其他位置的谷物含水率尚高于吸湿含水率。因此，取其平均值的第一临界含水率将大于吸湿含水率。在干燥过程中，不同位置的谷物含水率越不均匀，谷物表面和内部的含水率相差就越大，则第一临界含水率和吸湿含水率之差也越大。

第一临界点出现的迟早不仅和谷物的吸湿含水率有关，还与谷物的形状及大小、谷物层厚度、干燥介质的状况及数量有关。当水分从谷物内部扩散到表面的速率加快（如较薄或较小的作物）、水分从谷物表面蒸发到干燥介质中的速率减慢（如干燥介质的温度较低、相对湿度较大、流速较小）时，谷物内部与表面的含水率差将减小，从而使第一临界点对应的谷物平均含水率减小（但不会小于吸湿含水率）。反之，若加快干燥速率，即提高干燥介质的温度及流速，则由于谷物表面水分蒸发速率的提高，第一临界点将提前出现。

如前所述，谷物在干燥过程中，一般是内部含水率比表面含水率高。也就是说，当谷物表面达到平衡含水率时，其内部含水率却比平衡含水率还高，但谷物表面水分蒸发现象在此时已经终止。为继续除去谷物内部水分，蒸发水分将从表面逐渐向内部转移，出现了干燥过程的第二临界点。此后，水分的蒸发更加困难，干燥速率进一步下降。当谷物各部分的含水率都达到平衡含水率后，干燥速率等于零，而谷物温度则被提高到等于干燥介质的温度。

降速干燥阶段的干燥速率取决于谷物内部水分的扩散速率。谷物性质不同，内部水分的扩散速率也不同，因而降速干燥阶段的曲线形状及第二临界点的位置也有所不同。

4. 缓苏阶段

此阶段为谷物保温堆放状态，谷粒内、外层的热量和水分相互传递，逐渐达到表里温、湿平衡。缓苏后，谷物表面温度有所下降，水分含量也少许降低，干燥速率变化很小。

5. 冷却阶段

此阶段的谷物温度要求下降到不高于环境温度5℃左右，谷物含水率在冷却过程中基本保持不变，失水幅度≤0.5%。

### （三）热风干燥在常见谷物干燥中的应用

1. 小麦

刚收获的小麦是典型的热敏性物料，含水率高，表皮还未达到完全成熟的硬度，上面的毛细管很少，不利于水分汽化。此时若遇到高温热风，表皮先干燥硬化，会阻碍内部水分迁移，导致干品品质不达标。因此，在产地干燥小麦时，热风温度应控制在40~50℃。

2. 玉米

玉米是我国三大粮食作物之一，各地都有种植，因此收获时遇到的自然环境也有所不同。玉米果穗的含水率最高可达30%以上。对于高含水率的新鲜玉米，要先采用机械通风或低温烘干方式把果穗含水率降下来，脱粒后再进行干燥。玉米粒表皮结构紧密、光滑，不利于水分迁移，所以在干燥时要注意控制温度。玉米粒干燥一般采用塔式干燥机，热风温度超过150℃时，玉米粒表皮就会胀裂并发生爆腰。

3. 稻谷

若干燥温度不合适，稻谷的爆腰现象比玉米更严重。为了缓解此问题，稻谷干燥多采用烘干-缓苏工艺，即烘干后将稻谷放入缓速仓保温一段时间，使稻粒内部的水分向表面扩散，减小内外部的水分梯度，然后再进行二次干燥。对低温循环横流式干燥机来说，缓苏与干燥时间比例为 50∶10 较为合适，此时稻谷含水率每小时降低 0.5%~1%。

## 二、油料作物干燥

我国是世界油料生产和消费大国。多年来，我国油菜、花生、芝麻总产居世界首位。在国内的大田作物中，油料作物种植面积、产量、产值和覆盖农民就业人数都仅次于水稻、小麦、玉米三大粮食作物。研究油料作物的干燥工艺与装置对整个油料作物相关产业的技术体系有着非常重要的意义。

### （一）油菜籽

油菜是我国主要的油料作物，种植面积占全国油料作物种植面积的 30%以上。油菜籽收获时正值南方梅雨季节，新鲜油菜籽在高温高湿的环境中易滋生霉菌，所以要在短期内尽可能地将其干燥至安全贮藏水分。新收获的油菜籽含水率一般为 15%~30%，且油菜籽颗粒空隙小、易吸湿、不易贮藏。理论上要将含水率降至 8%左右才能安全贮藏，但在生产过程中常常是将含水率降低到 10%之后贮藏。若要利用机械通风对收获后的油菜籽进行干燥，则必须考虑油菜籽在当前环境条件下的安全贮藏含水率，只有当前油菜籽的水分等于或低于安全贮藏含水率时，才能达到长期贮藏的目的。

目前广泛使用的油菜籽热风干燥机按类型可分为两大类：连续式干燥机和循环式干燥机。连续式干燥机按干燥原理可分为顺流干燥机、对流干燥机、横流干燥机以及混流干燥机，现在多为组合式干燥机，如顺逆流、顺混流、顺逆混流、顺逆横流干燥机等。连续式干燥机按热风供给方式又可分为一级、二级和三级热风，其中一级为整个干燥机只有一个温度的热风；二级有高、低温两种温度的热风；三级提供高、中、低温三种温度的热风。

热风干燥油菜籽具有以下特点。

（1）优点　处理量大、干燥速率快、操作简单、技术成熟、成本低廉，已大量应用于农业生产中。

（2）缺点　①需在较高温度下才能发挥其烘干效能，容易造成部分油菜籽热损伤；②加热油菜籽是由外向内进行热传导，容易使其营养成分遭到破坏，产品档次降低；③若在较低工作温度下使用热风干燥，其热效率将大受影响且能源利用率较低，经济效益下降。

常用的油菜籽热风干燥工艺流程如下。

油菜籽→预热升温→干燥降水→降温冷却→干燥油菜籽

为保证干燥速率和干燥品质，油菜籽的干燥温度一般不高于 75℃。而且菜籽颗粒较小，热空气通过油菜籽空隙时压降较大，故干燥风速不宜过快，在 2m/s 以下较为合适。

### （二）花生

花生是世界四大油料作物之一。我国花生生产可分出 7 个自然生态区域：北方花生产区、南方春秋两熟花生产区、长江流域春秋花生产区、云贵高原花生产区、东北早熟花生产区、黄土高原花生产区以及西北花生产区。花生干燥是将花生内部的自由水和结合水去除以保障后续贮藏和运输安全、降低霉变概率的重要手段。

热风温度对花生干燥有着重要影响。周围环境温度的升高使花生内部温度也逐渐升高，增强了水分子的运动能力，使水分子向外蒸发的速率加快。温度越高，花生水分下降速率的提高就越明显。但温度对物料内部结构的组成有着较明显的影响：过高的温度会破坏物料内部的组织结构并改变物料的具体特性，如温度选取不合适会很容易破坏花生种子的活力，进而影响其发芽率，无法满足干燥原本的意图；而温度过低不仅无法节约干燥时间，还有可能使花生在干燥阶段就感染黄曲霉毒素，腐败变质。黄曲霉毒素在28~30℃时极易产生。

热风风速也是花生干燥过程中较为重要的影响因素。风速增大可使花生表层蒸发出的水分被迅速带走，加大了物料与环境之间的水分差，有助于加快物料中水分向外迁移的速率。在初始阶段，风速的增加对物料失水速率的加快效果比较明显。但随着干燥的进行，风速增加对物料失水速率的加速效果越来越差，而能耗却在增加。因此，热风风速不仅要根据物料特性进行合适的选取，还要考虑干燥能耗引起的经济性因素。

### （三）大豆

我国是大豆的主要生产国之一，大豆营养价值极高，含有大量的蛋白质［35%~45%（质量分数）］及脂肪［19%~22%（质量分数）］。大豆种皮由4层细胞组成，最外层的栅状细胞排得非常密实，细胞壁也特别坚硬，于是种皮就成了大豆干燥时水分迁移的阻力。在高温干燥介质作用下，豆粒内的水分受热后无法顺利迁移，使其表皮容易胀裂且豆粒可能会分成两半。豆粒结构上的另一个特点是发芽孔较大，不易贮藏，其含水率通常要降到13%以下才有利于贮藏，尤其是新收获的大豆必须马上进行干燥减水。

大豆热风干燥工艺流程如下。

预热→干燥→缓苏→干燥→缓苏→冷却

大豆热风干燥工艺采用双级干燥：当大豆原始含水率低于18%时，第一级干燥的热风温度为60℃，第二级干燥的热风温度为80℃；当大豆原始含水率高于18%时，第一级干燥的热风温度为50℃，第二级干燥的热风温度为70℃。

## 三、果蔬干燥

果蔬干制的目的是去除果蔬物料中的大部分水分，使含水率下降至4%~13%。水分活度下降，微生物和酶处于受抑制状态，干品密封或真空包装可保存2~3年。与新鲜原料相比，脱水果蔬体积小、质量轻，一般3~10min即可复鲜，复水比为1：（3.5~10.5），复鲜度大于90%。果蔬的细胞组织脱水后会引起蛋白质化学特性改变、细胞膜透性增强、细胞结构和功能改变、细胞水解等。一些贮藏物质和部分结构物质，如淀粉、双糖、蛋白质和多肽、果胶及少量的脂肪物质在酶的作用下分解成简单物质：淀粉分解成葡萄糖，双糖转化成单糖，蛋白质和多肽分解成氨基酸、原果胶分解成果胶酸。这些变化可使果蔬脱水后风味提高、鲜味增加且更大程度上保持果蔬的原本色泽（如菠菜应呈碧绿色，马铃薯应呈黄色或淡黄色，胡萝卜呈橘红色，鲜菇呈原色等）。采用合理干燥工艺既可以保持果蔬的色、香、味、形、质，又便于贮藏、运输、包装等。

目前，我国脱水果蔬的年产量约占世界总产量的1/3，占世界脱水果蔬贸易总额的40%左右。近年来社会对食品安全、绿色、环保的需求激增，脱水果蔬呈现出供不应求的状况，特别是一些具有保健功能的果蔬（如大蒜、洋葱）和野生蔬菜（如蕨菜、薇菜）的市场缺口较大。我国已成为西欧和日本的蒜、姜、菌类制品的主要供应者。

传统的果蔬干制或脱水方法是依靠自然条件使物料中水分蒸发。但此法不仅受天气限制，干品质量还很难保证，无法适应社会化生产的需求。随着先进干燥技术的发展和应用，果蔬干制或脱水的方法也越来越多，常用的果蔬干燥装置分类见图 2-47。

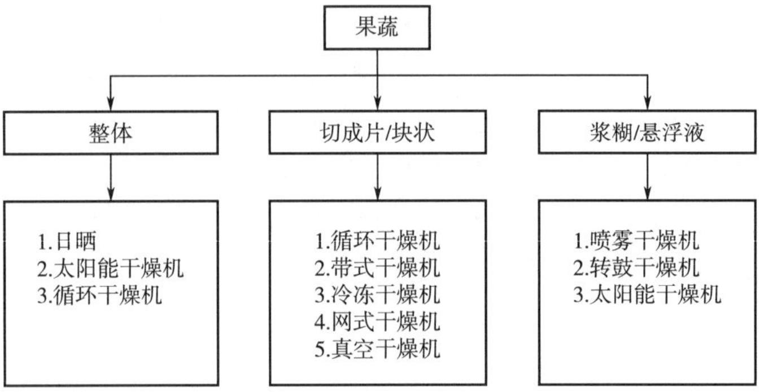


图 2-47　常用的果蔬干燥装置分类

水果干燥要比蔬菜干燥更复杂，原因有：初始水分很高、温度敏感性高（颜色、风味、质地和营养价值受热产生劣变）、容易遭受微生物侵染、糖分含量高（易产生黏性、发酵等问题），而且有些水果（葡萄、蓝莓等）的表皮使水分通透性变差。所以在选择干燥机和干燥工艺时，必须考虑这些因素。和蔬菜干燥一样，水果干燥可以整个干燥（如葡萄、各种浆果、桃子、杏等）或者以切片形式干燥（如芒果、香蕉、木瓜、猕猴桃等），也可在转鼓干燥机或者喷雾干燥机上制成粉末状干品。

目前，大部分果蔬采用的是热风干燥。热风干燥的装置形式较多，如厢式干燥、隧道干燥、带式干燥和流化床干燥等都是以热空气作为干燥介质，将热量传递给干燥器中的物料，同时将物料中蒸发出来的水分带走。热风干燥装置投资少、方便易行，是传统的干燥方法，其热源广泛，可以是电、煤炭、木材等。当然，也可使用冷冻干燥技术。但是热风干燥的果蔬制品售价为 1 万~2 万元/t，仅仅是冻干果蔬售价的 1/10~1/5。

热风干燥果蔬时，物料的物理化学性质是影响干燥速率的主要因素，糖分和果胶多的物料比较难干燥，如山楂、蒜片等。物料尺寸对干燥速率的影响最大，一般要将原料切成片状或粒状，对于片状物料的厚度是影响干燥速率的决定性因素；空气的温度和流速对干燥速率也有直接影响。

干燥装置内的持料方式也会影响物料干燥速率。根据持料方式不同，果蔬热风干燥可分为静态干燥和动态干燥，二者干燥时间的差异极大。一般而言，烘房中的静态干燥时间可达数天；而厢式、隧道式干燥器中的干燥时间常为 10~20h；物料在多层带式干燥器中有数次跌落式翻动，干燥时间通常为 2h 左右。而在动态干燥的流化床中（振动流化床、离心流化床、惰性载体流化床及搅拌流化床等），果蔬切片的干燥时间大约为 0.5h。例如，果蔬切片在振动流化床中干燥时，由于果蔬切片在与热空气接触时总是处于跳动状态，这样不仅不存在切片搭叠形成的死角，而且跳动的切片扰动了传热传质边界层，使传热传质速率加快。

在动态干燥中还可见到临界含水率较静态干燥法有所降低，即恒速干燥阶段有所延长。需要特别指出的是，动态干燥时的干燥速率加快，一些内阻较大的物料在干燥至一定含水率时，内部水分扩散极慢，使干燥速率大幅减小，有时甚至很难在原有干燥参数下继续脱水，这时需要采用一个缓苏过程，即停止干燥。将物料取出晾在空气中，待一定时间后，再将物料投入振动流化床干燥，可使物料迅速脱水，达到要求的含水率。引入缓苏过程，不仅节能，而且对保留果蔬干制品的营养成分也十分有利。采用缓苏后，在达到相同的最终含水率（8%~10%）的情况下，胡萝卜片在振动流化床中的干燥时间可缩短 35min，且 $\beta$-胡萝卜素的保留率可提高约 25%。

由此可见，动态干燥比静态干燥在降低能耗、提高产品质量方面有优势。但有些果蔬的组织非常软或因其含糖和果胶较多而易粘连时，则不宜采用切片动态干燥法，如香蕉、番茄等。

## 四、肉制品干燥

鲜肉在干燥室中放置，其表面水分开始蒸发，肉品内外含水率有差异，内部水分向表面扩散。肉制品的干燥速率是由水分在表面的蒸发速率和内部的扩散速率决定的。常压干燥过程包括恒速干燥和降速干燥两个阶段。

在恒速干燥阶段，肉块内部的水分扩散速率要大于或等于表面水分的蒸发速率。此时水分的蒸发是在肉块表面上进行的，蒸发速率由蒸汽穿过周围空气膜的扩散速率控制。其干燥速率取决于周围热空气与肉块之间的温度差，肉块温度可近似认为与热空气的湿球温度相同。恒速干燥阶段会除去肉中绝大部分的游离水。

当肉块中的水分扩散速率不能使表面水分保持饱和状态时，水分扩散速率便成为干燥速率的控制因素。此时，肉块温度上升，表面开始硬化，进入降速干燥阶段。该阶段又可分为两个阶段：第一降速干燥阶段，此时肉块中的水分移动开始稍显困难；第二降速干燥阶段，此时肉块中的水分成为胶状水，水分移动难度增大。

肉品进行常压干燥时，温度对内部水分扩散的影响很大。温度过高，恒速干燥阶段缩短，很快进入降速干燥阶段，整体干燥速率下降。因为在恒速干燥阶段，水分蒸发速率快。肉块温度较低，不会超过其湿球温度，加热对肉的品质影响较小。进入降速干燥阶段时，表面蒸发速率大于内部水分扩散速率，致使肉块温度升高，极大地影响了肉的品质，且表面形成硬膜，使内部水分扩散困难，降低了干燥速率，导致肉块内部含水率过高，使肉制品在贮藏期间容易腐烂变质。所以在确定肉品干燥工艺参数时要加以注意，若干燥参数设置不当，干燥后的肉制品会出现营养损失大、干燥不均匀的现象。恒速干燥阶段完成后，采用回潮后再干燥，效果较好。干燥和回潮交替进行的新工艺能有效克服肉块表面变硬和内部水分过高的缺陷。

常压干燥的温度较高，且内部水分移动时易与组织酶作用，导致成品品质变劣、挥发性芳香成分逸失等，但在此过程中也会形成肉制干品特有的风味。

除了干燥温度外，湿度、通风量、肉块的大小及摊铺厚度等都会影响干燥速率。

## 五、茶叶干燥

茶是世界三大无酒精饮料之一，含有丰富的营养保健成分。干燥茶叶的目的：①破坏酶的活性，抑制酶促氧化；②促进茶叶内含物发生热化学变化，提高茶的香气与滋味，固定茶叶的内质与外形；③降低茶叶含水率，使其不易发生质变，以便贮藏、运输和保管。

### （一）茶叶干燥特性

在一定的干燥条件下，茶叶的含水率变化与时间的关系曲线称为干燥曲线。干燥曲线与通过茶层的气流速率、茶层厚度、干燥温度有关。研究发现，在热介质流速 0.52m/s、茶层厚度

40mm 的条件下，茶叶干燥初期的干基含水率呈直线下降，这是茶叶的恒速干燥阶段。在恒速干燥阶段，水分的汽化主要在茶叶表面进行，提供干燥作业的热量主要用于水分汽化，茶叶温度基本保持不变。料层越薄、干燥温度（热风温度）越高，恒速干燥阶段就越短。

随着干燥过程的进行，茶叶表面的自由水消失，此时茶叶水分的汽化依赖于内部水分向外扩散转移。茶叶温度开始逐渐升高，茶叶的失水速率逐渐减慢，茶叶进入了降速干燥阶段。此后，随着茶叶含水率的不断降低，水分的汽化速率也越来越慢。当茶叶含水率低于 5%~6%时，干燥过程进行得相当缓慢。因此，从生产效率、节能以及贮藏角度考虑，茶叶终了含水率控制在 5%~6%为宜。

鲜茶叶是一种高含水率、较疏松的薄形物料，经过揉捻或揉切后表面水分多。与烘干粮食相比，茶叶的干燥曲线的恒速干燥阶段比较明显，斜率较大。在降速干燥阶段的前期，水分扩散比较容易，干燥曲线仍然比较陡，这是茶叶干燥的特点。

### （二）茶叶热风干燥工艺及过程参数控制

不同茶叶的干燥工艺有着显著差异。

1. 绿茶

绿茶主要指长炒青茶和烘青茶。两类茶都有杀青和揉捻工艺，但之后的制干工艺则有区别，前者以滚炒为主，后者以烘干为主。

滚炒是指茶叶在滚筒或炒锅中不间断地翻腾受热，从而逐步失水并形成稳定的绿茶品质。滚炒时，茶叶与器壁之间是导热关系，有相对运动。

烘干是指茶叶在烘箱、烘笼中受热风作用，从而逐步失水并形成稳定的绿茶品质。烘干时，茶叶与热风之间是对流换热关系。

2. 红茶

红茶烘干一般分为毛火和足火两道工序。毛火温度为 110~120℃，烘层厚度为 15~20mm，干燥时间为 12~16min，物料终了含水率为 18%~25%。毛火烘干采用较高的热风温度，有利于迅速钝化酶的活性，防止继续发酵。足火温度为 90~95℃，烘层厚度为 20~25mim，干燥时间为 12~16min，物料终了含水率为 5%~6%。足火烘干采用较低的热风温度，有利于增加茶叶香气。

3. 普洱茶

普洱茶干燥多采用日晒，若天气不好，则用烘房进行低温热风烘干。

4. 茶叶热风干燥过程参数控制

（1）风温控制　任何物料都有最适宜的干燥温度。对茶叶烘干而言，为了避免高湿度绿茶坯出现堆闷发酵和红茶坯的过度发酵，在干燥前期，需将叶温迅速升至 70℃左右，并以较快速率脱水；到了干燥后期，用较低温度慢烘，以便香气成分得到较充分的激发。因此，比较合理的干燥方式是毛火、足火分段进行，毛火风温控制在 110~120℃，足火风温控制在 90~100℃。

风温控制方法：①调节助燃空气量来改变燃料的燃烧速率；②适当调节主风机的转速；③改变热风的冷风配入量。①方法比较简单易行。③方法也比较简单，多作为降温措施，但对节能并无多大益处。

（2）风量控制　风量和风温是影响干燥速率的两个因素，而风量又是导致热风炉及烘干机装置阻力变化的关键因素。当装置及工艺确定以后，风量的调节不应该是大范围的。风量调节的主要目的是满足干燥作业的温度要求（品质要求）。风量的调控方法：①在主风道中设置阻力，将风量下调；②调节主风机转速。①方法只能作为调温的一种应急措施，即用于风温一时不能恢复正常的情况。②方法适用于温度的自动调节，是一种节能的控制措施，其中又以调频调速节能效果最好。但调频调速装置投资相对较大，因此事先必须做好技术经济分析比较。

## 六、中药饮片干燥

### （一）中药概述

药物可分为天然药物、化学药品和生物制品三大类。天然药物是指人类在自然界中发现并可直接供药用的植物、动物或矿物以及基本不改变其药理化学属性的加工品。中药除了极少数（如铅丹等）为人工合成药物以外，绝大多数属于天然药物。

中药包括中药材、中药饮片、中药提取物和中成药。中药材的栽培、种植，中药饮片的加工炮制，中药提取物及中成药的制备生产是中药产业的四大支柱。

中药饮片是中医临床处方用药，有生品和制品之分。制品又有酒制、醋制及炭制等不同规格，不同规格的饮片各具有其不同的性能和药效，这显示了“制毒和增效”的炮制作用。加热是中药炮制的重要手段，其中炒制、煅制应用广泛。许多中药经炒制后，可杀酶保苷，药性显著。

中药材是制备中药饮片的原料，中药饮片又是制备中药成方制剂的原料药，三者之间有着密切关系，是一项装置工程。在中药的生产过程中，有三个环节需要应用到干燥技术及装置：①在中药材采摘和仓储环节中，干燥的主要作用是将鲜品变为干品，便于储运；②在中药材炮制环节中，干燥的主要作用是按照炮制规范将中药材加工成饮片；③在制备中药制剂的过程中，干燥的主要作用是在提取药物有效成分后按照制剂要求加工成药品。

炮制过程涉及对植物、动物、矿物中药材的再加工。中药材中绝大多数取材于野生植物中药材的干燥，尽管与谷物、果蔬、茶叶和生物物料等的干燥有类似要求，但其加工要求的特殊性决定了其加工工艺及参数、热加工装置、控制参数等也具有特殊性，其控制的目标是满足饮片的质量要求。中药材及其制品的生产过程是复杂的分离重组过程，在许多情况下可直接采用化工生产的基本单元，如粉碎、筛分、分级、浸取与萃取、液固分离、蒸发、结晶、蒸馏、干燥、搅拌、混合等，但有时需要根据中药材及制品的特殊要求，开发特有的生产单元，如炮制前的浸润、中药材的煅制等。

### （二）中药材、中药饮片干燥特性

中药材、中药饮片的干燥是指通过汽化蒸发除去中药材及饮片中水分的过程，即中药材及饮片的内部水分借扩散作用到达中药材或中药饮片表面，并在表面受热从而汽化蒸发除去。中药饮片的干燥大多是利用热空气作为干燥介质来除去物料中的水分。为完成一定的干燥任务，需要从物料中除去多少水分，相应地需要多少空气和热量，以上问题都需要通过物料衡算和热量衡算来确认。

中药材及中药饮片的干燥程度与中药材及中药饮片中水分的存在状态有关。水分按照与中药材及中药饮片的结合状态可分为以下两类。

(1) 非结合水（包括饮片表面的湿润水分、粗大毛细管和孔隙中的水分）　这些水分与中药饮片是机械结合，结合力较弱。中药饮片中非结合水分与同温度下纯水的饱和蒸气压相同，并且非结合水分的汽化与纯水一样，在干燥过程中极易除去。

(2) 结合水（包括细小毛细管所吸附的水分和中药材及中药饮片组织细胞内的水分）　它们与中药材及饮片有较强的结合力，其特点是产生不正常的低蒸气压，即其蒸气压低于同温度下纯水的饱和蒸气压，致使干燥过程中的传质推动力降低，所以结合水较纯水难以除去。

不同的中药饮片有着不同的干燥特性，即使是同一种中药饮片在不同的干燥阶段也会表现出不同的干燥特性。因此，要确定合理的干燥工艺，需要掌握中药饮片在干燥过程中的内部特性才能达到保证产品质量、节约能源、取得最佳经济效益的目的。中药饮片的内部因素包括自身的成分、结构、形状、含水率、水分与中药饮片的结合形式，以及热导率、比热容等热物理参数。中药板及中药饮片的干燥过程可分为以下阶段。

（1）预热（加速干燥）阶段　中药饮片受热时，其热量首先用于中药饮片的升温。中药饮片温度迅速达到热气流的湿球温度，即达到中药饮片水分挥发和吸收的平衡点。中药饮片的含水率在这一阶段变化很小，预热阶段时间一般较短。

（2）恒速干燥阶段　对中药饮片继续加热，由于非结合水的蒸发能耗低，因此首先蒸发中药饮片中的非结合水，中药饮片的含水率等速下降且下降速率很快，因此本阶段也称为快速干燥阶段。在恒速干燥阶段，由于空气温度、湿含量及流量不变，因而物料与空气间的温差应为一个定值，空气与物料间的传热速率也维持恒定。由于传递的热量全部用于水分蒸发，所以水分的汽化速率也不变，从而维持了恒速干燥的特征。在整个恒速干燥阶段，湿物料内部的水分向表面扩散，扩散速率与表面蒸发速率相适应，使物料表面维持湿润状态。其干燥速率取决于物料表面水分的汽化速率，即取决于气固两相间的传质速率和干燥的外部条件（如空气温度、流量及湿度）等。在此过程中，中药饮片的温度基本保持不变。

（3）降速干燥阶段　当中药饮片中的非结合水完全蒸发之后且饮片含水率降低到临界湿度以下时，便进入了降速干燥阶段。此干燥阶段中，由于中药饮片内部水分的减少，内部水分向表面传递的速率小于表面的气化速率，所以由干燥介质传给中药饮片的热量就有一部分可以用于中药饮片的升温。随着干燥时间的延长，中药饮片内的水分越来越少，水分由中药饮片内部向中药饮片表面的传递速率越来越慢，干燥速率也越来越小，但中药饮片温度却不断升高。中药饮片从恒速干燥阶段到降速干燥阶段的转变点称为拐点，一般中药饮片的拐点含水率为8%~9%。在此干燥阶段中，干燥速率主要取决于水分从中药饮片内部向表面的传递速率及中药饮片本身的结构、形状和颗粒大小等，与中药饮片外部的干燥条件关系不大。所以降速干燥阶段又称为内部迁移控制阶段。

（4）缓速滞止干燥阶段　继续干燥中药饮片，非结合水全部挥发之后，最终解吸的是中药饮片的结合水。由于结合水的释放难度最大，此时中药饮片的含水率下降速率越发缓慢并趋于停滞，同时中药饮片的温度迅速升高并趋向于加热空气的干球温度值。在恒速干燥阶段，中药饮片的表面温度等于湿球温度。因此，即使在高温下容易变质的热敏性中药饮片仍然允许温度适当升高，以提高干燥速率和热利用率。在降速干燥阶段，中药饮片温度逐渐升高，故在干燥后期应防止中药饮片温度过高。通常需要减缓干燥速率，使中药饮片内部的水分分布比较均匀以避免出现表面硬化、开裂、起皱等不良现象，同时要严格控制降速干燥阶段的干燥条件。

经过干燥的中药饮片，其干燥程度一般只能达到平衡湿度（即与周围空气达到平衡稳定状态的湿度）。在一定温度和湿度条件下，与中药饮片的干燥相反，空气中的水分要向中药饮片传递和渗透，使其回潮。空气相对湿度越小，空气从中药饮片中吸取水分的能力就越强。在一定温度、湿度条件下，中药饮片在开始回潮时含水率增加较快，然后逐渐减慢，最后趋于停止。

所以若要求干燥后的中药饮片低于平衡湿度，就必须妥善贮藏，否则中药饮片将会吸收空气中的水分，使含水率升高并达到新的动态平衡。

### （三）中药饮片热风干燥装置

热风干燥是中药饮片生产中最常用的干燥方法之一。热风干燥装置由加热装置、湿物料供给装置、干燥装置、除尘装置、气流输送装置、控制装置组成，如图2-48所示。新鲜空气经过滤器净化后从鼓风机进入加热器，预热至一定温度后进入干燥器。湿物料则通过加料器进入干燥器并与热空气接触，发生传热传质，物料被干燥成干品后引出。温度降低、湿度增加的尾气经固气分离（旋风分离及袋滤）后由引风机排出。

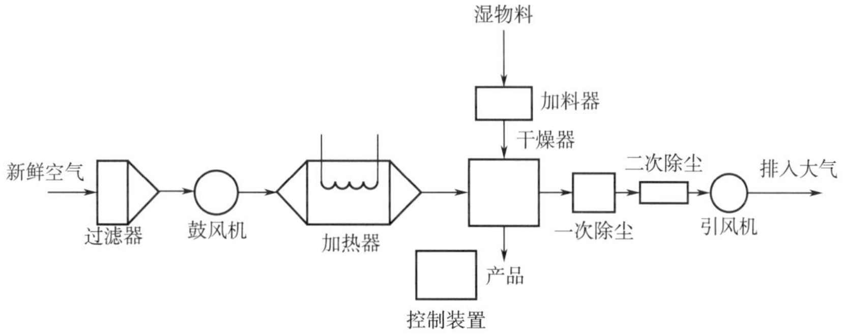


图2-48　中药饮片热风干燥装置

厢式干燥器是常见的用于干燥中药饮片的热风干燥装置。它是一种间歇操作的装置，小型的称为烘厢，大型的称为烘房，可以用来干燥多种不同形态的物料。厢内设有固定的或能移动的架子，架子上放置可盛放干燥物料的浅盘。空气从入口吸入后经加热器及滤网进入各层浅盘之间，在物料上方掠过而起到干燥作用。在厢式干燥器内，若干燥粒状物料或纤维状物料时，可将物料放置在网上，使气流垂直通过物料，能极大提高干燥速率，这种干燥方式也称作穿流式干燥。厢式干燥器还可在真空条件下操作：干燥厢是密封的，采用水蒸气或其他加热方式将饮片加热，用真空泵将水蒸气或其他溶剂蒸气抽出，送入冷凝器冷凝成液体，使干燥器内维持一定的真空度。真空干燥器可以处理需在低温下进行干燥的中药饮片，或干燥过程中需要隔绝空气的中药饮片。

厢式干燥器的突出问题是干燥不均匀，即干燥器内不同位置上的物料干燥程度不同，原因为：①干燥器内各处气流分布不均匀，可以用加大气量的方法加以改善；②各处物料接触新鲜空气的先后顺序不同，补救的方法是定时颠倒气流的吹送方向，或定时更换料盘的位置。

厢式干燥器一般为间歇操作，每干燥一批物料就要向架子上装卸一次料盘，停歇的非干燥操作时间长、热量损失多、热效率低、产品质量不均匀、人力消耗大且劳动条件恶劣。所以此类干燥器在下述情况下使用才是合理的：①小规模生产；②物料干燥需要较长时间；③干燥过程中要求的干燥条件变化大且必须严格控制；④用于几种小批量产品的干燥且不能相互混杂，每批物料干燥后要将装置清洗一次。

## 思考题

1. 简述热风干燥装置每个部分的工作原理。热风干燥装置的设计和选用需要考虑哪些因素?

2. 在设计和选用热风干燥机时需测试被干物料的哪些物性参数?

3. 简述典型干燥机控制装置的控制原理。设计或选用干燥机时，干燥过程的控制变量需要考虑哪些干扰因素?

4. 简述被干物料的干燥特性对设计干燥机控制装置设计的影响。

5. 在谷物干燥机的设计和选用中，哪些热风炉可用?简述选用依据以及在谷物干燥过程中这些热风炉的优缺点。

6. 在果蔬干燥机的设计和选用中，哪些热风炉可用?简述选用依据以及在果蔬干燥过程中这些热风炉的优缺点。

7. 分析热风与微波、红外、热泵、冷冻技术联合应用的发展优势。

8. 以油料作物干燥为例，分析热风联合干燥对比单一热风干燥的经济优势和技术优势。

9. 中药材及中药饮片干燥最需要解决的问题有哪些?有哪些解决方法?

10. 茶叶干燥可与其他茶叶加工环节融合吗?请具体分析，并简述一种茶叶干燥机控制装置的设计思路。

# 第三章 太阳能干燥技术

CHAPTER 3

[学习目标]

1. 了解太阳能干燥的主要形式。
2. 掌握太阳能干燥的基本原理。

## 第一节　概述

### 一、太阳能资源化利用

太阳能是人类最早开发利用的可再生能源，可追溯至小农经济时代，人们在那时就已经开始利用太阳能来露天晾晒农作物以延长其保存时间。随着技术的不断进步，传统的露天晾晒已逐渐被太阳能干燥机所取代。常见的太阳能干燥机有直接式太阳能干燥机、间接式太阳能干燥机及太阳能热泵联合干燥机等。太阳能干燥机以低成本、高效率和高性能为基本设计理念，在减少化石能源消耗、保护环境的同时具有较高的经济价值。

太阳内部持续发生着核聚变，并以电磁波辐射的形式不断向宇宙空间释放能量。虽然地球所接收的太阳辐射能量仅为太阳向宇宙空间释放的总辐射能量的22亿分之一，却是地球大气运动的主要能量源泉，也是地球光热能的主要来源。太阳辐射能量的获取量与所在地理位置密不可分。中国处于亚洲东北部，从北到南可划分为寒温带、中温带、暖温带、亚热带和热带。领土面积居世界第三，太阳能资源较为丰富。

统计显示，我国陆地（未计算海洋领土面积）每年会接收到 $1.47\times10^{16}$kW · h 的太阳辐射能量。新疆东南边缘、西藏、青海中西部、甘肃河西走廊以西、内蒙古西部地区组成了蕴含量最丰富的太阳能资源带。资源最丰富带（年太阳辐射总量≥6300MJ/$m^2$，主要地区为内蒙古额济纳旗以西、甘肃酒泉以西、青海 100°E 以西大部分地区、西藏 94°E 以西大部分地区、新疆东部边缘地区、四川甘孜部分地区）面积约占国土面积的 22.8%；很丰富带（6300MJ/$m^2$≥年太阳辐射总量≥5040MJ/$m^2$，主要地区为新疆大部、内蒙古额济纳旗以东大部、黑龙江西部、吉林西部、辽宁西部、河北大部、北京、天津、山东东部、山西大部、陕西北部、宁夏、甘肃酒泉以东大部、青海东部边缘、西藏 94°E 以东、四川中西部、云南大部、海南）面积约占国土面积的44%；较丰富带（5040MJ/$m^2$≥年太阳辐射总量≥3780MJ/$m^2$，主要地区为内蒙古50°N以北、黑龙江大部、吉林中东部、辽宁中东部、山东中西部、山西南部、陕西中南部、甘肃东部边缘、四川中部、云南东部边缘、贵州南部、湖南大部、湖北大部、广西、广东、福建、江西、浙江、安徽、江苏、河南）面积约占国土面积的29.8%；一般带（年太阳辐射总量≤3780MJ/$m^2$，主要地区为四川东部、重庆大部、贵州中北部、湖北110°E以西、湖南西北部）面积约占国土面积的3.3%。

各地区的太阳辐射量主要受到纬度和大气特性差异两大因素影响：一是纬度决定了太阳高度，纬度越靠近赤道，太阳辐射就越强烈；二是大气特性（包含大气厚度、大气密度及大气透明度）的不同，也会使接收到的太阳辐射量不同。譬如，青藏高原海拔较高，空气相对稀薄，所接收到的太阳辐射强烈；反之，四川盆地较为低洼，太阳辐射量较低。

总的来说，我国太阳辐射相对充足区域的面积接近70%，平均年日照时长高达2200h，地表每平方米的年辐射接收量超过5000MJ。北纬35°~北纬45°的地区非常适合发展太阳能相关产业。

目前，太阳能的开发与利用主要集中在热利用与发电等方向。热利用是可再生能源技术领域商业化程度最高、推广应用最普遍的太阳能利用方式之一。我国太阳能热利用工程主要包括太阳能热水器、太阳房、太阳灶、采暖与空调、制冷、太阳能干燥、海水淡化和工业用热等领域。我国在太阳能发电领域的研究发展起步较早，在国际市场和国内政策拉动下，我国已成为世界三大光伏面板生产国之一，产品光电转换效率最高可达21%。

## 二、太阳能干燥的优势

太阳能干燥技术的应用范围已从食品、农副产品等进一步扩大到木材、中药材、工业产品等领域。太阳能干燥对待处理物料的作用：①直接吸收太阳能并将其转换为热能；②与太阳能集热器所加热的空气进行对流换热从而获得热能，再经过物料表面与物料内部之间的传热传质过程，使物料中的水分逐步汽化并扩散到空气中，最终达到干燥的目的。

太阳能干燥与常规能源干燥相比，具有以下优点。

（1）节约常规能源　常规能源干燥在作业时需要消耗大量燃料来产生热量，而太阳能干燥是直接将太阳能转化为热能，从而降低能源成本、提高经济效益。

（2）保护自然环境　太阳能干燥使用的是清洁能源，对环境无污染，而常规能源干燥会产生大量温室气体与粉尘等污染物。要实现“碳达峰”与“碳中和”，就必须对温室气体的排放加以控制。

表3-1和表3-2分别对比了不同干燥方式的技术特征和成本费用。

表3-1　不同干燥方式技术特征对比

| 项目 | 燃煤干燥 | 热泵干燥剂干燥 | 太阳能干燥 |
|---|---|---|---|
| 开放式/封闭式 | 开放式空气经加热后送进干燥箱，湿空气直接排入大气 | 开放式空气经加热后送进干燥箱，湿空气直接排入大气 | 封闭式热空气循环利用 |
| 除湿方式 | 排湿：高温湿气直接排向大气 | 排湿：高温湿气直接排向大气 | 制冷除湿：通过制冷装置降温除湿 |

续表

| 项目 | 燃煤干燥 | 热泵干燥剂干燥 | 太阳能干燥 |
| --- | --- | --- | --- |
| 热源 | 燃煤 | 电力 | 太阳能 |
| 温度分分均匀性 | 不良，加热不均匀 | 一般 | 优，设有分风装置和热传感器控制风量 |
| 干燥质量 | 一般 | 一般 | 优，有效提高干燥等级 |
| 温度控制 | 人工控制 | 自动控制，用温度表控制 | 自动控制，根据不同干燥阶段设置温度曲线 |
| 环保性能 | 差，能耗高 | 良好 | 优，无污染排放 |

表 3-2　不同干燥方式成本费用对比

| 项目 | 燃煤干燥 | 热泵干燥剂干燥 | 太阳能干燥 |
| --- | --- | --- | --- |
| 初期投入费用 | 150000 元 | 200000 元 | 150000 元 |
| 物料干燥量 | 原料 3000kg，干制品 1000kg | 原料 3000kg，干制品 1000kg | 原料 3000kg，干制品 1000kg |
| 除湿量 | 2000kg | 2000kg | 2000kg |
| 干燥时间 | 36h | 36h | 36h |
| 运营费用合计 | 2000 元 | 1500 元 | 600 元 |
| 单位质量烘干成本 | 2. 0 元/kg | 1. 5 元/kg | 0. 6 元/kg |

## 三、太阳能干燥原理

### （一）太阳能干燥装置的热平衡方程

太阳能干燥装置的干燥介质一般为湿空气。太阳能干燥装置的热平衡是指输入该装置的能量与有效利用的能量及各项热损失之间的关系。研究太阳能干燥装置的热平衡是为了了解其中每项热损失的大小及影响因素，以便减少损失、提高热利用效率。太阳能干燥装置的热平衡方程如式（3-1）。

$$Q_0 = Q_1 + Q_2 + Q_3 + Q_4 + Q_5 \tag{3-1}$$

式中 $Q_0$——输入太阳能装置的能量，W；

$Q_1$——干燥物料的有效得热，W，即物料在干燥过程中或测试时间内水分蒸发所需热量及物料升温所需热量；

$Q_2$——干燥室排气热损失，W，干燥室排除湿的热空气而产生的热量损失通常是所有热损失中最大的一项，减少该项损失的方法是减少排气或不排气，并通过加热湿空气或制冷脱水来降低空气的相对湿度；

$Q_3$——干燥室顶部及四周墙体的散热损失，W，主要取决于干燥室墙体的保温情况；

$Q_4$——集热器及风管装置的热损失，W，主要取决于集热器及风管装置的保温情况，如果管路很长且保温不好，就会有较大热损失；

$Q_5$——已干燥物料取出干燥室时，其温度高于环境温度造成的热损失，W，一般情况下，该项损失所占比例不大。

式（3-1）中，$Q_0$ 的表达式如式（3-2）。

$$Q_0 = AH_\tau + P_1 + P_2 \tag{3-2}$$

式中 $A$——温室或集热器的采光面积，$m^2$；

$H_\tau$——干燥过程中投射到采光面积的太阳辐射能，$W/m^2$；

$P_1$——风机功耗，W，对于自然抽风式则无该项；

$P_2$——太阳能装置辅助能源的能耗，W，如果没有辅助能源就没有该项。

### （二）太阳能干燥装置的热效率

热效率是评价太阳能干燥装置性能的一项重要指标，其定义是：

$$\eta = \frac{\text{单位时间物料水分蒸发所需要的能量}}{\text{单位时间投入干燥器的有用能量}}$$

求解热效率有两种方法。

1. 正平衡法

$$\eta = Q_1/Q_0 \times 100\% \tag{3-3}$$

式中 $Q_1$——干燥物料的有效得热，W；

$Q_0$——输入太阳能装置的能量，W。

此方法简单、易测，但不能反映影响热效率的因素。

2. 反平衡法

$$\eta = \frac{Q_1 - Q_2 + Q_3 + Q_4 + Q_5}{Q_0} \times 100\% \tag{3-4}$$

式中 $Q_0$——输入太阳能装置的能量，W；

$Q_1$——干燥物料的有效得热，W；

$Q_2$——干燥室排气热损失，W；

$Q_3$——干燥室顶部及四周墙体的散热损失，W；

$Q_4$——集热器及风管装置的热损失，W；

$Q_5$——已干燥物料取出干燥室时，其温度高于环境温度造成的热损失，W。

此法求热效率，可以了解各项热损失的大小并分析影响因素，以便采取措施提高干燥装置的热效率。

## 四、太阳能干燥技术的研究与发展

国内外早期的太阳能干燥装置多为温室型、半温室型或规模较小的集热器型。大型太阳能干燥装置基本为集热器型，并与常规能源结合以确保干燥过程的连续性。

我国在太阳能干燥技术的研制及应用方面起步较晚。20 世纪 80 年代以前，所生产的单套太阳能干燥装置总采光面积仅为 $183m^2$。进入 20 世纪 80 年代，结构简单、造价低廉的温室型太阳能干燥装置才开始逐渐在部分农村地区发展起来。20 世纪 80 年代中期，单套太阳能干燥装置的最大总采光面积已达 $5000m^2$。20 世纪 90 年代中后期，太阳能干燥技术的研究略有放缓。

近年来，我国研发了用于农作物、中草药、木材等的太阳能干燥装置，部分技术已投放市场。太阳能干燥技术的应用有效提高了物料干燥品质，且更加环保节能。影响太阳能干燥技术推广应用的主要因素如下。

（1）太阳能是间歇性能源，能源密度较低、不连续、不稳定；单独使用太阳能时，干燥室温度低、波动大、干燥周期长。简易太阳能干燥装置虽然投资少，但容量小，热效率低；而大中型太阳能干燥装置的投资大、占地面积大。

（2）太阳能干燥常与其他能源联合，如太阳能-蒸汽，太阳能-烟气及太阳能-热泵等形式，这可能会导致干燥装置总投资增加。太阳能的低成本有效储存问题至今尚未解决，一般常用岩石、卵石储能，用水箱等储热，但效果较为有限，且占地面积较大。

（3）我国对太阳能干燥的政策支持和宣传力度仍需增加。

（4）目前农特产品加工企业习惯使用传统干燥装置，节能和环保意识有待提升。

虽然太阳能的推广和应用还存在诸多问题，但面对日益严峻的能源和环境形势，其作为可再生清洁能源的重要作用已不容忽视。如今的“碳达峰”“碳中和”目标已经要求提升清洁低碳能源的比例，可以预见，太阳能干燥技术的应用将会迎来巨大的发展。小型、简单的太阳能烘房在日照强度好而经济又欠发达的部分地区具有较好的利用前景。一般来说，农特产品所需的干燥温度较低（40~55℃），这正是太阳能中低温热利用领域的温度范围。太阳能、生物质能等绿色、低碳、高效的清洁能源可降低资金投入成本，并显著减少化石能源导致的环境污染。但在开发利用太阳能的同时也应看到以下障碍，注意集中力量解决这些问题。

（1）太阳能干燥技术的应用存在局限性。一方面是太阳能辐射强度的不稳定性；另一方面是太阳能干燥技术研究进展慢、装置投入大、成本回收期较长，导致许多中小型企业望而却步。

（2）需要加强太阳能干燥技术的科普和对装置的宣传力度。由于大部分谷物和农副产品加工企业以及个人对太阳能干燥技术缺乏了解，在选用干燥装置时经常不会优先选取太阳能干燥装置。

（3）使用相变材料可以提高装置的蓄热性能并减少传热过程的热损失。但是国内外的相变材料技术依然不够成熟，目前还未作为常规蓄热材料在太阳能干燥领域大规模推广。

## 第二节　太阳能干燥装置

### 一、太阳能干燥装置的组成

太阳能干燥装置主要由以下几部分组成。

（1）干燥室　铺放待干物料的密闭空间。根据干燥装置类型和待干物料的性质，太阳能干燥装置的干燥室可分为箱式、房式、窑式、粮仓式等多种形式。

（2）太阳能加热装置　主要是太阳能集热器把太阳辐射能转换成热能。太阳能集热器可分为以水为集热介质的热水器和以空气为集热介质的太阳能空气集热器两大类。热水器可用于间接干燥或蓄能，而太阳能干燥使用的集热器主要为太阳能空气集热器。比较典型的太阳能空气集热器为平板型。

(3) 附加装置　附加装置主要有管道和风机，另外还有一些测量元件、控制元件。由于干燥装置类型不同，有的干燥装置还配有辅助能源装置或蓄热装置。

## 二、太阳能干燥装置的类型

太阳能干燥装置有多种类型，根据干燥装置的不同，大体上可分为温室型、集热器型、集热器与温室结合型、整体型等（图 3-1）。

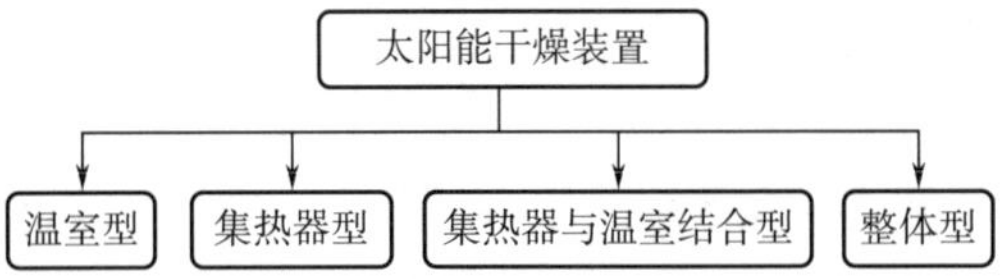


图 3-1　太阳能干燥装置的类型

### （一）温室型太阳能干燥装置

温室型太阳能干燥装置（图 3-2）在结构上与栽培农作物的温室类似。温室即为干燥室，干燥室的东、西、南墙及倾斜屋顶均采用玻璃或塑料薄膜等透光材料，一般将墙体表面涂上黑色涂料以增加对太阳辐射能量的吸收率。温室干燥室一般为自然通风，也可加装风机进行强制通风。

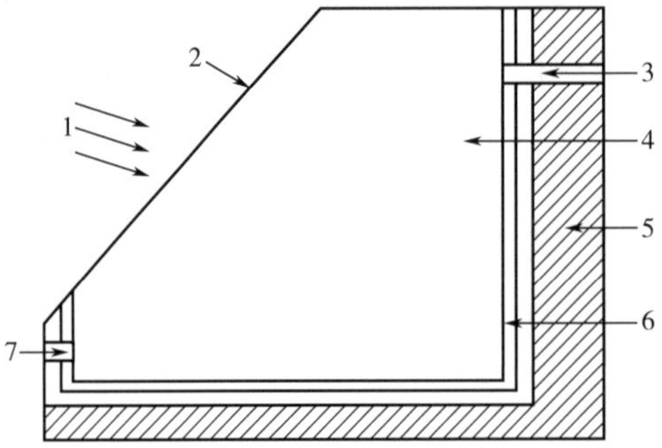


图 3-2　温室型太阳能干燥装置

1—阳光；2—玻璃；3—排气口；4—干燥室；5—墙体；6—黑色涂层；7—进气口。

将待处理物料置于温室内，直接吸收太阳辐射。随着温室内的空气被加热升温，物料逐渐脱去水分，以达到干燥的目的。温室型太阳能干燥装置一般都设有排风装置，排去含湿量较大的空气，能缩短物料的干燥周期。由于这种干燥装置结构简单，造价低廉，已在多地农村广泛应用。

### （二）集热型太阳能干燥装置

集热型太阳能干燥装置（图 3-3）利用太阳能空气集热器将空气加热到预热温度，然后通入干燥室进行干燥作业。太阳能空气集热器加热空气一般有两种类型：①空气型集热器以空气为载热介质，直接吸收太阳辐射能量；②热水型集热器用太阳能热水器将水加热后再通过换热器来加热空气。前者具有较高的热效率，但工作温度易受太阳辐射变化影响，稳定性较差；后者热效率较低，成本较高，但可利用储热装置储存热量，装置工作较稳定。

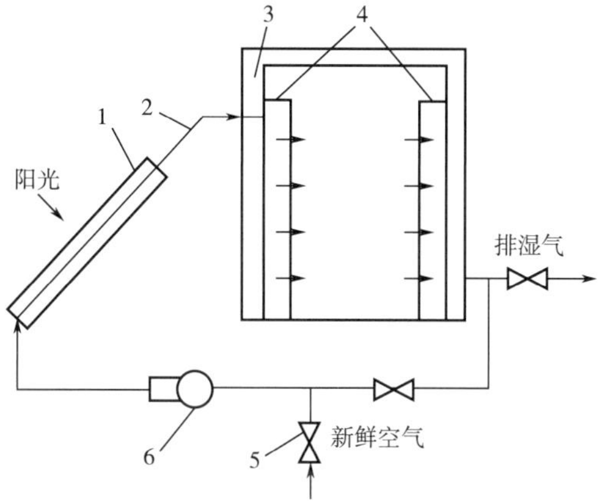


图 3-3 集热型太阳能干燥装置

1—空气集热器；2—风管；3—加热器；4—主风管；5—风阀；6—风机。

这种干燥装置的特点包括：①可根据物料的干燥特性来调节热风温度；②物料在干燥室内分层放置，单位面积能容纳更多物料；③强化对流换热，干燥效果更好；④适用于干燥但不能受阳光直接暴晒的物料，如木材、鹿茸、橡胶、啤酒花、切片黄芪等。

### （三）集热器与温室结合型太阳能干燥装置

集热器与温室结合型太阳能干燥装置（图 3-4）内的空气先经太阳能空气集热器预热，再进入干燥温室内，使温室的干燥温度得到提高，进而加速物料的干燥。

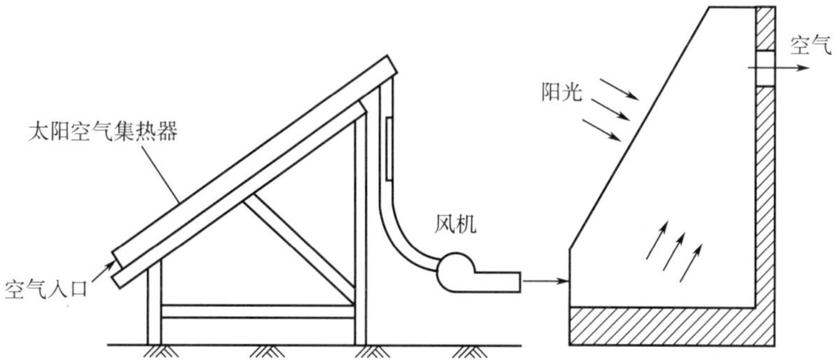


图 3-4 集热器与温室结合型太阳能干燥装置

### （四）整体型太阳能干燥装置

整体型太阳能干燥装置（图 3-5）是将空气集热器与干燥室两者合并在一起。在该类太阳能干燥装置中，干燥室本身就是空气集热器，或者说在空气集热器中放入物料进而构成了干燥室。

### （五）连续干燥作业的各种组合型太阳能干燥装置

太阳能是间断的多变能源，稳定性较差，一般采用太阳能与常规能源或其他供热方式结合的形式来解决供热波动性的问题。太阳能与常规能源及储热装置的结合如图 3-6 所示。

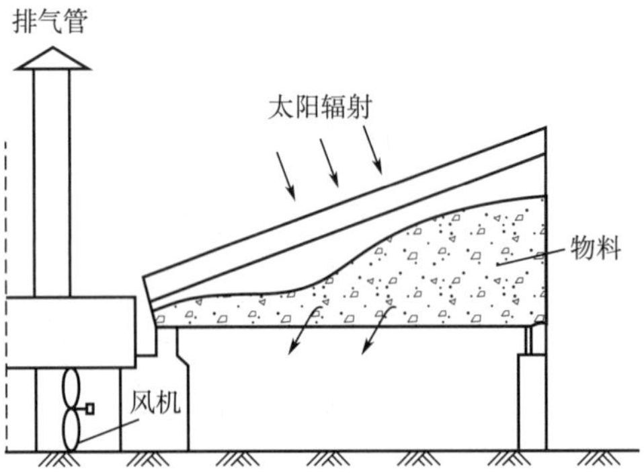


图 3-5 整体型太阳能干燥装置

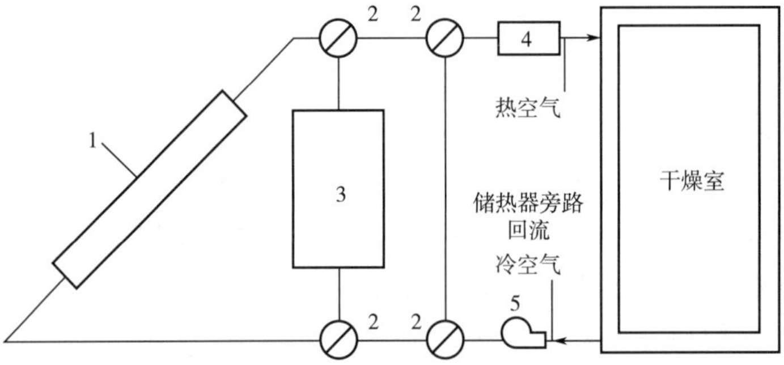


图 3-6 太阳能与常规能源及储热装置的结合

1—集热器；2—三通风门；3—卵石床储热装置；4—辅助能源；5—风机。

## 三、太阳能干燥装置配置形式

### （一）整体式干燥装置

整体式干燥装置的集热器与干燥室的结构融为一体，即干燥室也是集热室，温室型太阳能干燥装置大多数是整体式结构。集热器型的太阳能干燥装置也有整体式结构，包围式粮食干燥仓就是一个特例。其基本结构是将太阳能集热器安置在粮仓仓壁上，以仓壁作为吸热板，可以最大限度地缩短空气通道长度。包围式集热器就是出于这种构思，将圆筒仓南面占仓壁面积2/3 的部分用一罩盖板式集热器包围，风机使空气从透明罩盖与涂黑的仓壁之间通过。显然，这样装备起来的圆筒仓最好作为专用干燥仓使用。这种集热器在一天之中的任何时候面向太阳的面积都不会超过其总面积的一半。

安装面积=圆仓直径×π×集热器高度×2/3。

有效面积=圆仓直径×集热器高度，大致为安装面积的一半。

最好把风机放在南面，这样可以有两个进风口。集热器与罩盖之间的距离要合理，使其间通过的气流速率保持在 2.5~5m/s。如果静压超过 125Pa，则适当打开风机附近的滑动风门让外界空气进入，使太阳能装置的总静压降至 125Pa。夏天时，需将风门全部打开以免集热器过热。在计算可利用能量时，要使用集热器的有效面积数据，全天平均效率按 70%计。

粮仓直径加大时，仓容增加幅度要比仓壁面积的增加幅度大得多。例如，直径 5.49m 的圆仓加大到直径为10.98m时，仓容加大了4倍，而仓壁面积只加大了2倍。所以这种集热器用在大圆仓上时，单位质量粮食所能得到的热量远不如小圆仓。安装该种集热器要特别注意附近建筑物遮挡光线的问题，东西走向的长建筑物遮挡光线的可能性更大。

### （二）分体式干燥装置

分体式干燥装置实际上是一种单元拼接式干燥装置，可以根据需要来灵活确定拼接的单元数量和拼接形式。移动式太阳能干燥装置也是分体结构。兼用于畜舍供暖和粮食加热降水通风的非循环主动太阳能装置也是一种分体式结构，如图3-7所示。集热器进口气流的温度等于环境温度，而环境温度与集热器内流体平均温度之间的差值通常不大，只需要一个简单的太阳能集热器即可高效作业。为避免太阳能装置过多地加大风网阻力，可加设一个气流旁路。例如，只让一部分空气通过集热器，使集热器给粮食进行通风加热时的静压约为64Pa，通风和加热共同进行，而给畜舍供暖时静压约为32Pa。

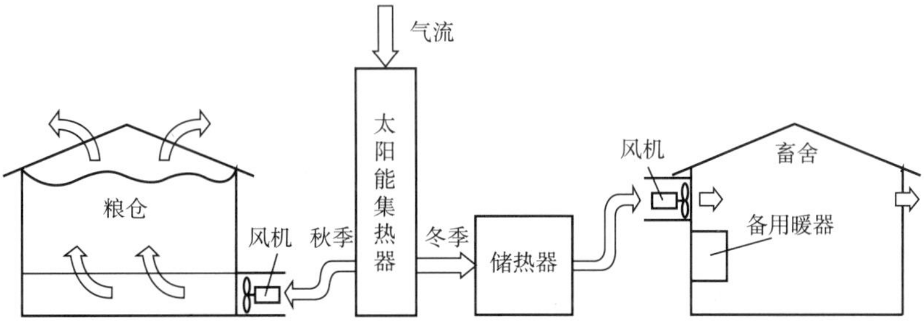


图3-7　农用非循环主动太阳能装置

## 四、太阳能干燥装置方案选择原则

装置方案选择是设计太阳能干燥装置的主要环节。好的方案不仅能降低成本、提高干燥作业效益，还能保证物料干燥后的品质。太阳能干燥装置方案选择包括集热器类型、干燥室类型等进行组合配置，要根据使用者的用户情况、气候状况、场地条件、物料特性、物料批量等进行方案选择，选择依据的原则如下。

（1）用户情况　根据用户的不同经济状况来选择方案。例如，农村个体用户受经济条件限制，且生产较量较小，小型温室型干燥器投资少、见效快，农民可自己建造，比较适合其使用；对于工业上的大批量干燥，可选择大型、自动化程度较高的干燥装置，如大型温室干燥器、集热器型隧道式干燥器等。

（2）气候状况　阴雨天较多的地区完全使用太阳能有可能延误干燥时间并造成不必要的经济损失，选择干燥装置时应尽量选用带辅助加热装置的干燥器；气候条件好的地区，可灵活选择。

（3）场地条件　宽敞、阳光条件好的场地适合各种干燥装置；狭窄、阳光条件较差的场地就要寻求安装、拆卸方便，集热器和干燥室容易重新组合，或集热器能够在不同场地条件（如屋顶、道旁、田间）安装的干燥装置。

（4）物料特性　物料品种不同，其干燥特性的差别会很大。对失水速率很快的物料，如切成薄片的果品、中草药等，可采用连续干燥装置；对失水速率较慢的物料，如陶瓷泥胎、烟叶、木板、成捆的牧草等，需采用间歇式干燥装置，如干燥温室、干燥窑等。

(5) 物料批量　批量大的工厂可选用大型干燥装置，如隧道式干燥器、大型干燥温室、塔式干燥机；批量小的工厂可选用小型干燥装置，如箱式干燥温室、集热器型箱式干燥器等。

## 五、太阳能干燥装置的设计计算

### (一) 太阳辐射的计算

太阳辐射到地球大气层外表的能量是恒定的。太阳常数是指在平均日地距离时，地球大气层上界垂直于太阳光线表面的单位面积上单位时间内所接收的太阳辐射能。1981 年，世界气象组织公布的太阳常数为 $I_{sc}=1367\pm7W/m^2$，计算时通常取 $I_{sc}=1370W/m^2$。

1. 太阳的赤纬角

太阳光线与地球赤道面的交角即太阳的赤纬角，用 $\delta$ 表示，太阳赤纬角每天都在变化，但不超过±23°27′。夏至日变化到最大（+23°27′），冬至日变化到最小（-23°27′）。太阳赤纬角按照库珀方程，由式（3-5）计算。

$$\delta = 23.45\sin\left(360 \times \frac{284+n}{365}\right) \tag{3-5}$$

式中　$n$——1 年中的第 $n$ 天（从 1 月 1 日起算的天数）。

2. 太阳高度角和太阳方位角

①太阳高度角：指太阳光的入射方向与地平面之间的夹角，简称太阳高度（物理含义为角度），它是决定地球表面获得太阳热能总量最重要的因素。计算太阳高度角的表达式如式（3-6）。

$$\sin\theta_s = \cos\varphi\cos\delta\cos\omega + \sin\varphi\sin\delta \tag{3-6}$$

式中　$\theta_s$——太阳高度角；

$\varphi$——地理纬度；

$\delta$——太阳赤纬角；

$\omega$——太阳时角。

②太阳方位角：即太阳所在的方位，指太阳光线在地平面上的投影与当地经线的夹角，可近似看作是竖立在地面上的直线状工具在阳光下的投影与经线之间的夹角。其中，太阳方位角以正南方向为 0，由南向东向北为负，由南向西向北为正。计算太阳方位角的表达式如式（3-7）。

$$\cos\gamma = \frac{\sin\theta_s\sin\varphi - \sin\delta}{\cos\theta_s\cos\varphi} \tag{3-7}$$

式中　$\gamma$——太阳方位角；

$\theta_s$——太阳高度角；

$\varphi$——地理纬度；

$\delta$——太阳赤纬角。

3. 大气层外的太阳辐射量

设大气层上界在 1 年中任意 1 天的太阳辐射强度 $I'_{sc}$ 如式（3-8）。

$$I'_{sc} = I_{sc}\left[1 + 0.033\cos\left(360 \times \frac{n}{370}\right)\right] \tag{3-8}$$

式中 $I_{sc}$——太阳常数，1370W/m$^2$；

$n$——1 年中的第 $n$ 天（从 1 月 1 日起算的天数）。

大气层外表面上的太阳辐射量 $I_o$ 如式（3-9）。

$$I_o = I'_{sc}\sin\theta_s \tag{3-9}$$

式中 $I'_{sc}$——大气层上界在 1 年中任意 1 天的太阳辐射强度；

$\theta_s$——太阳高度角。

4. 太阳辐射月平均日总量

太阳辐射在穿过大气层时，不仅受到大气层中空气分子、水汽、尘埃等粒子的散射，而且会被大气中的氧、臭氧、水和二氧化碳等吸收，所以经过大气到达地面的太阳辐射显著衰减。要完全从理论上准确计算到达地面的太阳辐射是不可能的，因此，在应用时最好采用仪器测量。但目前利用仪器测量仍有诸多限制，例如没有仪器或测量数据不够多造成所获数据不能作为计算和设计的依据等。通常用某个月的辐射总量和整个月内的天数求出平均值作为该月的某天的代表值，即太阳辐射月平均日总量。

齐惠民通过对我国 41 个气象台站的太阳辐射数据进行数学回归计算，得到太阳辐射月总量的计算式如式（3-10）。

$$H' = H(0.16 + 0.62s) \tag{3-10}$$

式中 $H'$——水平面上太阳辐射月总量平均值，kJ/m$^2$；

$H$——大气上界水平面上太阳辐射月总量平均值，kJ/m$^2$；

$s$——同一时期内的日照百分率①，$s<1$。

太阳辐射的月平均日总量可由各地测量站多年测量的数据总结出来，也可根据式（3-10）得到月总量平均值后再计算月平均日总量，如式（3-11）。

$$\overline{H} = \frac{H'}{30} \tag{3-11}$$

5. 水平面上的太阳辐射量

（1）水平面上太阳辐射总量　在太阳能工程的设计及其性能测试中，往往需要用到太阳辐射的小时量，但是全天太阳辐射总量在一天中并非平均分配，而是随时间的变化而变化，其理论计算方法如下。

一般天气条件下，水平面上太阳辐射随时间的变化大致为一条正弦曲线。因此，一天中水平面上某 1h 的太阳辐射总量 $I_h$ 如式（3-12）。

$$I_h = \frac{139\pi}{T_d}\overline{H}\cos\left[\frac{\pi}{T_d}(T - 12)\right] \tag{3-12}$$

式中 $T_d$——日照时间，h；

$T$——太阳时。

式（3-12）中日照时间 $T_d$ 可由式（3-13）计算。

$$T_d = 2/15\arccos(-\tan\varphi\tan\delta) \tag{3-13}$$

在太阳角度公式中，涉及的时间均为太阳时，其特点是午时（中午 12∶00）阳光正好通过当地经线，即处于空中最高点处。它与日常使用的标准时间并不一致，其转换公式如式（3-14）。

① 日照百分率：任一地点的日照时数与可照时数的百分比。

$$T = T_B + E \pm^{①} 4(L_{st} - L_{loc}) \tag{3-14}$$

式中 $T_B$——标准时；

$E$——时差，min；

$L_{st}$——制定标准时间采用的标准经度；

$L_{loc}$——当地经度。

式（3-14）中，时差 $E$ 可由式（3-15）得到。

$$E=9.87\sin 2B-7.53\cos B-1.5\sin B,\ B=360\ (n-81)\ /364 \tag{3-15}$$

（2）直接太阳辐射和散射辐射　水平面上太阳辐射包含两部分——直接辐射和散射辐射（或称天空辐射）。直接辐射是指太阳光线以平行光线的方式从太阳直接投射到地面的辐射；散射辐射是指太阳光线因大气和云层而散射产生的自天空投射到地面的太阳辐射，它来自半球天空的各个方向。

地面的太阳辐射量和大气外层的太阳辐射量的比 $pp$ 如式（3-16）所示。

$$pp = \frac{I_h}{I_o} \tag{3-16}$$

式中 $I_h$——水平面上的太阳辐射量；

$I_o$——大气外层的太阳辐射量。

地面法线面的直接太阳辐射量 $I_{nd}$ 如式（3-17）所示。

$$I_{nd} = 1791pp - 547 \tag{3-17}$$

式中 $pp$——地面太阳辐射量和大气外层的太阳辐射量的比。

散射辐射方向较为复杂，受大气状况影响很大。在天空充满云雾时可近似认为散射辐射是各向同性的，且其在水平面上的入射角是60°；在晴天时散射辐射的方向与直接辐射相同。散射辐射强度有两种表示方法：一种是以单位面积能流密度表示；一种是以散射辐射能量占太阳直接辐射的比表示。一般情况下，中纬度地区高温季节中午的散射辐射约占太阳直接辐射的25%。晴天到达地表水平面上的散射辐射能流密度 $I_{hs}$ 主要取决于太阳高度角和大气透明度 $P_m$，如式（3-18）、式（3-19）、表3-3。

$$I_{hs} = C_1(\sin\alpha)^{C_2} \tag{3-18}$$

$$I_{hs} = I_h - I_{nd}\sin\alpha \tag{3-19}$$

式中 $\alpha$——散射辐射水平面上的入射角；

$I_{nd}$——地面法线面的直接太阳辐射量；

$C_1$ 和 $C_2$——经验系数，见表3-3。

表3-3　经验系数 $C_1$ 和 $C_2$

| 透明度 $P_m$ | $C_1$/（$W \cdot m^{-2}$） | $C_2$ |
|---|---|---|
| 0.650 | 191.675 | 0.53 |
| 0.675 | 175.64 | 0.53 |
| 0.700 | 159.613 | 0.53 |

① 东半球取负号，西半球取正号。

续表

| 透明度 $P_m$ | $C_1$/（W·m$^{-2}$） | $C_2$ |
|---|---|---|
| 0.725 | 144.279 | 0.53 |
| 0.750 | 131.036 | 0.53 |
| 0.775 | 117.096 | 0.53 |
| 0.800 | 103.853 | 0.53 |

（3）倾斜面上的太阳辐射　倾斜面上的太阳辐射量包括 3 部分，即直接太阳辐射 $I_{tb}$、散射辐射 $I_{td}$ 和周围环境反射辐射 $I_{t\tau}$。

其中，直接太阳辐射 $I_{tb}$ 如式（3-20）。

$$I_{tb} = I_{nd}\cos\theta \tag{3-20}$$

式中 $I_{nd}$——地面法线面的直接太阳辐射量；

$\theta$——太阳光线在倾斜面上的入射角。

$$\cos\theta = \sin\delta\sin\varphi\cos\varepsilon - \sin\delta\cos\varphi\sin\varepsilon\cos\gamma + \cos\delta\cos\varphi\cos\varepsilon\cos\omega + \cos\delta\sin\varphi\sin\varepsilon\cos\omega + \cos\delta\sin\varepsilon\sin\gamma\cos\omega \tag{3-21}$$

式中 $\varphi$——地理纬度；

$\delta$——太阳赤纬角；

$\omega$——太阳时角；

$\varepsilon$——倾斜面与地平面夹角；

$\gamma$——倾斜面的太阳方位角。

由于大气影响较为复杂，至今没有完全符合物理意义的简单计算公式来求出散射辐射 $I_{td}$，研究人员推荐经验公式如式（3-22）。

$$I_{td} = \frac{I_{hs}(1 + \cos\varepsilon)}{2} \tag{3-22}$$

式中 $I_{hs}$——晴天到达地表水平面上的散射辐射能流密度；

$\varepsilon$——倾斜面与地平面夹角。

此外，还有专家认为散射方向和直射方向在晴朗天气条件相同，则有式（3-23）。

$$I_{td} = I_{hs}\cos\theta \tag{3-23}$$

式中 $I_{hs}$——晴天到达地表水平面上的散射辐射能流密度；

$\theta$——太阳光线在倾斜面上的入射角。

对于环境反射辐射 $I_{t\tau}$，若仅考虑斜面周围的地面反射而忽略周围其他物体的反射，并假设地表以同样比例将地表水平面上的太阳辐射（直接和散射辐射两部分）反射到倾斜面上，令地表的反射率是 $\rho$，则环境的散射辐射可用式（3-24）计算。

$$I_{t\tau} = \frac{\rho I_h(1 - \cos\varepsilon)}{2} \tag{3-24}$$

式中 $I_h$——地面的太阳辐射量；

$\varepsilon$——倾斜面与地平面夹角。

在求得倾斜面上的 3 个太阳辐射分量后，可进一步得到倾斜面上的太阳辐射总量 $I_{tg}$：

$$I_{tg} = I_{tb} + I_{td} + I_{t\tau} \tag{3-25}$$

## （二）太阳能空气集热器设计

1. 太阳能空气集热器的设计步骤

太阳能空气集热器的设计大致可分为以下步骤：①主要收集当地太阳辐射量、日照时数、平均气温和一年中的雨量平均分布等资料；②确定所需空气流量、空气温度，进而计算单位时间内所需热量；③选择集热器类型；④确定气流通道长度；⑤计算集热器气流通道的宽度和高度；⑥根据传热规律计算，求得集热器的各热性能参数；⑦根据计算所得的压降求得泵耗功率；⑧集热器总体设计；⑨装置成本估算。

2. 温室型干燥装置的温室面积计算

用太阳能温室干燥物料时，若单位质量物料对应的温室面积过大，集热效率会降低，成本升高；若温室面积过小，就会使干燥时间过长，甚至无法干燥，因此温室面积必须适宜。

影响温室面积的因素主要包括气候、日照量、外气温度、通风量、物料质量等。其中日照量不能人为改变，这是太阳能干燥与电力或燃气燃油干燥最大的不同点。水平面上的日照量依季节而变化，需使用干燥期间的月平均值计算全日照量。温室内的有效日照量与干燥装置所在的纬度、温室方向、受热面积比（受热面积/温室地表面积）、材料的透光率等有关。上述综合因素可影响温室内空气的温升和集热效率。

（1）温室内空气的温升　它与日照量成正比上升，与通风量成反比上升。日照量一定时，它随通风量的增加而呈双曲线形减小。温室内的温度上升得越高，温室内空气的相对湿度下降就越多，这样可以提高干燥能力，有利于干燥的进行。

（2）集热效率　集热效率表示照射到温室内的日照量有多少能被用于增加温室内空气的热焓。集热效率可由式（3-26）表示。

$$\eta_c = C_1 - C_2 \frac{\Delta T}{I} \tag{3-26}$$

式中　$C_1$、$C_2$——经验系数；

$\Delta T$——空气的温升,℃；

$I$——日照量，kJ/（$m^2$・d）。

①温室面积与影响因素间的关系：集热面积物料质量之比是指单位质量物料的集热面积，通常用每100kg物料的集热面积（单位$m^2$）来表示。集热效率随集热面积物料质量比的增加而呈指数下降，降水率随集热面积物料质量比增加而呈指数上升。集热效率与集热面积物料质量比的关系如式（3-27）。

$$\eta_c = aA_G^b \tag{3-27}$$

式中　$\eta_c$——集热效率,%；

$A_G^b$——集热面积与100kg物料质量比，$m^2$/100kg；

$a$、$b$——常数，可根据不同物料的干燥试验得出。

温室单位集热面积的通风量称为风量面积比（单位$m^3/m^2$）。当温室单位面积的通风量增加时，集热效率急速增加。但超过某一极限值时，增加率会降低。两者呈抛物线关系，可用式（3-28）表示。

$$\eta_c = a_1 - b_1 e^{C_1 V_u} \tag{3-28}$$

式中　$a_1$、$b_1$、$c_1$——常数；

$V_u$——每平方米集热面积的通风量，$m^3/m^2$。

温室内的温升随风量增加（风量与集热面积比增加）而呈指数减少。大量通风时，温室内的温升接近于0，此时室内与外界温度无大差别。温室内的温升与风量面积比可用式（3-29）表示。

$$\Delta T = a_2 - b_2 e^{c_2} \tag{3-29}$$

式中 $\Delta T$——温室内温升（温室温度-外界环境温度），℃；

$a_2$、$b_2$、$c_2$——常数。

相对于单位质量物料的风量称为风量物料质量比。试验结果表明，单位物料质量的通风量与失水速率的关系不明显。集热效率随单位物料质量通风量的增加而增加，但变化很小。

②温室面积计算方法：集热器热负荷 $Q_0$ 为干燥时需要的最大热量，可通过物料热量衡算求得，如式（3-30）。

$$Q_0 = L_v W \tag{3-30}$$

式中 $L_v$——每蒸发 1kg 水分所需热量，kJ/kg；

$W$——物料去水量，kg/h。

根据温室集热量和物料中水分蒸发需要热量列出能量守恒计算式［式（3-31）］，确定温室面积。

$$AnI'_s\eta_c = \eta Q_0 \tag{3-31}$$

式中 $A$——温室面积，$m^2$；

$n$——每次干燥所需日数，d；

$I'_s$——水平面上的日照量，kJ/（$m^2$·d）；

$\eta_c$——温室集热效率，%；

$\eta$——干燥热效率，%；

$Q_0$——集热器热负荷，kJ。

对单位时间所集热量为 $Q$、单位时间日照量为 $I'_s$ 的温室，$\eta_c = Q/I'_s$，代入式（3-31）得式（3-32）。

$$A = \frac{\eta L_v W}{nQ} \tag{3-32}$$

$$集热器\ Q = V_u \rho c_H t \Delta T \tag{3-33}$$

式中 $V_u$——每平方米集热面积的通风量，$m^3/m^{-2}$；

$\rho$——空气密度，$kg/m^3$；

$c_H$——空气比热容，kJ/（kg·K）；

$t$——每天通风时间，h/d；

$\Delta T$——温室内外空气温差（空气的温升），℃。

式（3-32）又可化为式（3-34）。

$$A = \frac{\eta L_v W}{nV_u \rho c_H t \Delta T} \tag{3-34}$$

式中 $\eta$——干燥热效率，%；

$L_v$——每蒸发 1kg 水分所需热量，kJ/kg；

$W$——物料去水量，kg/h；

$n$——每次干燥所需日数，d；
$V_u$——每平方米集热面积的通风量，$m^3/m^2$；
$\rho$——空气密度，$kg/m^3$；
$c_H$——空气比热容，kJ/（kg·K）；
$t$——每天通风时间，h/d；
$\Delta T$——温室内外空气的温差（空气的温升），℃。

## 第三节　太阳能干燥技术在谷物干燥中的应用

所谓谷物的太阳能干燥实际上是利用太阳能加热谷物或农副产品，使其内部水分迁移到谷物或农副产品表面，而后再通过蒸发传递到其周围的空气中。风机等通风装置使空气流动通过谷物表面，并将水分带到大气中，从而控制谷物或农副产品的含水率。含水率是安全贮藏谷物和农副产品的关键因素之一。

### 一、太阳能谷物干燥装置的特点

（1）太阳能是间断的多变能源　夜晚和阴雨天无法利用太阳能，即使是晴天，太阳辐射强度也会随着时间和季节而变化，相应的空气温度和湿度也会变化。因此，谷物的干燥速率、干燥周期和干燥装置的热效率也随之变化。

（2）太阳能干燥装置的年度运行时间长　以空气作为干燥介质，不存在太阳能热水器中水冻结的问题。一台保温良好的太阳能干燥装置在冬季也能运行，只需有效防止夜晚和阴雨天气冻坏谷物即可。

（3）太阳能干燥装置适用于低温干燥（40~65℃）　各地可结合当地太阳能资源和气候条件、干燥对象的特点，选择合适的干燥装置形式，因地制宜，就地取材设计施工，以达到较好的干燥效果和较理想的经济效益。

（4）季节性使用的太阳能干燥装置应尽量降低成本，全天候使用的太阳能干燥装置须与常规能源配合使用。

### 二、太阳能谷物干燥装置的分类

根据阳光是否直接照射在谷物上，可把太阳能谷物干燥装置分为两大类，即温室型和集热器型。前者是阳光直接照射在谷物上；后者阳光不直接照射在谷物上，而是照射在空气集热器上，由吸热板采集太阳能，流经集热器的空气经过加热被输送到干燥室干燥谷物。此外，用温室代替空气集热器型太阳能干燥装置中的干燥室，还可构成温室-集热器组合型太阳能谷物干燥装置，或加入储热单元组成储热型太阳能谷物干燥装置。

#### （一）温室型太阳能谷物干燥装置

温室型太阳能谷物干燥装置不设置太阳能空气集热器，干燥室内的待处理谷物直接受太阳光照射。此类干燥装置造价低、结构简单、便于建造，适用于干燥温度低、允许直接吸收太阳光的物料，如稻谷、麦子等谷物。一般情况下，该类装置靠太阳辐射产生的热压差引起空气定向流动，无需外加动力，属自然循环。

温室型太阳能谷物干燥装置按驱动空气流动的动力来分类，有自然抽风式和强迫循环式两种。

（1）自然抽风式 由温室、烟囱等组成，温室由顶部透明盖板（玻璃或透明塑料薄膜）、四周围护构件、谷物架等组成。谷物放在谷物架上，并设有装卸谷物的出入门。阳光经透明盖板照射在谷物上进行加热，温室效应使温室内空气升温。由于温室和烟囱内的空气温度高于环境空气温度，因此，温室和烟囱内的空气密度低于环境空气密度，形成抽力。新鲜空气从下部进入温室，穿过谷物，带走物料排出的水蒸气，这些湿空气经烟囱不断被排出。烟囱是为增大抽力而设置的，且烟囱越高，抽力越大。

由于自然抽风式温室型太阳能谷物干燥装置不需要风机，因此非常适合在无电或缺电地区使用。但自然抽风的抽力小，谷物堆积层不宜太厚，在干燥过程中应适时翻动物料，使之均匀干燥。在无阳光期间，自然抽风式温室型太阳能谷物干燥装置不能正常工作，此时应打开活动门等，避免谷物在闷湿状态下变质。

（2）强迫循环式 与自然抽风式相比，强迫循环式的风速有所提高。若将整个干燥室分成几个区域，风速还可进一步提高，从而使谷物干燥速率加快，同时还可实现部分换气、提高干燥温度、减少排气热损。即使在阴天或夜晚，强迫循环式温室型太阳能谷物干燥装置仍可利用风机鼓风干燥，此时，蒸发水分消耗的能量取自流向空气的焓降，使排入大气的空气温度低于环境空气温度。

此外，有些温室型干燥装置在温室内设置一些风扇以消除温室内的气流死区，有利于提高干燥速率，尤其在等速干燥阶段更为有效。但是，当谷物干燥速率受内部水分迁移速率抑制时，作用就很小。

温室型干燥装置的特点：集热器与干燥室合二为一，与植物温室相似，多数属于被动式加热干燥，若温室内装有风机则为主动式。阳光通过透明顶板或侧壁投射到干燥仓内，一部分加热仓内空气，另一部分则直接辐射到谷物表面进行加热。谷物主要靠在仓内受太阳焖晒而升温，由此蒸发的水分通过自然对流或风机经出气孔排放至周围环境中。干燥温室除了要求在白天尽可能地接收太阳辐射、使室内保持较高温度外，还被要求不断排湿。为使仓内保持较高温度，可增加干燥仓单位容积的采光面积或减少温室散热。

温室型干燥装置结构较简单，但热损失较大，适用于对干燥温度要求较低而又允许直接阳光暴晒的谷物。当干燥温度在60℃以下时，多采用温室型干燥装置；若谷物要求较高的干燥温度，则使用集热器型干燥装置为宜。

温室型干燥装置的传热方式主要是辐射。待干谷物对热辐射的吸收性质对谷物干燥速率和产品质量有明显影响。若待干谷物的光谱吸收率与辐射源的光谱特性相匹配，就可获得最大干燥速率和所需干燥品质，而待干谷物的光谱吸收率与其温度、湿度有关。虽然温室型干燥装置的传热方式不是对流换热，但为了排湿，干燥室内仍需自然对流或风机。因此，通风排湿装置的设计是否合理将直接影响干燥过程。

如果温室型干燥装置的尺寸较小，也可设计成箱式温室型干燥装置，其结构简单、使用起来灵活方便，主要供家庭使用。

### （二）集热器型太阳能谷物干燥装置

集热器型太阳能谷物干燥装置由空气集热器和干燥室组成。外界空气通过空气集热器加热，然后由鼓风机送入干燥室。干燥室不透光，其加热空气所需能量均由空气集热器提供。热空气进入干燥室后与待干物料发生热湿交换，温度降低，引起总热压差降低。考虑到集热器和待干物料对空气的阻力，该类型干燥装置的空气质量流量很小，不利于干燥。这种装置通常利用鼓风机强制空气循环，加速传热传质过程，从而提高干燥效率。集热器与干燥室分开可避免阳光直接晒到谷物。

根据空气集热器与干燥室的组合方式，空气集热器型太阳能谷物干燥装置可分为空气集热器与干燥室分开式与一体化式两类。

（1）分开式　空气集热器和干燥室分开布置，它们之间采用风管装置（包括风机、管道、阀门及保温材料等）连接。图 3-8 所示装置通过集热器采集太阳辐射能加热空气，风机将热空气输送到干燥室，从立式风管不同高度的开孔中流出，均匀吹向谷物进行干燥，湿空气则从风管排出。为调节干燥空气流分布，立式风管的开孔上均配有插阀。干燥初期，由于非结合水较多，湿空气可直接排入大气，装置开路运行；干燥后期，谷物内水分向表面扩散速率主导干燥速率，此时提高温度很重要，可采用部分换气的方式，即部分湿空气排入大气，其余回流，与新风混合后重新使用。

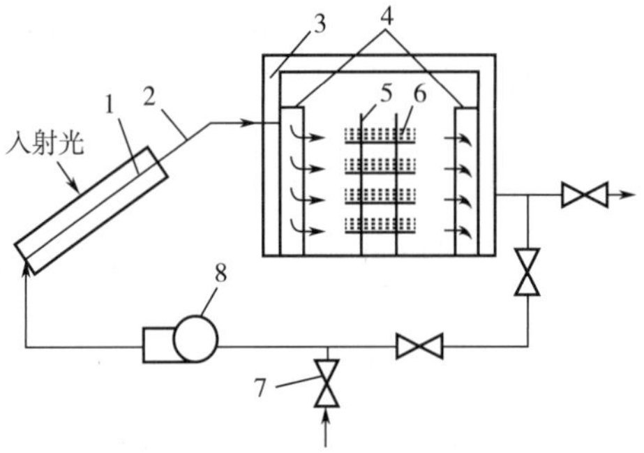


图 3-8　集热器型谷物干燥装置

1—空气集热器；2—风管；3—干燥室；4—主风管；5—支架；6—谷物；7—风阀；8—风机。

图 3-9 所示装置适用于要求连续稳定的较高温度的干燥场合。集热器为开式循环，热效率较高。经集热器加热的空气在与干燥室回流的空气混合后，又经辅助加热器（如蒸气-空气热交换器或烟气-空气热交换器等）加热到目标干燥温度，用于干燥室内谷物的干燥。湿空气一部分进入大气，一部分回流使用，经集热器加热的空气仅是干燥装置所排出湿空气的补充。图 3-9 所示干燥室中，谷物既可置于托架上，也可置于链条驱动的多孔床上进行连续干燥作业。干燥室回风风机的设置加强了热空气流动。

（2）一体化式　图 3-10 所示为整体回热式太阳能谷物干燥装置。其特点为空气集热器与干燥室组合成一个整体，并设置了热交换板，可回收利用排出湿空气的余热。集热器的下部未设保温层和壳体，兼做干燥室的顶部。干燥室分为南北两个空腔，其间设置进行回热利用的热交换板（如薄钢板）。筛屉谷物从墙上的筛屉门放入干燥室内，使北空腔又分为上、下两个空腔。经集热器加热的热空气进入北上空腔，均匀地穿过谷物后进入北下空腔，其温度高于进入南空腔的空气温度。再经热交换板的对流换热，可回收利用排向大气的湿空气中的部分热量。三个空腔具有稳压均流作用。由于吸热板温度较高，向下的热辐射能可直接用于干燥谷物。该

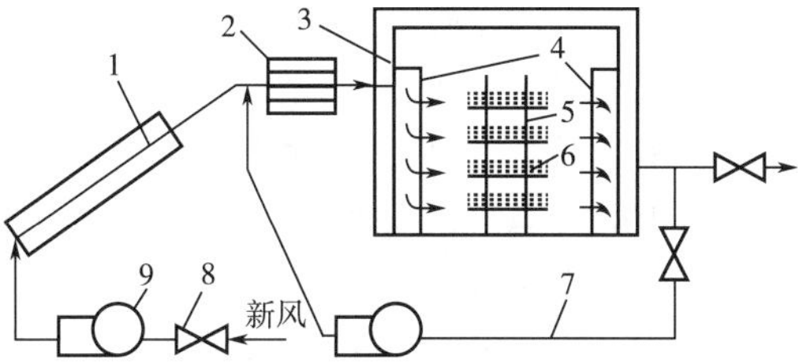


图 3-9　集热器型干燥装置与常规能源的结合形式

1—集热器；2—辅助加热器；3—干燥室；4—主出、入风管；5—支架；6—谷物；7—风管；8—风阀；9—风机。

装置也可实现部分换气，且换气率可调以适应谷物在不同干燥阶段的需要。装卸料在干燥设施外运行，改善了工人劳动条件。这种一体化装置的优点是结构紧凑、成本较低、热效率较高。

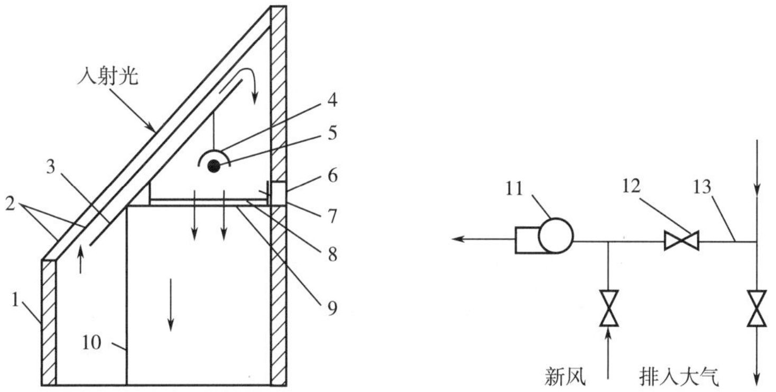


图 3-10　整体回热式太阳能谷物干燥装置

1—墙体；2—双层玻璃；3—吸热板；4—反光罩；5—红外管；6—筛屉门；7—物料；8—筛屉；9—支架；10—热交换板；11—风机；12—风阀；13—风管。

集热器型太阳能谷物干燥装置特点：集热器型干燥装置又分为直接太阳能干燥装置和间接太阳能干燥装置。前者集热器与干燥室组合成一个整体，集热器加热的空气以自然对流（或强制对流）方式进入干燥室干燥谷物；后者属于外置集热器，依靠风机强制对流，外界空气首先经集热器加热，由风机送入干燥室中，经过待干谷物表面或穿过待干谷物。热空气与待干谷物进行湿热交换，最后将待干谷物蒸发出的水蒸气带离干燥装置。

集热器型间接式干燥装置将集热器和干燥室分开，外置集热器不受干燥室尺寸限制，能把空气加热到较高温度，可用于对热风温度有较高要求的谷物，干燥速率比一般温室型干燥装置高，而且单独的干燥室又可加强温度、避免谷物直接被阳光暴晒。因此，集热器型间接式干燥装置可用于不同谷物的干燥，安装较为灵活，可根据阳光条件选择集热器安置场地，并能按工艺要求选择集热器和干燥室。此外，还可将若干节集热器通过串联或并联的方式组成一个较大的“集热器”，根据太阳光强弱和干燥量大小来调节使用节数。

### （三）组合型太阳能谷物干燥装置

将温室和空气集热器结合起来可构成温室-集热器组合型太阳能谷物干燥装置。待干谷物在该组合装置中一方面从温室直接吸收太阳能，另一方面又被来自空气集热器的热风加热，干燥温度较上述两种装置均有所提高。资料显示，当温室透光面积和集热器面积比为1∶1时，温度可提高5~10℃。该类装置由于温度较高，总热压差相对较大，空气流量一般是有保证的。空气集热器与温室的典型组合方式有简易自然抽风组合式和强迫循环组合式。

（1）简易自然抽风组合式太阳能干燥装置（图3-11） 该装置用竹子做骨架，温室和空气集热器围有白色透明塑料薄膜。空气集热器置于南下端，南上端为温室，焦化的黑色稻谷铺地充作吸热板，待干谷物置于温室内的多孔床上，温室顶部有一个三角形烟囱并用黑色塑料膜包裹。该装置具有成本较低、可就地取材等优点。由于集热器、温室和烟囱内的空气温度均高于外部环境的空气温度，从而形成自然抽力。谷物堆积层厚约10.5cm，干燥温度不超过45℃，以免发生谷粒破裂。在阳光照射下，集热器加热的空气自下而上流经谷物床进行干燥，湿空气从烟囱排出。干燥装置的温室北面设有活动门，可及时翻动谷物以保证物料干燥均匀。

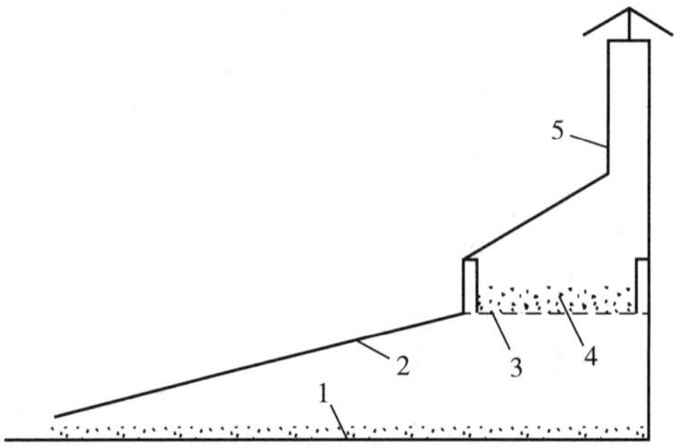

图3-11 简易自然抽风组合式太阳能干燥装置

1—焦化的稻谷；2—透明塑料薄膜；3—竹多孔床；4—待干谷物；5—烟囱。

（2）强迫循环组合式太阳能干燥装置（图3-12） 该装置用风机强迫空气循环，空气集热器加热所得的热空气被输送到温室并自下而上穿过谷物层实现干燥，同时谷物会吸收太阳辐射以蒸发部分水分。该装置换气率可调，能适应各干燥阶段的需要。白天以太阳能干燥为主，阴天和夜晚可用风机调节气流来实现干燥。该类装置的保温效果要优于简易型装置，便于同常规能源配合使用，还可全天候运行。

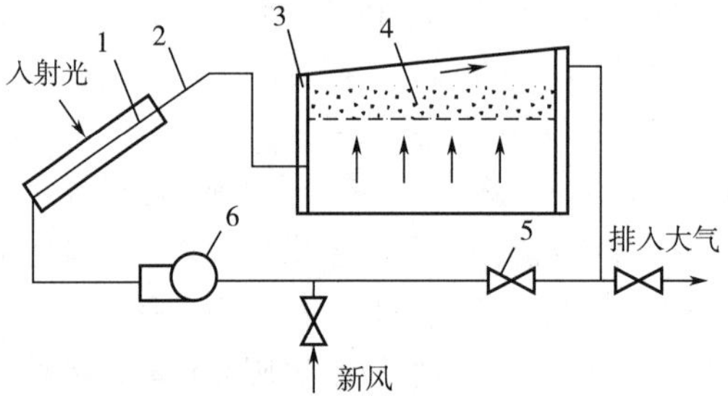

图3-12 强迫循环组合式太阳能干燥装置

1—集热器；2—风管；3—温室；4—谷物；5—风阀；6—风机。

图3-13所示是配备常规能源的强迫循环式太阳能谷物干燥装置，空气集热器可作为补充新鲜空气的预热器，谷物堆积在多孔床上，整个干燥装置可实现连续作业、定温干燥。

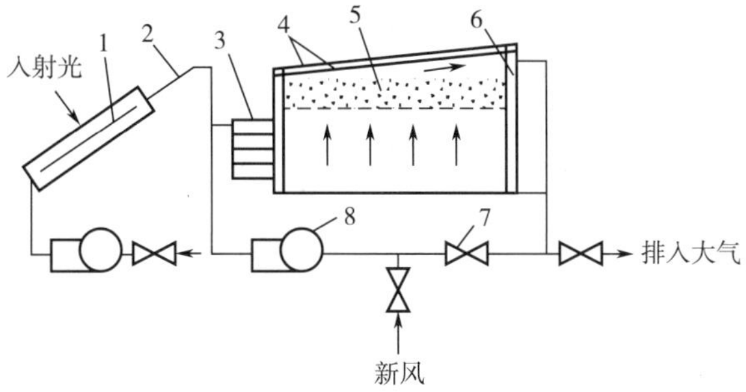


图 3-13　配备常规能源的强迫循环式太阳能谷物干燥装置

1—集热器；2—风管；3—加热器；4—双层玻璃；5—待干物料；6—温室；7—风阀；8—风机。

组合型太阳能谷物干燥装置的特点：兼备温室型和集热器型谷物干燥装置的加热和脱水过程——不但利用干燥室壁向阳面加热空气，而且还利用集热器加热空气，这样既有效利用了干燥室的壁面，又利用集热器弥补了干燥室有效面积的不足，适应性更强。

### （四）储热型太阳能谷物干燥装置

在集热型或温室-集热器组合型干燥装置中加入储热单元，便构成了储热型太阳能谷物干燥装置（图 3-14），该类装置采用石块作为蓄热元件。当白天日光充足时，风机将流经集热器的空气吹入干燥室，同时还通过集热器底部的孔板将热传至储热室中并加热石块，多余的太阳能便被蓄积起来；夜晚时，调节阀门，将风机送出的空气通往储热室内，流经石块表面被加热后再进入干燥室。该类装置可更为充分地利用太阳能。

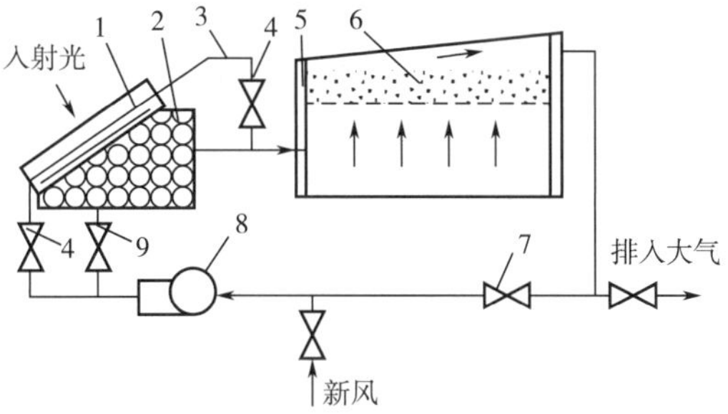


图 3-14　强迫循环组合式储热型太阳能谷物干燥装置

1—集热器；2—石块；3—风管；4—集热器阀门；5—温室；6—物料；7—风阀；8—风机；9—储热室阀门。

## 三、太阳能贮仓干燥

以贮藏为目的而进行的谷物干燥最为常见。谷物在同一个仓内进行干燥和贮藏的过程被称为贮仓干燥，相应的装置被称为贮仓干燥装置。

### （一）无搅拌太阳能贮仓干燥装置

若将太阳能作为其加热能源，则为太阳能贮仓干燥装置，属于集热型太阳能干燥装置。

贮仓干燥装置也被称作深层干燥，采用较低温度。干燥仓通常带有通风地板，并配备一台风机和出风口。每个仓顶部均安装有抛撒器以便均匀铺平谷物，仓内根据需要设有搅拌器用于防止结拱。

在太阳能贮仓干燥装置中，气流上升穿过谷物，在30~60cm厚的干燥区段中蒸发和带走水分。干燥区段会随时间推移而逐渐上移，干燥速率基本由风速、介质温度及相对湿度来决定。

### （二）加热空气搅拌太阳能贮仓干燥装置

在搅拌仓中，加热会提高干燥速率并减少风扇运行时间，而搅拌也会加快谷物干燥速率。太阳能集热器应具有在24h内将仓内谷物温度提高2℃的能力。当集热器因气候原因不能满足这一要求时，可辅以其他形式加热，以保证干燥装置的正常运行。此外，还应注意以下问题。

（1）搅拌要适应加热量　如果温升高于2℃，要不断搅拌，但在连续搅拌时应注意仓底部细碎物质的沉积会导致气流减少。当温升低于2℃时，需避免过度搅拌，一周内彻底搅拌一次物料就足够，彻底搅拌一次所需时间取决于干燥装置情况。

（2）低温干燥装置间歇搅拌　当搅拌装置在非常潮湿或较深层的谷物干燥筒仓内启动时，可能会因启动时阻力过大而损坏机械搅拌装置，故应在启动时采取一些辅助措施进行间歇性搅拌。

（3）干燥含水率较高的谷物　因含水率较高的谷物具有较大的表面摩擦力，该装置不能有效地将仓内谷物搅拌均匀。

## 思考题

1. 太阳能干燥装置的分类方式有哪些？具体分类是什么？
2. 太阳能干燥与传统干燥相比有何特点？
3. 如何提高干燥装置的太阳能利用率？
4. 太阳能干燥过程中其物料的传热方式有哪几种？
5. 温室型太阳能干燥装置、集热器型太阳能干燥装置、温室-集热装置组合型太阳能干燥装置各有何特点？
6. 同一台集热器，冬天和夏天的效率哪个更高？

# 第四章 热泵干燥技术

CHAPTER 4

[学习目标]

1. 了解热泵干燥技术的发展现状。
2. 理解热泵干燥的工作原理以及热传递原理。
3. 掌握热泵干燥的工作特性及其应用。

## 第一节　概述

### 一、热泵干燥原理

热泵干燥装置根据逆卡诺循环原理进行工作：用少量的电能驱动热泵，工质被压缩机压缩成高温高压气体后进入冷凝器，并在冷凝器里液化，释放出能为干燥装置提供热能的高温热量。冷凝后的工质变成液态，经膨胀阀膨胀，再于蒸发器中吸热蒸发，进而转换成低温低压气体。气态工质回到压缩机，完成热泵工质闭路循环过程。工质如此循环以实现物料的连续干燥。热泵干燥类似热风干燥，均是利用热空气加热物料，但前者是让热空气与物料之间进行对流热交换，利用干燥介质使热空气中的水分冷凝以达到脱水干燥的目的。

逆卡诺循环是在温度分别为 $T_1$ 和 $T_2$ 的两个热源之间进行的逆向循环，由四个循环过程组成，分别是两个可逆的绝热过程和两个可逆的等温过程。假设工质只与两个恒温热源交换热量，没有散热、漏气、摩擦等损耗且工质为理想气体，逆卡诺循环工作原理如图 4-1 所示。其中，过程 $c \rightarrow b$ 工质被等熵压缩、升温、升压；$b \rightarrow a$ 是工质向热源等温放热，放出热量为 $q_1$；$a \rightarrow d$ 是工质等熵膨胀、降温、降压；$d \rightarrow c$ 是工质从冷源等温吸热，吸收热量为 $q_2$，如此完成了整个循环。在一个循环中，工质向温度为 $T_1$ 的高温热源的放热量 $q_1$ 与该循环的净耗功量 $W$ 之比，称为该逆卡诺循环的性能系数（Coefficient of Performance，COP）。

$$COP = \frac{q_1}{W} = \frac{q_1}{T_1 - T_2} \tag{4-1}$$

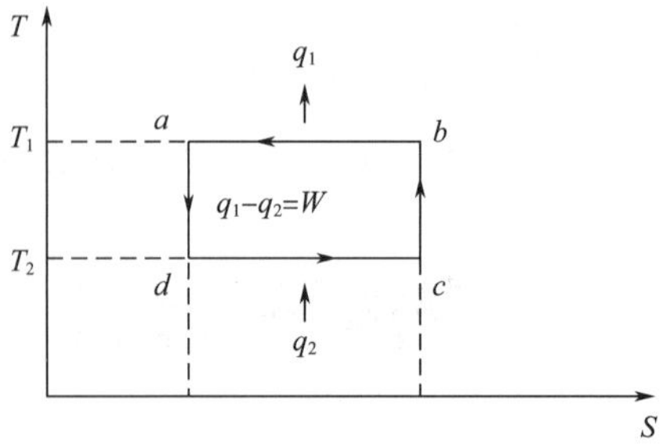


图 4-1 逆卡诺循环工作原理

## （一）热泵干燥的传热传质

热泵干燥实际上就是待干燥物料中的水分在温度场和湿度场协同作用下的传热与传质过程，该过程与物料本身的特性、干燥介质的状态、物料在干燥器中的运动情况等因素有关。

对于热泵干燥来说，传热过程通常是物料与干热空气的对流换热过程，主要有两个阶段：一是热空气将热能传递到物料表面；二是热量从物料表面传递到物料内部。传质过程也包括两个阶段：一是物料表面的水蒸气蒸气压与空气中的水蒸气蒸气压之差使物料表面的水分进入空气中；二是物料内部的传质，但物料内部的传质情况比较复杂，最开始的传质动力来源于液态水分的扩散。随着干燥过程的进行，蒸发界面逐渐向内部后移，传质动力主要来自水蒸气压差和毛细管压差。

总的来说，多孔介质在干燥过程中存在 5 种湿分迁移机制：①湿分（液体或蒸汽）在浓度梯度作用下的扩散；②由毛细压力（表面张力）引起的液体在毛细管内的流动；③在压力梯度作用下，多孔介质孔隙中的湿分渗透；④湿分在孔隙中的蒸发与冷凝迁移；⑤由温度梯度引起的湿分热扩散。

在上述 5 种基本的湿分迁移机制中，热扩散迁移（即第⑤种迁移机制）是传热传质过程中的一项交叉效应。它的影响比其他几种迁移要小得多，所以干燥过程中的热扩散迁移通常可以忽略不计，而其他 4 种迁移机制在不同的干燥工况中则扮演不同的角色。

## （二）热泵工质

热泵工质是热泵中进行能量转换与传递的物质，从本质上来说，它的功能与制冷剂在制冷装置中发挥的作用是相同的。

热泵技术能够从自然界或工业余热中获取大量低品位热能，使之转化为可被利用的高品位热能，从而达到节能减排的目的。热泵装置根据供热温度的不同，可分为常温热泵和高温热泵，常温热泵技术目前已基本成熟且市场化。为了提高供热温度以满足更多工业用户的需求，近年来热泵技术正向应用范围更广的高温热泵方向发展。

其中，选择合适的工质一直是高温热泵技术应用和发展的关键。为使高温热泵装置达到设定的工况要求，需满足的条件有：①冷凝压低于 2.5MPa，确保压强在装置部件的承受范围内。②蒸发压高于 0.1MPa，避免装置中形成负压。③尽可能高的容积制热量，防止因热泵装置体积过大而增加成本。④应用于热泵装置时要有较高的 *COP*，除此之外，高温热泵工质还需做到：A. 对环境友好，如对臭氧层无破坏、能降低温室效应；B. 拥有良好的安全性能，无毒，不可燃或弱可燃；C. 化学性质稳定等。

现阶段研究的工质主要有自然工质、氯氟烃（CFCs）、氢氯氟烃（HCFCs）、氢氟烃（HF-

Cs)、氢氟烯烃（HFOs）、氢氯氟烯烃（HCFOs）、氢氟醚（HFEs）及混合工质等几类。

1. 自然工质

热泵工质分为人造工质和自然工质，自然工质中适用于高温热泵领域的主要有 $CO_2$、$NH_3$、$H_2O$ 及部分碳氢化合物。

$CO_2$ 化学性质稳定、热力性能好、单位容积制冷量高，与材料和润滑油有良好的兼容性。在高温热泵中应用 $NH_3$ 能提高装置效率，单机热负荷更大且节能效果十分显著，因此被广泛用于工业热泵中。但 $NH_3$ 具有一定毒性，必须配备相应的安全措施，因此限制了它的使用。自然工质成本低廉、对环境友好，具有较高的研究价值。虽然自然工质冷凝温度较低，但它在高温下压力较大，具有爆炸性，故对配套装置要求较高，所以目前高温热泵工质仍以人造工质为主。

2. 混合工质

混合工质包括共沸混合工质和非共沸混合工质。混合工质能够实现各纯工质间的优势互补，并且非共沸混合工质在循环过程中具有等压相变温度滑移的特点，接近洛伦兹循环而减少传热温差所引起的不可逆损耗，能进一步提高装置性能。

R22 和 R134a 作为市面上最常见的制冷工质，具有良好的制热效果，然而在循环温升过大，或者冷凝温度较高时，它们会受到冷凝压力和排气温度的限制。R22 制热温度一般不超过 60℃，R134a 也不宜超过 70℃，否则会使冷凝压力和排气温度过高，导致压缩机使用寿命缩短。因此，混合工质的组分筛选应结合 R22 和 R134a 的特点，优先考虑低冷凝压力、低排气温度的工质。鉴于空气源热泵是从外界环境中吸收热量，故此工质沸点不应过高，需保证混合工质的沸点要低于外界环境温度。根据上述要求初步筛选出的 6 种纯工质如表 4-1 所示。现在以蒸发温度为 20℃，冷凝温度为 60~90℃，分析几种高温纯工质在此工况下的装置循环性能。

表 4-1　6 种纯工质的基础物性

| 工质 | 相对分子质量 | 标准沸点/℃ | 临界温度/℃ | 临界压力/MPa | ODP | GWP |
|---|---|---|---|---|---|---|
| R124 | 136.47 | -11 | 122.5 | 3.63 | 0.022 | 430 |
| R124b | 100.48 | -10 | 137 | 4.04 | 0.043 | 2400 |
| R245fa | 116.95 | 15 | 154.1 | 3.64 | 0 | 950 |
| R236ea | 152.04 | 6.19 | 139.29 | 3.5 | 0 | 1200 |
| R152a | 66.05 | -25 | 113 | 4.52 | 0 | 120 |
| R236fa | 152.04 | -1.4 | 124.9 | 3.2 | 0 | 8000 |

注：ODP，臭氧损耗潜值；GWP，全球变暖潜能值。

6 种纯工质的循环性能参数随冷凝温度变化情况如图 4-2 所示，可知 R142b 和 R245fa 的 COP 最高，其余工质的则相差不大。其中 R245fa 和 R236ea 的单位容积制热量过低，在整个冷凝区间基本低于 1600kJ/m$^3$。若制冷工质的单位容积制热量过低则需要有更大容积尺寸的压缩机，这不利于对原有压缩机的利用。R152a 虽然有很高的单位容积制热量，但是其冷凝压力和排气温度远高于其余工质，这会影响压缩机的工作寿命。从排气温度和冷凝压力来看，当最高冷凝温度为 90℃时，除了 R152a 外的其余几种工质的排气温度均低于 110℃且冷凝压力也都小于 2MPa，能够满足压缩机正常的工况需求，其中 R124 和 R236fa 相比于其他工质排气温度低，作为添加组分可以很好地降低 R22 和 R134a 装置的排气温度。综上所述，从制热能效系数 *COP*

和单位容积制热量来看，R142b 最优；从排气温度和冷凝压力来看，R124 和 R236fa 有良好效果，故选定 R142b、R124 和 R236fa 作为混合工质的添加组分。

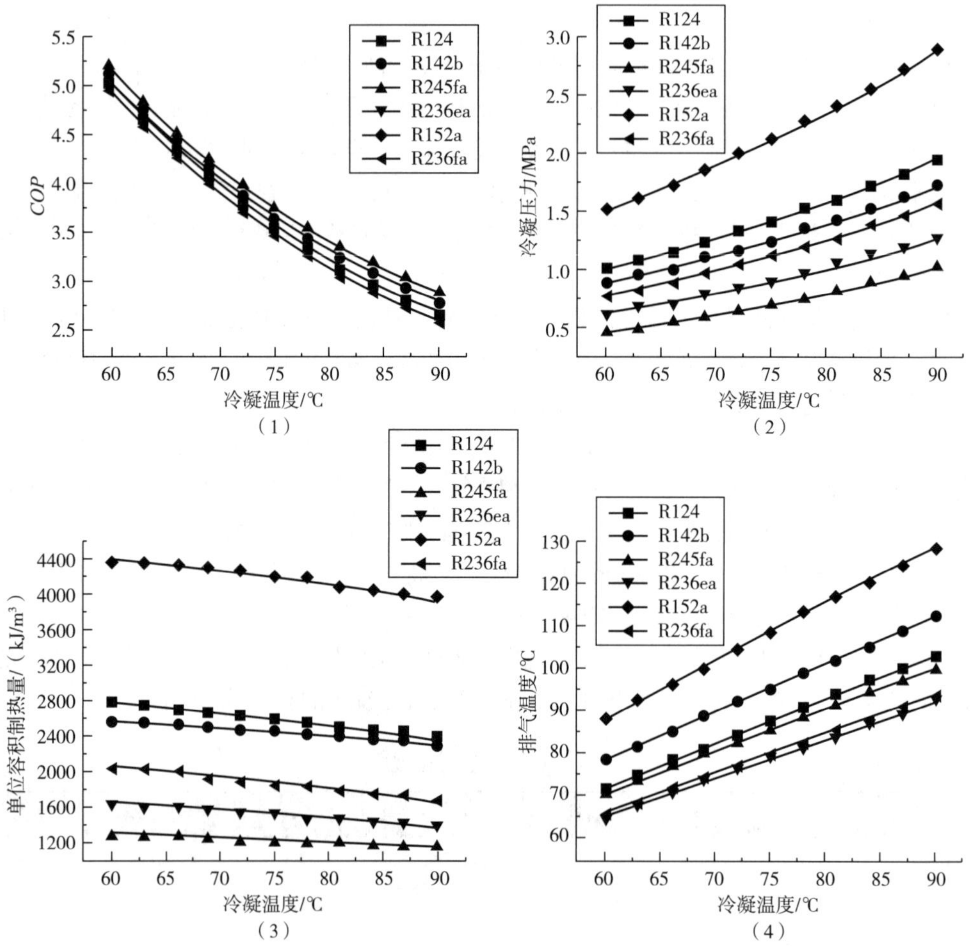


（1）COP （2）冷凝压力 （3）单位容积制热量 （4）排气温度

图 4-2 6 种纯工质循环性能参数随冷凝温度变化情况

## （三）热泵干燥介质及其混合物的性质

在干燥器中处理物料时，需要先将物料及其内部所含水分加热到预定温度，这是湿物料的预热过程；然后将已经预热的水分蒸发为水蒸气，排出湿物料，这是干燥过程。完成干燥需要一种可以载热载湿的媒介物质（通常为空气），即干燥介质，通过该介质可以把热量传给待处理物料并将排出的水蒸气带出干燥室。对于不同干燥物料，一般选用湿空气和过热蒸汽作为干燥介质。

1. 湿空气

湿空气是含有少量水蒸气的空气，即干气体与水蒸气的混合物。干气体一般是指氮气、二氧化碳、氢气等气体或其混合物。自然界中的大气以及烤烟房、林果烘房和木材干燥窑等干燥室内的空气都是湿空气。

2. 水的饱和蒸气压

将纯水注入抽成真空的密闭容器中。在一定温度下，容器内的水和蒸汽达到汽液平衡时的压力称为该温度下水的饱和蒸气压。温度不同，水的饱和蒸气压也不同。水的饱和性质如表 4-2 所示。

表 4-2 水的饱和性质简表

| 温度（$t$）/℃ | 饱和压力（$p_{ws}$）/Pa | 水蒸气比体积（$v_v$）/（$m^3$/kg） | 水蒸气焓（$h_v$）/（kJ/kg） | 变相潜热（$r$）/（kJ/kg） | 温度（$t$）/℃ | 饱和压力（$p_{ws}$）/Pa | 水蒸气比体积（$v_v$）/（$m^3$/kg） | 水蒸气焓（$h_v$）/（kJ/kg） | 变相潜热（$r$）/（kJ/kg） |
|---|---|---|---|---|---|---|---|---|---|
| 0.01 | 611.73 | 205.990 | 2500.5 | 2500.5 | 28 | 3781.8 | 36.690 | 2551.7 | 2434.4 |
| 1 | 657.16 | 192.440 | 2502.4 | 2498.2 | 29 | 4007.8 | 34.734 | 2553.5 | 2432.0 |
| 2 | 706.05 | 179.760 | 2504.2 | 2495.8 | 30 | 4245.5 | 32.896 | 2555.3 | 2429.7 |
| 3 | 758.13 | 168.020 | 2506.0 | 2493.4 | 31 | 4495.3 | 31.168 | 2557.1 | 2427.3 |
| 4 | 813.59 | 157.130 | 2507.9 | 2491.1 | 32 | 4757.8 | 29.543 | 2559.0 | 2424.9 |
| 5 | 872.60 | 147.020 | 2509.7 | 2488.7 | 33 | 5033.5 | 28.014 | 2560.8 | 2422.5 |
| 6 | 935.37 | 137.650 | 2511.5 | 2486.3 | 34 | 5322.9 | 26.575 | 2562.6 | 2420.2 |
| 7 | 1002.1 | 128.940 | 2513.4 | 2484.0 | 35 | 5626.7 | 25.220 | 2564.4 | 2417.8 |
| 8 | 1073.0 | 120.850 | 2515.2 | 2481.6 | 36 | 5945.4 | 23.944 | 2566.2 | 2415.4 |
| 9 | 1148.3 | 113.320 | 2527.1 | 2479.3 | 37 | 6279.5 | 22.741 | 2568.0 | 2413.0 |
| 10 | 1228.1 | 106.320 | 2518.9 | 2476.9 | 38 | 6629.8 | 21.607 | 2569.8 | 2410.6 |
| 11 | 1312.9 | 99.810 | 2520.7 | 2474.5 | 39 | 6996.9 | 20.538 | 2571.6 | 2408.2 |
| 12 | 1402.7 | 93.740 | 2522.6 | 2472.2 | 40 | 7381.4 | 19.528 | 2573.4 | 2405.9 |
| 13 | 1497.9 | 88.090 | 2524.4 | 2469.8 | 41 | 7748.0 | 18.576 | 2575.2 | 2403.5 |
| 14 | 1598.8 | 82.810 | 2526.2 | 2467.5 | 42 | 8205.4 | 17.676 | 2576.9 | 2401.1 |
| 15 | 1705.6 | 77.900 | 2528.0 | 2465.1 | 43 | 8646.4 | 16.826 | 2578.7 | 2398.7 |
| 16 | 1818.5 | 73.310 | 2529.9 | 2462.8 | 44 | 9107.6 | 16.023 | 2580.5 | 2396.3 |
| 17 | 1938.0 | 69.020 | 2531.7 | 2460.4 | 45 | 9589.8 | 15.263 | 2582.3 | 2393.9 |
| 18 | 2064.4 | 65.020 | 2533.5 | 2458.1 | 46 | 10094 | 14.545 | 2584.1 | 2391.5 |
| 19 | 2197.9 | 61.280 | 2535.3 | 2455.7 | 47 | 10621 | 13.866 | 2585.9 | 2389.1 |
| 20 | 2338.8 | 57.778 | 2537.2 | 2453.3 | 48 | 11171 | 13.222 | 2587.6 | 2386.7 |
| 21 | 2487.7 | 54.503 | 2539.0 | 2451.0 | 49 | 11745 | 12.614 | 2589.4 | 2384.3 |
| 22 | 2644.7 | 51.438 | 2540.8 | 2448.6 | 50 | 12344 | 12.037 | 2591.2 | 2381.9 |
| 23 | 2810.4 | 48.568 | 2542.6 | 2446.2 | 51 | 12970 | 11.490 | 2593.0 | 2379.5 |
| 24 | 2985.0 | 45.878 | 2544.5 | 2443.9 | 52 | 13623 | 10.972 | 2594.7 | 2377.0 |
| 25 | 3169.1 | 43.357 | 2546.3 | 2441.5 | 53 | 14303 | 10.481 | 2596.5 | 2374.6 |
| 26 | 3362.9 | 40.992 | 2548.1 | 2439.2 | 54 | 15012 | 10.015 | 2598.3 | 2372.2 |
| 27 | 3567.0 | 38.773 | 2549.9 | 2436.8 | 55 | 15752 | 9.573 | 2600.0 | 2369.8 |

续表

| 温度（$t$）/℃ | 饱和压力（$p_{ws}$）/Pa | 水蒸气比体积（$v_v$）/（$m^3$/kg） | 水蒸气焓（$h_v$）/（kJ/kg） | 变相潜热（$r$）/（kJ/kg） | 温度（$t$）/℃ | 饱和压力（$p_{ws}$）/Pa | 水蒸气比体积（$v_v$）/（$m^3$/kg） | 水蒸气焓（$h_v$）/（kJ/kg） | 变相潜热（$r$）/（kJ/kg） |
|---|---|---|---|---|---|---|---|---|---|
| 56 | 16522 | 9. 153 | 2601. 8 | 2367. 4 | 79 | 45487 | 3. 5410 | 2641. 4 | 2310. 7 |
| 57 | 17324 | 8. 754 | 2603. 5 | 2364. 9 | 80 | 47373 | 3. 4088 | 2643. 1 | 2308. 1 |
| 58 | 18159 | 8. 376 | 2605. 3 | 2362. 5 | 81 | 49324 | 3. 2824 | 2644. 7 | 2305. 6 |
| 59 | 19028 | 8. 016 | 2607. 0 | 2360. 1 | 82 | 51342 | 3. 1615 | 2646. 4 | 2303. 1 |
| 60 | 19932 | 7. 674 | 2608. 8 | 2357. 8 | 83 | 53428 | 3. 0458 | 2648. 1 | 2300. 6 |
| 61 | 20873 | 7. 349 | 2610. 5 | 2355. 2 | 84 | 55585 | 2. 9350 | 2649. 7 | 2298. 0 |
| 62 | 21851 | 7. 040 | 2612. 3 | 2352. 8 | 85 | 57815 | 2. 8289 | 2651. 4 | 2295. 5 |
| 63 | 26868 | 6. 746 | 2614. 0 | 2350. 3 | 86 | 60119 | 2. 7273 | 2653. 1 | 2292. 9 |
| 64 | 23925 | 6. 466 | 2615. 8 | 2347. 9 | 87 | 92499 | 2. 6300 | 2654. 7 | 2290. 4 |
| 65 | 25022 | 6. 200 | 2617. 5 | 2345. 4 | 88 | 64958 | 2. 5368 | 2656. 4 | 2287. 8 |
| 66 | 26163 | 5. 946 | 2619. 2 | 2343. 0 | 89 | 97496 | 2. 4474 | 2658. 0 | 2285. 3 |
| 67 | 27347 | 5. 704 | 2620. 9 | 2340. 5 | 90 | 70117 | 2. 3617 | 2659. 6 | 2282. 7 |
| 68 | 28576 | 5. 474 | 2622. 7 | 2338. 0 | 91 | 72823 | 2. 2795 | 2661. 3 | 2280. 1 |
| 69 | 29852 | 5. 254 | 2624. 4 | 2335. 6 | 92 | 75614 | 2. 2007 | 2662. 9 | 2277. 5 |
| 70 | 31176 | 5. 0046 | 2626. 1 | 2333. 1 | 93 | 78495 | 2. 1250 | 2664. 5 | 2275. 0 |
| 71 | 32549 | 4. 8449 | 2627. 8 | 2330. 6 | 94 | 81465 | 2. 0524 | 2666. 1 | 2272. 4 |
| 72 | 33972 | 4. 6544 | 2629. 5 | 2328. 1 | 95 | 84529 | 1. 9828 | 2667. 7 | 2269. 8 |
| 73 | 35448 | 4. 4726 | 2631. 2 | 2325. 7 | 96 | 87688 | 1. 9159 | 2669. 4 | 2267. 2 |
| 74 | 36978 | 4. 2990 | 2632. 9 | 2323. 2 | 97 | 90945 | 0. 8516 | 2671. 0 | 2264. 5 |
| 75 | 38563 | 4. 1333 | 2634. 6 | 2320. 7 | 98 | 94301 | 1. 7899 | 2672. 5 | 2261. 9 |
| 76 | 40205 | 3. 9750 | 2636. 3 | 2318. 2 | 99 | 97759 | 1. 7306 | 2674. 1 | 2259. 3 |
| 77 | 41905 | 3. 8237 | 2638. 0 | 2315. 7 | 100 | 101325 | 1. 6736 | 2675. 7 | 2256. 7 |
| 78 | 43665 | 3. 6791 | 2639. 7 | 2313. 2 | | | | | |

3. 干气体与水蒸气混合物的相对湿度（$\varphi$）

某温度下，混合物中水蒸气的分压$p_w$与该温度下纯水的饱和蒸气压$p_{ws}$之比，称为其相对湿度$\varphi$，如式（4-2）。

$$\varphi = p_w/p_{ws} \tag{4-2}$$

式中，$p_{ws}$可在表4-2中查取。当混合物的相对湿度已知时，可由式（4-2）计算混合物中水蒸气的分压力。

其中，相对湿度的变化范围为0~100%。当相对湿度为0时，混合物中无水蒸气，即只有干气体；当相对湿度为100%时，混合物为饱和混合物（如干燥介质为空气时，即为饱和湿空气），此时混合物中水蒸气的分压等于该温度下纯水的饱和蒸气压。

4. 干气体与水蒸气混合物的湿含量（$d$）

湿含量也称为含湿量 $d$，有时也简称为湿度，如式（4-3）所示。

$$d = \frac{M_w}{M_d} = \frac{m_w}{m_d} \times \frac{p_w}{p - p_w} \tag{4-3}$$

式中　$d$——干气体与水蒸气混合物的湿含量，kg（水蒸气）/kg（干气体），%；

$M_w$——干气体与水蒸气混合物中水蒸气的质量，kg；

$M_d$——干气体与水蒸气混合物中干气体的质量，kg；

$m_w$——水的相对分子质量，18.016；

$m_d$——干气体的相对分子质量，空气为 28.96，氮气为 28.013，氩气为 39.948，二氧化碳为 44.01，氢气为 2.016，氦气为 4.003；

$p_w$——气体混合物中水蒸气的分压力，Pa；

$p$——气体混合物的总压力，Pa，一般取 101325Pa。

当干气体是空气时，混合物的湿含量如式（4-4）。

$$d = 0.622 \frac{p_w}{p - p_w} \tag{4-4}$$

由式（4-4）可得：

$$p_w = \frac{pd}{622 + d} \tag{4-5}$$

式（4-5）表明，在大气压 $p$ 不变的情况下，空气的湿含量 $d$ 只与水蒸气的分压 $p_w$ 有关，它随水蒸气分压的增大而增大。

5. 干气体与水蒸气混合物的比体积（$v$）

干气体与水蒸气混合物的比体积是指一定温度和压力下，包含 1kg 干气体的混合物的比体积，即混合物压力下，1kg 干气体的体积与 $d$kg 水蒸气的体积之和。

压力不高时，干气体、水蒸气及其混合物均可当作理想气体。在 1atm 下且温度为 0℃（273K）时，1kmol 干气体或水蒸气的体积均为 22.4m$^3$。因此，1atm 下的水蒸气在不同温度下的比体积 $v_w$ 如式（4-6）。

$$v_w = \frac{22.4}{18.016} \times \frac{t + 273}{273} = 1.243 \times \frac{t + 273}{273} \tag{4-6}$$

干气体在 1atm 下不同温度的比体积 $v_d$ 如式（4-7）。

$$v_d = \frac{22.4}{m_d} \times \frac{t + 273}{273} \tag{4-7}$$

由混合物的比体积定义可得干气体与水蒸气混合物的比体积 $v$ 如式（4-8），单位为 m$^3$/kg（干气体）。

$$v = v_d + dv_w \tag{4-8}$$

6. 干气体与水蒸气混合物的密度（$\rho$）

根据干气体与水蒸气混合物比体积的定义，可得出该混合物的密度 $\rho$（单位 kg/m$^3$）如式（4-9）。

$$\rho = \frac{1 + d}{v} \tag{4-9}$$

7. 干气体与水蒸气混合物的定压比热容（$C_p$）

干气体与水蒸气混合物的定压比热容是指包含1kg干气体的混合物在一定温度和压力下的定压比热容，即该混合物温度变化1℃（1K）所吸收或放出的热量，可用$C_p$表示。由定义可得混合物定压比热容$C_p$如式（4-10），单位为kJ/［kg（干气体）·℃］。

$$C_p = C_{pd} + dC_{pw} \tag{4-10}$$

式中 $C_{pd}$——干气体的定压比热容，kJ/（kg·℃）；

$C_{pw}$——水蒸气的定压比热容，kJ/（kg·℃）。

8. 干球温度（$t_{db}$）

直接用普通温度计测量出的混合物温度即为干球温度，可用$t_{db}$表示（无特别说明时，提及干气体与水蒸气混合的温度均指其干球温度，并直接用$t$表示）。

9. 湿球温度（$t_{wb}$）

将普通温度计（如水银温度计）的感温包（水银球）用纱布包住，并将纱布的下端放在水中，便组成了一个简单的湿球温度计，如图4-3所示。

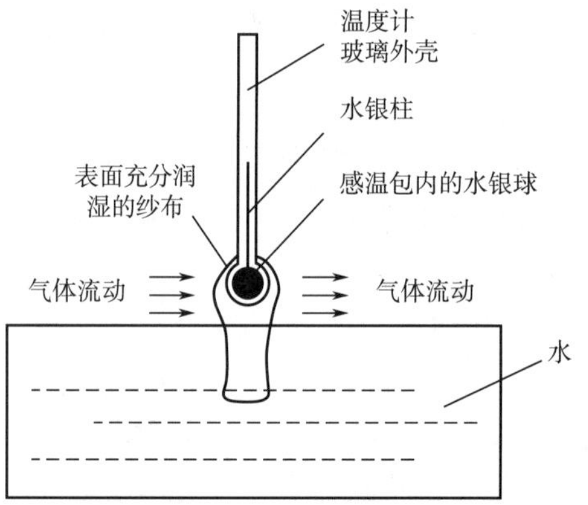


图4-3 湿球温度计示意图

在毛细力的作用下，水沿着纱布中的毛细孔上升直到使包围温度计感温包的纱布全部浸润，并使纱布表面一直保持温湿状态。

状态一定的干气体与水蒸气的混合物，以一定的速率流过包围感温包的纱布表面时，纱布表面的水分因汽化吸热使纱布及感温包的温度下降。温度下降越多，气体混合物与纱布表面间的温差就越大，气体混合物传给纱布表面的热量也越多，但纱布表面的水的汽化速率却越低。当气体混合物在某一时刻传给纱布表面的热量与纱布表面水分汽化吸收的热量达到平衡时，纱布与感温包的温度便不再变化，此时温度计的温度即为干气体与水蒸气混合物在该状态下的湿球温度，可用$t_{wb}$表示。

湿球温度计可较方便地测出湿球温度。对于干空气与水蒸气的混合物，当混合物的速率为3.8~10.2m/s时，其湿球温度$t_{wb}$和绝热饱和温度$t_{as}$大致相同。

10. 绝热饱和温度（$t_{as}$）

绝热饱和温度是空气的一个状态参数，是绝热增湿过程中空气降温的极限。当流动空气同循环水绝热接触时，只要空气的相对湿度小于100%，水就会不断汽化。而汽化需要吸收热量，这就导致了水温下降。空气通过对流传热将热量传递给循环水，所以气体温度也会下降。当水经过充分循环后，水温将维持恒定。由于它与空气接触充分，使得空气中水汽达到饱和，且水和空气的温度最终也趋于一致。当二者在传热和传质两方面均达到平衡时，装置的温度即为绝热饱和温度。

11. 露点温度（$t_1$）

空气的露点温度是湿空气的一个状态参数，它与周围空气的水蒸气压力和湿含量有关，因而不是独立参数。湿空气的露点温度是指湿空气在含湿量不变的条件下降温至饱和时的温度。如图 4-4 所示，$A$ 状态湿空气的露点温度即由 $A$ 沿等湿线向下与 $p=100\%$线交点的温度。显然，当 $A$ 状态湿空气被冷却时（或与某冷表面接触时），只要湿空气温度大于或等于其露点温度，就不会出现结露现象。因此，湿空气的露点温度也是判断其是否结露的重要依据。

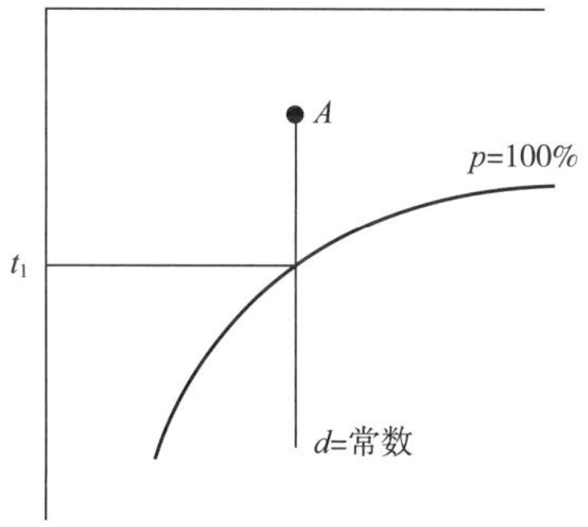


图 4-4 湿空气的露点温度

## （四）热泵干燥装置的工作原理

热泵干燥装置的工作原理要比普通热风干燥装置复杂。热泵干燥装置由热泵和干燥两大装置组成，如图 4-5 所示。热泵装置是由压缩机、蒸发器、冷凝器和膨胀阀等组成的闭路循环装置。热泵装置内的工质在蒸发器中吸收来自干燥时排放废气的热量或环境热量后，由液体蒸发为蒸汽。工质经压缩机压缩后送到冷凝器中并在高压下冷凝液化，放出的高温冷凝热去加热来自蒸发器的降温去湿的低温干空气或者干燥室内农副产品加工与贮藏的空气，液化后的热泵工质经膨胀阀再次回到蒸发器内，如此循环往复。废气中的大部分水蒸气在蒸发器中冷凝后会被

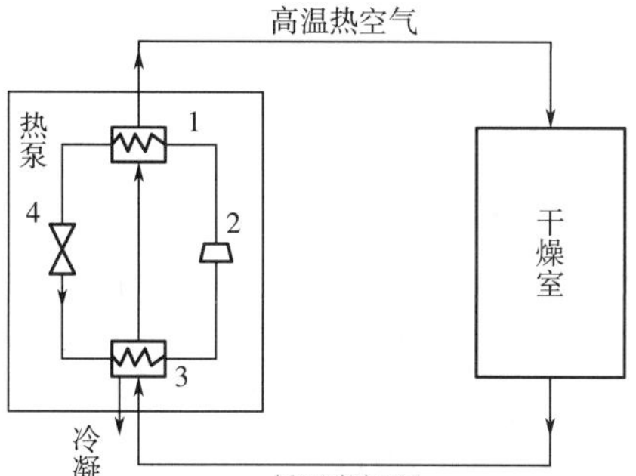


图 4-5 热泵干燥装置工作原理示意图

1—冷凝器；2—压缩机；3—蒸发器；4—膨胀阀。

直接排掉，从而达到除湿干燥的目的。膨胀阀的作用是使制冷液由高压降至低压，以便它能重新进入蒸发器内吸热从而进入下一个制冷循环。由于热泵干燥装置回收了干燥室内空气排湿放出的大部分热量，因此节能效果明显。

热泵除湿干燥器的空气绝对湿度随温度变化过程如图 4-6 所示。干燥装置排出的废气（低温湿空气）在状态 1（图 4-6 点 1）下，进入热泵蒸发器内，先降温到状态 2（图 4-6 点 2）达到饱和状态（相对湿度 $\phi=100\%$）。在状态 1 到状态 2 的过程中，空气的绝对湿度 $\gamma$ 不变，而相对湿度不断增大，直至饱和状态。在蒸发器内，空气继续降温，其中的水蒸气不断被冷凝下来，这时 $\gamma$ 沿等 $\phi$（$\phi=100\%$）线下降至状态 3（图 4-6 点 3）。除湿降温后的干空气离开表发器进入冷凝器被加热升温到状态 4（图 4-6 点 4），由状态 4 到状态 1 是空气在干燥器内的变化过程。这就是空气在热泵干燥装置内经历的一个循环，故常把这样的一个干燥装置称为热泵除湿干燥器。

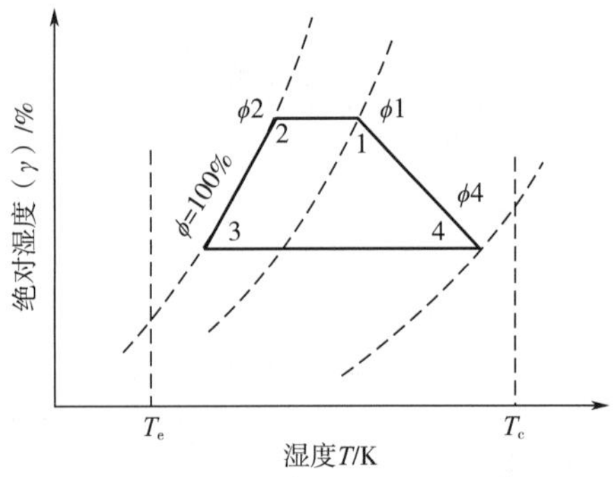


图 4-6　热泵除湿干燥器的空气绝对湿度随温度变化过程

$T_e$，热泵工质的蒸发温度；$T_c$，热泵工质的冷凝温度。

热泵效率一般用热泵性能系数 *COP* 来表示，如式（4-11）。

$$COP=\frac{\text{高温下热泵输出的有用热量}}{\text{压缩消耗的电能}} \tag{4-11}$$

对于理想热泵，即卡诺循环的逆循环机，其性能系数只与热泵工质的蒸发温度和冷凝温度有关，如式（4-12）。

$$(COP)_{\text{卡诺}}=\frac{T_c}{T_c-T_e} \tag{4-12}$$

式中　$T_c$——热泵工质的冷凝温度，K；

$T_e$——热泵工质的蒸发温度，K。

在实际的工作过程中，热泵的热力循环通常是在非等熵压缩、不可逆绝热膨胀、非等温热传递等情况下进行的。因此，热泵在实际工作中的性能系数仅为理想状态下的 40%~50%。而一台有效的热泵性能系数 *COP* 必须大于 1。*COP* 越大，热泵效率越高。对于小温差的大型热泵，适宜的 *COP* 为 5~6；对于以室外空气为热源的小型热泵，其 *COP* 可以是 2~3。

对于热泵干燥装置，更常用的方法是用除湿率 *SMER* 来表示其热泵性能，其定义如式（4-13）。

$$SMER=\frac{\text{水分蒸发量}}{\text{输入能量}} \tag{4-13}$$

传统干燥器的理论 *SMER* 为 1.595kg/（kW·h）（100℃），而实际的 *SMER* 只有理论值的 20%~80%。英国连续对流式干燥器的热效率为 50%左右，其 *SMER* 是 0.8kg/（kW·h）左右。而热泵除湿干燥器的 *SMER* 一般为 2~2.5kg/（kW·h）。当热空气的温度为 90℃时，*SMER* 可达 3kg/（kW·h）。

*SEMR* 与热泵干燥装置的结构、干燥介质及热泵制冷剂的工作参数等均有关，而干燥介质的工作参数与热泵制冷剂的工作参数之间又有内在关联。

## 二、热泵干燥技术的优势与劣势

### （一）热泵干燥技术的优势

与传统干燥方式相比，热泵干燥技术具有如下优势。

（1）高效节能　对于闭路式热泵干燥装置，蒸发器能够吸收来自干燥室的温湿空气中的显热和潜热，干燥介质在冷凝器内被加热，而给热泵装置输入的能量只有热泵压缩机的耗功。因此与常规干燥相比，热泵干燥的能源效率高，具有明显的节能优势。应用实践表明，其节能幅度一般在 30%以上。

（2）低成本　随着热泵技术和科学研究水平的提高，热泵的性价比也变得越来越高，运行费用也随之降低。以空气等为热源可以节省购买化石能源的资金，且该技术本身耗能也较低。

（3）干燥效果好　热泵干燥较为温和，干燥室内的气流和温度都较为均匀，可以覆盖全部粮食作物，并且对粮食作物损害小，可以保证粮食作物拥有良好的品质。

（4）环境友好　燃烧化石能源以获取热能来干燥物料的方式存在显著弊端。不可再生的化石能源储量有限，并且在燃烧时还会造成较为严重的问题，而以空气作为热源的热泵干燥则可有效避免这些问题。并且热泵干燥介质是在闭路装置中进行循环的，没有粉尘、挥发性物质及异味随干燥废气向环境排放带来的污染。

（5）自动化程度高　由于安装了各种类型的传感器和控制装置，干燥室内干燥介质的温度、湿度、流量等参数均可得到精准控制，大幅提高了热泵干燥装置的自动化程度。热泵干燥工艺精准温和，非常适合干燥热敏性物料。

（6）市场空间广阔　热泵干燥应用广泛，如木材（橡胶类）、谷物类、种子类、菌菇类（木耳、香菇等）、中药材、水产品类（鲜蚝、扇贝类）、饲料类、纺织品类、水果类，以及含易燃易爆成分的物料都可使用该干燥技术。

### （二）热泵干燥技术的劣势

（1）干燥时间长　受工作原理限制，热泵干燥温度一般是 45~60℃。尽管近年来高温干燥的热泵温度也可以达到 100℃，但与燃煤相比，干燥温度仍然较低。干燥温度低会延长物料升温时间并降低传热传质系数，进而导致干燥速率下降，延长干燥时间。在干燥中后期，物料内部剩余的水分主要是结合水，水分子的活化能低，除去这部分水比较困难，需要更高的干燥温度，这也使得热泵干燥作业后期因温度较低而需比燃煤干燥消耗更多的时间。

（2）单台热泵干燥规模小　闭式装置的热泵干燥机中配备的压缩机功率都比较小，每一次干燥循环的进料量仅限于干燥箱容积大小，且由于该结构是闭式装置，通常都是采用间歇式的干燥方式。因此，干燥规模不大，难以实现连续作业和大批量生产。

（3）干燥温度上限提高困难　干燥装置的 *COP* 与蒸发温度和冷凝温度有关，是关于冷凝温度和冷凝蒸发温差之比的函数。按照干燥工艺或基准的要求，维持冷凝温度不变，提高蒸发温度可以提高热泵干燥效率。但蒸发温度的提高受热泵干燥装置形式、环境温度、排湿温度及排湿相对湿度等因素的限制。对于开式或半开式热泵干燥装置，其温度不能高于环境温度；对于闭式热泵干燥装置，其温度受排湿温度、露点温度的限制。在蒸发温度不变的情况下，提高冷凝温度，会降低热泵干燥装置的效率。若蒸发温度升高、冷凝温度也升高，装置的效率有可能提高，也有可能降低或不变，这取决于冷凝温度提高的速率和温差增加或减少的幅度。但冷凝温度的提高受到热泵工质物性、压缩机及润滑装置等诸多因素的限制，不能过高。

（4）热泵工质对热泵干燥装置和环境有影响　热泵循环中采用的热泵工质通常是各种类型的制冷剂。在热泵装置的工作过程中，装置管道的压力在时刻发生变化，一旦高压区管道出现泄漏，制冷剂将对整个热泵干燥装置和周围环境产生影响。同时，缺少制冷剂会导致绕组温度比正常工作时偏高、压缩机回气压力降低且回油困难、排气温度升高，影响压缩机的寿命。

（5）装置维护费用高　与传统热风干燥相比，热泵干燥装置的设备较多。为了保证热泵干燥装置的优良工况，需对干燥装置的机械设备进行定期维护和检修。如果发生制冷剂泄漏，还要对管路装置进行及时更换。

## 三、热泵干燥技术适用范围

（1）适用于附加值较高、干燥周期较长的物料。例如，对于木材干燥而言，高档的珍贵木材、难干木材的干燥周期长，使用热泵干燥节能效果明显且干燥质量较高。

（2）热泵干燥在物料高含水率阶段节能效果显著，故热泵更适合对物料进行预干。

（3）热泵干燥在高温、潮湿地区使用节能效果更好。

（4）对于宜低温干燥的种子、水产品及热敏性化工原料建议采用热泵干燥。

## 四、热泵干燥技术的研究与发展

### （一）热泵干燥技术的研究现状

热泵作为一种可持续发展技术，目前被广泛应用于空调、农业和工业等领域。与传统干燥技术相比，热泵干燥可节能30%甚至更多，且成本可降低10%~30%。

1. 热泵干燥技术国内外研究现状

热泵的基础热力学理论起源于1824年法国工程师卡诺提出的卡诺循环。1852年，英国教授汤姆逊首先提出一种热泵设想，那时称为“热量倍增器”。热泵技术在20世纪40~60年代进入了快速发展期，各种热泵装置应用于学校、医院、办公室等场所，但将热泵技术应用于干燥领域是从20世纪才发展起来的。1943年，德国Sulze公司在给地下室设计除湿装置时，首次采用热泵技术；1950年，美国取得热泵干燥技术的专利，随后热泵干燥技术在世界范围内传播开来。20世纪70年代，法国安装了近千台热泵干燥装置用于干燥木材，到20世纪80年代更是有3000家木材加工厂采用热泵干燥装置。日本自20世纪60年代就开始研究热泵干燥技术，目前已有12%的干燥装置采用热泵干燥。

近年来，国际社会的科研人员对热泵干燥技术的研究又有了新的进展。J. F. Wang对比分析了空气回热器和热泵在食品工业中废热回收的效率，结果显示，空气回热器只能回收废热的20%，而热泵的废热回收率可达40%，能耗降低约20%。虽然热泵装置的投资成本较高，但从能量回收的经济性上看，热泵干燥装置更有优势。为了研究热泵干燥装置能效改进的潜力，Erbayz等对干燥食品的地源热泵干燥装置进行了分析，发现该装置最重要的部件是冷凝器，对装置部件的结构改进可以改善压缩机的低效率。国外一些研究者对各种食品（西印度姜片、苹果、番石榴、马铃薯和木瓜）进行气调热泵干燥（介质有普通空气、氮气或二氧化碳）实验研究，研究干制品的颜色、表面孔隙度和复水能力。结果表明，气调热泵干燥对食品品质的影响与真空冷冻干燥相近。

我国热泵干燥技术的研究起步相对较晚，但目前已处于世界领先地位。1985 年，上海能源所开始研制我国首台热泵木材干燥机，1992 年开始研制热泵粮食种子干燥机。1989—1993 年，北京林业大学和北京冷冻机厂联合研发了 RCG 系列双热源木材除湿干燥机产品并获国家专利且成功市场化，社会经济效益良好。

近些年，国内各单位在热泵干燥的装置设计、自动化等方面均有所建树。在热泵干燥装置的结构方面，徐学冲等提出多组热泵循环并联的热泵干燥装置，该装置提高了制热功率和能效比。王教领等在热泵干燥装置中加入了干燥速率高的转轮，利用三通阀转换机构合理转换新风和回风，并利用冷凝器放出的热量对转轮进行再生。卞悦等设计了一种通过自动控制风门开度来实现闭式、半开式、开式和快速加热 4 种模式的热泵干燥机。在热泵干燥装置的自动控制方面，丁振杰等通过 MATLAB 模糊 PID 控制装置仿真，证明了模糊 PID 控制装置吸纳了模糊控制与 PID 控制的优点，在温度装置中的抗干扰性和鲁棒性较强。但要注意的是，虽然当前学者已经认识到热泵干燥自动控制的重要性，但是目前国内相关研究工作仍十分欠缺，尚未形成完整的体系。

2. 热泵干燥过程动力学模型研究

评价一种干燥工艺是否合理，要从干燥过程的效率和干燥产品的质量两方面来考虑。干燥温度的升高总会对物料的质量产生影响，最佳的产品质量和最大的干燥效能之间也总是矛盾的。数学模型作为可以有效预测一定范围内的干燥速率和效率的工具，能够减少实验次数。桑卓普洛斯（Xanthopoulos）等在不同风速和干燥温度条件下建立单层无花果热泵干燥的数学模型，找出了最符合其干燥特性的对数型（Logarithmic）薄层模型并确定了模型参数和干燥参数之间的相关性。Artnaseaw 等发现蘑菇和辣椒在不同温度和压力的热泵干燥过程中，最适合的数学模型为 Midilli 模型。并且发现，干燥温度和干燥压力对干燥过程的影响可以解释 Midilli 模型的常数和系数，并对产品颜色变化有显著影响，但干燥温度对产品复水率的影响并不明显。

3. 热泵干燥技术的研究

蔡（Chua）等采用梯度控温技术，利用两级热泵干燥装置，在相对湿度恒定的条件下对香蕉片进行变温干燥处理，以研究其干燥动力学及产品颜色变化，并和恒温干燥结果进行比较。结果发现变温干燥可以在极大缩减干燥时间的同时获得理想的含水率和产品颜色。杨先亮等根据太行山区婆枣的特性，在自行搭建的热泵法箱式干燥器的基础上改进实验方案，找出了既符合干燥物料内部水分迁移规律又具有良好干燥效果和节能效果的工艺条件。李敏等通过单因素和二次回归正交试验，建立了罗非鱼热泵干燥时间及能耗的二次多元回归模型，并对干燥时间回归模型进行岭嵴分析，得出了在试验范围内较优的热泵干燥过程工艺参数。帕夫拉斯（Pavlas）等分析了生物质能源气化热泵干燥装置在木材加工厂中的应用，为进一步的研究和工业应用提供了设计准则。

4. 热泵干燥装置经济性分析

产品质量是企业的生命线，但同时也要考虑其经济性，即如何能以合理的经济性提供最好质量的产品。

塞娅（Ceyla）等在相同温度与风速条件下对杨树和松树进行热泵干燥处理并对装置进行能量分析，利用㶲分析法来确定干燥过程中的火用损失，进而评价其能源利用率。冈戈尔（Gungor）等则采用㶲分析法、成本分析法和质量分析法，对3种不同的药材和香料植物在热泵干燥过程中的经济性进行了分析。布劳恩（Braun）等发现，和传统干衣机相比，空气循环热泵干衣机可以显著提高能源利用率和干燥效率。

## （二）热泵干燥技术的发展趋势

热泵干燥技术高效节能，对环境无污染，发展潜力巨大。而我国能源紧缺，将热泵干燥技术用于工农业生产可减少大量的能源消耗，未来可着重在以下几方面进行研究。

（1）采用联合干燥模式　虽然热泵干燥的节能效果优良、经济指标好，但目前热泵干燥的介质出风温度一般是40~80℃，对于一些具有特殊温度要求的物料可能干燥效率低下，无法达到干燥过程中的最佳工艺参数。针对这个问题，我们可以采用联合干燥技术，即在不同的工艺阶段采用不同的干燥方法，通过工艺和能量匹配优化，将不同的干燥方法与热泵干燥装置联合起来以实现优势互补，进而减少干燥时间，提高装置整体干燥效率，所以联合干燥将是今后研究的热点。

（2）合理匹配热泵干燥装置和烘房　热泵干燥装置和烘房的合理匹配能够提高物料的干燥效率。因此，不断优化烘房内部结构并提高烘房内部气流组织的均匀性是今后研究的一个重要方向。

（3）提高干燥温度　干燥温度过低会延长物料升温时间，从而降低干燥速率，最终导致干燥时间增加。由于物料内部在干燥后期只剩下结合水，但该类水分子活化能较低，需更高的干燥温度才能去除，此时可考虑用高温热泵来加热物料。

（4）开发热泵干燥技术的多功能应用　干燥农特产品只利用了冷凝器释放的热量，而蒸发器的冷量通常就被浪费掉了。若对装置进行结构调整，可在同一装置中完成干燥、贮藏等加工过程。广东省现代农业装备研究所研制的“一机二用”稻谷热泵干燥机可以同时完成对稻谷的干燥和贮藏保鲜。该装置既可同时使用，又可单独工作。在干燥作业时，提高了工作效率；在非干燥作业时，还能起到制冷作用，提高干燥装置的利用率。

（5）发展节能技术　①在设计热泵装置时，为了满足极端环境温度下所需的热量，往往要采用转速固定且功率较大的压缩机组合。但在实际工作中，热量通常是供大于求，因此造成了热量的浪费。而变频式压缩机通过变频器改变压缩机的工作频率，可以增大低温时的制热能力。当环境温度过低、所需热量增大时，可通过变频器使压缩机的转速加快以增加压缩机的输出热量；当环境温度较高时，则可适当降低压缩机的转速，从而减少压缩机的输出热量，即起到热量调节的作用。②在热泵装置循环中，工质经过冷凝器变为高温气体再进入干燥室内。干燥结束后，高温气体变成湿热空气且温度有所下降。如果不使用回热技术而是直接将湿热空气排出，就会造成资源浪费；若采取回热技术，湿热空气除湿后在回热器中吸收热量升温，经冷凝器再次被送入干燥室内。经过回热器的空气温度要高于环境温度，所以加热所需热量也会有所降低，从而提高效率、降低能耗。

# 第二节 热泵干燥装置

## 一、热泵干燥装置分类

热泵干燥装置根据作业时是否连续可分为连续性热泵干燥装置和间歇性热泵干燥装置。在连续性热泵干燥装置中，物料持续不断地被送进干燥室中；间歇性热泵干燥装置是根据干燥室内温度、湿度等参数的变化将物料间歇性地送到干燥室中。热泵干燥装置根据干燥介质的循环方式可分为开式热泵干燥装置、半开式热泵干燥装置和封闭式热泵干燥装置。根据热泵工质与湿物料的接触方式又可分为直接式热泵干燥装置和间接式热泵干燥装置。热泵工质直接与物料接触，即热泵工质本身就是干燥介质，这样它既参与了热泵循环又参与了干燥循环，被定义为直接式热泵干燥装置。若热泵工质与干燥介质独立工作，互不干扰地参与各自的循环过程，则定义为间接式热泵干燥装置。此外，按照实际经验，可将供风温度低于 40℃的称为低温热泵干燥装置，供风温度 50~70℃的称为中温热泵干燥装置，供风温度高于 70℃的称为高温热泵干燥装置。热泵干燥装置的热泵可以是蒸汽压缩式热泵、吸收式热泵或吸附式热泵等。以下主要介绍开式、半开式和封闭式热泵干燥装置。

### （一）开式热泵干燥装置

开式热泵干燥装置中，进入干燥器的干燥介质（开式热泵干燥装置的干燥介质一般为空气）全部来自环境且物料干燥后排出的废气也全部进入环境。典型的开式热泵干燥装置如图 4-7 所示。根据物料干燥要求和环境情况的不同，开式热泵干燥装置可进一步细分，如图 4-7（1）所示的开式热泵干燥装置适用于在环境温度下干燥的物料。环境空气在蒸发器内降温除湿，变为近似饱和、湿含量极低的冷干空气后进入冷凝器，在冷凝器中，冷干空气和热泵工质换热升温，变为温度约为环境温度且湿含量极低的热空气并进入干燥器内干燥物料，排出的空气直接进入环境中。图 4-7（2）所示的开式热泵干燥装置适用于较高温度且干燥器排气温度高于环境温度的场合。环境空气进入冷凝器，在冷凝器内被热泵工质加热升温后进入干燥器干燥物料，排出干燥器的废气进入蒸发器内，被热泵工质吸收其热量后排入环境。当热泵的制热量、空气流量不同时，空气被冷凝器加热的温升也会不同，具体的升温幅度可根据物料的干燥需要进行调节，一般是 10~40℃。图 4-7（3）所示的开式热泵干燥装置适用于较高温度且干燥器排气温度低于环境温度的情况。环境空气进入冷凝器与热泵工质换热，加热升温后进入干燥器内干燥物料。排出干燥器的废气直接进入环境中。空气在冷凝器中的升温幅度也可根据物料的干燥需要进行调节，一般也是 10~40℃。但此种热泵干燥装置通常只适用于环境温度较高而相对湿度较低的情况。

开式热泵干燥装置的优点是结构简单、操控方便等，缺点是干燥介质只能是空气且进入干燥器的空气温度易受环境温度的影响。在有些情况下还需进行净化处理，因为干燥废气（尤其是含有粉尘或有毒有害气体的废气）排出时会污染环境。

### （二）半开式热泵干燥装置

在半开式热泵干燥装置中，进入干燥器的干燥介质（半开式热泵干燥装置的干燥介质一般

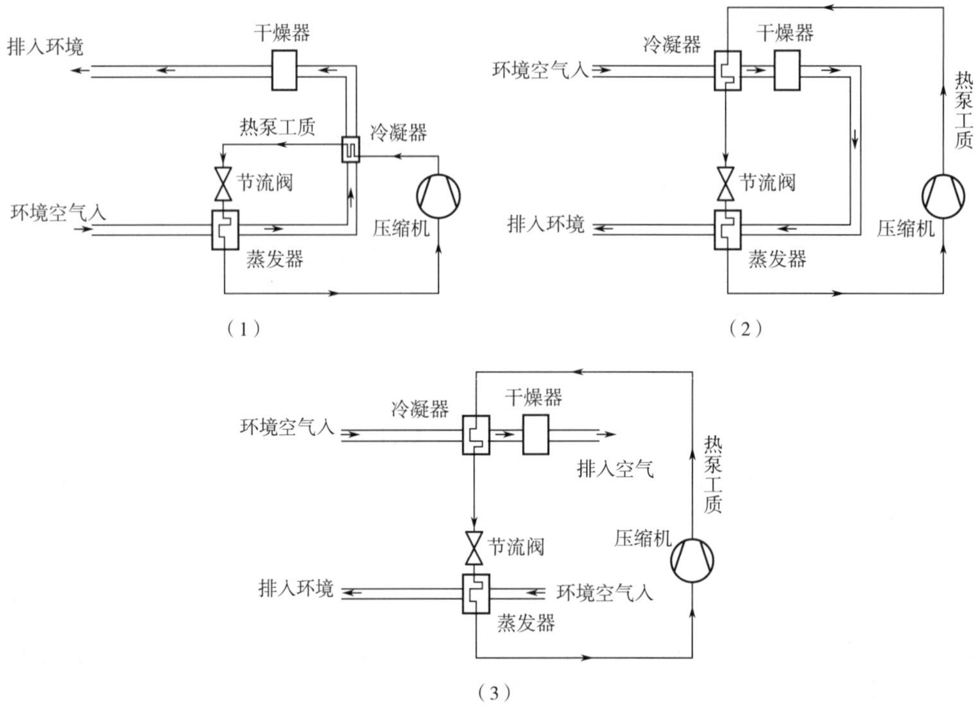


图 4-7　开式热泵干燥装置

为空气）一部分来自环境，另一部分来自干燥器排出的废气（干燥器排出的废气有的排入环境，有的再循环经热泵处理后进入干燥器）。典型的半开式热泵干燥装置如图 4-8 所示。图 4-8（1）所示的半开式热泵干燥装置，干燥器排出的气体中的一部分直接排入环境，另一部分经过蒸发器降温除湿，并与环境中吸入的补充空气混合后（补充空气量通常与直接排入环境的废气量相同）再经过冷凝器升温，接着进入干燥器继续干燥物料。图 4-8（2）所示的半开式热泵干燥装置，干燥排气的循环空气部分分为两路，一路经蒸发器降温除湿后与环境空气混合，另一路则不经蒸发器直接与环境空气混合。两股空气混合后经冷凝器升温进入干燥器干燥物料。图 4-8（3）所示的半开式热泵干燥装置，干燥排气中的循环空气经蒸发器降温除湿后也可分为两路，一路与环境空气混合后经由冷凝器加热升温，另一路不经过冷凝器而直接与由冷凝器加热的气流混合，之后进入干燥器干燥物料。图 4-8（4）所示的半开式热泵干燥装置，其干燥器排气中的一部分经蒸发器降温除湿后与环境空气混合，再经冷凝器加热升温，另一部分直接与经冷凝器加热的空气混合并进入干燥器干燥物料。

除上述四种典型的装置结构外，半开式热泵干燥装置还可根据物料特性采用其他结构形式。不同结构形式的半开式热泵干燥装置均可通过改变旁通空气的通道位置和调整旁通空气比例来调节进入干燥器的空气温度和湿含量。

半开式热泵干燥装置对进入干燥器的空气温度、含湿量的调控性优于开式热泵干燥装置，但其空气循环通道及调控比较复杂，干燥介质只能是空气且进入干燥器的空气温度仍在一定程度上受到环境温度的制约，并且有些情况下还需对干燥废气进行净化处理。

### （三）封闭式热泵干燥装置

在封闭式热泵干燥装置中，干燥介质是在完全封闭的循环通道中进行循环的。该装置运行

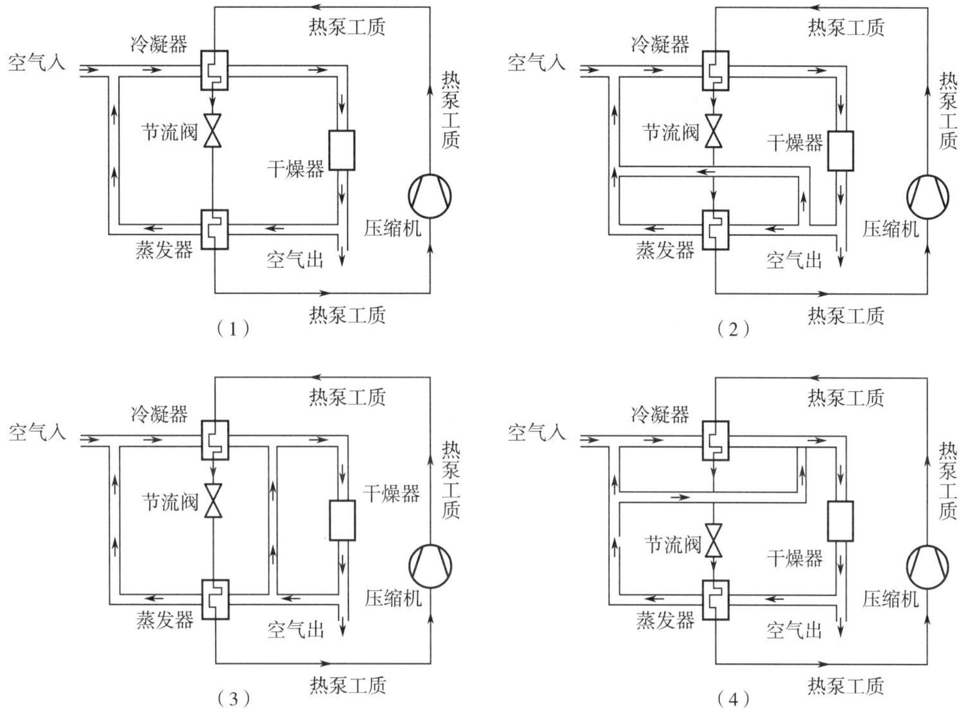


图 4-8　半开式热泵干燥装置

时既不从环境中引入新鲜空气，也不向环境中排放废气。干燥介质可以是空气，也可以是其他适宜的气体介质。基本型封闭式热泵干燥装置如图 4-9 所示。

图 4-9（1）、图 4-9（2）所示是以加快启动过程升温速率、缩短启动过程时间为目标的两种封闭式热泵干燥装置改进形式。

图 4-9（1）所示的封闭式热泵干燥装置采用电加热器辅助加热，这种形式结构简单，但会让装置内存在局部高温区（加热器附近）且该方法的能效比较低。图 4-9（2）所示的封闭式热泵干燥装置采用辅助蒸发器，即在热泵子装置的节流阀后增加辅助蒸发器。在热泵干燥装置的启动阶段用辅助蒸发器从环境中吸收热量以缩短启动过程，这样就可避免电加热器辅助的缺点，但该装置启动过程的调控性不如电加热器辅助简单灵活。

图 4-9（3）、图 4-9（4）所示是两种以控制干燥器进气温度为目标的封闭式热泵干燥装置改进形式。

为了使封闭式热泵干燥装置的稳定工作温度是物料干燥所需温度，通常采取辅助散热装置。图 4-9（3）所示是在热泵子装置的压缩机和冷凝器之间加一个辅助冷凝器，将热泵干燥装置达到设定工作温度后的富余热能排出；图 4-9（4）所示是在干燥介质循环通道上加一个辅助冷凝器，将干燥器排气中的热量带走一部分（带走的部分等于热泵干燥装置在设定工作温度下的富余热量）。

图 4-9（3）与图 4-9（4）所示的两种方法各有优缺点。前者采用空气式散热器即可，由于热泵工质与空气的温差较大，换热器尺寸较小，结构简单。但若把热泵工质中的高温热能直接排入环境的话，会对热泵干燥装置的能效带来不利影响。后者当干燥器排气温度明显高于环境温度时可采用以环境空气为冷却介质的换热器。但当排气温度与环境温度相近甚至低于环境

温度时，冷却器需采用低温冷却介质来带走干燥器排气中的富余热能。采用辅助冷却器的优点是排出热泵干燥装置的空气温度较低，有利于在控制干燥器进气温度的同时保证热泵干燥装置能有较高的能效。此外，辅助冷却器对进入蒸发器的干燥介质进行了预冷，使其温度更接近于露点温度，这提高了蒸发器对干燥介质的除水效率。

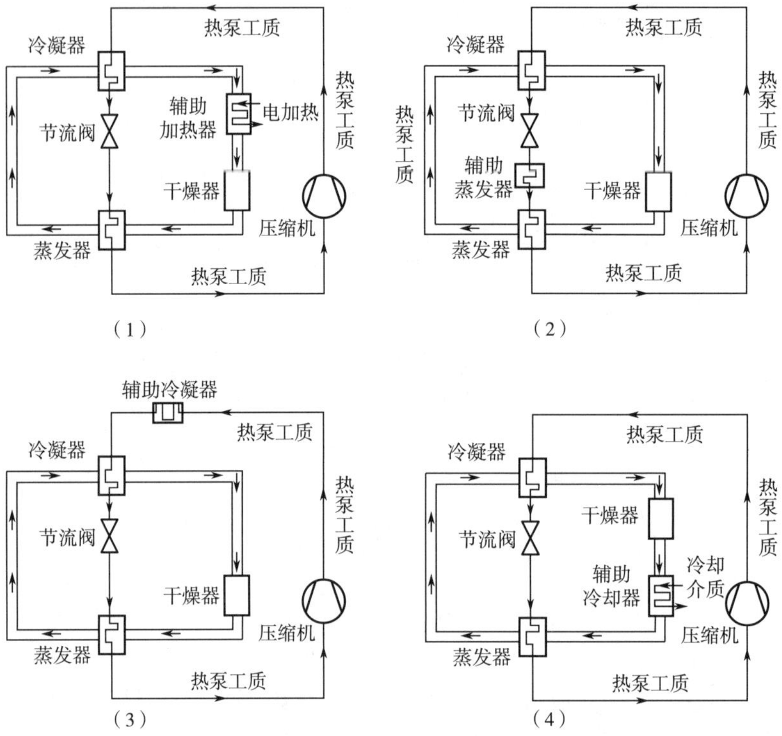


图 4-9　封闭式热泵干燥装置

封闭式热泵干燥装置可省去进气净化装置，对环境没有废气排放污染且干燥温度不受环境温度的限制。此外，干燥介质选择灵活（可按待干物料需要选择不同特性的干燥介质或干燥介质混合物，如密度不同、比热容不同的各种介质以及惰性干燥介质等）。然而，为了使闭式热泵干燥装置稳定工作时的温度是物料干燥所需温度，通常要采用辅助散热装置。尽管如此，这种装置在实际生产中的应用仍十分广泛。

## 二、热泵干燥装置特性方程

### （一）热泵制冷剂和干燥介质循环

以封闭式热泵干燥装置为例，其结构如图 4-10 所示。

压缩机、冷凝器、节流阀与蒸发器组成热泵并于其中充注制冷剂，出压缩机的高温、高压制冷剂蒸气在冷凝器中凝结放热变为液态（图 4-10 点 4），高压、中温液体制冷剂经节流阀降压后变成低温、低压液体制冷剂并进入蒸发器（图 4-10 点 5），在蒸发器中液体制冷剂蒸发吸热变为低压、低温制冷剂蒸气，进入压缩机再被压缩为高压、高温蒸气后开始下一个循环。辅助冷凝器用于排出热泵干燥装置稳定运行时的富余热量。

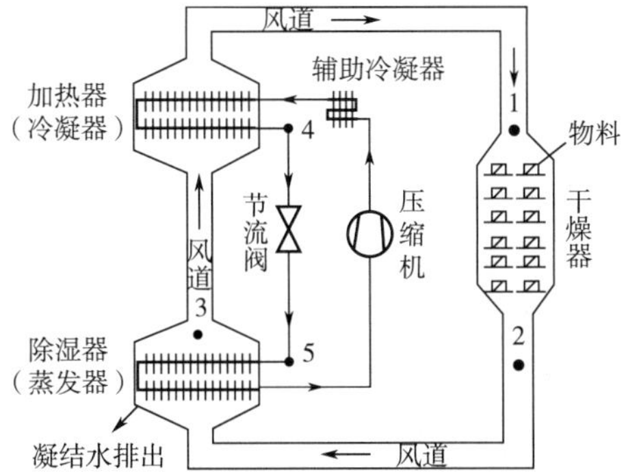


图 4-10 封闭式热泵干燥装置的结构

热泵干燥装置由热泵和干燥器组成，并由风道耦合为一个整体。高温、低含湿量的干燥介质（图 4-10 点 1）进入干燥器，与物料进行传热传质后，吸收物料中的水分，变为中温、高含湿量的干燥介质（图 4-10 点 2）并进入除湿器（即热泵蒸发器）。在除湿器中，干燥介质被热泵制冷剂吸热而冷却至露点温度以下，干燥介质中的水蒸气凝结析出。至此干燥介质变为低温饱和状态（图 4-10 点 3）并进入加热器（即热泵冷凝器）。在加热器中，干燥介质被热泵制冷剂加热到高温、低含湿量状态（和图 4-10 点 1 状态相同）后再进入干燥器开始下一个循环。干燥介质在热泵干燥装置中的状态变化如图 4-11 所示（为表述方便，图中等焓线画为水平线，而工程用焓湿图的等焓线应为 135°斜线）。

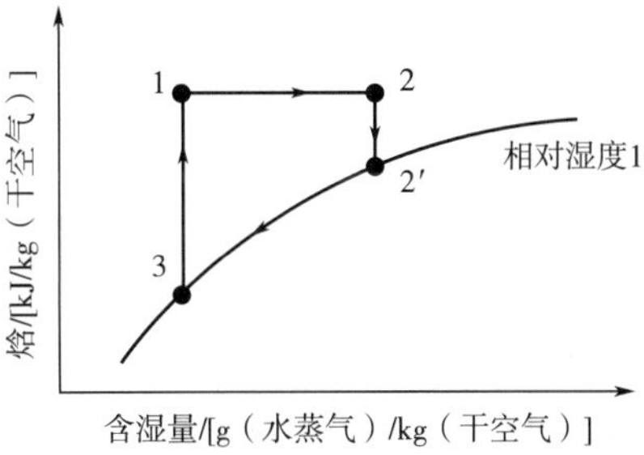


图 4-11 干燥介质在热泵干燥装置中的状态变化

## （二）热泵干燥装置的主要工作参数

设热泵制冷剂为纯制冷剂，制冷剂在冷凝器和蒸发器中等压相变，进入节流阀的热泵制冷剂为饱和液状态，出蒸发器的热泵制冷剂为饱和蒸气状态，则热泵制冷剂循环的主要工作参数为冷凝温度 $T_4$ 和蒸发温度 $T_5$。

若热泵干燥装置中的干燥介质为空气，那么干空气及含水蒸气的湿空气均可视为理想气体且不计风道排向环境中的散热损失。此时干燥介质循环的主要工作参数为进干燥器的空气温度 $T_1$，出干燥器的空气温度 $T_2$，出除湿器的空气温度 $T_3$。

## （三）热泵干燥装置特性方程的建立

干燥空气在干燥器中加热物料，物料中的水分汽化进入空气，空气降温放出的热量近似等于水分汽化所需热量。每 1kg 干空气在热泵干燥装置中循环一次，从物料中吸收的水分量如式（4-14）。

$$\Delta d = \frac{C_p(T_1 - T_2)}{r} \tag{4-14}$$

式中 $\Delta d$——干燥空气在干燥器中含湿量的增加量，g（水蒸气）/kg（干空气）；

$C_p$——空气的定压比热容，kJ/（kg·℃）；

$T_1$——进干燥器的空气温度，℃；

$T_2$——出干燥器的空气温度，℃；

$r$——水蒸气的凝结潜热，kJ/g。

每 1kg 干空气在热泵干燥装置中循环一次，从热泵冷凝器中吸收的热量如式（4-15）。

$$q_c = C_p(T_1 - T_3) \tag{4-15}$$

式中 $q_c$——空气在冷凝器中的吸热量，kJ/kg（干空气）；

$C_p$——空气的定压比热容，kJ/（kg·℃）；

$T_1$——进干燥器的空气温度，℃；

$T_3$——出热泵蒸发器的空气温度，℃。

干燥器稳定运行时，空气在热泵蒸发器中的放热量等于空气在热泵冷凝器中的吸热量，如式（4-16）。

$$q_E = q_C \tag{4-16}$$

取热泵冷凝器中制冷剂的冷凝温度比空气出冷凝器的温度 $T_1$ 高 5℃，则热泵制冷剂的冷凝温度 $T_4$ 如式（4-17）。

$$T_4 = T_1 + 5 \tag{4-17}$$

取热泵蒸发器中制冷剂的蒸发温度比空气出蒸发器的温度 $T_3$ 低 5℃，则热泵制冷剂的蒸发温度 $T_5$ 如式（4-18）。

$$T_5 = T_3 - 5 \tag{4-18}$$

热泵干燥装置中的单级压缩式热泵的制冷系数（热泵蒸发器吸热量与热泵压缩机耗电量之比）的近似计算如式（4-19）。

$$COP = \frac{T_5[0.58 - 0.005(T_4 - T_5 - 35)]}{T_4 - T_5} = \frac{(T_3 - 5)[0.58 - 0.005(T_1 - T_3 - 25)]}{T_1 - T_3 + 10} \tag{4-19}$$

该式适用范围为 20℃ $< T_4 - T_5 <$ 60℃。

每 1kg 干空气在热泵干燥装置中循环一次，热泵压缩机的耗电量 $w$［单位 kJ/kg（干空气）］如式（4-20）。

$$w = \frac{q_E}{COP} \tag{4-20}$$

取空气的定压比热容 $C_p$ = 1.0kJ/（kg·℃），水蒸气的凝结潜热为 2.0kJ/g，不计风能消耗时，热泵干燥装置的特性方程（即 *SMER* 计算方程）如式（4-21），单位为 kg（水蒸气）/（kW·h）。

$$SMER = \frac{\Delta d}{w} = \frac{1.5(T_3 - 5)(T_1 - T_2)[0.58 - 0.005(T_1 - T_3 - 25)]}{(T_1 - T_3)(T_1 - T_3 + 10)} \tag{4-21}$$

### （四）热泵干燥装置的实际循环特性

热泵干燥装置在实际运行时，其工作参数与理想状态下的循环有一定偏差，对装置性能影响较大的有以下几个方面。

（1）热泵循环　在实际的热泵循环过程中，其节流过程为等焓过程，无做功输出（卡诺循环的节流过程则是等熵膨胀做功过程），这一因素通常会导致热泵的实际制热系数和制冷系数要比卡诺循环热泵低 10%以上（热泵的冷凝温度和蒸发温度相同时）。而且冷凝温度与蒸发温度之差越大，这一因素的影响就越大。

（2）换热器传热温差　热泵蒸发器、冷凝器以及热泵干燥装置中其他换热器的面积不是无穷大，这使得传热过程中必然存在温差。以热泵蒸发器和冷凝器为例，由于热泵工质与干燥介质间有传热温差，当干燥器进口处的干燥介质的温度和湿度相同时，实际装置则要求热泵工质有较高的冷凝温度和较低的蒸发温度（与理想循环相比），这会导致热泵制热系数和制冷系数明显降低。冷凝温度与蒸发温度之差越小，这一因素的影响就越大。

（3）压缩机、风机及其他辅助装置的能耗　在实际工作中，热泵压缩机的压缩过程不再是等熵压缩，其压缩过程的耗能量会显著大于卡诺循环时的耗能量。除热泵压缩机外，在计算装置的 *SMER* 时还需考虑各个辅助装置的能耗。使 *SMER* 较理想循环时明显降低，尤其在降速干燥阶段，该阶段通常对 *SMER* 的影响较大。

（4）干燥器出口处干燥介质的状态　实际装置中，干燥介质在干燥器出口处的最高相对湿度是与物料湿含量相对应的平衡相对湿度，为了保证一定的传质速率，干燥介质的相对湿度需低于平衡相对湿度，这种做法会对热泵蒸发器的冷量利用和热泵干燥装置的 *SMER* 有较大影响。

## 三、多源热泵干燥装置

热泵是一种利用高位能使热量从低温热源流向高温热源的节能装置。它可以把无法直接利用的低温热源（如空气、土壤、水中所含的热能，太阳能、工业废热等）转换为可以利用的高温热能以达到节约部分一次能源（如煤、燃气、石油等）的目的。其中，热泵根据低温热源可分为空气源热泵、太阳能热泵以及地源热泵等。

### （一）空气源热泵干燥技术

物料的干燥过程就是除去物料里的水分和其他比较容易挥发的成分的过程，这中间包含物理相变的生化过程和热质耦合。因为干燥时要提供物料中相关成分的显热和潜热，可见物料干燥还是一个能量密集的过程。在工业生产中，物料干燥的能耗占全部能耗的 12%以上。现今，能源日益紧缺，如何有效利用干燥中的热能已成为物料干燥领域研究的主要课题。基于此，空气源热泵干燥技术应运而生。实践发现该技术经具有能耗较小、操作环境易控制及产品质量较高等优点，对缓解能源紧缺现状和提高环境质量等都具有一定的现实意义，是现阶段比较高效且具有发展前景的干燥技术。

1. 空气源热泵干燥的工作原理

空气源热泵干燥装置由蒸发器、压缩机、冷凝器、膨胀阀、循环风机和干燥室等组成，通过流动工质在蒸发器、压缩机、冷凝器和膨胀阀等部件中的气液两相的热力循环过程实现物料干燥。具体来说，低温空气在热泵装置的冷凝器中吸收热量变为高温、低湿空气，再进入干燥室内加热物料使其脱除水分，吸收水分后的空气再经热泵装置的蒸发器降温除湿，同时热泵装置回收脱湿水蒸气的汽化潜热，低温、低湿空气经热泵装置的冷凝器加热以降低空气的相对湿度，空气如此循环从而实现物料的连续干燥。空气源热泵干燥装置工作原理如图 4-12 所示。

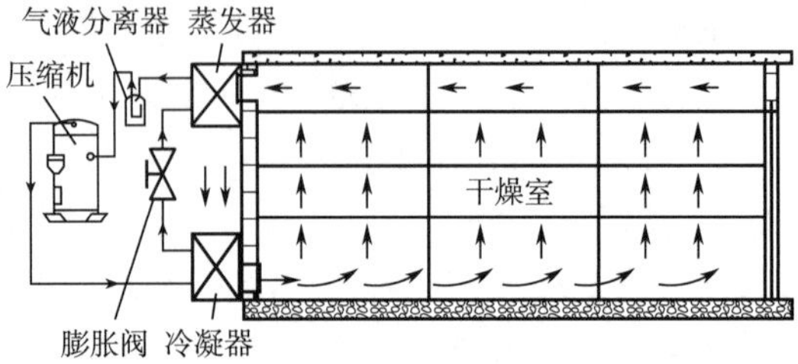


图 4-12 空气源热泵干燥装置工作原理

2. 空气源热泵干燥装置分类

由于物料特性的不同，空气源热泵干燥装置也有着不同的结构，一般可分为开式、半开式和封闭式，以下介绍另一种分类方式。

（1）单热源热泵干燥装置 单热源热泵干燥装置如图 4-13 所示。该干燥装置主要是回收排气经降温脱湿时放出的热量，当干燥室内的排气无需脱湿时，若要提升干燥室的进风温度，通常需要安装辅助加热器，但这会导致装置的能耗升高。

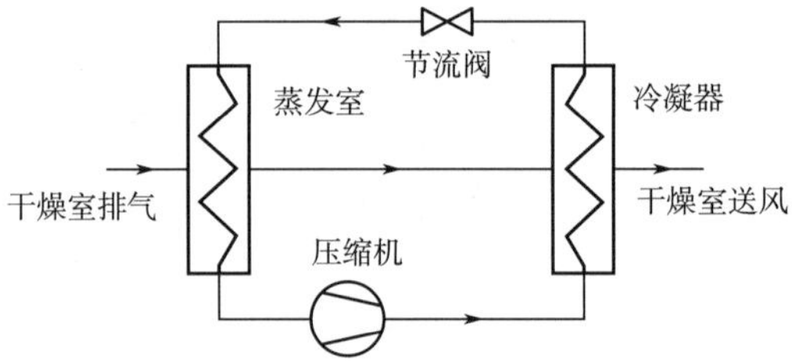


图 4-13 单热源热泵干燥装置

（2）双热源热泵干燥装置 双热源热泵干燥装置如图 4-14 所示。与单热源热泵干燥装置相比，装置内增加了热泵蒸发器和节流阀。当干燥室的排气需要降温除湿时，排气则要经过除湿蒸发器，其工作循环过程与单热源热泵干燥装置相同。当干燥室的进风需要较大升温时，则启动热泵装置，外界的环境空气经由热泵蒸发器与热泵工质换热以提高装置的制热能力，加热进入干燥室内的气体便可达到升温的目的。

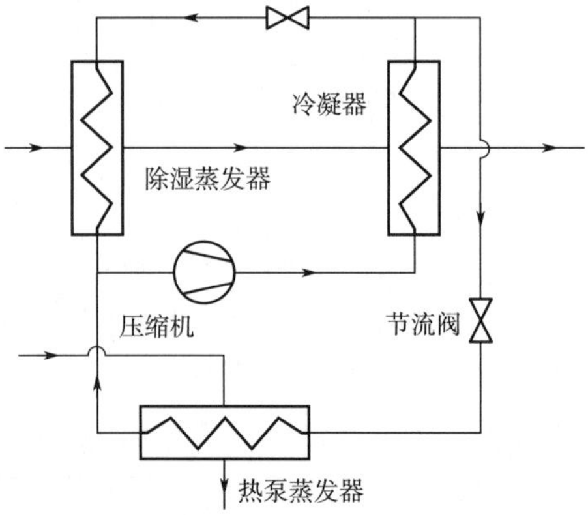


图 4-14 双热源热泵干燥装置

3. 空气源热泵干燥技术的特点

空气源热泵干燥技术优势如下。

(1) 高效节能 空气源热泵干燥装置有着较高的热能利用率，制热系数较高。与传统的干燥技术相比，该装置能耗低、单位能耗除湿率高，对比见表4-3。

表4-3 不同干燥技术能耗对比

| 干燥技术 | 最小能耗/[kJ/kg（水）] | 最大能耗/[kJ/kg（水）] | 平均 *SMER*/[kg（水）/（kW·h）] |
|---|---|---|---|
| 空气源热泵干燥 | 800 | 2000 | 2.5 |
| 流化床干燥 | 4000 | 6000 | 0.72 |
| 网带干燥 | 4000 | 6000 | 0.72 |
| 喷雾干燥 | 4500 | 11500 | 0.45 |
| 转筒干燥 | 4600 | 9200 | 0.52 |
| 隧道干燥 | 5500 | 6000 | 0.63 |
| 真空冷冻干燥 | 45000 | 115000 | 0.08 |

(2) 可提高产品质量 一方面，空气源热泵干燥是一种温和的干燥方式。干燥室内的气流组织比较均匀，纵向温差小且平面温度均匀。另一方面，在干燥过程中，根据不同物料的特性和干燥工艺来调节循环空气的温湿度和风量，可使表面水分的蒸发速率与内部向表面的迁移速率基本相同，使其接近自然干燥。这样可以保证物料的品质和色泽好，产品质量等级高。

(3) 干燥条件可调节范围宽 空气源热泵干燥的温度调节范围是20~100℃（有辅助加热装置），相对湿度调节范围是15%~80%，较宽的可调节范围使空气源热泵干燥技术适用于多种物料的干燥加工。

(4) 缩短干燥时间 蒸发器的除湿作用可提高空气源热泵干燥装置的干燥效率。目前大多数装置采用热泵辅助干燥机来缩短干燥时间，比传统的电加热干燥机组的干燥时间减少了三分之一。

空气源热泵干燥技术在实际应用中也存在一些问题。例如，物料在干燥中后期含水率下降、干燥速率变慢、能耗增加且变温运行也变得较为困难。空气源热泵干燥装置采用空气闭式循环，压缩机始终处于高温、高湿状态，这就对压缩机的性能及可靠性提出了严格要求。同蒸汽锅炉干燥相比，热泵的干燥规模小。蒸汽锅炉干燥的干燥室面积最大可达300m$^2$，而热泵干燥的干燥室面积最大为100m$^2$。

4. 空气源热泵干燥技术的应用

(1) 在粮食干燥中的应用 相关研究人员利用循环混流式的谷物干燥机进行了大量的实验研究并开发了热泵流化床，以小麦为研究对象，进行了干燥实验分析研究。实验数据显示，在空气干燥温度为80℃时，可将200kg的小麦在30min内湿度从23%降到13%，由此可见其干燥效率比较高。

(2) 在烟草干燥中的应用 某公司生产的高温热泵烟草专用全自动烘干装置已经在烟草及食用菌等烘烤领域获得了大规模的生产和应用。此种热泵供热装置适合烤烟规模种植的供热，冷凝排湿的密集烤房及其自控装置，其热效比最高可达5，烘烤性能整体较稳定并能较为准确地完成各种烘烤工艺要求，保证了烟叶内在和外观品质方面的要求。数据显示，烤干1kg烟叶的耗电量仅有1W，并且在烘烤的整个过程中，能达到污染零排放。

(3) 在衣物烘干中的应用　这方面的应用原理即用热泵压缩机做功对湿空气除湿，使高湿度空气被转化为冷干空气。冷干空气流入主机加热模块进行加热升温，转化为高温度、低湿度的热风后送入衣物烘房。如此循环反复，使烘房内的湿度降低但温度升高进而烘干衣物。在烘干除湿中，回风管把烘房内的湿空气接入主机再进行回收利用，以提高主机性能和烘干速率。

5. 空气源热泵干燥技术的发展展望

空气源热泵干燥技术有以下发展方向。

(1) 发展多级干燥技术　空气源热泵干燥技术在低温干燥环境中有较强优势，所以可以把它与远红外、微波或太阳能等方式中的一种或多种进行联合使用。在干燥初期使用热泵以发挥热泵的低温干燥优势，然后在中后期使用其他方式来缩短干燥时间，从而达到高效节能的效果。

(2) 应用复合干燥介质　复合干燥介质主要是针对干燥室而言的，可在其中适当增加一些$CO_2$或者$N_2$以降低$O_2$浓度，从而抑制酶活性、提高产品质量。此外，研究发现，将干燥介质中的$O_2$、$N_2$、$CO_2$按合适配比加到干燥室后进行循环利用，能获得很好的干燥节能效果。

(3) 应用相变材料　针对不同干燥物料本身固有的品质特性，于适当的干燥阶段在干燥室内放置相变材料，既能保持一定的干燥除湿速率又能降低能耗。

(4) 制定合理的干燥工艺　合理匹配不同物料或同种物料在不同干燥阶段的干燥工艺可以取得事半功倍的效果。空气源热泵干燥技术经过不断优化改进，再结合现代测试技术、传感技术以及计算机控制技术可实现对物料干燥过程的全自动人工智能实时控制。该做法能降低干燥成本、提高干燥品质，并使得空气源热泵干燥技术的应用更加安全、稳定与高效。此外，在国家大力倡导节能减排的形势下，相关部门应做好该技术的宣传工作，让人们对其有更全面的认识和理解。

### （二）太阳能热泵干燥技术

能源与环境成为当今世界两大突出的社会问题，由于化石能源的日益短缺和对环境的破坏，各国都在积极寻求常规能源的替代品，新能源的开发也因此备受关注。党的二十大报告指出：“大自然是人类赖以生存发展的基本条件。尊重自然、顺应自然、保护自然，是全面建设社会主义现代化国家的内在要求。必须牢固树立和践行绿水青山就是金山银山的理念，站在人与自然和谐共生的高度谋划发展。”“加快发展方式绿色转型”“加快节能降碳先进技术研发和推广应用”。据统计，我国每年有10%~20%的燃料应用于干燥领域。因此，开发清洁、节能的干燥方式是势在必行的。

太阳能是可再生的绿色能源，其取之不尽、安全、清洁无污染的特点受到了人们的重视。太阳能热风干燥利用太阳能集热器收集热量，将干燥介质（通常为空气）加热后经风机送入干燥室，对其中的物料进行干燥。但太阳能干燥易受季节、地理和昼夜等规律性变化的影响，此外阴雨天气等随机因素的制约也给太阳能干燥技术的推广带来了困难。为了解决这些问题，需将太阳能与其他干燥方式结合。热泵干燥作为一项节能干燥技术，从低温热源中吸收热量后加热空气，就可以开始干燥物料。因此，将太阳能与热泵联合既能克服太阳能不稳定的缺陷，又能满足农副产品低温干燥的需要。

太阳能热泵干燥装置在热泵干燥装置的基础上，增加了太阳能集热器和储热箱。太阳能集热器收集并储存太阳能以调节储热箱中的液体流量，蒸发器中的制冷剂工质吸收储热箱的热量后蒸发并经压缩机升压后进入冷凝器放热。冷凝器放出的热量与风机吸入的室外空气进行热量传递，使空气升温，被加热的空气进入干燥箱中干燥物料。吸收物料水分的空气通过蒸发器降温后析出水分，相对湿度降低，再次通过冷凝器时又会升温。天气晴朗且集热器吸收的热量足以达到干燥物料的要求时，可只开启太阳能装置提供能量；阴雨天或者晚上时，启动热泵干燥装置进行除湿；晴天但太阳能热量不够时，可同时开启太阳能和热泵装置，太阳能集热器吸收的热量不是直接送到物料干燥室，而是送到蒸发器处，工质在蒸发器内吸收热量后蒸发汽化。

1. 太阳能热泵干燥装置的形式

太阳能热泵干燥装置由太阳能集热装置、热泵装置、干燥装置组成，主要部件包括太阳能集热器、循环风机、冷凝器、节流阀、蒸发器、压缩机、干燥室等。为了提高装置运行稳定性或运行效率，通常会增加集热水箱、箱变蓄热箱等装置。

（1）太阳能热泵干燥装置根据热泵装置的蒸发器与太阳能集热器的组合形式可分为直膨式和非直膨式。非直膨式装置根据太阳能装置和热泵装置的工作运行方式又可分为串联式、并联式和混联式。

直膨式太阳能热泵干燥装置是将太阳能的集热器和热泵装置的蒸发器组成太阳能集热蒸发器，在热泵蒸发器的表面喷涂光谱选择性涂层，制冷剂直接在集热蒸发器中吸收太阳辐射能膨胀升温。直膨式太阳能热泵干燥装置以太阳辐射为主要低温热源，以自然对流的空气能作为辅助的低温热源，为干燥装置提供热量，如图 4-15 所示。

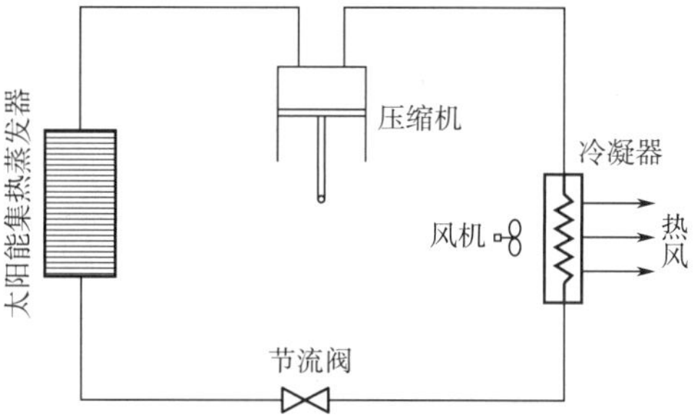


图 4-15 直膨式太阳能热泵干燥装置

试验发现，该装置的 *COP* 在 2. 31~2. 77 变化，物料含水率（湿基）在 40h 内从约 52%降低至约 9%，装置 *SMER* 为 0. 79kg/（kW·h），比空气源热泵干燥装置的效果要好。

非直膨串联式太阳能热泵装置是由太阳能集热装置和一个水源热泵装置组合而成。水在太阳能集热器中吸收太阳辐射能后温度升高，被作为热泵装置的低温热源泵入集热水箱中储存。热泵装置的制冷剂工质在集热水箱中吸收热量后经压缩机压缩并进入冷凝器中，与室外的空气进行换热，再由风机送入到干燥室中干燥物料，如图 4-16 所示。

对压缩机在太阳能不同供热温度下的工作性能进行研究，结果表明提高热泵的蒸发温度，可改善压缩机的工作环境，提高热泵供热的 *COP*。

非直膨并联式太阳能热泵干燥装置中的太阳能装置和热泵装置相对独立工作，其中太阳能是主要热源，热泵是辅助热源。在太阳能充足时，太阳能集热器提供热量对空气进行加热，热空气随后进入干燥室中对物料进行干燥。当太阳能辐射较弱或没有太阳能时，即太阳能集热器收集的热量无法满足干燥的需要时，将启动热泵装置干燥物料，如图 4-17 所示。

试验发现，该装置的最大 *COP* 可达 6. 25，*SMER* 为 3. 0kg/（kW·h）。与传统的干燥装置

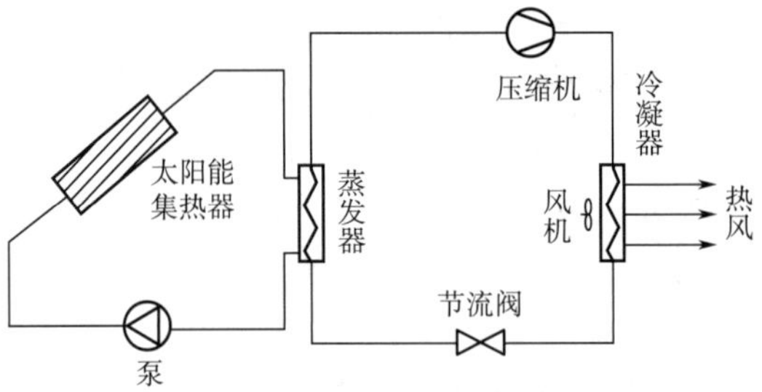


图 4-16　非直膨串联式太阳能热泵干燥装置

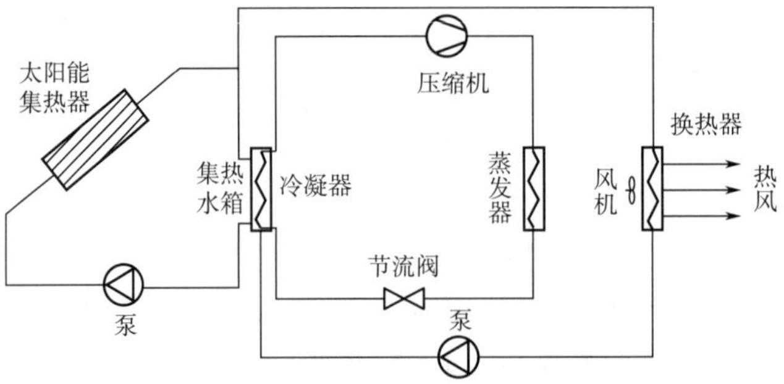


图 4-17　非直膨并联式太阳能热泵干燥装置工作原理

相比，其干燥产品质量显著提高，压缩机功耗降低。

非直膨混联式太阳能热泵干燥装置有 3 种工作模式：①太阳辐射充足时，直接由太阳能集热器为装置提供热量；②太阳能辐射较弱时，太阳能集热器收集的热量无法满足物料的干燥要求，此时可采用串联的运行方式，由太阳能辅助热泵为干燥装置提供热量；③没有太阳能辐射时，启动空气源热泵，空气经热泵装置加热后再干燥物料，如图 4-18 所示。

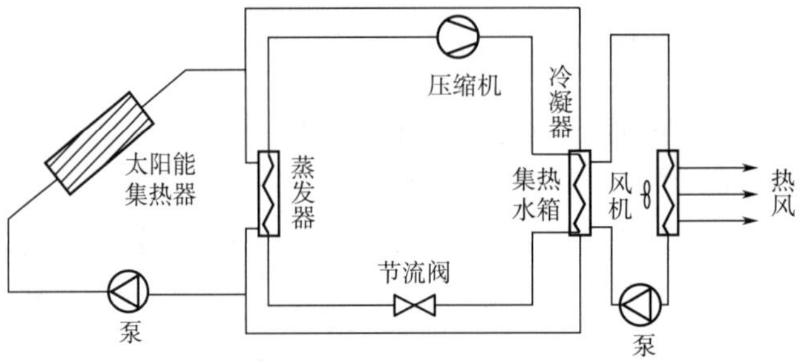


图 4-18　非直膨混联式太阳能热泵干燥装置工作原理

试验发现，在冷凝器温度为 47.6℃且冷凝温度和蒸发温度相差 12℃左右时，较为合理。该装置的 SMER 要高于热风干燥，节能效果良好，干燥后的产品品质较佳。

（2）太阳能热泵干燥装置根据干燥室的空气循环方式可分为开路式、闭路式和半开式干燥装置。

开路式干燥装置的物料在干燥室内被干燥后产生的废气不经处理就直接排放到大气中。闭路式干燥装置的干燥介质在干燥室内对物料进行干燥后，由热回收装置对干燥后的介质进行处理，吸收其中的显热和潜热以降低干燥介质的湿度，然后进入加热装置中，在升温后重新进入干燥室进行循环利用。半开式干燥装置则是介于上述两者之间，该装置有新风补充和废气回收装置。

2. 太阳能热泵干燥技术的应用

（1）菌菇类干燥　菌菇类产品质地细嫩，采摘后新鲜度会迅速下降。因此一般将菌菇类产品干制以延长其贮藏期，降低损失。国外的一些研究人员进行了太阳能热泵联合干燥装置干燥菌菇的研究，采用可编程逻辑控制器（PLC）控制装置，从而实现太阳能干燥、热泵干燥和太阳能辅助热泵干燥 3 种模式之间的切换。通过试验比较得出，装置的 *COP* 为 2.1~3.1，能量利用率（EURs）的范围是 0.42~0.66，*SMER* 为 0.26~0.92kg/（kW · h）。其中，风温 45℃，风速 310kg/h 时，干燥的菌菇品质最好。

（2）茶叶干燥　干燥茶叶时，要求在去除茶叶中水分的同时能形成不同的感官品质。采用电加热、锅炉加热来干燥茶叶时，不仅会消耗大量能源、升高成本，还会污染环境。太阳能热泵联合干燥茶叶，既能满足清洁、节能、连续化生产的要求，又能保证茶叶的感官品质，是一种较理想的干燥方式。太阳能热泵联合干燥采用具有相变材料（PCM）蓄能芯的空气式太阳能集热器和余热回收装置，提高了热量利用率。相比于传统的电加热或燃煤蒸汽干燥，节能可达 40%以上，茶叶的香气和口感也均有所提升。

（3）中药材干燥　目前，我国中药材干燥大多采用晾干、阴干和烘房烘干的方法，而干燥时长会影响药性。若采用太阳能热泵联合干燥中草药（如枸杞），平均干燥周期相比自然晾晒干燥周期可缩短 2/3，并且干燥后的感官品质高，多糖和维生素的保存率也都高于自然晾晒产品。太阳能热泵联合干燥因其具有节能、高效、操作简便等优点，在中药材干燥领域有着广阔的应用前景。

（4）烟草干燥　传统烟草烘干一般利用燃煤或薪柴，这种方法容易造成能源浪费和环境污染，且在干燥过程中易产生质量较差的烟草。彭宇等利用热泵太阳能密集烤房对烟叶进行烘干，结果表明单独使用热泵干燥烟叶时，装置可节能 24.29%；若采用太阳能和热泵联合干燥，可比单独使用热泵干燥节能 32.86%，节能效果大幅提升，并且烘烤的烟叶质量也明显提高。一些研究人员利用太阳能与热泵联合装置干燥烟叶，试验测得干燥室内部温度均匀，干燥后的烟草外观品质有较大改进，能耗降低 35%左右，节能优势显著。

（5）其他产品干燥　陶瓷坯料、化工、木材等的干燥也可使用太阳能热泵联合干燥。饶宾期等利用太阳能热泵联合干燥污泥，结果表明，平均可节省电量约 10%，且能耗比燃油、燃气及直接电加热等干燥方式要少得多。张力等采用太阳能与双热源热泵联合干燥装置干燥落叶松，得出该联合干燥装置可以缩短木材的干燥时间，提高干燥效率，节能效果有很大进步。

3. 太阳能热泵干燥技术在当前应用中存在的主要问题

虽然国内外学者在近几十年来对太阳能热泵干燥技术进行了广泛研究，仍有以下几个方面值得探讨。

（1）集热器集热不稳定　现有的太阳能热泵干燥装置大多是通过太阳能集热器收集热能，但太阳能供热具有波动性。太阳辐照变化会导致干燥过程缺乏持续性、稳定性且无法蓄能。此外，干燥装置在夜间无法利用太阳能集热器集热。

（2）干燥室温度不稳定　干燥室还存在部分热风无法到达以及室内各处温度不均匀的问题。受物料堆放方式影响，热风在干燥室内的循环阻力较大。特别是对于进、出风口设计不合理的干燥室，往往会出现室内温度分布不均的问题甚至有热风死角，使得局部物料干燥效果差或无法干燥，进而影响干燥物料的整体质量。

(3) 初期投资成本高　太阳能集热器安装得越多，占地面积就越大。虽然节电效率与集热装置提供的热量成正比，但集热器增多投资费用会随之提高，这也是太阳能热泵干燥技术无法大规模推广使用的重要原因。

(4) 干燥规模小，生产不连续　太阳能热泵干燥装置一般要采用干燥箱，但干燥箱体积有限，每次只能干燥少量物料，故干燥规模较小。同时，干燥室采用的是箱式结构且通常是人工装料，所以一批物料完成干燥后需从箱中取出，再装入另一批物料进行干燥，因此难以实现连续性、大批量的生产。

除此之外，传统太阳能热泵干燥装置的功能还较为单一，特别是对于一些季节性明显的干燥物料，干燥装置在干燥期结束之后大多处于闲置状态，这就导致了干燥装置投资回收期长，经济性差。

4. 太阳能热泵干燥技术的发展展望

如今，人们对太阳能热泵干燥技术的研究已越来越深入，然而市场实际应用的太阳能热泵干燥装置形式较单一。因此，要实现该干燥技术的大规模推广和应用，需从以下几方面进一步完善。

(1) 开发适用性干燥工艺　为了将太阳能热泵干燥装置更广泛地应用于各类产品的干燥中，必须研究不同产品的干燥特性。拓展现有数据库，将经验变为科学数据，为产品干燥制定出最佳的干燥控制方案，从而实现干燥过程的高效与节能。鉴于此，今后应加深对物料干燥特性和传热传质机制的研究。

(2) 优化传统干燥室结构　太阳能热泵干燥装置通常要配备干燥室，而传统的干燥室存在体积小、结构不合理等问题，会造成生产效率低、无法连续生产等问题。可通过数值模拟等方法对干燥室进行优化，进一步建立适用性干燥室结构，改善干燥装置作业效果。

(3) 优化太阳能热泵装置性能　根据物料干燥的温度要求，选用新型绿色热泵工质，即通过开发高效节能的换热器来提高热泵效率。太阳能装置的集热、蓄热材料与结构形式也应作为重点研究方向。

(4) 注重干燥产品品质的提升　过去的研究对于干燥产品品质的评价往往是基于感官评价或含水率、复水率的简单测试，更多定量和定性的评价指标引用较少，对于干燥产品成分的测定及其成分和品质与干燥过程的深层次关系的探究更少。今后的研究可以从这方面入手，深入探究干燥规律和机制以达到更好的干燥效果。

### (三) 其他多源热泵干燥技术

1. 热管热泵干燥技术

热管是目前导热能力最强的金属传热元件之一，主要结构有蒸发段、绝热段和冷凝段等，其优异的导热性能得益于管内工作液体相变快速传热性质。蒸发段吸收外界热量驱动其管芯内的液态工质发生相变，使液态工质相变为气态工质。气态工质在蒸气压的作用下流向低压的冷凝段，随后冷凝释放潜热并将热量传到管外环境中。基于毛细虹吸效应，冷凝的液体回流到蒸发段，如此循环。

热管技术传热性能优异，在热泵干燥中能很好地实现对余热的回收利用。热管热泵干燥利用热管换热器完成对循环湿空气中干燥介质的预冷和预热，干燥介质通过热管蒸发端时将被预冷至露点温度，冷凝结露排出干燥室；而热管冷凝端释放的热量能够预热干燥介质，提高进入干燥室的空气温度。由此可见，热管热泵干燥装置在提高干燥介质干燥能力、降低干燥能耗方面有很大优势。

2. 红外热泵干燥技术

热泵干燥依靠热风由表及里对物料进行干燥，但该方式不利于干燥的均匀性。在热泵干燥后期，物料含水率降低，物料内部和表面温度梯度增大，干燥速率减小。远红外是指波长介于5.6~1000.0μm的电磁波，它在干燥领域有着广泛的应用，可用于对烟叶、玉米、香蕉等农特产品的加工。红外干燥主要是通过加热元件将远红外辐射的电磁波能量快速转移到待处理物料内部1~3mm深处，使物料表面水分快速蒸发。在不加热周围空气的情况下，使物料受热更快速、更均匀并拥有良好的抑酶、抑菌效果，进而能提供优质的干燥产品。将红外干燥与热泵干燥联合进行优势互补，不仅能提高干燥速率，还能提升干燥产品质量、优化干燥效果。在前期采取热泵低温除湿可以更好地保持物料的热敏性活性成分；在后期采用远红外辐射干燥，有利于提高干燥速率，减少干燥能耗。

3. 地源热泵干燥技术

地源热泵是把地球的能量转化为有用的能量来加热或冷却物料。在加热模式下，地源热泵从地面吸收热量用于加热工作流体。地源热泵与地面进行热量交换，即使在较冷的气候条件下也能保持较高的性能。

地源热泵粮食干燥装置有3个工作循环，即制冷剂在热泵装置的传热循环、干燥介质的干燥循环以及地层中的吸热循环。地源热泵循环中的冷凝器和蒸发器分别是粮食干燥循环中的加热器和地热换热中的冷却器，如图4-19所示。

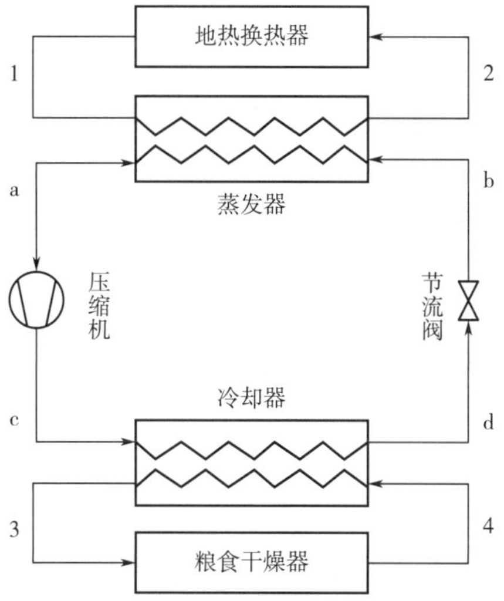


图4-19　地源热泵粮食干燥装置

图4-19所示的地源热泵粮食干燥装置反映了热量从浅地层经过热泵循环装置，最终运输到粮食干燥装置中使用的过程。1过程与2过程的焓差，即为装置从管道中（铺设于地层中）吸收的热量；热量在蒸发器中经过b过程与a过程，被热泵装置中的制冷剂吸收，制冷剂由湿饱和蒸汽转变成干饱和蒸汽并通过相变吸收大量的潜热和显热；通过压缩机a过程与c过程，

完全汽化后的制冷剂受压升温，干饱和蒸汽变为过热蒸汽；通过 c 过程与 d 过程，制冷剂在冷却器中冷却放热，c 过程与 d 过程的焓差，即为热泵装置向粮食干燥器提供的热量；制冷剂饱和液在 d 过程与 b 过程从节流阀流出，经节流效应降压转化为湿饱和蒸汽，随后进入蒸发器开始下一次循环。

与空气源热泵相比，地源热泵在粮食干燥中具有更加显著的优点。

(1) 效率高　现有粮食干燥主要以环境大气作为热量来源，但由于空气比热容远小于地层中土壤和水的混合物介质的比热容。所以在相同的换热条件下，通过地源热泵在单位时间内从底层吸收的热量是空气源热泵的 2~3 倍。对含水率为 20%的稻谷进行干燥且干燥温度为 40℃时，地源热泵处理的稻谷效率是空气源热泵的 2. 67 倍。

(2) 泵节能显著　热泵需要输入净功运转，即输入电能，目的是将电能作为搬运热量的动力。热泵的高温热源与低温热源之间的温差越小，供热的效率就越高。反之，随着热源间温差的增大，供热效率会降低。秋冬干燥粮食时，地源热泵的供热系数一般是 4~5，即耗费 1kW 的电能，能够提供 4~5kW 的热量，比空气源热泵高 1~2 倍。

(3) 工作稳定　空气源热泵与环境大气进行换热，不可避免地要受到环境的影响。由此会使供热效率发生起伏，耗电量也产生相应波动，进而影响装置的运行和寿命。当环境湿度达到85%以上，气温在 15℃以下时，空气源热泵冷侧换热器就会结霜，降低传热效率并严重影响换热效果，能耗随之加大。而地源热泵是与含湿土壤进行换热，并利用地下水循环加速换热。地下水的温度要比外界环境温度稳定。此外，水的对流换热系数远大于空气。因此与空气源热泵相比，地源热泵的工作环境稳定，不易受外界环境因素干扰，而且装置运行也要比空气源热泵稳定。

## 第三节　热泵干燥技术在农特产品干燥中的应用

随着国家对节能环保的重视以及消费者对干燥产品质量要求的不断提高，热泵干燥技术因其能耗小、污染小、最接近于自然干燥、干燥过程可控及干燥产品品质高等优点而被广泛应用于农特产品干燥。在热泵干燥技术的基础上构建绿色节能的智能控制干燥技术与装置体系，是提升农特产品干燥技术与装置水平的关键手段之一。

### 一、木材干燥

木材的干燥加工是较早成功应用热泵干燥技术的领域之一。虽然使用热泵干燥木材要比使用常规气流干燥耗时多，但显著的节能效果和较高的木材利用率使热泵干燥成为木材干燥加工的主要手段之一，尤其适用于那些商业价值高、干燥难度大的“难干木材”。20 世纪 80 年代末，我国就在木材加工中引入了热泵干燥技术，目前该技术已被全国许多地区的木材加工企业广泛使用，国内木材热泵干燥装置的生产已完全立足。

### 二、谷物干燥

谷物干燥是热泵干燥的主要研究及应用领域之一。我国主要的粮食作物有稻谷、玉米和小麦等，利用热泵干燥粮食，可以减少营养流失并降低种子的发芽率和爆腰率。研究人员以高湿的稻谷作为实验对象，研究其干燥速率、能耗和品质，得出采用回热技术可以在不增加能耗的情况下，提高干燥能力30%。与燃油干燥机相比，采用热泵干燥可以降低约60%的能耗费用。20世纪40年代，国外谷物机械干燥开始起步，到20世纪70、80年代，已逐渐向高效率、低耗能、自动化、新动能和新技术的方向发展。如今在发达国家，热泵干燥技术在谷物干燥加工的生产实践中已得到非常广泛的应用，且节能效果极好，国内对于热泵干燥技术的应用也越来越多。在日本，有人对谷物进行了热泵干燥实验，发现从谷物中移除1kg的水所消耗的热量约为2063kJ，这一数据比传统气流干燥的平均能耗还要低。

## 三、果蔬干燥

我国是农业大国，农特产品种类繁多，果品种植总面积和总产量居世界第一，其中瓜果类等的产量在全球占比已超过64%。但由于新鲜果蔬存在保质期短、容易腐烂且不易运输等缺点，每年会因保存不当而造成大量浪费。果蔬干燥是在一定条件下去除果蔬内大部分水分并抑制果蔬中微生物生长以延长储存时间的方法。早期是对果蔬进行自然干燥，即运用自然能源（风能或太阳能等）对果蔬进行干燥，该过程能耗较低，但生产效率和产品质量较差，且受限于气候和季节条件。国外是在1990年后才逐步在果蔬干燥行业中使用热泵干燥技术的。有学者进行了热泵干燥香蕉的研究，结果表明，使用热泵干燥香蕉，效果好且运行费用低。20世纪90年代以来，日本及我国科技工作者在拓展热泵干燥技术应用领域方面做了许多研究工作，其中蔬菜的热泵干燥是主要研究方向之一，主要集中在蘑菇、洋葱、木薯及萝卜等方面。用热泵干燥机对蘑菇所做的实验表明，热泵干燥是一种节能、有效的干燥方法。

## 四、中药材干燥

大多数中药材都含有一定水分，若保存不当，药材便会发霉、变质。发霉会导致霉菌增生，使药材的药用价值降低，功能效果不显著；变质则更为严重，会使药材不能食用并造成巨大的经济损失。而药材的发霉、变质与其含水率、气温和空气中的相对湿度有着密切的关系，因此对中药材的干燥就显得十分重要。传统的中药材干燥以自然晾晒或作坊式土烘房干燥为主，但其干燥工艺技术落后、设施简陋、烘干效率低、药材有效成分破坏严重、容易受天气和环境等因素影响，而热泵干燥因其节能、效率高、成本低、合理等优点，在中药材干燥领域被广泛应用。

## 五、茶叶干燥

茶产品的品质很大程度上取决于其生产加工过程。干燥便是茶叶加工中的一个重要环节，干燥过程是否得当直接决定了茶产品的营养成分、外观等品质能否达到标准。常规的茶叶干燥方式有：晒干、炒干和烘干，但这些方式都存在着一定的缺陷，例如晒干易受天气状况的影响、电加热炒干的能耗较高、燃煤炒干污染环境等。而利用热泵干燥茶叶则具有良好的干燥效果，且成本低、环境友好。

## 六、水产品干燥

水产品是干燥耗能很大的农副产品之一。传统的方法是日光干燥和热风干燥，日光干燥易受环境影响、卫生条件差、生产率极低，因此产品质量差且附加值低。热风干燥的风温较高会引起产品质量下降，最主要缺点是能耗大、生产成本高。而热泵干燥具有热效率高、节能、干燥温度低、安全卫生等优势。此外，热泵干燥可实现在-20～100℃条件下对物料进行干燥，其湿度、风速等条件易于控制，整个干燥装置处于密闭状态，可避免水产品中不饱和脂肪酸的氧化和表面发黄，减少蛋白质受热变性、物料变形、变色和风味物质的损失，特别是对富含营养成分、热敏性的海产品，可保持原有营养物质不被破坏，从而提高产品的附加值。在过去，一般利用冷冻干燥和晾晒来脱除海参中的水分。冷冻干燥后的产品虽然品质很好，但成本较高。通过海参的热泵干燥实验研究，初步得出该干燥方式比较适合这些珍稀海产品的干燥加工。

## 七、香菇干燥

香菇是世界第二大食用菌，其产量仅次于双孢蘑菇。鲜香菇的含水率一般是85%～95%（湿基），保鲜期为3～5d。香菇在采摘后仍能通过自身的呼吸作用消耗菇体内的营养物质，导致菌盖褐变、开伞、水分丧失甚至木质化。而且香菇容易腐败变质，其营养价值和商品性也随之降低。利用干燥技术可降低香菇的含水率，抑制微生物的生长繁殖和生物酶活性。干香菇的保质期一般可达1～2年且贮藏和运输也更加方便。

香菇的风味物质在干燥过程中发生了酶促反应、美拉德反应、斯特雷克（Strecker）降解等一系列复杂反应，促进了香菇内部芳香物质的挥发，有利于形成香菇特有的风味，如香菇浓郁的香气在干燥后更加突出。干燥方式和干燥条件会直接影响香菇干燥后的品质，如颜色、香气、风味、营养成分等。因此，干燥技术的选择对香菇干燥来说具有重要的意义。目前，常用的干燥方法主要有自然干燥、热风干燥、微波干燥、真空冷冻干燥、热泵干燥以及联合干燥等。在实际生产中，约90%的香菇采用的是热风干燥，但其产品品质较差。干品表面皱缩严重并发生褐变，而且复水比低、复水后硬度较大、营养成分损失过多，干燥效率低、干燥过程能耗较大。但热泵干燥因其能效高、干燥效率高、节能环保、不易受天气影响等优点已开始用于干燥香菇等食用菌，这为食用菌产业的发展开创了一条有效的加工途径。

如图4-20所示，余热回收式香菇热泵干燥装置主要由热泵机组、干燥室、循环风机和热回收装置等组成。当风阀关闭时，装置为闭式模式，从干燥室排出的空气经冷凝器加热升温后进入干燥室干燥物料。当风阀开启时，装置变为半开式，进入热回收和除湿循环模式。从干燥室内排出的高温、高湿空气先进入转轮热回收器，再经蒸发器，冷凝除湿后通过冷凝器加热，进入干燥室干燥物料。

1. 香菇热泵干燥原理

鲜香菇体内的水分以3种状态存在，即游离水、胶体结合水和化学结合水。游离水以游离状态存在于菇体组织中，又称自由水。它以毛细作用的形式存在于内部间隙，一般占总水分的60%以上。游离水的特点为：与物料的结合强度很小，容易脱除；能够溶解酸、糖等多种物质；易流动，借助毛细管渗透作用可以向外部或内部迁移，是干燥过程中最先也是最易去除的水分。胶体结合水是指与菇体细胞的原生质、淀粉等结合为胶体状态的水分。它既不能溶解物质也不能自由移动，其热容量比游离水小，凝固点低，即使是-75℃也不会结冰。在游离水脱除完毕后，需要高温干燥才能脱除一部分胶体结合水。化学结合水是香菇中的实体水分与细胞物质以分子状态牢固结合在一起形成的水。化学结合水与菌类细胞物质结合得相当牢固，想要去除它，只能进行化学作用或强热处理，一般的干燥过程无法去除。

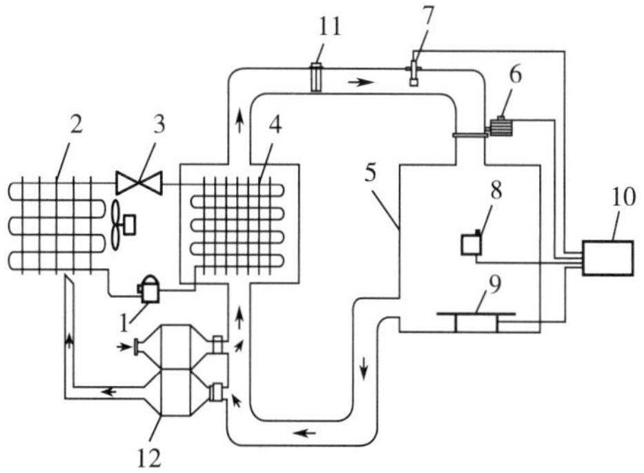


图 4-20　余热回收式香菇热泵干燥装置

1—压缩机；2—蒸发器；3—节流阀；4—冷凝器；5—干燥室；6—循环风机；7—风速仪；8—湿温度计；9—电子秤；10—数据采集仪；11—电加热；12—转轮热回收器。

香菇的干燥过程是香菇从外界吸取热量使其内部水分迁移到表面后又向周围环境蒸发的过程。总的来说，脱除香菇中的水分的作用主要有两种。

（1）水分在外部的迁移作用　即水分在香菇表面的蒸发过程，也是热风对香菇进行加热使其水分汽化，然后汽化后的水蒸气从香菇表面扩散到空气中的传质过程。香菇表面的水分经热空气加热后会快速蒸发，而外部空气的流动会带走香菇表面已蒸发的水蒸气，从而降低香菇表面的水蒸气分压，进一步加速水分的蒸发。香菇表面的蒸发作用与香菇表面积、热空气温度和流速等因素相关。总的来说，增大香菇表面积、提高热空气温度和流速均可增强水分在外部的迁移作用。

（2）水分在内部的迁移作用　即水分从香菇内部由于扩散等作用到达香菇表面，菇体内部的传质过程。该过程的驱动力为湿度梯度和温度梯度。由于香菇表面水分被快速带走，内部湿度大于外部湿度，形成了湿度梯度，因此香菇中的水分会从内部扩散到表面，进而被蒸发去除。在香菇干燥初期，菇体温度因受热逐渐上升，菇体的内部温度低于外部，形成了外高内低的温度梯度。这使得水分由外向内迁移，与湿度梯度的作用相反。干燥中期，菇体温度比较恒定，由于香菇水分在外表面蒸发吸热，使菇体表面温度降低，形成了外低内高的温度梯度，引起水分由内向外迁移，与湿度梯度作用相同。

因此，香菇干燥过程有如下特点：传热和传质并存，两者相互影响又相互制约，传热过程有时可以加速传质过程的进行，有时又会减缓传质速率。

2. 香菇物料干燥的含水率

物料含水率分为湿基含水率和干基含水率两种。湿基含水率和干基含水率又分别称作相对含水率和绝对含水率。

香菇的湿基含水率如式（4-22）。

$$w = \frac{m_w}{m_d + m_w} = \frac{m_w}{m_m} \tag{4-22}$$

式中　$w$——香菇的湿基含水率，%；

$m_d$——香菇的绝干物料质量，g；

$m_w$——香菇中水分的质量，g；

$m_m$——香菇的总质量，g。

香菇的干基含水率如式（4-23）。

$$x = \frac{m_w}{m_d} \tag{4-23}$$

式中 $x$——香菇的干基含水率，g/g；

$m_w$——香菇中水分的质量，g；

$m_d$——香菇总质量，g。

3. 干燥过程中香菇干的收缩率

香菇是典型的多孔结构，具有很高的初始含水率。干燥时，由于温度的升高和水分的迁移，香菇会发生体积收缩，这种收缩会影响香菇的热质传递过程。

采用比容法，即用超细石英砂填埋的方法测定干燥前后物料的体积，收缩率 $s_v$ 如式（4-24）。

$$s_v = \frac{v_t - v}{v_t} \times 100\% \tag{4-24}$$

式中 $v_t$——干燥前香菇的体积，mL；

$v$——干燥后香菇的体积，mL。

如图 4-21 所示，香菇的干基含水率会随干燥时间的延长而降低。风温越高，香菇的干基含水率曲线在快速干燥的前 4h 内越陡峭。约 10h 后，三个温度条件下的干基含水率基本不再变化。50℃以上的两条曲线近似重合，说明风温在达到 50℃后对干基含水率的影响很小。

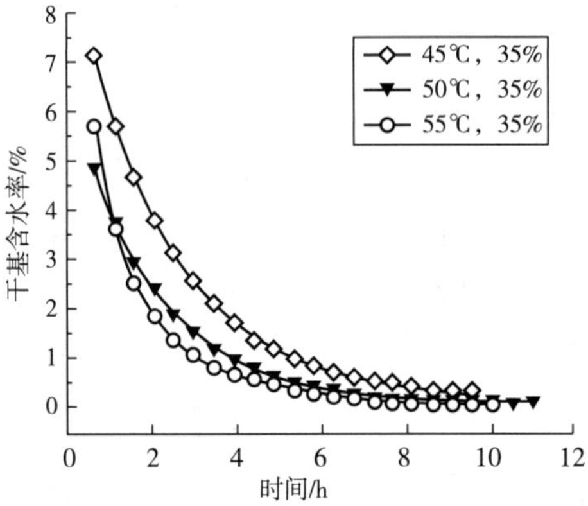


图 4-21 湿度 35%条件下不同温度下干燥的物料干基含水率曲线

香菇物料干燥速率计算如式（4-25）。

$$DR = \frac{x_{t_i} - x_{t_{i+1}}}{\Delta t} \tag{4-25}$$

式中 $DR$——干燥速率，%/h；

$x_{t_i}$、$x_{t_{i+1}}$——相邻两时刻的干基含水率，%。

如图 4-22 所示，香菇在 55℃条件下达到的平衡的时间最短，在 45℃条件下达到平衡的时间最长，这表明增加香菇干燥风温可以缩短干燥时间。

如图 4-23 所示，由物料体积收缩率曲线可知，在大约 4h 后，物料的体积收缩率达到最大并且体积也基本不再收缩。所以物料收缩率最终基本相似，与风温关系不大。

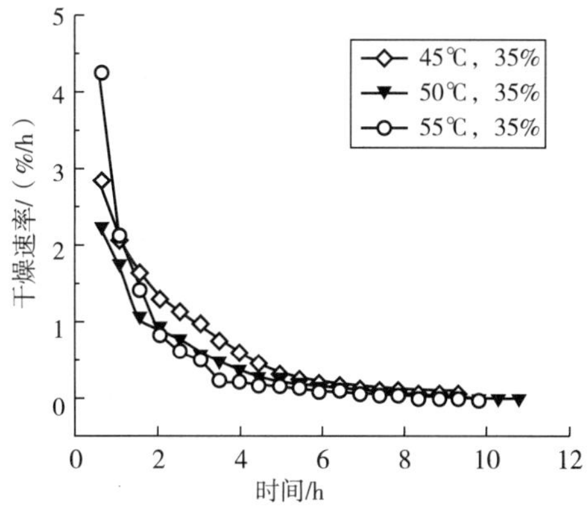


图 4-22 湿度 35%条件下不同温度下干燥的物料干燥速率曲线

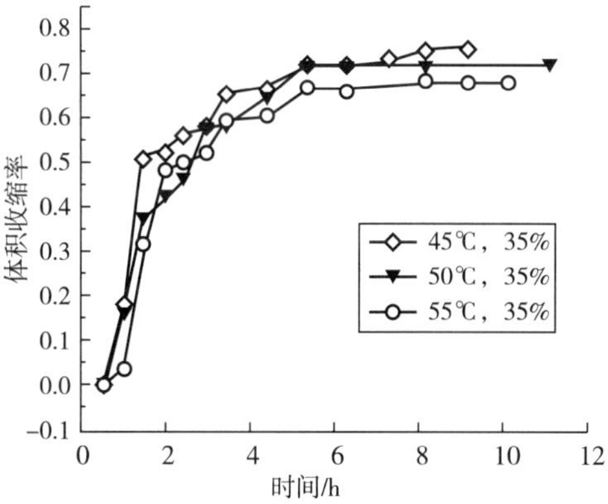


图 4-23 湿度 35%条件下不同温度下干燥的物料体积收缩率曲线

4. 热泵技术在食用菌干燥中的应用前景

我国是食用菌生产大国，食用菌种类繁多且组织状态差异较大，不同种类食用菌的干燥工艺也不同。加强对食用菌干燥特性、干燥动力学、干燥工艺的研究并开发节能高效的干燥工艺及装备，可进一步提升食用菌的干燥效率和品质。随着物质水平的发展，人们对于食用菌的色泽、香味、口感及营养成分的追求会进一步促进食用菌干燥技术的发展。色泽和复水率是评价食用菌品质的重要指标，应对食用菌干燥过程中的褐变及品质变化机制进行着重研究，进而为干制过程的优化控制提供理论依据。此外，高效节能现已成为我国食品工业的主要发展趋势之一，开发操作安全、绿色环保、自动化程度高的可再生能源干燥装置及多功能组合式干燥装置是未来的重要发展方向。借助温、湿度传感器和远程控制技术对食用菌干燥过程进行自动化控制，实现热泵干燥装置不同工作模式在不同气象条件下的自动切换以及干燥介质温度、湿度、流速的在线监测和智能控制，改变固有的烘干工艺，这必将促进我国食用菌干燥产业的持续发展。

## 八、枸杞干燥

枸杞为多年生落叶灌木，其果实呈橙红色纺锤体，又名杞子或枸杞子，味甘甜、质柔润，是重要的“药食同源”道地性中药材，主要分布于我国北方地区。现代医学证明，枸杞果实中含有枸杞多糖、总酚、黄酮等物质，具有增强免疫、抗肿瘤、抗衰老等多种药理活性并具有明目和滋补肝肾的功效。成熟枸杞体内的水分和糖分占比较高，在常温下极易发生腐败。所以除了鲜用外，需通过干燥来降低浆果内的水分活度以延长其保质期。

枸杞干制作是枸杞加工的关键环节，对于产后减损和绿色供应有着重要意义。传统的枸杞干燥存在干燥参数难以精准控制、产品质量差、污染严重等问题。而热泵干燥具有节能、产品品质好、环境友好、应用范围较广等优点。

1. 枸杞干燥装置参数

根据对前期小型热泵干燥枸杞的干燥特性研究，从干燥速率和干燥时间来看，后期干燥阶段可分为两段，即快速干燥阶段和慢速干燥阶段。其中，慢速干燥阶段（即干基含水率为50%~100%）占总共干燥时长的47.05%~55.56%。在设计大型热泵干燥室（干燥量为1000kg的枸杞鲜果）时，采用快速干燥阶段的平均除湿量进行热量核算。通过前期的正交试验，计算快速干燥阶段的平均失水百分比速率，得到干燥1000kg鲜枸杞（按含水率80%计算）平均失水速率为39.71~45.60kg/h，取45.60kg/h。

枸杞水分蒸发所需热量 $Q_w$ 的计算如式（4-26）。

$$Q_w = G_w\gamma = \frac{45.6 \times 2400}{3600} = 30.4\text{kW} \tag{4-26}$$

式中 $G_w$——失水速率，kg/h；

$\gamma$——水分平均汽化潜热，kJ/kg。

干燥期间，大气平均干球温度 $t_a = 15℃$，相对湿度 $\varphi = 30\%$，排湿空气在最大排湿阶段的温度取 $t_w = 45℃$，相对湿度为40%，新风量 $G_d$ 的计算式如式（4-27）。

$$G_d = \frac{G_w}{d_w - d_a} = \frac{45.6}{0.033-0.002} = 1470\text{kg/h} \tag{4-27}$$

式中 $G_w$——失水速率，kg/h；

$d_a$——新风的含湿量，%；

$d_w$——排湿空气的含湿量，%。

加热空气所需热量$Q_a$ 如式（4-28）。

$$Q_a = C_p G_d (T_w - T_a) = \frac{1.1 \times 1470 \times (50 - 15)}{3600} = 15.72\text{kW} \tag{4-28}$$

式中 $C_p$——空气的定压比热容，取1.1kJ/（kg·K）；

$G_d$——新风量，取1470kg/h；

$T_w$——最大排湿阶段的排湿空气温度，℃；

$T_a$——干燥期间大气平均干球温度，℃。

加热物料所需热量 $Q_j$ 如式（4-29）。

$$Q_j = c_p G_w (T_w - T_a) = \frac{4.2 \times 45.6 \times (50 - 15)}{3600} = 1.8\text{kW} \tag{4-29}$$

维护结构散热 $Q_h$ 包括聚氨酯维护结构散热和地面散热，取3kW，则热泵需要提供的总热量 $Q_c$ 如式（4-30）。

$$Q_c = Q_w + Q_a + Q_j = 47.92\text{kW} \tag{4-30}$$

YW132型压缩机在此环境温度与干燥温度下的热量约为12.5kW，需要4台，即2台主机组，具体参数如表4-4所示。干燥室内布置3行2列共6车，干燥室内的风道采用平送风、顶部回风方式并布置两台循环风机以保证送风均匀性，工程图与实物图如图 4-24 所示。

表 4-4　　热泵干燥室选型参数

| 参数 | 值 |
|---|---|
| 干燥室内的尺寸 | 5m×3.2m×2.6m |
| 热泵主机的型号（数量） | FWR-16C×2/Z（2 台） |
| 太阳能 | 可选装太阳能辅助加热装置 |
| 烘干房内的最高烘干温度 | 75℃ |
| 热泵主机运行的安静温度范围 | 10~45℃ |
| 额定电压/频率 | 380V 3N~/50Hz |
| 额定制热量 | 32kW×2 |
| 额定输入功率 | 13.5kW×2 |
| 制冷剂名称/注入量 | R134a/4.8kg×4 |
| 循环风机的型号（数量） | GKF/7-4（2 台） |
| 单个循环风机的风量 | $18000m^3/h$ |
| 单个循环风机的功率 | 2.2kW |
| 单个循环风机的全压 | 230Pa |

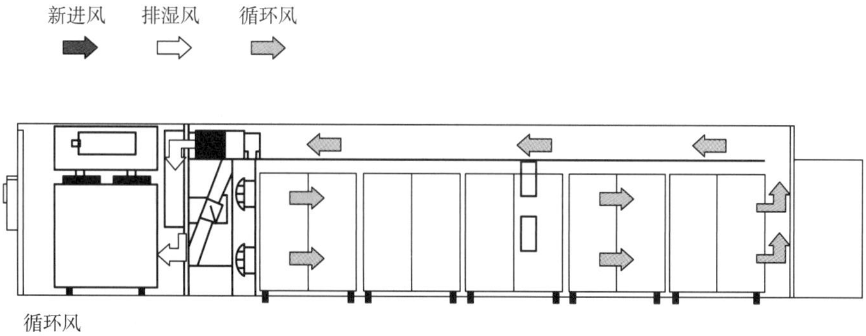


（1）

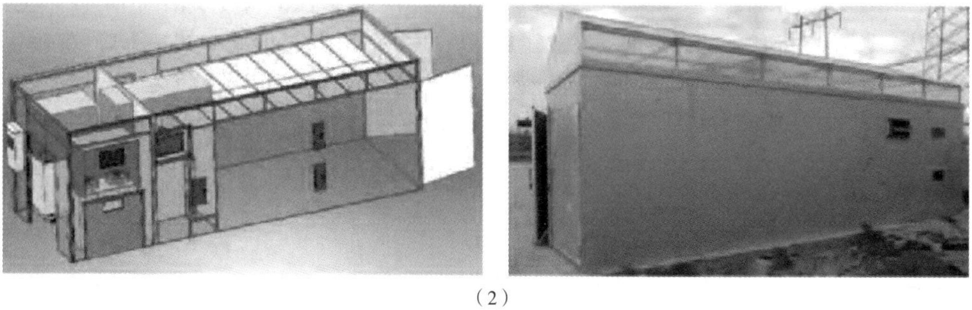

（2）

图 4-24　热泵干燥室工程图（1）与实物图（2）

2. 枸杞干燥室干燥工况

本次试验烘烤枸杞共用时 32h，烘烤工艺在小型热泵烘干枸杞所得的最佳工艺的基础上稍做改进，具体操作为：干燥前期以每 2h 为一段，在第一个小时以线性速率升高 3℃，然后保持温度 1h；当设定温度到达 52℃后，通过摸料窗对枸杞称重并计算其含水率；当干基含水率达到 1g/g 时，再继续升高温度。在干燥过程中，52℃的恒温段维持了 6h，整个干燥过程是 16h。干燥后期以 4h 为一个阶段，在第一个小时使温度以线性速率升高 4℃并维持 3h，最高温度设定为 64℃（图 4-25）。设定温湿度的工艺参数为：40℃（60%）、43℃（55%）、46℃（50%）、49℃（45%）、52℃（40%）、56℃（35%）、60℃（30%、25%）、62℃（25%、20%）、64℃（15%、10%）。

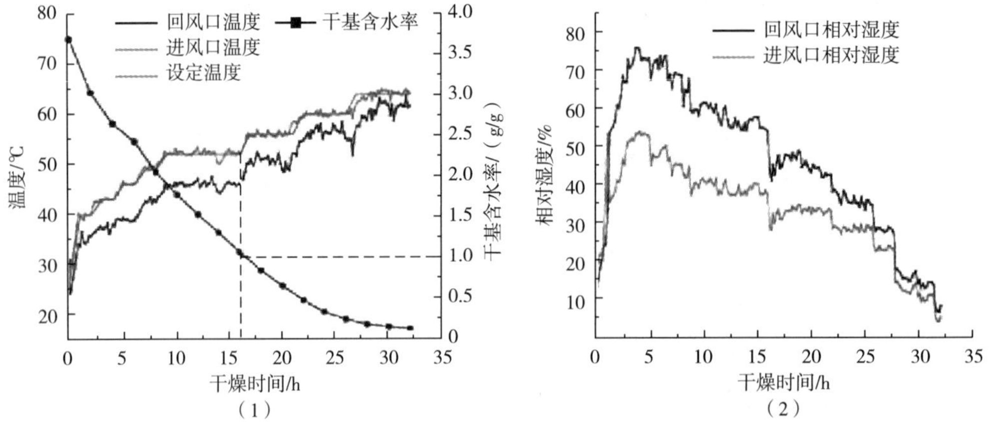


图 4-25 干燥室进风口、回风口的温度（1）和相对湿度（2）

由图 4-25（1）可以看出，比较实际温度与设定曲线值，热泵在整个干燥过程中都按照设定的干燥曲线运行，温度的偏移量是±0.8℃。这说明温度控制精确，进风口温度与回风口温差在 5℃以内。当干燥时间超过 16h，即干基含水率小于 1.0g/g 后，进风口与回风口温差越来越小。如图 4-25（2）所示，随着干燥的进行，进风口与回风口湿差越来越小，这与温度变化趋势一致。

3. 装置耗电情况

干燥过程中的主要用电装置为压缩机、蒸发器侧风机和冷凝器侧风机，其中压缩机和蒸发器风机联动，冷凝器侧风机在干燥过程中一直运转。图 4-26 所示为热泵干燥装置在干燥过程中平均每小时的耗电量及装置总耗电量随干燥时间的变化关系，耗电量等于间隔 1h 的电表值之差。干燥按照图 4-26 所示的设定温湿度曲线进行，平均耗电量从 4h 之后快速上升，在 8~16h 时耗电量较大，16h 后耗电量降低。这是因为在开始时，设定的相对湿度较高、温度较低，使得耗电量较小。但随着温度增高、排湿速率加快、设定湿度降低且装置内部有大量新风引入，增加了热泵的负荷，使装置耗电量明显增大，最大值达到 16.38kW。当干燥时间为 16h 时，干基含水率为 1.0g/g，整个干燥过程进入快速降速干燥阶段，新风引入减少，装置平均每小时耗电量相对较低。

4. 压缩机工作性能

蒸发温度和冷凝温度是衡量压缩机能力的一个重要指标，蒸发温度、冷凝温度和主机室温度在整个干燥过程中的变化关系如图 4-27 所示。

在整个干燥过程中，热泵装置的冷凝温度从开机时的 29℃逐步升高到 58℃，属于压缩机能够提供的冷凝温度范围。蒸发温度受环境温度、风速和昼夜温差的影响，波动较大，从最开始

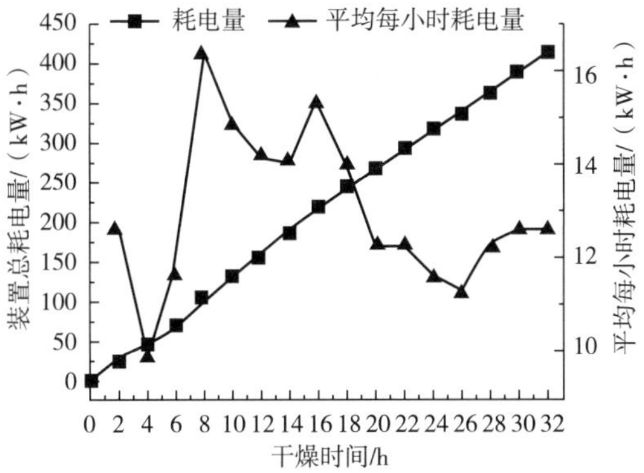


图 4-26 干燥室内耗电情况

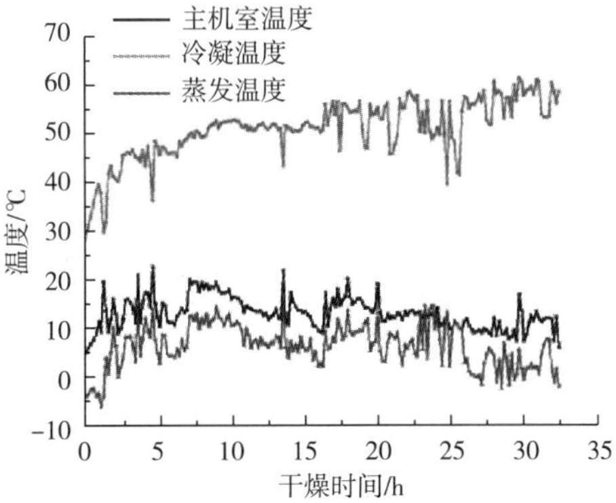


图 4-27 干燥室内主机室温度、冷凝温度和蒸发温度

的-4℃升至 10℃左右，干燥后期又降至 0℃。主机室的温度变化趋势与蒸发温度相同，二者温差为 5~10℃。

5. 枸杞干燥动力学及品质

干燥枸杞至安全含水率所用时间为 32h，如图 4-28 所示。对水分比与干燥时间进行 Weibull 函数拟合，均方根误差为 $8.44\times10^{-4}$，离差平方和 $\chi^2$ 为 0.01266，$R^2$ 为 0.9949，说明 Weibull 函数可以较好地模拟二者之间的关系。经过计算，速率常数 $\alpha$ 为 13.49h，占干燥总时长的 42.16%，形状参数 $\beta$ 为 1.36，说明物料在干燥前期存在延滞阶段，即在干燥前期出现干燥速率先升高后降低的情况。

如图 4-28 所示，随着干燥的进行，含水率降低。枸杞干燥可以分为两个阶段，转折点为 1.0。当干基含水率高于 1.0g/g 时，为快速干燥阶段；低于 1.0g/g 时，为快速降速阶段；当干基含水率为 1.0 时，在本次干燥工艺中，设定温度由 52℃上升至 56℃是较为合理的。在实际生产实践中，干燥工艺的变化会对不同品种的枸杞干制品品质有很大影响。可以在干燥前期遵循上述工艺并将干基含水率 1.0g/g 作为干燥阶段的转折点。在温度升至 52℃时检测干基含水率，若高于 1.0g/g 时，则维持温度不变，已经到达或低于 1.0g/g 可继续升温，最高温度不得高于 64℃。

为了考察干燥室内部产品品质的均匀性，分别采集 6 个小车正中间的枸杞并与同批次燃煤干燥室的枸杞进行对比。燃煤干燥室所采集的枸杞是当地工作人员凭借感官、经验而筛选出的

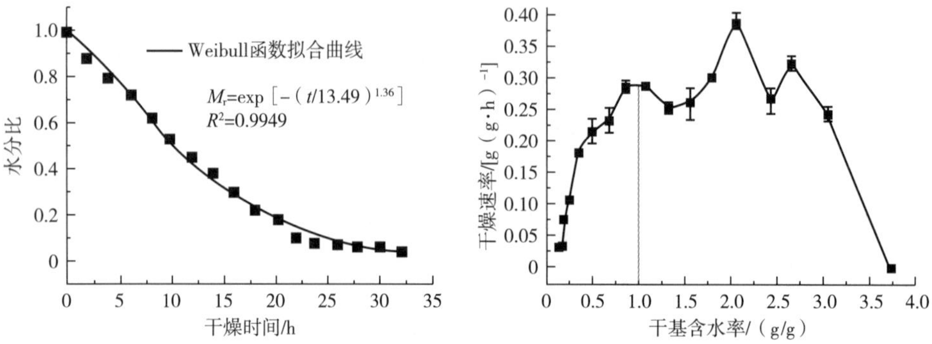


图 4-28 枸杞干燥动力学曲线

色泽、品相最好的一批枸杞干制品。A1~A6 分别代表热泵干燥室内的前部左边、前部中间、前部右边、后部左边、后部中间和后部右边所采集的枸杞，M1 代表燃煤烘房所采集的枸杞。如表 4-5 所示，热泵干燥室内部枸杞总酚含量为（5. 92±0. 3）~（8. 12±0. 18）mg/g，后部枸杞总酚含量显著高于前部，原因是前部温度高于后部。后部之间的枸杞总酚含量差异不大，但前部之间则有着明显差异，这是因为干燥室前部温度、湿度相差较大，而后部温湿度分布比较均匀。热泵干燥枸杞的总黄酮含量为（70. 99±1. 68）~（113. 88±0. 26）mg/g，后部枸杞总黄酮含量显著高于前部且前后部不同位置之间的枸杞总黄酮含量也均有差异，这可能是因为黄酮对温度、湿度变化较为敏感。从抗氧化特性来看，热泵干燥后部的枸杞，其 1，1-二苯基-2-三硝基苯肼（DPPH）清除率和铁离子还原能力均远高于前部枸杞，但干燥室后部之间的枸杞的铁离子还原能力没有显著差异，这说明热泵干燥室的前部枸杞产品品质有差异而后部枸杞产品品质较为均匀。从总类胡萝卜素含量来看，枸杞在不同位置经热泵干燥后的类胡萝卜素含量没有太大改变。经过对比发现，热泵干燥室后部枸杞的总酚、总黄酮、DPPH 清除率、铁离子还原能力均明显高于燃煤干燥室的枸杞，而热泵干燥室前部枸杞的总酚、总黄酮、DPPH 清除率、铁离子还原能力与燃煤干燥室的枸杞相当，且热泵干燥室的枸杞的总类胡萝卜素含量均显著高于燃煤干燥室的枸杞。从感官评价来看，热泵干燥室后部的枸杞没有太大差异，但显著高于前部枸杞和燃煤干燥室的枸杞。综合来说，枸杞经热泵干燥后的整体品质要高于燃煤干燥室，干燥时间也比燃煤干燥室缩短了 20%，且热泵干燥工艺制定合理，可应用于生产实践。

表 4-5 不同位置干制枸杞总酚、总黄酮、DPPH 清除率、铁离子还原能力等参数与燃煤干燥室对比

| 编号 | 总酚/（mgGAE/gDW） | 总黄酮/（mgRE/gDW） | DPPH 清除率/（mgTrolox/gDW） | 铁离子还原能力/（mgVc/gDW） | 总类胡萝卜素/（mg/gDW） | 感官评价总分 |
|---|---|---|---|---|---|---|
| A1 | 6. 56±0. 08[b] | 76. 93±7. 89[a] | 3. 58±0. 22[d] | 6. 97±0. 06[c] | 2. 55±0. 09[b] | 80. 95±4. 63[b] |
| A2 | 5. 92±0. 31[a] | 70. 99±1. 68[a] | 3. 01±0. 01[a] | 5. 50±0. 01[a] | 2. 77±0. 26[b] | 81. 86±3. 25[b] |
| A3 | 7. 15±0. 34[c] | 98. 91±2. 18[bc] | 3. 63±0. 11[bc] | 7. 05±0. 18[c] | 2. 76±0. 02[b] | 82. 37±4. 21[b] |
| A4 | 8. 12±0. 18[d] | 97. 37±8. 40[b] | 3. 80±0. 11[bc] | 7. 92±0. 45[d] | 2. 61±0. 24[b] | 86. 53±5. 21[a] |

续表

| 编号 | 总酚/（mgGAE/gDW） | 总黄酮/（mgRE/gDW） | DPPH 清除率/（mgTrolox/gDW） | 铁离子还原能力/（mgVc/gDW） | 总类胡萝卜素/（mg/gDW） | 感官评价总分 |
|---|---|---|---|---|---|---|
| A5 | 7.93±0.07[d] | 99.03±9.60[bc] | 3.92±0.01[bc] | 7.70±0.02[d] | 2.56±0.16[b] | 85.76±2.33[a] |
| A6 | 7.74±0.03[d] | 113.88±0.26[c] | 4.07±0.26[c] | 7.82±0.01[d] | 2.90±0.22[b] | 86.92±2.58[a] |
| M1 | 6.70±0.33[bc] | 73.37±0.63[a] | 3.08±0.27[a] | 5.97±0.07[b] | 1.61±0.47[a] | 80.35±3.64[b] |

注：同一类指标进行单因素方差分析多重比较，$t$ 检验；同一列不同字母表示有显著差异（$P<0.05$）。

## 思考题

1. 热泵干燥装置主要有哪些类型？特点分别是什么？
2. 热泵干燥装置有哪些循环特点？
3. 多源热泵干燥技术与单一的热泵干燥技术相比有哪些优势？

# 第五章 红外辐射干燥技术

CHAPTER 5

[学习目标]

1. 了解红外辐射干燥技术发展过程及应用现状。
2. 理解红外辐射加热原理和干燥特点。
3. 掌握红外换热结构类型和特点。

## 第一节　概述

### 一、红外辐射干燥技术的发展

1800 年，英国科学家海谢尔做了一个实验，他把阳光分成彩色光带以后，用温度计来测量各种光的温度，发现了一个奇怪的现象：靠近深红色光的不可见部分的温度要比红光还高，当时人们称它为“不可见辐射”。由于这种“不可见辐射”是在红光的外边发现的，后来便称它为红外辐射，又称红外线。

1887 年，人们在实验室中成功制造出了红外线，随后便对其性质特征进行了长期的研究。科学家们利用热敏型红外探测器，认识了红外辐射的特性和规律，证明了红外线与可见光具有相同的物理性质并遵守相同的规律。它们都属于电磁波，具有波动性，以光速传播，波长是它们的特征参数并可以被测量。如图 5-1 所示，红外线的波长在电磁波谱中介于红光和微波之间，波长 0.77~3μm 的为近红外区，3~30μm 的为中红外区，30~1000μm 的为远红外区。一切物体都在向外辐射红外线，物体温度越高，发射的红外线波段就越宽。红外线还具有诸多特点，例如，利用红外线的显著热作用可以加热物体，红外线的波长比红光长并具有明显的衍射效应，红外线容易穿过云雾烟尘且不易被空气中的悬浮粒子吸收、利用对红外线敏感的底片可以进行远距离摄影和探测等。

20 世纪初，生产实践的需要推动了各项新技术的发展，红外科学也走出实验室，开始应用到生产上，并形成了一门崭新的技术——红外技术。红外探测器的发展是红外技术发展的先导，在 1940 年以前，研制成功的红外探测器主要是热敏型探测器。之后随着光电型红外探测器的推出以及固体物理、光学、电子学、精密机械和微型致冷器等技术的快速发展，红外探测技

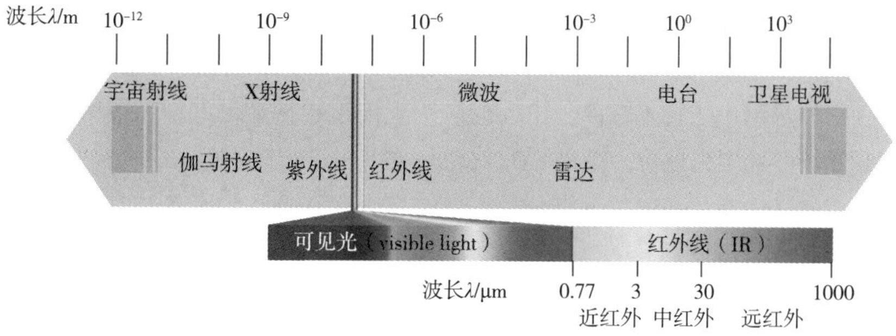


图 5-1 电磁波谱图

术的测量精度和便利性大幅提升，在军民两用方面也得到了广泛的应用。

红外探测器技术的蓬勃发展也推动了红外线相关理论和技术的进一步完善。20 世纪 60 年代，航天技术需要更精确的辐射换热计算，在很大程度上促进了辐射换热研究的发展。红外辐射换热基础理论的成功应用有效解决了红外辐射换热的计算问题，之后辐射加热逐渐成为传热领域的一个独立分支。其实，利用红外辐射实现加热干燥可追溯到 20 世纪 20 年代发明的一种特制的红外灯。该灯内壁的水银反射层，可使产生的红外线相对集中地照射到物体表面以实现加热干燥。美国福特汽车公司在 20 世纪 30 年代首次将红外灯用于汽车油漆固化，开创了红外辐射干燥的历史。虽然红外灯在汽车工业领域得到了应用，但早期的红外灯加热受限于玻璃外壳，波长难以突破 1μm，限制了该技术在生产中的进一步应用。

20 世纪 70 年代后，长波红外辐射加热器的开发突破了上述技术难题，实现了红外辐射对木材、油漆、种子等物料的快速干燥，极大促进了红外辐射在加热和干燥领域的应用。红外辐射干燥技术就是利用红外辐射加热物品进而实现干燥的技术，其能量传递方式是热辐射，该方式具有以下特点 。

（1）辐射能在辐射源与被加热物体之间以光速传播，能量传递速率极快，为 $3\times10^8$m/s，介质损耗很小。此外，远红外辐射能量被物质的分子吸收且不受物质表面层的阻滞，加热速率快。

（2）远红外辐射加热过程能让物体中挥发物的扩散方向一致，从而保证加热质量。

（3）红外线和可见光一样，都是作为横波在空间传递并沿直线传播行进。

上述特点决定了该项技术具有耗能低、加热速率快、加热质量高等优点。由于上述优点，红外辐射干燥技术已经在很多行业得到了广泛应用，例如，塑料加工、印刷造纸、油漆涂饰、纺织印染、医疗卫生、机械制造等。

自 20 世纪 80 年代初期开始，红外辐射干燥技术在食品加工中开始推广使用。20 世纪 90 年代，远红外定向辐射器问世后，红外辐射的加热方式由密闭保温型转变为开放型，辐射器的外形也由最初的灯式衍生出了板式、管式等，这进一步简化了红外干燥的装置构造，降低了成本。近年来，由于“节能减排”发展共识的形成、“碳中和”等节能政策的引导，“节能”技术在干燥领域得到了前所未有的关注。传统的食品加热和粮食干燥方法效率低、能耗高、环境污染严重且影响产物的品质。因此，为了满足现代粮食和食品加工行业“高效、节能、高质”发展的要求，许多新型加热技术应运而生并且已逐步得到应用。其中，红外辐射干燥技术作为一种新型加热技术，因节能高效、清洁环保、干燥品质高等优势受到相关领域的重视。今后，随着红外辐射干燥技术的逐步成熟以及干燥装置成本的大幅降低，红外辐射干燥技术及装置在农特产品加工领域的占比会越来越高，因此研究红外辐射干燥技术特性及其相关装置的开发应用有着广阔的前景。

近年来，红外辐射干燥技术在欧美市场的应用规模逐年扩大。其中，美国和日本在红外辐射器的研发上处于世界领先地位。美国 CDT（Catalytic Drying Technologies LLc.）公司开发研制的是以煤气或天然气为能源并通过触媒介质直接转换为远红外线的旁热式红外辐射器，能产生 3~7μm 波长的红外线，辐射效果好，运行成本较低，在大中型粮食干燥领域得到了很好的推广应用。在国内，罗希雷以燃气催化式红外发生器为基础，设计了新型粮食干燥装置，既提升了粮食干燥效率又实现了安全环保，并且还显著降低了干燥运营成本。潘忠礼设计开发的滚筒式干燥机，解决了红外加热穿透力不足的问题，提升了加热均匀性，可广泛用于散装物料，如粮食、碳粉和木料等的干燥灭菌。而日本研制的直热式红外辐射器可以利用电能通过触媒介质来发射远红外线。该红外辐射器升温快，质量轻，但在最初的推广应用上因运行成本较高而受到限制。随着后续技术的不断优化，红外加热器的寿命延长，红外全辐射率提高，装置成本大幅降低。考虑到电能使用的便捷性以及该红外加热器安全可控方面的优势，该技术在中小型的红外干燥机领域得到了长足发展。目前国内的红外加热器主要以电为能源，品种较多，而燃气红外加热器的品种则相对单一。如今，红外辐射干燥技术和装置虽然在研发和应用推广方面取得了很大的进步并进入高峰发展阶段，但是在精细化品质调控及理论研究方面仍存在很多不足，如物料在红外加热过程中理化性质发生变化、口感品质降低、干燥特性受物料含水率变化的影响等。总之，人们对红外辐射特性的了解还不够深入和全面，这是限制红外辐射干燥技术在食品加工中大规模应用的主要原因。

基于目前红外辐射在粮食行业的研究进展以及尚未解决的关键问题，未来红外加热技术在粮食行业的研究会集中在：①分析粮食红外加热过程中的传热、传质机制，利用有限元等数学方法进行分析模拟，解决加热过程中热质耦合问题，实现工艺优化并准确预测处理效果，为新装置的开发提供科学依据；②研究红外加热的杀虫灭菌机制，通过物理技术解决储粮虫害和霉变问题；③研制与开发新型粮食红外干燥装备及其工艺，提高干燥效率，降低成本，节能环保。

此外，面对今后不同农特产品干燥要求的差异化以及消费者对高品质干制品的需求，单独使用红外干燥将难以满足加工需求。因此，将红外与其他先进干燥技术联合会成为今后红外辐射干燥技术的发展趋势。目前国内外已经在远红微波干燥、远红外真空干燥、红外辅助冷冻干燥、热泵和远红外联合干燥等红外联合干燥技术方面做了大量研究。Alaei 等研究了红外辅助真空干燥技术对木瓜片的干燥动力学和品质特性的影响，证明了该联合干燥技术的有效性，同时发现近红外辐射比中红外辐射的干燥品质更佳。安塔尔（Antal）以苹果为干燥对象，对比研究了热风冷冻干燥和红外冷冻干燥，结果显示红外冷冻干燥的干燥品质更好并且能耗显著降低。吴晓菲选取 3 种代表性蔬菜（叶菜类：上海青叶柄，根茎类：菜用红薯，菌菇类：菜用蛹虫草）为对象进一步研究了红外冷冻干燥的减损效果及机制，证明红外冷冻干燥的减损主要是基于冻干过程中有效水分扩散系数的提高及干燥时间的缩短。劳（Lao）将红外冷冻干燥和微波真空干燥进行联合，研究了该联合干燥技术的干燥特性，结果显示，联合干燥可以进一步缩减干燥时间和能耗，并能通过调节干燥工艺有效提高干燥品质。可见多体系联合的红外辐射干燥技术可以有效地发挥红外热辐射干燥自身的技术优势，降低甚至消除相关缺陷，进而实现红外辐射联合干燥技术在干燥能耗、装置成本、品质调控等瓶颈问题上的突破。

## 二、红外辐射干燥原理

### （一）红外辐射基本原理

在空间或材料介质中以波或粒子的形式发射或传输能量的过程称为辐射。电磁辐射遵循横波传播定律，所谓横波就是振动方向垂直于传播方向的波动。可见光的波长是 0.38~0.77μm，人眼能够看到的颜色依次是紫、蓝、青、绿、黄、橙、红等，因此将比红色光波长长的部分称为“红外”，波长属于 0.77~1000μm。同理，比紫色光波长短的部分称为“紫外”，波长为 0.01~0.38μm。

如前所述，红外辐射的波长范围很宽，最长的波长和最短的波长之间跨越了 3 个数量级。但在实际应用中，若针对某一个特定对象，往往只需取其中某段特定波长即可。所以为了便于应用，人们将整个红外波段划分为若干个分波段，如最常见的远红外（靠近微波的那一段红外辐射）、近红外（靠近可见光的那一段红外辐射）和中红外（介于近红外和远红外之间的那一段红外辐射），都属于红外辐射的范围。实际上，由于使用者的需求和习惯不同，不同人划分的波段也不尽相同。为了避免混淆，除了普遍被采纳的划分方法之外，其余划分方法在使用时均应指明具体的辐射波长范围。

人们至今还没有完全搞清楚红外辐射的真实性质及其传递机制。麦克斯韦根据电磁场结构理论提出了电磁波动说，认为辐射的能量是由电磁波传送的。1905 年，爱因斯坦在普朗克能量子假说的基础上提出了光量子假说，认为光对物质的主要影响是光电效应如式（5-1）。

$$E = hv \tag{5-1}$$

式中　$E$——一个光子的能量，J；

$h$——普朗克常数，$h=6.624\times10^{-34}$ J·s；

$v$——光子的频率，$s^{-1}$。

这一理论在光电子发射、光子探测器方面均得到了应用。无论是用电磁波动说还是光量子论，都无法完全解释清楚所有实验观察到的结果，但是辐射能的传递可以依靠电磁波或光子能量发射理论来解释，这已被证实。因此，人们称辐射具有双重性，即电磁波与光子的特性。

所有的电磁波和光子发射都是以光速传播的。真空中的光速为 $C_0=2.9977\times10^8$m/s，常取 $3\times10^8$m/s。其他介质中的光速都比真空中的小，可用介质的折射系数 $n$ 求出，即 $C=C_0/n$，气体中的 $n\approx1$，所以气体中的光速也被取为 $3\times10^8$m/s。不同的单色光必定具有不同的波长，波长比频率容易测准，因此测试物体发射率或吸收率的红外光谱仪其横坐标均以波长（或波数）表示。当出现折射时，即射线从一种介质进入另一种介质，频率不变，而光速与波长发生改变，故辐射具有典型的波特性。波长和频率之间的关系如式（5-2）。

$$C = \lambda v \tag{5-2}$$

式中　$C$——光速，m/s；

$v$——频率，$s^{-1}$；

$\lambda$——波长，m。

### （二）普朗克黑体辐射定律

严格地说，理想黑体是不存在的，因为这只是一个理想的概念。但人们有办法做出十分接近理想黑体的辐射体，这种辐射体就是实验室里使用的黑体炉，也称为黑体。制作高精度的黑体是一项专门的技术，由于黑体可以在实验室里制作出来，所以引进黑体的概念是有实际意义的。它的好处在于可以脱离实际物体来讨论红外辐射的物理规律，这就是人们常说的黑体辐射规律。虽然实际物体是千变万化的，但黑体辐射规律是唯一的，只要掌握这唯一的规律，再通过比较，就可以得到各种实际物体的红外辐射规律。同理，因黑体辐射规律的唯一性，黑体常被用作标准辐射源。

在研究辐射换热问题时最常用到的一个表明物体辐射能力的参量就是辐射力（Emissive power，$E$），它表示某一温度的表面在单位时间、单位面积内向半球空间所有方向发射的全部波长的辐射能的总量，常用单位是 $W/m^2$，它又被称为全辐射力或总辐射力。如指某一波长范围则称作单色辐射力 $E$，黑体单色辐射力为 $E_{b\lambda}$（单位 $W/m^2$）。

普朗克定律揭示了黑体辐射能按波长的分布规律，即给出了黑体单色辐射力的形式。根据量子理论得到普朗克定律的数学式如式（5-3）。

$$E_{b\lambda} = \frac{C_1\lambda^{-5}}{e^{C_2/(\lambda T)} - 1} \tag{5-3}$$

式中 $\lambda$——波长，μm；

$T$——黑体热力学温度，K；

e——自然对数的底；

$C_1$——常数，$3.743\times10^{-16}$ W · $m^2$；

$C_2$——常数，$1.4387\times10^{-2}$ m · K。

图 5-2 所示是按照普朗克公式画出的黑体分谱辐出度曲线。从这些曲线，我们可以形象地看出黑体辐射经验定律的概貌。

（1）对某一确定的波长，热力学温度高时其单色辐射力也大，且随温度的升高其峰值向短波移动。

（2）每条曲线下的面积表示相应温度的黑体辐射力 $E_b$（单位 $W/m^3$），$E_b$ 与 $E_{b\lambda}$ 的关系如式（5-4）。

$$E_b = \int_0^\infty E_{b\lambda} d\lambda \tag{5-4}$$

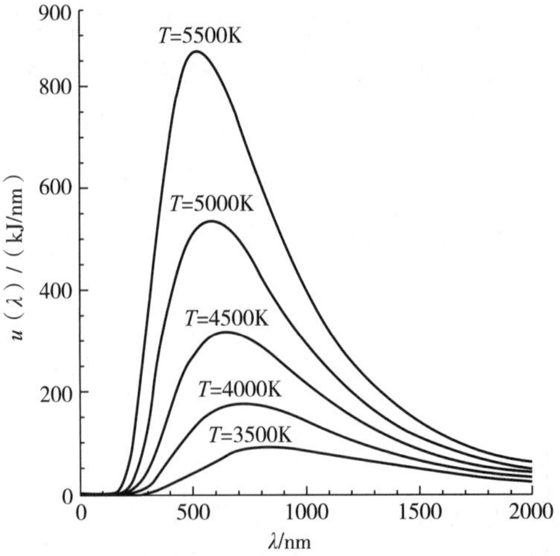


图 5-2 按照普朗克公式画出的黑体分谱辐出度曲线

### （三）维恩位移定律

黑体辐射是非相干辐射。黑体发出的辐射分布在一个很广的光谱范围内，形成了一个连续的辐射谱。我们可以用仪器测出各个波长下的分谱辐射功率，并且发现不管在哪一个黑体温度下，这个连续的辐射功率谱中，只有一个波长下的辐射是最强的。我们把这个最强的辐射称为峰值辐射，把出现峰值辐射的那个波长称为峰值辐射波长。维恩位移定律是反映黑体温度 $T$ 与这个温度下黑体峰值辐射波长 $\lambda_m$ 之间关系的实验定律，可用式（5-5）表示。

$$\lambda_m T = C \tag{5-5}$$

其中 $C$ 为常数，可由实验测定，通常取 $C \approx 2898\mu m \cdot K$。相应地，$\lambda_m$ 取 μm 为单位，$T$ 取热力学温度，或写成式（5-6）。

$$\lambda_m = C/T \tag{5-6}$$

$\lambda_m$ 和 $T$ 成反比，即峰值辐射波长 $\lambda_m$ 随温度 $T$ 的上升而缩短，也就是峰值位置向短波方向移动。反之，温度下降，峰值位置则向长波方向移动，这就是位移定律的含义。在实际应用中，往往需要知道什么波长的辐射源能发生最强辐射。利用维恩位移定律就可以方便而准确地得到答案。

### （四）斯特凡-玻尔兹曼定律

实验表明，黑体发射的热辐射的总功率同它自身温度有着明确的对应关系，这个关系被总结成物理定律，即斯特凡-玻尔兹曼定律：黑体单位表面积向整个半球空间发射的热辐射总功率与其自身绝对温度的 4 次方成正比，如式（5-7）。

$$M_b = \sigma T^4 \text{ 或 } E_b = \sigma T^4 \tag{5-7}$$

式中　$\sigma$——斯特凡-玻尔兹曼常数，$5.669 \times 10^{-8}$W/（$m^2 \cdot K^4$）；

$T$——黑体的热力学温度，K；或绝对温度，K。

或写为式（5-8）。

$$M_b = C_0\left(\frac{T}{100}\right)^4 \text{ 或 } E_b = C_0\left(\frac{T}{100}\right)^4 \tag{5-8}$$

式中　$C_0$——黑体辐射常数，5.67W/（$m^2 \cdot K^4$）；

$T$——黑体的热力学温度，或绝对温度，K。

$T$（K）与摄氏温度 $t$（℃）之间换算如式（5-9）。

$$T = t + 273.15 \tag{5-9}$$

热力学温标又称开氏温标，它和摄氏温标具有相同的分度，但零点的取值不同，两者相差一个常数，开氏温标的零点取在摄氏温标的-273.15℃处。由于这个温度是所有物体的最低极限温度，所以开氏温标中不存在负温度值。

斯特凡-玻尔兹曼定律给出了黑体辐射总功率和黑体绝对温度之间的关系，数学表达式直接明了，在实际应用中非常有用。从式（5-7）可以看出，温度对辐射功率的影响很大。同时，根据温度和辐射功率之间一一对应的关系，可以通过测量辐射功率来求得黑体的温度，这就是红外辐射测温的理论基础。

### （五）红外辐射干燥特点

红外辐射和可见光在本质上是同一物质，即电磁波，只是它们各自的波长范围不同。二者皆可在均匀介质中沿直线传播，在真空介质中的传播速率等于光速，还会在两种不同介质的交界面上受到界面的反射和折射。其不同于可见光的特点之一是它的不可见性，另一特点是它和物质分子的热运动之间有着内在的、密不可分的联系。几乎所有物体都在做着发射和吸收红外辐射的运动，这种运动无时无刻不在发生。这是因为构成物质的原子和分子皆由带电粒子组成，绝大多数物质的分子在做热运动时都会发射电磁波，而且分子热运动的频率正好落在红外范围内，因此发射的电磁波主要是红外辐射。反过来，当一定频率的红外辐射照射到物体上，且红外辐射的频率和物体分子热运动的频率相一致时，红外辐射就会很快被分子吸收而转化为分子的热运动。从物理学角度讲，红外辐射加热和干燥就是围绕发射和吸收红外辐射这两个过程进行的。简单来说，红外辐射加热和干燥就是利用许多物质易于吸收红外线的特点，并通过红外辐射材料将热能转变为红外辐射能量再直接辐射到被加热物体上，引起分子共振，迅速升温，从而达到快速加热与干燥的目的。

在红外辐射干燥时，红外线具有一定的穿透性，能使物料内外同时被加热。在去除内部水分的同时，被干物料表面的水分不断蒸发，使物料表面温度降低，造成物料内部温度比外部高，导致热扩散过程由内部向外部进行。此外，如果物料中的水分分布不均且内部的水分多于外部，那么水分就会由内部向外部移动，致使物料内部水分的湿扩散与热扩散方向一致，从而加速水分的扩散，使最终的干燥产品中水分分布均匀，这也进一步加速了干燥进程。

## 三、红外辐射干燥的优势

（1）热辐射效率高　所有的辐射加热都需要一个热辐射源，远红外线加热时为了提高热辐射效率，热源的材质一般都选用热辐射率接近黑体的物质。普通食品加工中所使用的加热温度一般是300~500K，在这一范围内，黑体或近似黑体的物质热辐射能量密度的最大波长正是在2.5~20μm的远红外线的波长范围内，也就是说在食品加工中加热温度范围内使用远红外线有着较高的辐射效率。

（2）热损失小且易于控制　远红外辐射热在空气中传播时的损失很小，可以把热直接辐射到被加热体的表面。因为不存在传热界面，所以在食品的冻结干燥和冻结升华过程中可以加速干燥过程，这是其他加热方式难以办到的。

（3）传热效率高　食品物料在加工过程中大都对温度的限制比较严格。例如，热风干燥时，热风的温度就不能高于物料的温度，为了提高工作效率就必然增大加热装置的体积和规模。然而远红外辐射的特点之一就是在不使物料过热的情况下，可以使热源有较高的温度。因为两物体之间的热辐射传播速率与这两物体之间的温度差的4次方成正比。因此远红外辐射的实用能流密度比传导和对流传热要大得多，这样不仅可以缩短加热时间和节约装置费用，还可使一些如烧鸡、烤鸭等烤制食品的表面很快形成皮膜，减少内部香味成分的损失。

（4）热吸收效率高　在热辐射传播中，物体吸收、透过和反射辐射波的程度不仅与其表面状况有关，还与其材质有关。因为物体的温度是其分子运动动能的表现，从分子运动的观点看，物体的分子结构对各种电磁波的吸收影响很大。不同结构的分子都有其固有的振动频率，当辐射电磁波的频率与分子的固有振动频率相同时，就会产生共振现象。也就是说被照射物质能够完全吸收这一电磁波且可以激起本身分子更强烈的振动，该物体温度的升高也就较快。换句话讲，就是被照射物质对该辐射波反射、透过的损失最少，吸收效率最高。

# 第二节　红外辐射干燥装置

红外干燥装置主要包括红外发射装置、干燥室、循环排湿装置和控制装置四大部分。其中红外发射装置是换热结构的核心部件，它用红外辐射加热元件，将电能或热能（煤气、蒸汽、燃气等）转变成红外辐射能后运用定向辐射等装置（辐射基体）以保证物料在干燥过程中的高效率和高品质。

## 一、红外辐射加热器类型

红外辐射元件加上定向辐射等装置称作红外辐射器，它可以将电能或热能转变成红外辐射能，进而高效加热、干燥物品。红外辐射器主要由发热元件（电热丝或热辐射本体）、热辐射体、保温紧固件和反射装置等部分组成，因其供热方式与加热要求不同而有多种形式结构的器件。

红外辐射器件按供热方式来分，有直热式和旁热式两种。直热式是指电热辐射元件既是发热元件又是热辐射体，电阻带元件及碳硅棒等均属此种类型。直热式器件升温快、质量轻，多用在需快速加热的装置中。但直热式器件只能借助电能而无法用其他能源来产生红外辐射。旁热式器件是由外部供热给辐射体而产生辐射能，能以电、煤气或蒸汽等作为能源。旁热式器件升温时间较长、体积大，但是它的生产工艺较为成熟、可借助各种能源、寿命长并能做成多种形状，故在大中型粮食干燥装置中得到广泛应用。红外辐射器件按结构形状来分，有板状、管状和灯状等几种。表 5-1 列出了部分电加热红外辐射元件的结构规格。红外发生器的结构如图 5-3 所示。

带有辐射面的耐高温物体可作为辐射基体，除此之外在辐射面上覆盖一层具有高比辐射率的材料也可以产生相同的效果。通常将工作温度低于 500℃ 的区域视为低温区，高于 500℃ 的视为中高温区，而红外辐射加热技术的温度主要集中在 300～500℃，因此红外辐射加热器也可分为低温加热器和中高温加热器两类。

红外辐射加热器的制作工艺包括配料、搅拌、混合、成型、升温、加热、涂刷、烧结等工序。考虑到辐射基体的工作温度较高、工作时间较长，于是对基体材料提出了更高的要求：①保证其在高温下的化学稳定性和热稳定性，不会危害操作人员的身体健康；②有较高的机械强度以适应不同的工作温度和极端的工作条件并且价格要尽可能的便宜；③易于成型、修坯等后续工艺流程的操作，从而有效降低成本。

### （一）碳化硅红外辐射加热器

碳化硅辐射板多数是用含有 60%（质量分数）以上的碳化硅配黏土等其他材料烧结而成。适宜的配比可以增强涂料的黏结力，在很大程度上提高辐射板所能承受的机械强度和辐射率，并有效降低其断裂报废的比例。碳化硅相对分子质量为 40.04，密度为 3.217g/cm$^3$，可分为天然和人造两种六角晶体。色泽包括黑色与绿色两种，具有较高的硬度，熔点为 2600℃。室温下的热导率为 489.8W/（m·K），且随温度的升高而降低，当温度升至 500℃ 时，热导率降低至 50.2W/（m·K），降低了一个数量级。热膨胀系数 $\alpha$ 相当于镍铬丝的 1/3 左右，碳硅棒远红外

表 5-1 电加热红外辐射元件的结构规格

| 项目 | 供热方式 | | | | | | | | |
|---|---|---|---|---|---|---|---|---|---|
| | 直热式 | | 旁热式 | | | | | | |
| 结构形状 | 带状 | 棒状 | 板状 | | | 管状 | | | 灯状 |
| 元件基材 | 金属带 | 碳硅(SiC)棒 | 金属板 | 陶瓷复合板 | | 金属管 | | SiC 管 | 陶瓷 |
| 辐射体形状 | 带状 | 棒状 | 单面搪瓷 | 单面 | 双面 | 管状 | 管状搪瓷 | 管状 | 梨形等 |
| 规格尺寸/mm×mm | 0. 5×8~1. 5×15 | 25×300 等 | TR-1<br>315×340×40<br>TR-3<br>170×290×30 | 360×120×10<br>240×160×10 | 310×210×20<br>330×240×15 | 18×300<br>18×1000<br>18×500 | 18×500<br>18×1000<br>28×500 | 30×500<br>25×300 | 45×60 |
| 额定功率/kW | 1. 0~10. 0 | — | 1. 0~2. 0 | 0. 8~2. 0 | 1. 0~3. 0 | 0. 5~2. 0 | 0. 5~2. 0 | 0. 4~1. 2 | 0. 3~0. 6 |
| 辐射体基材 | 镍铬合金 | SiC | 碳钢板 | 碳化硅、锆系陶瓷、普通陶瓷 | 碳化硅、复合陶瓷物 | 金属钢管 | 金属钢管 | SiC 管 | SiC 等陶瓷复合物 |
| 远红外涂料 | $Fe_2O_3$ 铁锰酸稀土钙与分子筛涂料等 | SiC | $Fe_2O_3$、$Cr_2O_3$ | SiC、$Fe_2O_3$、$ZrO_2$、$Cr_2O_3$ | SiC、金属氧化物 | $TiO_2$、$Fe_2O_3$、$ZrO_2$、$Cr_2O_3$ | $Fe_2O_3$、$ZrO_2$、搪瓷 | 烧结 SiC 等 | SiC 等烧结成型体 |

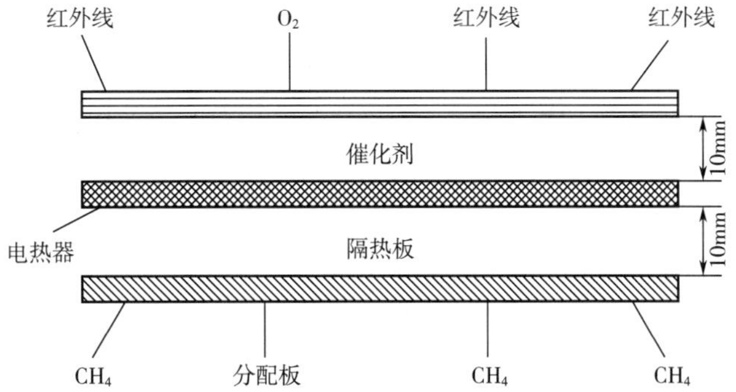


图 5-3 红外发生器的结构示意图

辐射的工作温度可达 1100~1700℃，功率密度大、使用寿命长、辐射率高。由于碳化硅自身抵抗机械振动的性能较差，通常需要增加碳化硅板的厚度，但这会造成较大的热惯性和蓄热损失。碳化硅红外辐射加热器可制成旁热式、直热式碳化硅棒加热器以及埋入式碳化硅组件，这样可以有效减薄厚度、改善热响应速率、提高电-辐射热的转换效率并使工作温度可达到 800℃左右，从而得到广泛应用。与石英辐射管、灯状辐射器相比，其热响应速率慢，可用于干燥毛细管多孔胶体材料，如木板、竹板、谷物干燥等升温速率较低的工作场合。

### （二）埋入式陶瓷红外辐射加热器

埋入式陶瓷红外辐射加热器在碳化硅红外辐射加热器的基础上进行了改进。如图 5-4 所示，该加热器采用特种玻璃陶瓷基体和高发射率表面釉层，经一次高温烧结而成，并将镍铬电热丝绕成螺形管状直接烧制在热基体内部（图 5-4）。在 400~600℃时，该加热器最大单色辐射率可达 0.92。升温至 800℃并保温 10min 取出，直接投入室温水中急冷，反复 12 次，试片无裂纹，强度好，承受 2*g* 加速率不开裂，适用于有清洁加热需求的场合。目前研究发现一种新型埋入式陶瓷辐射加热器，它能充分利用陶瓷耐火纤维的特性，通过改变注模型腔，不用烧结而是用真空成型制成各种形状，经干燥处理后即成正式产品。用这种加热器制成的箱式实验炉质量轻、升温快，12min 便可升高到 1100℃，能避免碳化硅管式加热器因外接引线而带来的散热损失，采用该埋入式加热器筑炉可节约 30%的电量。

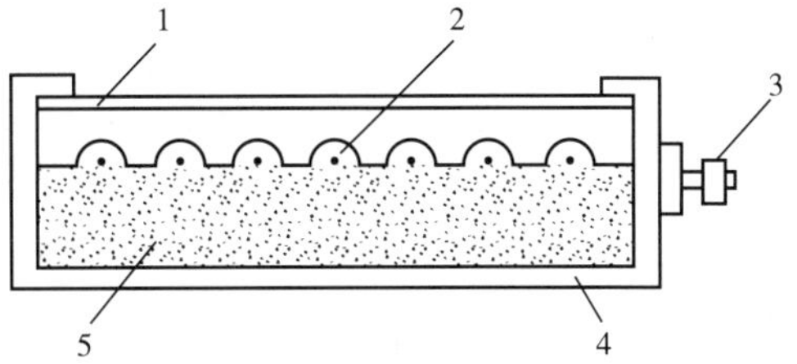


图 5-4 埋入式陶瓷红外辐射加热器结构示意图

1—辐射陶瓷基体；2—电热丝；3—接线栓；4—框架；5—保温材料。

### （三）乳白石英红外辐射加热器

乳白石英红外辐射加热器是一种有选择性的红外加热元件，其热源来自电热丝。其中乳白石英管既可作为热辐射发射介质又可作为热基体，具有较高的比辐射率，其元件如图 5-5 所示。电热丝作为发热体，绕成螺旋状安装在石英管内，电热丝与接线端子的连接采用铆接或点焊，涂敷高温硅橡胶密封以防氧化，这样极大延长了电热丝的使用寿命，提高了其可靠性。电热丝绕制过程中会产生内应力，使用热定型处理即可消除“竹节”现象，即电热丝疏密不均，密的地方温度高，疏的地方温度低，致使出现管式元件温度分布不均的情况。但定型处理温度过高会损伤电热丝，影响它的寿命；温度过低，内应力仍然存在，所以一般要求定型处理温度要比最高使用温度低100~200℃。对可焊性较差的铁铬铝电热丝，通常采用快速焊接的方式以缩短焊接时间，从而限制其受热范围及过热程度。当电热丝直径小于3mm时，可采用开槽压接方法。焊接方式种类繁多，在条件许可的情况下可采用氩弧焊、保护气体焊，退而求其次还可选取电弧焊、气体焊或点焊等方法。其中电弧焊因采用直流焊接可得到均匀电弧，应用比较普遍，相比气焊可以获得更好的效果。

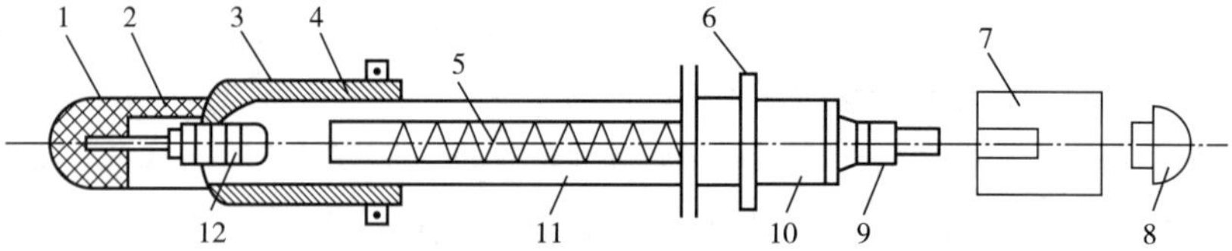


图5-5 乳白石英红外辐射加热器元件结构组成

1、8—瓷帽；2、7—瓷标；3—瓷垫；4—石棉垫衬；5—电热丝；6—夹箍；
9—接线端；10—夹管；11—石英管；12—引线螺丝。

以天然水晶和脉石为原料，在采用石墨电极坩埚的真空电阻炉的熔融（1740℃）拉制下获得乳白石英材料。在熔融过程中，水晶原料本身含有的气体、水晶颗粒中夹杂的气体、物料汽化所产生的气体、部分残留在熔体中的$SiO_2$气体分子以及硅碳反应和外界杂质带来的气体在石英熔体中形成了大量的横截面近似于圆形的微小气泡（直径0.03~0.08mm），微小气泡的平均数量为2000~8000个/$cm^2$。气泡的存在使进入石英体内的辐射会发生多次反射、折射，从而延长时间以增加被吸收的机会。石英材质中微小气泡的多少决定了乳白程度的好坏，气泡越多，乳白程度越好，但气泡过多会降低管材表面的光滑度、强度以及气密性。工艺改进后，采用联熔工艺加氢气（保护性气体）可以提高羟基含量，产生强辐射带。乳白石英管具有良好的稳定性，能长期在850℃的高温下作业而性能不变。此外它本身又具有很高的比辐射率，无需涂敷其他辐射涂料就已经是很好的辐射加热器。

乳白石英管辐射加热器在高温下可以获得较高的热稳定性和化学稳定性，是清洁无污染的辐射加热器。同时它还有着较高的热转换效率（60%以上），且热容量、热惯性小，可以有效满足快速加热或降温的需求。乳白石英辐射加热器有平板式（图5-6）、管式（图5-7）、灯式、浸没式等不同结构。平板式、灯式均为定向辐射，对于管式，如需定向辐射则要添加反射罩。浸没式加热器的接电装置在同一端，便于插入液体中加热，但它不能用于空气加热。

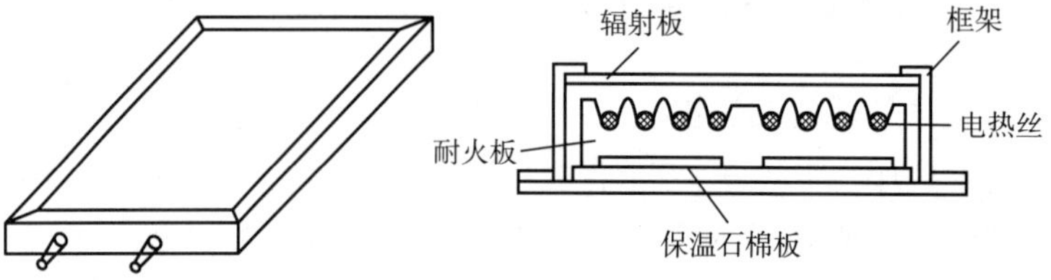


图5-6 平板式乳白石英辐射加热器结构

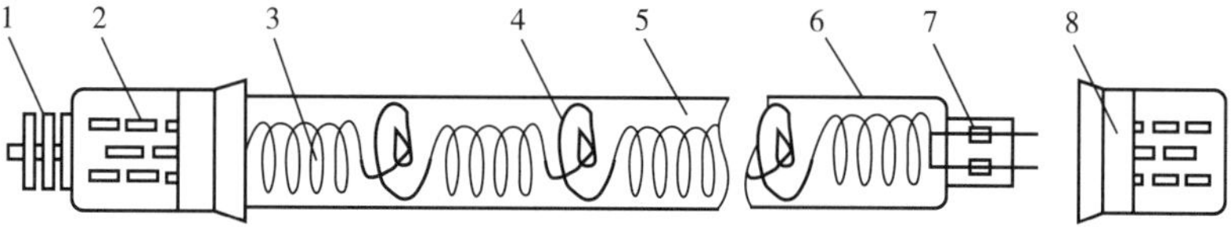


图 5-7　管式乳白石英辐射加热器结构

1—接线柱；2—金属卡套；3—钨丝加热子；4—自支撑节；5—惰性气管腔；6—乳白石英管；7—密闭封口；8—金属卡环。

## （四）电阻带式红外辐射加热器

电阻带式红外辐射加热器可分为窄带式红外辐射电加热器和宽带式红外辐射电加热器。合金电阻带是以铁铬铝合金电阻带或镍铬合金电阻带为电热基体，在其表面喷涂烧结铁锰酸稀土钙或其他高发射率涂料而制成的电阻带，并按一定的要求组合成电阻带式红外辐射电加热器，如图 5-8 所示。宽带式红外辐射电加热器已由天津大学成功研发，结构较新，承受高温时可在上、下高频板之间自由伸缩；寿命长，为同类电阻丝辐射电加热器的 10 倍；原材料耗费少、质量轻、可节约 39%的电并具有较好的定向辐射能力。辐射器表面温度是 220~600℃，特别适合用于大面积加热与烘烤的烘道（图 5-9，专利号为 CN 022001646）。

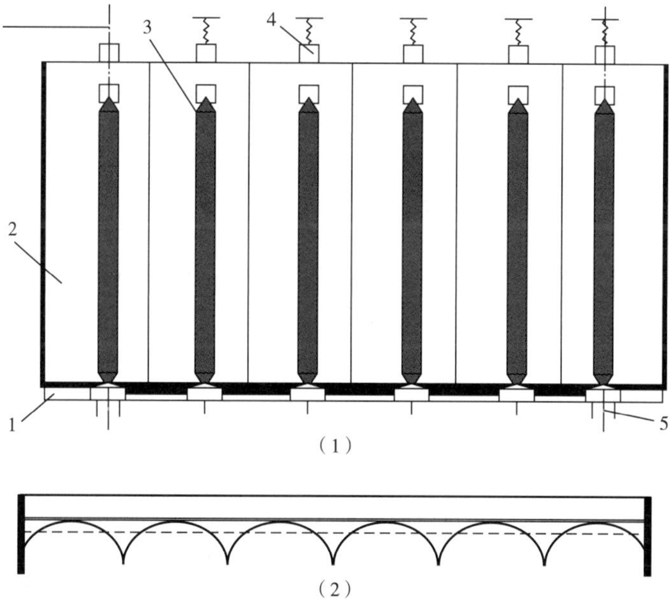


（1）正视图　（2）俯视图

图 5-8　合金电阻带式红外辐射加热器

1—支架；2—反射罩；3—电阻带；4—拉近装置；5—接线柱。

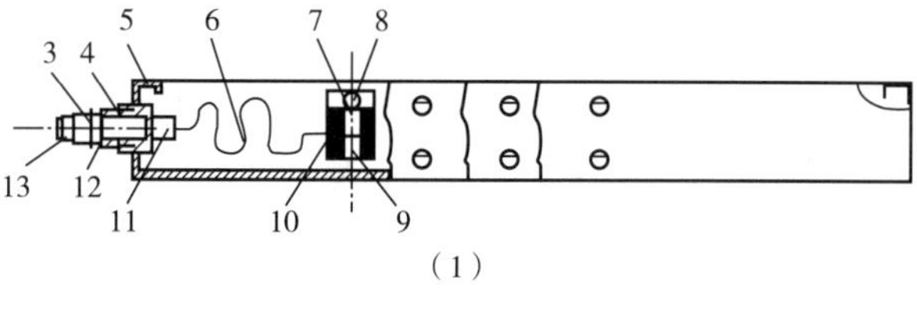

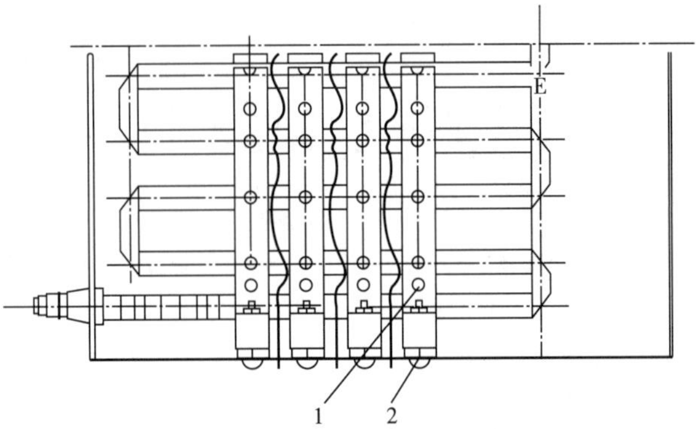


（2）

（1）结构示意图　（2）剖视图

图 5-9　宽带式红外辐射电加热器

1—固定螺钉；2—防震耐热板；3—防松垫片；4—接线端子；5—外壳；6—电阻带（膨胀带）；7—上瓷板；8—拉紧螺钉；9—下瓷板；10—保护罩；11—接线柱；12—垫片；13—螺帽。

电阻带式红外辐射器的全辐射率高，因采用光洁度高的抛物线形反射罩，故热效率也高。该辐射器是直热式的，故其热惰性小、升温快、加热时所需响应时间短，应用于中低温加热干燥时，使用寿命长，维修方便，目前广泛应用于轻工产品的烤漆、固化、干燥，化纤、纺织、印染产品的脱水、固色、热定型，食品、药物、塑料、木材、皮革、陶瓷、电子元件等的加工。不带反射罩的电阻带辐射加热器尤其适用于金属的低温冶炼和热处理等。

电阻带红外辐射加热器的产品代号通常表示为：

DHF－×××－×××－×

- ×（末位）——分类号
- ×××（第二组）——单件额定功率
- ×××（第一组）——单件额定电压
- F——辐射加热器
- H——红外
- D——电阻带

分类号表示电阻带红外辐射加热器的表面工作温度范围，一般分为 A（200~300℃）、B（300~400℃）、C（400~500℃）、D（500~600℃）和 E（600~900℃）五类。以 DHF-220-3-C 为例，其表示电阻带红外辐射加热器的单件额定电压为 220V，单件额定功率为 3kW，表面工作温度为 400~500℃。

电阻带红外辐射加热器在高温中的应用有其独特的优势。通过安装陶瓷纤维毡和轻质砖，可以明显减小电阻带红外辐射加热器在升温与保温阶段的散热，并降低蓄热损失，加强定向辐射传热，以便工件吸取热量，减少散热损失，这在炉子的升温阶段尤为重要。实际生产中，不论淬火、正火或退火，热能都主要消耗在升温过程，而保温所需时间甚短，所以在升温时节能会具有显著的实际效益。此外，在陶瓷纤维毡外面涂一层红外涂料，能够提高陶瓷纤维的机械强度和耐火度以及炉温的均匀性，对炉子部件可起到保护、强化和延长寿命的作用。而且红外涂料能明显改善陶瓷纤维表面疏散、易粉化和易脱落的现象，如图 5-10 所示。

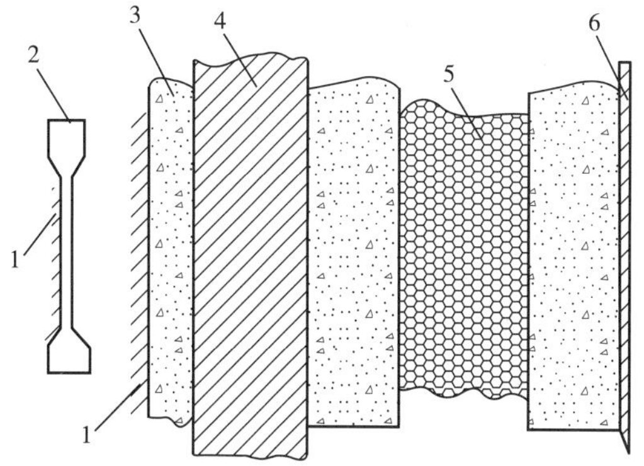


图 5-10 半陶瓷纤维电阻带红外辐射加热器结构

1—红外涂料；2—电阻带；3—陶瓷纤维毡；4—轻质砖；5—蛭石；6—炉壳。

### （五）集成式电阻膜红外辐射加热器

集成式电阻膜红外辐射加热器是一种能快速升温的直热式加热器，它将多种氧化物和半导体材料的混合物喷熔在以高铝质为基材的陶瓷管或板材上作为发热层，在该层外再将红外辐射涂料喷熔其上，从半导体层的两端引出电极，其结构见图 5-11。这种辐射器具有升温快、质量轻、热效率高等特点，广泛用于家电、轻工和中/小型加热装置中，适用于 300℃以下的加热。

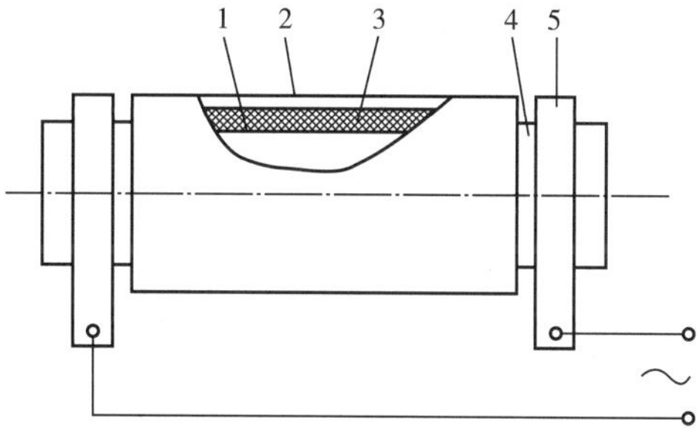


图 5-11 集成式电阻膜红外辐射加热器

1—高铝管；2—电阻膜发热层；3—远红外涂层；4—镀银端；5—接线箍。

### （六）高温烧结直热式 YHW 型红外辐射加热器

YHW 型红外辐射加热器属于直热式红外辐射加热器。前面阐明了电阻带直热式红外辐射器与集成电阻膜直热式辐射器，前者的合金电阻带是发热体，后者是将半导体膜喷涂在陶瓷管或板上形成导电膜作为发热体，两者均不需要另加发热元件，故均称为直热式。它们的共同特点是要在外表面再喷涂高发射率涂料，而 YHW 型直热式红外辐射加热器是将发热元件与涂料融合为一体，将多种原材料混合均匀后经高温烧结而成。烧结成的材料可作为热基体和辐射材料，有合适的电阻率，能作为电热材料。

在高温煅烧过程中，硼与硅发生下列反应：

$$3Si+4B^{3-} \xlongequal{} 3Si^{4+}+4B$$

即 Si 已经成 P 型半导体，其硼掺杂浓度为 $2\times10^{19}\sim1.1\times10^{21}/cm^3$。作为掺硼的 P 型硅，若掺杂浓度大于 $2\times10^{19}/cm^3$，其温度灵敏度系数就会变成常数，不随温度的变化而变化。因而当供给电压稳定时，YHW 型加热器的表面恒温且稳定。

无序三维网络结构及 $K^+$、$Na^+$、$Fe^{3+}$ 等离子与 $Si^{4+}$ 构成了连续的三维网络导电链，均匀地分布于陶瓷基体中，形成了新的电热网络，即只要有外界供电即可产生稳定的辐射热能。

陶瓷基体中的主要成分是 $Al_2O_3$ 和 $SiO_2$，其余为金属氧化物。在高温煅烧过程中，$Al_2O_3$ 经预脱水工艺并加入助熔剂，可使 $Al_2O_3$ 从 $\gamma$ 立方晶体向 $\alpha$ 立方晶体转变时体积收缩较小，避免了石英晶型转变过程中因内应力引起炸裂或因受到冲击而产生裂纹或破裂，其反应过程机制如下：

$$\text{脱水：}Al_2O_3 \cdot 2SiO_2 \cdot 2H_2O \xrightarrow{500℃} Al_2O_3 \cdot 2SiO_2 + 2H_2O\uparrow$$

$$\text{晶型转变：}\gamma\text{-}Al_2O_3 \xrightarrow{1000℃} \alpha\text{-}Al_2O_3$$

陶瓷基体身兼两职，既导电发射辐射热又是高发射率辐射体。根据电阻率的大小可制成便于使用的长条状电热片，一般宽度是 10～20mm，每个电热片的电阻为 40～400Ω，工作温度是 200～600℃。在 600～800K 时进行测试，法向全发射率（$\varepsilon_n$）为 0.89～0.92；当烧结温度为 1250℃以上时，$\varepsilon_n$ 便会大于 0.9。该红外辐射器较薄，仅 3.5～6mm 厚，长度和宽度分别只有 56～310mm 和 14～25mm，因此热响应时间短，一般在 6min 左右，其结构简图见图 5-12。辐射器两端以扩散法将银原子扩散到三维网络的导电基体表面，形成理想的接触表面。该加热器寿命长，经 3400h 连续试验，供恒电压 220V，试验初与终了时辐射器的电流变化小于 4%且大都在 0～2%。

该直热式红外辐射器独具特点：自身导电又高效辐射、质量轻、省材料、升温快、寿命长，可用于轻工、食品、医药、理疗等领域。

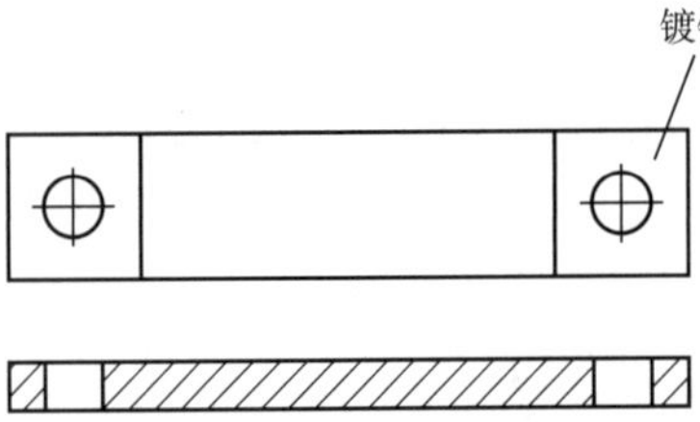


图 5-12　高温烧结直热式红外辐射加热器结构简图

## （七）搪瓷红外电加热辐射器

搪瓷红外电加热辐射器分为管状和板状。将辐射材料与搪瓷常用的硼硅酸盐玻璃釉质一道在高温下熔化烧结在金属基体上，做成板状、管状或其他形状的辐射加热器，其最高使用温度为 500℃。这类红外加热器的涂层不易破碎脱落，长期稳定、表面光滑，不会污染被加热物体、升温较快。

板状搪瓷远红外电加热辐射器结构见图 5-13。搪瓷远红外辐射涂层与金属基材是在 1000℃高温下烧结而成的，因此不易脱落且具有良好的耐展性。其表面可定期用水清洗，所以特别适用于食品、药品、电子等行业。如一些轿车车身的烘箱内使用搪瓷红外电加热辐射器，不仅节约了电能，还提高了轿车车面烘漆的光洁度，使其色泽亮丽、悦目和谐。

这种搪瓷辐射器还具有耐腐蚀性，可以抵抗一般有机酸及水汽的侵蚀，例如一种 TSR 型的管状搪瓷辐射器可直接浸没在溶液中。板状搪瓷辐射器最高工作温度是 500℃，管状搪瓷辐射器工作温度则在400℃左右。

搪瓷涂料是一种硼酸盐玻璃、金属氧化物和矿物原料配成的混合物。它既能保护金属基材不受高温氧化侵蚀，又是产生高发射率的辐射体。这种涂料必须与金属基材有着良好的密着性，热膨胀系数要与基材相近，还要有良好的导热性、热稳定性及一定的抗腐蚀性。

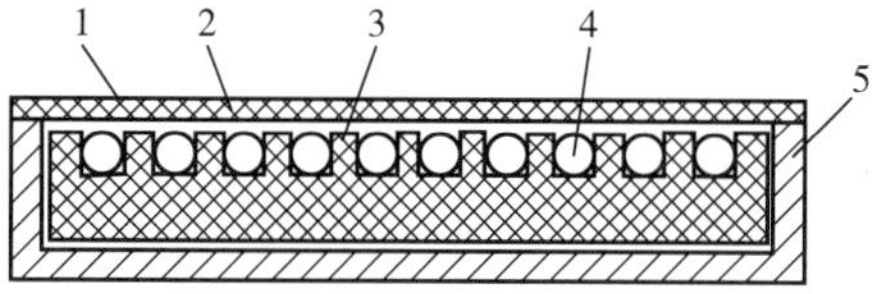


图5-13　板状搪瓷远红外电加热辐射器结构简图

1—搪瓷远红外辐射涂层；2—搪瓷框架；3—耐火板；4—电热丝；5—保温石棉板或硅酸铝毡。

搪瓷涂料的原料基本上与一般搪瓷制品相似，在1200℃以上的高温熔制过程中，原料化合成一种玻璃态熔融物，经冷水淬碎后成小颗粒与松脆硬块，一般称为“熔块”。将熔块、磨料与水一起研磨可制成釉质涂料。

搪瓷远红外涂料熔块配方如表5-2所示。

表5-2　　搪瓷远红外涂料熔块配方　　单位：%（质量分数）

| 原料 | 涂料熔块代号 | | | |
|---|---|---|---|---|
| | 911 | 912 | 215 | 705 |
| 长石 | 25.2 | 15 | — | 37.36 |
| 石英 | 22.5 | 23 | 24.2 | 14.16 |
| 硼砂 | 26.1 | 42 | 37.4 | 22.18 |
| 纯碱 | 8.1 | 5 | 11.4 | 8.36 |
| 萤石 | 5.4 | 3 | 4.8 | 4.12 |
| 冰晶 | 5.4 | — | — | 3.22 |
| 硝酸钾 | 4.45 | — | — | — |
| 氧化钴 | 2.15 | 1.5 | 0.44 | 2.5 |
| 氧化锰 | 0.7 | 5.5 | 0.98 | 3.5 |
| 氧化铁 | — | 1.5 | — | 1.0 |
| 氧化铜 | — | 1.5 | — | — |
| 硝酸钠 | — | — | 4.28 | 4.1 |
| 氧化铁 | — | — | 0.5 | — |
| 陶土 | — | — | 16.0 | 1.5 |

磨料是为了提高远红外釉料的辐射强度以及稳定涂料的性能，如三氧化二铬、三氧化二铁、锆英砂、黑色瓷釉和黏土等。

搪瓷远红外的涂料过程一般包括喷涂底釉和喷涂面釉两个步骤。其中，底釉由40%的911熔块、40%的912熔块、20%的215熔块及适量水球磨成釉浆；常见面釉由50%的底釉、30%的

705 熔块、20%的氧化铬及适量水进行球磨。金属基材通过表面处理后喷涂底釉，经过干燥与950℃烧结后自然冷却，继而对其喷涂面釉，干燥后再次经过 900~940℃烧结完成。

搪瓷红外电加热辐射器发射的波长在 2μm 以上时，其发射率大于 0. 83，辐射器的表面温度低于 500℃，功率为 0. 2~2. 7kW。

## （八）灯形红外电加热辐射器

灯形红外电加热辐射器是继短波红外灯、石英灯之后发展起来的辐射器，与短波红外灯相比，灯形红外电加热辐射器的辐射体由金属氧化物和碳化物等远红外辐射材料制成，加上其玻璃外壳能允许透过 3μm 以上的中、长波红外辐射，因此灯形红外电加热辐射器的辐射体能高效辐射远红外辐射能。红外辐射体的 3 种结构见图 5-14。

辐射体是灯形红外辐射器的核心，它由电热丝和陶瓷复合物制成，表面烧结高发射率的红外涂料。

反射罩由不锈钢或抛光铝制成。抛光铝的表面在大气中会很快氧化而失去光泽，为此必须进行阳极氧化处理并控制氧化膜的厚度为 3μm。

天津大学用 AGA-780 热像仪测试：带有铝与不锈钢反射罩的灯形红外辐射器，其反射罩能反射出的表面温度为 500~600℃，具有升温快、温度高、质量轻、辐射能集中等优点。

灯形红外电加热辐射器经实践后反映出 3 个问题：①中心部位是低温区，一般为 400℃左右；②辐射体的涂层易脱落，改为微晶玻璃后大有好转，既不脱落又可清洗；③辐射体安装不正时会严重影响反射温度场，在热像图中可明显看出。

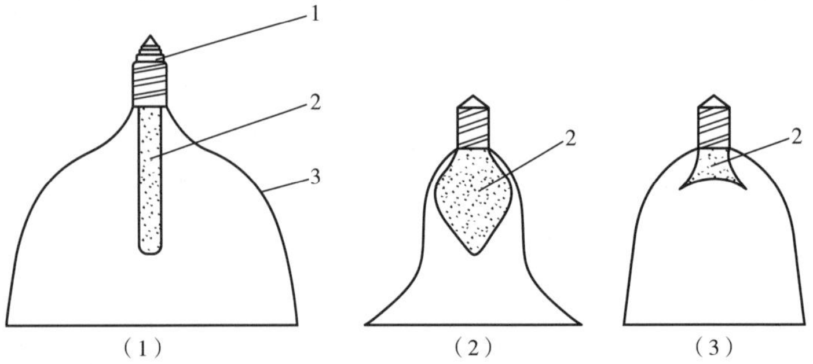


（1）棒状辐射体　（2）梨状辐射体　（3）弯月状辐射体

图 5-14　灯形红外电加热辐射器的辐射体

1—灯头；2—辐射体；3—灯罩。

## （九）煤气红外辐射加热器

煤气远红外辐射加热器是 20 世纪 60 年代发展起来的一种加热器，其结构如图 5-15 所示。其工作原理是：将一定压力的煤气按定量的流速通入燃烧装置与空气混合，借助燃烧装置中的煤气喷嘴管按定量（金属网可选 6m/s，多孔陶瓷板可选 0. 1~0. 14m/s）的速率喷出，使其在收缩管外面及引射器内形成负压区，周围的空气则是正压区。这样便可自然地引入空气，使煤气和空气在引射腔内均匀混合，并由端头进入辐射器壳体再向多层金属网或多孔陶瓷辐射板所覆盖的燃烧室扩散。此时用火焰在网上或辐射板上点火，可使混合气体产生无焰燃烧，进而产生红外辐射，因此总辐射能是辐射基板的辐射和煤气燃烧的辐射总和。其辐射面的热流密度对金属网为 14~19W/cm$^2$，对多孔陶瓷板为 13~16W/cm$^2$。辐射面的温度对金属网为 800~1000℃，对陶瓷板为 800~900℃。

煤气远红外辐射加热器的辐射面通常有金属网式、多孔陶瓷板式与联合辐射式。辐射面的金属网通常采用涂氧化钍的箔网，陶瓷板采用多孔远红外陶瓷板。

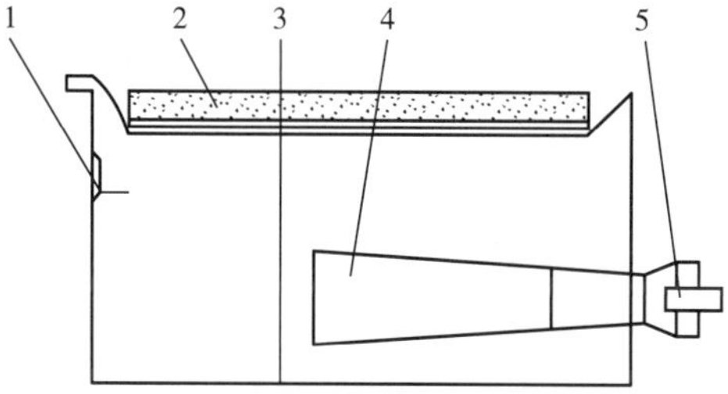


图 5-15　煤气远红外辐射加热器

1—气流分布板；2—多孔远红外陶瓷板；3—加热器壳体；4—引射器；5—喷嘴。

多孔远红外陶瓷板是煤气远红外辐射加热器的重要部件，其规格是 65mm×45mm×12mm，燃烧孔径为 1mm 左右。燃烧孔径大小不同使得每块板的孔数也不同，一般是 780~1400 个。为了使燃烧总热量的 80%~90%转变成远红外辐射能，对多孔陶瓷板的性能要求有：①耐急冷急热性能好；②导热系数低，辐射表面的温度达到 750~850℃时，底面温度应在 300℃以下；③表面辐射率要高，底面辐射率要低；④气孔率要大（45%~56%），相对密度要小（1.177~1.347 g/cm$^3$）；⑤孔径尺寸准确。

为了满足上述要求，必须确保原料配比及工艺合理。

多孔远红外辐射板涂覆远红外辐射涂料有两种方法：一种是将配制的远红外涂料涂覆在陶瓷板表面，另一种是将辐射材料加在配置的陶瓷原料中一起烧结成材。后者的工艺优点是不会出现涂层剥落，且节能效果可达 30%~50%，其陶瓷基料的配比见表 5-3。

表 5-3　陶瓷基料配比

| 材料 | 配比/% | 材料 | 配比/% |
|---|---|---|---|
| $SiO_2$ | 56.4 | $Fe_2O_3$ | 1.3 |
| $Al_2O_3$ | 29.2 | CaO | 0.9 |
| MgO | 12.2 | | |

陶瓷板由基料加色素（金属氧化物）及矿化剂等配置而成。金属氧化物采用 75%的 $TiO_2$ 与 10%~15%的 NiO 和 $Co_2O_3$ 混合后经 1300℃煅烧，使其转变成尖晶石待用。按表 5-3 配比的陶瓷基料加矿化剂后经 1300℃煅烧再磨成粉，接着与处理过的金属氧化物按 7∶3 配比经球磨混匀烘干。

将经过 100℃烘干的粉料过 100 目筛子，再加入 27%~30%的石蜡、4%的油酸热熔（80℃）拌匀制成蜡板，最后烧结成型。

煤气远红外辐射加热器由燃气和红外辐射板（网）联合生成辐射热，具有温度高、升温快、辐射强度大的特点，适合金属或空气等耐高温材料的热处理及高温干燥等领域，但不适合在易燃、易爆等危险环境下使用。

燃烧辐射管加热器由燃烧器及 U 形管组成，出口与烟道口相接，燃烧焰沿 U 形管流向烟道，并通过 U 形管向炉内传热。这种辐射管还能利用烟气余热，提高炉子的实际效率。

红外辐射加热器的试验方法已有国家标准 GB/T 7287—2008《红外辐射加热器试验方法》，有关研究、检测试验可按此标准进行，但最终的质量检测应在国家红外产品质量监督检测测试中心进行。经过几十年的努力，我国红外辐射加热器品种已基本齐全，但从多年的实践来看还存在以下问题。

(1) 反射罩利用率太低。日本对管式红外辐射器配置有反射罩以减少辐射器的热响应时间和充分利用辐射能量，但国内使用的管式辐射加热器大都不带反射罩，而反射罩制造价格又偏高，给管式红外辐射加热器配装辐射罩带来了一定困难。

(2) 热响应时间太长。国内大多数管式、板式辐射加热器的热响应时间为国外同种红外辐射加热器的 2~3 倍，这对节约能源极为不利，有关厂家、公司应以国际先进指标为目标努力赶超。

(3) 无论是法国、英国还是我国的板式红外辐射加热器，凡是在板的背面中心安装接线端子的，其结果均是在红外辐射板的中心区形成了一个低温区，这种设计不合理，应作改进。

(4) 外观质量有待提高，绝大多数产品的外观质量达不到国际较高的水平。

(5) 建议各厂家及研究单位、设计单位能运用红外热像仪检验板式或灯式红外辐射加热器的温度场分布，并合理使用这一先进测试手段来定期抽检红外辐射器的质量。

对于表面温度较高的红外辐射加热器，用 GB/T 7287—2008 的方法测试红外辐射加热器的表面温度分布很困难，建议采用热像图法。这样既测试了表面温度又可计算出电-辐射热转换效率，计算方法如式（5-10）。

$$\sum E = \sum_{i=1}^{n} \frac{F}{H} H_i \varepsilon_\lambda C_0 \left(\frac{T_i}{100}\right)^4 \tag{5-10}$$

式中 $F$——辐射器的加热表面积，$m^2$；

$H$——热像图的总像数；

$H_i$——热像图各等温区的热像数；

$\varepsilon_\lambda$——辐射器的法向发射率；

$C_0$——黑体辐射常数，5.67W/（$m^2 \cdot K^4$）；

$T_i$——各等温区的温度，K。

由热像图计算出的总辐射能量 $\sum E$ 和由精密功率表测得的供电功率 $E_D$，其电-辐射热转换效率 $\eta$ 如式（5-11）。

$$\eta = \frac{\sum E}{E_D} \tag{5-11}$$

## 二、红外辐射干燥器的设计

红外辐射干燥器的设计主要包括选择干燥烘炉的形式，确定基本尺寸，确定加热源、加热温度与加热时间以及选用合适的辐射元件 4 部分。此外，干燥炉的密封与保温以及辐射器的选取和工艺布置也不容忽视。

### （一）炉体设计

1. 设计参数的确定和物料成分的分析

由于红外线和远红外线加热干燥的原理与热风干燥、普通电加热干燥不同，无法全部套用原有的生产数据。所以一般需要预先做调查或进行小规模模拟试验，确定红外线和远红外线能否有效地干燥物料。试验证明可行后，进一步试验即可获得最适宜的炉温、干燥所需的时间（包括升温、降温、保温时间）、炉膛照射面的平均电功率或炉膛热强度以及辐照距离。

2. 干燥炉长度的确定

固定式干燥炉的长度主要取决于炉内工件工艺布置的总长度，即取决于干燥时的单次批量。通常有传送带的干燥炉长度如式（5-12）。

$$L = tv \tag{5-12}$$

式中　$L$——干燥炉长度，m；

$t$——干燥所需时间，min；

$v$——工件移动速率，m/min。

干燥所需时间 $t$ 与辐射强度、吸收系数、辐照距离、环境温度等许多因素有关，因此需要通过调查或模拟试验来确定。工件移动速率一般由传送带的速率来确定。考虑到设计与实用的差距，选用的传输机构应具有一定的调速能力。这样通过调速便可在相应的炉长内改变干燥时间以取得最好的干燥效果，同时还能让干燥炉具有一定的通用性。

3. 干燥炉形状及外形尺寸的选择

干燥炉的形状主要取决于工件的形状和工艺布置。固定式干燥炉可做成立方体、圆柱体、球体。隧道炉的断面可做成半圆形、矩形或六边形等。整个隧道炉的外形因长度常受生产场地的局限，因此不一定全是直的，也可做成 U 形、S 形和多层 S 形以便保温和烟气排放，通过式炉体也常做成拱形。

4. 干燥炉电功率的确定

干燥炉电功率的确定包括热平衡法、估算法、辐射功率密度法以及炉膛热强度法。

（1）热平衡法　通常认为这种方法计算出的功率比实际所需功率要大，如式（5-13）、式（5-14）。

$$W = \frac{1.2Q}{860\eta} \tag{5-13}$$

式中　$W$——干燥炉功率，kW；

$Q$——加热需要的总热量，kJ/h；

$\eta$——干燥炉效率；

1.2——热损失折合系数；

860——换算系数。

$$Q = Q_1 + Q_2 + Q_3 + Q_4 \tag{5-14}$$

式中　$Q_1$——加热工件基体所需热量，kJ/h；

$Q_2$——加热工件基体上的附加物（油漆等）所需热量，kJ/h；

$Q_3$——加热输送装置（小车、悬挂具等）所需热量，kJ/h；

$Q_4$——通过炉壁、门缝、进出口孔洞及排放烟气损失的热量，kJ/h。

（2）估算法　加热物体所消耗电功率如式（5-15）。

$$W = \frac{PC\Delta t}{860\eta} \tag{5-15}$$

式中 $W$——消耗电功率，kW；

$P$——每小时加热工件的总质量，kg/h；

$C$——加热材料的比热容，kJ/（kg/h）；

$\Delta t$——加热前后温度差，℃；

$\eta$——干燥炉效率。

加热脱水干燥所消耗的电功率如式（5-16）。

$$W = \frac{P_1 t + P_2 \gamma_c + P_3 Ct}{860\eta} \tag{5-16}$$

式中 $W$——消耗电功率，kW；

$t$——加热升高的温度，℃；

$P_1$——水分质量，kg/h；

$P_2$——蒸发水质量，kg/h；

$P_3$——材料质量，kg/h；

$\eta$——干燥炉效率；

$\gamma_c$——水的蒸发热，kJ/h；

$C$——材料比热容，kJ/（kg/h）。

（3）辐射功率密度法　如式（5-17）。

$$W = EF \tag{5-17}$$

式中 $E$——辐射功率密度，$kW/m^2$（一般取 3～$8kW/m^2$，大面积薄壁工件取小值，小面积厚壁或实体工件取大值，对于形体复杂的或铸件取 $10kW/m^2$）；

$F$——单位时间加热面积，$m^2/h$。

（4）炉膛热强度法　不同炉型的经验数据如表 5-4 所示，并据此折算为功率即可。

表 5-4　　炉膛热强度　　单位：$kJ/(h \cdot m^3)$

| 炉膛有效容积/$m^3$ | 不同温度的炉膛热强度 | | |
|---|---|---|---|
| | <200℃ | <300℃ | <450℃ |
| <1 | 6.3～8.4 | 16.7～33.5 | 37.7～50.2 |
| <10 | 4.2～6.3 | 6.3～8.4 | 16.7～33.5 |
| <100 | 3.1～4.2 | 4.2～6.3 | 6.8～8.4 |
| >100 | 2.1～3.1 | 3.1～4.2 | 4.2～6.3 |

## （二）干燥炉的保温与通风控制

1. 保温

远红外辐射加热虽以辐射为主，但对干燥炉的保温隔热也相当重要。有些干燥炉的炉壳温度高达 60℃以上，经炉壳散失的热量占功率的 20%以上。

为了提高加热效率，尽量减少炉体热损失，设计时应考虑以下几点：①必要时按定向集中辐射原则设计，尽量避免由炉内壁向外散热；②加强炉壁反射；③提高炉墙热阻，减轻炉墙自重。可尽量采用硅酸铝纤维绝热材料保温；④加强炉体封闭，防止不必要的辐射损失与对流损失；⑤尽可能减小炉体尺寸和总重，以减少自身蓄热和散热面积；⑥一般烘炉的铁板外壳导热快、散热好，应设法降低烘炉外壁表面温度。对于连续使用的烘炉，如外壳温度经常在45℃以上，可在外壳上黏附一层10mm厚的棉灰保温层，并刷上白灰，以降低表面温度。

2. 通风控制

对于箱式烘漆炉，当可燃气体集中挥发时，必须迅速抽出气体以保安全，风机的风量宜大些；对于不影响安全的其他气体，风机的风量可小些；为了炉内强制循环对流以提高烘烤匀度为主的排风（如木材烘干、金属正火等），风量可适当选大。

## 第三节　红外干燥技术在农特产品干燥中的应用

### 一、粮食干燥

1. 粮食干燥的意义

我国粮食年产量连续7年都超过了6.5亿t，干燥是粮食产后储前的重要环节。

（1）减少田间损失　粮食都要求适时收获，但适时收获时含水率较大，如果不及时干燥则必然造成粮食霉烂变质。对于稻谷来说，安全贮藏除了要控制谷粒的含水率外，谷温也是一个重要的控制因素。通常谷温和含水率越高，霉菌就生长越快，谷粒也就越容易变质。谷温和含水率只要控制其一，就会对延长贮藏期有利。例如，即便温度适宜霉菌生长，但保存较低的含水率，同样可以抑制霉菌的生长。同理，对于潮湿的谷物，也可以用降低温度的办法来遏制霉菌生长以延长贮藏期。

（2）便于运输和贮存　干产品质量轻、体积小，便于包装、运输、贮藏、流通和销售，所需费用也低。

（3）有助于进一步加工　干燥后的产品易于粉碎、混合、筛分，可添加各种配料进一步加工成各种美味食品。

对于我国北方省份，由于气候寒冷，除了要考虑干燥外，还要注意含水率高的种子能否安全越冬的问题。含水率高时，种子遭受冻害，会严重降低其发芽率，因此北方的种子（主要指玉米和水稻）要求在外界环境温度降到-5℃之前必须干燥到安全含水率（14%）以下以保证其生命力。据调查，我国主要粮食作物在不同时期的含水率及安全贮藏的含水率见表5-5。

表5-5　我国主要粮食作物在不同时期的含水率及安全贮藏的含水率

| 粮食作物 | 最高初始含水率/% | 适时收获含水率/% | 一般含水率/% | 安全贮藏含水率/% |
|---|---|---|---|---|
| 小麦 | 38 | 18~20 | 9~17 | 13~14 |
| 大麦 | 30 | 18~20 | 10~18 | 13 |
| 燕麦 | 32 | 15~20 | 10~18 | 14 |
| 大豆 | 22 | 16~20 | 14~17 | 13 |
| 玉米 | 35 | 28~32 | 14~30 | 13~14 |
| 高粱 | 35 | 30~35 | 10~20 | 12~13 |
| 稻谷 | 30 | 25~27 | 16~25 | 13~14 |

粮食中所含水分的多少用谷粒含水率表示，即粮食所含水分的质量和总质量的比：

$$谷粒含水率=\frac{所含水分质量}{总质量}\times 100\%$$

从表 5-5 中的数据可以看出，粮食在干燥过程中的降水幅度一般为 5%～10%，个别则需要达到 10%～20%。不论采用哪种方法进行干燥，都应避免出现粮食质量降低、颗粒损伤、烘焦、污染等现象。

2. 粮食红外吸收光谱的特点

红外辐射干燥主要依据匹配吸收的理论进行设计。当红外辐射器发射的红外线到达被干燥的粮食后，若红外线的发射频率与被干燥粮食中分子运动的固有频率相匹配，会引起粮食中分子的强烈振动，并在粮食内部发生激烈摩擦产热以达到高效干燥的目的。因此在确定待干燥粮食后，可根据粮食本身的红外光谱特性来确定红外辐射器材料。

如图 5-16 所示，小麦对红外辐射的吸收基本发生在波数为 4000～200cm$^{-1}$ 的波段。在 3800～2500cm$^{-1}$ 的区域有一个明显的尖锐强吸收带。吸收峰值 1.75 出现在 3290cm$^{-1}$ 处。另外在 1600～1000cm$^{-1}$ 的指纹区，红外辐射吸收也比较强烈；而在波数大于 4000cm$^{-1}$ 的近红外谱区，小麦对红外辐射的吸收率很低，相对吸光度 $A$ 都在 0.5 以下。

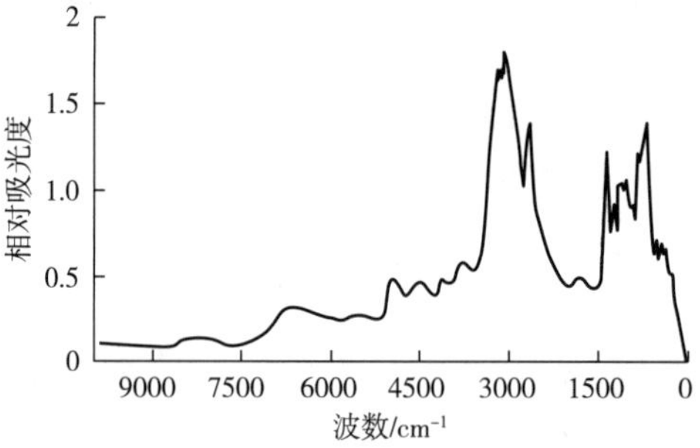


图 5-16　小麦（含水率 22%）的红外光谱

如图 5-17 所示，波数大于 4000cm$^{-1}$ 时，玉米对红外辐射的吸收率也很低。虽然和小麦相比，它的相对吸收光度有所上升，但仍在 0.8 以下且谱线比较平缓并没有形成明显的吸收。在波数 3720～3500cm$^{-1}$ 区域有一个明显的吸收带，其相对吸光度峰值 1.56 比小麦的相对吸光度峰值降低了约 0.1，峰值所在位置为 3365cm$^{-1}$，比小麦向左（近红外方向）偏移了 100 个波数左右。在指纹区有 3 个小吸收峰，但都不强烈。

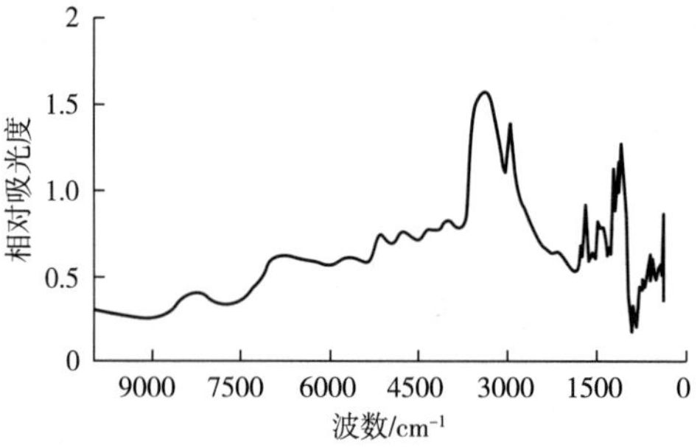


图 5-17　玉米（含水率 22%）的红外光谱

如图 5-18 所示，稻谷在波数 4000cm$^{-1}$ 以上的红外谱区同样没有出现显著的吸收迹象。在 3750~2800cm$^{-1}$ 的区域有一个强吸收带，吸收峰值为 1.2 位于 3365cm$^{-1}$ 附近；在 2500~1800cm$^{-1}$ 区域，稻谷对红外辐射的吸收率很低，故此区域的红外辐射能够在其内部实现较深的穿透。在 1700~700cm$^{-1}$ 区域又出现了几个吸收峰，但峰值都比较小，均在 0.7 以下；在小于 700cm$^{-1}$ 的区域，稻谷对红外辐射的吸收率又急剧下降。

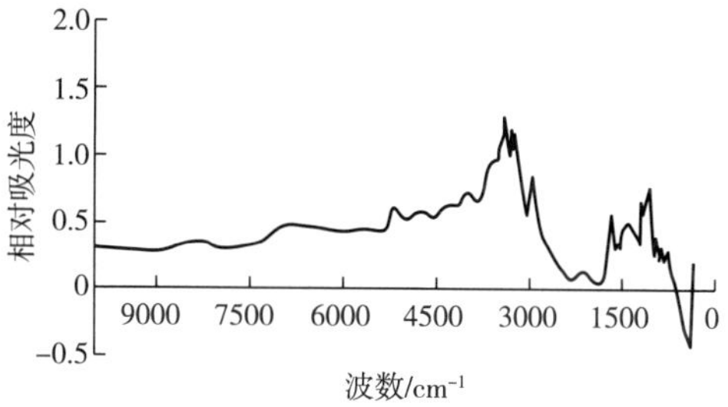


图 5-18 稻谷（含水率 22%）的红外光谱

从以上 3 类谷物的红外吸收光谱特点可以看出，小麦、玉米和稻谷的吸收光谱曲线有着大致相同的趋势，但在细节上存在一定的差别。这是因为同样作为谷物，三者具有大致相同的化学组分，但是各组分在不同种谷物中所占比例又有一定差异，因此在光谱曲线中呈现出“大同小异”的现象。谷物对红外辐射的吸收主要发生在波数小于 4000cm$^{-1}$ 的中远红外谱区，三种谷物在波数大于 4000cm$^{-1}$ 的近红外谱区均没有明显的吸收带。

3. 红外辐射谷物的水分迁移

在红外干燥中，被干燥谷物的表面水分不断蒸发吸热，使谷物表面温度降低，形成谷物内部温度比表面温度高的状态。同时，水分梯度会引起谷物内部的水分迁移，水分由含水率较高的内部向含水率较低的外部进行湿扩散（图 5-19）。因此谷物内部水分的湿扩散与热扩散方向是一致的，加速了谷物干燥的进程。

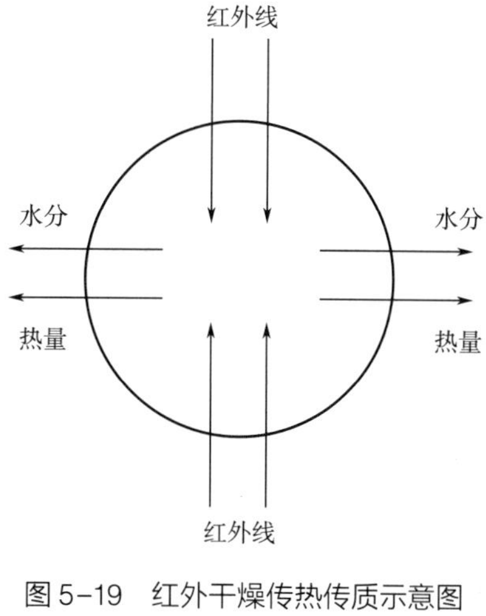


图 5-19 红外干燥传热传质示意图

4. 谷物红外干燥的研究与应用

早在20世纪50、60年代，相关人员便开展了稻谷红外辐射干燥的研究工作。

1960年，施罗德（Schroeder）和格罗斯贝格（Rosberg）通过对原始含水率（湿基）分别为20.3%、17.8%和15.2%的稻谷进行红外干燥，时间控制在5s、10s、15s、20s、25s和30s。在18个干燥样品中，13个样品干燥后的温度低于70℃，另外5个样品干燥后的温度为74~79℃。实验结果表明：红外干燥每分钟可降水7%~10%，且对整精米率无影响。

2008年，阪（Pan）和希尔（Khir）对稻谷的红外干燥进行了比较装置的研究。他们认为，在对流干燥初期，稻谷表面因含水率高，稻谷温度不会高于该条件下的湿球温度。而红外辐射不需要加热空气介质，故在干燥过程中不受空气湿球温度的影响，即可在短时间内提高空气的温度。Pan等开发了一套触媒红外干燥装置，对含水率为20.6%和25.0%的稻谷进行单层红外干燥，干燥的稻谷包括无害虫感染和经害虫感染两种。结果表明红外干燥可快速加热稻谷且伴随着高降水率，同时整精米率比自然通风干燥提升了1.9%。干燥和缓苏工艺能杀死全部稻谷样品中的害虫及虫卵。

2013年，江苏财经职业技术学院的王彬研制采用滚筒式结构的小型远红外-热风联合加热式水稻干燥机，如图5-20所示。该机采用的是远红外-热风联合加热的干燥方法以及间歇性的干燥方式，具有结构紧凑、操作简便、寿命长和干燥成本低等优点。

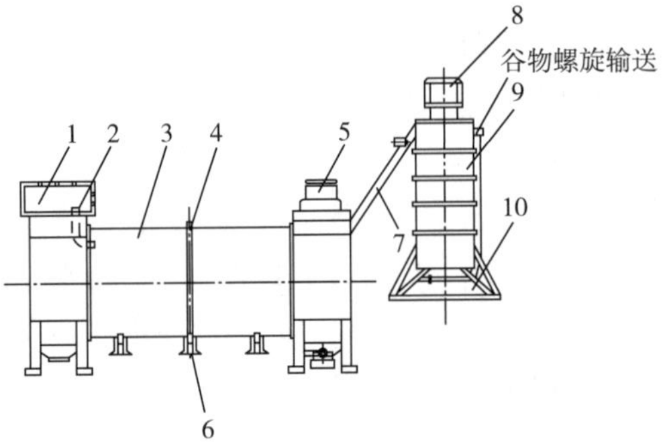


图5-20　远红外-热风联合加热式水稻干燥机结构示意图

1—进风口；2—进料导管；3—干燥滚筒；4—橡胶圈；5—排气风机；6—橡胶滚轮；7—卸谷升运机；8—吸气风机；9—缓苏仓；10—卸料闸门。

2013年，陕西科技大学的张秦权等对远红外联合低温真空干燥装置进行了研究与设计。该装置将真空干燥（蒸汽加热）与红外干燥有效地结合在一起，充分发挥各自的优势，进而整合为一种混合加热的干燥方法。

2016年，山东理工大学的魏忠彩等研制的红外玉米穗干燥试验台主要由箱体、传动装置、输送装置、辐射装置、托料装置、料斗及出料口等组成，如图5-21所示。料斗设置在试验台顶部一端，出料口设置在试验台同一端的底部，箱壁内设有保温层。箱体内沿长度方向设有带拨料杆的双面输送装置，由传动装置驱动运转。输送装置有上、下两段，直线段下方设有表面带凹凸状花纹的托料装置，上方设有高低可调的辐射装置，并单方向朝着托料装置向下辐射红外线。箱体内红外辐射装置的下方设有温度传感器，以便在线测量红外辐射元件的辐射温度。

台湾三久机械有限公司生产的循环式远红外线干燥机NP-120e型如图5-22所示，该干燥

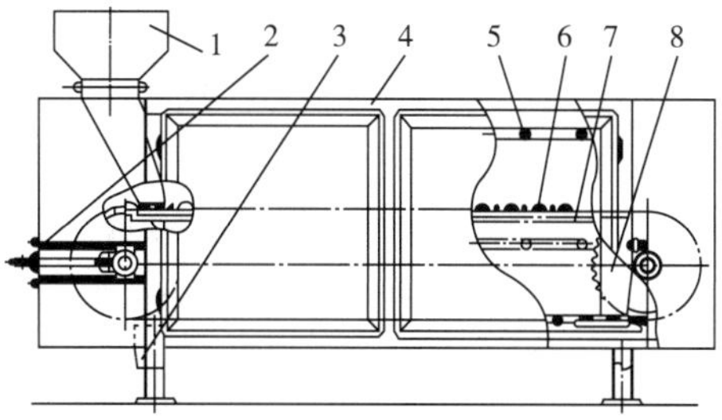


图 5-21　红外玉米穗干燥试验台结构示意图

1—料斗；2—张紧装置；3—出料口；4—箱体；5—辐射装置；6—链条；7—托料装置；8—导料槽。

机可大幅提高食味值，干燥速率快、节约电能、省油。

日本金子农机（无锡）有限公司研制的远红外线干燥机 RVF-1000 型如图 5-23 所示，经该机器干燥的物料品质有保证、味道好。干燥时每粒谷物都能辐射到，烘干速率快、成本低、省油、省电、装排料速率快且噪声低。

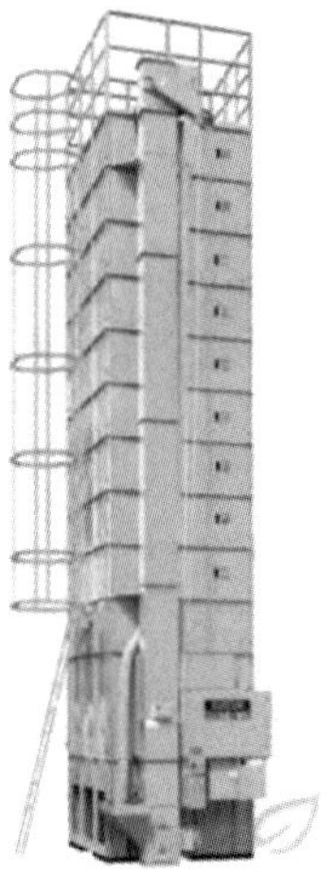

图 5-22　台湾三久机械有限公司循环式远红外线干燥机 NP-120e 型

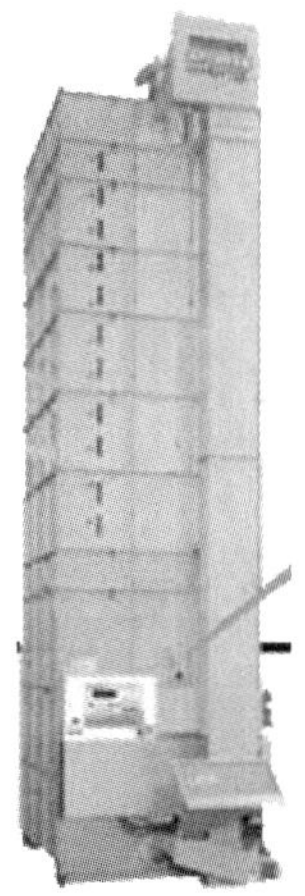

图 5-23　日本金子农机（无锡）有限公司远红外线干燥机 RVF-1000 型

## 二、果蔬干燥

1. 果蔬干燥的意义

水果蔬菜是农业生产中除谷物外最重要的农作物，也是维生素、无机盐（钙、磷、铁等）、碳水化合物、纤维素、半纤维素的主要来源。但新鲜水果和蔬菜的含水率大多超过 90%，若在采摘，运输、贮藏、销售过程中处理不当便会腐烂。为此必须在水果、蔬菜采摘及以后的诸多环节中运用科学有效的手段对其加以处理，降低损失。水果和蔬菜的保藏工艺在工业上主要有罐藏、冻藏和干藏。其中干藏是最经济有效的方法，它是将果蔬中的含水量降到足够低，便可阻止微生物的生长繁殖，推迟和减少以水为媒介的腐烂反应，延长脱水水果和蔬菜的保藏期，并减轻产品质量以便包装和运输。

2. 果蔬的组织结构和细胞结构

果蔬的食用部分主要是由具有贮藏功能的薄壁组织构成。在这种组织中，细胞间的排列较疏松，细胞内含有大量的储藏物质，如糖、蛋白质、脂肪、单宁等。食用部分也有少量起机械支持作用的厚角组织和薄壁组织。表皮一般都是由排列紧密的表皮细胞组成，表皮上有气孔和皮孔，起呼吸通风口的作用。果蔬内部物质的输送由木质部和韧皮组织构成的维管装置负责，植物中组织的排列如图 5-24（1）所示。

细胞是植物体最基本的结构单元，所有的生命活动都是在细胞内进行的，图 5-24（2）是植物细胞的结构示意图。植物细胞由原生质体、细胞壁和液泡 3 部分构成。植物细胞的外部被较坚固的细胞壁包围，细胞壁含有果胶、纤维素、半纤维素和木质素等聚合物。它是具有一定硬度和弹性的固体结构，其功能为支持细胞质膜，维持细胞内的一定水量以及细胞和植物组织结构。在细胞壁的外部，细胞之间通常有一层果胶物质形成的胶状物把细胞壁黏合在一起，即为中胶层。相邻细胞之间的壁上有原生质丝相连，称为胞间连丝，它使细胞之间能相互沟通。液泡是液体的储藏库，含有糖、氨基酸、有机酸和盐类等溶质，它被半透性膜包围。液泡膜和半透性的细胞质膜会一起调节细胞的含水率，允许水分自由地通过膜，但会选择性地限制如蛋白质和核酸类大分子溶质的移动以维持细胞的膨压，使水果和蔬菜呈现出脆感。细胞质中往往有着丰富的内含物，它们都是一些新陈代谢的产物，如淀粉粒、糖原粒、油滴和乳液等。

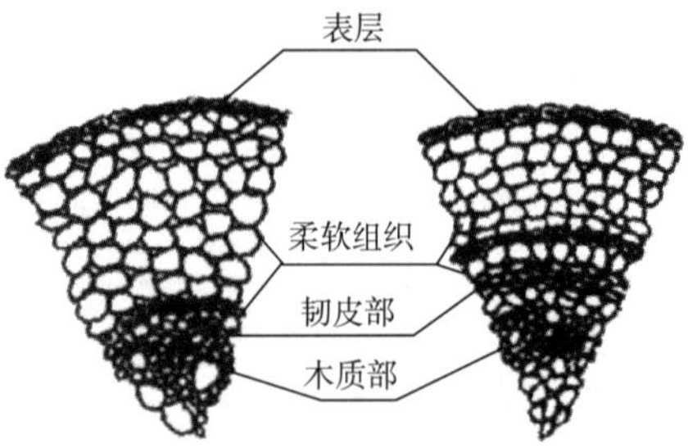


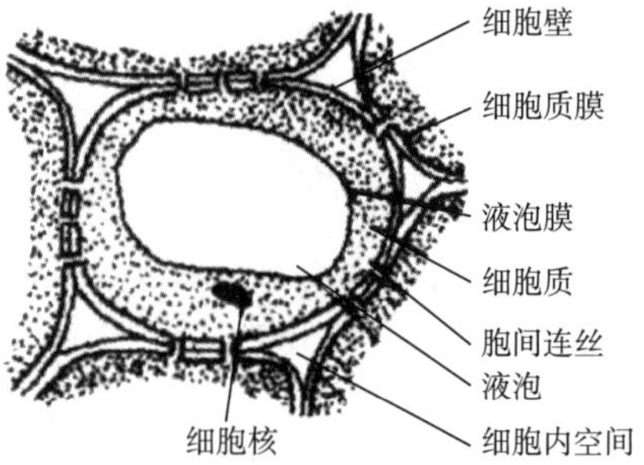


图 5-24　植物中组织的排列（1）和细胞的结构（2）示意图

3. 果蔬干燥前的预处理

漂烫是果蔬干燥前的关键步骤，起到灭酶、护色的作用。传统加工方法存在耗水量大、能耗高、产品品质差、污染重等缺点。红外加热技术作为一种新型漂烫技术，通过辐射红外线使物料吸收大量能量后产生共振，从而达到快速升温加热的目的，现已被广泛研究并应用于果蔬预处理环节中。

2012 年，李树君等将远红外漂烫（辐照强度 4.0kW/$m^2$，2.5min）与传统漂烫方法（100℃，4.0min）进行比较，发现远红外漂烫可在更短时间内达到相同的灭酶效果。

2013 年，维什瓦纳坦（Vishwanathan）等将蒸汽、热水与远红外漂烫应用于胡萝卜片灭酶工艺中，其中远红外漂烫后的胡萝卜片具有更好的复水性能以及维生素 C 保留率，相较于传统漂烫方法，其热损伤程度较低。

在果蔬品质方面，2015 年，阿吉安（Guiamba）等研究发现，采用高温短时（90℃，2.0min）或低温长时（65℃，10.0min）的远红外漂烫芒果，处理后样品的维生素 C 与 $\beta$-胡萝卜素保留率均高于传统漂烫。

2017 年，吴本刚等采用 15.0cm 的辐照距离处理莴苣 6.0min 并与冷冻干燥相结合，处理后酶活下降 20%，维生素 C 保留率为 70%。张琥等通过测定多酚氧化酶活性来研究远红外灭酶机制。研究表明在热效应的作用下，多酚氧化酶的 $\alpha$-螺旋无规则卷曲以及 $\beta$-转角转化而导致失活；在非热效应方面，红外辐射通过使 $\beta$-折叠的相对含量下降，从而加速了酶的失活。远红外漂烫具有升温速率快且热损伤较低的特点。

除此之外，远红外灭酶可联合其他预处理方法来弥补食品加工中的不足，如远红外同步灭酶脱水不仅可以达到较好的灭酶效果，还能同时达到预脱水的目的，具有一定程度的干燥作用。远红外漂烫技术也存在一些不足：远红外线波长较短，穿透深度有限，只能作用于果蔬表面，无法处理体积较大的果蔬，且存在一定的加热不均问题。

4. 果蔬红外干燥的研究与应用

目前，红外辐射加热技术广泛用于农特产品及食品加工业中的各种热加工处理。在研究的最初阶段，红外干燥被证实并不适用于所有物料的干燥，许多高湿物料长时间置于红外辐射加热条件下会产生膨胀最终发生龟裂现象，随后红外辐射与热风对流相结合的干燥方法被广泛用于各类高水分物料的加热。

2014 年，隋银强等对酿酒的葡萄皮渣进行红外干燥研究，进一步优化葡萄皮渣的干燥工艺，也为其他物料的红外处理干燥提供理论基础。实验对自然晒干、连续红外干燥、间歇红外干燥以及红外对流两步干燥进行研究，对每种干燥方法的干燥特征、灭菌效果以及干燥质量进行比较分析，并且还对采用不同干燥处理方法的葡萄籽的超微结构进行观察。结果表明，连续红外干燥的干燥速率最高；除自然晒干和红外对流两步干燥（55℃）外，所有干燥方法均具有较好的灭菌效果；皮渣的总多酚和原花青素在所有干燥过程中都有一定损失，连续红外干燥对总多酚和原花青素具有较好的保护作用；红外干燥的葡萄籽的组织之间出现较多的孔隙，而自然晒干和对流干燥的葡萄籽组织间没有或有少量的孔隙。

2018 年，黄斌等研究香蕉片的远红外干燥工艺后发现，当护色剂的质量分数是 2%，远红外烘干温度是 80℃，烘干时间是 5h 时，制得的香蕉片有较好的感官品质。

2019 年，麦馨允等对远红外干燥白玉菇的工艺条件进行了优化，探究远红外干燥技术对物料品质的影响，分别对远红外温度、切片厚度和装载量进行单因素试验后得出各单因素条件下对白玉菇品质影响的最佳值。在最佳条件下，产品亮度、复水率、维生素 C 含量和感官评价得分均较好。

2019 年，吴晓菲等对上海青叶柄、菜用红薯和菜用蛹草虫进行红外联合冷冻干燥后发现，相比于单一冷冻干燥，红外冷冻干燥显著提高了 3 种物料的干燥效率。红外冷冻干燥的菜用红薯和菜用蛹虫草的微观结构均与冷冻干燥近似，都呈现出疏松多孔的结构。综合温度、水分含量、色差、收缩率及微观结构可知，红外冷冻干燥的 3 种特色蔬菜的均匀度略低于冷冻干燥，但差异不明显，即红外冷冻干燥的产品仍具有较好的均匀度。

2019 年，曾雅等研究表明，温度的升高有利于猕猴桃干燥时间的缩短和扩散系数值的增加。在干燥后期，样品中的残余水分主要是以结合水的形式存在。提高辐射温度可以促进各种水分状态之间的转变，提高干燥效果。

2020 年，吴敏等研制了一款基于温湿度控制的红外热风联合干燥机，分析了气流分配室作为干燥机的关键部件对腔室内部流场分布的影响规律。并以鲜面条为研究对象，对该机性能进行试验，得到此红外热风联合干燥时间（50 min），比单一热风干燥的时间缩短了 16.7%，红外热风干燥方式可以有效弥补单一热风干燥效率低、速率慢等问题。

2020 年，雷炎等以猕猴桃果脯为试验对象，探讨热风干燥、远红外干燥和真空冷冻干燥 3 种不同干燥方式对其水分构成、复水性、硬度、韧性、风味和滋味等品质特性的影响。经快速水分测定仪和低场核磁共振技术检测发现，真空冷冻干燥过的果脯含水率显著偏低，其自由水和不易流动水的相对含量明显偏高，复水性显著偏高，硬度和韧性显著高于其他两种干燥方式。电子舌和电子鼻分析结果表明，猕猴桃果脯经真空冷冻干燥后的咸味显著偏高，而挥发性芳香物质的含量则呈现出相反的趋势。经聚类分析和多元方差分析，热风干燥和远红外干燥所得的猕猴桃果脯品质接近，与真空冷冻干燥的果脯品质差异较大。

2022 年，巴锡（Bassey）等以火龙果片为试验对象，探讨不同温度、托盘旋转速率对其理化特性和微观结构的影响，发现托盘转速和温度越高，水分蒸发率就越高，干燥时间也会越短。在高转速 40r/min 和 50℃下，颜色、复水比、活性物质保留率的结果更好。

## 三、中药材干燥

1. 中药材研究背景及意义

中药材是大健康产业的重要物质基础，是文化自信的重要组成内容，是我们走向世界的重要物质载体。同时它也是独特的卫生资源，潜力巨大的经济资源，原创优势的科技资源以及优秀的文化和生态资源。它有利于大健康事业的可持续发展并能保障医疗保健的供应，对应而建的生产种植养殖基地是该产业发展的重要保证。在大健康产业发展中，中药材处在十分重要的位置，它涵盖了两大市场和五大领域的保障供应。即国内国际两大市场，中成药（中药饮片）、保健品、食品、化妆品（提取物、精油）与养殖业（饲料添加剂、兽药）五大领域，是和人们生活息息相关的重要物质。

中药材行业目前面临的主要问题是：中药材的药效和质量、中药材的质量检测标准、中药材的安全性。其中最根本的就是中药材的质量，因此如何解决中药材的药效质量问题就显得尤为重要。干燥是中药材加工的重要组成部分，它与中药材的质量有着密切的关系，干燥的质量将直接影响中药材的质量。因此，采用节能高效的干燥方法是非常必要的。

2. 中药材干燥存在的问题

（1）自然晾晒耗时费力　自然晾晒是如今干燥中药材使用范围最广的手段。如果天气适宜的话，会将药材放置在外界进行晾晒；阳光强烈时，则会置于凉棚下晾晒。若药材的表面出现细小裂纹时，可转移到室内阴凉处让其回潮，待表面回润后再晾晒，直到风干。该过程来回往复，2~7d 不等。但常会因为天气阴雨连绵，使得部分中药材颗粒出现霉变现象，此时需进行后续处理。而且自然晾晒缺少有效的杀虫灭卵环节，如药材大量集中堆放，通常一年后会出现虫害。为此，部分生产者会采用硫黄熏蒸的方法，既可熏蒸灭虫又可护色。但硫黄熏蒸所产生的 $SO_2$ 会掩盖药材本身特有的香味，降低产品的药用价值，部分中药材的生产已明确禁止使用该方法。特别是近年来，随着中医药现代化升级为国家战略以及中医药法的颁布与实施，硫黄熏蒸这一不良现象得到了较大改善。

（2）缺乏有效的干燥技术和装置　为提高茯苓干燥的加工效率，目前大多数生产者采用热风干燥装置进行干燥。同烈日暴晒类似，若热风干燥温度过高，容易导致药材产生应力集中现象，出现裂纹、破碎等，降低产品的品相等级，但温度低会急剧增加时间成本。

（3）干燥不当造成核心药理成分流失 中药材直接关乎人的身体健康，但药效成分容易受干燥工艺的影响。因此，相比于一般物料，中药材的干燥工艺要求更为严格。自然晾晒过程中的霉变、长时间的热风干燥、过高的干燥温度等不恰当的干燥工艺往往会造成核心药理成分的损失，影响药效品质。中药材干燥还常与其药材自身的结构、成分、含水率、形状、湿分、与饮片的结合形式等内部因素有关。也就是说，中药材干燥工艺的本质是依据物料湿分的内在变化规律来动态调控外部干燥条件，进而达到保质、高效的目的。

3. 中药材红外干燥的研究和应用

2017 年，杜利平等借助核磁共振技术研究了不同花期（三青期、大白期和全花期）的金银花在红外干燥过程中水分分布及状态的变化。结果表明，不同花期的金银花中均含有 3 种状态的水：结合水、半结合水和自由水，其含量为：半结合水>结合水>自由水。三青期金银花的结合水和自由水含量高于大白期和开花期，半结合水含量相对低于大白期和开花期。金银花干燥过程中，不同状态的水也呈现出不同的变化规律，半结合水含量逐渐减少，结合水含量先减少后增加。干燥过程改变了金银花内部水分分布状态和含量，不同状态的水分之间会发生一定的相互转化。三青期金银花中部分结合水在干燥初期流动性变大，在干燥后期流动性变小，大白期金银花结合水流动性在干燥过程中持续变小。

2017 年，赵海波等以刺参为试验对象，研究了远红外干燥在不同温度下对其干燥速率、收缩率、复水率以及干燥品质的影响。实验发现 60℃ 条件下干燥 14h，干制品复水率可达 5.0 且质量较好，是较理想的远红外干燥温度值。

2017 年，孙永林等以湖北麦冬为干燥原料，进行薄层干燥特性及模型研究，并以菲克（Fick）定律、阿伦尼乌斯（Arrhenius）方程为依据，计算湖北麦冬在传热传质过程中的水分扩散系数和干燥活化能。结果表明，湖北麦冬的切片厚度及干燥温度对其红外干燥特性有明显影响。切片越薄，温度越高，湖北麦冬的干燥速率就越快。Page 模型预测值与实测值比较吻合，可用来描述湖北麦冬干燥动力学过程。在不同切片厚度和干燥温度下，有效水分扩散系数在（0.10~1.64）$\times 10^{-10} m^2/s$ 内基本上随干燥温度和切片厚度的增加而增大；麦冬切片厚度为 1、2、3、4mm 的干燥活化能分别为 32.88、32.12、32.49、37.09kJ/mol。

2019 年，李武强等以当归切片为研究对象，探索当归切片的远红外干燥特性及干制品品质。结果显示，与热风干燥的干制品相比，远红外干制品的色差值和水分活度更小，更容易保留当归中的阿魏酸和挥发油。分析不同干燥条件下干制品微观结构的扫描电镜发现，远红外可以增加当归切片内部的微孔数量且细胞排列更加整齐。

2020 年，郭彦芳等以潞党参为试验对象，对比了热风干燥和红外干燥对其药理成分的影响。结果表明，潞党参的功效物质在低温下较稳定，温度过高会对其造成损害。若以党参炔苷、苍术内酯Ⅲ、紫丁香酚苷含量为指标，红外干燥方式最佳；若以党参总多糖含量为指标，红外、热风及微波干燥方式均较好；综合功效物质含量、样品外观、干燥时间及能耗等多因素得出温度为 60℃时，红外干燥或热风干燥均为潞党参的适宜干燥方法。

2021 年，姜春慧等研究了不同温度、切片厚度和辐照高度条件下桔梗的远红外干燥特性，通过建立其干燥动力学模型，对比不同干燥条件下桔梗干燥品质的变化。结果表明，适宜的干燥温度为 55~60℃，切片厚度为 4mm 时的干燥效果较好；韦布尔（Weibull）模型能够较好描述桔梗的远红外干燥过程；不同干燥条件下物料有效水分扩散系数是 $1.08\times 10^{-9} \sim 6.88\times 10^{-9} m^2/s$。与热风干燥相比，远红外干燥所得干制品的色差更小，干燥曲线的变化也更平缓。对比不同干燥方式所得到的桔梗干制品的微观结构发现，远红外干燥所得产品的细胞表面平整、孔隙均匀、细胞损伤较小。

## 思考题

1. 简要概述红外线的特点。

2. 举例可能涉及红外技术的装置及其应用场景。试着分析其运行原理。

3. 查阅并简述一种联合干燥技术的应用实例。对比分析其与单独干燥技术相比具有哪些优势。

4. 举例说明生活中远红外、近红外、中红外的应用。

5. 根据图 5-2 尝试解释：红外辐射的波长何时具有实际意义？为什么？

6. 根据斯特凡-玻尔兹曼（Stefan-Boltzmann）定律计算：将某一黑体表面置于室温为27℃的厂房中，试求在热平衡条件下的辐射力。如果将黑体加热到327℃，求它的辐射力。

7. 红外辐射干燥与传统干燥有何相同和不同之处？

8. 红外辐射干燥装置主要包括哪几部分？

9. 电加热远红外辐射元件有哪些结构形式？

10. 埋入式陶瓷红外辐射加热器与碳化硅红外辐射加热器有哪些异同？

11. 简述直热式与旁热式辐射器的原理与区分依据。

12. 简述煤气红外辐射加热器的工作原理。

13. 举例说明红外漂烫技术的应用和目的。

14. 举例说明红外技术在农产品干燥中的局限性。

15. 根据已掌握的知识，介绍几种有关红外联合干燥技术的应用，并就其中一种作详细介绍。

CHAPTER 6

# 第六章 微波干燥技术

[学习目标]

1. 理解微波干燥的技术原理。
2. 掌握微波干燥的应用模式和农业物料微波干燥特性。
3. 了解微波的生物效应和微波干燥中的健康防护。

## 第一节　概述

### 一、微波的概念

微波是指波长在1mm~1m，频率在300~300000MHz的电磁波，它的波长和频率介于红外和射频之间，微波在电磁波波谱中的位置如表6-1所示。微波是一种非电离辐射，能量较低，不能使物质中的原子和分子发生电离现象，只能使粒子振动从而导致温度上升。

表6-1　微波在电磁波波谱中的位置

| 编号 | 电磁波 | 波长 | 频率 |
| --- | --- | --- | --- |
| 1 | 可见光、紫外线、高频射线 | ≤750nm | ≥400THz |
| 2 | 红外线 | 750nm~1mm | 0.3THz~400THz |
| 3 | 微波 | 1mm~1m | 300MHz~300GHz |
| 4 | 射频 | 1m~1km | 300kHz~300MHz |
| 5 | 长波、超长波 | ≥1km | ≤300kHz |

光频率与光速和相应的波长有关，可用式（6-1）来表达。光的传播速率及光波在物质中的波长取决于物质的材料。在真空状态下，光速为$3\times10^8$m/s，与之相对应的微波波长为1mm~1m。

$$c = \lambda \cdot f \tag{6-1}$$

式中　$c$——光速，m/s；

$\lambda$——波长，m；

$f$——频率，Hz。

微波被广泛应用于工业生产和农业科学等领域，为了避免不同用途的电磁波互相干扰，国际上对微波频率范围有统一规定：工业、科学和医药领域常用的频率分别称为工业（Industrial）、科学（Scientific）和医疗（Medical）用电波频带，简称ISM频带，其中常见的频率有433MHz、915MHz、2450MHz和5800MHz等，与通信频率分开使用。目前我国常用于工业微波加热的频率为915MHz和2450MHz。

## 二、微波的特性

从电子学和物理学观点来看，微波具有不同于其他波段的特性。

### （一）波动性

微波作为一种电磁波具有波粒二象性，而波动性和粒子性的强弱取决于电磁波的频率和波长。微波的波长很短，频率很高，所以其粒子性不明显，波动性较强。

（1）在自由空间中是横波，并以光速沿直线传播。

（2）不同物质对微波辐射会呈现反射、穿透和吸收3种特性：①反射特性，微波遇到金属表面将发生反射，其反射方向符合光的反射规律；②穿透特性，微波遇到玻璃、陶瓷、聚丙烯塑料等可直接穿透，这些物料常作为反应器的材料；③吸收特性，含水和含脂肪的食品能不同程度地吸收微波能量而转变为热能。

（3）当入射波与反射波相遇叠加时，能形成波的干涉现象，其中包括驻波现象。在微波波导或谐振腔中，微波电磁场的驻波现象就很常见。

（4）遵守波动的基本规律。

### （二）高频特性

在电路特点上，必须考虑在低频时不起主要作用的趋肤效应、辐射效应和分布参数效应等高频效应。由于微波频率很高，其辐射效应更为显著，这就意味着微波在普通的导线上传输时，伴随着能量不断地向周围空间辐射，波动传输将很快衰减，所以对传输元器件有特殊要求。

### （三）穿透能力

微波由于波长较长，因此具有更好的穿透性。微波透入介质时，与介质发生一定的相互作用，介质吸收微波辐射出来的能量，温度升高。不同介质对微波能的吸收能力也有所不同。随着微波向介质内部的渗透，微波的能量呈指数衰减。表示微波穿透性的物理量为半衰深度，即入射微波功率衰减至一半时的深度，如式（6-2）。

$$D = \frac{3.31 \times 10^7}{f\sqrt{\varepsilon_\gamma}\tan\delta} \tag{6-2}$$

式中 $f$——微波频率，Hz；

$\varepsilon_\gamma$——介电常数，F/m；

$\tan\delta$——介质损耗角正切（又称介质损耗因数，是指介质损耗角的正切值）。

从式（6-2）可以看出，微波渗透深度与频率有关，频率越高，其穿透力越弱。当微波频率为2450MHz时，微波在空气中的渗透深度为12.2cm，915MHz时为33.0cm；当微波频率为2450MHz时，微波对水的渗透深度为2.3cm，915MHz时为20cm；对于玻璃、聚四氟乙烯、陶瓷等材料，微波几乎可以穿透而不被吸收。

### （四）选择性

不同物质对微波的吸收能力是不一样的，这主要是由物料分子的极性来决定的。物料分子极性强的物质对微波的吸收能力就强，相反，非极性或弱极性的介质几乎不吸收微波。介电常数通常是介质极化能力强弱的标志，介电常数越大，介质的极化能力越强。由于各种物料的介电常数不同，微波加热就表现出选择性加热的特点，微波场对介电常数大的介质作用更加明显。水分子属于极性分子，介电常数较大。因此，对于食品来说，含水率的高低对微波的加热效果影响很大。

## 三、微波与材料的相互作用

### （一）物质对微波的吸收和反射

与红外线这两种电磁波相比，微波被物质吸收的深度可达几厘米左右，而红外线的波长短，被物质吸收的深度为微米数量级，仅局限于物体表面层。从加热的角度来看，物质吸收微波则意味着微波能量传递给物质并转变为热能。微波深入物体的深度多少代表着物体被加热的范围。可见微波加热表现为物体深层范围的加热，红外加热仅是对物体表面的加热，必须通过积累在物体表面的热量并依靠热传导方式逐次地向物体内层传递，最终加热整个物体。红外加热这种依靠物体表面热传导的加热方式与热风干燥类似，称为常规加热，而微波加热不依靠表面热传导，称为整体介质加热。

当微波在传输过程中遇到不同材料时，会产生反射、吸收和穿透现象。在微波加工装置中，常用的材料有导体、绝缘体、介质、极性和磁性化合物。

（1）导体　一定厚度的导体，如铜、银、铝类的金属，能够反射微波。在微波装置中，常利用导体反射微波的这种特殊形式来传播微波能量。例如，微波装置中常用的波导管，就是矩形或圆形的金属管，通常由铝或黄铜制成。它们像光纤传导光线一样，是微波的通路。

（2）绝缘体　在微波装置中，绝缘体有其完全不同于在普通电路中的地位。绝缘体可透过微波，并且它吸收的微波功率很小。微波和绝缘体相互间的影响，就像光线和玻璃的关系一样，玻璃使光线部分反射，但大部分则透过，只有很少部分被吸收。在微波装置中，根据不同情况使用着玻璃、陶瓷、聚四氟乙烯、聚丙烯塑料之类的绝缘体，它们常作为反射器的材料。绝缘体材料在微波装置中还能用来作为有效屏障，防止污物进入某些要害部位。

（3）介质　对微波而言，介质具有吸收、穿透和反射的性能。介质通常就是被加热的物料，可以不同程度地吸收微波能量，这类物料也称为有耗介质。特别是含水和含脂肪的食品，它们能够不同程度地吸收微波能量，并将其转变为热量。

（4）极性和磁性化合物　这类材料的一般性能非常像介质，也可以吸收、穿透和反射微波。此外，由于微波能量具有能对介质材料和有极性、磁性的材料产生影响的电场和磁场，因此许多极性和磁性化合物同介质材料一样，也适合作为微波加工材料。

### （二）微波对物料的热效应

微波加热物料时，将同时出现热效应和非热效应（或称生物效应）。

微波的热效应是指物料吸收能量并转换成热量的现象。在微波的作用下，物料内部极性分子从原本的杂乱无章变为按照电场取向排列，电场方向发生转变，极性分子排列方向也会发生变化。在这个转变的过程中，由于分子的热运动、相邻分子之间的相互作用和极性分子的变极效应，介质内的分子产生了类似“摩擦”的效应，使极性分子获得能量，从而造成物料升温、物料内含的水分蒸发、物料干燥和脱水，若适当控制脱水速率还可造成物料膨化，使其结构疏松。微波对物料的热效应示意图如图 6-1 所示。

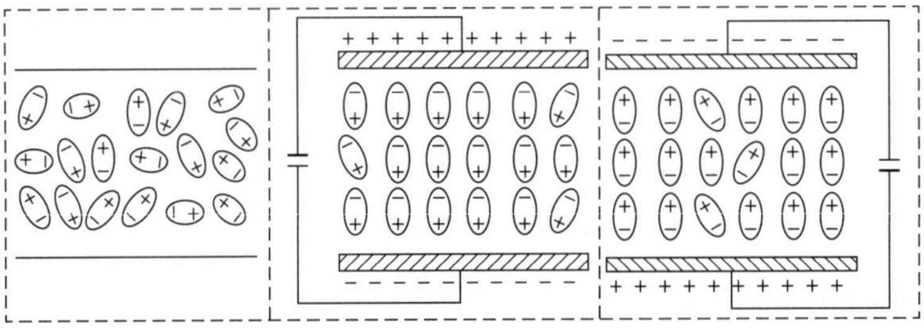

图 6-1 微波对物料的热效应示意图

### （三）微波对物料的非热效应

微波加热物料时，对于生物体还存在着非热效应现象。它能使处在微波电磁场环境中的生物体出现所谓的应答性反应。即以最小的微波就能造成生物体生存环境条件以及自身生理活动的改变，如破坏生物体细胞内外的电位平衡、阻断细胞膜与外界交换物质的离子通道的通畅性等。这些改变对生物体的作用是致命的，它能在极短时间内让生物体死亡，其致死性是微波电磁场的热力与电磁力共同作用的结果，其中以电磁力作用为主。

由于电磁力作用的存在，以及它对生物体的强烈影响，这是常规加热环境下所没有的因素，再加上微波加热不需要预热，又能在短时间内使物料整体升温，微波杀菌属于物理性质杀菌。这种方式的杀菌效果极为显著，能在较低的杀菌温度下，短时间内杀灭食品中的细菌，且不存在放射性物质的残留和污染，也不添加防腐剂成分，还能最大限度地保持食品的口感、风味和营养成分。

### （四）微波对化学过程的激励效应

微波电磁场可以直接作用于化学体系，催化加速或改变各类化学反应过程。在微波电磁场环境下，通过微波功率的诱导，使气体转变成等离子体，进而可以在各种化学领域加以利用，如检测某些常规方法难以测定的非金属元素，增强一些基本材料上的化学沉积等。

微波对化学反应的催化，使一些在通常条件下不易进行的反应迅速完成。微波对化学反应的影响，除了对反应物加热的热效应外，还存在着微波电磁场对参与反应的分子间行为的非热效应的直接作用。微波电磁场还可以对生物体以及组成物质的分子结构产生组合影响。

## 四、微波干燥原理

微波干燥利用了微波对物料的热效应。微波干燥时，微波能透射到物料内部被水分吸收，微波能瞬时转化为热能使物料内外同时升温，内层水蒸气压力也迅速升高，驱动水蒸气向表层排出。内层首先出现干燥层，并逐渐向外层扩展；热风干燥时，表面吸收了热介质传递的热能而汽化，表层温度升高，内外层温差加大，外层首先形成干燥层，水分减少导致细胞浓度提高，形成内层细胞的渗透压差，水分便由内层向外层流动。

微波对物质的加热过程与物质内部分子的极化有密切的关系，微波交变电场振动一周的时间为 $10^{-12}\sim10^{-9}s$，可见微波场不会引起电子极化和原子极化。而偶极子转向极化和界面极化的时间与微波频率吻合，介质在微波场中的加热也是主要靠这两种极化方式来实现的。介质在微波场中的极化，表现为对电场电流密度的损耗，介质的复介电常数如式（6-3）。

$$\varepsilon^{*}=\varepsilon'-j\varepsilon'' \tag{6-3}$$

式中 $\varepsilon^{*}$——复介电常数；

$\varepsilon'$——介电常数；

$j$——虚数单位；

$\varepsilon''$——损耗因子。

介质的复介电常数 $\varepsilon^{*}$ 综合反映了介质在交变电场中的电极化行为；$\varepsilon'$为复介电常数的实部，其大小反映了介质束缚电荷的能力；$\varepsilon''$为复介电常数的虚部，其大小反映了介质的损耗情况，常用损耗角正切 $\tan\delta$ 来表示，如式（6-4）。

$$\tan\delta=\frac{\varepsilon''}{\varepsilon'} \tag{6-4}$$

在实际介质中，除了偶极损耗 $\varepsilon''_{d}$ 外，还有界面损耗 $\varepsilon''_{mw}$ 和电导损耗 $\frac{\sigma}{\omega\varepsilon_0}$。因此，介质在微波场中的有效损耗 $\varepsilon''_{eff}$ 如式（6-5）。

$$\varepsilon''_{eff}=\varepsilon''_{d}+\varepsilon''_{mw}+\frac{\sigma}{\omega\varepsilon_0} \tag{6-5}$$

物料的介电特性受多种因素影响，除了频率以外，温度、含水率、密度及组分等因素也起着重要作用。

1. 含水率的影响

湿物料中的水分以两种主要形态存在，即广泛存在于毛细血管或微隙中的自由水以及与其他分子结合在一起的结合水。细胞间自由水分子的介电性与液态水的介电特性很相似，具有很强的极性，很容易吸收微波能量转化成热能，而结合水的介电性却像冰一样。图 6-2 所示定性地表示出了有效损耗因子与含水率的关系。原材料中水的两种形态可以分成两个不同区域来表征。在低于临界含水率 $M_c$ 时，即结合水存在的Ⅰ区，有效损耗因子变化较小；而当含水率升高到高于临界含水率 $M_c$ 时，即自由水存在的Ⅱ区，随着含水率的升高，有效损耗因子快速升高。对于高水分含量材料，临界含水率为 10%～30%，而对于非吸湿性材料，如砂的含水率约为 1%。

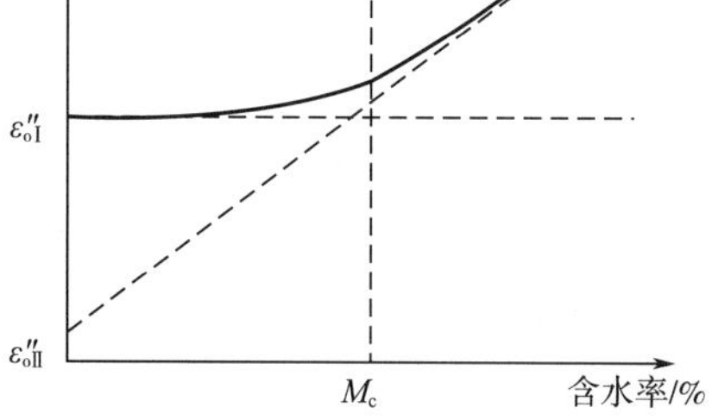


图 6-2 有效损耗因子与含水率的定性关系

2. 温度和盐分的影响

温度对物料介电特性的影响与很多因素有关，包括物料组分，特别是水分和盐的含量。含盐少的湿物料的介电特性类似于水，随着温度升高，损耗因子反而减小了。冰中的水分子矩阵是固定的，因为冰的介电性很低，冷冻食品的介电常数和损耗因子都相对较低，在很大程度上，其值取决于食品中未冻结水的量和自由水的离子传导性。当物料熔化时，损耗因子随着温度升高而迅速增大，熔化后损耗因子则随温度的升高而降低。

对于含盐的湿物料，损耗因子随温度升高而增大，这会导致所谓的“失控效应”，使得物料温度升高后失去控制。优先获得加热的局部区域会加速热化，温度上升会增大损耗因子，反过来再促使温度上升，如此反复不断，导致恶性循环，引起物料加热不均匀。因此，在物料加热的后期阶段，含水率较低，水分蒸发可能不足以冷却产品，导致产品温度升高，应限制使用高强度微波从而防止热失控现象的发生。

3. 密度的影响

物料密度对介电特性也有一定的影响，尤其是粒状物料，例如粉末或颗粒。但是对于某些物料，要在粉碎之后才可以精确测定其介电常数。在这种情况下，获得颗粒样品与粉末样品之间的介电特性转换关系是非常重要的。

## 五、微波干燥的优势

微波干燥是一种起源于20世纪40年代的新型物理场干燥技术，具有精准高效、体积受热、输入功率灵敏易控制、最大程度保持物料营养成分等优点，因此广泛应用于农特产品加工领域。微波干燥可以延长产品保质期、提高产品附加值、提升农特产品的贮藏品质等。微波干燥具有以下特点。

（1）干燥速率快　微波能够瞬间透射到物料内部，把微波能转换为热能，而不是靠物料本身的热传导进行加热，因此加热时间更短。对比热风干燥，微波干燥菠萝片和苹果片可将干燥时间缩短80%左右。

（2）产品质量高　微波加热具有选择性。水的介电常数较大，吸收微波能力强，保护了物料中芳香油、天然色素等热敏性成分；物料的干燥温度较低，能较好地保留被干燥物料原有的色香味以及维生素等营养成分；微波加热的瞬时高效可以保证产品有较好的复水性。

（3）输入功率灵敏易控制　微波功率可快速调整且无惯性，易于即时控制。因此在微波加热时，调整和确定产品的工艺参数较为方便，更容易实现连续生产及自动化控制。

（4）精准节能　微波加热装置本身不消耗热量，除少量的微波在传输过程中有所损耗，以及加热时有少部分热量散失，微波加热过程中几乎无其他损耗，热效率高。微波加热与红外加热相比，可节省能量1/3~1/2。

## 六、微波干燥存在的问题

干燥品质不均匀是微波干燥果蔬物料的主要问题。对于大多数新鲜果蔬，含水率都在90%以上。在干燥过程中含水率下降很快，物料基数变化大，不同阶段的物料内部生物组织结构、分割形态、叠放位置都存在差异。因此微波的穿透能力、物料对微波的吸收能力都有显著不同，这就导致了物料干燥品质的不均匀。

微波干燥菠萝片、苹果片等物料，在干燥时间为30min时，中部有轻微的焦煳，出现明显的干燥不均匀现象。在干燥过程结束后，中部焦煳严重，干燥品质较低。微波干燥的苦瓜片在干燥过程中物料的含水率差异也很大。解决干燥品质不均匀的问题是目前微波干燥的发展趋势。

# 第二节　微波干燥的技术装置

微波干燥的技术装置主要由微波发生装置、微波传输装置、微波加热装置和微波控制装置组成。微波源的使用寿命、生产成本曾是制约微波干燥技术发展的主要因素。随着大功率微波源技术的成熟以及各种传感、智能控制技术的进步，微波干燥的技术装置也取得了快速的发展。

## 一、微波发生装置

微波发生装置提供连续稳定的微波功率输出，其核心部分是微波功率发生器。可以产生微波的器件有许多种，但主要分为两大类：半导体器件和电真空器件。电真空器件是利用电子在真空中运动来完成能量变换的器件，也称为电子管。在电真空器件中能产生大功率微波能量的有磁控管、多腔速调管、微波三极管、微波四极管、行波管等多种器件。半导体器件在获得微波大功率方面与电真空器件相比至少相差 3 个数量级。例如 915MHz 磁控管可以获得 30kW 甚至 60kW 的功率，而半导体雪崩二极管只能得到数十瓦或近百瓦的功率。2450MHz 磁控管单管可以得到 5kW 功率，2450MHz 速调管可以得到 30kW 的功率，而半导体器件只能输出几瓦的功率。

在微波加热工业运用中，主要微波元件是电真空器件中的磁控管和速调管。两者的区别在于速调管是电子流直接进行电子集群调制，而磁控管是在磁场的作用下改变电子轨道的曲率，使之在圆形轨道上形成电子集群调制。速调管的优点是具有放大功能，功率合成非常容易；缺点是效率低、工作电压高。目前，在农特产品微波干燥和加工领域中多选用磁控管。

### （一）磁控管的工作原理

用磁控管能方便地获得微波大功率，它可以在 1s 内发出几百至几千个相互间隔的电波信号，即脉冲，也可以发射不间断的连续电磁波。因此，称前者为脉冲磁控管，主要用于雷达。工业用磁控管为连续波磁控管，简称为磁控管，其工作原理如图 6-3 所示。

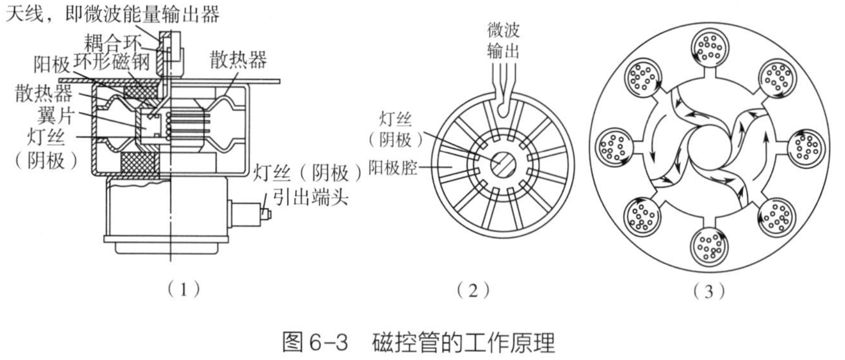


图 6-3　磁控管的工作原理

（1）和（2）为磁控管的结构，（3）为磁控管的旋转电子轮辐。

1. 磁控管的结构

图6-3（1）和图6-3（2）为磁控管的结构。磁控管通常有一个高导电率无氧铜制成的阳极，腔体中间是一个发射电子的阳极，阳极上有许多小腔是产生高频率振荡的谐振回路，阴极及阳极中间为电子作用的空腔，在这一空腔内加有均匀的、与阴极轴线相平行的磁场。每一个扇形的阳极空间构成一个谐振腔，它的振荡频率即磁控管的工作频率。在每个翼片上都有一个小孔，它把每个谐振腔中的微波能量耦合成一个整体。在阳极的外壳上嵌套了一对环形的永久磁钢，用它所产生的磁场来控制阳极腔内微波振荡的能量。在阳极一头有根环状的金属线连到管子的天线，构成耦合环，从阳极腔内吸取微波能量馈送至天线，耦合环和天线组成能量输出装置，通过它将磁控管产生的微波能量输出供使用。微波能量的输出一般有三种形式：同轴输出型、波导输出型、天线输出型。

为了保证作用空间的磁场均匀及减少漏磁，在磁控管的两端带有铁制成的磁极，并由其构成电子管外壳的一部分。磁控管阴极根据设计的不同，通常做成间热式和直热式两种。间热式阴极由热源来加热，而热源就装在阴极管内；直热式阴极的热源本身就是由电子发射材料制成的，既是加热体又是阴极。

2. 磁控管的工作原理

磁控管实际上就是一只在正交电磁场作用下的以高发射圆柱为阴极，以微波谐振腔为阳极的二极管，一般阳极接地，阴极接负高压。由阴极发射出的电子，在恒定电磁场和谐振腔内产生的高频电磁场的共同作用下，在阴、阳极组成的互作用空间中作回旋运动，同时形成几组群聚的“电子轮辐”。它像电风扇叶片，以阴极为轴心进行旋转，如图6-3（3）所示。

当电子轮辐旋转时，若在腔隙处碰上负高频电场，高频电场将对聚群的电子云呈拒斥作用并使其速率降低。因速率降低而丧失的能量，实际上就转化为需要的高频能量。磁控管只要适当控制电压，就可以把聚群的电子轮辐从直流电场中取得的直流能量最大限度地转换成微波能量储存于谐振腔中，并通过能量耦合器输出到微波传输装置，这就是磁控管产生振荡和微波功率的基本过程。

实际过程中，不是所有的电子都能全部交出直流能量并转化成微波能量，总有部分电子最后直接打到阳极块，变成热能使阳极升温，这就决定了磁控管的互作用效率一般只能达到70%~85%。为了确保磁控管稳定工作，阳极块需要强力风冷或水冷。此外，还有部分电子因不能参与能量交换而返回阴极，使阴极温度升高。因此，一般磁控管在起振后，需要降低灯丝加热功率以避免阴极过热，延长其使用寿命。

## （二）磁控管的工作特性和使用方法

1. 磁控管的工作特性

图6-4所示是一类磁控管的典型工作特性曲线，其运用条件是：单相全波整流电源、灯丝电压4.6V、负载电压驻波比小于1.1。该图是在固定灯丝功率、磁场和负载条件不变的情况下，改变输入功率，在阳极电流从零到最大值的范围中选取不同点测量出阳极电压和输出功率，然后将阳极电压、输出功率和效率作为阳极电流的函数画出一组关系曲线。只有当阳极电压达到一个确定的最低值时（一般称为“门槛电压”），振荡方可产生，对应于前面所述的“电子轮辐”的旋转速率与谐振腔回路上波的速率相同步。输出功率随阳极电流的增加基本上呈线性增加，而起振后阳极电压的微小变化将引起阳极电流增加，以致功率增加。磁控管的效率在起振后达到某一电压时获得最佳值，以后随着阳极电流、阳极电压的增加缓慢降低。

与工作特性相当，我们还可画出在不同磁场值时，阳极电压随阳极电流变化的伏安特性曲线，如图 6-5 所示。从伏安特性曲线中可以得出磁控管的静态阻抗，等于工作点处阳极电压与相应阳极电流之比；也可以得出磁控管的动态阻抗，等于阳极电压的增量与相应阳极电流增量的比。

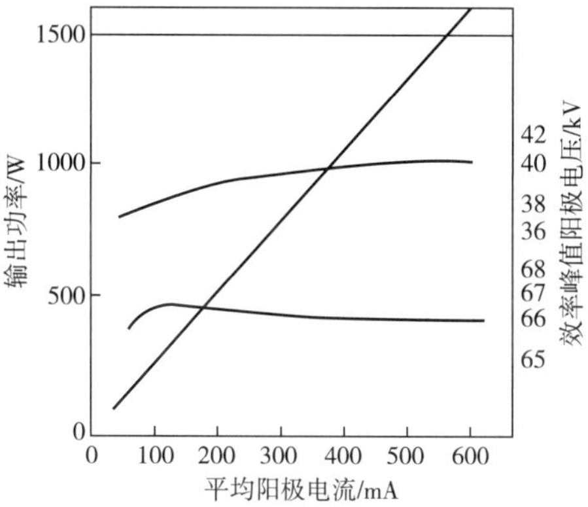


图 6-4　磁控管的典型工作特性曲线

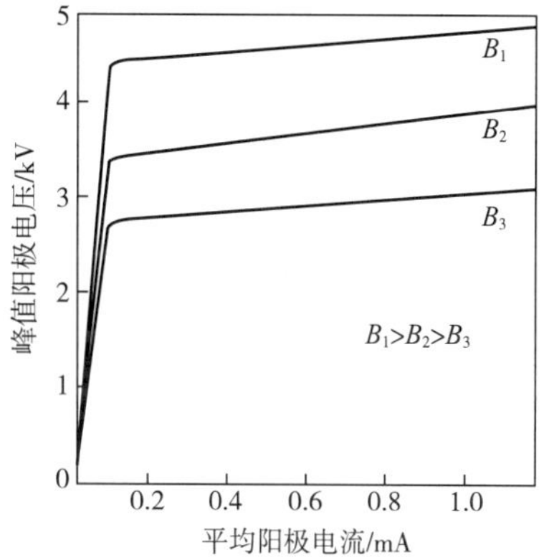


图 6-5　三组不同磁场值时磁控管的伏安特性曲线

从磁控管工作特性可知，在特定的某一工作点，当阳极电压有波动时，会引起阳极电流和输出功率的较大变化。图 6-6 所示是一种典型的微波炉磁控管 2M107A 的工作特性曲线，当电压降落 5%时，将会引起 58%的功率跌落，即从额定的 850W 跌落到 350W 左右。因此在设计磁控管电源时，应力求保持阳极电压的稳定，并且通过精确调节阳极电压还可以改变和稳定输出功率的大小。

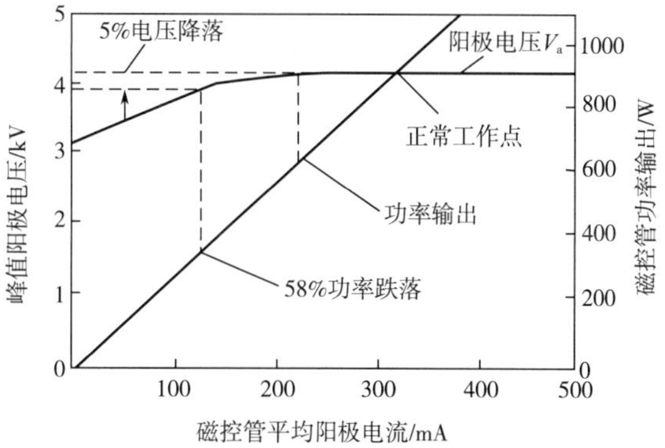


图 6-6　磁控管 2M107A 工作特性曲线

2. 磁控管的冷却

连续波磁控管具有良好的冷却性能是极其重要的。一般 800W 以下的微波炉用磁控管，其阳极块散热片和灯丝高压引出端是不可拆卸的整体，采用空气流量大于 1.5m/min 的风机冷却就足够了。保险起见，在阳极块外部均带有温度传感器，当表面温度超过一般设定的 85℃，就会要求自动保护。功率更高的工业用磁控管，阳极块均采用水冷，灯丝引出和能量输出端要求风冷，水流量根据功率大小来决定，一般大于5L/min。长时间连续工作的磁控管最好采用专门设计的带热交换器，并用过滤器的循环水冷却塔来提供必需的冷却水。为确保磁控管的安全使用，必须安装闭锁保护装置。

3. 磁控管的输出激励器

输出激励器是一段特定尺寸的波导段，将磁控管的最佳输出功率传输到标准波导传输装置或不同的微波反应腔中。一般磁控管制造厂家均会提供相应的激励图纸，以供用户选用。只要将磁控管的输出天线头插入激励腔波导宽边上的孔中，保证磁控管输出天线中所附带的金属丝网垫圈与激励腔孔的翻边凸缘均匀良好接触，然后均匀紧固4个固定螺钉，即可使用。激励腔的终端短路面至圆孔中心的距离是经制造厂家反复测试确定的，对于实现最佳传输十分关键。如果用户自己制造这一激励腔，应严格按所附图纸控制尺寸。

在一般家用微波炉中，磁控管输出天线也是一个缩短了的激励腔，直接与多模腔相连接，中间加了一片专用云母隔离板，以防烹调过程中的水汽直接进入磁控管天线。这种激励腔十分简单，尺寸也短，成本很低。其尺寸是经过微波炉厂家反复设计测试而定的，一般不可随意改动。

## （三）微波功率源

微波功率源的作用在于将50Hz或60Hz的交流电源功率转变成微波功率。一台典型的微波功率源，由微波管、供电电源、微波元件、传输装置、保护装置、冷却装置和防电磁干扰或射频干扰的机箱组成。由于频率范围、功率电平、控制方式等不同，微波源也会有所不同，如最简单的500W家用微波炉的微波源以及50~100kW的供大型工业加工应用的连续波微波源。一般在2450MHz频段，单管微波功率源的功率可从300W到10kW；若采用大功率速调管，功率可达30kW；在915MHz频段，单管功率可从5kW、10kW、20kW、50kW、75kW到100kW。若采用微波功率合成，原则上可满足工业应用所需要的任意功率电平要求。

1. 小功率磁控管的微波功率源

这种电源的基本原理是在20世纪60年代中期由美国现代变压器公司的范伯格（Feinberg）提出的。当输入电压有较小变化时，磁控管的输出功率会有较大变化，因此要求高压电源为磁控管提供稳定可靠的阳极电压和灯丝电压。它由一只具有高漏电感的变压器T、高压电容C和高压二极管VD构成，使其在正常的线电压变化范围内，能给磁控管提供一个恒定电流，其原理线路如图6-7所示。该线路极大降低了用于微波炉的电源成本，为微波炉的普及做出了贡献并一直沿用至今，且被各家微波炉厂家广泛采用。

图6-7　小功率磁控管的微波源电气原理线路

专用微波变压器是微波功率源的关键部件，具有稳压作用。与普通的电源变压器不同，它体积小、容量大。专用微波变压器一、二次侧由磁路插片分开，在一、二次侧之间放置分流磁心，加大绝缘间隙。铁心材料采用损耗很低的优质冷轧硅钢片，使变压器具有漏磁稳压特性。

当高压变压器的输入电压在额定电压的-20%～+15%内波动时，输出电压在额定电压的±(1%~2%）内变化，次级电压变化稳定，可以满足磁控管对电源稳定性的要求，提供磁控管正常工作所需的阳极电压和灯丝电压。

高压电容C和高压二极管VD组成了倍压电路。如松下2M167B-M11磁控管，功率0.9kW、阳极电压4.1kV、灯丝电压3.3V、阳极电流250mA，配置的微波变压器的输入为220V/50Hz/0.9kW，次级输出为高压2100V和3.5V的两组电压，2100V高压交流电经过高压电容和高压二极管的倍压整流后，4100V的直流高压加到磁控管两极之间，为磁控管阴极提供一个负高压，3.5V的交流电为磁控管的灯丝电压，供给磁控管阴极加热用。磁控管振荡工作，输出微波能量。

2. 大功率磁控管的微波功率源

大功率磁控管电源比较成熟稳定，在工业领域已获得较广泛的应用，已有专业厂家提供标准的微波功率源。以磁控管CKM-622为实例进行介绍，其微波频率为915MHz，微波输出功率为20~25kW，正常运转需要配有阳极高压电源、大电流可调灯丝电源和可调磁场电源，以及整套安全闭路保护装置，其原理如图6-8所示。

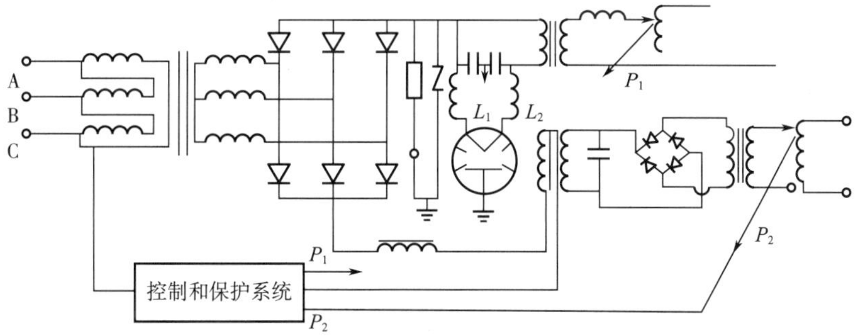


图6-8 915MHz/20kW大功率磁控管的微波源电气原理图

磁控管高压电源采用三相全波整流电路，能提供CKM-622磁控管所需的12.5kV、2.8A直流高压，而且波纹降低使磁控管在起振前后电压变化不大，起振后能稳定工作。灯丝电源采用一般交流灯丝变压器供电，保证CKM-622磁控管所需的灯丝电压和灯丝电流要求。由于磁控管灯丝处于负高压，因此灯丝变压器和相关线路都应设计有足够的高压绝缘措施。此外，为了防止高频能量由灯丝线路向外泄漏，在灯丝回路中添加了高频滤波电路，还能自动调整灯丝电流，这样可以提高磁控管的工作寿命。提供两组可调的直流线包磁场电源，并采用磁控管阳极电流反馈稳定磁场电路，只需使阳极电流与磁场励磁电流的方向相同。这样当阳极电压和阳极电流增加时，励磁电流也增加，使得磁场的磁感应强度增加，从而使阳极电流下降，起到稳定阳极电流变化和磁控管输出功率的作用。

对于这样一台高压大功率微波源，为使其能安全可靠地工作，设置必需的闭路保护功能是十分重要的，一般必需的保护功能如下。

(1) 为保护电源变压器不被外来干扰影响，通常在初级线圈与电源线之间接入压敏电阻，使得当外来干扰电压突然上升时，压敏电阻阻值极大降低从而保护变压器免遭损坏。同样原理也用于高压整流器的过压保护。

（2）用保险丝和过负荷继电器，对整流器元件作过流保护。

（3）设有为防止磁场断电，高压烧坏磁控管的保护措施。

（4）采用温度继电器，使磁控管阳极块的温度因意外情况上升时能自动断开。

（5）磁控管灯丝回路上加浪涌吸收回路，避免灯丝因在通电一瞬间产生很大的浪涌电流而被烧断。

（6）设有磁控管阳极回路的过电流保护。

（7）水流继电器，即保护磁控管的冷却水必须达到一定流量时方能启动工作。

（8）电源装置门开关保护，以避免人员接触高压。

## 二、微波传输装置

微波传输装置在微波干燥中将微波源产生的微波能量传输至微波加热装置，且不影响微波装置稳定工作。在微波干燥装置中，由于微波频率高，主要工作波段在厘米波或毫米波内，并且在传输过程中要使能量损耗降到最低，因此微波能量的传输主要以波导传输为主。波导通常指各种形状的金属波导管。微波传输装置中主要运用的是圆形或矩形的金属波导管。微波源产生的微波能通过波导管进入微波加热装置中，理论上波导管能完全匹配地直接把微波传送到微波腔中。有时波导就是加热器。

### （一）微波的传输原理及传输条件

微波能量传输利用圆形或矩形的金属波导管，但微波能量在波导内壁中会受到限制和反射。在微波传输中，波导传输需要符合一定条件，金属波导管的导电率高，其本身就是导体。在波导管中存在多种电磁场分布，每种电磁场都对应一种波形模式。因此，具有一定尺寸和形状的波导，需要满足一定条件才能传输电磁波。

在电磁场中，通常将波导管内壁视作理想导体，利用麦克斯韦方程组结合波导边界条件求解。关于波导的临界条件可以用不等式（6-6）来表示。

$$\lambda<\lambda_0 \tag{6-6}$$

即被传输的微波波长 $\lambda$ 必须小于波导的临界波长 $\lambda_0$。

横截面均匀的空心波导称为均匀波导，均匀波导中电磁波波形可分为电波（$TE_{mn}$）与磁波（$TM_{mn}$）两大类。其中，$TE_{mn}$ 和 $TM_{mn}$ 的临界波长可由式（6-7）计算。

$$\lambda_0 = 2/\sqrt{(m/\alpha)^2+(n/b)^2} \tag{6-7}$$

式中 $m$、$n$——波型指数；

$\alpha$——波导宽边内壁尺寸，m；

$b$——波导窄边内壁尺寸，m。

由上式可看出，波型指数 $m$、$n$ 的值越大，临界波长就越短。在波导中可能存在的许多波型中，$TE_{10}$ 波的临界波长最长，因此把 $TE_{10}$ 波称为最低频率波型，对应的模称为主模或基模，其他波型称为高次波型（或高次模式）。常用的 $TE_{10}$ 波 $m=1$、$n=0$，其临界波长为 $\lambda_0=2\alpha$，而高次模的临界波长 $\lambda_0\leq\alpha$。因此，在波导中保证 $TE_{10}$ 波传输的条件如式（6-8）。

$$\alpha<\lambda<2\alpha \tag{6-8}$$

对于须保证某些微波加热装置是 $TE_{10}$ 波时，式（6-8）对选择波导截面尺寸具有一定意义。例如，波导内壁宽边尺寸为 $\alpha=24.8$cm，其临界波长为 49.6cm，此波导不能传输任何波长大于 49.6cm 的波。对于工作频率为 915MHz 的波（$\lambda=32.2cm$），此波导可以实现单一模式（即 $TE_{10}$ 波）的传输。当波长小于 24.8cm 时，此波导才能激励起高次模式。由此可见，波导也具有“滤波器”的作用，它只能传输小于临界波长的微波，利用这一特性可以设计出安全可靠的微波装置。

在理想的微波传输装置中，将只朝一个方向传输而不引起反射的电磁波称为行波。但在实际传输线中，存在波导弯曲、加工尺寸不均匀、连接处不好以及负载不完全匹配等现象，这会产生频率相同但方向相反的反射波。传输线中存在的反射和入射的电磁波，由于相位的关系，在某些位置上会相互抵消，使得在整数长度上出现了呈周期分布且位置固定不动的微波波型，通常称为“驻波”。在微波传输装置中，经常用驻波比这一概念来表示传输的匹配状态，如式（6-9）。

$$\varphi=E_{max}/E_{min} \tag{6-9}$$

式中 $\varphi$——驻波比；

$E_{max}$——最大电场强度，V/m；

$E_{min}$——最小电场强度，V/m。

驻波比等于最大和最小电场强度之比。驻波比较大，即反射大，表明微波源与负载匹配较差。在大功率情况下，如果驻波比太大，在电场最强处会发生打火击穿现象。微波装置要求有尽可能小的驻波比，以免功率过大，影响微波管的正常工作。理想的匹配状态是驻波比=1，但实际上是达不到的。一般驻波比<1.1 就被认为是较好的匹配。当驻波比为 1.5 时，传输功率降低 4%；当驻波比为 2 时，传输功率降低 11%；当驻波比为 3 时，传输功率降低 25%；当驻波比为 4 时，传输功率降低 36%，这将使微波电源无法正常工作。若输出功率和频率不稳定，则容易产生打火烧坏保险丝的情况。因此，微波加热器的驻波比最好为 1.1~3.0。

### （二）微波传输装置的作用及要求

微波传输装置的主要作用和基本要求如下。

（1）按微波和传输装置的特点，在给定的某个微波频段，使微波源在输出激励腔中建立起来的一定波型和功率能向终端负载传播。在 915MHz±50MHz 和 2450MHz±50MHz 频段中，常用的矩形波导管及其标准截面尺寸见表 6-2。为了适应工程应用的需要，波导管均制作成一定长度的波导段，波导段两端配置符合标准的波导法兰盘，以便实现波导段和其他波段元件的平滑匹配连接。

表 6-2 常用的矩形波导管及其标准截面尺寸

| 微波频段 | 波导型号 | 截面尺寸 |
|---|---|---|
| 915MHz±50MHz | BJ-9 | 250 |
| | WR-975 | 125 |
| 2450MHz±50MHz | BJ-32 | 72 |
| | WR-284 | 34 |
| | BJ-26 | 86.4 |
| | WR-340 | 86.4 |
| | BJ-12 | 109 |
| | WR-430 | 54.5 |

（2）能以最低的损耗和最小的反射将微波源功率高效传输至终端反应腔和负载。

（3）由于终端反应和负载阻抗可能大范围变化而引起的反射波，对微波源工作稳定性的影响应减至最小，起到良好的隔离作用。

## （三）微波传输装置的组成

为满足实际应用对微波传输装置提出的要求，以 2450MHz/5kW 的实际应用装置为例，说明其组成和一般运行原理。图 6-9 所示为一套 2450MHz/5kW 的实际微波传输装置框图。

该装置采用 YJ-1600 磁控管和一套高稳定程控微波功率源，由磁控管输出从 0.5～5kW 连续可调的微波功率，经波导过渡段，将输出激励腔的截面尺寸平滑过渡到后面主波导装置的标准波导截面，反馈到三端环行器的入口端，其出口端经过双向耦合器和电动三销钉调配器，经过渡波导元件，与终端反应器连接。三端环行器的第三端必须接大功率吸收负载，在极端情况下，若终端短路全反射，则有几乎接近 5kW 入射功率的反射功率进入该吸收负载，不会影响磁控管的稳定工作。双向定向耦合器是用来直接从主装置耦合入射和反射微波功率，分别经检波后送入微波功率源，以数字实时显示入射和反射功率的大小。电动三销钉调配器在终端反应腔之前，通过微波源手动调控其销钉的位置，一般控制装置驻波比在 1.5 以内，以确保终端负载的驻波比在 2～30 的大范围内变动时，主装置的反射功率达到最小。这样既能保证微波功率高效率传输至终端负载，又能在终端负载大范围变化时，主装置具有良好的调配性能。

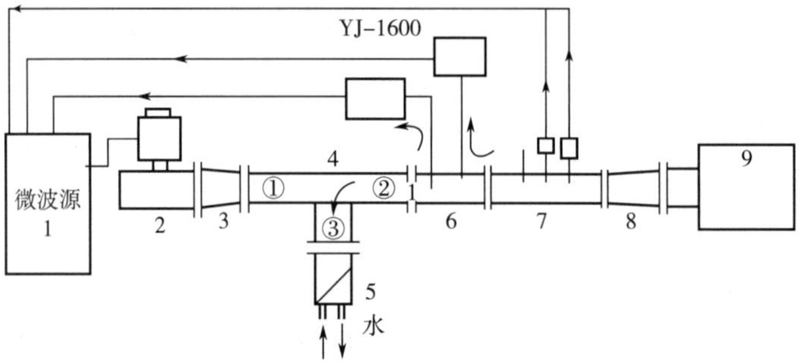


图 6-9　2450MHz/5kW 的实际微波传输装置框图

1—微波源；2—磁控管输出激励头；3—波导过渡段；4—三端环行器；5—大功率负载；6—双向定向耦合器；7—电动三销钉调配器；8—过渡波导元件；9—终端反应器。

微波传输元件种类较多，微波装置中常用的有三端环行器、三销钉调配器、定向耦合器、吸收负载。

1. 三端环行器

波从一种介质传播到另一种介质中没有反射的传播状态称为阻抗匹配状态，微波工作体系通常达不到这种理想状态，因而会产生反射功率，反射过来的能量导致磁控管和微波腔之间的不匹配，并使得磁控管过热从而改变磁控管的输出功率，甚至危害装置。因此需使用消除微波反射的装置，以便在出现不匹配时可以保护磁控管，并使磁控管能够给出稳定的输出功率。在微波装置中最常用的消除反射的装置是三端环行器，三端环行器是能够单向传输微波能量的元器件，即控制微波向某一环行方向传输，能起到独立和隔离的作用。其工作原理示意图如图 6-10（1）所示。

从图 6-10（1）可以看出，环行器具有三个分支。若微波功率从 1 端口进入，只能沿着箭头所示的方向，传输到相邻的且与 2 端口连接的终端负载；如果微波功率从 2 端口进入，也只能单方向进入 3 端口的吸收负载，与反方向 1 端口有很高的隔离度。一般制造厂家均已做好标志，如图 6-10（2）所示。其中 1 端口为功率输入，2 端口为功率输出，3 端口连接可以良好匹配的吸收负载。

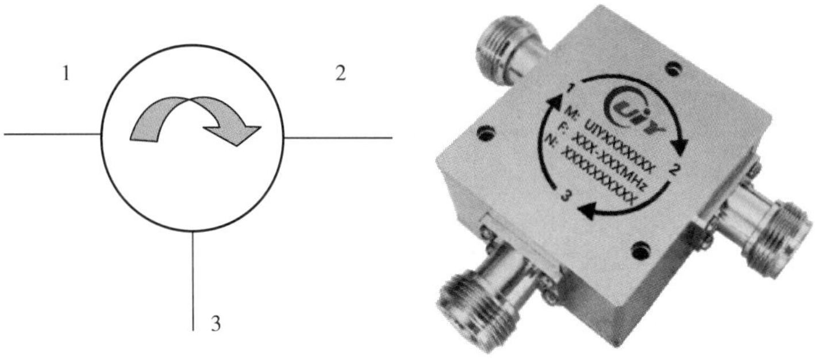


（1）　　（2）

图 6-10　三端环行器的工作原理示意图

环行器使用中要注意：①按正确端口接入，不能反向连接；②在环行器 3 端口必须连接驻波比小于 1.5 的匹配吸收负载，如果驻波比大于 3，则在终端负载全反射的极端情况下，会有超过约 25%的入射功率从环行器的 3 端口反射进入 1 端口，再进入磁控管。这样主波导装置会引起很大的反射进而严重影响磁控管的工作稳定，这意味着失去了环行器的保护作用；③大功率环行器均采用循环水冷却，使用时需按要求，将环行器与 3 端口相连接的吸收负载与冷却水管串联好，保证必需的水流量和缺水保护。

2. 三销钉调配器

三销钉调配器是根据 1/4 波长阻抗变换器的原理设计的三段可变短路销钉，通过调节相距 1/4 波长的三个销钉短截线，原则上它可实现主装置和终端负载 Z 之间的任意有限驻波比的良好匹配，是微波传输装置中的重要元件。在实际装置中，特别是对于高功率应用装置，要求三销钉调配器不仅能在尽可能宽的适配范围内实现调配，还要长期稳定可靠地工作。因此，需要精心设计，将每个可变位置处的短路块的滑动点严格置于电流为零的区域并安装带有抗流的装置。

为适应不同的应用需要，三销钉调配器有手动型、电动遥控型以及最新的智能型。手动型三销钉调配器一般适应负载阻抗为固定或变化不大的装置，每次调配之后，基本上不用再调，装置即可正常工作。电动遥控型采用交流或直流马达带动的机械装置，确保每个销钉能平稳地在波导中做直线运动以连续改变销钉伸入波导的位置。3 个销钉相组合已经可以实现大范围调配的目的，可以把马达电源线接入微波源或遥控器以利于遥控操作。调配的好坏可以用专用仪表指示，这样可针对终端负载阻抗的变化随时进行手动电控，将装置反射波调至最小以保持最佳匹配状态，这种调配器目前已被实验室和生产部门广泛采用。智能型调配器可以根据微波装置上的阻抗幅值和相位进行分析计算，反馈控制带动销钉移动的步进马达，以确保终端负载在任意瞬间为任一数值时，均可使传输装置保持最佳设定的匹配状态。

3. 定向耦合器

定向耦合器是微波传输技术应用中的一个重要元件，能将微波信号按一定比率进行功率分配。它主要用来从主传输装置中把沿线传输的入射波能量，或反射波能量，或二者同时分出一部分来，供分流、测量、监控等应用，其分割方式如图 6-11 所示。图 6-11 所示为既可耦合入射波能量又可耦合反射波能量的双向耦合器，从 1 端口进入的入射功率 $P_1$ 除了经主线从 2 端口输出以外，还有部分功率经 3 端口作为入射波耦合功率 $P_3$ 输出，而从 2 端口进入的反射功率 $P_2$ 则只能从 4 端口作为反射波耦合功率 $P_4$ 输出。

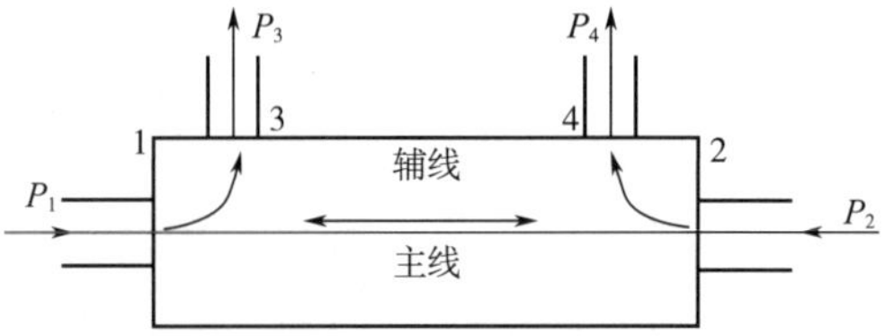


图 6-11　定向耦合器的分割方式

定向耦合器可用于测量主线上的入射功率和反射功率，在一般传输装置中可以用一个双向耦合器来同时耦合主线上的入射功率和反射功率。经检波之后，同时输入微波功率源，再经过比较和校准线路，直接以数字显示在线入射功率和反射功率的大小，非常直观有效。

4. 吸收负载

吸收负载接在传输线的终端，是微波源或装置测量、模拟运行时的终端装置，用于代替装置运行时的真正负载。它能吸收全部微波功率而尽量不反射，因此有时又称为“假负载”。它的主要特点有：①频带宽度满足微波装置要求；②在特定的频宽内，驻波比一般为 1.05~1.20；③需满足不同应用的功率容量的要求，小功率冷测试装置负载的功率容量为数十毫瓦级，中等功率为 1~100W，大功率为 100W 以上；④端部接口法兰盘与主传输装置一致。

微波吸收负载可用于各种微波传输装置的冷热测试，也可用于接在环行器的第三端以吸收装置未被物料吸收而反射回来的微波功率，还可直接用于微波功率计中的测量负载。根据不同的运用可分为同轴式负载和波导式负载，根据功率容量又可分为中小功率容量的干负载和用于大功率容量的水负载等。干负载一般为波导形式，其终端短接并在波导宽边中心设计 1~3 条具有劈形的吸收薄片。制造厂家根据中小功率容量要求，选定不同吸收片材料，并在制造时将频带宽度内的驻波比控制在 1.05~1.10。大功率负载一般用流动的水作为终端吸收器，调整盛水容器的位置和形状使驻波比达到特定值，以改变水流量大小进而满足不同功率容量的要求。

## 三、微波加热装置

微波加热器是微波场与被加热物料进行相互作用的空间装置，也是物料吸收微波能转化为热能进而得到加热的微波加热工作区域，需要根据被处理物料的特性、处理量及其他具体要求进行专门设计。由于被加热物料是多种多样的，加热器的种类也比较多，按工作特性，大致可分为箱式加热器、隧道式加热器、波导型加热器、辐射型加热器和慢波型加热器等几种；按微波场的作用形式，可分为驻波场谐振腔加热器、行波场波导型加热器、辐射型加热器、慢波型加热器等几大类。

### （一）微波加热的原理

微波加热是利用微波的能量特征，对物体进行加热。在微波加热的过程中，物料吸收微波能并在微波场中与微波电磁场相互耦合，产生各种功率耗散以达到能量转化的目的。能量转化的方式包括：离子传导、偶极子转动、界面极化、磁滞、压电现象及核磁共振等，其中离子传导及偶极子转动是微波能转化成热能最主要的两种方式，即微波加热的主要原理。微波加热过程中，物料吸收微波能转化成热能使自身整体温度上升以达到加热的目的。与常规加热方式传热原理不同，常规加热方式依赖热传导、对流及辐射使热量由外向内传递来完成加热。而微波则通过物料内部的偶极分子高速运转使物料内部产生热量，由内向外加热物料，具有能耗低、快速高效的特点（图 6-12）。

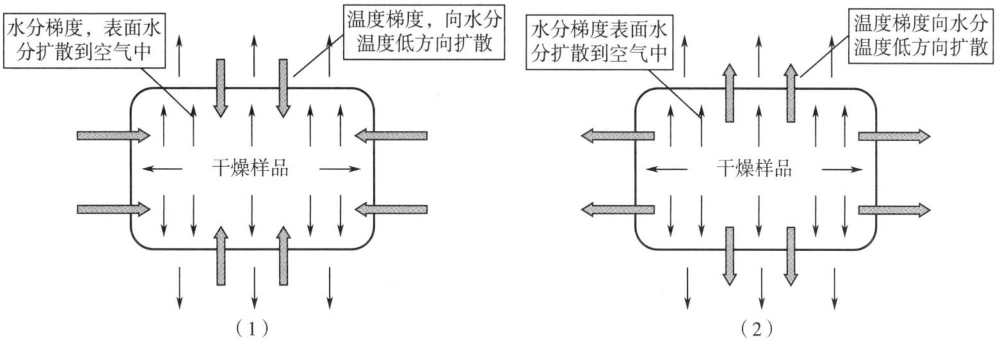


（1）热风干燥 （2）微波干燥

图 6-12 热风干燥与微波干燥原理示意图

## （二）微波加热器的类型

微波加热器的基本类型包括：箱式、隧道式、波导型、辐射型和慢波型等。不同类型的加热器有不同的特点和适用范围，可根据各种物料特性及加热要求来选择使用。不同加热器的基本特点和应用如表 6-3 所示。

表 6-3 不同加热器的基本特点和应用

| 加热器类型 | 微波功率分布情况 | 功率密度 | 适用物料 | 磁控管负载特性 | 加热方式 |
|---|---|---|---|---|---|
| 箱式 | 分散 | 弱 | 大件、块状 | 差 | 间歇/连续 |
| 隧道式 | 集中 | 强 | 线状、条状 | 差 | 连续 |
| 波导型 | 集中 | 强 | 粉状、片状、柱状 | 好 | 连续 |
| 慢波型 | 集中 | 强 | 片状、薄膜状 | 较好 | 连续 |

1. 箱式加热器

在微波加工领域方面，箱式加热器是理论和实践最为成熟，应用最为广泛的一种驻波场谐振腔加热器。箱式加热器的谐振腔每边长度都应大于 1/2 波长，从而保证不同方向都有波的反射，使物料在谐振腔内的各个方向都能受到微波的作用。物料没有吸收掉的能量在加热腔内穿透介质到达箱壁后，由于反射又重新回到物料中，以该形式形成多次反射，可达到微波能利用率最大化。微波能在箱壁上损失小，在密闭箱体中泄漏少，所以箱式加热器在微波能量中的利用率较高。

箱式加热器的主要尺寸由物料体积大小、功率密度高低和腔内模式的多少及分布来确定。当腔体尺寸比谐振波大时，微波场就可能以驻波的形式在腔内存在并于不同的位置上产生不同的场强。当输入频率不同或腔体几何尺寸不同时，就可能引起完全不同的腔内微波场的分布。当微波场的振荡频率因受到负载的影响而产生变化时，便会产生不同模式的场的分布。所以结构合理的加热器可以避免介质的某个部分由于场强很强而过热，另一部分由于电场较弱而受热不足。

2. 隧道式加热器

隧道式加热器又称为连续箱式加热器。把几个箱式加热器串联，在加长方向的两端装上截止波导，谐振腔加热器就演化成连续式加热器了。这种加热器在工作中是“开放”的，往往将传输带穿入其中，传输带上放有被加工的物料，只要物料高度不超过截止波导允许的高度，就可进行连续的微波加工。隧道式加热器的结构见图 6-13，采用多套微波源，多个馈口向箱体内馈入微波功率可以提高微波功率密度，获得大功率容量，改善均匀性。

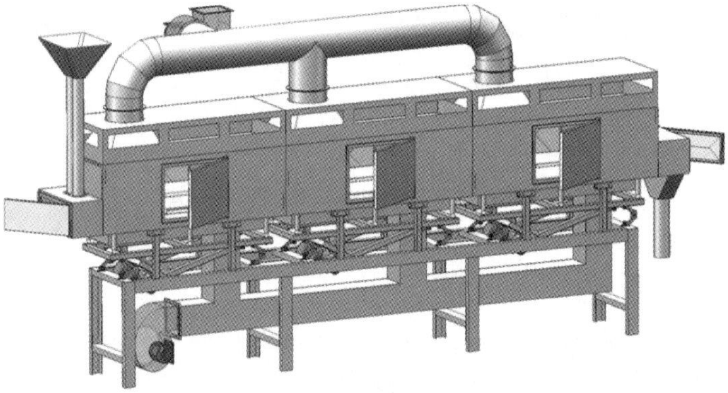

图 6-13　隧道式加热器的结构

隧道式加热器在箱体两端都设有一定长度的微波泄漏抑制器，使之既保证被处理物料能连续通过箱体，又能对微波产生最大效能的抑制，使从终端开口泄漏的微波能符合国家安全标准。由于满足了物料的连续化工业生产，隧道式加热器是目前农特产品加工中使用最多的微波干燥装置。

3. 波导型加热器

波导型加热器既在波导的一端输入微波，又在波导的另一端有吸收剩余能量的水负载或其他负载，这样使微波能在波导内无反射地传输，构成行波场，这种加热器又称为行波场加热器。这类加热器与箱式加热器一样，使用普遍，有开槽波导、组合波导、平板波导、圆波导等各种加热器，其特点是加热器中不管有多少工作负载都有一个较好的输入驻波比，即使在空载条件下工作也不会使发生器产生危险。微波能由波导过渡段弯头传输进入平板加热器段，在此平板波导内，能量逐渐被加热物料所吸收，剩余能量被终端水负载吸收。图 6-14 所示是波导型加热器的结构。这种加热器的优点是结构简单、成本低廉，适合于单位长度上具有足够高的损耗因子及厚度的材料，以便在实际长度内提供所需的微波功率。

4. 慢波型加热器

慢波型加热器是一种沿着导体表面传输微波的加热器，也称为表面波加热器，沿着导体表

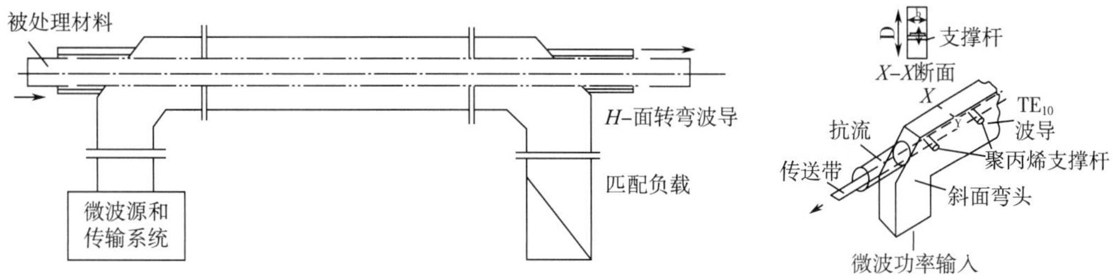


图6–14　波导型加热器结构示意图

面传送微波的速率要比在空间中慢。这种加热器的特点是能量聚集在加热器中很狭小的区域内进行传送，从而得到很强的电场以提高某些片状物料的加热效率。

## （三）微波加热器的选择与设计

微波加热器主要是根据干燥物料对微波的响应特性、干燥物料自身的物理特性、干燥需求或干燥速率等因素来选择。物料的微波特性确定了外加微波场强的一般电平以及干燥过程中可能引起的场强变化，根据这些来确定所需微波功率和加热器形式。如对于微波损耗因子很低的材料，为了获得有效的加热作用，要求有很高的场强且必须相对集中，一般选择高品质因数的微波谐振腔。物料自身的物理性能如形状、大小等对选择和设计不同的微波加热器的影响显而易见，为了获得较好的干燥效果，必须针对物料的形状尺寸、受热限度和加工量多少等因素设计相应的加热器。

以多模箱式微波加热器为实例，阐述微波加热器的设计依据。箱式加热器从电磁场性质来看，实际上是一个矩形微波谐振腔，其谐振波长和谐振频率分别如式（6–10）、式（6–11）。

$$\gamma_0 = \frac{2}{\sqrt{(m/a)^2 + (n/b)^2 + (p/d)^2}} \tag{6–10}$$

$$f_0 = \frac{c}{2}\sqrt{(m/a)^2 + (n/b)^2 + (p/d)^2} \tag{6–11}$$

式中　$a$、$b$、$d$——矩形腔的宽边长度、窄边长度和高度，m；

$m$、$n$、$p$——模式编号；

$c$——光速，m/s。

$m$、$n$、$p$ 有各种可能的组合，每一种组合分别代表腔内可能存在的电磁场分布结构，称为一种工作模式。显而易见，这种谐振腔中可能存在多种工作模式，也称为“多模谐振腔”。所设计的矩形谐振腔中要求有尽可能多的振荡模式，使它们叠加后能够取得较为均匀的能量分布状态。从理论上讲，先确定波长和期望的振荡模式，再计算这种矩形谐振腔的尺寸大小。根据矩形谐振腔的尺寸大小，去计算判定谐振腔中可能激励出的振荡模式，再加以修正。

在实际工业应用中，可选择的微波频率主要是915MHz和2450MHz。在微波加热装置的选择上通常按照被加工物料的形状、大小和厚薄等物理特性来选择所使用的微波工作频率和主要工作模式，然后再依据材料成本来核算选择出最经济的装置尺寸，并且还要获得尽可能多的振荡模式来满足腔内场强均匀分布的要求。具体设计时，一般按照以下步骤。

（1）选定磁控管工作频率和频带宽度。

（2）按试验或用户要求，处理物料形态大小，初步选定一组谐振腔的三维尺寸，计算其谐振频谱分布。

(3) 修正调整谐振腔的尺寸大小，每改变一次数据就计算出对应的模式数和频率谱线分布，按模式数最多和带宽内模式分布均匀的原则选取矩形腔的三维尺寸。

凡是某模式所对应的频率大于或小于中心工作频率 $f_0$ 附近的频谱范围的模式均不能生成。其数学公式可用式（6-12）表示。

$$f_0 - \Delta f \leqslant \text{模式对应的谐振频率} \leqslant f_0 + \Delta f \tag{6-12}$$

对矩形谐振腔的频谱应如式（6-13）。

$$f_0 - \Delta f \leqslant \frac{c}{2}\sqrt{(m/a)^2 + (n/b)^2 + (p/d)^2} \leqslant f_0 + \Delta f \tag{6-13}$$

对满足上述关系式的 $m$、$n$、$p$，在确定腔体尺寸 $a$、$b$、$d$ 以及微波工作频率和频带宽度后，通过计算机可简便算出多组符合计算要求的模式数目及其对应的谐振频率。

## 四、微波控制装置

微波控制装置包括对微波功率源控制，如磁控管的运行保护、微波电源的运行控制以及根据物料干燥工艺的要求进行过程参数的监测和控制。微波控制装置作为整个微波干燥装置的核心，涉及发射功率、频率、参数检测以及装置保护等多个方面。微波控制装置的设计部分包括：确定各模块功能、确定模块接口、模块间通信方式、建立优选参数数据库、装置检测及保护措施。

### （一）微波控制装置的组成

微波控制装置主要包括微波源控制装置和微波加工过程控制装置两个部分。微波源控制装置主要针对微波源的操作程序控制和参数设置，包括微波源正常工作过程中的阳极电流、微波功率及磁控管温度控制等；微波加工过程控制装置则是根据不同物料特性和加热要求，实现随时调整微波加热工况的变动，并且能在线监测和反馈控制、过程可视化以及安全控制。微波控制装置整体结构设计如图 6-15 所示。

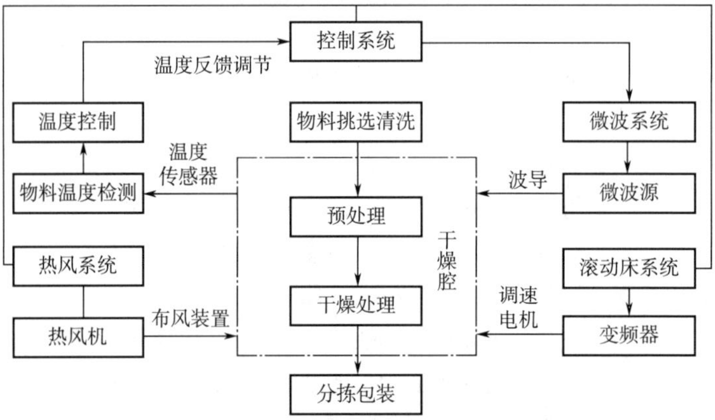


图 6-15 微波控制装置整体结构设计示意图

1. 微波源控制装置

在微波加热过程中，微波源是不可或缺的重要部分。微波源的位置、自发热温度、使用寿命等因素都会影响微波功率。微波源控制装置能够对输出功率、耦合效率以及磁控管效率等进行控制，以减少能源损耗，降低成本。在微波源控制装置中，最常见的是微波源功率的智能控制，其中主要包括磁控管的效率、影响磁控管微波功率输出的因素等，磁控管效率损耗原理如

图 6-16 所示。通过控制微波源磁控管功率输出，能够有效降低成本，提高能源利用率。

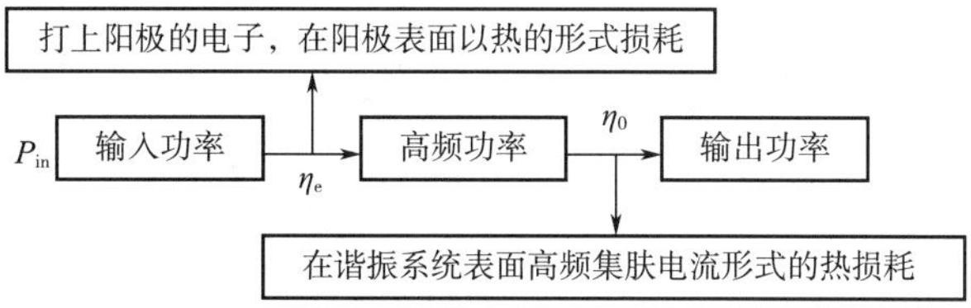


图 6-16　磁控管效率损耗原理示意图

2. 微波加工过程控制装置

微波加工过程中，物料含水率、温度、色泽等均会发生变化。在加工过程中针对物料的品质变化进行监测和控制，有利于保障加工后的产品品质、减少能量损耗、提升效率。目前工业控制技术水平已经能够实现微波加工过程中的监测和控制，并且已经有较多的成熟技术投入实际应用中。相比于微波源控制装置，微波加工过程控制装置更加多元化，所涉及的范围更广。

测定微波加工过程参数的目的是以最优的过程控制获得更高的产品品质。通常测定的内容主要包括加工参数如干燥温度、湿度、压力、质量、频率等，还包括间接参数如环境温度、环境湿度等影响和测试。这些参数测定大多结合传感器技术应用，但与传统干燥装置不同，工业化微波装置更加复杂。在传感器的应用中更需要考虑微波环境对传感器的影响，例如光束摄像仪和红外摄像仪，必须在较强的电磁辐射下使用，且需要具有良好的电磁兼容稳定性，另外对于其他干扰信号，还需要有良好的接地和屏蔽。

## （二）微波控制装置的应用

目前常见的微波控制装置一般利用具有较高稳定性的可编程逻辑控制器（Programmable Logic Controller，PLC）进行整体调整（图 6-17）。在微波加热过程中最常见的是传感器技术的应用，特别是用于温度的监测与控制，需要进行实时监测以及温度反馈调节等。温度作为加热过程中使用最广泛的参数，测定方法有很多。其中最常见的是红外传感器测温、光纤传感器测温及常规热电偶传感器测温等。

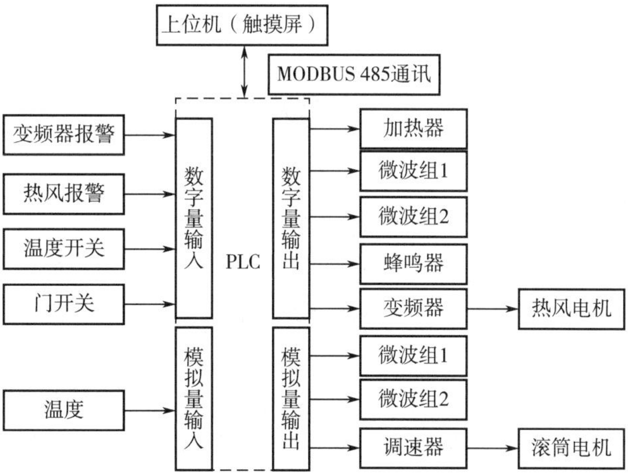


图 6-17　PLC 控制装置结构图

（1）红外传感器测温　是根据被测物体的红外辐射强度确定其温度，用于测量不同物体的表面温度，是一种非接触测量仪表。由于其非接触性，测量时不会破坏被测物体，能够安全地读取难以接近的或不可到达的目标温度，非常适合微波装置的在线监测。

（2）光纤传感器测温　由于对射频干扰免疫和耐高温高压的特性，具有完全抗电磁、微波、射频等干扰的性能，可以直接放到加热腔内进行物料温度测量，在微波加工过程中是温度测量的理想选择，但价格昂贵。

（3）常规热电偶传感器测温　其测温探头采用金属材料制成，其细小的金属尖点结构很容易引起尖端放电。在微波场下进行测温易产生感应电流，由于集肤效应和涡流效应，使其受热而让自身温度升高，对温度测量造成严重干扰，使温度值产生很大误差或者无法进行稳定的温度测量。

因此，没有经过充分改进的普通热电偶不能用于微波装置，微波场会扰乱这些常规温度探针的测量。这些带有金属线的温度探针也能引起电磁场不可接受的干扰，而且细小的金属尖点结构很容易引起尖端放电，导致过热或弧光放电而损坏装置，同时也可能对产品造成损伤。因此需要对普通热电偶传感器进行屏蔽处理，使其既可以感温又不至于引起微波放电。此外，由于静态数据只能对加工过程进行简短描述，而参数变化趋势能稳定提供更多的实际过程中的加工信息。为把握加工过程的长期稳定性，可以采用数据曲线和图像可视化提高装置的监控水平，操作者只需浏览数据曲线就能了解物料的加工状态，并可以为所有关键数据设置警戒线，当实际数值超过警戒线时，警报器将发出警报。

# 第三节　微波干燥的创新应用

作为介电加热手段，微波干燥具有精准高效、受热均匀、功率灵敏易控制等优点，被广泛应用于果蔬、菌类、中药材等农特产品的干燥领域中。微波的渗透深度一般在厘米量级，同时微波在介电加热过程中具有选择性。在被加热物料的位置、形态、内部生物组织均存在较大差异的特定情况下，干燥不均是微波干燥的主要问题。目前，微波干燥以不同的模式应用于农特产品干燥中。

## 一、常压微波干燥

### （一）常压微波干燥概述

常压微波干燥是在常压状态下，采用微波对物料进行加热干燥的过程。微波与物料相互直接作用，物料中的水分子是极性分子，在微波场的作用下，其极性取向随外电磁场的变化而变化，使分子间产生急剧的摩擦碰撞，呈现出显著的热效应，物料表面和内部的温度同时迅速升高，物料中的水分得以蒸发。

传统加热干燥过程主要利用传导和对流方式，微波加热使物料内部和外部在同一瞬间获得热量而升温，造成物料整体成为热源体，改变了传统加热过程中某些迁移势和迁移势梯度方向，形成了微波干燥的独特机制。微波波段电磁场频率高达 $10^8$ 数量级，使物料内的水分子每秒钟频繁转向运动数亿次。水分子在极化转向过程中的转向时间为 $\tau$，与外加交变电磁场极性改变

的角频率 $\omega$ 有关。在微波频段 $\omega\tau \approx 1$ 时，以 915MHz 和 2450MHz 计算，转向时间 $\tau$ 为 $10^{-11}$ ~ $10^{-10}$ 数量级，可见微波能转化为热能具有即时特征。微波加热的即时性保证了物料加热的无惰性，即只要有微波辐射，物料立即得到加热；反之，物料得不到微波能量就立即停止加热。这种使物料能瞬间得到或失去加热能量的性能，特别符合工业上连续自动化生产的加热要求。

物质吸收微波的能力主要由物料的介电常数和介质损耗来决定。物料中水分的介电常数和介质损耗比一般介质要大，能大量吸收微波能并转化为热能，使物料的升温和蒸发在整个物体中同时进行。由于蒸发冷却的缘故，物料表面温度略低于里层温度，同时由于物料内部产生热量，使得内部蒸汽迅速产生，形成压力梯度。如果物料的初始含水率较高，物料内部的压力快速升高，在压力梯度的作用下，驱使水分从物料中排除，流向表面，从而实现物料的干燥。因此，在微波干燥过程中，温度梯度、传热和蒸气压迁移方向均一致，极大改善了干燥过程中的水分迁移条件。同时由于压力迁移动力的存在，微波干燥具有由内向外的干燥特点，即对物料整体而言，是物料内层首先干燥，这就克服了在常规干燥中因物料外层首先干燥而形成硬壳板结阻碍内部水分继续外移的缺点。

### （二）常压微波干燥装置

常压微波干燥装置在医药、化工、建材、食品和农产品的工业化生产中应用较为普遍，如用于茶叶的杀青和干燥，香菇、蘑菇、大枣等产品的干燥。常压微波干燥装置按结构形式可分为间歇式和连续式两种。间歇式微波干燥装置生产能力小，多用于物料的工艺试验研究。在工业化生产中，常压微波干燥装置采用连续箱式结构，用传送带输送物料，以提高加工能力，实现物料的连续加工。物料的种类不同，所选装置的结构形式和参数也可能会有所差别，但其工作原理、结构、性能和干燥效果相似，均包括微波发生源、干燥室、微波密封结构、控制装置等部件。间歇式和连续式常压微波干燥装置如图 6-18 所示。

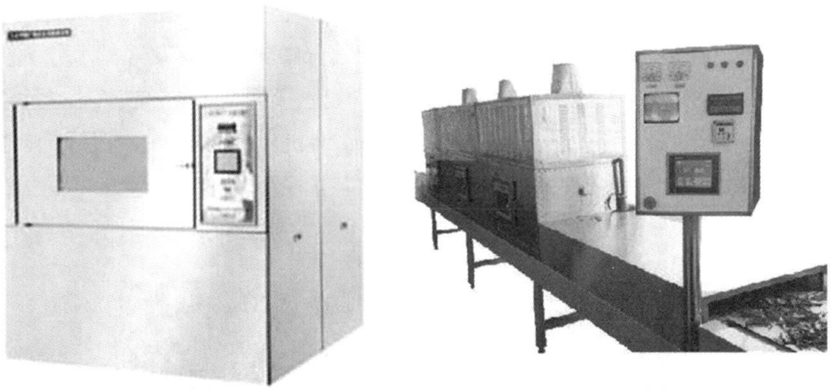

（1）　　　　　　　　（2）

图 6-18　间歇式（1）和连续式（2）常压微波干燥装置

微波干燥是一种高效率的干燥手段，在没有热风、真空等工艺辅助的情况下，物料快速蒸发出的水汽必须借助引风机排除。图 6-19 所示为一种常见的连续箱式微波干燥装置，该装置由微波装置、微波干燥室、控制装置、物料输送装置、排湿装置组成。微波干燥室采用单元箱式谐振腔，整机共有 8 个箱体，进出口两端均设有微波抑制器，可衰减两端泄漏的微波能，达到国家规定的微波泄漏安全标准。微波装置采用松下磁控管，磁控管型号为 2M167B-M11，工作频率是2450MHz±30MHz，共有16只磁控管，微波功率可达15kW。控制装置分为微波功率源装置和控制装置，微波功率源装置由磁控管及其保证电路组成；控制装置是指低压辅助电路，包括物料的温度监控、物料输送装置的调速控制、排湿装置的调速控制等；物料输送装置采用输送带传送方式，输送带为电磁无级调速以满足不同物料的工艺要求；排湿装置采用排湿风机排除干燥室内物料在干燥过程中产生的蒸发水分以降低湿度，达到满意的物料干燥效果。

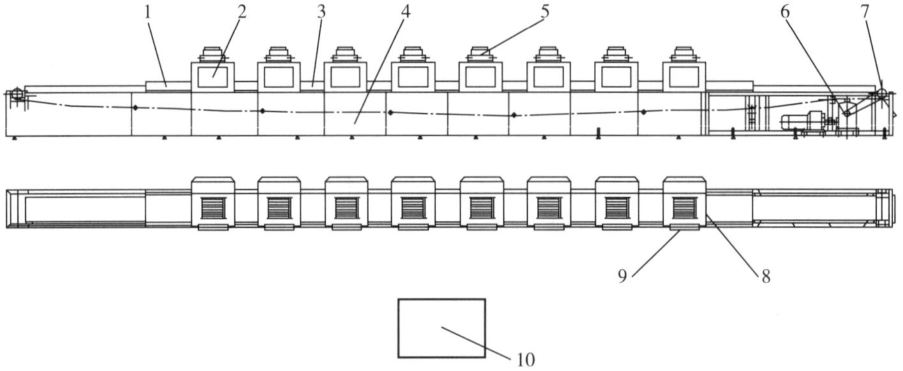


图6-19 连续箱式微波干燥装置示意图

1—抑制器；2—谐振腔；3—过桥装配；4—机架焊合；5—风扇；6—减速器；7—传动装置；8—高压电路；9—门组合；10—控制装置。

## （三）常压微波干燥的干燥性能

常压微波干燥效率高、功率易控制，可以在较低的温度下进行，对保持热敏性物料的营养成分有较大的优势。同时，微波作为载能电磁波介电加热手段，对于物料加热具有选择性。但干燥均匀性差，容易过热从而出现物料边缘或尖角部分焦化，从而损害产品品质，降低干制品的产品质量。目前常压微波干燥多应用于新鲜豆类、部分中药材、菊花等低水分、低糖分的农特产品的干燥中。图6-20所示为一种常见的带式常压微波干燥装置，该装置由功率逐级降低的多段式微波谐振腔体组成，微波发射频率为2450MHz，装机功率是30kW，物料干燥过程中快速生成的水汽由布置于各谐振腔顶部的引风机排出。该装置主要用于干燥预熟化芸豆籽粒等农特产品。

图6-20 带式常压微波干燥装置

对于高水分、介电阻力大的农特产品，常压微波干燥手段往往在干燥的某一阶段具有较好的干燥性能。比如在干燥后期，能够快速除去农特产品内部的水分，达到高效节能的目的。在干燥前期，常压微波可以快速去除农特产品内的自由水，提高干燥效率。在控制生鲜农特产品自生水汽的条件下，前期的微波干燥对物料能够起到干法灭酶、杀菌的作用。微波干法预处理，不仅比沸水漂烫、蒸汽漂烫效率高，还能减少水分的渗入，在果蔬、茶叶等农特产品干燥中的应用报道较多。图6-21所示为黄花菜利用微波干法预处理灭酶的装置，装置为磁控管小管多馈源配置，装机功率是120kW。该工艺有效提高了黄花菜在后续工艺中的干燥效率和干燥品质。

图6-21 黄花菜微波干法灭酶装置

传统的热风干燥、热泵干燥等对流干燥以及真空干燥、冷冻干燥等热传导干燥，多是从外向内对物料传递能量。微波的作用是使物料在整体上同时受热。根据农特产品物料干燥的具体要求，采用微波干燥与其他干燥方式相结合的联合干燥法，可以按照优势互补的原则，充分发挥各自的技术优势，最大限度地弱化单一干燥方式的技术缺陷，从而缩短干燥时间，提高干燥效率，改善产品质量。这种组合干燥工艺在微波食品加工中得到了广泛的应用，并取得了良好效果。

## 二、微波真空干燥

### （一）微波真空干燥概述

真空干燥是指在无氧或缺氧条件下于密闭的空间中进行的干燥。真空条件下，随着容器内工作压强的降低，水的沸点下降，促使水具有较快的蒸发和迁移速率。在达到相同的干燥含水率时，真空干燥需要的时间更短。此外，在真空干燥过程中，物料一直处于低温和少氧的状态，可避免物料在干燥过程中受到热损害，对保存物料原有的色、香、味等特性非常有利。所以低温、快速是真空干燥的技术优势，具有重要的应用价值，但是真空状态下的对流传热难以进行。常规真空干燥通过传导方式给物料提供热能，传导速率缓慢，因此干燥时间长、效率低、能耗大。可见微波干燥和真空干燥具有一定的互补性，在真空条件下利用微波能进行物料的干燥加工，综合了微波干燥的快速高效性和真空条件下水汽沸点低的特点，可实现物料的快速低温干燥。真空环境解决了单纯微波干燥由于较高干燥温度导致产品品质下降的缺陷，能够较好地保留食物的色、香、味等品质特性，减少热敏性营养成分及生物活性成分的损失；同时，微波对物料直接进行加热，属于辐射传能，无须通过对流或传导方式来传递热量，解决了真空干燥传导速率缓慢的技术缺陷。

微波真空干燥技术的研究始于20世纪80年代后期，国外微波真空干燥技术的研究主要集中在微波真空干燥机制理论、物料工艺研究以及装置研发方面。微波真空干燥机制理论的焦点是物料吸收微波能的大小计算、物料内部温度场分布规律以及水分扩散蒸发规律。在工艺方面进行了谷物、大米、速溶橘粉、酸果蔓、无籽葡萄、香蕉片等产品的微波真空干燥工艺研究，结果说明微波真空干燥在果蔬干燥加工方面具有较大的潜力。微波真空干燥装置的开发较为成熟，产品已从在实验室中使用进入在工业化生产中使用。

我国在20世纪90年代初开始进行微波真空干燥技术的研究工作，但目前我国该项技术的研究仍处于起步阶段。虽然近几年在微波真空干燥装置、微波真空干燥动力学模型以及微波真空干燥工艺方面的研究均有巨大进展，但是目前开发微波真空干燥装置的厂家仍甚少。微波真空干燥装置的结构形式比较单一，装置性能很不稳定。因此，需要做更进一步的研究，加强对微波真空干燥技术的加工工艺研究，完善微波真空干燥装备，提高装置的自动化水平，使这项技术能在各领域的工业生产中得到更广泛的应用。

### （二）微波真空干燥技术机制

真空环境降低了微波干燥装置的压强。真空度越高，环境的绝对压强越低，水的沸点越低，绝对压强和水的沸点之间的对应关系如表6-4所示。

表6-4 绝对压强和水的沸点之间的对应关系

| 绝对压强/Pa | 水的沸点/℃ | 绝对压强/Pa | 水的沸点/℃ | 绝对压强/Pa | 水的沸点/℃ |
|---|---|---|---|---|---|
| 101325 | 100 | 19918 | 60 | 2338 | 20 |
| 70101 | 90 | 12334 | 50 | 1228 | 10 |
| 47343 | 80 | 7375 | 40 | 610 | 0 |
| 31157 | 70 | 4242 | 30 | 259 | -10 |

随着沸点降低，物料表面的水分能够很快汽化，蒸发速率加快，提高了内部水分的迁移速率。表面水分的快速蒸发要吸收大量的热，使得表面的温度迅速降低，引起内外温度梯度的增加，更加速了内部水分的迁移和蒸发速率，形成更高的内部蒸气压差，使物料内部包裹的气体急速释放出来，提高物料的干燥膨化效果。微波真空干燥由于在低压条件下进行，干燥介质中的氧气稀少，因此热作用与氧化作用引起的物料变色少，基本可以保持物料的天然色泽，避免由于局部过热而出现色泽较差或焦黑点，改善物料的质地和口感，使产品质量优于单一微波干燥。

### （三）微波真空干燥装置

微波真空干燥装置由微波真空干燥室、微波装置、真空装置、控制装置、进出料装置、输送装置组成，图6-22所示为微波真空干燥装置组成框图。微波真空干燥装置工作过程为：首先启动真空泵，使干燥室内产生一定的真空度，并通过真空截止阀来维持干燥室内的真空度。物料由进料斗通过进料装置进入微波真空干燥，此时启动微波源，物料开始进行微波真空干燥加工，输送装置保证物料在干燥室内可以缓慢横向移动和上下径向转动，能均匀接收到微波能，物料干燥结束后，通过出料装置输出，完成卸料。根据装置中物料所处的状态，微波真空干燥装置可以分为静态型（物料静止不动）和动态型。

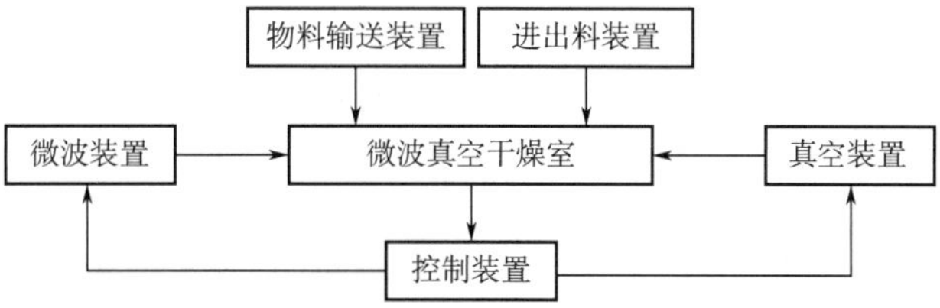


图6-22 微波真空干燥装置组成框图

中国农业大学设计的微波真空脉冲喷动干燥装置的结构图如图6-23所示，该装置主要由加热、喷射、控制和真空装置组成。门体上设有可视性窗口，窗口由玻璃制成并加装了微波屏蔽金属网，既可以通过它清楚地看清物料室内的干燥状况，又能保证微波不会泄漏。该装备由3组100~1000W的2450MHz微波源组成，微波功率可独立连续控制。门体上方设有操作面板，可用来设置温度、微波功率、真空度、喷口频率，并且可以进行实时监控。

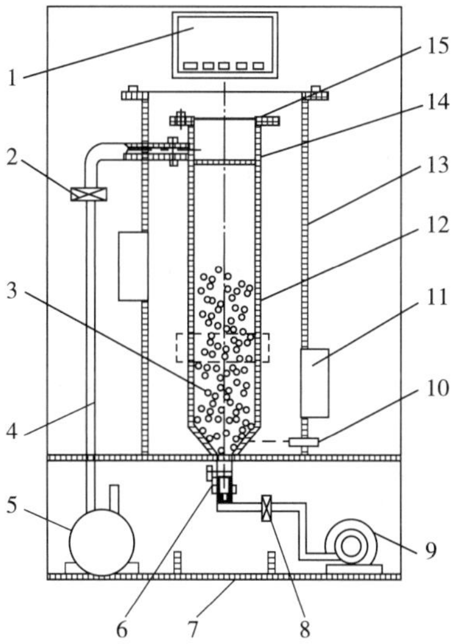


图6-23 微波真空脉冲喷动干燥装置结构图

1—触摸屏；2—真空阀；3—物料；4—真空管；5—真空泵；6—下料口；7—物料盘；8—进料口；9—空气压缩泵；10—红外传感器；11—微波源；12—真空仓；13—谐振腔；14—穿孔挡板；15—上料口。

如图6-24（1）所示为河南科技大学设计的微波真空干燥装置外观。该装置的正面设有门体装置、控制装置和真空测量装置。如图6-24（2）所示，该装置的内部结构主要包括微波制热部分和真空制冷部分。微波制热部分包括微波源、波导和微波室。真空制冷部分包括真空室、真空泵、制冷机和冷阱。该装置的工作过程：首先在干燥前需要确保物料中的水分都变成固态的冰，接着将物料放入物料室的托盘中。打开真空泵抽真空，真空度达到设定值时，打开制冷机，向冷阱中注入制冷剂，确保冷阱正常工作。然后打开微波发生器对物料进行微波加热，并开启冷阱和波源冷却装置连接处的阀门。待加热结束后，关闭微波发生器和制冷机，打开放气阀，待真空仓内的压力恢复到大气压，打开仓门取出物料。接着打开注水阀，向冷阱中注水，待冷阱中的冰霜全部融化后，打开放水阀，将水排出。

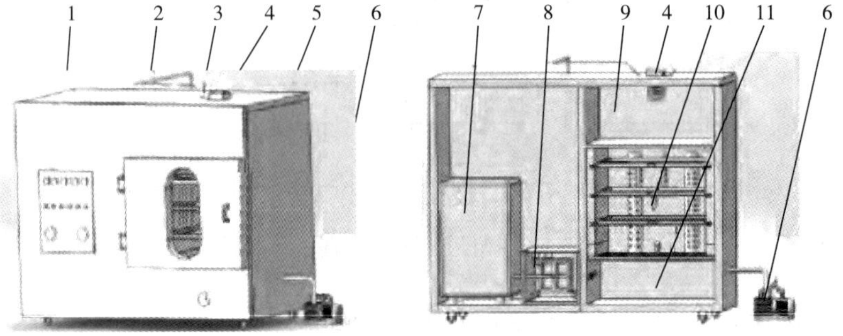


（1）　　　　（2）

图 6-24　微波真空干燥装置外观示意图（1）及微波真空干燥内部结构图（2）

1—控制面板；2—门体；3—门体观察窗；4—波源波导；5—真空计；6—真空泵；7—制冷机；8—冷阱；9—微波发生室；10—物料室；11—真空发生室。

美国加利福尼亚大学研制的微波真空干燥中试装置，最初是为了干燥加利福尼亚州的特产——无籽葡萄而开发设计的。该装置的谐振腔是一个长 12.192m 的不锈钢圆柱体，中间有输送带，沿着输送方向，分成 3 个干燥区。第一干燥区的微波功率较大，压力为 1.33~3.99kPa，第二、三干燥区的微波功率递减。德国 Pueschner 公司生产的微波真空干燥装置已系列化，产品有 0150 型、0209 型和 1290 型（图 6-25）等规格，而且装置的自动化程度高，采用 PLC 控制，兼有数据实时记录装置，可监控加工过程并与上位计算机连接进行加工过程的数据、图像处理。

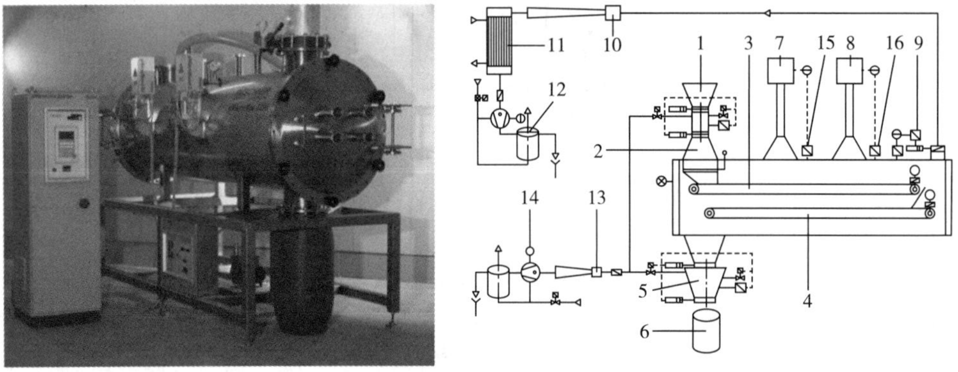


图 6-25　微波真空干燥装置 1290 型

1—产品入口；2—配电系统；3—微波带式干燥区；4—聚四氟乙烯涂层输送带；5—产品出口；6—干燥产品料斗；7、8—微波系统；9—真空控制系统；10—蒸汽喷射器；11—冷凝器；12—真空泵；13—蒸汽喷射器；14—水循环泵进口/出口；15、16—红外摄像机。

### （四）微波真空干燥的干燥性能

（1）微波真空干燥技术除了应用在果蔬、菌类、医药等方面，还可应用于热敏性食品，如蔬类、牛乳、咖啡等。该类食品遇热极易发生褐变、氧化、聚合等变质反应，影响食品品质，采取微波真空干燥的方法加工该类产品，可以很好地解决变质问题。

（2）节能高效。微波真空干燥采用的是辐射传能，是介质整体加热，无需其他传热媒介，所以速率快、效率高、干燥周期大幅缩短，能耗降低。同时，由于真空干燥降低了物料的干燥温度，物料在较低的温度下就能进行蒸发扩散，从根本上减少了微波能的使用，节约了能源。

（3）低温干燥。真空环境降低了物料的干燥温度，可以有效地避免干燥温度过高造成物料烧伤以及热损伤，提高了产品品质，同时还可以防止物料的氧化反应，使产品的感官质量得到提升。此外，产品中的有效成分在低温条件下不易分解、破坏，具有消毒、灭菌的功效，可以延长产品保质期。

（4）环保卫生。微波有消毒杀菌的功效，保证了产品的安全卫生；微波干燥可以实现无污染干燥，无需锅炉、运输车辆及废弃物堆放场等其他辅助设施，从而减少了环境污染。可见微波能是符合环保要求的新型无污染能源。

## 三、微波真空冷冻干燥

### （一）微波真空冷冻干燥概述

真空冷冻干燥是将新鲜固态物料或溶液在较低的温度下（一般为-50~-10℃）冻结，使其内部水分完全转化成固态冰晶，然后在真空（1~133Pa）状态下使其中的冰晶不经液态直接升华成水蒸气，最终使物料脱水的干燥方式。真空冷冻干燥技术是国际公认的高品质、高附加值的食品脱水加工方法。物料在低温、真空状态下进行干燥，可较好地保留新鲜物料的色、香、味、形及营养成分，无需添加任何防腐剂且制品易保存和流通，有良好的速溶性和复水性。但是由于其干燥效率低、干燥时间长、资金和能源成本较高（若达到相同的最终含水率，真空冷冻干燥的成本比热风干燥高出3~9倍），一定程度上限制了其在果蔬加工中的应用。

微波真空冷冻干燥就是利用微波辐射处于冻结状态的物料，在高频交变电磁的作用下使物料中的水分子发生振动和相互摩擦，从而将电磁能转化为物料中水分升华所需要的潜热。微波真空冷冻干燥是将高效的微波辐射加热技术和真空冷冻干燥技术相结合的一项极具应用价值的新技术，用微波加热替代传统的对流传热方式为升华提供热源，一方面本身能量转化率高，另一方面避免了干层传热阻力造成的能量损耗，同时又避免了传热传质方向相反而导致的能量消耗。微波加热效率高，缩短了冻干时间，降低了冻干能耗，克服了传统热传导方式在真空冷冻干燥中加热缓慢的缺陷。

自从1909年，沙克尔创建真空冷冻干燥技术以来，真空冷冻干燥技术已经走过了100多年的发展历程，在食品、药品、生物制品保存及干燥加工中得到了广泛的应用。真空冷冻干燥技术最突出的优点是可以得到干燥品质很好的产品，但仍存在干燥时间长、干燥速率低、干燥过程能耗高等缺点。

为了提高冷冻干燥效率，降低能耗，杰克逊（Jackson）等在1957年通过实验发现利用微波加热可以大幅缩短冷冻干燥时间；1958年，科普森（Copson）进行了微波冻干实验研究，并取得了很好的结果；1966年，胡佛（Hoover）对微波加热方式的效率进行研究，在冷冻干燥过程中，微波的加热效率可以达65%~90%，比常规加热方式效率高得多；1967年，哈蒙德（Hammond）对微波冷冻干燥的经济性首次进行了分析，对牛肉、虾和豌豆采用915MHz微波加热，平均干燥时间分别为3h、3h、3.75h，而辐射加热干燥时间则长达15h、8h、11h，微波加热替代常规加热方式，可以大幅缩短冷冻干燥时间，辐射加热运行费用要比微波加热高出20%~50%。1975年，佩尔特（Peltre）等经过详细的经济技术论证后认为：使用微波冷冻干燥，不仅可以节约能量，还可以节约投资和运行费用；1982 年，森德兰（Sunderland）对此分析也认为微波冷冻干燥在经济效益上是合理的。

国内有关微波冷冻干燥技术的研究始于 20 世纪 90 年代。1997 年，王朝晖等对微波冷冻干燥进行了综合实验研究，讨论了真空压力、物料厚度、电场强度、初始饱和度对干燥时间的影响。1998 年，施明恒等对蜂王浆进行了微波冷冻干燥实验研究，获得了蜂王浆冻干过程中温度的变化规律和相应的干燥特性曲线。实验结果表明，微波冷冻干燥具有干燥时间短、干燥质量高的优点。2005 年，孙恒等简要介绍了微波冻干装置和温度的测量，并提出目前的温度测量以微波屏蔽测温管和热敏电阻与高阻导线测温传感器两种方法最为合适。近几年，微波真空冷冻干燥作为一种新型干燥方式受到了国内学者的关注。应用微波真空冷冻干燥技术有助于延长食品的保质期，保持食品原有的风味、营养成分以及生理活性，增强保健食品的功能性，提高农特产品的附加值等。但现在的微波真空冷冻小型装置基本上都停留在实验室阶段，大型的国产装置很少且价格非常昂贵。该技术面临的主要问题有：微波加热不均匀、真空度不够（影响干燥速率，据测定，升华干燥的真空度临界点即三相点压力为 626.61Pa，温度为 0℃）、控制策略优化、辉光放电、干燥终点判别等问题较为困难。上述问题的存在，使微波真空冷冻干燥技术尽管在实验室中获得了较好的效果，但是在大规模工业化应用方面仍面临着许多难以解决的问题，阻碍了该技术在工业上的推广。为此，要进一步发展微波真空冷冻干燥技术就需要从理论和关键技术两个方面进行深入的研究。

### （二）微波真空冷冻干燥技术机制

微波真空冷冻干燥涉及微波技术、真空技术、低温技术、流体力学、微生物学、传热传质学和自动控制等学科，是交叉学科发展的产物。微波冻干装置兼顾农特产品干燥效率和品质，发展潜力巨大，主要存在低压放电、干燥量不足等技术问题。目前通过创新设计，装置的应用效果在不断改进。

1. 微波真空冷冻干燥过程传热传质原理与分析

分析微波冻干传热传质过程要以含湿多孔介质为原料。多孔介质的传热传质是工程热物理领域内由各学科相互渗透并具有重要工程背景的一项前沿课题。由于含湿多孔介质或多孔材料在自然界和工程应用领域的广泛存在，使得人们更加关注其内部的流动与传热传质过程。在工农业生产领域中，经常涉及该介质中的质量、动量及能量的传递，如地热资源的开发与利用，食品、药材和农特产品的干燥等。

2. 微波真空冷冻干燥的低压放电分析

微波放电现象是高频气体放电的一种，它与直流或低频交流放电在击穿和维持特性上均有显著不同。微波在 50~3200Pa 的压力状态下作用时容易产生辉光放电现象，称为“微波低压放电”。微波真空冷冻环境下，低压放电现象的产生受干燥仓内的电场强度、工作压强、气体组分属性、物料本身属性等多种因素影响。微波低压放电是微波冷冻干燥过程中的关键性技术难点，直接制约微波真空冷冻干燥技术的发展。

干燥仓环境中的气体一般由水蒸气、漏入空气、物料中释放出的不凝气体等组成，且随着干燥的进行，气体组分不断变化。这种混合气体组分在干燥过程中很难被实时测定且对低压放电的影响非常复杂，因此研究时通常将其忽略。物料属性具体包括物料形状、质地、装载量、含水率、温度、介电特性等，这些物料特性在干燥进程中也不断发生变化。微波干燥仓为高频交变电磁场环境，受微波发生模式、仓体结构、物料属性等多重因素的影响。

以研究苹果在50~1000Pa真空状态下，真空压力、干燥腔特征尺寸、物料质量和含水率影响因子对微波低压放电击穿的影响规律为例。在干燥腔特征尺寸分别为9.63cm、3.29cm、2.12cm的工况下，建立微波放电点功率值对真空压力、物料质量和含水率的回归模型。以苹果丁为原料探讨了物料质量、含水率、真空压力、特征尺寸等因素对微波低压放电现象的影响，结果表明：真空压力对于放电点的微波功率的影响，在50~1000Pa是U型的，在200~400Pa有最低点。放电点微波最低功率与物料质量、含水率成正相关，即随着物料质量增加，放电点功率升高；含水率增大，放电点功率也升高。对于放电点的微波功率的影响：真空压力>物料质量和含水率。苹果丁微波放电试验照片如图6-26所示。

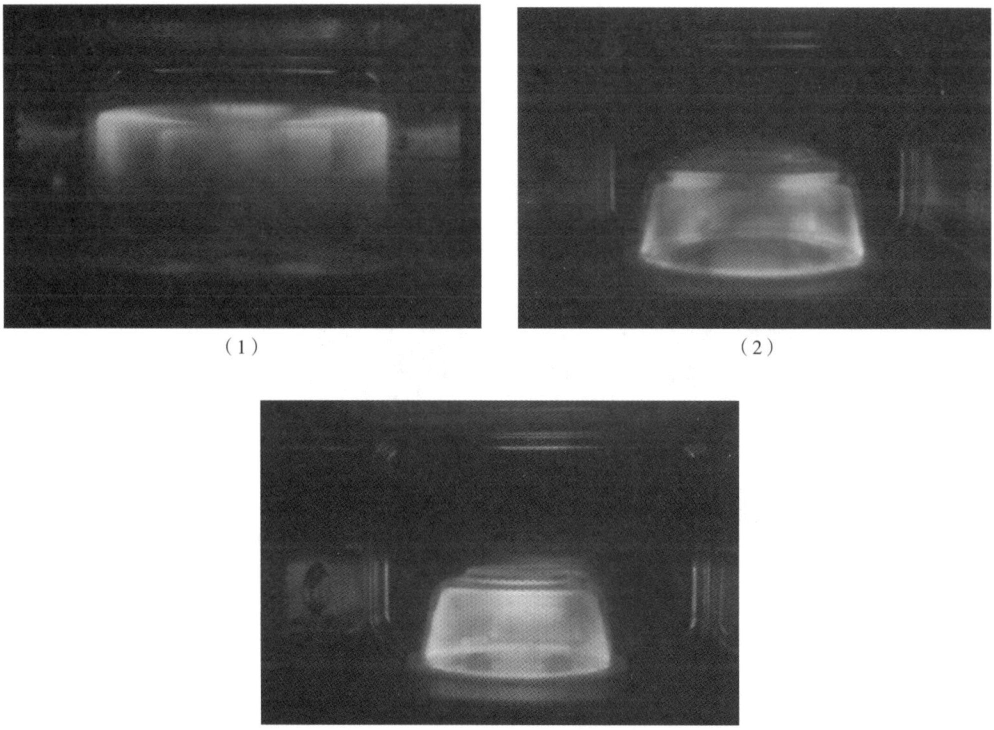

（1）　（2）　（3）

（1）特征尺寸为9.63cm　（2）特征尺寸为3.29cm　（3）特征尺寸为2.12cm

图6-26　苹果丁微波放电试验照片

## （三）微波真空冷冻干燥装置

微波真空冷冻干燥装置由功能装置和控制装置两大部分组成。功能装置主要包括真空装置、制冷装置、微波加热装置、红外加热装置；控制装置包括数据采集装置、数据记录装置、功能控制装置等部分。微波低压放电是制约其发展的一大障碍，国内曾有几位学者进行过相关的研究，但从文献资料分析，更多的是侧重于微波冻干过程中传热传质等机制方面的理论探讨，真正对应用性的研究甚少。东南大学、河南科技大学、上海交通大学曾搭建过微波冷冻干燥实验台，不同的搭建结构表现出不同的问题，主要表现在以下3个方面：①微波谐振腔和微波冻干仓布局不合理，使微波馈入面的微波穿透特性和真空密封特性互相冲突，特别是微波连续长时间工作会导致微波馈入面变形而影响密封性；②微波场能量分布不均进而导致受热不均，干燥程度严重不平衡；③微波功率不可以连续调节，满功率馈入既浪费能量，又会导致多余微波能产生而融化冰晶。

在进行微波真空冷冻干燥加工时，首先将物料经预处理后放入速冻仓，调节到所需温度进行预冻，待样品中水分全部变成固态的冰晶时，放入微波冷冻干燥仓进行升华干燥，样品放入微波冷冻干燥仓前的 10~20min 要将冷阱降到-40℃左右。经预冻好的样品放入微波冷冻干燥仓后，启动真空装置抽真空，当真空压力降为 100Pa 以下时可观察到样品温度在明显下降，这表明冰晶在升华，由于升华吸热会使物料温度下降，此时启动微波加热装置补充升华潜热，调整合适的微波功率，压力控制在 30~90Pa，连续干燥 6~8h 可得到含水率约为 5%的微波真空冷冻干燥食品。如图 6-27 所示为微波真空冷冻干燥装置。

图 6-27 微波真空冷冻干燥装置图

## （四）微波真空冷冻干燥的干燥性能

在对物料采用真空冷冻干燥的过程中，需要先把干燥室变成真空状态，接着对物料进行冻结、升华干燥。对物料进行冻结时，温度一般选在-20℃以下，采用微波加热的方式提供升华热。冷冻干燥过程决定了干制品具有如下干燥特性。

（1）冷冻干燥在低温（-55~-40℃）下进行且处于高真空状态，具有低氧低温以及快速加热的特点，特别适用于干燥热敏性高和极易氧化的食品。

（2）物料不易氧化变质，微波具有灭菌效果且低压缺氧条件可以抑制细菌的生物活性，延长产品的保质期。

（3）干制品不失原有的固体骨架结构，保持物料原有形态，感官品质良好。

（4）冻干制品因体内冰块迅速升华而形成多孔结构，具有理想的速溶性以及快速复水性，复水时，比其他干燥方法生产的食品更接近新鲜食品。

（5）在升华过程中溶于水的可溶性物质就地析出，避免了通常干燥方法中因物料内部水分向表面迁移而将无机盐与营养成分携带到表面造成的表面硬化和营养损失现象。

（6）冷冻干燥食品采用真空或者充氮包装并避光保存，可保持 5 年不变质。与速冻食品相比，免除了运输储存、销售过程中耗费高的冷藏链，因而被认为是生产高品质食品的最好方法。

# 第四节　微波的生物效应和健康防护

微波的量子能级为 $10^{-5} \sim 10^{-2}$eV，远低于 10eV，无法将机体的基本元素碳、氢、氧、氮和水原子中的电子轰击出轨道产生离子对，因此不具有电离作用，属于非电离辐射。微波在生物体中传播时，与其他电磁波一样，存在着反射、散射和吸收等现象。生物体内有大量的水、离子和极性大分子等，对微波能量有较强的吸收能力。生物体由多层具有不同电学特性的组织构成，微波通过组织界面时，有部分能量被反射，而且生物体内不同尺度的界面对微波有着显著的散射作用。

微波辐照生物体后，被吸收的微波对生物体引发的生物学改变称为微波生物效应，包括热效应和非热效应。依据德雷珀（Drapers）法则，微波只有透入生物组织并被吸收后才能发生生物学作用。微波在组织中的透入深度与频率（波长）有关，通常频率越高，透入深度越浅。如毫米波在皮肤表面仅能透入 0.8mm 左右，其余绝大部分被反射。在组织中透入越深，能量衰减越多。透入深度是指能量衰减至起始值 37%处的深度，这个距离并非微波能量能被完全吸收的深度。

## 一、微波的生物效应

微波生物效应还可分为有益效应和有害效应，均由微波的热效应或非热效应引起。一般微波进入机体并不深，但引起的效应却不限于能量穿透部位，因而人们也将微波生物效应分为直接效应（即微波直接可穿射到的部位）和间接效应（即远位效应，远离微波直接射入部位所发生的反应）。微波作用之后的很长时间，后代因受其影响而发生的反应称为远后效应。

功率密度是微波的计量单位。国际微波功率协会在 1973 年举行的华沙会议上建议将微波效应的强度分为 3 种：热效应功率密度（大于 $10mW/cm^2$）、微热效应功率密度（$1 \sim 10mW/cm^2$）以及非热效应功率密度（小于 $1mW/cm^2$）。研究表明，功率密度低于 $100mW/cm^2$ 的微波辐射不会因为热效应使得躯体厚度大于微波衰减长度的大动物发生明显的病理变化；当功率密度为 $10 \sim 100mW/cm^2$ 时，可引起各种动物的体温变化。原则上，低于 $10mW/cm^2$ 功率密度的微波不会超过动物体温调节的代谢能力而导致明显的动物体温升高。

### （一）微波生物效应作用机制

1. 微波热效应

微波热效应指微波能量被组织吸收而产生的特异性热作用。当微波与机体相互作用时，在形成的电磁场中，机体内一些电解质发生电离，形成的离子向相反极发生游动，一些极性分子由原来的无规律排列变为沿电场方向排列。高频电场正负极方向变换非常迅速（每秒可达几百万次），使机体内的极性分子发生取向运动，与周围粒子发生碰撞、摩擦而产生热能，导致局部或全身温度升高。在微波辐照过程中，受电磁场较长时间的影响，体内原为非极性分子的电荷分布随之改变，部分被极化为偶极子进而转变为极性分子，参与了取向性排列活动。另外高频微波可促使组织的带电胶体颗粒、电解质离子形成谐振，与周围介质快速振荡摩擦而产热。研究表明，微波频率与生物体组织产生的共振是导致生物体热效应的重要因素。动物和人体对电学的共振频率范围为 10MHz～10GHz，在此范围之外的非电离辐射几乎不具有类似的伤害作用。

关于热效应的原理，也可从另一个角度进行解释：将构成生物机体的细胞比作电介质电容器。在电场作用下，组织中偶极子由于取向作用产生位移电流。在取向过程中，偶极子进行频率极高的振荡运动，与周围分子（粒子）发生碰撞摩擦而产生大量的热，离子发生移动产生传导电流，频率很高时在其平衡位置振动，使电介质变热。此外机体内某些成分为导体（如体液），在不同程度上具有闭合回路的性质，可产生局部感应涡流从而生热。

2. 微波非热效应

微波非热效应指生物体受到低功率的微波照射时，在不引起生物体明显温升的情况下所出现的生理病理反应。非热效应既可在低功率微波照射时单独出现，也可在高功率微波照射时出现。微波非热效应的生物学机制如下。

（1）微波场使细胞膜附近的电荷和膜电位发生变化，细胞膜离子通道和通透性异常改变，导致膜功能障碍，细胞的正常代谢功能和生理活动受到干扰破坏。

（2）从能量角度考虑，尽管微波量子能量不足以破坏生物大分子的共价键，但对氢键、范德瓦耳斯力（又称范德华力）、疏水键、离子键等次级键具有一定的破坏作用，可使其松弛、断裂和重组。这些次级键的作用是维持核酸、蛋白质等生物大分子的高级结构，一旦被破坏，将导致生物大分子空间结构异常，从而干扰或破坏细胞的正常生理功能。

（3）脱氧核糖核酸（DNA）、蛋白质和脂类分子吸收微波能量后，可引起该分子体系中的小分子基团（碱基、氨基酸残基和脂类分子的头部）的转动能量增加，使转动量子处于高激发态，进而引起生物大分子的转动能量增加，易于发生构象或结构的异常变化，导致其功能异常或丧失。

（4）生物活动会产生生物电（心电、脑电、肌电、神经传导电位和细胞活动膜电位等），这些生物电本身的活动具有周期节律，微波与生物体相作用时，电磁场的生成与变换对原有的生物电活动节律会产生一些干扰。

关于微波非热效应的产生机制，目前研究得还很不充分，虽已有一些理论和假说，如场力效应、半导体效应、介电泳力效应及量子共振吸收等，但均不成熟。

## （二）微波对人类和动物的生物学效应

微波辐射对机体的影响是全身性的综合影响，它不仅可产生全身致热反应，还可导致全身各器官的生物效应。

（1）全身致热反应　当微波辐射的功率密度大于 $100mW/cm^2$ 时，辐射动物数分钟或数小时（视动物的种类而异），会导致以热作用为特征的病理变化，大多数动物会在很短的时间内死亡。

（2）中枢神经装置　长时间接触低强度剂量的微波，可引起神经装置功能性的变化，并可能破坏脑组织细胞，使大脑皮质细胞活动能力减弱，使已形成的条件反射受到抑制，主要表现为神经衰弱症候群和神经细胞的营养不良性改变，临床症状有疲乏、头昏、失眠、脱发、嗅觉迟钝、多梦、出现幻觉或幻视等。

（3）心血管装置　微波辐射常使生物体的血流动力学失调，血管通透性和张力降低。微波的电磁场效应可影响心脏起搏器的使用，植入心脏起搏器的人员不适合接触微波环境。微波辐射也可使冠心病和自主神经性心血管功能紊乱的发生率升高。

（4）内分泌装置 长时间低强度剂量微波辐射对内分泌会有显著影响，使动物丘脑-垂体-肾上腺功能紊乱。妇女表现为月经周期紊乱，男子表现为性功能低下。

（5）免疫装置 微波辐射使淋巴细胞增殖能力受抑制，使外周血淋巴细胞计数下降。一定条件下的微波可因作用时间的长短而对巨噬细胞因子的分泌起双向调节作用，从而引起免疫装置功能的改变。

（6）视觉装置 主要是影响晶状体，因为晶状体对微波辐射特别敏感，在解剖机构上缺乏血管组织，不易散热。微波热效应轻则引起晶状体损伤，视力下降，重则使晶状体蛋白质凝固变性，造成“微波白内障”。

（7）生殖装置及后代 微波除了对男性睾丸及其产生精子的能力有影响外，还可使胚胎发育延缓，胎仔体重减轻，畸形增加。子代学习能力和记忆能力也有所下降，神经行为发生改变，淋巴细胞反应性增生。

（8）血象 微波辐射对血象的影响主要表现在白细胞和血小板总数上。动物实验表明，白细胞的改变随波长而异，厘米波使其增加，毫米波使其减少，网状细胞和血小板通常是下降的。

（9）致癌问题 近年来各国进行了不少关于射频、微波能否致癌的研究。许多研究结构倾向于射频、微波可以致癌（包括激发、促进或增强增殖）。但确切的情况如何，尚待进一步探讨。

此外，微波辐射还会影响消化装置：使胃分泌功能紊乱，导致消化不良甚至溃疡；损害骨髓；引起肺、肝、肾等脏器的组织损伤；使人的嗅觉迟钝和听觉灵敏感下降；痛阈提高等。微波损伤无特殊疗法，以对症治疗为主，可口服谷维素 10mg，每日三次。多数病人在脱离微波接触后适当休息就能逐渐恢复，但较重的晶状体混浊不一定能完全恢复至正常视力。

### （三）微波疗法

微波热效应引起的局部或全身温度升高在适当情况下是有益于机体的，可增强局部血液循环，增强代谢，提高免疫力，如医疗上的微波热疗。微波也可应用于肿瘤的治疗，如用大剂量微波较长时间照射肿瘤部位，使其温度上升到 41℃以上并保持一段时间，可抑制肿瘤生长或杀死肿瘤细胞。国内已用微波照射来治疗乳腺癌、宫颈癌、食管癌和脑部肿癌。

与红外热像仪比较，微波可穿透人体组织深达数厘米且能分辨 1℃的温差，因此广泛用于探测皮下脂肪、肌肉及一些器官的生理和病理状态。肿瘤细胞新陈代谢旺盛，组织散热性能差，与周围正常组织有明显温差，故用微波热像仪作肿瘤早期诊断已达到临床应用阶段。国内也研制出了多种不同波段的微波热像仪。

## 二、微波生物防护标准

### （一）比吸收率

比吸收率（*SAR*）的概念是美国国家辐射防护与测量委员会于 1981 年提出的，后被美国国家标准研究院（ANSI）所采用而得到广泛使用，是考量电磁辐射对人体危害生物剂量最基础的参量。*SAR* 为生物体单位时间、单位质量所吸收的电磁辐射能量，单位为 W/kg，其表达式如式（6-14）。

$$SAR=\frac{\mathrm{d}}{\mathrm{d}t}\left(\frac{\mathrm{d}W}{\mathrm{d}m}\right)=\frac{\mathrm{d}}{\mathrm{d}}\left(\frac{\mathrm{d}W}{\rho\mathrm{d}v}\right) \tag{6-14}$$

即给定密度（$\rho$）、单元体积（d$v$）中由质量增量（d$m$）所吸收/消耗的能量增量（d$W$）

对时间的导数。

根据热平衡理论可推导出 SAR 的计算式，如式（6-15）。

$$SAR = \frac{\sigma}{\rho}E^2 \tag{6-15}$$

式中 $E$——生物组织内感应电场强度的均方根值，V/m；

$\rho$——组织密度，$kg/m^3$；

$\sigma$——组织导电率，S/m。

现有的比吸收率测量装置通常是根据上式通过测试电场值、电导率和密度计算单位质量的比吸收率。生物体内的比吸收率不仅取决于所暴露电磁场的参数，如频率、强度、极化方向、近区场或远区场及附近存在物体的反射，也取决于机体的大小、形状和其介质的电磁特性。机体中比吸收率空间分布很不均匀，通常使用两个比吸收率，一为平均比吸收率，即将机体作为整体考虑；二为局部比吸收率，只考虑机体局部某一小部分体积的能量转移。

### （二）电磁辐射吸收剂量与人体响应

电磁辐射的热效应具有分散性。不同人的热调整能力不同，对电磁辐射热效应的感觉和反应也不同。人体不同部位的热效应也不同，有的部位电磁辐射比吸收率可比全身平均比吸收率高 10 倍。所以只能针对平均水平制定标准，并以大量的调查研究和统计获得的数据为依据。

大剂量的电磁辐射造成的烧伤比一般烧伤严重得多。因为电磁辐射造成的烧伤一般集中在体内，有许多重要器官且体内的人体组织比皮肤脆弱，散热效率较差，痛觉比较迟钝，人体痛觉反应随电磁辐射频率升高而降低。

（1）当平均比吸收率小于 0.4W/kg 时，没有热效反应。该数值是现行电磁辐射热效应的安全标准，它等于轻微电磁辐射热效应值的 1/10。

（2）当平均比吸收率达到 4W/kg 时，人体热调节负荷超载，有出汗和皮肤血液流动加快的反应。大约经过 30min 后，在进行适应性调整下的人体体温约升高 1℃。这种效应仍处于人体生理承受能力之内，相当于人体进行轻微运动时所产生的热效应。

（3）当平均比吸收率达到 10W/kg 时，人体体温在进行适应性调整之后约升高 1℃，该值是局部比吸收率的界限值。当辐照时间少于 6min 时，该剂量对大脑是安全的。但是超过 6min 后，过热将会造成人体组织损伤，持续一定时间后会出现体力下降、头痛、恶心、晕眩等症状。此强度下施加小于 30μs 的短脉冲会引发听觉效应，听到的声音取决于信号的调制特性。

（4）当平均比吸收率达到 20W/kg 时，人的躯体开始受到损伤。

（5）当平均比吸收率达到 100W/kg 时，人的体温会升高 3℃以上，人的眼睛出现白内障，相当于遭受了功率密度为 1000W/$m^2$ 强度的微波辐射。

### （三）微波辐射的卫生标准

20 世纪 70 年代前，由于各国对微波生物学效应作用及实验方法学上的认识分歧，以苏联和美国为代表的东西方学派制定的检测限相差了 1000 倍。随着对生物效应的认识趋于一致，各国已修改了原有的卫生标准，差距日益缩小。下面对国内外现行的电磁辐射防护标准进行介绍。

1. 国外标准

国外现行的电磁辐射防护标准为电气和电子工程师协会（IEEE）国际电磁安全委员会颁发的《IEEE 人体暴露于 0Hz 至 300GHz 电场、磁场和电磁场的安全等级标准》（*IEEE Standard for Safety Levels with Respect to Human Exposure to Electric*, *Magnetic*, *and Electromagnetic Fields*, *0Hz to 300GHz*，最新版为 IEEE C95. 1—2019）和国际非电离辐射防护委员会（ICNIRP）制定的《限制暴露于时变电场、磁场和电磁场（高达 300GHz）的指南》[*Guidelines for Limiting Exposure to Time-Varying Electric*, *Magnetic and Electromagnetic Fields*（*up to 300GHz*）]（简称为 ICNIBP 导则，1998 年出版，2020 年修订）。其中，美国、澳大利亚、加拿大和韩国采用 IEEEC 95. 1 标准，欧盟、日本等采用 ICNIRP 导则，欧盟部分国家在 ICNIRP 导则的基础上制订了更加严格的标准。

IEEE C95. 1—2019 给出了 0~300GHz 下人体暴露于电场、磁场和电磁场的安全等级标准，即在 0~5MHz 的频率范围内防止疼痛的电刺激；在 100kHz~300GHz 的频率范围内防止不利加热；在 100kHz~5MHz 的过渡区域内，通过两套独立的限值来提供对电刺激和热效应的保护。

ICNIRP（2020 年）评估了 100kHz~10MHz 电磁波对神经刺激的影响以及 10MHz~300GHz 电磁波的所有不利于健康的影响，给出了平均间隔≥6min（表 6-5）和间隔在 0~6min 的于该频率下的职业或一般公众在电磁场暴露中的基本控制限制，包括局部和全身的比吸收率。此外，该指南也给出了参考水平以确认个人暴露水平是否符合标准，以提供一种比基本限制更易评估的方法。但由于计算推导所使用的条件较为保守，在大多数场景中，该参考水平比相应的基本限制更加保守。

表 6-5　　　　电磁暴露控制限值

| 暴露场景 | 频率 | 全身平均比吸收率/（W/kg） | 头部和躯干比吸收率/（W/kg） | 四肢比吸收率/（W/kg） | $S_{ab}$/（W/m²） |
|---|---|---|---|---|---|
| 职业 | 100kHz~6GHz | 0. 4 | 10 | 20 | — |
| | 6GHz~300GHz | 0. 4 | — | — | 100 |
| 一般公众 | 100kHz~6GHz | 0. 08 | 2 | 4 | — |
| | 6GHz~300GHz | 0. 08 | — | — | 20 |

注：$S_{ab}$ 表示功率密度；“—” 表示 “不适用”，在确定合规性时不需要考虑；全身平均比吸收率应在 30min 内取平均值；局部比吸收率和 $S_{ab}$ 应在 6min 内取平均值；局部比吸收率的平均值以 10g 组织为基准；局部 $S_{ab}$ 平均值以 4cm² 的正方形为基准，高于 30GHz 时，会附加约束，使 1cm² 表面积上的平均曝光量限值为 4cm² 限值的两倍。

2. 国内标准

GB 8702—2014《电磁环境控制限值》对公众暴露控制限值作出了规定，如表 6-6 所示。对于脉冲电磁波，除满足该表要求外，其功率密度的瞬时峰值不得超过表 6-6 中所列限值的 1000 倍，或场强的瞬时峰值不得超过表 6-6 所列限值的 32 倍。

表 6-6　　　　公众暴露控制限值

| 频率范围 | 电场强度 $E$/（V/m） | 磁场强度 $H$/（A/m） | 磁感应强度 $B$/μT | 等效平面波功率密度 $S_{eq}$/（W/m²） |
|---|---|---|---|---|
| 1~8Hz | 8000 | $32000/f^2$ | $40000/f^2$ | — |
| 8~25Hz | 8000 | $4000/f$ | $5000/f$ | — |

续表

| 频率范围 | 电场强度 $E$/（V/m） | 磁场强度 $H$/（A/m） | 磁感应强度 $B$/μT | 等效平面波功率密度 $S_{eq}$/（W/m²） |
|---|---|---|---|---|
| 0.025～1.2kHz | 200/$f$ | 4/$f$ | 5/$f$ | — |
| 1.2～2.9kHz | 200/$f$ | 3.3 | 4.1 | — |
| 2.9～57kHz | 70 | 10/$f$ | 12/$f$ | — |
| 57～100kHz | 4000/$f$ | 10/$f$ | 12/$f$ | — |
| 0.1～3MHz | 40 | 0.1 | 0.12 | 4 |
| 3～30MHz | $67/f^{1/2}$ | $0.17/f^{1/2}$ | $0.21/f^{1/2}$ | 12/$f$ |
| 30～3000MHz | 12 | 0.032 | 0.04 | 0.4 |
| 3000～15000MHz | $0.22f^{1/2}$ | $0.00059f^{1/2}$ | $0.00074f^{1/2}$ | $f$/7500 |
| 15～300GHz | 27 | 0.073 | 0.092 | 2 |

注：0.1MHz～300GHz 频率，场量参数是任意连续 6min 内的方均根值。100kHz 以下频率，需同时限制电场强度和磁感应强度；100kHz 以上频率，在远场区，可以只限制电场强度或磁场强度，或等效平面波功率密度，在近场区，需同时限制电场强度和磁场强度。架空输电线路线下的耕地、园地、牧草地、畜禽饲养地、养殖水面、道路等场所，其频率为 50Hz 的电场强度控制限值为 10kV/m，且应给出警示和防护指示标志。

GBZ 2.2—2007《工作场所有害因素职业接触限值　第 2 部分：物理因素》对工作场所的微波职业接触限值作出了规定，如表 6-7 所示。

表 6-7　　工作场所微波职业接触限值

| 全身肢体局部 | 类型 | 日剂量/（μW·h/cm²） | 8h 平均功率密度/（μW/cm²） | 非 8h 平均功率密度/（μW/cm²） | 短时间接触功率密度/（mW/cm²） |
|---|---|---|---|---|---|
| 全身辐射 | 连续微波 | 400 | 50 | 400/$t$ | 5 |
| | 脉冲微波 | 200 | 25 | 200/$t$ | 5 |
| 肢体局部辐射 | 连续微波或脉冲微波 | 4000 | 500 | 4000/$t$ | 5 |

注：$t$ 为辐射时间，单位为 h。

## 三、微波安全防护措施

微波安全防护措施可依据下述防护原则，结合实际工作环境采用某一项或多项综合使用。

（1）时间防护　时间防护适用于微波场强超过容许水平或各种防护措施无法将微波场强降低至容许限值以下时，采取限值暴露时间以降低接触者所受辐照的时间。

（2）距离防护　通常认为电磁辐射的衰减量与辐射源距离的平方成反比。为此可采取加大工作位置与辐射源之间距离或以遥控、线控等方式进行的操作，以减少相关人员所受的辐照。

(3) 屏蔽防护 屏蔽防护是微波防护中最有效的方法。当屏蔽材料不接地或接地不良时，甚至可成为二次辐射源，因而采取屏蔽措施切记不可忽略接地。

①屏蔽：屏蔽是采用金属板材或金属网将辐射源进行封闭或阻隔外来电磁辐射对屏蔽室内装置与人员产生作用。金属材料对电磁辐射具有反射和吸收作用，可将空间电磁场的强度大幅降低，起到有效的防护效果。

常见屏蔽材料有铜、铝、铁等板状金属。据研究，电场强度为1200V/m时，铜、铝、铁3种板材屏蔽效率分别为93.16%、92.91%、90.25%，没有显著差别。板材厚度0.3mm与1mm的屏蔽效果，相差未超过2%。网状材料的屏蔽效果接近板材，屏蔽效果从强到弱依次为紫铜网、黄铜网、镀锌铁网，且金属网眼孔径与屏蔽衰减效果成负相关。

②接地：屏蔽接地非常重要，由于微波在金属材料构成的屏蔽空间内可产生感应电流，甚至屏蔽体本身还可形成二次辐射。为此在屏蔽体与大地之间，应用低电阻的导体连接，形成电气通路，使高感应电流被迅速引入大地以保证屏蔽的有效作用。

接地体有钢材或镀锌的钢管、角钢等极易导电的金属材料，为减少外界温度变化对电阻的影响，接地最好深入地内2m，高出地面50cm左右。连接接地体的接地线要尽可能地短、粗、直。采用复合屏蔽时应将双层材料同点接地，以增强衰减电磁场的作用。

③吸收屏蔽：应用高性能的吸收材料，使之有效地吸收微波，将电磁能转化成热能而达到屏蔽的目的。吸收体常用的有尖劈型和平板型两类。一般采用炭黑、石墨、羧基铁、铁氧体等具有吸收微波能量的材料，单一或混合配比掺入多孔塑料内或橡胶内，制成良好的窄频段电磁波吸收体。尖劈型吸收体吸收效果远优于平板型，前者对电磁波的功率反射系数为0.01%~0.10%，后者为0.5%~1.0%。

(4) 个体防护 个体防护用品包括防护服、防护面罩及防护眼镜等。相关从业人员需定期体检，严重神经衰弱、先天性白内障、白细胞偏低、血小板减少、严重内分泌失调和心血管病的患者禁止参加微波辐射工作。定期检查周期为1~2年，重点检查白细胞及其分类、血小板、心电图、脑电图、视力、眼底、晶状体及生殖功能等。

(5) 抗微波药物 必要时可服用抗微波药物，如安多霖、褪黑素、卡尼、绿茶及其提取物等。目前，副作用少、作用机制明确、疗效显著的微波防护药物仍有待研发。

## 思考题

1. 微波干燥创新装备有哪些？请列举它们在农特产品加工中的优势与不足。
2. 微波干燥对物料尺寸有何要求？
3. 如何避免微波泄漏？微波干燥中如何做好个人防护？

第七章

CHAPTER 7

# 射频干燥技术

[学习目标]

1. 理解射频加热的基本原理。
2. 掌握射频干燥形式及射频干燥的特性。
3. 熟练掌握射频干燥所涉及的各项参数的计算方法。
4. 明确射频处理对农特产品品质的影响。

## 第一节　概述

本书提到的其他干燥技术，主要以热风、电加热板、红外等技术为主要热源，分别以对流、传导、辐射为加热原理。这些传统的干燥技术由于其具有所用装置构造简单、投资成本较低、操作便捷、适合大批量工业生产等优势而得到农特产品加工行业的推广和应用，且获得了相对成熟的发展。但上述的所有技术，热量均由物料表面向内部传递，因此存在加热速率慢、温度梯度与水分迁移梯度相反、热损耗较大等缺点。

自 20 世纪以来，随着无线电工程技术的发展和成熟，工程师们开始将电磁波技术应用于木材、食品、纸张、纺织品等产品的工业加热领域。由于所使用的电磁波的电场强度方向会随时间做周期性快速变化，因此又可称为高频电磁场。这种非常规的加热技术通常被称为高频加热技术，根据加热过程中所使用的电磁波频率可将高频加热技术分为高频感应加热、高频等离子加热、高频介质加热和微波加热，上述各类加热形式均在工业中有着相当广泛的应用。

依据电磁波频率划分，射频（Radio frequency）是频率为 3kHz~300MHz 的电磁波，属于高频介质加热的范畴，故称为射频加热。加热时，待处理物料往往为绝缘体，介质在交变的射频能量的作用下，内部水分子及带电离子被极化产生急剧摩擦碰撞。介质吸收电磁波能量并将其转化为热能用于物料内部的水分蒸发，与常规的热风、电加热板、红外等技术的加热形式不同，射频加热会在物料内部形成体热源，有助于物料内的温度、水分向外迁移。同时，射频加热还具有加热速率快、射频热分布相对均匀、效率高等优点，因此将射频加热与热风、真空等技术结合后形成了独特的干燥机制。

射频干燥的工业应用最初应用于木材生产并取得了可观的效果。传统的木材干燥大多是自然干燥、蒸汽烘干等，整个干燥过程一般要持续数月，而射频与热风对流、真空等技术相结合形成的联合干燥技术将这个过程缩短至数天，且木材因干燥应力产生的裂纹可满足工业生产要求。射频干燥最初还用于纸张等木材副产品的干燥，如电容纸卷。它导热性差且缠绕密实，常规对流、传导形式的干燥方式难以穿透实现烘干，若借助射频技术的体热源效应，就可轻松穿透纸卷达到干燥的目的。随着电子技术的发展和相关技术经验的累积，国内外的科研单位与生产企业将射频干燥技术应用于果蔬、粮食等农特产品的采后干燥处理并取得了一定的成效。

射频干燥技术的发展离不开其自身的特点和优势，但这一技术的特殊性和对操作人员学识经验的依赖程度较高，有效推广该技术并实现射频干燥技术在农特产品加工领域的应用仍有很长的路要走。本章对射频干燥技术的基础理论、干燥装置组成及应用现状等进行详细阐述。

## 一、射频加热原理

### （一）电磁波

电磁波（Electromagnetic wave）是指同相振荡且互相垂直的电场与磁场在空间中以波的形式传递动量和能量，其传播方向与电磁场的振荡方向垂直。根据电磁波的频率或波长，可将电磁波划分为γ射线、X射线、紫外线、可见光、红外线、微波、射频及声频波等。其中射频是指3kHz~300MHz的电磁波，波长为1m~100km，它在电磁光谱中的位置如图7-1所示。射频不仅可以用于传递信息，其本身所携带的能量也可用于加热等。为避免干扰通信，美国联邦通信委员会（FCC）为工业、科研和医疗行业规定了3个可用频率，分别为：13.56MHz±6.68kHz、27.12MHz±16.00kHz和40.68MHz±20.00kHz。

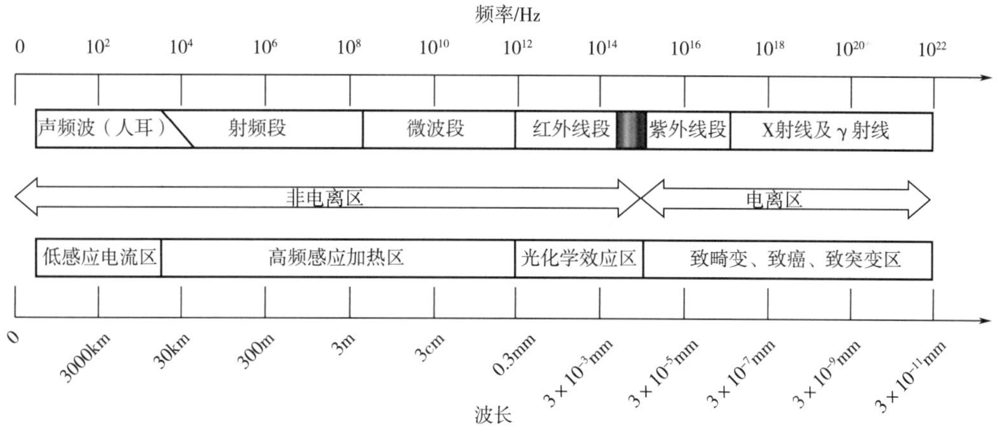


图7-1 电磁波光谱

频率是描述电磁波的重要属性，决定了电磁波的各种性质如波长、光子能量、波数和周期等。其中，电磁波的波长λ（m）与频率$f$（Hz）呈唯一对应的关系，如式（7-1）。

$$\lambda = \frac{c}{f} \tag{7-1}$$

其中，$c$为波速（m/s），是常量，真空中约为$3\times10^8$m/s。电磁波由电场分量$E$和磁场分量$H$构成，分别产生电感应强度$D$及磁感应强度$B$，这两个矢量场相互垂直且与电磁波的传播方向垂直。电磁波作用于待加热介质时，传播速率$v_p$会受到介质性质的影响，低于真空中的波速

$c$，因此电磁波的波速可定义为式（7-2）。

$$v_p = \frac{E}{B} = \frac{1}{\sqrt{\varepsilon\mu}} = \frac{c}{\sqrt{\varepsilon'}} \tag{7-2}$$

式中 $\varepsilon$——介电常数；

$\mu$——介质的磁导率；

$\varepsilon'$——介质的相对介电常数。在同一种介质中，电磁波的传播速率 $v_p$ 恒定，此时波长 $\lambda$ 会随着频率 $f$ 的改变而改变，三者之间的关系可通过式（7-3）表述。

$$\lambda = \frac{v_p}{f} \tag{7-3}$$

### （二）射频

射频是一种特定频率下的电磁波，其本身是一种能量形式而非热源。当射频作用于介质时，可以转化为物料内部的热能。能量转化的机制主要与离子电导损耗及偶极子极性损耗有关。

1. 离子电导损耗

物料内部存在 K、Na、Cl 等各种离子，当外加电场作用于物料时，内部带正电的粒子向一个方向加速运动，带负电的粒子则冲向另一个方向，即发生定向漂移，这一过程必将引起这些离子与附近其他粒子的相互摩擦碰撞，进而将动能传递给被碰撞的粒子。在交变电场作用下，粒子的反复变向运动导致摩擦碰撞更加频繁且剧烈，最终在物料内部产生耗散热（焦耳热）使温度上升。单位时间内离子电导损耗在单位体积内所产生的热量 $Q_V$（$W/m^3$）如式（7-4）。

$$Q_V = \sigma|\vec{E}|^2 \tag{7-4}$$

式中 $\sigma$——电导率，S/m；

$\vec{E}$——电场强度矢量，V/m。

2. 偶极子极性损耗

物料内部存在着以水分子为主的各类极性分子，由于这类分子中的正负电荷中心不重合，也可理解为分子中的电荷分布不均匀，因此在极性分子的内部存在着永久偶极矩。当射频能量作用于物料时，极性分子受到外加电场施加的扭矩而产生旋转力，即转向极化。另一方面，物料内部也存在无极性分子，即该类分子内部正负电荷中心重合，但在外加电场作用下，这类分子的正负电荷将沿外加电场的方向发生相对位移从而形成偶极子，即位移极化。射频加热时的外加电场方向交替变化，导致含有极性分子和无极分子的物料被反复极化，使得物料内部的分子不断摩擦，从而将射频能量转化为热能。一般情况下，由极性损耗产生的热量 $Q_V$（$W/m^3$）如式（7-5）。

$$Q_V = 2\pi f\varepsilon_0\varepsilon''_r|\vec{E}|^2 \tag{7-5}$$

式中 $f$——电磁波频率；

$\varepsilon_0$——真空环境中的介电常数，$\varepsilon_0 = 8.85\times10^{-13}$ F/m；

$\varepsilon''_r$——相对损耗因子，$\varepsilon''_r = \varepsilon''/\varepsilon_0$；

$\vec{E}$——电场强度矢量，V/m。

## 二、射频加热的影响因素

从宏观角度看，当射频能量遇到介质时会发生反射、吸收和穿透现象，这些现象与介质的属性息息相关。了解介质的相关属性有利于后续射频干燥装备的开发以及射频干燥机制的深入研究。

### （一）介质分类

通常我们将介质分为以下四大类。

（1）导体 金属是导体的典型代表，通常可以反射、吸收电磁波能量，且能影响电磁波在干燥腔体内的作用域，故可将其应用于干燥室、高频发生器等元器件的制作。

（2）绝缘体 玻璃、橡胶、陶瓷等是绝缘体材料的典型代表，电磁波能量可以穿透这类物质，因此该类物质几乎既不吸收也不反射电磁波。在工业或试验应用中常用该类物质制作传送带、内部元器件支架等。

（3）介电体 事实上，导体和绝缘体之间不存在绝对的界限，在二者之间，存在着这样一种物质：可以被电极化的绝缘体，被称为介电体。当介电体置于外加电场时，束缚原子或分子的束缚电荷不会流过介电体，而是在内部发生摩擦碰撞（即前面提到的极化损耗和离子电导损耗）。这一过程会吸收部分电磁波能量并将其转化为热能，其余的电磁能量则发生反射和穿透。生活中常见的粮食、湿木材、果蔬等均属于介电体的范畴。

（4）铁磁体 铁磁体包括所有能自发磁化的物质，即在没有外加电场的作用下也能表现出一定的磁性。这类物质可以吸收、反射电磁波，电磁波也可穿透这类物质。铁磁体一般应用于高频干燥装置的安全防护，防止电磁波泄漏。

### （二）物料的介电特性

以常见的平行极板式的射频干燥装备为例，物料内部的温升情况（忽略物料内部的热传导及水分蒸发潜热）可以用式（7-6）表述。

$$\frac{\partial T}{\partial t}=\frac{2\pi f\varepsilon_0\varepsilon''U^2}{\rho C_p d^2}=\frac{5.56\times10^{11}f\varepsilon''U^2}{\rho C_p d^2} \tag{7-6}$$

式中 $T$——物料的实时温度，℃；

$t$——射频加热时间，s；

$f$——电磁波频率，Hz；

$\varepsilon_0$——真空中的介电常数，F/m；

$\varepsilon''$——损耗因子；

$U$——正极板电压，V；

$d$——极板间距，m；

$\rho$——物料密度，kg/m$^3$；

$C_p$——物料的比热容，J/（kg·℃）。

从式（7-6）可以得出，射频加热主要与电磁波频率、物料的介电特性、极板电压、物料物理属性（密度、比热容）及极板间距有关。在给定的射频干燥装备中，电磁波频率 $f$ 是固定的，正极板电压 $U$ 除了与射频干燥装备本身的装机功率有关外，还与极板间距有关。当极板间距一定时，极板电压 $U$ 大小固定。此时射频干燥过程中的物料内部的升温速率与物料的介电损耗因子成正比，与密度、比热容成反比。因此在研究射频干燥时，首先需要对物料的介电特性（介电损耗因子是介电特性的重要组成部分）进行详细研究，以便更好地理解射频加热原理。

物料的介电特性受到了诸多因素的影响，最常见的是电磁波频率、物料温度及物料内部各组分的含量（水分、蛋白质、脂肪、盐类、糖分等）。多孔基体物料或颗粒状物料的固体组分占比或密度也是影响物料介电特性的主要因素。

介电特性可以用于理解物料和射频能量之间的相互作用关系，主要包括磁导率、电导率和介电常数，其中磁导率不影响物料的温升情况，电导率 $\sigma$ 反映了物料本身传导电流的能力，如式（7-7）。

$$\sigma = 2\pi f\varepsilon_0\varepsilon'' \tag{7-7}$$

物料的介电常数包括实部的相对介电常数 $\varepsilon'$ 及虚部的介电损耗因子 $\varepsilon''$ 如式（7-8）。

$$\varepsilon = \varepsilon' - j\varepsilon'' \tag{7-8}$$

其中，$j = \sqrt{-1}$；实部 $\varepsilon'$ 表征了物料储存射频能量的能力，与物料的电容特性相关；虚部的 $\varepsilon''$ 表征了物料消耗射频能量的能力，与物料的电阻特性相关。这一参数直接反映了射频加热过程中物料将射频能量转化为热能的能力，二者比值即为损耗角 $\delta$ 正切值，如式（7-9）。

$$\tan\delta = \varepsilon''/\varepsilon' \tag{7-9}$$

常规湿物料所含的水分中常溶解有各类离子组成的化合物，物料在射频加热时受到了由水分子引起的极性损耗 $\varepsilon''_d$ 和由带电离子引起的电导损耗 $\varepsilon''_\sigma$ 的双重作用，因此介电损耗因子可通过式（7-10）计算。

$$\varepsilon'' = \varepsilon''_d + \varepsilon''_\sigma \tag{7-10}$$

进一步分析两种加热机制对损耗因子的影响得出（图 7-2）：当电磁波频率属于低频段时（频率小于 1GHz），离子电导损耗占主导地位，损耗因子随频率的增加而降低；当电磁波频率属于高频段时（频率大于 1GHz），极性损耗占据了主导地位，损耗因子随频率的升高先升高后降低。单位体积物料在射频作用下产生的热量 $Q_V$（$W/m^3$）如式（7-11）。

$$Q_V = 2\pi f\varepsilon_0\varepsilon''_e|E|^2 \tag{7-11}$$

其中，$\varepsilon''_e$ 为有效损耗因子。

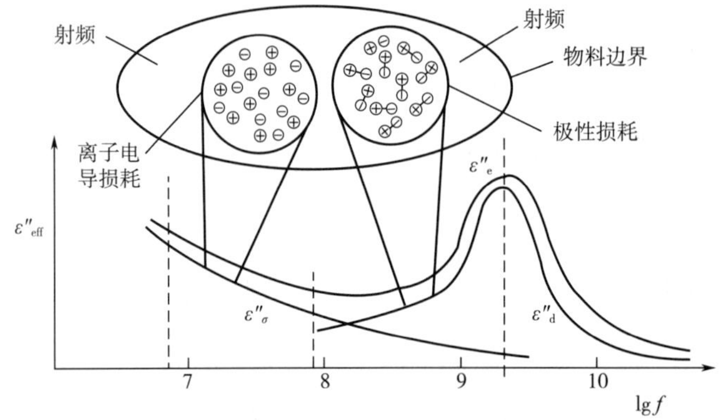


图 7-2　介电加热过程中的物料内部离子电导损耗和极性损耗与频率的关系

为了深入了解射频加热过程中物料温升情况，有必要进一步探究介电损耗机制。物料内部的水合离子引起的离子电导损耗可以通过离子电导率与频率、真空介电常数等的比值求出，如式（7-12）。

$$\lg\varepsilon''_\sigma = \lg\frac{\sigma_e}{2\pi\varepsilon_0} - Z_2\lg f \tag{7-12}$$

式中　$\varepsilon''_\sigma$——由带电离子引起的介电损耗；

$\varepsilon_0$——真空中的介电常数；

$\sigma_e$——有效离子电导率，S/m，它与物料自身温度和含水率有关；

$Z_2$——常数，液体物料的为1，固体物料的需经测定后得出。

水分是农产品物料主要的极性分子，也是引起射频加热过程中极性损耗的主要因素。当温度一定时，由水分引起的极性损耗可以通过德拜（Debye）模型估算，如式（7-13）、式（7-14）。

$$\varepsilon''_d = \frac{(\varepsilon_s - \varepsilon_\infty)\dfrac{f}{f_c}}{1+\left(\dfrac{f}{f_c}\right)^2} \tag{7-13}$$

$$f_c = \frac{1}{2\pi\tau} \tag{7-14}$$

式中　$\varepsilon_s$——静态介电常数；

$\varepsilon_\infty$——光频介电常数；

$f$——频率，Hz；

$f_c$——临界频率，Hz。

事实上，以各类加工食品、中药材、果蔬为代表的农副产品，在射频加热过程中常被视为多孔介质材料，尤其是白面包、乳粉等中低含水率且孔隙较大的物料，在计算由水分引起的极性损耗时需要对Debye模型进行修正，如式（7-15）、式（7-16）、式（7-17）。

$$\varepsilon''_d = \varepsilon''_b + \varepsilon''_f \tag{7-15}$$

$$\varepsilon''_b = M_b(1-\phi)\frac{(\varepsilon_{sb}-\varepsilon_{\infty b})\dfrac{f}{f_{cb}}}{1+\left(\dfrac{f}{f_{cb}}\right)} \tag{7-16}$$

$$\varepsilon''_f = (M-M_b)(1-\phi)\frac{(\varepsilon_{sf}-\varepsilon_{\infty f})\dfrac{f}{f_{cf}}}{1+\left(\dfrac{f}{f_{cf}}\right)} \tag{7-17}$$

式中　$M_b(1-\phi)$——单位体积物料内部结合水的含量；

$(M-M_b)(1-\phi)$——单位体积物料内部自由水的含量；

$\varepsilon''_b$ 和 $\varepsilon''_f$——结合水和自由水引起的极性损耗；

$\phi$——物料内部孔隙的体积占比；

$\varepsilon_{sb}$ 和 $\varepsilon_{sf}$——结合水和自由水的静态介电常数；

$\varepsilon_{\infty b}$ 和 $\varepsilon_{\infty f}$——结合水和自由水的临界频率。

以白面包的介电损耗机制研究为例，离子电导损耗占据主导地位，其与频率在对数坐标上呈线性相关。当白面包的含水率从34%增加至38.6%时，常数 $Z_2$ 的值为0.6~0.7。此外，在低频段内，白面包中的自由水引起的极性损耗与频率呈线性相关且所占比例较小，而高频段内其与离子电导损耗共同作用引导电磁能向热能转化。乳粉主要以蛋白质、脂肪和乳糖构成，当频率低于3GHz时，上述3种成分的损耗均为极性损耗，可以通过Debye模型进行预测，并且乳粉属于低含水物料，其离子电导损耗接近于常数（$Z_2$ 为0）。

## （三）影响介电特性的因素

物料的介电特性受到多种因素的影响，其中影响最显著的是电磁波频率、物料温度、内部组分（包括水分）、物料密度以及孔隙率等，它们会影响射频加热的最终效果。

1. 电磁波频率

电磁波频率是设计制造介电加热装备的重要参数，物料的介电特性在不同频率下呈现不同的趋势，这在一定程度上会影响加热过程中物料升温的快慢和加热的均匀性等指标。对绝大部分的农特产品而言，介电常数随频率的升高而降低，损耗因子随频率的升高先降低后缓慢升高且在低含水物料中该现象更加明显。相关研究表明：苹果、梨、柠檬、芒果、猕猴桃、冬麦、乳粉等物料的介电特性均符合这一规律。图 7-3 和图 7-4 所示为含水率为 10%、30% 的花生在 25℃、45℃、65℃、85℃下的介电常数和介电损耗因子关于频率的变化曲线。这一现象可以结合介电损耗机制来进行分析：在低频段内（1GHz 以下）是物料的离子电导损耗和结合水的极性损耗共同作用，而在高频段内（1GHz 以上）则是自由水的极性损耗占据主导地位。由于工业生产中规定的射频频率均在低频段内，因此在射频加热过程中，物料介电损耗机制以离子电导损耗为主。

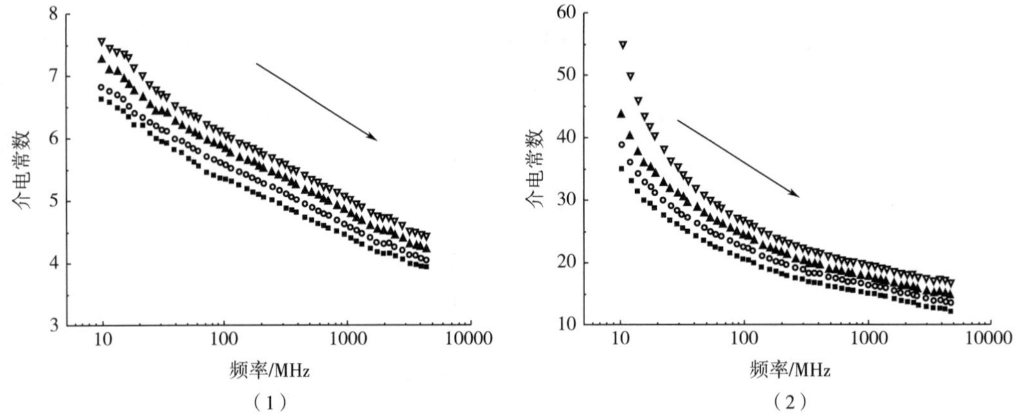


图 7-3　含水率分别为 10%（1）、 30%（2）的花生在 25℃（■）、 45℃（○）、 65℃（▲）、 85℃（▽）下的介电常数与频率的关系

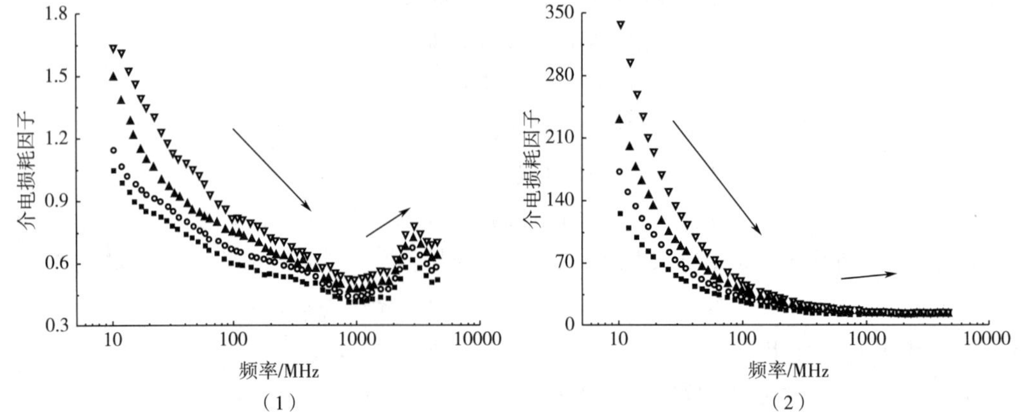


图 7-4　含水率分别为 10%（1）、 30%（2）的花生在 25℃（■）、 45℃（○）、 65℃（▲）、 85℃（▽）下的介电损耗因子与频率的关系

2. 物料温度和含水率

物料温度和含水率是影响物料介电特性的首要因素。当物料内部的组分含量一定时，温度和含水率会直接影响内部粒子的活跃程度、结合水和自由水的占比等，因此它们与物料的介电特性紧密相关。但由于受到了物料形态、种类的影响，温度和水分与物料介电特性间的相互关系显得较为复杂，生产应用中常将这两个因素一起考虑。

一般情况下，当频率和物料状态一定时，物料的介电常数和介电损耗因子均随物料温度和含水率的升高而增大（图 7-5、图 7-6）。当含水量较低时，水分子通常以结合水的形态存在于物料内部的淀粉、蛋白质等物质中，此时可用于电极化的极性分子和水合离子也比较少，导致介电常数和损耗因子均较低；含水率的升高，不仅增加了自由水与结合水的相对含量比值，还为离子提供了更多振荡迁移的通道，使得物料中可用于电极化的极性分子和水合离子数量激增，若此时升高温度则会降低物料中各类粒子的活跃度，且在射频能量的作用下粒子之间的摩擦碰撞强度更强，最终导致介电常数和介电损耗因子数值上升。

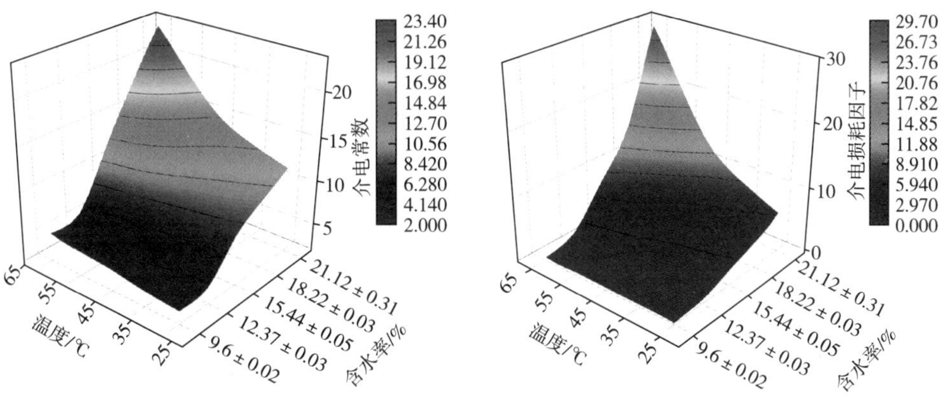


（1）　　　　（2）

图 7-5　27. 12MHz 下片烟的介电常数（1）、介电损耗因子（2）与温度、含水率的关系

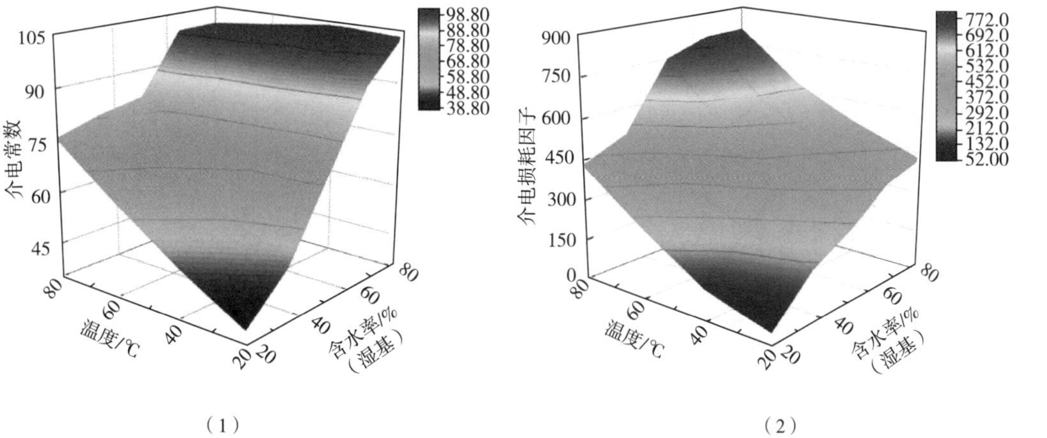


（1）　　　　（2）

图 7-6　27. 12MHz 下猕猴桃的介电常数（1）、介电损耗因子（2）与温度、含水率的关系

但对于含水率极高或极低的物料，含水率对损耗因子的影响很小。此外，由于含水率的

变化会改变物料临界频率的变化，使得在特定频率下含水率的升高反而导致了损耗因子的减小。

3. 物料组分

除了水分外，大部分的农特产品或食品中含有蛋白质、脂肪、碳水化合物、盐分、灰分、维生素等成分。这些成分由于其特殊的分子构成，对物料的介电特性也具有不同程度的影响。

脂肪是肉类、乳类产品中的重要组成成分，其自身的介电常数和介电损耗因子均属于较低水平，在电磁波作用下属于惰性成分。物料中脂肪含量升高的过程可视为极性分子和水合离子稀释的过程（即自由水的相对含量减少），最终导致物料的介电常数和介电损耗因子均随着脂肪含量的升高而降低。如三文鱼腹部的脂肪含量高于其他部位（表 7-1），其介电特性则低于其他部位，该现象在猪肉、牛肉等肉制品中同样存在。

表 7-1　　三文鱼不同部位脂肪含量和介电损耗因子对应关系

| 部位 | 脂肪/%（质量分数） | 含水率/% | 介电损耗因子 | |
|---|---|---|---|---|
| | | | 30℃，27.12MHz | 50℃，27.12MHz |
| 前叶 | 1.67±0.01 | 75.25±0.18 | 502.01 | 683.67 |
| 中部 | 1.66±0.01 | 74.97±0.52 | 543.45 | 744.25 |
| 尾部 | 1.67±0.02 | 76.14±0.25 | 555.68 | 749.33 |
| 腹部 | 2.17±0.01 | 75.69±0.09 | 440.21 | 602.29 |

蛋白质是含有碳、氢、氧、氮等多种元素的重要生物大分子，是由多种不同氨基酸连接形成的多聚体，因此其内部含有一定数量的具有偶极矩的极性分子和离子。其中蛋白质的侧链对其介电特性具有决定性作用，如极性的胸腺嘧啶、色氨酸、丝氨酸、苏氨酸、脯氨酸、赖氨酸、精氨酸、天冬氨酸、谷氨酸、谷氨酰胺、半胱氨酸和组氨酸（递减顺序）。自由氨基酸和多肽也是导致介电损耗因子增加的主要原因。蛋白质的偶极矩与物料的氨基酸及自身 pH 有关，这导致谷物、乳类、肉类中蛋白质的介电特性略微复杂，但其整体趋势相近，即介电损耗因子随蛋白质含量的增加而线性升高。图 7-7 所示为常温下牛乳的介电特性随蛋白质含量的变化曲线。

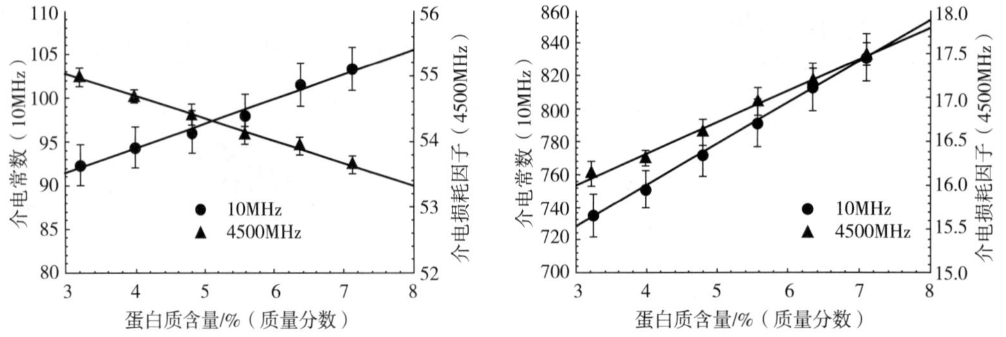


图 7-7　常温下牛乳的蛋白质含量与介电特性的关系

此外，物料中的蛋白质在特定温度附近会发生可逆变性，且含水率越高越容易变性，这一特性会影响乳粉等蛋白质含量较高的物料的介电特性与温度的整体变化趋势。如图 7-8 所示，在含水率为 2.5%~5.5%的婴儿配方乳粉中，当温度从 50℃上升至 65℃时，介电特性参数均出现明显下降，与一般情况下物料的介电常数和介电损耗因子随温度升高而升高的规律不同，该现象与乳清蛋白中的 $\alpha$-乳白蛋白在 62℃时发生可逆变性有关。

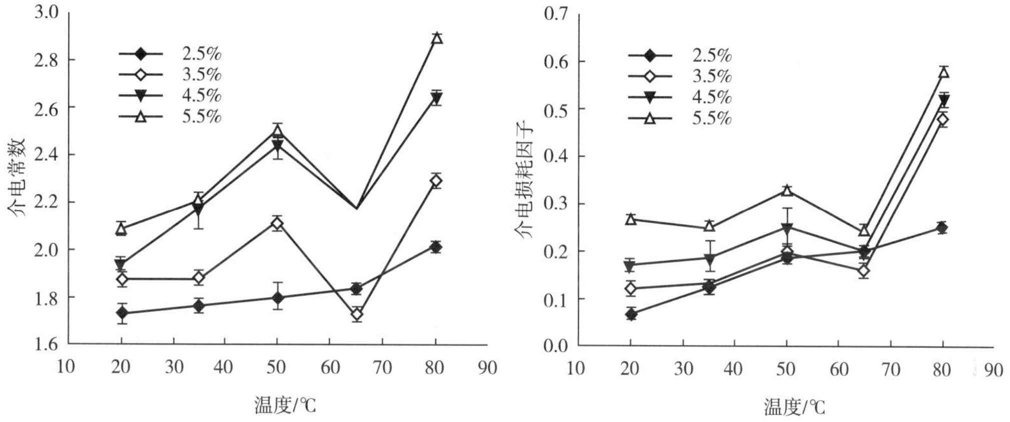


图 7-8 样品密度 0.36g/cm³、频率 27.12MHz、含水率 2.5%~5.5%（湿基）时，温度对婴儿配方乳粉介电常数（1）和介电损耗因子（2）的影响

在射频干燥前，需要对土豆、胡萝卜、草莓等果蔬类物料进行预处理，即在高浓度的离子溶液（以 NaCl 溶液为主）中浸泡，在脱除部分水分的同时实现水分平衡、改善物料介电特性等。与此同时，盐分含量对介电特性影响也很大。因为盐分含量的增加可以为物料内部提供更多的离子，而射频段内是以离子电导损耗为主，因此物料的介电损耗因子会增加（表 7-2）。另一方面，盐分可以结合物料中的自由水，因此盐分含量对物料介电常数的影响暂无统一趋势，如土豆泥的介电常数在盐分含量为 0~4.5%（质量分数）时逐渐降低，而在盐分含量为 4.5%~5.7%（质量分数）时逐渐升高。

表 7-2 含水率为 15%的开心果仁经不同浓度 NaCl 溶液浸泡后的介电特性

| NaCl 溶液浓度/（g/L） | 温度/℃ | 频率/MHz | | | |
|---|---|---|---|---|---|
| | | 27.12 | | 40.68 | |
| | | 介电常数 | 介电损耗因子 | 介电常数 | 介电损耗因子 |
| 未浸泡 | 25 | 11.85±0.12 | 5.99±0.11 | 11.18±0.04 | 5.02±0.04 |
| | 65 | 13.74±0.03 | 10.21±0.10 | 12.78±0.02 | 8.22±0.04 |
| 50 | 25 | 15.73±0.18 | 15.65±0.63 | 14.12±0.15 | 12.22±0.44 |
| | 65 | 19.02±0.08 | 36.91±0.68 | 16.62±0.06 | 27.72±0.48 |
| 100 | 25 | 21.41±0.19 | 24.92±0.94 | 18.76±0.18 | 19.38±0.68 |
| | 65 | 28.05±0.13 | 55.05±1.03 | 23.86±0.08 | 41.51±0.76 |
| 200 | 25 | 22.15±0.05 | 44.82±0.30 | 19.45±0.04 | 33.64±0.21 |
| | 65 | 28.32±0.15 | 97.03±0.83 | 24.36±0.08 | 70.91±0.50 |

除此之外，物料的介电特性还受到糖度等其他组分的影响，这一规律主要体现在果汁或不同成熟度的水果中，但线性相关性不及上述几种组分明显，因此不予详细阐述。

4. 物料密度

空气的介电常数为1，介电损耗因子接近0。颗粒状或粉末状物料的空隙中通常含有大量的空气，因此会对介电特性产生极大的影响，测量这类物料的介电特性必须考虑密度。通常来讲，全麦粉、亚麻籽、玉米粉、白面包、高粱、荞麦等农特产品的单位体积内电介质的数量随物料密度的增加而增加。在射频作用下，更多的极性分子和带电离子参与介质极化，储存的电荷量也相应增加，使得介电常数随着密度的增大而增大。同时，电介质数量的增加会导致粒子间摩擦碰撞更剧烈，进而使更多的电磁能量被转化为热能，故介电损耗因子随着物料密度的增加而增加。

针对白面包、颗粒状粮食等这类孔隙较大的物料，可以用介电混合方程来测算空气-颗粒混合物的介电特性，常用的介电混合方程如式（7-18）~式（7-23）。

复折射率混合方程（Complex Refractive Index Mixture Equation，CRIME）：

$$\varepsilon^{\frac{1}{2}} = v_1(\varepsilon_1)^{\frac{1}{2}} + v_2(\varepsilon_2)^{\frac{1}{2}} \tag{7-18}$$

Landau-Lifshitz Looyenga 方程（LLLE）：

$$\varepsilon^{\frac{1}{3}} = v_1(\varepsilon_1)^{\frac{1}{3}} + v_2(\varepsilon_2)^{\frac{1}{3}} \tag{7-19}$$

Bottcher 方程（BE）：

$$\frac{\varepsilon - \varepsilon_1}{3\varepsilon} = v_2\frac{\varepsilon_2 - \varepsilon_1}{\varepsilon_2 + 2\varepsilon} \tag{7-20}$$

Lichtenecker 方程（LE）：

$$\ln\varepsilon = v_1\ln\varepsilon_1 + v_2\ln\varepsilon_2 \tag{7-21}$$

Bruggeman-Hanai（BH）：

$$\frac{\varepsilon - \varepsilon_2}{\varepsilon_1 - \varepsilon_2}\left(\frac{\varepsilon_1}{\varepsilon_2}\right)^{\frac{1}{3}} = 1 - v_2 \tag{7-22}$$

Maxwell-Garnett（MG）：

$$\frac{\varepsilon - \varepsilon_1}{\varepsilon + 2\varepsilon_1} = v_2\frac{\varepsilon_2 - \varepsilon_1}{2\varepsilon_1 + \varepsilon_2} \tag{7-23}$$

式中　$\varepsilon$——混合物的相对介电常数；

$\varepsilon_1$——空气的相对介电常数；

$\varepsilon_2$——纯颗粒物料的相对介电常数；

$v_1$、$v_2$——空气和颗粒的体积分数，$v_1+v_2=1$；

颗粒物料在自然堆积下的孔隙率 $\varphi$ 可以通过颗粒物料的堆积密度和真密度计算得出，如式（7-24）。

$$\varphi = 1 - \frac{\rho_a}{\rho_s} \tag{7-24}$$

式中　$\rho_a$——颗粒物料的堆积密度，$kg/m^3$；

$\rho_s$——颗粒物料的真密度，$kg/m^3$。

事实上，物料的介电特性还受到其自身组织的纤维结构等因素的影响，但其效应不及上述

4个主要因素，故不作过多论述。

### （四）能量穿透深度

当电磁波传导至物料表面时，只有小部分能量被反射，其余的绝大部分能量会作用于物料，进而利用介质极化来加热物料。电磁波的穿透深度有限，其电磁波能量依据朗伯法则（Lambert's Law）进行衰减（图7-9）。当衰减至初始强度的1/e≈37%（e≈2.71828）时，电磁波在物料内穿过的垂直距离即为能量穿透深度 $d_p$ 如式（7-25）。

$$d_p = \frac{c}{2\times10^4\pi f\sqrt{2\varepsilon'\left[\sqrt{1+\left(\frac{\varepsilon''}{\varepsilon'}\right)^2}-1\right]}} \tag{7-25}$$

由式（7-25）可知，射频能量在物料内部的穿透深度与物料的介电特性、温度、组分及电磁波紧密相关，故明确射频处理时的能量在待处理物料内部的穿透深度是至关重要的。当电磁波的能量穿透深度小于物料厚度的1.5倍时，能量会集中在距物料表面1倍穿透深度处，最终导致热偏移效应。所以计算能量穿透深度的意义就在于指导射频干燥时物料的装载量或物料厚度，使得电磁波在物料内部的作用强度近似于均匀分布，从而获得良好的干燥效果。

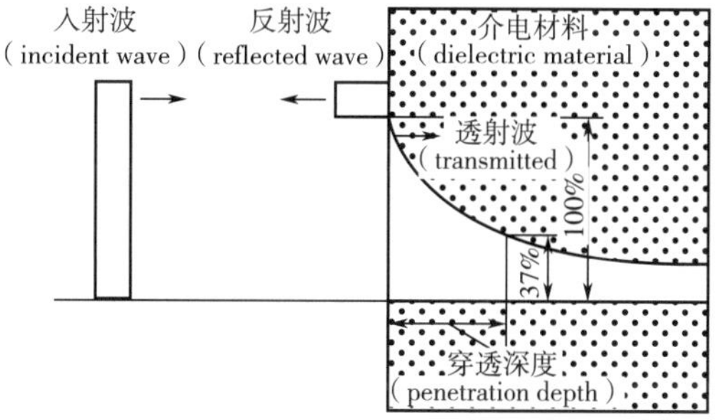


图7-9 电磁波在有损耗物料中的穿透深度示意图

## 三、射频加热的优势

由前面的内容可以得出：与传统加热（传导、对流）方式不同，射频加热是一种非接触式的加热形式，即电磁波不需要任何中间媒介就可以作用于待加热物料，使物料快速升温。这一特性使射频加热具有很多特点，对这些特点进行具体分析，有利于在实际应用中合理有效地使用射频加热这一新型的加热技术。

（1）穿透深度大　由穿透深度计算公式可得，电磁波在物料内部的穿透深度随频率的升高而减小，随波长的升高而增大，因此射频能量的穿透深度显著大于微波和红外等辐射加热形式的穿透深度。对比国际规定的可用于工业生产的5个频率：射频段比微波段的频率低、波长长，使得射频能量能够更深地作用于物料内部，避免微波加热体积较大的块状物料时出现中心未加热而边角焦煳的现象。所以射频加热穿透深度大的特点有利于处理具有规则几何形状且尺寸较大的物料，实现批量加工。

（2）整体均匀、加热快速　传统电加热板、热风加热分别通过传导和对流两种形式加热物料，热源位于物料外部或物料边界，加热时热量由外向内形成温度梯度促进热量传递，该过程与物料的导热性能有关。尤其对于颗粒状、粉末状或非饱和含湿类的多孔介质，由于孔隙内存在大量空气，会阻碍热量的传递。同时，传统加热形式在加热初期易形成“外热里凉”的现象，而射频加热是将高频电磁波直接作用于物料整体，物料内部同时发生极性损耗和离子电导损耗，在其内部可以迅速地产生体积加热效应且加热速率极快可以有效缩短加热时间，降低热量损失。

（3）选择性加热　射频加热时物料内部的温度分布主要与物料本身的介电特性相关。但物料的介电特性（尤其是介电损耗因子 $\varepsilon''$）受到诸多因素的影响：当射频频率一定时，物料的介电特性通常与温度含水率之间构成非线性变化的函数。因此，介电特性数值较高的部位会吸收更多的射频能量，使得该部位加热速率增快，而温度的升高又促使介电特性参数进一步增大，利用这一特性就可以对物料进行局部加热处理。例如，在木板胶合处理中，黏合胶剂的介电损耗因子远大于木材，可以利用射频对胶合部位加热；在粮食杀虫处理中，害虫的介电损耗因子高于粮食，可避免有效杀灭害虫时粮食温度过高。

（4）产品质量提高　由于射频加热具有体积加热、快速加热的特点，可避免传统加热形式中热量分布不均匀造成的热应力损伤并缩短加热时间，从而减少物料在高温环境下的停留时间以减轻温度对物料品质的破坏。此外选择性加热有利于在较低温度下杀虫杀菌，保证产品的外观和内在品质不受热损伤。

（5）加热控制便捷　通过精确控制射频装置电路的通断来控制物料加热，该过程方便快捷，不需要装置预热或装置落凉处理，有利于工业化生产应用。

（6）能量利用率高　射频加热装置在设计过程中会考虑防泄漏等技术问题，且腔体内部的空气和腔体自身结构不吸收电磁波能量，即待加热物料能完全吸收电磁波能量，因此射频加热具有较高的能量利用率。

（7）具有非电离性　射频携带的量子能量小于 10eV，该能量仅能引起物料内部粒子的摩擦振荡，而不会破坏分子间的化学键或改变分子结构，这即为射频的非电离性。所以将射频技术应用于农特产品热处理可最大程度地降低对物料理化特性的影响，减少有毒有害物质的产生。

（8）装置投资成本小　根据目前的工业生产能力，射频发生器的功率最高可达 900kW。但 915MHz 的微波发生器功率最高仅为 90kW，2450MHz 的微波发生器功率最高仅为 10kW。因此在工业生产应用中若使用微波加热技术需要组合多台微波发生器来达到所需功率，这一过程无疑增加了前期的装置投资成本。据统计，成套微波装置的成本约为射频装置成本的两倍。

除上述优点外，射频加热装置体积较小，且不会加热装置周围的环境，避免产生类似热风、电加热板等热源形式对周围环境的加热效应，极大地改善了工人的工作环境。

# 第二节　射频干燥装置

## 一、射频干燥装置概述

射频加热装置有两种：传统振荡（自激振荡）装置和 50Ω 装置。传统振荡装置包括两大部分：射频发生器和干燥腔体，其中干燥腔体内安装有射频工作电容器，干燥时将物料放在电容器内，二者形成负载并与射频发生器产生的高频电磁波进行匹配。50Ω 装置则将自动微调装置装配至干燥室供电电路中，干燥过程中匹配单元的阻抗基本稳定在 50Ω 左右以匹配射频发生器的阻抗，保证物料与射频能量的稳定耦合。尽管 50Ω 装置可以保证装置工况稳定，同时实现功率连续调节以获得更高的能源利用率，但由于造价昂贵，此类型的射频干燥装置仍大多处于实验室研究阶段。50Ω 装置整体结构如图 7-10 所示。

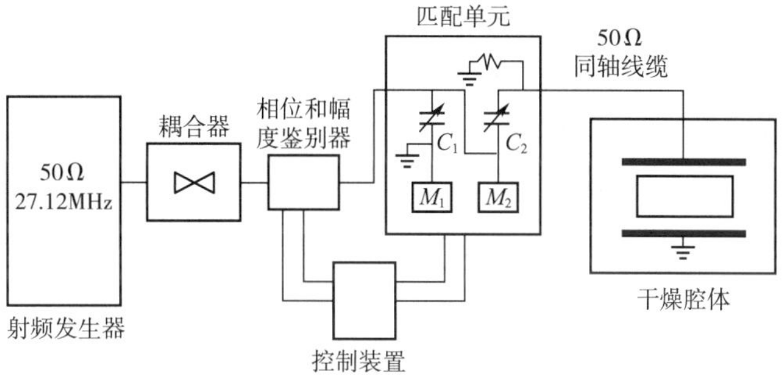


图 7-10　50Ω 装置整体结构示意图

相反，传统振荡类型的射频干燥装置应用较为广泛，该类装置的结构从电路角度可划分为：电源、高频振荡器、匹配电路、负载及控制装置。高频振荡器可以通过电感和电容产生所需电磁波，利用相应的能量传输电极将射频传至干燥腔体内，借助电容器以施加在物料上。本节以传统振荡类型的射频干燥装置为例，分析射频干燥装置的组成及其结构形式。

## （一）射频发生器

射频发生器是射频干燥装备中的重要组成部分，它实质上是一个功率振荡器，可以将直流电转化成一定频率的高频电磁波，其核心组成部分是电子管，将其与电容器、电感线圈等元件结合形成了完整的射频发生装置。将功率振荡器的复杂电路简化后可以得出：功率振荡器由放大器和正反馈电路构成（图 7-11），相当于是具有足够反馈深度的正反馈放大器。

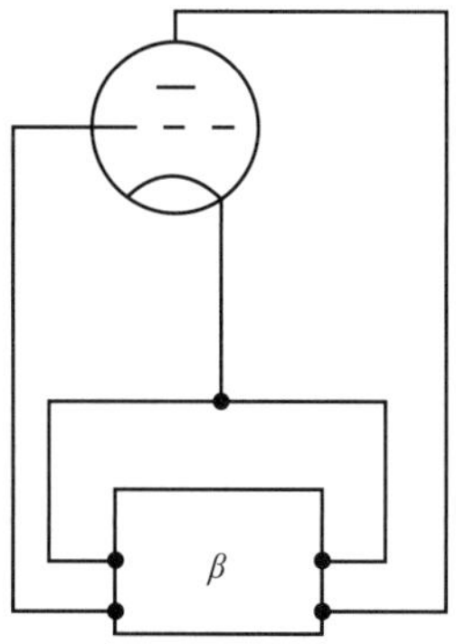


图 7-11　功率振荡器的一般形式

## （二）工作电容器

工作电容器是干燥时盛放物料的场所，通过电容器正负极的相互配合可以为物料提供用于升温的高频电磁波。当射频发生器的功率和频率确定后，电容器的形状尺寸和容量便成为影响物料升温速率和加热均匀性的主要因素，因此在干燥前需根据待加热物料的几何形状、形状尺寸对电容器的各项参数进行合理选择或设计，保证射频能量可以精准有效地集中于待加热物料所占据的空间区域内，且电场强度分布均匀。除此以外，还需考虑工作电容器要适合工艺流程且有利于生产，例如物料在干燥过程中是静态的还是运动的以及装填和卸载物料的形式，若物料湿度过高可选择有利于水分散失的网状电极等。目前较为常见的电容器有：平板式电容器、梳状电容器、圆环电容器、同轴圆筒电容器。

1. 平板式电容器

平板式电容器（图7-12）结构简单、射频能量分布均匀，适用于干燥体积较大、形状规则的物料。它还可以对物料施加一定的压力以满足某些特定的加工过程，例如，防止木材干燥形变、木材胶合等。而干燥含水率较高的物料时，通常在物料之间、物料与极板间留有一定的孔隙，以加快水蒸气的迁移。平板式电容器的电容量 $C_{pl}$（pF）可由式（7-26）得出。

$$C_{pl} = 0.0885\varepsilon' \frac{S}{d} \tag{7-26}$$

式中 $\varepsilon'$——介电常数；

$S$——极板的面积，$cm^2$；

$d$——平行极板的间距，cm。

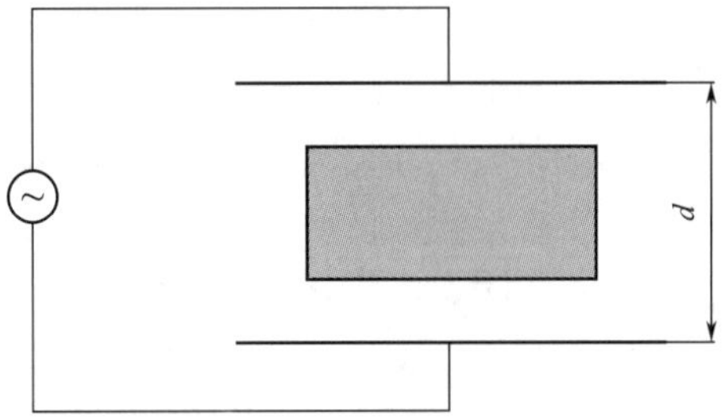


图7-12 平板式电容器

但在实际应用中，为了获得良好的射频加热效果，物料的外形尺寸通常小于极板面积；另一方面，为了防止物料接触正极板而出现尖端放电的现象，通常极板与物料间会留出一定的空隙（图7-13），这有利于水分快速迁移。此时计算电容量时，应分别计算极板间的等效介电常数［$\varepsilon'_{ra}$、$\varepsilon'_{rb}$ 分别对应图7-13（1）、图7-13（2）］，如式（7-27）、式（7-28）。

$$\varepsilon'_{ra} = \frac{\varepsilon' + \frac{S_1}{S_0}}{1 + \frac{S_1}{S_0}} \tag{7-27}$$

$$\varepsilon'_{rb} = \frac{1 + \frac{d_1}{d_0}}{\frac{1}{\varepsilon'} + \frac{d_1}{d_0}} \tag{7-28}$$

式中 $\varepsilon'$——介电常数；

$S_0$——物料所占的面积，$cm^2$；

$S_1$——极板剩余面积，$cm^2$；

$d_0$ ——物料的厚度，cm；

$d_1$ ——空气间隙的厚度，cm。

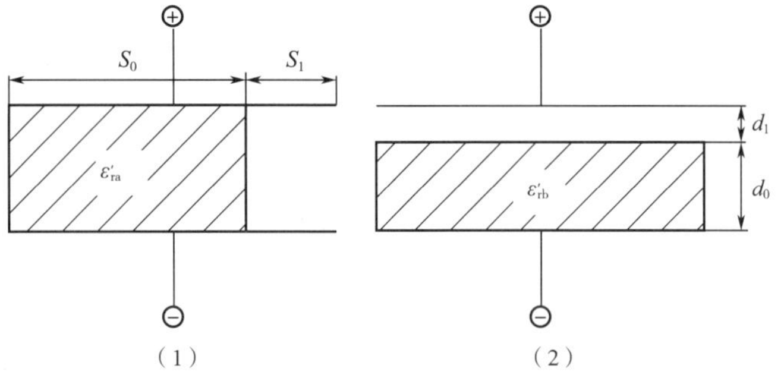


图 7-13　未被介质充满的平板电容器

由此可见，极板间存在的空气间隙会影响负载的等效介电特性。因此在实际应用中，当极板和物料大小确定时，常通过调整极板间距的方法来调整工作电容器的电容量，使之与射频发生装置相匹配以达到理想的加热状态。但如果极板间距过大，所需场强也会随之增大，可能产生放电等技术故障。因此应在射频干燥前对工作电容的容量进行合理计算和试验。

2. 梳状电容器

在谷物、纸张等的射频干燥过程中，若选择平板式电容器作为工作电容，则需要将物料堆积以保证负载拥有足够的等效介电常数，但物料的堆积不利于水蒸气的蒸发迁移。且物料横截面过大时需要加大极板面积，这会导致电容器造价成本过高，此时可以考虑使用梳状电容器（图 7-14）。这类电容器适用于横截面较大的物料，且其产生的电容量较小，有利于和射频发生器相匹配。梳状电容器的缺点是电场强度分布不均匀，电极附近的电场强度较高，为了避免这一缺点，通常将传送带与梳状电容器结合应用。该类电容器的电容量 $C_{pe}$（pF）可以用式（7-29）计算。

$$C_{pe} = (n-1)\frac{\varepsilon' l}{\ln\frac{2D}{d}} \tag{7-29}$$

式中　$n$ ——电极个数；

$\varepsilon'$ ——介电常数；

$l$ ——电极长度，m；

$D$ ——两个相邻正负电极间的距离，m；

$d$ ——电极的直径，m。

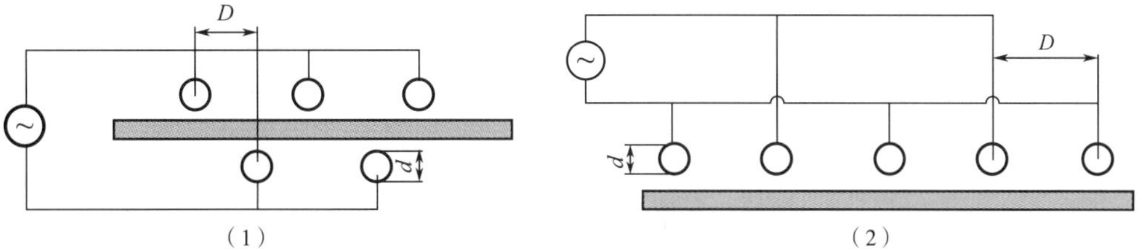


（1）两侧交叉排布　（2）同向交错排布

图 7-14　梳状电容器

3. 圆环电容器

圆环电容器（图7-15）可以看作在周向上连续分布的梳状电容器，二者原理类似，特点相近，通常用于加热运动中的管状材料。

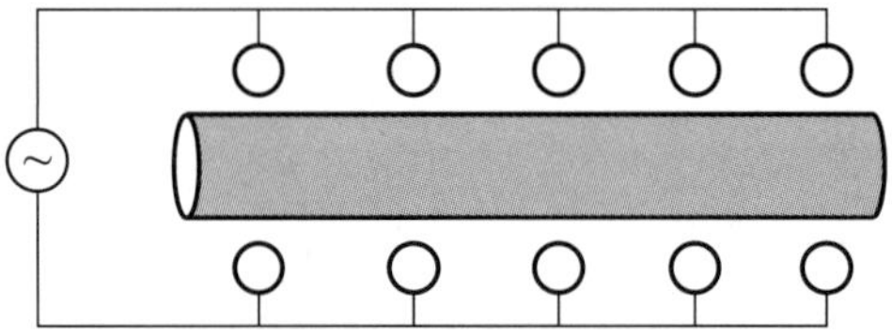

图7-15　圆环电容器

4. 同轴圆筒电容器

同轴圆筒电容器（图7-16）适用于加热干燥薄层的圆筒形物料，常用于处理特定形状的木材等加工领域。该类电容器内电极的电场线密度比外电极的要大，且靠近内电极处的场强较强，不能实现径向均匀加热，仅适用于干燥薄壁物料。同轴圆筒电容器的电容量 $C_{co}$（pF）可以用式（7-30）计算。

$$C_{co} = \frac{0.243\varepsilon' l}{\ln\left(\frac{D}{d}\right)} \tag{7-30}$$

式中　$l$——同轴圆筒电极的长度，m；

$D$——外电极筒的内表面直径，m；

$d$——内电极筒外表面的直径，m。

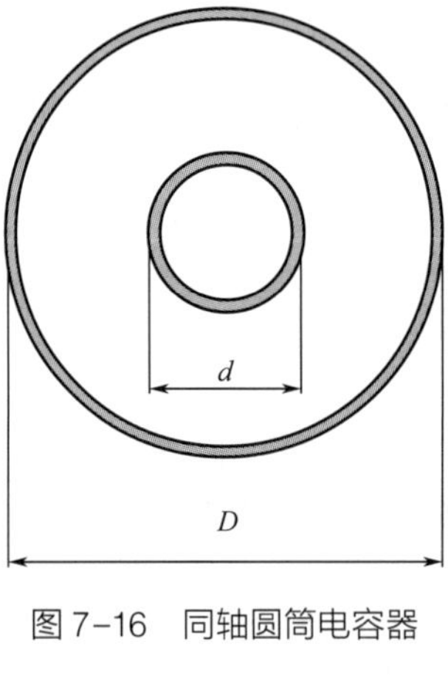


图7-16　同轴圆筒电容器

## （三）装备附属电路

除了上述两类核心部件，射频干燥装备还需要其他的附属电路辅助才能完成完整的射频加热过程。附属电路主要包括：高压整流电路、大功率电子管灯丝供电电路和控制电路，这三类电路主要应用于射频发生器中，与物料干燥过程中需要考虑的相关参数无关。

1. 高压整流电路

利用整流电路的单向导电性可以将交流电转化为直流电，此过程称为整流。在射频发生器中，电子管的阳极和阴极间必须施加高压直流电，其电压通常为几千伏至十几千伏，电流为几百毫安至十几安，整流器功率为几百瓦至几百千瓦。因此整流电路是射频发生器中最为重要的附属电路，目前技术成熟的整流元件包括充气整流二极管、充气闸流管、硅整流二极管或硅堆以及可控硅管。随着制造业、电子产业的发展，硅整流元件凭借其耐冲击、振动性强、质量轻、寿命长、维护简便等优点逐渐成为整流电路的主流选择。

2. 大功率电子管灯丝供电电路

大功率电子管是射频发生器中最核心的部件，为了保证正常运转且拥有较长的使用寿命，通常要求电子管灯丝的供电电路能够限制启动电流的大小并保证工作过程中电压的稳定度。工作中的灯丝温度很高，灯丝电阻因温度的改变而变化极大。若在冷态下接入灯丝的额定电压，将导致过大的起动电流，使灯丝构件受到过大的冲击而损坏。一般情况下需要将起动电流限制在额定电流的 1.5 倍以内。在射频过程中，通常要求灯丝电压的变化幅度不超过额定电压值的 ±2%，为此常采用谐振式磁饱和稳压器。

3. 控制电路

为确保射频装置正常工作，需要搭建一套完整的控制电路，让使用人员按照正确的操作步骤开启或关闭装置。通过信号指示器、故障指示灯等随时监测装置的运行状况，利用继电器、连锁装置等元件控制高压电路的通断，以防止可能由于操作失误而出现的安全问题，同时采用逻辑电路或 PLC 实现射频干燥过程中装置的自动控制。

### （四）绝缘类材料

射频干燥装置中无论是对于装备本身还是用于放置待处理物料的各类载具，都需要考虑其材料的绝缘性能是否满足射频电场的要求。射频干燥装备属于大功率、高频率的电气装置，因此绝缘材料的选择需要考虑以下几个重要参数。

（1）材料高频绝缘强度　目前各类绝缘材料的相关属性参数列表给出的绝缘强度绝大部分是在直流或工频交流状态下测得的，由于射频状态下各类绝缘材料的高频特性与低频时不同，因此绝缘程度存在较大差异，总体呈现出绝缘性能下降的趋势。在材料制造过程中可能掺杂有各类杂质，在一定程度上使得局部介电损耗增加，在射频加热过程中可能出现热击穿现象。因此在选取绝缘材料时不仅要留有足够的设计余量，还要在使用过程中保证绝缘材料表面洁净，使用结束后要及时处理冷凝水和灰尘等可能影响绝缘性能的各类物质。

（2）材料高频介质损耗　某些绝缘材料会在射频条件下呈现出一定的高频介电损耗，故不宜作为绝缘材料用于射频干燥装备中。例如有机玻璃、纸类、酚醛类塑料和橡胶制品等，尽管在低频下属于良好的绝缘材料，但在射频状态下可视为介电体，不宜选用。

（3）材料的机械强度　由于绝缘材料通常作为待处理物料的承载、运输单元或射频装置中电气元件的支撑、隔离单元使用，因此需要具有一定的机械强度。高频陶瓷具有良好的高频绝缘性能且硬度大、容易成形，但其脆性大且无法进行二次加工，故常作为电气元件的绝缘子等标准件使用。聚乙烯、聚丙烯及聚四氟乙烯等高分子材料的高频绝缘性能虽不及高频陶瓷，但由于其韧性好、硬度小，普通的加工机床或常规工具即可加工，黏合简便，容易成型，因此常作为绝缘板、绝缘管及传送带、物料料盘等非标准件的制造原材料。

上述绝缘材料价格较贵，考虑到装备的设计制造成本，在不与高频高压元件相接触或不在射频作用范围内的某些次要部位，可以选取干燥的木材等成本相对较低的部件代替上述绝缘材料以降低成本。

## 二、射频干燥装置参数估算

基于射频技术的特殊性，在射频干燥前需根据物料的介电特性对装置的相关参数进行估算以获得期望的干燥效果。主要参数包括射频装置频率、电极间电场强度以及射频装置总体功率。

### （一）射频装置频率

频率是射频干燥装置的重要参数之一，根据物料在射频场内部吸收能量的计算公式可知：当装置功率一定时，频率是影响物料介电特性大小及升温快慢的重要因素。为了使物料吸收更多的功率以用来射频加热，并使负载与射频电场耦合，应在介电常数和介电损耗因子均较高处来确定工作频率。一般情况下，设置射频干燥装备的频率应考虑以下因素。

（1）频率与功率密度的关系　图 7-17 所示为射频作用下物料吸收功率密度（即单位体积物料所产生的热量 $Q_v$）与介电常数、损耗角正切值之间的关系。当射频频率较低时，功率密度随射频频率的增大而迅速增大，当频率上升至一定值后，频率体现出欲饱和特性，即物料吸收功率的增长趋势逐渐趋于平稳。

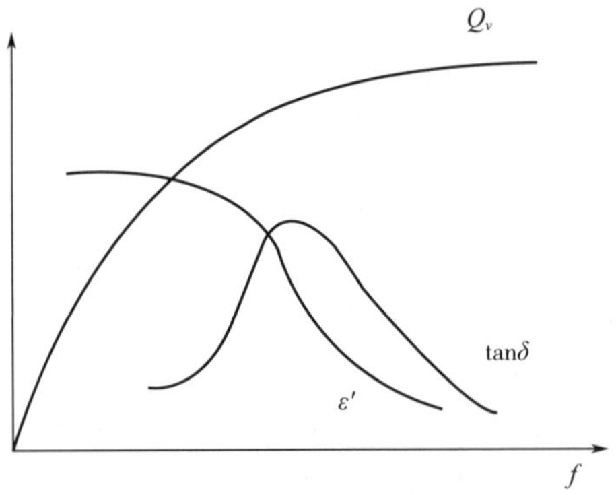


图 7-17　射频作用下物料吸收功率密度与介电常数、损耗角正切值之间的关系

（2）频率与选择性加热的关系　当射频装置一定（即电场强度和射频频率确定）时，射频场内的待处理产品可能由多种物质组成。在处理这类物料时，通常只希望加热其中的部分物质。例如，对带有包装的农产品和食品进行射频杀菌灭酶时，应避免加热外包装，防止高温下产生有害物质；在处理刚组装完的胶合木板时，需快速加热木板间的液态胶水使其迅速凝固，同时尽可能降低对板材温度的影响。根据介电特性的相关知识可知：物料吸收射频能量的多少取决于其自身的介电特性，特别是介电损耗因子，而介电损耗因子是与频率密切相关的物理量。所以当该物料的介电损耗因子较高时，应选择它所对应的频率，而尽量远离其他物料的介电损耗因子所对应的频率，以实现局部加热的目的。

（3）频率与工作电容器尺寸的关系　工作电容器是射频干燥装置中的重要部件，与物料装载量、物料加热效果及干制品品质密切相关。一般情况下，工作电容器的选用和尺寸设计是基于物料特性、几何形状、外观尺寸及单批次处理量来确定的，但由于工作电容器需要与射频干燥装置电路相匹配，因此其尺寸对射频装置频率具有一定的影响和制约。以最常用的平板式工作电容器为例，极板的最大尺寸不得超过临界值，以防出现严重的加热不均匀现象。当极板的长边尺寸 $d$（m）一定时，通常可用的临界射频频率 $f_M$（MHz）如式（7-31）、式（7-32）。

$$f_M = \frac{21.5}{d\sqrt{\varepsilon'}}\text{（正极板一端馈电）} \tag{7-31}$$

$$f_M = \frac{43}{d\sqrt{\varepsilon'}}\text{（正极板中心馈电）} \tag{7-32}$$

由式（7-31）、式（7-32）可知，当根据物料形态设计的极板尺寸无法继续减小时，射频频率就不能无限增大。但如遇到极端情况，可以通过多点馈电或增加补偿元件等方式来解决这一问题。

（4）频率与能量穿透深度　在讲述射频加热的影响因素时提到了射频能量的穿透深度这一概念，在设计射频干燥装置前，有必要先测定物料的介电特性，并根据物料单批次装载量的设计值、物料在干燥过程中的形状尺寸等数值估算射频能量在该物料内部的穿透深度，确定某一频率是否可以有效处理特定形状及尺寸的物料，尤其是在频率较高的射频段内。一般来讲，50MHz 以下的射频能量适用于加热大而厚的物料，而 50MHz 以上的射频能量则适合处理薄层或颗粒状、粉末状物料。

除上述因素外，射频干燥装置中射频频率的选择还需要考虑高功率电子管特性、绝缘材料性能或元器件性能等其他因素。

### （二）电极间电场强度

根据国际规定，目前常规干燥装置的频率是固定的，电场强度越高，物料吸收功率密度就越高，但过高的电场强度可能会导致装置本身出现技术故障。从射频加热技术的角度来看，物料中与射频密切相关的物理特性包括以下三个参量：介电常数 $\varepsilon'$ 、介电损耗因子 $\varepsilon''$ 、射频临界击穿电场强度 $E_M$ ，前两个参数已在本章第二节进行了详细阐述。射频临界击穿电场强度是指物料被射频能量击穿时所能承受的最小电场强度，又称介电强度。在射频干燥过程中，合适的外电场强度可以使介质极化，此时介质的绝缘性能未受影响；超过介电强度时，电介质分子中的正负电荷中心被拉开，甚至脱离内部约束而成为自由电荷，此时电介质变为导体而产生放电现象。为避免电场被击穿而引起电极放电、样品焦煳等不良现象，应将电极间的电场强度控制在 $0.5E_M$ 以下，表 7-3 所示为在射频干燥应用中较为常见的电介质的临界击穿电场强度。

表 7-3　　几种常见电介质的临界击穿电场强度

| 介质类型 | 临界击穿电场强度 | 介质类型 | 临界击穿电场强度 |
|---|---|---|---|
| 纸板 | 12~40 | 木材 | 40~60 |
| 聚氯乙烯 | 25~34 | 未浸渍纸 | 70~100 |
| 布板 | 6~24 | 未浸渍纸 | 70~100 |
| 电木 | 120 | 特氟龙 | 600 |
| 空气 | 8 | 真空 | ∞ |

### （三）射频装置总体功率

本章第一节已经给出了物料吸收功率的计算公式，但在实际应用过程中需要结合具体物料具体分析，射频加热时物料温升与吸收功率间存在关系如式（7-33）。

$$Q = 4.186mC_p\frac{\Delta T}{\Delta t} \tag{7-33}$$

式中 $Q$——物料升温时需吸收的功率，kW；

$m$——物料的质量，kg；

$C_p$——物料的比热容，kJ/（kg·℃）；

$\Delta T/\Delta t$——物料在单位时间（s）内的温升情况。

当射频加热技术用于干燥时，上式可以改写为式（7-34）。

$$Q = 4.186\Delta m \frac{\Delta h_V}{t} \tag{7-34}$$

式中 $\Delta m$——干燥过程中被脱除的水的质量，kg；

$\Delta h_V$——水的蒸发潜热，kJ/kg，常压下为 2014.8kJ/kg，负压环境会影响该参数数值的大小，具体如表 7-4 所示。

表 7-4 负压下水的蒸发潜热

| 大气压强/MPa | 蒸发潜热/（kJ/kg） | 大气压强/MPa | 蒸发潜热/（kJ/kg） | 大气压强/MPa | 蒸发潜热/（kJ/kg） |
|---|---|---|---|---|---|
| 0.010 | 2392.0 | 0.040 | 2133.6 | 0.070 | 2066.0 |
| 0.020 | 2201.7 | 0.050 | 2108.2 | 0.080 | 2047.7 |
| 0.030 | 2163.7 | 0.060 | 2086.0 | 0.090 | 2030.7 |

由式（7-33）、式（7-34）计算得出的功率再除以物料体积，便可与物料的功率密度 $Q_V$ 对应，射频干燥装置在设计前可根据式（7-33）、式（7-34）对单批次处理物料所需的射频功率进行估算。考虑到加热过程中可能出现的射频能量损失、电极与物料接触后引起的传导散热、物料与干燥腔体内的环境对流换热等因素，通常需要将计算结果增加 20%的冗余量。

对式（7-33）、式（7-34）中的两项因素进行综合考虑后，射频干燥所需功率 $Q$ 也可以通过式（7-35）计算：

$$Q = \frac{mC_p(T_2 - T_1) + \Delta m\Delta h_V}{t\eta} \tag{7-35}$$

式中 $T_1$、$T_2$——物料的初始温度和目标温度，℃；

$t$——物料从 $T_1$ 加热至 $T_2$ 所需的时间，s；

$\Delta m$——干燥过程中物料内部的水分蒸发量，kg；

$\Delta h_V$——水的蒸发潜热，kJ/kg；

$\eta$——射频的能量效率，0.5~0.8。

## 三、射频干燥形式与装置

射频技术用于干燥农特产品时需结合其他技术，即形成联合干燥技术。物料升温时，射频技术促使液态水向水蒸气转化，而其他技术则是促进水蒸气的迁移。根据各技术组合方式的不同，联合干燥可以划分为并行联合干燥和串联联合干燥。并行联合干燥通常是指在干燥过程中同时利用两种及以上的技术对物料进行干燥，例如，射频热风联合干燥、射频真空联合干燥、射频辅助流化床干燥等。串联联合干燥是指在整个干燥过程中分阶段地使用不同的干燥技术，例如，在射频真空联合干燥前对物料进行渗透脱水处理、热风冻干联合干燥等。以下对目前常见的几种射频联合干燥技术及其对应的装备做简要阐述。

## （一）射频热风联合干燥

以各类热风为主要热源的传统干燥形式存在干燥周期长、干后品质较差且能源利用率低等缺点，但热风对流本身是一种促进物料表面水蒸气迁移行之有效的方法，因此可以考虑将射频加热与热风干燥联合用于农特产品的干燥处理。图 7-18 所示是英国 Strayfield Fastran 公司研制的 COMBI 6-S 型射频热风联合干燥装置，设定频率 27.12MHz，上下极板面积为 750mm×550mm，二者共同作用组成射频装置的工作电容器，通过调节极板间距（90~200mm）来改变射频加热装置的输出功率，从而改变物料的升温速率。装备所配备的网状传送带可以作为物料的载体驱动其在极板间做单向或往复运动且速率可调，以此提高干燥处理效率，提升加热均匀性。装备中的热风机可以为物料与周围环境进行对流传热传质提供必要条件，保证农特产品在干燥过程中水蒸气的快速迁移。处理过程中，光纤测温传感器可以准确有效地监测物料温度，并结合自带的处理软件来导出相关的温度-时间曲线。

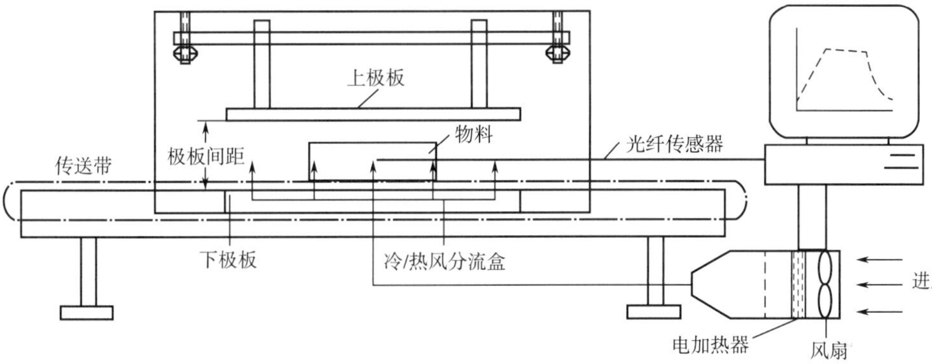


图 7-18　射频热风联合干燥装置结构示意图

该装备中的热风是由下极板吹向上极板的，为了降低腔体内的结构对热风流动的阻碍，提升对流传热传质的速率，热风经气流分配室作用后由极板上的圆形气孔吹向物料。该结构形式仅适用于热风风速较低或物料个体质量较大的情况，否则容易导致物料随气流在极板间出现升腾现象，并使得物料与上极板接触而放电，甚至引发火灾。此外干燥颗粒类物料时需将颗粒类物料装载在料盘中，而料盘可能会影响垂直方向上的风速。但物料对流换热会影响垂直方向上的温度分布，进而导致物料垂直方向上干燥的不均匀，因此无法实现物料的多层叠放，同时也无法有效解决水蒸气扩散的问题。

水分的测定是干燥过程中的重要环节，用于对物料所处阶段作出准确监测，称重即为一种方便快捷的水分测定方法。但将物料取出称重会影响干燥腔体内的温湿度，而常规的自动称重装置由金属制成，无法在射频极板间实现可靠作业，悬挂称重则可能受到热风的干扰。

图 7-19 所示为侧向吹风的射频热风联合干燥装置干燥室部分结构，与原有结构不同的是：风机设置在干燥室左侧，使用喇叭口形式的出风口以获得均匀稳定的热风，干燥过程中温度和风速可调的热风由左侧吹入作用于物料。为获得较为精准的称重精度误差，物料的实时质量由四个称重传感器组成的称重模块共同监测。具体参数是：离心风机流量 504m$^3$/h、加热管功率 6kW、风速 0~2.5m/s 可调、称重量程 24kg、精度 0.05%。装置中喇叭口与分流圆柱的结合可

以提供风速和风温相对均匀的热风；侧向热风结合分层装料模式能够解决堆积装载物料时水分不易扩散导致的干燥不完全、不充分的问题；自动称重装置的设计可以在不中断干燥进程的前提下获得物料的实时质量。玉米种子的射频热风联合干燥实验表明，采用该装置干燥玉米种子，可获得良好的干燥效果：设定干燥过程中射频极板间距为 170mm、风温 43℃、风速 1.5m/s，玉米种子温度最高为 46℃，此时干燥速率较快，干燥处理后的籽粒胚乳部分所受的热损伤较小，符合采后处理加工对玉米种子的各项要求。

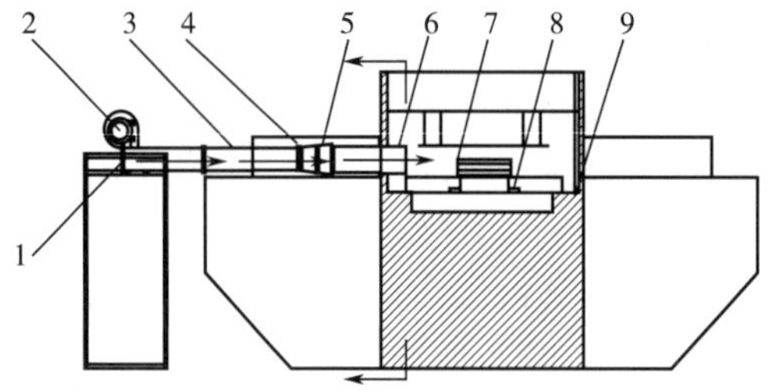


图 7-19 侧向吹风的射频热风联合干燥装置干燥室部分结构示意图

1—加热管；2—离心风机；3—通风管道；4—分流圆柱；5—喇叭口；6—聚丙烯通气管道；7—料盘；8—称重模块；9—射频装置。

### （二）射频真空联合干燥

射频真空联合干燥可追溯至 20 世纪 90 年代，研究表明，针对西部红柏和西部雪松等各类品种木材的干燥处理，射频真空联合干燥不仅可以获得良好的干后产品品质，减小木材表面的裂缝长度，还可以极大地缩短干燥时间。相比于传统对流干燥需要数周的时间，利用射频真空干燥技术仅需 30h 左右。将处理过程中的功率密度、射频电压等关键参数进行优化后，在商业规模的木材射频真空联合干燥试验中，干燥速率提高了 22%。尽管升温阶段的能量转化率仅为 50%，但干燥阶段的能量利用率可达 80%，因此在木材干燥商业领域内得到了极大的推广应用。

图 7-20 所示为 GJ-3-27-JY 型射频真空联合干燥装置的结构，该装置是河北华氏纪元高频装置有限公司在原有的木材射频真空联合干燥装置的基础上进行重新设计制造的，主要用于科研单位及高校实验室内农特产品等的干燥实验研究。该装置具体参数为：设定频率 27.12MHz、额定功率 3kW、正极板尺寸 300mm×430mm、负极板尺寸为 400mm×600mm，这两个极板组成了射频装置的工作电容器，极板间距为 60~300mm 可调，罐体尺寸为 $\phi$800mm×800mm。内部装有在线称重传感器（量程 3kg）及光纤测温系统，可以监测物料的实时状态，判断干燥阶段。

射频真空联合干燥技术对真空环境下的物料进行射频加热，可快速脱除物料内部的水分。在此联合干燥技术中，射频加热具有体积加热效应且加热速率较快、整体温度分布较为均匀；而真空是一种可靠且有效的辅助干燥手段，这是因为真空下水的沸点明显低于常压环境（表 7-5），同时真空泵在工作过程中形成了物料内部与外界环境的压力差，这有利于毛细孔道中液相水和气相水的迁移。二者的共同作用使得物料处于相同温度时，真空状态下的水分蒸发速率显著高于常压状态下的蒸发速率。木材射频真空干燥研究表明，当物料温度同为 40℃时，0.008MPa 负压下的水分扩散系数为常压（0.1MPa）状态下的 5 倍，而且真空仅是物料所处环境的一种物理性状态变化，并不会引起物料内部有效成分的转化或变性。此外，由于射频加热

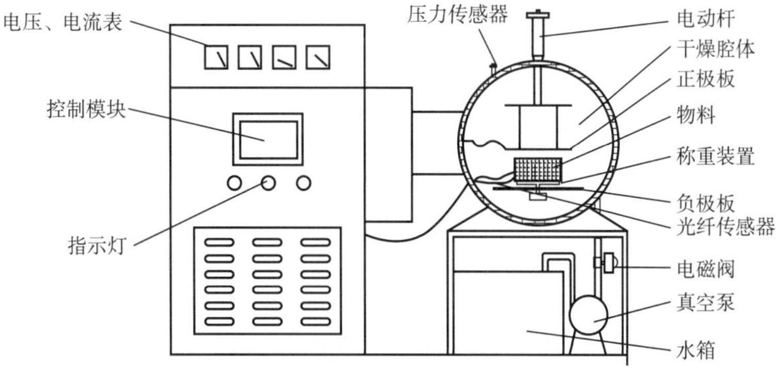


图 7-20　GJ-3-27-JY 型射频真空联合干燥装置结构示意图

的特殊性，即仅加热物料而对腔体内其他环境不起作用，水蒸气可以在腔体内壁快速冷凝并被冷凝水收集装置收集，保证干燥室腔体内处于低湿环境，有利于内部水分向外迁移。

表 7-5　水的沸点与大气压强对应关系表

| 大气压强/MPa | 沸点/℃ | 大气压强/MPa | 沸点/℃ |
|---|---|---|---|
| 0.030 | 69 | 0.015 | 54 |
| 0.025 | 65 | 0.010 | 46 |
| 0.020 | 60 | 0.005 | 33 |

随着工业电子技术的发展，射频真空联合技术在食品、中药材等农特产品采后加工领域特别是干燥领域的应用得到了一定关注。使用 GJ-3-27-JY 型射频真空联合干燥装置处理猕猴桃切片，与热风干燥相比，射频真空联合干燥速率更快，时间更短，处理后所得干制品的水分分布更加均匀。将该技术与传统热风结合组成串联联合干燥，可以进一步提高猕猴桃干燥均匀性，并避免猕猴桃在单纯的射频真空联合干燥后期出现焦化现象。

目前，低压环境下的辉光放电严重影响和制约了射频真空联合干燥技术的推广和应用。因为空气是由中性分子、原子组成的良好绝缘体，但在高频振荡电磁波的影响下出现了电离现象，形成离子、电子和气体分子组成的混合气体。电子在振荡电场中做加速运动，当电离作用产生的电子数量超过电子扩散、复合过程损失的电子数量时，气体被击穿或点燃，即出现气体放电现象。在真空度很低的环境中（17kPa 以下），气体的击穿场强变低，气体更容易发生电离，从而被击穿，并以放电发光的形式释放能量，即电晕放电或辉光放电。辉光放电产生的电弧可能击穿待处理的农特产品，此过程产生的瞬时高温导致物料焦煳、品质劣变，甚至引起火灾。在高真空状态下，射频真空同时开启时辉光放电现象极易发生，是射频真空联合干燥现阶段所面临的、必须考虑的问题。现阶段的实际试验和应用过程中，常采用间歇射频真空的形式避免高真空环境下的射频工作以保证装置的正常运转。

### （三）喷动床或流化床辅助的射频干燥

喷动床和流化床干燥得益于干燥过程中物料在干燥腔体内的循环往复运动，物料可以与腔体内的空气充分融合，具有较高的干燥效率和较好的均匀性，在工业生产中得到了广泛的推广和应用。但两者均存在一个显著的缺陷，即批量处理物料时干燥周期较长，尤其是降速干燥阶段时干燥速率过低，而射频技术恰好可以补齐这一短板。将喷动床或流化床与射频干燥技术相结合，即为两种技术优势相结合，可以相互弥补两种技术本身存在的不足。

该类型的射频联合干燥在 1993 年便已经有所应用，科莱（Colley）创新性地在颗粒物料的干燥过程中将导流管喷动床与射频干燥技术相结合（图 7-21），射频能量极大地提升了加热速率。在喷动床的作用下，物料在干燥腔体内处于不断运动的状态，缩小了物料内部及颗粒物料间在干燥过程中温度和水分分布的差异。但当干燥周期较短时，射频能量与喷动床之间的协同效应在缩短干燥时间上的优势并不明显。

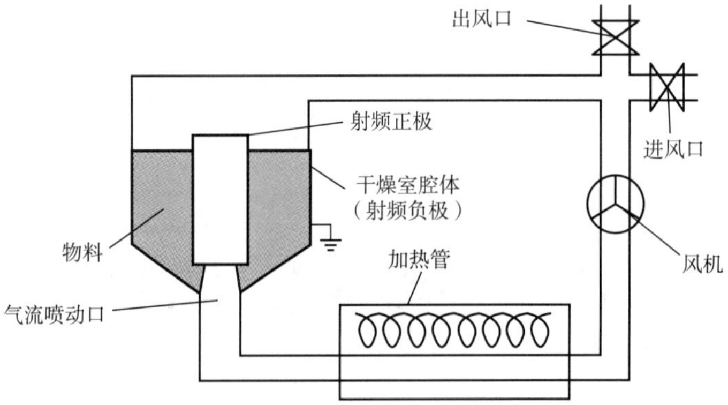


图 7-21　射频喷动床联合干燥装置示意图

除了喷动床和流化床辅助的两种主要的射频干燥形式与相关装备外，射频还可以与真空冷冻等技术结合且原理近似相同。

## （四）射频干燥技术与传统干燥技术串联

上述的射频干燥以并联为主，即射频加热贯穿了整个干燥过程。事实上，射频干燥技术还可以与传统干燥技术串联（图 7-22），以提高干燥过程中某个阶段的干燥速率，常见的形式主要有将射频干燥技术用于整个干燥过程的前、中、后期 3 个阶段的任意一个阶段，与其他传统干燥方式串联，以实现预热、增速干燥和终端干燥。

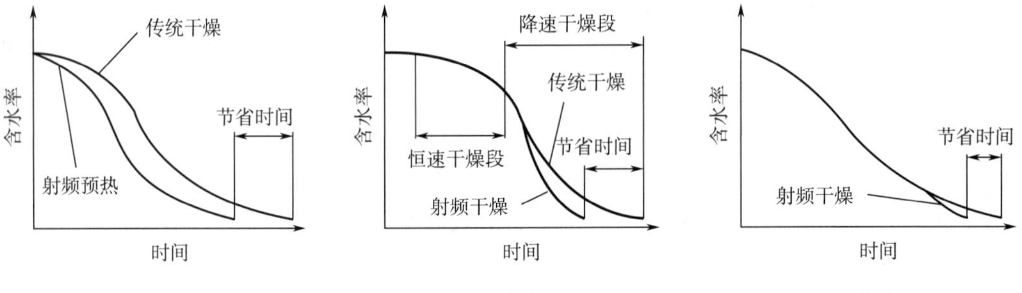


（1）　　（2）　　（3）

（1）预热　（2）增速干燥　（3）终端干燥

图 7-22　射频干燥与传统干燥技术串联形式

1. 预热

在传统干燥前先使用射频技术对物料进行加热，物料内部的水分被快速加热至蒸发温度并促进水分由内而外迁移。后续干燥以传统干燥技术为主进行联合作业，两个阶段衔接得当就可以大幅缩短干燥时间。

2. 增速干燥

当进入降速干燥时，物料表层水分含量较低，大部分水分处于物料内部，此时利用射频的体积加热效应可以使物料内部迅速产生热量和蒸气压，以驱使水分迁移至表面并排出，这一过程可以迅速提高干燥速率。研究表明，每加入一个单位的射频能量便可使干燥能力提高 6~8 倍，这一方法对较厚或几何尺寸较大的物料效果显著。

3. 终端干燥

传统干燥随着干燥的进行干燥效率逐渐降低，研究表明，大约有 2/3 的干燥时间消耗在脱除最后 1/3 的水分上。为解决这一问题，可以在干燥后期选择射频干燥装备对物料进行干燥处理。得益于射频的体积加热，物料内部的热质分布情况得以改善，从而提高干燥效率，且由于射频干燥装置装载量较大，可以提高单批次处理量，极大地缩短干燥时间，降低成本。

# 第三节　射频干燥特性及数学模型

射频干燥在干燥机制方面与传统干燥方式存在极大的不同，详尽掌握射频干燥的机制及其特点，是在物料采后处理中合理选择射频干燥的重要基础。本节详细讲述射频干燥的特性，并以典型物料为代表，分析射频干燥的干燥动力学及干燥过程中热质传递的数学模型。

## 一、射频干燥特性

干燥实质上就是物料与外界环境实现热量和质量传递交换的过程，而热量和质量传递的过程分别与物料整体的温度梯度和水分梯度有关。这是因为热量传递的推动力是物料整体的温度梯度，而质量传递的推动力主要是物料整体的浓度梯度。

传统干燥方式的热量主要以对流、传导两种传热形式由物料表面向内部传递，这两种传热形式在干燥的过程中分阶段地起主导作用，此时物料的温度梯度是由外向内的。通常需要经过漫长的加热周期才能使物料的内部温度被加热到目标温度，且内部温度的升高会受到物料自身导热性能的影响。例如，质地较为疏松的多孔介质中若含有空气时，会极大地阻碍热量由外向内的传递，这样就导致物料表层长期处于高温环境中，可能会损伤物料中的某些成分最终导致干品品质下降。

常规对流干燥中水分的迁移规律如下［图 7-23（1）］：当物料表面的热量满足水分蒸发条件时（即积累足够的蒸发潜热），水分在空气对流的作用下开始从表面蒸发并以水蒸气的形式离开物料，当物料表面的水分下降至一定程度且物料内部温度上升后，内部水分以液相水的形式在物料内部由内向外扩散。但由于表面受热时间较长，水分蒸发速率较快，容易出现结壳现象而阻碍内部水分的有效脱除。综合来看，传统干燥方式下的干燥中前期，物料整体的温度梯度方向和水分梯度方向恰好相反，不利于水分的快速脱除，使得干燥周期较长。

在射频干燥过程中，射频能量能够穿透物料内部并同时作用于物料整体，使得物料内外部同时升温，有效改善和避免了传统干燥方式中干燥中前期物料内凉外热的现象。结合射频加热快速的特点，可以极大缩短物料干燥升温阶段的持续时间。例如 50℃的热风加热精米时，需要 48min 才能使精米中心部位的温度达到 48℃，而射频仅需 4.3min 便可将该部位的温度加热至 50℃。同样，用射频处理猕猴桃切片时，猕猴桃中心温度由 20℃上升至 40℃仅需 30min，而热风干燥却需要 660min。

射频干燥时，物料内部的热量开始积累，当温度达到蒸发条件后内部水分开始蒸发，此时形成了由内向外的压力梯度，成为水分扩散的推动力［图 7-23（2）］。如果物料的初始水分含量较大，由蒸气压引发的压力梯度将更快地形成。与此同时，温度梯度与水分梯度同向，综合二者的作用使得物料内部存在“泵”效应，驱使水分（气相和液相）向外扩散和迁移。相较于常规的对流干燥技术，极大地加快了干燥速率、缩短了干燥时间。

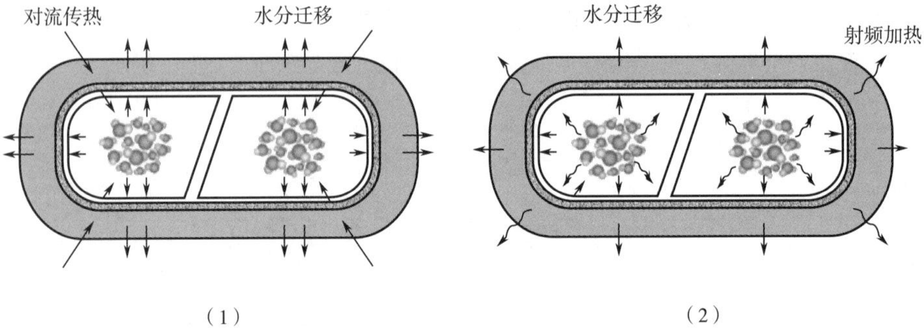


（1）常规对流干燥技术　（2）射频干燥技术

图 7-23　常规对流干燥与射频干燥热质传递示意图

射频干燥的某些特点有利于物料的干燥处理从而以较低的成本获得理想的干制品，掌握它们可以使射频干燥的优势获得最大化应用；但某些特点的过度作用会成为阻碍射频干燥工业化生产和应用的主要因素，需要通过某些手段进行优化处理。

### （一）射频干燥的优势

（1）能量利用率较高　干燥时，射频能量仅作用于待处理物料，而装备本身或腔体内的环境、空气并不消耗能量，因此除了射频发生器及装备本身的能量传输过程中会有能量损耗外，其余部位基本不会造成能量耗散。

（2）装备体积较小　射频干燥装备最复杂的结构是射频发生装置，目前该装置的集成化程度越来越高。射频干燥装置的工作电容器通常在设计制造时需根据物料的种类及形状尺寸来确定以尽可能减小装备体积。

（3）单批次处理量大　射频具有较大的能量穿透深度和体积加热效应，因此在射频干燥过程中可以处理块状物料或将颗粒状、粉末状物料堆积至一定体积后再处理。相较于仅能处理薄层物料的常规对流干燥，单批次处理量显著提升，有利于工业化生产的应用。

（4）干燥周期较短　在干燥初始的升温阶段，射频技术加热速率快的优势极大缩短了物料升温所需的时间，且射频技术的体积加热效应使得物料内外能够同时达到目标温度。且射频干燥过程中物料内部的“泵”效应加快了水分迁移速率，进一步缩短了干燥时间，与常规干燥技术相比，可缩短干燥时间50%以上。例如射频热风联合干燥处理玉米种子时，干燥时长仅为5~6h，不足单纯热风干燥的1/3；且不同极板间距下的干燥速率均明显优于热风干燥（图7-24）。

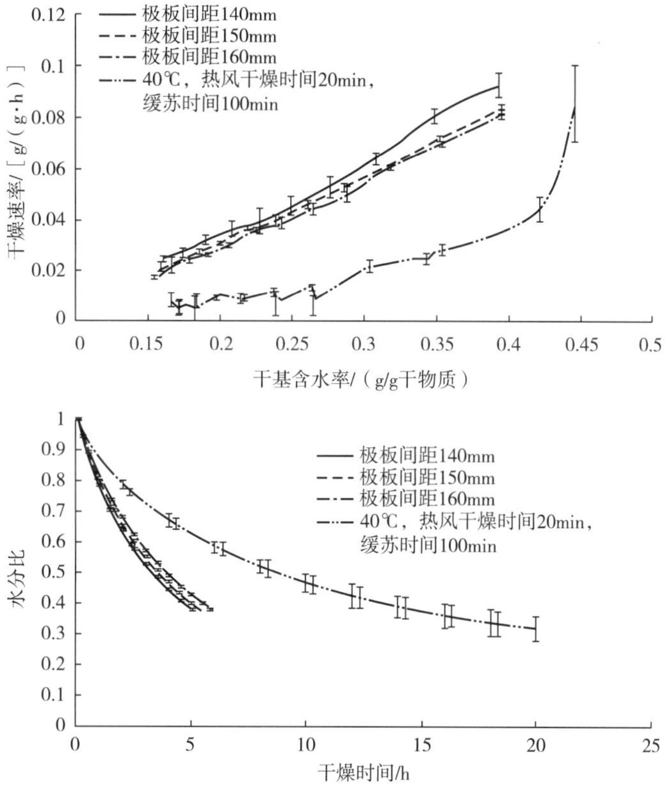


图7-24 射频热风联合干燥的干燥速率及水分比变化曲线

（5）水分自平衡效应 绝大部分的农特产品物料在个体内或个体间均存在水分分布不均的现象，这是由其自身生长过程中组分分布决定的。射频的选择性加热可以使含水率较高的部位吸收更多的射频能量，使得该部位的温度优先达到水分蒸发条件，此时含水率随之下降，而其他部位仍处于升温阶段，这样便维持了物料内部各部位之间含水率的动态平衡，即水分自平衡效应。

（6）干制产品品质较优 鉴于射频干燥周期较短及水分自平衡效应，物料在高温环境下保留时间较短，尽可能地避免了物料内部有效成分的热损伤；而水分自平衡效应可以降低物料在干燥过程中因水分分布不均匀引起的内应力，并降低裂纹率等。

（7）受物料本身热特性的影响较小 基于射频加热技术的体积加热效应，射频干燥时基本不需要考虑初期加热物料时热传导的问题，因为导热系数、比热容等热特性的影响很小，因此射频技术对孔隙较大的物料具有良好的加热效率。

除上述优势外，射频干燥还具有经济效益高且环境友好的优势。这是因为射频干燥中的热源仅来自电能，且干燥速率较快，对物料品质影响较小，符合国际干燥协会主席牟俊达（Mujumdar）教授指出的未来干燥发展趋势，即干燥要向着“质量最好、污染最少、成本最低、速率最快”的方向发展。但目前绝大多数的射频干燥技术仍处于试验研究阶段，射频真空联合干燥技术仅在木材干燥领域中具有相对成熟的应用，因此射频干燥潜在的优势仍有待发掘。射频干燥与常规对流干燥对比如表 7-6 所示。

表 7-6　　射频干燥与常规对流干燥对比

| 参数 | 射频干燥 | | | 对流干燥 | | |
|---|---|---|---|---|---|---|
| | 毛细管多孔物料 | 毛细管多孔胶体物料 | 胶体物料 | 毛细管多孔物料 | 毛细管多孔胶体物料 | 胶体物料 |
| 比热容耗量/（kJ/g） | 4.21 | 13.12 | 15.57 | 20.81 | 51.66 | 53.14 |
| 能耗/（kW·h） | 0.47 | 0.47 | 0.47 | 0.29 | 0.27 | 0.28 |
| 经济效益比 | 54.8 | 43.6 | 37.8 | 1 | 26 | 26 |
| 干燥时间/min | 27 | 28 | 29 | 300 | 1100 | 1360 |

### （二）射频干燥中存在的问题

射频干燥技术在中药材、食品等农特产品的干燥、解冻、杀虫、灭菌等方面有着一定的研究应用，随着消费者对食品安全和健康意识的不断提升，这项技术必将在农特产品加工领域获得更加广泛的发展和应用，然而要推广至市场实现工业化应用仍要面临不少问题。射频干燥技术理论体系尚未健全，尤其是射频技术本身的问题；即射频加热后物料出现局部高温是阻碍射频干燥技术发展的主要原因，当农特产品的含水率较高时，局部高温问题将更加突出。以利用射频干燥技术制备葡萄干为例（图 7-25），物料四周和边角（即虚线标注的区域）的温度显著

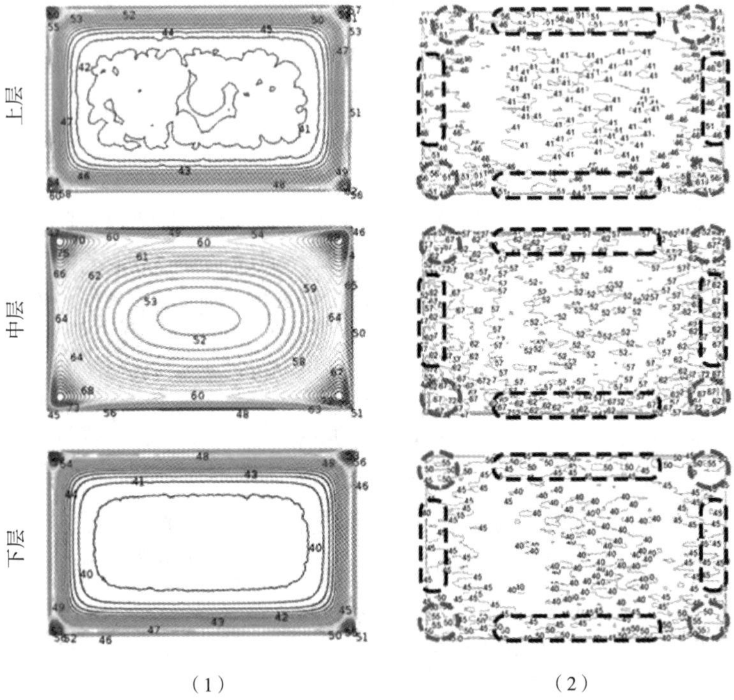


（1）数值模拟结果　（2）红外热成像数据

图 7-25　上、中、下三层葡萄干样品射频加热 4min 后的温度分布

高于中间的大部分区域，即出现局部高温。这种加热的不均匀性是射频加热技术的固有缺陷，尽管射频干燥技术比常规干燥技术更具有均匀加热的优势，但该优势仅体现在宏观尺度和整体物料上，对于单个籽粒或物料的边角位置，仍存在加热不均匀的现象。这一现象可能会降低农特产品热处理效率，而局部高温可能会导致农特产品的热损伤，使干制品焦煳或风味恶化，危害消费者健康。现阶段射频干燥技术所存在的缺陷主要有以下几点。

（1）缺少物料状态在线监测手段　温湿度、应力应变传感器的材质以金属为主，而物料处于高频高压电场中，处理不当的话，射频能量不仅会对信号传输产生干扰，还会损坏传感器。目前在射频干燥中可以稳定使用的仅有光纤温度传感器，物料水分只能通过称重法或搭建相关模型等方法进行计算，不适用于大规模的工业应用。

（2）边角效应导致的局部高温　如图 7-26 所示，平板式工作电容器在空载情况下除了边缘位置有杂散的电场强度外，极板间具有均匀分布的电场强度。装载物料后，由于物料与空气的介电特性存在差别，物料边缘会出现电场线聚集的现象，导致该部位吸收了更多的射频能量，最终产生局部高温。

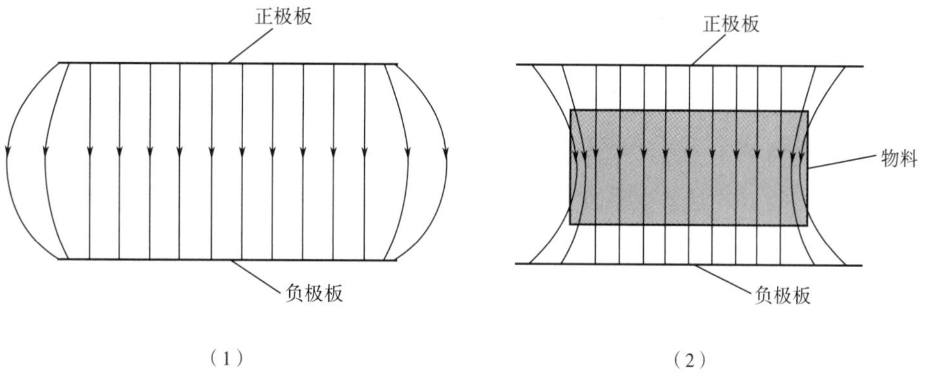


（1）空载状态　（2）装载物料即工作状态

图 7-26　极板间电场线分布情况

（3）选择性加热效应　选择性加热是射频技术特有的，并在木材胶合等领域发挥了重要作用。但在农特产品的干燥过程中，由于不同组分（包括含水率）的物料的介电性能也有所不同，对射频能量的吸收能力也就存在差异，而且温度越高介电性能越强。所以物料的某部分一旦出现局部温度升高，射频能量就会向该处聚集，造成这一部位被过度加热。

（4）物料形状效应　射频干燥技术对物料的形状选择具有严格要求。射频能量在辐射过程中受到了物料形状的影响，导致射频电磁波在物料形状较为复杂、几何尺寸变化较大的部位出现电场聚集的情况。这样会造成加热不均，严重时还可能导致电场击穿并损坏装置，因此射频干燥技术在整个处理过程中需要严格控制物料的初始形状尺寸并且还要考虑可能由于收缩导致的物料形变。

（5）干燥过程中射频能量与物料匹配关系复杂　物料升温的过程是射频能量与物料耦合的过程，其耦合程度与物料的介电特性有关。随着干燥的进行，物料含水率快速降低，用于介质极化的极性分子含量和离子活跃能力也随之降低。此时在干燥初始状态下所设定的射频功率超过了物料可吸收的量，导致射频能量溢出，产生了介质击穿或空气击穿，这一现象在真空环境下更容易出现。解决该问题需要根据干燥阶段来调节射频输出功率，以实现射频能量与物料实时匹配，但该关系较为复杂，仍需通过理论与实践结合进行摸索。

(6) 快速加热可能引起负面效应　尽管快速加热可以极大缩短干燥初期升温所需时间，但过快的加热速率可能导致热失控，使得物料焦化甚至燃烧；另一方面，快速升温后产生的蒸汽如果不能被及时排出，物料内部热应力和蒸汽压力可能会骤增导致物料爆裂，破坏物料原有的物理结构。

综合分析射频干燥技术的以上特点可以得出：合理运用射频加热技术特性可以为干燥的进行起促进作用，否则会对射频干燥装备和物料品质产生负面影响，甚至造成经济损失。明确射频干燥技术的特点并合理利用其优势，解决其缺陷，有利于该技术在农特产品加工领域的应用和推广，以获得更大的经济效益。

## 二、射频干燥动力学

### （一）射频干燥动力学概述

干燥动力学是研究农特产品干燥的有力工具，用于探究干燥处理过程中物料的含水率、温度、收缩率等关键参数和时间之间的变化规律。通过对农特产品进行干燥动力学分析，可以计算物料中的水分蒸发量、实时含水率、干燥比能耗、干燥时间等参数来判断干燥阶段以优化干燥工艺。

传统干燥过程一般分为 3 个阶段：升速干燥阶段（物料预热阶段）、恒速干燥阶段、降速干燥阶段，但恒速干燥阶段在吸湿性物料的传统干燥过程中并不存在。射频干燥时，物料预热阶段可以实现整体加热且升温速率较快，使物料内部水分迅速达到蒸发条件。但由于物料自身组织的阻碍，产生的蒸汽无法快速有效地排出，累积在物料内部，再加上射频加热技术整体加热的特性形成了自内向外逐渐降低的温度梯度和压力梯度，二者成为传质的主要驱动力。在恒速干燥阶段和降速干燥阶段中，该驱动力使物料内部的水分以液态、气态或气液两相流的形式由内向外迁移完成干燥。基于其独特的干燥机制，射频干燥技术相比于传统干燥技术，存在明显的恒速干燥阶段且持续时间较长，有利于提升干燥速率。

考虑到物料内部蒸汽压力持续上升的过程，在原有干燥阶段划分的基础上可以将射频干燥过程进一步划分为以下 4 个阶段（图 7-27）：预热段、压力升高段、恒速干燥段、降速干燥段，从而可以更加清楚地表述出射频干燥技术与传统干燥技术的区别，

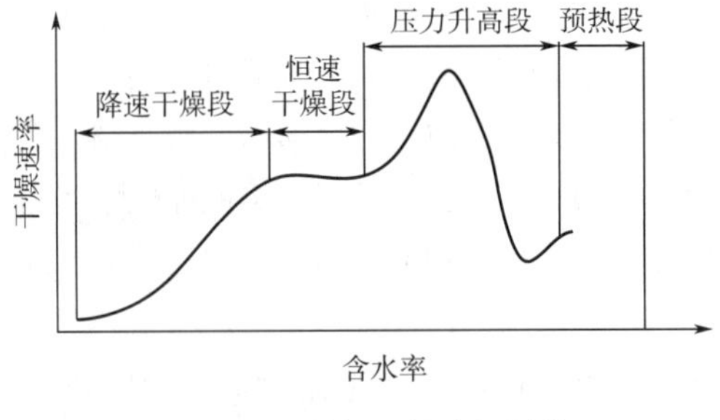


图 7-27　射频干燥阶段划分

(1) 预热段　湿物料由初始温度经射频加热至水分蒸发所需温度的过程，该阶段为干燥积

累热量。这个阶段基本没有水分散失，可视为内部蒸气压等于外部大气压。

（2）压力升高段　物料内部的热量积蓄至蒸发潜热后水分开始蒸发，但由于水蒸气的迁移受到物料基体结构及其他传质阻力的影响，蒸发速率减慢。但蒸气压会逐渐升高至最大值，驱动内部液相水和蒸汽向表面迁移，在“泵”效应的作用下干燥速率急速上升。随着水分含量的降低，物料内部的蒸汽压力得以释放，因此干燥速率在略有下降后趋于稳定。

（3）恒速干燥段　干燥前、中期的物料内部含水率均较高，当加载的射频功率一定时，水蒸气和液相水由内向外的迁移速率受内部传质阻力的影响较小，主要与物料所吸收的射频功率大小以及外界对流气体的流动速率、环境的真空度等辅助干燥技术的强度有关，此时处于外部条件控制的干燥阶段。

（4）降速干燥段　随着干燥的进行，含水率下降至一定程度后，干燥速率受外界条件的影响逐渐减小，进入内部扩散控制的干燥阶段。由于含水率降低，物料能够吸收的射频功率减少，单位时间内产生的热量及水蒸气量降低。水蒸气压力降低进而使得传质推动力下降，导致干燥速率逐渐降低。值得注意的是，在此阶段，射频能量更多是被物料基体吸收，导致物料温度升高。相应地，需要降低射频功率以保证物料温度在安全温度范围内。

压力升高段的具体解读如下：干燥过程中常将农产品物料视为多孔介质基体，在高强度的射频加热条件下，物料内部的自由水快速蒸发转化为水蒸气，并在物料内部累积从而提高了内部蒸汽压力。当多孔介质的孔隙足够大时，会将其他部位尚未来得及蒸发的液态水直接排出，最终形成由不连续的气相、温度、压力梯度导致的液相流动（图 7-28）。此外，因为液相水是不可压缩的流体，在上述过程中若是遇到渗透性较差的多孔介质基体，压力驱使下的液相流动可能会对物料造成裂纹等结构性破坏。

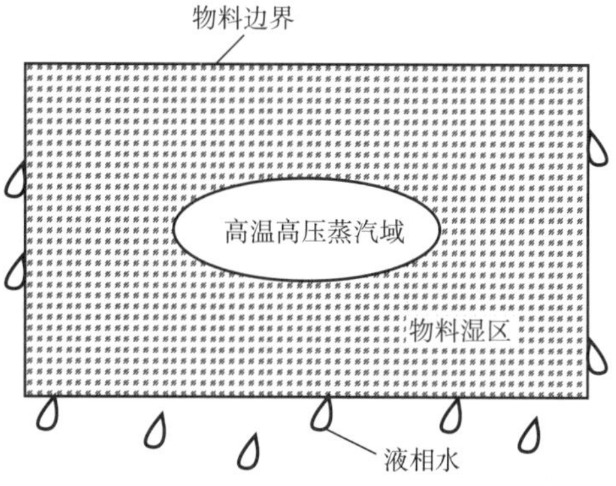


图 7-28　射频加热引起农产品内局部蒸汽压力升高

上述的 4 个阶段仅存在于初始含水率很高的多孔介质类物料的射频干燥中，否则恒速干燥段的持续时间将大幅缩短。射频干燥动力学的相关规律一般受以下因素的制约：①辅助技术的相关参数直接影响干燥速率，如热风风温、风速，真空度等；②物料基体的吸湿性强度，强吸湿性物料与弱吸湿性物料的持水能力不同，会影响干燥所需的能量强度；③物料基体的多孔结构会影响物料内部热量和质量的传递过程；④水分在物料内部的状态，即自由水和结合水的脱除强度不同。

## （二）射频热风联合干燥动力学

玉米种子采收后利用射频热风联合干燥技术要比传统热风干燥技术具有更高的干燥速率，并有利于保护玉米种子的品质和活性。

在射频热风联合干燥技术中，极板间距与射频发生器的输出功率密切相关，因此射频热风联合干燥的干燥动力学会受到极板间距的直接影响。在热风风温 40℃、风速 0.5m/s、极板间距为 140mm、150mm 和 160mm 的条件下，射频热风联合干燥初始含水率为 25.8%的玉米种子所需时间依次为 4h、4.5h 和 7h，干燥速率随极板间距的降低而显著升高（图 7-29）。分析整个干燥过程：经过迅速升温阶段后，玉米种子进入小幅度的稳定升温阶段，最终 3 个极板间距下玉米种子的平衡温度依次为 43.5℃、42℃和 40℃（图 7-30）。射频干燥初期即物料迅速升温段，当玉米种子初始含水率一定时，极板间距越小，短时间内能达到的物料温度越高，这是因为电场强度会随着极板间距的减小而增大，物料吸收的射频能量增多，加热速率随之加快。在干燥中后期，玉米种子的温度皆高于 40℃且相对稳定，印证了降速干燥段的物料温度在干燥后期会略微上升的结论，同时表明热风的作用主要是带走蒸发水分、防止籽粒表面水分凝集。

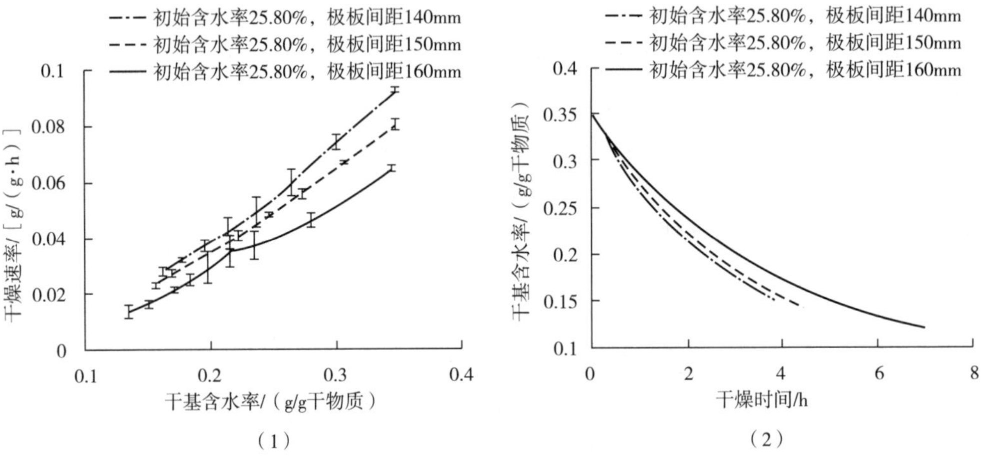


（1）干燥速率-干基含水率　（2）干基含水率-干燥时间

图 7-29　不同极板间距下干燥速率及干基含水率变化曲线

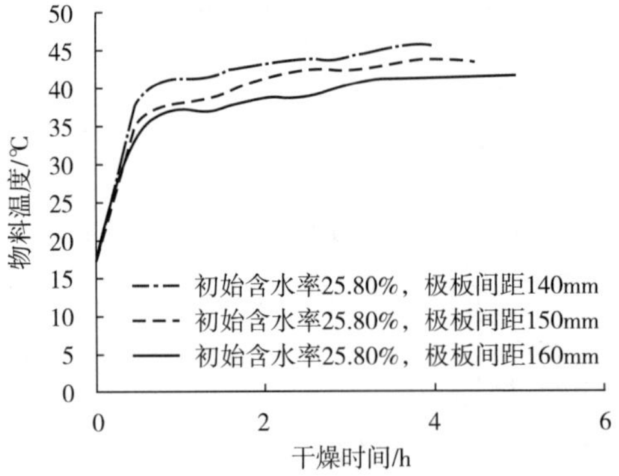


图 7-30　不同极板间距下物料温度随时间变化曲线

分析干燥动力学曲线可知：初始含水率较低的玉米种子的射频热风联合干燥属于降速干燥。这是因为玉米种子的初始含水率较低，随着干燥过程的持续，玉米种子中含水率逐渐降低，内部水分迁移速率就会小于表面水分蒸发速率。

物料的初始含水率直接影响射频干燥过程的各个阶段，特别是干燥初始的升温阶段。当射频干燥装置的极板间距一定时，随着玉米种子初始含水率的增加，干燥初始速率随之增加。当初始含水率较高的玉米种子干燥至较低含水率时，干燥速率明显低于初始含水率为该含水率级别下玉米种子的干燥速率（图 7-31），这是因为高含水率的玉米种子在射频热风联合干燥前期升温速率较快、干燥强度较大，破坏了玉米种子原有的孔道结构。而干燥后期出现的较高初始含水率玉米种子的干燥速率高于初始含水率较低玉米种子的现象，是因为含水率越低，物料内部水分迁移难度越大，需要的射频能量就越多，进而破坏了物料的孔道结构。

由玉米种子在射频热风联合干燥过程中的温度变化曲线（图 7-32）可知：当射频干燥装备的极板间距一定时，初始含水率越高，物料在干燥中后期的温度就越低。因为高含水率的玉米种子获得的射频热能将更多地用于蒸发内部水分，而温度、风速适宜的热风为水分迁移提供了充足的条件，从而导致了干燥中后期温度略低。整个干燥过程的温度变化趋势在一定程度上也导致了含水率较低的物料在干燥过程中承受了热能导致的结构性损伤，在干燥后期干燥速率会低于含水率较高的物料。

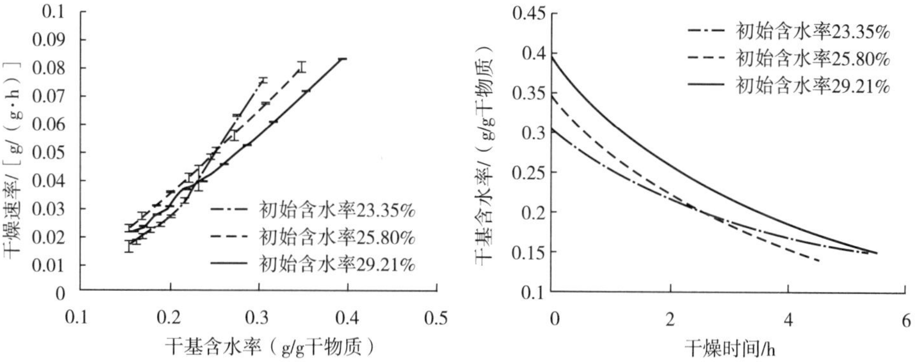


（1）　　　　（2）

（1）干燥速率-干基含水率　（2）干基含水率-干燥时间

图 7-31　极板间距为 150mm 时不同初始含水率下干燥速率及干基含水率变化曲线

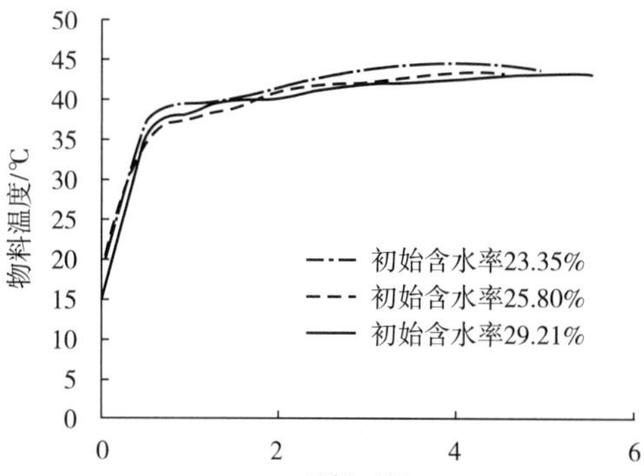


图 7-32　极板间距为 150mm 时不同初始含水率下物料温度随时间变化曲线

将射频热风联合干燥技术应用于坚果、核桃等农特产品的采后干燥处理，其干燥动力学曲线与上述规律基本相似。对射频热风联合干燥的干燥动力学进行综合分析，为更加清晰地描述干燥过程中物料内部热质传递的变化规律，引入能量转化公式（7-36）。

$$P_{net} = P_{RF} + P_{HA} - P_{VA} \quad (7\text{-}36)$$

式中 $P_{net}$ ——干燥处理过程中物料内部能量的累积量，W/m$^3$；

$P_{RF}$ ——射频加热与物料耦合产生作用的能量，W/m$^3$；

$P_{HA}$ ——热风为物料提供的热量，W/m$^3$；

$P_{VA}$ ——物料内部水分蒸发所消耗的热量，W/m$^3$。

在干燥初始阶段（预热段及压力升高段），物料温度较低，射频能量与物料耦合关系较高，而样品中的水分蒸发量很少，因此 $P_{VA}$ 可以忽略不计，此时 $P_{RF}$ 与 $P_{HA}$ 共同作用促使物料快速升温，即 $P_{net} > 0$。在恒速干燥阶段及降速干燥阶段，样品温度超过热风温度，$P_{HA}$ 完全用于携带水蒸气离开物料，并带走一部分热量。此时的 $P_{RF}$ 成为物料中水分蒸发的唯一热量来源，上述三者间的关系为：$P_{RF} + P_{HA} \approx P_{VA}$ ，在物料温度上体现为趋于稳定，即 $P_{net} \approx 0$。物料中绝大部分水分的脱除均处于恒速干燥阶段和降速干燥阶段，因此上述阶段的干燥速率直接影响干燥所需时间。对比核桃采后射频热风联合干燥及热风干燥处理过程（图 7-33）可以得出：相较于热风干燥的干燥速率变化曲线［图 7-33（2）］，射频热风联合干燥有一段恒速干燥段［图 7-33（1）］。随着物料含水率的降低，干燥阶段由外部条件控制转入内部扩散控制，干燥速率显著下降，但射频热风联合干燥的干燥速率仍高于热风干燥。

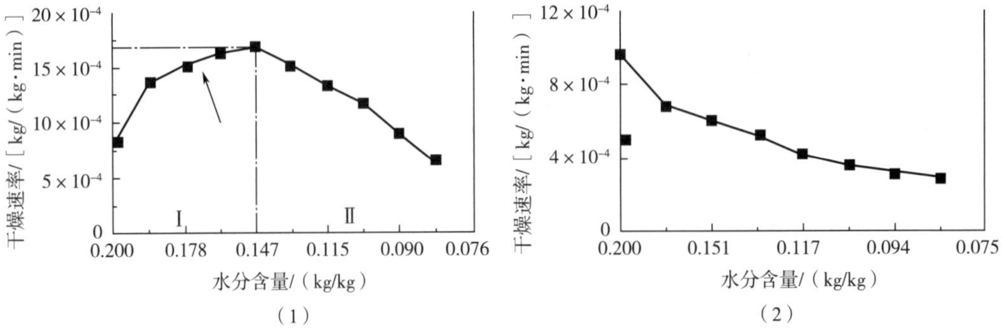


（1）射频热风联合干燥　（2）热风干燥

图 7-33　射频热风联合干燥与热风干燥过程中干燥速率变化曲线

综合分析上述干燥动力学可得：射频热风联合干燥处理农特产品过程中的物料温升、热量分布、水分迁移情况及干制品中的水分分布情况都符合前文明确的射频干燥特点。

## （三）射频真空联合干燥动力学

利用射频真空联合干燥可以在低氧或无氧环境下对猕猴桃等农特产品进行采后干燥处理，既降低了高温有氧环境下能引起干制品劣变的氧化褐变等出现的概率，又使得在负压条件下能以较低温度蒸发物料内部的水分，且蒸气压与负压相结合有利于物料内部水分的快速迁移。

与射频热风联合干燥技术类似，极板间距、真空度及物料装载量（物料切片厚度）是影响射频真空联合干燥过程干燥动力学的主要因素。以 8mm 厚的猕猴桃切片为例，在真空度为 0.02MPa 的条件下，分别以 50mm、60mm、70mm 的极板间距对其进行干燥处理。由水分含量与时间变化曲线（图 7-34）可知，极板间距的增加会使电场强度持续降低，干燥速率也随之降低，因此使物料水分含量从 5.66kg/kg 降低至 0.18kg/kg 所需要的时间随极板间距的增大而延长，分别为 178min、245min、320min。

进一步分析干燥过程中物料温度随时间的变化曲线（图 7-35）可知：物料温度在干燥前期迅速上升，然后保持相对恒定，这一规律与射频热风联合干燥过程相似。物料在干燥前期吸收的射频能量主要用于物料升温；当物料温度基本稳定后，物料吸收的射频能量开始主要用于水分蒸发，同时干燥速率达到最大值。基于射频干燥的相关特性，此后的一段时间内将维持在恒速干燥阶段内，属于外部条件控制的干燥阶段，此时物料表面的蒸发速率是决定水分迁移扩散快慢的主要因素。物料的平衡温度随极板间距的增大而略微减小，而干燥前期的升温速率则随极板间距的增大而显著减小，这与射频的输出功率密切相关，即较大的极板间距能为物料提供较少的射频功率。

在干燥处理过程中，物料温升速率越快且温度越高，水分蒸发速率就越快，使得整个干燥阶段尤其是恒速干燥阶段的干燥速率随极板间距的增大而减小［图 7-34（1）］，所以降低极板间距有利于缩短射频真空联合干燥的周期。但该干燥技术中不存在类似于热风对流等可以提供热量并促进物料内部热量迁移的手段，射频能量是物料升温的唯一来源且热量分布仅与导热性能有关，因此过低的极板间距可能会出现局部超温甚至“热失控”的现象，导致物料焦煳等，故射频真空联合干燥过程中应该根据物料特性来严格控制极板间距。

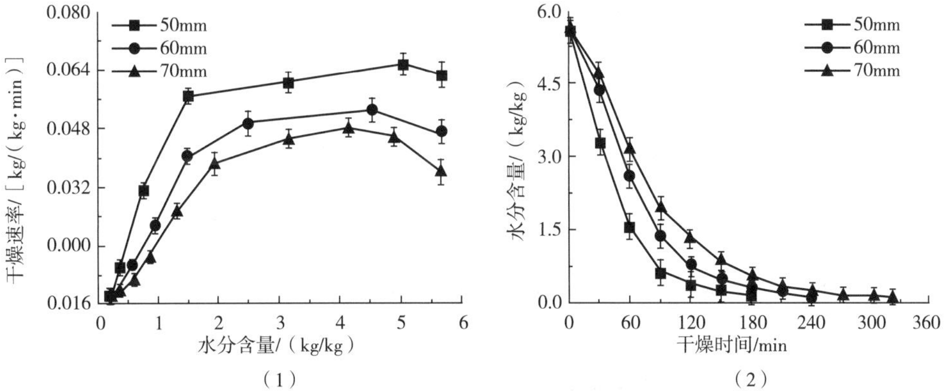


（1）干燥速率-水分含量；（2）水分含量-干燥时间

图 7-34　不同极板间距下干燥速率及干基含水率变化曲线

在射频真空联合干燥过程中，腔体内的真空度是另一个影响干燥动力学的重要因素。我们在第三节中提到，水的沸点与大气压强有关（表 7-5），当极板间距一定时，干燥初期升温段内物料温升速率大致相同，但最终的平衡温度稳定在该真空度对应的水的沸点温度附近（图 7-36），因此较低的真空度有利于内部水分的快速蒸发。同时物料内部与外界环境间所形成的压力差提高了有效水分扩散系数，可以缩短干燥周期。由干燥动力学曲线（图 7-37）可知，当真空度由 0.03MPa 下降至 0.01MPa 时，射频真空联合干燥的各个阶段尤其是恒速干燥阶段的干燥速率显著提升，干燥时间由 330min 缩短至 180min。尽管低真空度可以极大地提高干燥速率，但射频真空联合干燥装备本身也存在一定的技术缺陷。过低的真空度可能会在射频运行时

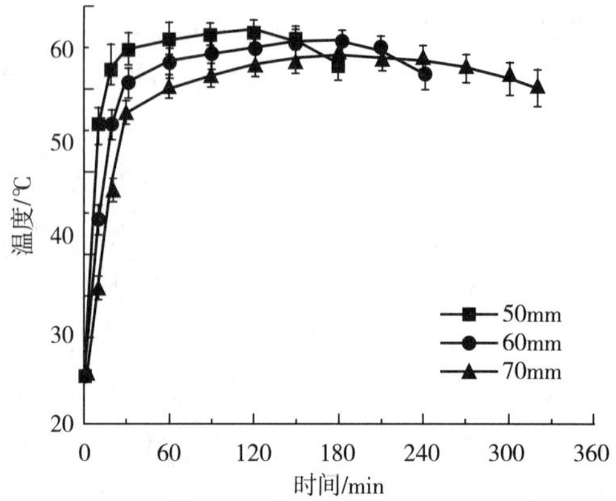


图 7-35　不同极板间距下物料温度随时间变化曲线

产生电弧或辉光放电，对装备本身或物料造成损伤，因此我们需要在考虑装备运行平稳的前提下探究干燥动力学特征以选择合适的干燥参数组合。

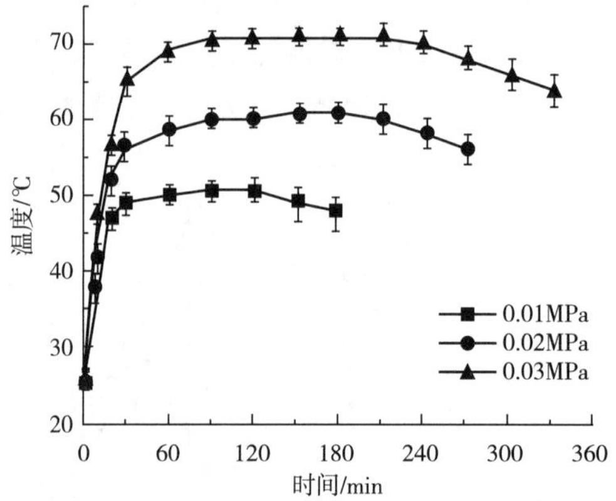


图 7-36　不同真空度下物料温度随时间变化曲线

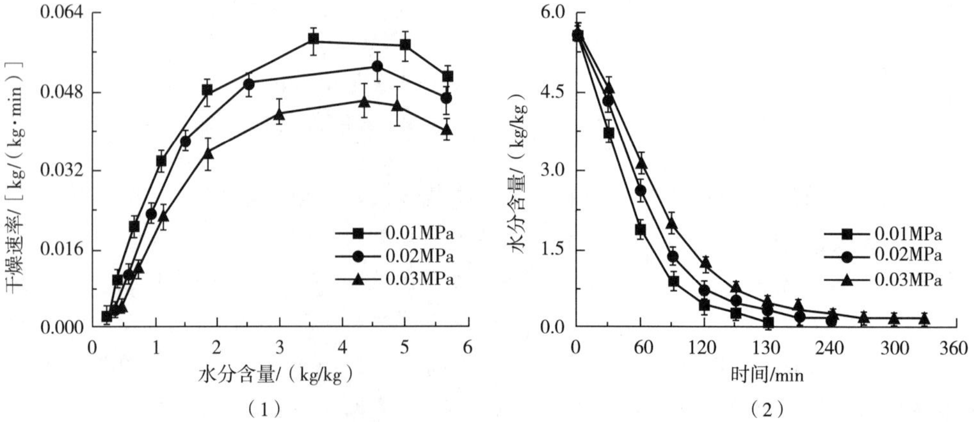


（1）干燥速率-水分含量　（2）水分含量-干燥时间

图 7-37　不同真空度下干燥速率及干基含水率变化曲线

综合上述干燥动力学曲线，我们可以清晰地辨别出物料在射频真空联合干燥过程中所处的不同阶段。第一阶段将升温段和压力升高段合并，在此阶段物料吸收射频能量后转化为热能，使物料温度迅速上升。水分在负压环境下可以较低温度快速蒸发，当物料内部的蒸汽压力超过环境压力，内部水分开始经由物料孔隙扩散迁移至物料表面并蒸发，随着物料温度的上升，干燥速率持续增大。当物料温度上升至最大值后，干燥进入下一阶段即恒速干燥阶段，该阶段属于外部条件控制的干燥阶段，当物料温度上升至最大并保持稳定时，干燥速率也保持稳定，物料进入快速干燥阶段，大量的水分在这一阶段被脱除。物料内部水分的迅速减少会引起其介电特性下降，导致物料对射频能量的吸收能力显著降低，物料温度略微下降。结合水迁移扩散所需的能量远高于自由水，故干燥速率降低，这个阶段被称为射频真空联合干燥的第三个阶段，即降速干燥阶段。

## 三、射频干燥相关数学模型

干燥过程的实质就是物料内部的能量传递和水分迁移。热质传递规律可用于指导干燥装置的结构设计和干燥工艺参数优化。射频干燥作为一种介电干燥技术，其加热形式与对流传热不同，在结构优化过程中需要了解物料内部的电场分布情况，并将其与加热效果进行对应，但现有技术无法直接测量物料内部的电场分布。此外，射频干燥过程中物料内部和表面的温升与温度分布情况需要通过光纤测温传感器及红外热像仪监测。针对射频的体积加热效应，有必要监测块状物料内部立体层面的温度分布情况。计算射频干燥过程是为了预测某一时刻下物料的温度分布和含水率，再结合射频干燥动力学便可得出所处干燥阶段并计算最终的物料含水率。

理论上，传统的干燥数学模型仅包括能量守恒方程及质量传递方程［以菲克（Fick）第二扩散定律为典型代表］，而射频干燥是电磁场、温度场及质量场等多个物理场相互耦合的过程。除上述方程外，还需要考虑电磁守恒方程、压力梯度下的对流运动方程等。

在计算常规的干燥过程模型时，为简化模型，常将农特产品在干燥过程中视为连续、均匀且各向同性的含湿多孔介质。考虑到物料基体在干燥过程中的变化对热质传递影响较小，在模型计算时通常忽略它的收缩等。因此物料内部的局部热力平衡可以用式（7-37）、式（7-38）表示。

能量平衡方程：

$$(\rho C_p)_{eff}\frac{\partial T}{\partial t}+\rho_g C_{p,g}u\cdot\nabla T=-\nabla\cdot(k_{eff}\nabla T)-\Delta h_v\frac{\partial M_l}{\partial t}+Q_V \tag{7-37}$$

质量平衡方程：

$$\frac{\partial M}{\partial t}=\nabla\cdot(D_{eff}\nabla M)+\nabla\cdot(D_{eff}\nabla T)+\nabla\cdot(D_{va}\nabla p)+R_l \tag{7-38}$$

式中　$\rho$——物质密度，$kg/m^3$；

$T$——物料温度，℃；

$t$——加热时间，s；

$h_v$——传质系数，m/s；

$Q_V$——热源热量，$W/m^3$；

$\nabla$——梯度算符；

$u$——干燥过程中流体流动速率，m/s；

$k$——物质的导热系数，W/（m·K）；

$M$——物料内部各类型湿分的含量，$mol/m^3$；

$D$——水分扩散系数，$m^2/s$；

$p$——物料内部的压力，Pa；

$R_l$——干燥过程中的水分蒸发速率，mol/（$m^3$·s）；

下角标 eff——物料整体的有效参数值；

下角标 g——气相；

下角标 l——液相；

下角标 va——水蒸气在空气中的相关特性。

事实上，在遵循上述热质传递平衡方程的基础上，干燥过程中的水分输送还包含了毛细管内自由水流动、物料内部结合水由内向外的扩散和较大孔道内气相水的迁移。众多理论在不同的射频联合干燥过程中相互耦合形成独特的热质传递理论，目前针对射频联合干燥已经形成了较为成熟且完整的数学模型。

## （一）麦克斯韦电磁学方程

在射频联合干燥过程中，射频能量作用于物料后产生电磁效应，且射频能量还可转化为物料内能，而温度和含水率的改变又影响了物料本身的介电特性和射频加热效果。在数学计算时，射频场中三维电磁场的求解可以用麦克斯韦方程组如式（7-39）~式（7-42）。

$$\nabla\times\vec{E}=\frac{\partial\vec{B}}{\partial t}=-\mu\frac{\partial\vec{H}}{\partial t} \tag{7-39}$$

$$\nabla\times\vec{H}=\vec{J}+\frac{\partial\vec{D}}{\partial t}=\sigma_c\vec{E}+\varepsilon_0(\varepsilon'+j\varepsilon'')\frac{\partial\vec{E}}{\partial t} \tag{7-40}$$

$$\nabla\cdot\vec{D}=\nabla\cdot\varepsilon\vec{E}=\rho_e \tag{7-41}$$

$$\nabla\cdot\vec{B}=\nabla\cdot\mu\vec{H}=0 \tag{7-42}$$

式中 $\nabla\cdot$——散度算符；

$\nabla\times$——旋度算符；

$\vec{B}$——磁通量密度，$Wb/m^2$；

$\vec{H}$——磁场强度，$A/m^2$；

$\vec{J}$——电流密度，$A/m^2$；

$\vec{D}$——物料的电通量密度，$C/m^2$；

$\rho_e$——电荷密度，$C/m^3$。

由于电磁波在干燥腔体内（即无源区）传输，因此可将$\rho_e$和$\vec{J}$的值视为0。同时考虑到干燥腔体内为时域谐波场，上述麦克斯韦方程组可以简化为式（7-43）、式（7-44）。

$$\nabla\times\vec{E}=-j\mu\omega\vec{H} \tag{7-43}$$

$$\nabla\times\vec{H}=j\varepsilon_0\varepsilon_r\omega\vec{E} \tag{7-44}$$

在现有的射频联合干燥装备中，射频电磁波的波长都远大于射频腔体和待处理物料的尺寸，因此可以假设准静态电场来求解麦克斯韦方程组，其中关于电磁场的方程如式（7-45）。

$$\nabla\times\vec{H}=\sigma\vec{E}+\frac{\partial\vec{D}}{\partial t} \tag{7-45}$$

时域谐波场内电场强度$\vec{E}$和角频率$\omega$及时间$t$的关系如式（7-46）。

$$\vec{E}=E_0e^{j\omega t} \tag{7-46}$$

式中　$E_0$——电场的单向复振幅。

射频装置工作过程中的时间变化是正弦形式的时间谐波，在此条件下麦克斯韦方程组可以修改为式（7-47）。

$$\nabla \times \overrightarrow{H} = \sigma E + \frac{\partial(\varepsilon E)}{\partial t} = j\omega\left(\varepsilon + \frac{\sigma}{j\omega}\right)\overrightarrow{E} = \overrightarrow{J} \tag{7-47}$$

等式右边的电流密度 $\overrightarrow{J}$ 包含了媒介中所有可能的损耗，包括离子电导损耗、极性损耗和介电色散损耗，当具有复介电常数的物料放置在时域谐波场内时有式（7-48）。

$$\overrightarrow{J} = \sigma\overrightarrow{E} + j\omega\varepsilon_0(\varepsilon' - j\varepsilon'')\overrightarrow{E} \tag{7-48}$$

电场 $\overrightarrow{E}$ 与标量电势 $U$ 间的关系如式（7-49）。

$$\overrightarrow{E} = -\nabla U \tag{7-49}$$

所以计算射频干燥腔体内的电磁场分布的麦克斯韦方程组可以简化为拉普拉斯方程，如式（7-50）。

$$-\nabla \cdot [(\sigma + j2\pi f\varepsilon_0\varepsilon')\nabla U] = 0 \tag{7-50}$$

式中　$U$——射频正极板的电压，V。

目前，射频联合干燥装备中极板的最大几何尺寸小于射频的波长，因此极板电压可近似认为是均匀分布的，在射频能量被物料均匀吸收的前提下，射频正极板电压可用式（7-51）估算模型计算。

$$U = \left(d_{air}\sqrt{(\varepsilon')^2 + (\varepsilon'')^2} + d_{mat}\right)\left(\sqrt{\frac{\rho C_p}{\pi f\varepsilon_0\varepsilon'}\frac{\partial T}{\partial t}}\right) \tag{7-51}$$

式中　$d_{air}$——正极板与物料之间的距离，m；

$d_{mat}$——物料厚度，m。

由式（7-51）可知，射频正极板电压随极板间距的变化而变化。

### （二）质量守恒方程

物料内部水分在射频联合干燥时吸收射频能量转化为热能，在满足蒸发条件后开始蒸发变为水蒸气，此时物料内部的水蒸气浓度发生变化。在物料的微观孔隙内形成了水蒸气的浓度、压力梯度，进而引起水蒸气在物料微观孔隙内的质量传递。该过程可以通过质量守恒方程表述，将物料内部的水分含量 $M$（g/g，干基）转化为水分浓度 $c_1$（mol/m$^3$），代入式（7-52）。

$$\frac{\partial c_1}{\partial t} + \nabla \cdot (-D_{eff}\nabla c_1) + u_i \cdot \nabla c_1 = R_1 \tag{7-52}$$

式中　$D_{eff}$——水分有效扩散系数，m$^2$/s；

$u_i$——液相的对流速率，m/s。

方程左侧的第一项为瞬态项，表示物料中的水分浓度随时间的变化；第二项为扩散项，表示物料中的水分在外界温度梯度和内部浓度梯度的作用下由水分含量较高处向较低处的迁移；第三项为对流项，表示压力作用下达西定律表述对流传质；方程右侧项为反应项，也称为源项，表示物料中的水分在射频加热后蒸发并耗散的量。

干燥过程中液相水蒸发速率与物料所处环境的压力以及物料内部的饱和蒸气压相关。当物料吸收足够的射频能量并将其转化为内能时，就会促使物料温度达到水分蒸发条件。负压环境下的水分蒸发速率 $R_1$ 可以表述为式（7-53）。

$$\begin{cases} R_l = K_{vap}\rho_l(p_v - p_{amb})/p_{amb},\ p_v \geq p_{amb} \\ R_l = 0,\ p_v < p_{amb} \end{cases} \tag{7-53}$$

式中　$K_{vap}$ ——蒸发速率常数，1/s；

$\rho_l$ ——液相水密度，$kg/m^3$；

$p_{amb}$ ——真空环境压力，Pa；

$p_v$ ——物料内部的平衡水蒸气压，Pa，$p_v$ 这一参数值的大小可以通过安托万方程计算，如式（7-54）。

$$p_v = 10^{A-\frac{B}{C+T}} \tag{7-54}$$

式中　A、B、C——安托万方程常数。

常压环境下的水分蒸发速率 $R_l$ 计算如式（7-55）。

$$R_l = k_m(c_m - c_a) \tag{7-55}$$

式中　$c_m$ ——物料边界处的水蒸气浓度，$mol/m^3$；

$c_a$ ——干燥腔体内且远离物料处的空气中的水蒸气浓度，$mol/m^3$；

$k_m$ ——物料表面与外界环境间的对流传质系数，m/s。

### （三）能量守恒方程

计算热量传递可以获得加热过程中物料整体的温升情况及温度分布情况。物料温度在射频联合干燥时同时受到电磁热和水分蒸发的双重影响，在计算时需要在能量守恒方程中耦合上述各类方程。

射频联合干燥主要包括物料内部的热传导以及物料表面与射频腔内空气的对流换热。热传导主要是因为物料在射频加热过程中存在温度梯度，引起物料内部微观粒子的不规则运动，致使能量从物料温度较高的地方向温度较低的地方传导，该过程可以通过傅里叶导热定律表述如式（7-56）。

$$q = -k\nabla T \tag{7-56}$$

式中　$q$ ——热传导下的热流密度，$J/(m^2 \cdot s)$；

$k$——物料导热系数，$W/(m \cdot K)$；

$\nabla T$——物料温度差，℃。

在此过程中，物料表面与射频腔体内空气间的对流换热可以用牛顿冷却定律表述，如式（7-57）。

$$q_0 = h_t(T - T_{amb}) \tag{7-57}$$

式中　$q_0$——对流换热产生的热通量，W；

$h_t$ ——物料与空气间的对流换热系数，$W/(m^2 \cdot K)$；

$T$——物料表面温度，K；

$T_{amb}$ ——射频腔内空气的温度，K。

除了物料与射频腔体环境之间的对流和传导的热平衡外，物料中的热量会受到水分蒸发的影响，特别是物料中水分蒸发量较大时，该部分的热量散失不能忽略。干燥过程中水分蒸发所带走的热量 $Q_l$（$W/m^3$）可以表述为式（7-58）。

$$Q_l = \lambda_v \cdot R_l \tag{7-58}$$

式中　$\lambda_v$ ——蒸发潜热，J/kg；

$R_l$——干燥过程中液相水的蒸发速率，mol/（$m^3$·s）。

结合能量守恒方程即可通过非稳态下的傅里叶方程计算物料在射频作用下产生的热量传递，该模型包含了物料内部吸收射频能量而增加的热量、热传导、相变引起的热量散失及物料表面与射频腔体内的环境之间的对流换热，如式（7-59）。

$$(\rho C_p)_{eff}\frac{\partial T}{\partial t}+\sum_{i=l,v,a}\rho_i C_{p,i}u_i\cdot\nabla T+\nabla(-k_{eff}\nabla T)=-Q_l+Q_v \tag{7-59}$$

综合以上3个物理场的守恒方程，便可对射频联合干燥过程中物料内部的射频能量、热量和水分分布进行准确计算。

# 第四节　射频干燥均匀性研究及其在农特产品干燥中的应用

## 一、射频干燥均匀性研究

射频干燥技术具有能量利用率高、效率高等突出优势，适用于导热性能不良或体积较大的块状物料。但在射频联合干燥推广至工业应用的过程中，射频加热理论体系有待完善且加工工艺仍处于起步阶段。现阶段，射频干燥存在的主要问题是射频加热本身具有边角效应，容易在待处理物料的边缘或几何尖端的位置产生局部高温，导致物料焦煳、碳化并产生有害物质，这一现象极大地阻碍了射频干燥在果蔬、中药材等农特产品采后处理的商业应用。为解决射频联合干燥终端物料加热不均匀的难题，在研究和优化射频干燥装置和干燥工艺的过程中，众多研究人员和工程师采用计算机辅助的数值模拟技术与实验相结合的方式对射频干燥装置的结构、物料装载形态等进行优化，在一定程度上改善了射频干燥过程中的加热不均匀性。

在上述两类方式中，计算机辅助的数值模拟技术具有方便快捷、效果直观等优点，相较于实验法可以更快更有效地得出结果。数值模拟可以帮助我们更好地理解射频能量在干燥室内部的分布情况，与温度对照后即可从根本上理解不均匀的原因并“对症下药”，获得有效的改进方法。而实验除了测试干燥性能外，更多的是作为数值模拟结果的验证手段来表征某一方法的可行性。本节对计算机辅助的数值模拟技术和实验法在提升射频干燥均匀性方面的研究应用进行详细阐述。

### （一）实验方法优化

目前改善射频干燥技术均匀性的方法主要有以下几类。

1. 优化射频极板配置

射频联合干燥过程中需要根据物料形态、种类及装载量等参数调整射频极板配置。实际应用表明，极板间的射频能量与物料匹配度越高，越有利于物料升温，此时射频能量在物料内部的均匀分布有利于提高射频加热的均匀性。由本章第三节提到的射频频率与工作电容器尺寸的匹配关系可知，不合理的馈电点配置将在工作电容器之间产生不均匀的驻波，此外电感的不对称布置也将导致驻波的产生。为解决这一问题，研究者首先利用刚性铜板将正极板与电压测量装置相连，以此来监测正极板电压。在此基础上，通过改变电感大小、数量和馈电点位置等因素来调整正极板上的电压分布。常规方法是在正极板上对称布置电感来减少不均匀驻波并提高射频能量在电容器间的分布均匀性，从而提高射频加热的均匀性。而针对特定尺寸的物料，可将正极板在某一特定位置进行某一角度的弯曲或在正极板下方加装一块小极板来实现工作电容器与物料之间良好的匹配关系。这一方法在葡萄干的射频加热处理中得到了验证，结果表明，在一定位置处将极板边缘向上折起可以有效提升射频加热的均匀性，且当折起位置位于物料边缘向内 2cm、折起角度为 90°时可获得最为均匀的温度分布（图 7-38）。因此在工业生产应用中，可以根据物料的形态尺寸和介电特性选择不同的正极板配置，以此获得较为均匀的射频加热效果。

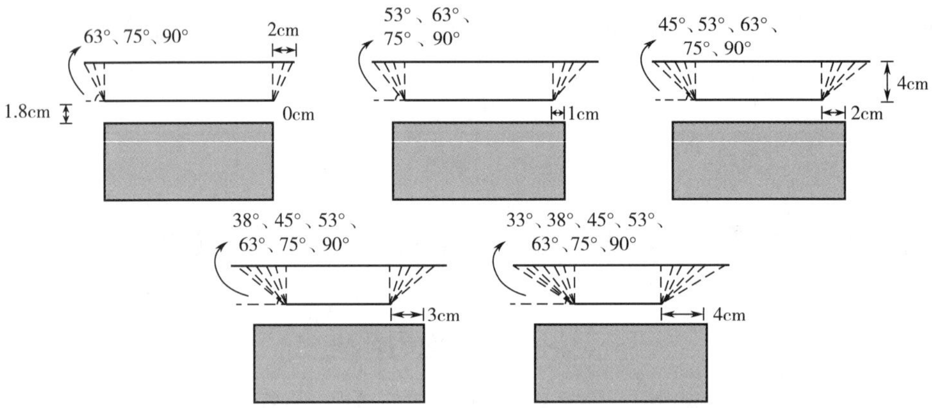


图 7-38 改变正极板边缘角度以优化射频加热均匀性

2. 间歇能量供给

在射频联合干燥时可以考虑间歇供给射频能量，即加热一段时间后停止加热，待物料内部温度扩散一段时间后再继续加热，以改善物料射频加热的均匀性，该方法在新鲜苹果、柿子等导热性能良好的物料中具有十分显著的优势。例如，核桃的采后射频联合干燥处理过程中，两次关闭射频装置进行间歇能量供给可有效提高物料加热的均匀性。与连续加热相比，间歇能量供给的干制品内部水分分布更加均匀。

3. 促使物料运动

在干燥过程中适时改变物料在电极间的位置、物料与物料间的相对位置是提高射频加热均匀性的有效方法。使用传送带可以通过电机驱动物料在射频极板间做水平运动，从而改变不同干燥阶段中物料内部射频能量的分布，使射频加热时的热点与冷点位置在物料内部做动态调整，以实现物料水平方向上的温度分布均匀（表 7-7）。

表 7-7 物料传送带水平作用下射频处理时的物料各层温度均匀性指数

| 层次 | 物料名称 | 仅射频热风联合 | 传送带运动 |
|---|---|---|---|
| 上层物料 | 鹰嘴豆 | 0. 110±0. 018 | 0. 078±0. 008 |
| | 绿豆 | 0. 082±0. 029 | 0. 073±0. 011 |
| | 扁豆 | 0. 068±0. 004 | 0. 061±0. 003 |
| 中层物料 | 鹰嘴豆 | 0. 022±0. 013 | 0. 014±0. 008 |
| | 绿豆 | 0. 017±0. 007 | 0. 014±0. 006 |
| | 扁豆 | 0. 019±0. 007 | 0. 016±0. 004 |

此外，旋转和搅拌也可以改善物料边角及中心位置易出现局部过热的现象，即通过改变物

料热点的位置或将热点与冷点混合来获得较优的温度分布均匀性。例如，在射频处理核桃 3min 时，对 4.5kg 的物料进行两次搅拌，其整体的温度分布均匀性会得到显著提升。对比热风、运动和搅拌 3 种方法对板栗射频加热的影响，结果表明搅拌能更有效地提高射频加热均匀性。

4. 改变物料周围介质

当待处理物料位于干燥腔体内时，物料与环境间的介电特性存在显著差异，导致各部位对射频能量的吸收能力不同，使得电场线和射频能量在边角位置产生聚集，成为射频加热出现明显热点的主要原因。从介电特性差异的角度出发，改变物料周边介质以调整介电特性的差异同样是一种有效提高射频加热均匀性的手段。在处理单罐花生酱（$d=10$cm，$h=5$cm）时，选择与其介电常数相近的物质——聚氨酯泡沫板将花生酱包裹后一同放置在射频极板间进行加热处理。通过对比包裹泡沫板前后花生酱的温度分布情况发现，该方法使得单罐花生酱中心加热速率由 6.8℃/min 提升至 20.8℃/min，花生酱温度上升至 70℃ 所需时间从 10.0min 缩短至 2.8min 且花生酱内部的最大温差从 28℃ 降低至 10℃，有效提升了射频处理的均匀性。此外，在处理婴儿配方乳粉时，采用大小盒嵌套的形式（图 7-39）装载乳粉。中心小盒用于装载样品乳粉，其余部位乳粉用于调整周围物质的介电特性以降低样品乳粉在加热过程中各点处的温差，结果表明该方法可以大幅提升射频加热的均匀性（图 7-40）。将乳粉加热至 60℃ 并保持 20min，小盒内样品乳粉［图 7-40（2）］中心与边缘位置的温差仅为 3.3℃。

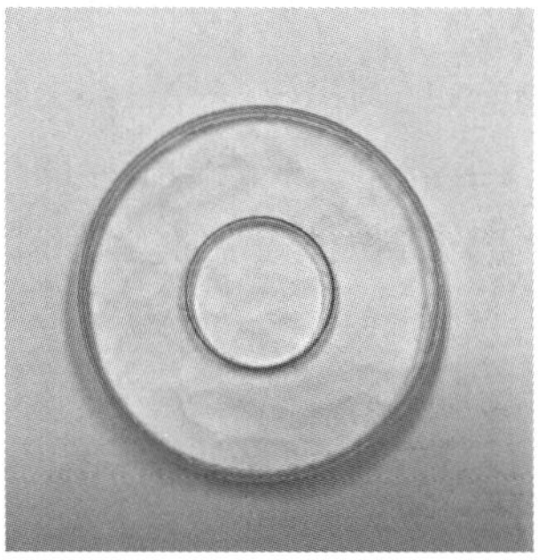

图 7-39　大小盒嵌套形式下乳粉的装载结构示意图

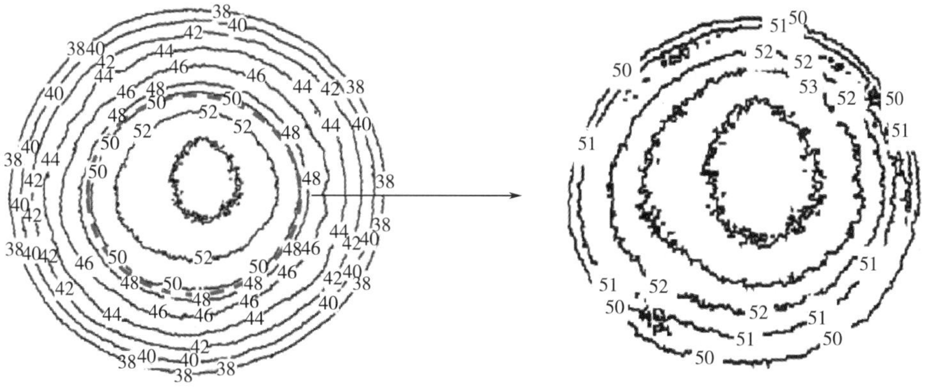


（1）　　　　　　（2）

（1）整体乳粉　（2）小盒内样品乳粉

图 7-40　大小盒嵌套形式装载乳粉经射频加热处理后的表面温度分布

单位：℃。

除了缩小物料周围介质与物料之间的介电特性差距以提高加热均匀性外，在容器底部放置一定厚度和大小的铝箔片（图7-41）也具有同样的效果，但铝箔的面积要大于容器的底面积，并且增大铝箔片的厚度有利于射频加热均匀性的持续提升。这一现象可能是因为射频能量遇到铝箔后产生了反射，进而使物料整体的电磁能量分布更加均匀，并提升了射频加热的均匀性。

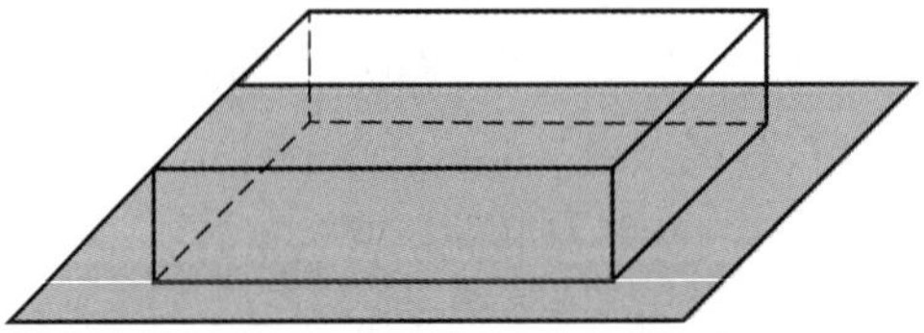

图7-41 容器底部添加一定尺寸的铝箔片

5. 改变物料的形状

物料的形状是影响射频能量分布的另一个重要因素，会直接影响物料在射频处理过程中内部温度分布的均匀性。由射频加热的特性可知，射频能量易在物料的边角位置产生聚集，使局部电场强度过高而在此区域产生热点。在羊肉的射频解冻过程中，立方体、圆柱体和球状羊肉块展现出截然不同的温度分布特点，其中立方体和圆柱体羊肉块表面的温度均匀性较高，获得了较优的解冻效果，而球状羊肉块的表面则出现部分过热，均匀性和解冻效果较差。球状物料的这一现象在物料堆积时更加明显，这是因为物料颗粒间的接触面较小而产生了射频能量的曲面叠加效应。因此在射频干燥前应考虑将物料整合为规则形状以获得良好的射频干燥效果。

## （二）计算机辅助的数值模拟技术

射频干燥作为一种介电干燥，其加热形式与对流传热不同，在射频干燥装备的结构优化过程中需要了解物料内部的电场分布情况，并将其与加热效果进行对应。但因现有工业技术的局限性，尽管射频干燥过程中物料内部和表面的温升与温度分布情况可以通过光纤测温传感器及红外热像仪监测，但电场分布情况却无法得到准确有效的测量。此外，射频干燥装备操作复杂、造价昂贵，仅利用实验方法改善加热均匀性的话，工作量较大并且还需要极大的射频干燥装置成本。所以仅通过实验方法来优化射频干燥装置的可行性较低，甚至可能无法从根本上解决射频加热均匀性的问题。而将计算机辅助的数值模拟技术应用于射频加热过程分析以及射频加热均匀性模拟和优化，可以有效地计算出物料在射频腔体内的电场分布，实时监测干燥过程中每个时间点的温度和水分分布，是改善射频加热均匀性的新途径。

数值模拟技术实质上就是通过计算机软件来定量分析计算一系列的理化现象和变化规律。对于射频干燥而言，可以通过数值模拟技术对干燥数学模型进行耦合求解，得出电磁、温度及水分在物料内部的分布。目前主要有两种数值模拟方法来描述与该领域相关的偏微分方程：一种为有限元法（Finite element method，FEM），另一种为时域有限差分法（Finite difference time domain method，FDTD）。

(1) 有限元法 “数值近似”及“离散化”是有限元法的核心思想。计算过程中将干燥腔内部的电磁空间及待处理物料离散为有限个基本几何单元的组合体（俗称“网格”），几何单元之间互相联系的纽带称为节点，将各个几何单元中独立求解的结果整合，即能得出整个求解域中的综合结果。有限元法可以对初始条件、边界条件和几何边界较为复杂的问题进行求解，所得结果较为准确且表述直观。该方法在机械设计、装备结构优化及物理场预测等领域具有极为广泛的应用。在射频干燥领域，有限元法可用于计算干燥中热质传递规律和电磁场能量分布。

（2）时域有限差分法　对于电磁学领域，时域有限差分法将时域麦克斯韦（Maxwell）旋度方程作差分离散，在空间和时间上对电场和磁场交替间隔取样，使得计算过程完全模拟电磁波逐步传播以及与待处理物料相互作用的过程。该方法是一种完全显式的迭代格式，但在计算过程中缺乏算法稳定性。正因为如此，时域有限差分法一般仅用于求解具有规则外形和边界的电磁场问题。

分析上述两种方法的优劣，射频干燥的数值模拟通常用有限元法进行计算，在此基础上结合实验方法便可确定一套相对成熟且完整的提升射频加热均匀性的解决方案并能直观地获取射频干燥过程中的热质传递规律。对求解射频加热过程中的电磁热特性进行分析，主流思想是基于准静态电场假设对电磁方程和流体力学方程进行求解。下面给出一些典型案例用以简要阐述。

当射频加热装备的正负极板间距、正极板与物料之间的相对距离及物料尺寸确定时，对物料形状（立方体、圆柱体和球状）与午餐肉糜加热速率和温度分布之间的相关关系进行计算分析。将建立的三维多物理场模型假定为准静态电场进行数值求解，在 3 种形态的物料中，立方体物料加热速率和热均匀性最好，球状物料最差，而圆柱体物料立放较平放时加热均匀性更好。为进一步提升球状物料的射频加热均匀性，可通过有限元法来分析球形水果的射频加热特性，并利用 1%（质量分数）凝胶制成的模型水果进行试验来验证模型求解结果，证实将球状物料浸入水中后处理得到的温度均匀性相较于直接将其放置在空气中加热时有了明显改善。同时物料在射频平行极板之间垂直或水平方向上的改变对其温度均匀性影响显著，在正负极板间形成的长方体区域内，物料放置在几何中心位置时加热均匀性最好，但球状物料的接触点处仍存在局部高温，因此建议在射频处理球状物料时需适时翻转或移动物料。

该模型还可用于研究不同物料层之间在射频加热时温度分布的差异性。以四层小麦粉为例，单层物料的中边角位置存在明显的热点区域，各层物料之间的温度分布也存在一定差异，即中间层的温度略高于上下两层，最终导致射频处理后温度均匀性较差，这主要与正极板电压、小麦粉及周围介质的介电特性差异等因素有关。为解决这一问题，在模型计算时尝试改变正极板的几何结构，即射频正极板向上弯曲，并对弯曲位置和弯曲角度进行参数优化。当正极板投影面积与物料上表面大小相当且边缘弯折角度为 90°时可以提升温度分布的均匀性，但该思路在实际应用中仍存在装置技术问题，并且尚未得到相关实验验证。在葡萄干的射频加热数值模拟中也得到了相似的规律：模拟和试验结果一致且均表明从葡萄干样品的中间层到上下两层，物料温度逐渐降低。该模型的灵敏性分析结果显示介电特性是影响葡萄干加热均匀性的最主要因素。鉴于此，探究正极板边角的弯曲角度、正负电极板的形状、葡萄干的整体包装形状（包括长方体、圆柱体、球状、椭球状等）、热风辅助等因素对葡萄干温度分布的影响，结果表明它们均可以在一定程度上提升射频加热的均匀性。但该研究缺乏实验的验证，且未对射频能量与葡萄干及其周围介质间的相互作用机制进行深入分析研究，因此在实现工业化生产应用前仍需进行进一步的探索。

承载物料的容器和物料周围的介质同样影响和制约射频加热的均匀性，但采用试验的方法来寻找合适的材料显然费时费力，不利于实际应用，此时数值模拟的方便可靠性便提供了更多的解决方案。以大豆粉射频加热为例，首先建立相应的多物理场模型，然后对该模型进行实验验证，并通过这个模型来模拟容器材料的物性参数改变时的温度分布情况，旨在量化大豆粉及其容器间的密度、介电特性的相关关系对射频处理过程中大豆粉温度分布的影响。结果表明，射频加热均匀性指数与大豆粉及其容器间的密度、介电特性息息相关。在保证容器的介电损耗因子足够小的基础上，在容器与大豆粉的介电常数和密度之间满足一定的线性回归模型时，大豆粉具有较为理想的加热均匀性。高分子材料的介电特性和密度仅与其材质本身有关，在射频干燥前可根据待处理物料的相关特性选择接近回归模型的材料以制作出特定容器，从而获得良好的射频干燥均匀性。在这一思想的启发下，选用介电损耗因子远小于待加热物料（马铃薯粉）而介电常数较高（波阻抗更低）的聚苯乙烯制造电磁波导架（EWC），这一方法便于电磁波的导入，改善物料内部电磁波的传播效果（图 7-42）。基于表面波传递原理，两介质分界面的薄层内可以很好地引导电磁波传输。在此过程中，部分电磁波会通过相交的界面折射入物料，从而在物料与 EWC 的相交面处形成电磁热源，改善射频加热的边角效应问题。其中 EWC 参数（宽度和高度）的最佳选择需根据待加热处理物料的几何尺寸确定，具体计算方法为：EWC 宽度 $w$（m）和容器长度 $L$（m）的比率 $K_w$ 及 EWC 高度 $h_E$ 与物料的最高高度 $h_m$ 之间的比值 $K_H$ 分别如式（7-60）、式（7-61）。

$$K_w \geqslant \frac{w}{L} \approx 0.19 \tag{7-60}$$

$$K_H \geqslant \frac{h_E}{h_m} \approx 0.7 \sim 0.9 \tag{7-61}$$

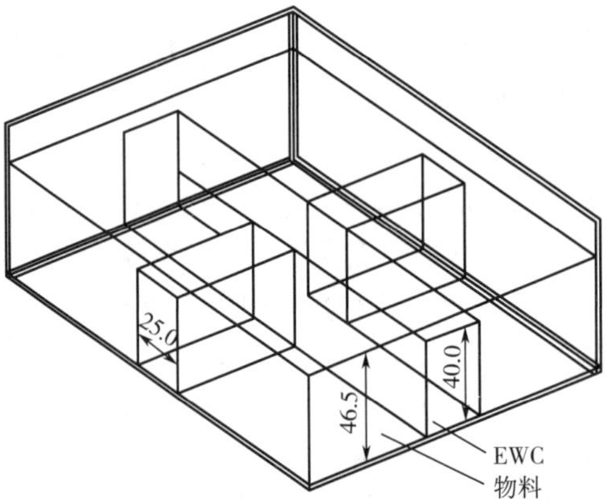


图 7-42 射频加热过程中物料与 EWC 的相对位置示意图

单位：mm。

上述十字形式的 EMC 适用于长方体类型的物料，至于圆柱体类型的物料，可以将该 EMC 设计加工成空心圆筒体。除此以外，利用该多物理场模型还分析验证了在容器上方或中心添加云母板以提高花生的射频加热均匀性：当物料中添加云母板后，容器内花生仁的射频加热均匀性得以提升。结合数值模拟结果中的电场分布情况分析，添加的云母板为冷点处引入了更多的射频能量，使得物料整体的电场分布更加均匀，冷点处有了更多的用于加热的射频能量，但云母板的尺寸需根据容器大小进行调整。

## 二、射频干燥技术在农特产品干燥中的应用

干制品的品质是干燥时必须考虑的因素，一般情况下经射频干燥得到的干制品其品质介于热风干燥和真空冷冻干燥之间，这是由于射频干燥具有初期升温速率快、中期存在一定时间的恒速干燥段等优势。与传统的对流、辐射类等干燥形式相比，射频干燥周期较短的这一优势有利于保持物料原本的色泽、风味以及内在品质等，此外射频干燥还可能作用于物料内部某一类酶。但由于射频所携带的能量不及微波，因此对干制品品质的影响主要来源于射频的加热效应，而暂未发现可能出现的对某些成分或组织结构有影响的电磁非热效应。

（1）对干制品色泽的影响　干制品的色泽是呈现给消费者最为直观的选购依据，采后处理时尽可能地降低物料的色泽变化有利于提高干制品的市场竞争力。干燥过程中物料色泽变化主要体现为褐变，一般情况下，褐变可分为酶促褐变和非酶褐变两类。酶促褐变是指物料在有氧条件下，其切面处的组织被破坏，打破了原有的氧化还原反应的平衡，酚类物质在相关酶的催化作用下形成醌类聚合物并在物料内部累积使其变黑。非酶褐变主要是指碳水化合物在加热时发生的一系列化学反应会产生大量的有色成分，使物料发生褐变。相关研究表明，干燥过程中引起非酶褐变的主要因素是物料内部的美拉德反应、抗坏血酸褐变和焦糖化反应，而酶促褐变的主要因素为酚类成分褐变。由于果蔬中含有氨基类、羟基类化合物，干燥时受热发生缩合、聚合使干制品颜色变深。而抗坏血酸极不稳定，容易发生氧化反应形成黑色素。此外，物料内部本身含有的有色物质（如胡萝卜素、叶绿素、叶黄素等）含量的变化也会引起干制品色泽的变化。上述色泽变化程度大小均与干燥周期的持续时间及干燥温度有关。

以真空冷冻干燥为基准对比热风及射频热风联合干燥后干制品的色泽，干燥后胡萝卜渣的明亮度 $L^*$ 值显著下降，这是因为干燥过程中物料长时间处于高温有氧环境下会产生酶促褐变和非酶褐变。射频热风联合干燥也使得红绿度 $a^*$ 值、黄蓝度 $b^*$ 值呈下降趋势，具体表现为干制品偏绿、偏蓝，这是由于射频干燥时的热量导致了花青素、类胡萝卜素等物质的降解。射频干燥除了对物料内部的色素类物质有影响外，还会改善由多酚氧化酶引起的酶促褐变。例如在马铃薯全粉的射频热风组合干燥过程中，第一阶段（即升速和恒速干燥阶段）采用高温热风脱除马铃薯内部大部分的自由水，当干燥速率开始下降时，第二阶段（即降速干燥阶段）采用射频干燥，该干燥组合加快了干燥后期的干燥速率，减少了物料在高温下的停留时间，因此射频热风组合干燥要比全程热风干燥具有更小的色差。

上述干制品色泽的变化与热风干燥技术相比变化幅度较小，说明射频干燥有利于保持更好的产品色泽。结合干燥动力学可知：与热风干燥相比，射频干燥可以缩短干燥时间，使物料处于高温环境的时间大幅缩短，从而降低了发生酶促褐变、非酶褐变及产品内部成分降解的可能。

对比罗非鱼片在热风干燥和射频热风联合干燥后的产品品质：无论哪种干燥技术，在加工处理过程中均出现了美拉德反应以及脂质氧化反应，同时热效应促进了罗非鱼片内部肌红蛋白的形成，使得鱼片的颜色发生褐变而变暗。但在此过程中，得益于相对较短的干燥周期，经射频干燥后干制品色泽的明亮度略高于热风干燥，这一现象与其他物料的射频干燥规律一致。但射频干燥在鱼片的局部位置容易受到肉质组分分布的影响让射频能量聚集，使得鱼片某一部位产生过热现象而导致局部颜色过深。此外，热风干燥后的罗非鱼片具有更高的红度值，这些现象都将直接影响和制约消费者对商品的接受程度。

（2）对干制品内维生素类物质的影响　维生素（Vitamin）是人类用以维持正常生理功能

的微量有机物质。该类物质在人体内既不是构成身体组织的原料，也不是能量的主要来源，但它直接影响人体生长、代谢和发育等。由于维生素在人体内无法被直接合成或合成总量不足，所以常由外部食物供给。一般情况下，维生素均以维生素原的形式存在于食物内部。在果蔬采收后的烫漂、干燥处理过程中，若较长时间处于高温、有氧环境下会导致这类物质降解。以维生素 C（抗坏血酸）为例，作为一种对热较为敏感的营养物质，果蔬中的维生素 C 在自然晾晒过程中消失殆尽，因此该物质在干燥过程中的降解问题受到了广泛关注。

胡萝卜丁中的维生素 C 在射频热风联合干燥过程中的降解动力学符合一级可逆模型，相关数据（图 7-43）表明，胡萝卜丁中的维生素 C 的降解程度随干燥温度的不同而有所不同，但维生素 C 的含量均随着干燥温度的升高损失越发严重。由于抗坏血酸与脱氢抗坏血酸之间存在可逆反应，所以射频干燥的处理前期主要以抗坏血酸转化为脱氢抗坏血酸并继续有氧降解的有氧途径进行。与此同时，射频干燥过程中可以实现物料整体均匀、快速加热，使得干燥周期大幅缩短，且比热风干燥干制品中的维生素 C 保留率要高得多，与真空冷冻干燥干制品中的含量无明显差异。

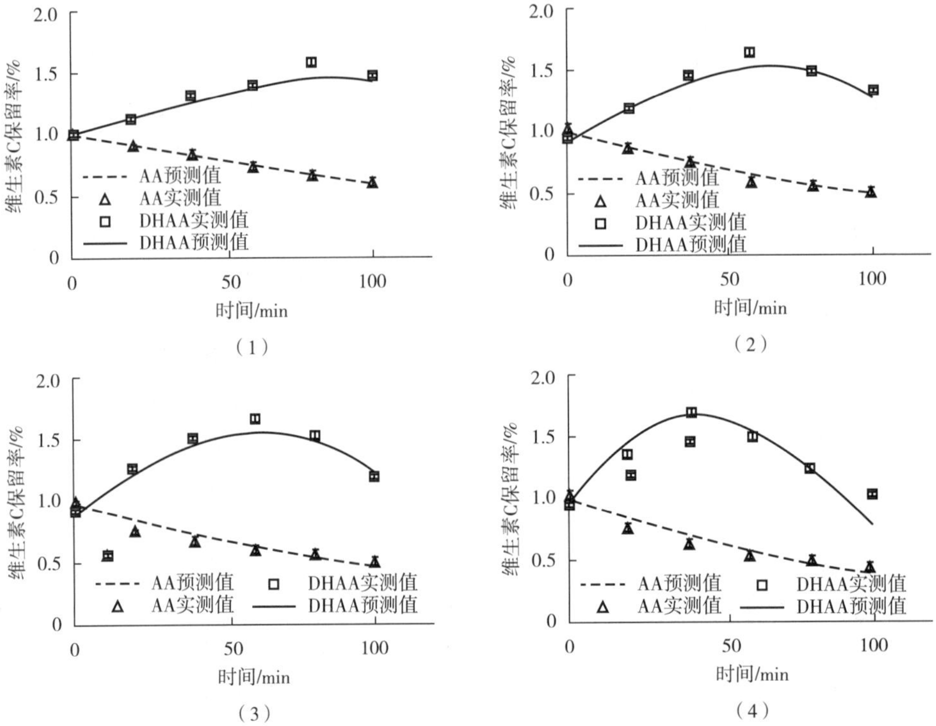


（1）62.5℃　（2）67.5℃　（3）72.5℃　（4）77.5℃

图 7-43　不同温度下射频热风联合干燥处理过程中脱氢抗坏血酸（DHAA）和抗坏血酸（AA）保留率随时间变化曲线

针对维生素 C 在高温、有氧环境下易氧化降解的问题，可以采用具有低温、低氧干燥处理环境的射频真空联合干燥技术，以便最大程度地提高维生素 C 在干制品中的保留率。以猕猴桃切片为例，新鲜样品中的维生素 C 含量为 1153mg/kg±65mg/kg，经射频真空联合干燥处理后降解至 625mg/kg±47mg/kg，显著优于热风干燥处理后的 458mg/kg±56mg/kg。

（3）对干制品微观结构及复水、吸湿、溶解特性的影响　作为一个复杂、非稳态的热质传递过程，果蔬、中药材等农特产品在干燥时除了含水率下降外，通常还伴随着体积收缩、内部结构的改变。这是因为干燥会破坏细胞质表层，使内部水分和其他物质散失，并出现蛋白质变性、淀粉凝结等现象。微观结构不仅在干燥时会影响水分迁移速率，还直接影响干制品的复水性、质构特性等。

真空冷冻干燥技术可以最大限度地保证物料的微观结构不受破坏，因此将胡萝卜粉经射频热风联合干燥后得到的干制品与之对比，如图7-44所示：射频干燥处理后的干制品细胞出现了一定程度的收缩变形，但孔隙结构较真空冷冻干燥得到的干制品更大，且细胞纤维组织形成的蜂窝结构较少。这是因为射频具有体积加热效应，射频热量在物料内部累积后产生了较高的蒸汽压力，造成局部的多个细胞破裂合并，从而形成了更大的孔隙结构，这一现象的产生有利于干燥前中期水分的快速迁移。

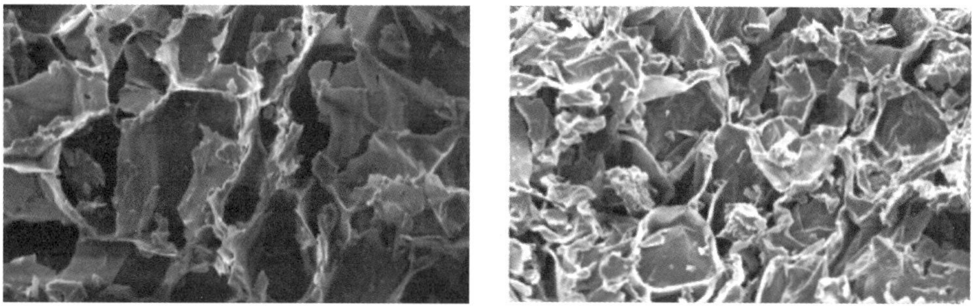

（1）　（2）

图7-44　胡萝卜粉经真空冷冻干燥（1）和射频热风联合干燥（2）后干制品的微观结构

随着干燥过程的持续，物料内部的水分和细胞内物质快速流失，细胞原有结构在热应力、蒸汽分压及自身结构应力的作用下发生坍塌现象，使得干制品体积收缩。由于射频干燥技术在干燥过程中形成了较大的孔隙结构，所得到的干制品相较于传统的对流干燥具有相对较为疏松的孔隙结构，如香菇（图7-45），因此干制品的内部组织比较松软细腻。此外，因射频干燥的体积加热效应，水分输送与热量传递同向，干制品表面在干燥过程中所产生的“外壳”效应显著降低。

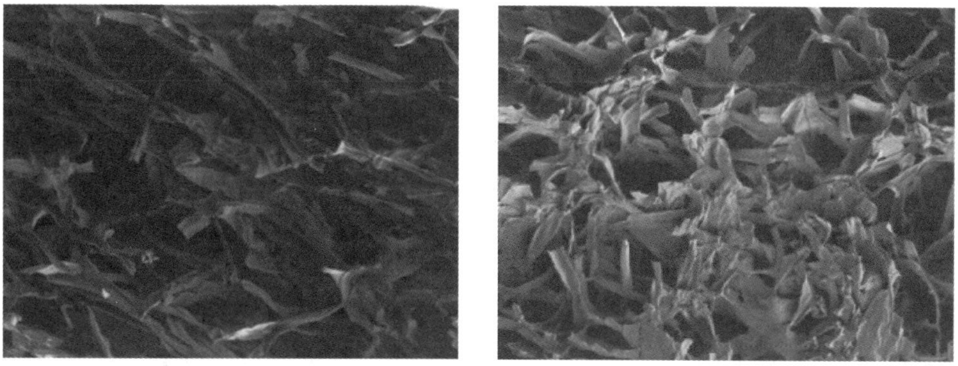

（1）　（2）

图7-45　香菇经常规对流干燥（1）和射频热风联合干燥（2）后干制品切面的微观结构

射频干燥后的物料内部会产生多孔和疏松的组织结构，因此射频干燥后的物料的体积收缩要比传统对流干燥的小，且具有较高的弹性和复水特性，有利于提高中药材、果蔬等干制品在复水后的口感。

粉状物料自然堆积后可包装成任意规则形状，所以射频干燥更适用于粉状物料。吸湿性是粉状物料贮藏和制备中表征物理化学性质稳定的重要指标之一。食品、农产品等物料的粉末提取物通常具有较高的吸湿性，使得物料在贮藏和运输过程中容易产生结块和粘连，而且吸湿后的干制品含水率升高，容易诱发微生物的生长繁殖和其他生物化学反应。而经射频干燥后的粉末物料大都颗粒较大、结构致密，且所得到的颗粒结构和大小均优于喷雾干燥，致使粉末物料的吸湿性大幅降低。以鸡肉粉为例，射频热风联合干燥后产品的吸湿性仅为 1.80%，比传统的喷雾干燥降低了 78.57%，有利于鸡肉粉的贮藏和运输。但从溶解性方面分析，射频处理后的粉末物料吸湿性降低，溶解性也随之大幅减弱，其原因结合吸湿性分析是显而易见的。基于吸湿性和溶解性的相关关系及射频干燥处理对两项物理性质的影响，应根据物料的实际用途来选择合适的干燥技术。对于速溶饮料、乳粉等粉末产品而言，喷雾干燥所获得的良好的吸湿性和溶解性有利于干制品的食用，而对于鸡肉粉等用于烹饪、菜肴的粉末产品，则更适合利用射频干燥以获得相对较低的吸湿性和溶解性。

（4）对干制品风味的影响　食品风味广义上是指食品入口前后对人体的视觉、味觉、嗅觉和触觉等感觉器官的刺激，从而决定人们对其总体特征的综合印象，因此干制品的风味会影响消费者对商品的选购欲望以及该产品的市场接纳程度。干制品中的风味化合物包括一系列的醇类、醛类、酸类、脂类和芳香族杂环化合物，尽管风味成分种类繁多，但其含量极低，其中的某些风味化合物是水果、蔬菜等农特产品在生长过程中自身合成的，另一些则是在相关酶的作用下产生的，包括酶直接作用或相关的酶促反应产物的间接作用将自身物质转化为风味化合物，还有一些特殊的风味化合物则是在高温化学反应下形成的，其中就有还原糖和氨基酸之间在干燥的高温环境下出现的美拉德反应。所以在干燥时维持一定时间的高温状态有利于产品中风味物质的形成，以提高干制品的品质。

从另一方面来讲，农特产品中的风味化合物或其原始成分在一般情况下主要以溶质的形式存在于物料内部，加之这些成分本身具有一定的挥发性，所以它们在干燥时或随水分蒸发而从物料内部流失，或在高温条件下从物料中挥发逸出。上述情况均对干制品最终的风味品质不利。

所以射频干燥对干制品风味的影响也应该从以下方面进行分析。射频的体积加热效应和快速加热特性能使物料整体温度快速升高至适合风味物质的原始成分发生化学反应，有助于干制品风味化合物的形成。但整体加热效应也产生了一定的弊端，即物料内部的温度梯度和水分梯度的一致性促使风味物质的逸散，导致风味物质降解速率过快且降解量过大。而射频干燥周期较短可能会导致风味物质的形成不完全、不充分，进而降低干制品风味品质。因此射频干燥对干制品风味的影响较为复杂，在将射频技术应用于物料的干燥时，应充分考虑干制品风味在品质评价中所占据的地位，并据此对干燥工艺参数进行优化以达到理想的干燥效果。

（5）对干制品内糖类成分的影响　淀粉是由葡萄糖分子聚合而成的多糖，是一类最为常见的高分子碳水化合物，它广泛存在于水稻、玉米、小麦等谷物粮食作物以及马铃薯、红薯、山药等根茎类植物中并成为人体在日常生活、工作和学习中获取能量的重要来源。淀粉的溶解度、结晶结构、颗粒特性、糊化特性、膨胀特性、流变特性等理化性质对其后续的加工过程具有较大的影响，因此干燥时有必要探究各因素对上述理化性质的影响。

得益于射频技术的体积性均匀加热、快速加热等特性，其应用于粮食、块状物料的干燥领域则存在较大的潜力，但仍需明晰该技术对物料淀粉含量及其各项理化性质的影响。射频干燥对农产物料中淀粉的影响主要以热效应为主，与其他干燥形式相同，热处理导致直链淀粉结合脂肪酸或磷脂并形成复合物，而在射频干燥后期，随着物料温度的缓慢升高，复合物的含量也会增加进而消耗更多的淀粉。以马铃薯原粉为例，新鲜马铃薯经热风射频组合干燥后，影响马铃薯全粉的相对结晶度仍以热效应为主，主要表现为：低温热处理时淀粉晶体的重组效应较为明显，高温时则是淀粉晶体的破坏效应较为明显，二者的综合效应使得淀粉的相对结晶度随温度的升高先增大后减小。利用射频间歇组合干燥法可以改善马铃薯粉的物性，具体体现在：随着处理周期内射频处理时长的增加，马铃薯淀粉的相对结晶度、糊化热焓、糊化黏度、储能模量 $G'$ 及损耗模量 $G''$ 等参数均增大，表明射频处理明显地改变了马铃薯淀粉的物性。这是因为射频干燥提升了总体干燥效率，降低了处理过程中的热损伤。同时，延长射频间歇时间对马铃薯淀粉具有缓苏作用，并且能在一定程度上避免局部过热而造成的不良影响。

（6）对干制品内蛋白质含量的影响　蛋白质是组成人体一切细胞、组织的重要成分，是生命的物质基础，也是构成细胞的基本有机物，属于生物有机大分子。人体内所需蛋白质的 3/4 由机体本身自主合成，其他部分则通过食物获取。干燥时的高温热处理会引起农特产品蛋白质含量的降解，故需充分考虑加工过程对产品中蛋白质的影响。而射频干燥具有较高的干燥效率和更高的单批次装载量，可缩短物料处于高温的时间且受热更加均匀，对蛋白质含量的影响较小。以鸡肉粉干燥为例，射频真空联合干燥处理后的蛋白质含量高达 823. 9g/kg，而常规真空干燥和微波真空干燥后的蛋白质含量分别为 756. 2g/kg、634. 5g/kg。

进一步分析，农特产品加工过程中对蛋白质的影响主要表现为蛋白质二级结构的改变。蛋白质的二级结构主要包括 $\alpha$-螺旋、$\beta$-折叠、$\beta$-转角和无规则卷曲等。物料中的 $\alpha$-螺旋、$\beta$-转角结构经射频干燥处理后相对含量均增加，而 $\beta$-折叠结构的含量降低。其首要原因为：由分子内氢键维持的、在分子内有序排列形成的 $\alpha$-螺旋结构在干燥后含量降低可能是因为干燥处理使分子内的氢键作用增强，让蛋白质分子的排列更加有序。$\beta$-折叠主要靠分子间氢键的相互作用来维持，干燥后分子间相互作用力降低，使得 $\beta$-折叠含量降低。此外，介电干燥通常伴随着较高的振荡频率，电磁场的高强度振荡频率会对物料内部的各类成分产生非热效应（电效应、磁效应等），这些效应可能会导致干燥处理后蛋白质分子内的氢键相互作用减弱甚至消失，使整个分子无序、无规则的结构明显增加，这一现象在微波技术的应用中更加突出。而农特产品干燥技术领域常用的射频频率为 13. 56MHz、27. 12MHz 和 40. 68MHz，远低于微波的 915MHz 和 2450MHz。射频所产生的高频电磁场振荡强度略弱，不足以引起物料内部分子的电离，因此射频干燥的电磁波能量对农特产品中的蛋白质分子而言并未达到非热效应，即射频干燥处理并不会造成类似于微波干燥后蛋白质二级结构种类和含量均发生改变的现象。

相关科学研究表明，射频干燥对物料品质的影响与热风干燥、红外干燥等传统干燥方式相同，对物料相关品质的影响主要来自热效应。但射频加热相比于常规传导、对流传热，具有体积加热、快速加热等优势，并且射频干燥速率快、周期短，使物料在高温环境下的停留时间短，物料内部营养成分的保留率较高。但受限于电场与物料的耦合特性，射频干燥容易出现局部温度过高进而降低物料品质，直观地表现为干制品色泽不均一、边角碳化产生焦煳等。实现射频干燥技术在农特产品加工上的推广仍需从理论上进一步优化工艺条件，并结合预处理手段和其他干燥技术来实现高质量、高效率的发展。

事实上，射频加热技术除了用于木材、果蔬、中药材等农特产品的干燥外，还可应用于其他领域，如将射频作为一种干法烫漂手段在农特产品干燥前进行预处理、蒸煮、杀菌、杀虫等，如表 7-8 所示。

表 7-8　　射频技术在农特产品加工中的其他应用

| 应用 | 食品 | 频率 |
| --- | --- | --- |
| 烫漂 | 蔬菜 | 150kHz |
| | 苹果片 | 27.12MHz |
| 解冻 | 鸡蛋，水果，蔬菜 | 14~17MHz |
| | 鱼 | 36~40MHz |
| | 牛肉 | 35/36~40/27.12 |
| | 猪肉、火腿、培根、香肠 | 36~40MHz |
| 蒸煮 | 火鸡胸肉卷、肉类 | 27.12/60MHz |
| 杀菌 | 火腿、面包、胡椒、胡萝卜条、杏仁、牛乳、通心粉和干酪、炒鸡蛋、土豆泥、黑胡椒牛肉、红胡椒牛肉、小麦种子、乳粉、椰菜粉 | 27.12MHz |
| | 苹果醋、橙汁 | 21、30、41kHz |
| | 苹果汁、三文鱼、鲟鱼鱼子酱 | 15~70kHz |
| | 鱼料 | 6~14MHz |
| 杀虫 | 糙米、扁豆、核桃、芒果、杏仁、苹果、樱桃 | 27.12MHz |
| 辅助提取 | 苹果皮 | 27.12MHz |

表 7-8 所述的各类射频热处理过程，既可以独立作为一种农特产品加工的技术手段，又可以在射频干燥过程中同步完成，具有相当广阔的应用前景。但它们仍主要停留在实验室研究阶段，主要原因是在面向商业化的推广应用中受到了边角效应、局部过热等不良因素的影响。以下列举几种射频技术在农特产品干燥以外的加工应用过程中的相关案例。

(1) 射频烫漂　烫漂是新鲜果蔬和中药材等农特产品在采后冷冻、干燥、贮藏、油炸等加工操作前的关键预处理工艺，主要是为了钝化能引起农特产品发生变质反应的酶，如过氧化物酶（Peroxidase，POD）、多酚氧化酶（Polyphenol，PPO）和脂肪氧化酶（Lipoxygenase，LOX）等。这样做可以防止颜色改变、减少异味、减少微生物负载以延长保质期、消除细胞间的空气以提高传热传质速率、防止氧化及软化组织以获得具有独特质地的产品等。

射频烫漂的加热速率快，且物料内外部能同时升温，是最具潜力的固体、半固体农特产品高效烫漂技术。射频烫漂既不需要热水、蒸汽等介质的介入，也不需要与热源直接接触，避免了物料之间的交叉污染，降低了农特产品在烫漂处理过程中营养成分的流失。因此射频烫漂要比传统的热水或蒸汽烫漂具有显著优势，便于在后续的干燥、贮藏处理过程中减少色泽损伤，但现在尚缺乏射频烫漂专用装置。此外，射频烫漂有可能会对物料的微观孔道和质构特性产生不同程度的影响。表 7-9 列出了几种常见的射频烫漂应用于农特产品的案例。

表 7-9　　射频加热技术用于农产品烫漂的相关案例

| 物料 | 处理条件 | 结果 |
|---|---|---|
| 豌豆 | 75W、150MHz | 可有效灭活豌豆中的 POD，相比于热水烫漂减少了维生素 C 的损失 |
| 苹果泥 | 3.5kW、27.12MHz、电场强度（4.0~6.9kV） | 可有效灭活 PPO 和 LOX，同时苹果泥的甜度更高 |
| 胡萝卜 | 600W、27.12MHz | 射频烫漂处理后的真空包装胡萝卜贮藏到 14d 后仍具有优良的产品色泽、质地特性、口感和真空包装内的真空度 |
| 马铃薯 | 6kW、27.12MHz、温度（65、70、75、80、85℃）、极板间距（110、120、130mm） | 可有效地灭活马铃薯中的 PPO，但对马铃薯颜色、质地和质量具有不同程度的影响 |

注：POD，过氧化物酶；LOX，脂肪氧化酶；PPO，多酚氧化酶。

（2）射频杀虫杀菌　病虫害是在农特产品加工与贮藏过程中造成经济损失和产品质量下降的重要因素。据统计，仅粮食特别是农户储粮因霉变、虫害每年造成的损失就高达 3000 万~4000 万 t，足以养活 1.5 亿~2 亿人口。微生物和害虫的来源除了农特产品采收、运输、贮藏过程中的环境污染外，还包括农特产品在生长、繁殖过程中自身所携带的部分。一般认为所有生物的生长繁殖及生化反应均需要水的参与，低含水率可以抑制微生物的生命活动和食品腐败，并且普遍认为这种方法的安全性较高。然而很多微生物或害虫在低含水率的环境中能维持休眠或孢子、虫卵的状态，一旦环境适合便会立刻开始生长繁殖。

用于杀虫杀菌的传统热处理技术和化学熏蒸所需时间较长，易对产品品质产生不良影响，使产品丧失原有口感、营养与功能，甚至难以达到有效的杀虫杀菌效果。射频加热作为近年来新兴的物理杀虫杀菌方法，既克服了传统热处理技术加热速率缓慢的缺陷，又能穿透至物料内部，以较高的升温速率快速杀死物料表面和内部的害虫和病菌，同时还能更好地保持产品品质（表 7-10）。

表 7-10　　射频技术在农产品杀虫杀菌中的应用

| 种类 | 目标生物 | 射频频率/MHz | 处理温度/℃ | 致死率/% |
|---|---|---|---|---|
| 面包 | 青霉菌孢子 | 27.12 | 53~68 | 60.21 |
| 葡萄干 | 脐橙螟虫和印度蚕蛾 | 27.12 | 23~55 | 99.83 |
| 杏仁 | 印度粉蛾、脐橙虫和红面甲虫 | 27.12 | 63 | 100 |
| 红辣椒粉 | 伤寒沙门氏菌 | 27.12 | 70 | 69.90 |
| 牛肉干 | 金黄色葡萄球菌 | — | 50~60 | 44.71~60.21 |
| 散装油菜籽 | 锈纹甲虫 | — | 80 | — |
| 核桃壳 | 金黄色葡萄球菌 | 27.12 | 26~56 | — |
| 开心果 | 印度蚕蛾 | 27.12 | 55 | 100 |
| 杏仁壳 | 沙门氏菌 | 27 | 73 | 100 |
| 水稻 | 接种菌落 | 27 | 68 | — |

续表

| 种类 | 目标生物 | 射频频率/MHz | 处理温度/℃ | 致死率/% |
|---|---|---|---|---|
| 咖啡豆 | 咖啡浆果蛀虫 | 27 | 48 | — |
| 小麦面粉 | 沙门氏菌 | 27 | 60~70 | — |
| | 沙门氏菌和屎肠球菌 | 27 | 75 | 100 |
| 鹰嘴豆和扁豆 | 豇豆象甲 | 27.12 | 60 | 100 |
| 玉米粒 | 寄生曲霉菌 | 27.12 | 70 | 69.90~77.82 |
| 糙米 | 米象虫蛋 | 27.12 | 60 | 100 |
| 干豆科植物 | 脉冲甲虫 | 27 | 56~60 | 69.90~77.82 |
| 油菜籽 | 红面甲虫 | 27.12 | 60 | 100 |
| 带壳核桃 | 五星脐橙虫 | — | 52~60 | — |
| 精米 | 成年稻香甲虫 | 27.12 | 25~50 | 100 |
| | 未成年稻香甲虫 | 27.12 | 50 | 100 |
| 干大豆 | 印度蚕蛾 | 27.12 | 25~50 | — |
| 稻谷 | 成年稻象甲 | — | 50 | — |
| 谷物 | 锈纹甲虫 | 27.12 | 15~75 | — |
| 半干枣 | 酱曲露尾甲 | 27.12 | 42 | 61 |
| 小麦面粉 | 沙门氏菌 | 27.12 | 60~70 | — |
| | 沙门氏菌和屎肠球菌 | 27.12 | 75 | 100 |
| 米粉 | 孢子虫和孢子虫种群 | — | 60、100 | — |

用射频技术去除低含水率农特产品中的害虫效果尤为突出。这是因为害虫的介电特性要比低含水率的农特产品更高，使二者在射频能量作用下的升温速率和平衡温度有着显著差异，这一特性有助于在保持产品原有性质的基础上获得良好的杀虫效果。对于新鲜的、含水率较高的农特产品而言，物料与害虫的介电特性相近，射频选择性加热（射频加热过程中害虫的温度远高于物料）的特性将被大幅缩减。此时若直接使用射频加热技术处理，会使物料与害虫同时升温，造成物料品质的大幅下降。为获得良好的射频杀虫效果，可采用预热手段对鲜果进行预处理并与射频联合即可削减物料品质的下降程度，该手段常见于新鲜果蔬的射频杀虫工艺中。采用热水预热结合射频加热的技术对苹果、柿子、梨、芒果、草莓中的蠢蛾、地中海果蝇、墨西哥果蝇等害虫进行杀虫处理，可以兼顾物料品质与杀虫效果。果蔬表面的水分经处理后会因蒸发而降低，使物料色泽变暗，但这并不影响果蔬的品质成分和食用口感。

除农特产品杀虫外，射频杀菌也具有广泛的应用前景。例如，将射频技术用于婴儿配方乳粉的杀菌工艺中当达到工业应用所需的5个对数单位杀菌强度时，射频处理相比于水浴杀菌在保持乳粉的色泽方面具有突出优势。随着温度和水分活度的升高，射频处理的乳粉色泽发生变化但不显著。射频处理后的乳粉溶解度和蛋白质含量起伏不大，蛋白质变性程度低，结构稳定性强。此外，射频处理后没有新的基团产生，主要表现为生成糖基化产物。射频与水浴处理均存在破碎颗粒，且水浴处理后表面略有凹陷和褶皱，但射频处理则发生了更明显的颗粒团聚现象，使乳粉颗粒的粒径变大（图7-46）。

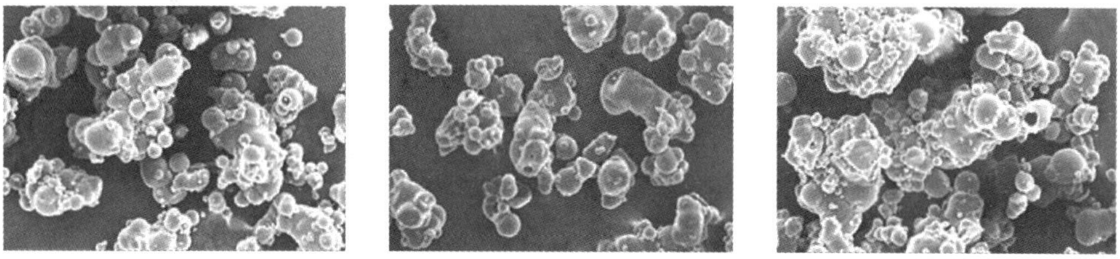

（1）　　（2）　　（3）

（1）未处理　（2）水浴处理　（3）射频热风联合处理

图7-46　三种处理方式下婴儿配方乳粉表面的微观组织结构

射频杀虫灭菌的处理效率和灭杀效果与化学试剂熏蒸相当，且无有害物质残留，适用于绝大多数的农特产品杀虫灭菌，且对低含水率物料的灭杀效果更优。射频杀虫灭菌也可与射频干燥同时进行，极大缩短了农特产品加工所需时间，并且还能满足干制品贮藏的安全性要求。

上述射频烫漂和射频杀虫杀菌是独立于射频干燥存在的重要的农特产品加工环节，开发专用装置并用于实际生产，通过加工工艺参数的实时调控即可在一套装置中实现干燥预处理-干燥-杀虫灭菌的连续同步处理，大幅缩短农特产品的干燥时间以提高干燥效率。

## 思考题

1. 简述射频加热技术的基本原理。
2. 在应用射频加热技术的过程中，应考虑哪些因素？
3. 常见的射频加热装置有哪几种类型？
4. 针对不同待处理物料的形态，应当如何选择合适的工作电容器？
5. 表7-11是含水率为15.44%的烟叶在25℃时，分别在射频（27.12MHz）和微波（915MHz）频率下的介电特性，试比较烟叶在两个频率下的穿透深度（单位：cm）。

表7-11　烟叶的介电特性

| 含水率 | 温度 | 介电特性 | |
|---|---|---|---|
| | | 27.12MHz | 915MHz |
| 15.44% | 25℃ | $7.83-2.43j$ | $3.71-0.75j$ |

注：$j^2=-1$。

6. 均匀性是评判干燥技术优劣的重要指标，试给出切实有效的、可提高射频干燥均匀性的手段。
7. 射频干燥技术相较于其他干燥技术有哪些优势？又有哪些弊端？请从技术本身和物料品质两方面分析。
8. 射频加热技术除了可以应用于干燥外，还可用于哪些农特产品加工领域？

第八章

CHAPTER 8

# 真空冷冻干燥技术

[学习目标]

1. 理解真空冷冻干燥技术的基本原理及干燥特点。
2. 掌握真空冷冻干燥过程中的传热与传质。
3. 明确真空冷冻干燥装置的种类及组成部件。
4. 了解真空冷冻干燥技术在农特产品加工中的应用。

## 第一节 概述

### 一、真空冷冻干燥技术的发展

真空冷冻干燥（简称冻干）技术在食品行业的应用被誉为20世纪食品工业技术进步的重要标志之一，是国际上公认的可以最大限度保留食物原料组织结构和营养功能的高品质干燥加工手段。

真空冷冻干燥技术的应用十分广泛，早期主要应用于医学领域。20世纪初，冻干技术大多用来保存生物标本、菌种等，之后被制药工业用于生产抗生素、疫苗、血清和各种生物物料。

20世纪60年代，欧美、日本等发达国家和地区将冻干技术逐渐应用于食品生产并相继建立了食品冻干加工厂。到了20世纪80年代，冻干技术已在众多食品生产中得到了广泛应用，包括各种农特产品、海产品、饮料、调料、快餐食品、保健食品等，规模和产量也在不断扩大。据统计，美国1963年冻干食品产量约为5000t，1970年产量约为157000t，1972年产量约为175000t。

在我国，食品冷冻干燥的发展起步相对较晚。天津市通用机械工业公司在1964年利用法国RP45型冻干机对蔬菜、水果、肉类食品开展冻干试验，并于1965年成功研制出我国首台食品冻干机。但当时国内消费水平低且该技术生产成本高，导致冻干食品缺乏销路，直到20世纪80年代，冻干食品的生产在我国才有了较大发展。目前，我国的冻干农特产品多是蔬菜且主要用于出口，尚不能完全满足国内市场的需求。同时，除了中药材、珍贵动植物外，大宗特色农特产品也可采用冻干技术。因此，加强农特产品冷冻干燥理论研究、发展具有地方特色的物产资源的冷冻干燥加工产业、生产高品质冻干产品及满足国内外市场需求是具有重要学术价值和经济意义的。

## 二、真空冷冻干燥的特点

真空冷冻干燥是将含水物质先冻结成固态，然后在真空的条件下，使其中的冰晶从固态升华成气态以除去水分而其余组分则留在冻结时形成的冰架中的干燥技术。冻干农特产品是在低温真空状态下加工的，与传统高温干燥方法相比，真空冷冻干燥可以有效避免热敏性成分、物质结构、营养成分、色泽风味被破坏，常用于高品质食品或功能性食品的加工。

真空冷冻干燥技术通常具有以下优势。

(1) 整个过程在低温低压下进行，尤其适用于热敏性和易氧化物料的脱水，能最大程度地保存物料的色、香、味和营养成分。该干燥技术还能有效灭菌或抑制细菌的活力，在一定程度上保证了冻干食品的卫生安全。

(2) 干燥时，整个待干物料在冻结状态下直接升华，水蒸气不会携带易溶性物质迁移，不会出现产品表面硬化现象。同时也不会因为物料内部湿分向外侧运输而对细胞或基质产生张力，避免了物料经干燥后因皱缩而发生形变。

(3) 冷冻干燥前需经过预冷冻处理，以便形成较为稳固的固体骨架结构。在干燥过程中，只有冰晶发生升华，而物料的主要成分不变。干燥后，物料的骨架结构变化很小，内部呈疏松多孔的海绵状结构。重新加水后，水分可以快速、完全地渗透到孔隙中使产品复原，复原后的产品性状与原产品基本一致。

(4) 冷冻干燥可以脱除产品 95%~99%的湿分，使得干燥后的产品能够长时间贮存。同时物料由于脱水比较彻底而质量变轻，降低了运输成本。

真空冷冻干燥技术的主要劣势如下。

(1) 冻干食品的生产需要一整套高真空装置和低温制冷装置，故装置的投资费用较大。

(2) 为防止物料中的冰晶融化，干燥过程中的升华温度不宜过高。然而，多孔性物料在真空状态下的导热系数和传热速率较低，致使冰晶升华速率在温度本就不高的情况下变得更低，因此冷冻干燥时间一般较长。

(3) 在长时间的干燥过程中，装置一方面要不断制冷，另一方面还要不停供热并维持真空状态，导致装置运行费用高。

综合来看，与传统干燥方式相比，生产成本较高是制约冻干食品发展的主要因素。

## 三、真空冷冻干燥原理

### （一）真空冷冻干燥的物理基础

1. 水的相平衡图

物质有固态、液态、气态三种相态，这三种相态与温度和压强有关，水的相平衡图如图 8-1 所示。图中，*ML*、*MK*、*MN* 3 条曲线把相图分成三个区域，即气相区（水蒸气）、液相区（水）和固相区（冰）。*ML* 曲线为气固两相平衡共存的状态，此时水蒸气压强为水的饱和蒸气压。*MK* 曲线为液固两相平衡共存的状态，*MN* 曲线为气液两相平衡共存的状态。*N* 为水的临界点，温度是 374℃，压强为 $2.11\times10^{7}$Pa，在此点液态水不存在。*M* 点为三条曲线的交点，即三相点，三相点温度为 0.01℃，压强为 610.5Pa，这时水的三相平衡共存。对于某些物质，三相点是不变的，即具有一定的温度和压强。

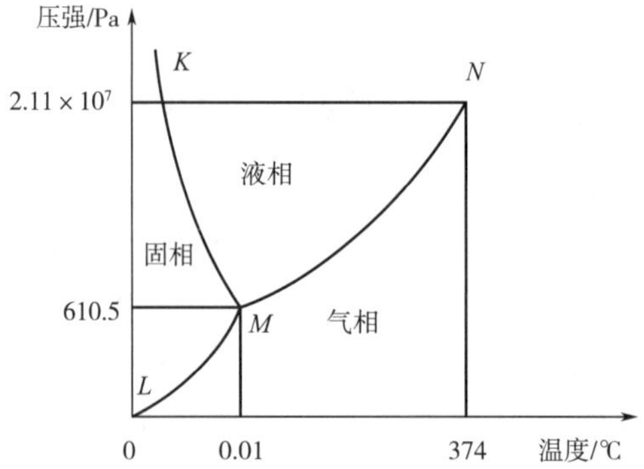


图 8-1　水的相平衡图

2. 共晶点和共熔点

冷却开始析出晶体时的温度称为溶液的共晶点，全部凝结的温度称为溶液的凝固点，又称共熔点。物料中含有盐类、糖类等物质，因此物料的冻结与纯液体不同。纯液体具有一个固定的结冰点，如水在 0℃结冰时温度不会下降，直至完全结冰后才会下降。而物料是多种成分的组合体，它无法在某一固定温度下完全凝结成固体，而是在某一温度下，晶体开始析出。随着温度下降，析出的晶体数量不断增加，直到最后才能全部凝结。因此，溶液并不是在某一固定温度下凝结，而是在某一温度范围内凝结。

冷冻干燥是在真空状态下进行的，物料只有被全部冻结后才能在真空下进行升华。若有部分液体存在，液体在真空状态下不仅会迅速蒸发，还会因其浓度的变化使物料体积缩小，而且溶解在水中的气体会迅速冒出，营造出像液体沸腾的现象，使物料鼓泡进而对物料的冷冻干燥造成影响。因此，物料在升华时必须使温度在共熔点以下以确保物料真正被全部冻结。

3. 冻干曲线

将物料温度（或辐射板温度、冷阱温度）和干燥箱真空度等参数在冷冻干燥过程中随时间的变化记录下来，以温度和真空度（压强）为纵坐标，时间为横坐标绘制曲线，即为冻干曲线，物料种类、质量和冻干机性能等都会对该曲线造成影响。冻干曲线可用于控制水分传递过程、稳定干燥室的真空度和冷阱温度，对科学研究和实际生产都具有重要意义。

### （二）真空冷冻干燥的过程

真空冷冻干燥的基本原理可简述为：将待干燥的含水物料冻结后，置于高真空度的密闭容器中，通过向装置供热，使物料中的水分直接从固态升华为气态，从而实现脱水干燥的目的。

1. 真空冷冻干燥的步骤

真空冷冻干燥的过程通常分为预冻、升华干燥、解吸干燥 3 个步骤。

（1）预冻　将物料冷冻至凝固点以下 10~20℃，为下一步升华过程准备样品，通常在冻干装置外部完成。

（2）升华干燥　将冻结后的产品置于密闭的真空容器中，其冰晶升华即为水蒸气逸出，使得产品脱水干燥。干燥从外表面开始，逐步向内推移，冰晶升华后残留的空隙变为水蒸气升华逸出的通道。已干燥层和冻结部分的分界面称为升华界面。在干燥生物制品时，升华界面以大约 1mm/h 的速率向内推进。当除去全部冰晶时，升华干燥完成，此时可除去 90%左右的水分。

（3）解吸干燥　升华干燥后，在干燥物料的毛细管壁和极性基团上还吸附着一部分未被冻结的水分。当它们达到一定含量时，就能为微生物的生长繁殖和物质内部的化学反应提供条件。因此，为改善产品储存稳定性、延长保质期，需通过解吸干燥来除去这部分水分，只留下单分子层的水分。但吸附水的吸附能量高，只有足够高的温度才能去除。前提是该温度既不能超过允许的最高温度，也不能造成产品热变性。解吸干燥后，物料内残余水分的含量通常为0.5%~4%。

2. 真空冷冻干燥的必要条件

（1）真空条件 当饱和蒸汽在一定温度下大于环境的水蒸气分压时，冰就开始升华，这是发生升华所必需的条件。气体分子在两次连续碰撞之间所走的距离称为平均自由程，它与压力成反比。在常压下，其数值很小，升华的水分子很容易与气体碰撞并返回到蒸气源表面，因而升华速率很慢。当压力降低到 13.3Pa 以下时，平均自由程增大 $10^5$ 倍，升华速率显著加快。由于飞离出来的水分子很少改变方向，从而形成定向的蒸气流。所以在一定温度下，环境的水蒸气分压低于冰的饱和蒸气压，是真空度维持升华所必需的条件。

（2）温度条件 冷阱（凝结器）表面的温度要比物料温度低，对水蒸气有抽吸和捕获的作用，这是维持升华所必需的另一个条件。物料温度与凝结温度通常为-25℃和-50℃，冰在这两个温度下的饱和蒸气压分别为 63Pa 和 40Pa。因而在升华面与冷凝面之间产生了一个相当大的压力差，促使物料中的冰晶升华为水蒸气并以一定速率流动到凝结器表面，形成冰霜。

（3）能量条件 给物料一定程度的加热，是加快并最终完成冻干的能量条件，主要表现在分子束缚力和升华热两个方面。物料通常包含自由水和结合水两部分，在冻干的最后阶段，物料以结合水为主，包括化学结合水和物理结合水。由于这部分水分受到多种引力的束缚，其饱和蒸气压会有不同程度的降低，因而干燥速率明显下降，需提高物理温度促进水分汽化。此外，如果在冻干过程中没有外界供给热量，物料只有通过降低内能来补偿升华热，直至其温度与凝结器温度平衡。所以为克服物料内的水分束缚力，保持升华与冷凝间所需的温度差，必须为物料提供足够的热量。

3. 影响农特产品真空冷冻干燥的因素

农特产品在冻干过程中必须考虑 3 个方面的因素：①如何保证冻干过程的顺利进行；②如何减少冻干过程对农特产品品质的影响；③如何降低农特产品在冻干中的能耗。故物料在冷冻干燥过程中的关键技术主要包括以下两个方面。

（1）冻干过程中样品温度控制及对干燥过程的判断。在冻干时，样品温度过高会出现熔融、塌陷或皱缩等问题。但在低温条件下，样品温度每下降 1K，干燥时间至少增加 13%。所以在保证物料质量的前提下，应使升华界面温度尽量高，这样才能提高升华速率以缩短冻干时间。

（2）预冻过程中的降温速率。预冻过程中，冰晶生长造成物料内部组分迁移、联结后形成网状结构。当样品达到共晶温度时，溶质析出，原有的网状结构又变成了干燥后的多孔性结构。当预冻降温速率不同时，形成的冰晶大小、溶质的网状结构、干燥升华速率和干燥后样品结构都会不同。因此，预冻过程在很大程度上决定了冻干过程的速率和冻干物料的质量。

## （三）真空冷冻干燥中的传热与传质

真空冷冻干燥的应用因其干燥周期长、干燥装置贵、能耗大而受到严重制约，如何提高升华速率、缩短干燥周期便成了真空冷冻干燥技术的重要研究内容。物料的冷冻干燥过程就是向物料传热的过程以及物料中水蒸气升华排出的传质过程。食品的热导率、比热容、密度、质量扩散系数、冻结温度、几何尺寸以及形状等物性参数与冷冻干燥中的冻结方式和冻结温度、加热方式和加热温度、真空度、冷阱温度等过程参数相互影响，使冷冻干燥中的传热与传质过程相对复杂。冷冻干燥的传热传质研究可以从理论上揭示提高冻干速率的方法并计算出具体结果，从而为设计和制造高效率的冻干装置、制定最佳冻干过程控制方案提供依据。

1. 真空冷冻干燥的传热与传质模型

针对真空冷冻干燥中的传热与传质研究，学者根据不同的制品形状（平板、球形、柱形）、供热方式（单面供热单面升华、双面供热双面升华、双面供热单面升华）、干燥阶段（升华干燥阶段、升华和解吸整个冻干过程）和不同的假设条件（稳态、亚稳态和非稳态传热传质）建立了相应的数学模型。

图 8-2 所示为冷冻干燥过程中常见的几种传热与传质方式。

（1）图 8-2（1） 热量完全从底部冻结层导入，升华的水蒸气只能沿统一方向扩散，常见于中小型冷冻干燥机，多用于冷冻干燥果汁、速溶咖啡等液态食品。

（2）图 8-2（2） 热量完全从顶部多孔干燥层传入，升华水蒸气以相反方向从顶部扩散出去，常见于大型冷冻干燥机，多用于加工散放颗粒状食品或液态食品。

（3）图 8-2（3） 热量从底部冻结层和顶部多孔干燥层同时传入，升华水蒸气只能从顶部干燥层扩散，常见于多层搁板式冷冻干燥机，其中某一搁板对其上面的食品以导热方式加热，而对其下面的食品以辐射方式加热，两种加热方式以导热为主。

（4）图 8-2（4） 热量从两侧的多孔干燥层同时导入，升华水蒸气以相反方向从两侧扩散出去，常用于具有特殊形状的食品或带有膨胀网孔的特殊容器上。

（5）图 8-2（5） 热量在食品内部产生，升华水蒸气从两侧传出，常见于微波冷冻干燥机。

（6）图 8-2（6） 球状或长圆柱状食品的传热与传质方式。

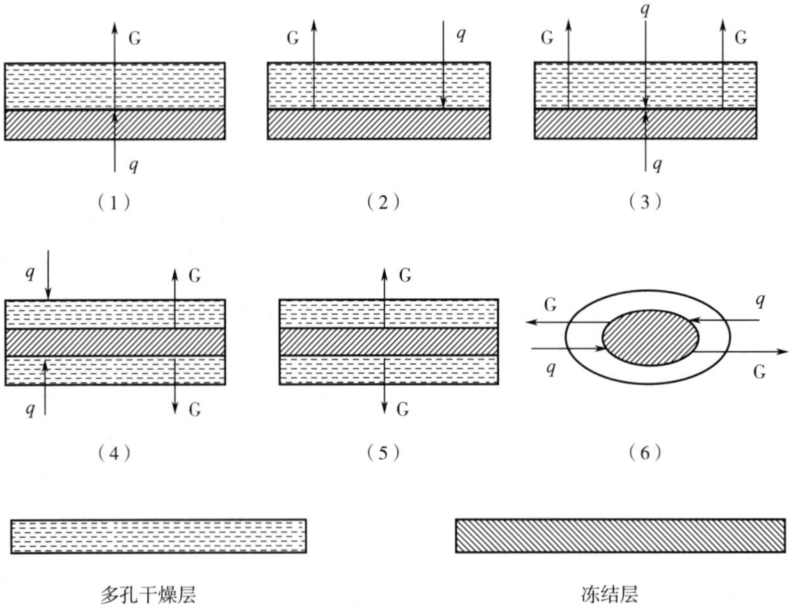


图 8-2 冷冻干燥过程中几种常见的传热与传质方式

（1）按模型适用于冻干过程的阶段区分　①适用于升华干燥阶段的模型：最具代表性的是金（King）于1970年首先提出的冰面均匀后退（Uniformly retreating ice front）模型，又称URIF模型。如图8-3所示，加热板从物料底部和上方向升华界面供热，界面上的冰晶受热后升华成水蒸气从多孔干燥层（干燥层）逸出。随着干燥过程的进行，干燥层不断均匀增大，冻结层均匀缩小直至完全消失，即冷冻干燥结束。由于这种模型仅描述了升华干燥过程中的传热传质，故只适用于升华干燥阶段的计算。②适用于升华和解吸两个阶段的模型：最具代表性的是利奇菲尔德（Litchfield）和利亚皮斯（Liapis）建立的“吸附-升华模型”。该模型涵盖了升华和解吸在整个冷冻干燥过程中的传热传质现象，可用于计算整个冷冻干燥过程。但这个模型的应用需依赖很多物性参数和平衡数据来进行求解，难以进行实际应用，此处不作详细介绍。

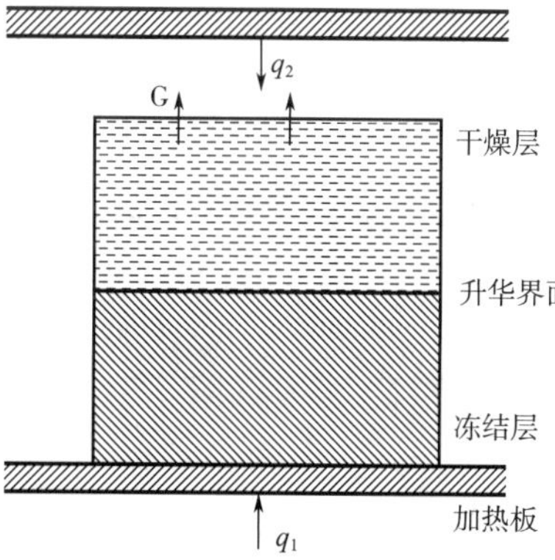


图8-3　升华干燥阶段的传热传质模型

（2）传热控制模型和传质控制模型　在食品冷冻干燥中，若传给升华界面的热量等于该界面水蒸气升华所需潜热，且升华的水蒸气能全部通过已干层扩散出去，升华界面的温度和压力就达到平衡，升华稳定进行。若传给升华界面的热量不足，水蒸气的扩散能力大于供热能力，则升华速率下降；若供热量增大，升华速率加快，升华产生的水蒸气增多，当增加的水蒸气因干层传质阻力大而不能全部扩散出去时，升华界面的压力和温度将会持续上升，使冻结食品融化。在冷冻干燥时，如果前者对干燥过程影响大，则为传热控制过程，反之则为传质控制过程。最佳的冷冻干燥过程应保证供热能力与水蒸气扩散能力处于平衡状态。

有的物料在冷冻干燥过程中受传热控制，有的则受传质控制。但多数物料在升华前期因干燥层很薄且传质阻力很小，主要受传热控制；在升华后期，干燥层厚度增加，扩散阻力增大，逐渐转变为受传质控制。因此应根据具体情况，在受传热控制阶段采用传热控制模型，在受传质控制阶段采用传质控制模型。

（3）非稳态、亚稳态和稳态模型　以传热控制模型为例，冻结层与干燥层之间在冷冻干燥时存在传热温差，且升华界面的温度和压力会随时间而改变。随着升华界面的推移，提供的热量既有用于升华水蒸气的潜热，又有用于提高冻结层和干燥层温度所需的显热，此显热同样随时间变化。所以在建立传热微积分方程时需含有随时间而变化的项，这种包含随时间变化的项的数学模型称为非稳态模型。

由于该模型包含随时间变化的参数，求解计算十分复杂。为简化计算，将模型所需的显热、冻结层、干燥层和升华界面的压力视为常量，整个冷冻干燥过程看作稳定传热过程，所建立的传热方程不包含时间变量参数，这种模型称为稳态模型。

将微元时间内的冷冻干燥过程视为稳态过程，所建立的微分方程不包含时间变量，这种微分方程组称为亚稳态模型。它极大简化了非稳态模型的复杂计算且计算误差很小（<2%），常被研究者采用。

以下以平板状物料的冷冻干燥过程为例，介绍用于升华阶段的传质控制稳态模型和传热控制的稳态、非稳态和亚稳态模型。

2. 稳态冷冻干燥模型

（1）传质控制下的冷冻干燥速率模型　图 8-4 所示模型为目前应用较多的冰面均匀后退模型（URIF 模型）。物料为平板形，热量 $q$ 由底部冻结层传入，水蒸气 G 由干燥层逸出，单面升华。它的两个主要假设条件是：①冰晶在物料中的分布是均匀的；②升华界面后移所形成的多孔层是绝干物质。

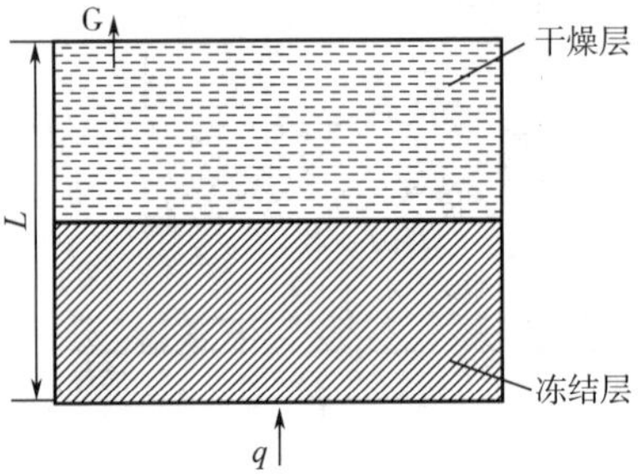


图 8-4　平板状物料传热传质升华干燥模型

水蒸气在多孔干燥层内部的扩散方程如式（8-1）。

$$G_1 = \frac{D}{XRT}(p_i - p_s) \tag{8-1}$$

式中　$G_1$——升华界面至物料表面的摩尔质量扩散速率，kgmol/（$m^2$·s）；

$D$——水蒸气扩散系数，$m^2/s$；

$X$——物料多孔干燥层厚度，m；

$R$——摩尔气体常数，8.134Pa·$m^3$/（kgmol·K）；

$T$——冻结食品中冰的温度，K；

$p_i$，$p_s$——升华界面和食品表面的水蒸气压强，Pa。

干燥层表面至冷阱表面的摩尔质量扩散方程如式（8-2）。

$$G_2 = \frac{\alpha_m}{RT}(p_s - p_a) \tag{8-2}$$

式中　$G_2$——物料表面至冷阱表面的摩尔质量扩散速率，kgmol/（$m^2$·s）；

$\alpha_m$——物料表面对流传质系数，m/s；

$p_a$——冷阱表面的水蒸气压力，Pa。

连续方程如式（8-3）。

$$G = G_1 = G_2 \tag{8-3}$$

式中　$G$——升华界面至冷阱表面的摩尔质量扩散速率，kgmol/（$m^2$·s）。

由式（8-1）、式（8-2）和式（8-3）得式（8-4）。

$$p_s = \frac{\dfrac{D}{XRT}p_i + \dfrac{\alpha_m}{RT}p_a}{\left(\dfrac{\alpha_m}{RT} + \dfrac{D}{XRT}\right)} \tag{8-4}$$

将式（8-4）代入式（8-1）、式（8-3）中得式（8-5）。

$$G = \frac{(p_i - p_a)}{(1/\alpha_m + X/D)RT} \tag{8-5}$$

根据冰在物料中是均匀分布的假设条件，可得式（8-6）。

$$\frac{X}{L} = \frac{1 - M_R}{2} \tag{8-6}$$

式中　$L$——物料厚度，m；

$M_R$——物料水分比，其值由式（8-7）确定。

$$M_R = \frac{\omega - \omega_e}{\omega_0 - \omega_e} \tag{8-7}$$

式中　$\omega$——物料在冷冻干燥过程中任意时刻的水分含量，kg 水/kg 干物质；

$\omega_0$——物料初始水分含量，kg 水/kg 干物质；

$\omega_e$——冷冻干燥结束时物料中的残余水分含量，kg 水/kg 干物质。

又根据升华界面后移所形成的多孔干燥层为绝干物质的假设条件，得出升华速率与水分比变化率的关系如式（8-8）。

$$G = \frac{L(\omega_0 - \omega_e)\rho_d}{2M}\left(-\frac{dM_R}{dt}\right) \tag{8-8}$$

式中　$M$——水的相对分子质量；

$\rho_d$——多孔干燥层的密度，kg 干物质/$m^3$；

$\dfrac{dM_R}{dt}$——水分比变化率，1/s。

合并式（8-8）和式（8-5）得式（8-9）。

$$\frac{L(\omega_0 - \omega_e)\rho_d}{2M}\left(-\frac{dM_R}{dt}\right) = \frac{(p_i - p_a)}{(1/\alpha_m + X/D)RT} \tag{8-9}$$

将式（8-6）代入式（8-9）得式（8-10）。

$$1 - M_R = \frac{4DM(p_i - p_a)}{RTL^2(\omega_0 - \omega_e)\rho_d(-dM_R/dt)} - \frac{2D}{\alpha_m L} \tag{8-10}$$

这就是图 8-4 两侧传热与传质方式下的冷冻干燥速率表达式。设 $p_i - p_a$ 为常数，对上式在时间 0→$t$，水分比 1→0 时进行积分，得冷冻干燥时间 $t$ 的表达式如式（8-11）。

$$t = \frac{RTL^2\rho_d(\omega_0 - \omega_e)}{8DM(p_i - p_a)}\left(1 + \frac{4D}{\alpha_m L}\right) \tag{8-11}$$

（2）传热控制下的冷冻干燥速率模型　仍以图 8-4 为例，假设加热板温度和升华界面温度之差为常数，忽略冻结层与干燥层升温所需显热，则升华过程为稳定传热过程。

计算多孔干燥层总热阻如式（8-12）。

$$\frac{1}{k} = \frac{1}{\alpha} + \frac{X}{\lambda_d} \tag{8-12}$$

式中　$k$——多孔干燥层总传热系数，W/（m·K）；

$\lambda_d$——多孔干燥层的热导率，W/（m·K）；

$\alpha$——多孔干燥层表面的对流传热系数，W/（$m^2$·K）。

式（8-12）、式（8-6）的总传热系数 $k$ 如式（8-13）。

$$k = \frac{\lambda_d}{\lambda_d/\alpha + L(1 - M_R)/2} \tag{8-13}$$

通过多孔干燥层传入升华界面的热量如式（8-14）。

$$q = k(2A)(T_\infty - T_i) = \frac{\lambda_d}{\lambda_d/\alpha + L(1 - M_R)/2} \cdot 2A(T_\infty - T_i) \tag{8-14}$$

式中　$T_\infty - T_i$——物料表面气体温度和升华界面温度之差，℃或 K；

$A$——物料传热面积，$m^2$。

若升华所需热量全部由多孔干燥层传入，则有式（8-15）。

$$\frac{\lambda_d(T_\infty - T_i)}{\lambda_d/\alpha + L(1 - M_R)/2} \cdot 2A = \frac{Lh\rho_d(\omega_0 - \omega_e)}{2} \cdot 2A\left(-\frac{dM_R}{dt}\right) \tag{8-15}$$

式中　$h$——冰的升华潜热，J/kg。

将水分比 $M_R$ 从 $1 \rightarrow 0$，时间从 $0 \rightarrow t$ 积分，如式（8-16）。

$$t = \frac{Lh\rho_d(\omega_0 - \omega_e)}{2(T_\infty - T_i)\lambda_d}\left[\frac{\lambda_d(1 - M_R)}{\alpha} + \frac{L(1 - M_R)^2}{4}\right] \tag{8-16}$$

假设物料冷冻干燥后的水分为 0，即 $\omega_e \approx 0$，如式（8-17）。

$$t = \frac{Lh\rho_d\omega_0}{2(T_\infty - T_i)\lambda_d}\left[\frac{\lambda_d(1 - M_R)}{\alpha} + \frac{L(1 - M_R)^2}{4}\right] \tag{8-17}$$

（3）传热与传质仅在物料表面一侧的情况　如图 8-2（1）、图 8-2（2）所示，将式（8-6）和式（8-8）改为式（8-19）。

$$\frac{X}{L} = 1 - M_R \text{ 和 } G = \frac{L(\omega_0 - \omega_e)\rho_d}{M}\left(-\frac{dM_R}{dt}\right) \tag{8-18}$$

利用上述同样方法，即可得出此种方式在传质控制下的冷冻干燥速率模型，如式（8-19）。

$$1 - M_R = \frac{2DM(p_i - p_a)t}{RTL^2\rho_d(\omega_0 - \omega_e)(1 - M_R)} - \frac{2D}{\alpha_m L} \tag{8-19}$$

式中　$\alpha_m$——物料表面对流传质系数，m/s。

3. 非稳态冷冻干燥模型

以图 8-5 为例，物料为平板状，顶部的多孔干燥层厚度为 $X$，热量分别从顶部多孔干燥层和底部冻结层传入，温度分别为 $T_1$ 和 $T_2$，水蒸气的摩尔质量扩散速率为 $G$。

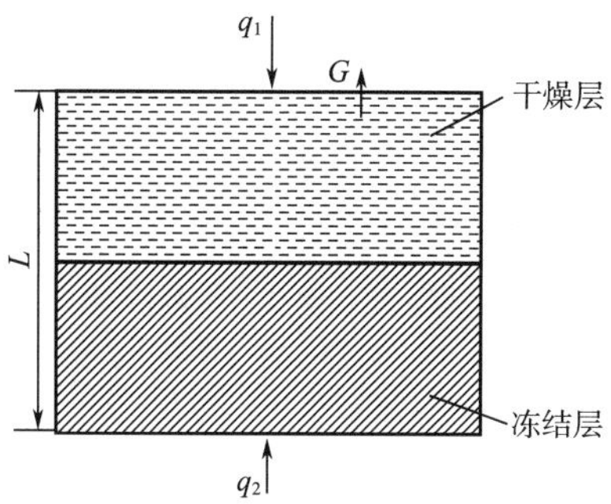


图 8-5　平板状物料单面升华冷冻干燥示意图

顶部多孔干燥层和底部冻结层的能量方程分别如式（8-20）、式（8-21）。

$$\lambda_d \frac{\partial^2 T_1}{\partial x^2} + c_g G \frac{\partial T_1}{\partial x} = \rho_d c_d \frac{\partial T_1}{\partial t} \quad 0 \leqslant x \leqslant X \tag{8-20}$$

$$\lambda_i \frac{\partial^2 T_2}{\partial x^2} = \rho_i c_i \frac{\partial T_2}{\partial t} \quad X \leqslant x \leqslant L \tag{8-21}$$

式中　$\lambda$——热导率，W/（m·K）；

$\rho$——密度，kg/m$^3$；

$c$——比热容，J/（kg·K）；

下标 d、i、g——多孔层干物质、冻结层物质和水蒸气。

常见的初始条件如式（8-22）。

$$t = 0,\ 0 \leqslant x \leqslant L,\ T_1 = T_2 = T_i \tag{8-22}$$

（1）上面的边界条件　$t>0$，$x=0$，则有式（8-23）。

$$q_1 = -\lambda_d \frac{\partial T_1}{\partial x} \tag{8-23}$$

若 $q_1$ 是从顶部辐射加热器辐射而来，则由能量守恒关系得式（8-24）。

$$q_1 = \sigma F_{1-2}(T_{up}^4 - T_0^4) \tag{8-24}$$

式中　$\sigma$——斯特瓦-玻尔兹曼常数，又称黑体辐射常数，取 5.669×10$^{-8}$ W/（m$^2$·K$^4$）；

$F_{1-2}$——形状系数；

$T_{up}$——辐射加热器温度，K；

$T_0$——物料材料上的表面温度，K。

（2）下面的边界条件　$t>0$，$x=L$，则有式（8-25）。

$$q_2 = -\lambda_i \frac{\partial T_2}{\partial x} \tag{8-25}$$

底部传入的热量可有 3 种情况：

①辐射加热器从底部向冻结层传热，如式（8-26）。

$$q_2 = \sigma F_{1-2}(T_{Lp}^4 - T_L^4) \tag{8-26}$$

②加热器与物料底面充分接触，物料底面温度与加热器表面温度相同。

$$T_L = T_{Lp} \tag{8-27}$$

③加热器与物料底面接触不良，如两者之间存在气体间隙。

$$q_2 = \alpha_f(T_{Lp} - T_L) \tag{8-28}$$

式中 $T_{Lp}$——底部加热器温度，K；

$T_L$——物料底面温度，K；

$\alpha_f$——加热器与物料底面间微量气体的对流传热系数，W/（$m^2 \cdot K$）。

（3）在移动的中间升华界面上 $t>0$，$x=X$。

$$T_1 = T_2 = T_x \tag{8-29}$$

$$\lambda_i \frac{\partial T_2}{\partial x} - \lambda_d \frac{\partial T_1}{\partial x} + \frac{dX}{dt}(\rho_i c_i T_2 - \rho_d c_d T_1) = Gh \tag{8-30}$$

式（8-20）~式（8-30）是一组非线性、非稳态的移动边界条件问题，可以用数值解法进行求解。

4. 亚稳态冷冻干燥模型

准稳态冷冻干燥模型是对非稳态冷冻干燥模型的简化处理，将非稳态冷冻干燥过程按准稳态过程处理的原因主要有：①冷冻干燥过程非常缓慢，温度、压力以及升华界面位置等物理量在较短的时间间隔内变化非常小，可以近似用常量处理；②与潜热量比较，显热量对冷冻干燥过程的影响非常小，可以忽略。

仍以图 8-5 为例，式（8-20）和式（8-21）中温度对时间的偏导数可以忽略，如式（8-31）、式（8-32）。

$$\lambda_d \frac{\partial^2 T_1}{\partial x^2} + c_g G \frac{\partial T_1}{\partial x} = 0 \quad 0 \leqslant x \leqslant X \tag{8-31}$$

$$\frac{\partial^2 T_2}{\partial x^2} = 0 \quad X \leqslant x \leqslant L \tag{8-32}$$

边界条件如式（8-33）~式（8-35）。

$$T(0) = T_0 \tag{8-33}$$

$$T(X) = T_X \tag{8-34}$$

$$T(L) = T_L \tag{8-35}$$

式（8-31）、式（8-32）的解分别为式（8-36）、式（8-37）。

$$\frac{T_1 - T_0}{T_X - T_0} = \frac{1 - e^{-mx}}{1 - e^{-mx}},\ m = \frac{c_g G}{\lambda_d} \tag{8-36}$$

$$\frac{T_2 - T_L}{T_X - T_L} = \frac{x - L}{X - L} \tag{8-37}$$

将式（8-36）和式（8-37）中的温度 $T_1$、$T_2$ 对 $x$ 分别求一阶导数并代入式（8-30）中，经简化整理后得式（8-38）。

$$\beta_1 = \frac{1 + (A - Ky)/y}{B} \tag{8-38}$$

其中 $A = \dfrac{\lambda_d(T_i - T_0)}{\lambda_i(T_i - T_L)}$，$B = \dfrac{\lambda_d h}{\lambda_i c_g(T_L - T_i)}$，$K = \dfrac{\lambda_d}{\lambda_i}$，$y = 1 - \dfrac{X}{L}$。

无量纲的冷冻干燥时间 $\bar{t}$ 如式（8-39）、式（8-40）。

$$\bar{t} = \frac{L}{\Delta x}\int_0^1 \frac{dy}{\beta_1} \tag{8-39}$$

$$\bar{t} \approx \frac{L}{\Delta x} \cdot \frac{B}{1-K}\left(1+\frac{A}{1-K}\ln\frac{1-K+A}{A}\right) \tag{8-40}$$

式中各常数的取值范围：$0<A<10$，$0<B<1000$，$0.033<K<0.1$。

## 第二节　真空冷冻干燥装置

真空冷冻干燥装置是由冷冻干燥室（干燥箱）、制冷装置、真空装置、加热装置和控制装置组成的一套复杂装置。

### 一、真空冷冻干燥装置的类型

真空冷冻干燥机有多种形式，按运行方式主要可分为间歇式和连续式两种类型。

#### （一）间歇式真空冷冻干燥装置

间歇式真空冷冻干燥装置是让物料以批次性方式进入干燥室进行冷冻干燥的装置，图 8-6 所示为间歇式真空冷冻干燥装置。在冷冻干燥室内有用于放置干燥物料的多层搁板，同时在干燥室内还有制冷装置的蒸发盘管和加热装置。蒸发盘管在物料预冷时提供热量，加热装置在物料脱水时向物料提供升华热量和解吸热量。

物料放入干燥箱并开启制冷装置进行预冷，当物料温度到达共晶点温度以下、冷阱温度达到约-40℃时，开启真空装置使干燥箱真空度达到要求并停止制冷，再由加热装置通过搁板向物料加热，使水分升华为水蒸气并在冷阱中被冻结，直至冷冻干燥结束。

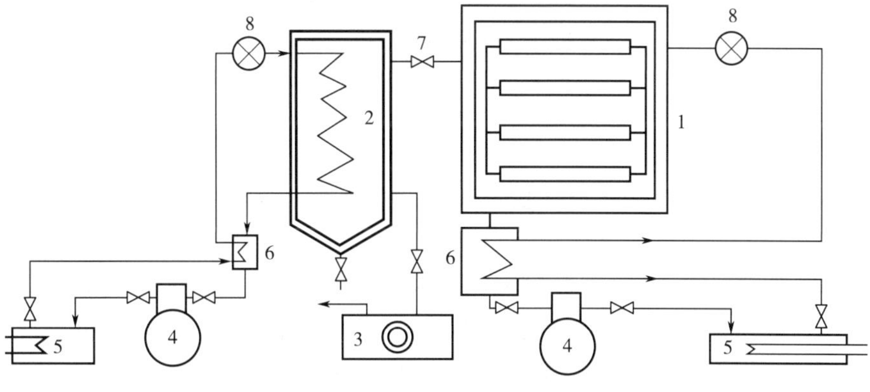


图 8-6　间歇式真空冷冻干燥装置示意图

1—干燥箱；2—冷阱；3—真空泵；4—制冷压缩机；5—冷凝器；6—热交换器；7—冷阱进口阀；8—膨胀阀。

#### （二）连续式真空冷冻干燥装置

连续式真空冷冻干燥装置适用于干燥产量大、原料充足的物料，而且它所处理的物料必须先在冷冻室进行冻结。连续式真空冷冻干燥装置按结构可分为水平隧道式和垂直螺旋式。

1. 水平隧道式真空冷冻干燥装置

图 8-7 所示为水平隧道式真空冷冻干燥装置的结构。物料首先在预冷间被冻结，然后在装

料间装入运输车。此类干燥机设有装料隔离室和卸料隔离室，两室通过闸阀控制。装料车先进入装料隔离间，此时闸阀关闭，两室隔开；装料车进入后，装料隔离室的真空度被破坏，需对其抽真空使其真空度与干燥室一致，之后开启闸阀，装料车进入干燥室进行干燥。干燥结束后，将已干燥的物料通过装料车送入卸料隔离室，关闭闸阀将卸料隔离室与干燥室隔开，然后打开卸料隔离室推出装料车。关闭卸料隔离室，重新将其抽真空使其真空度与干燥室一致，然后再次开启闸阀将已干燥的物料运出装置。

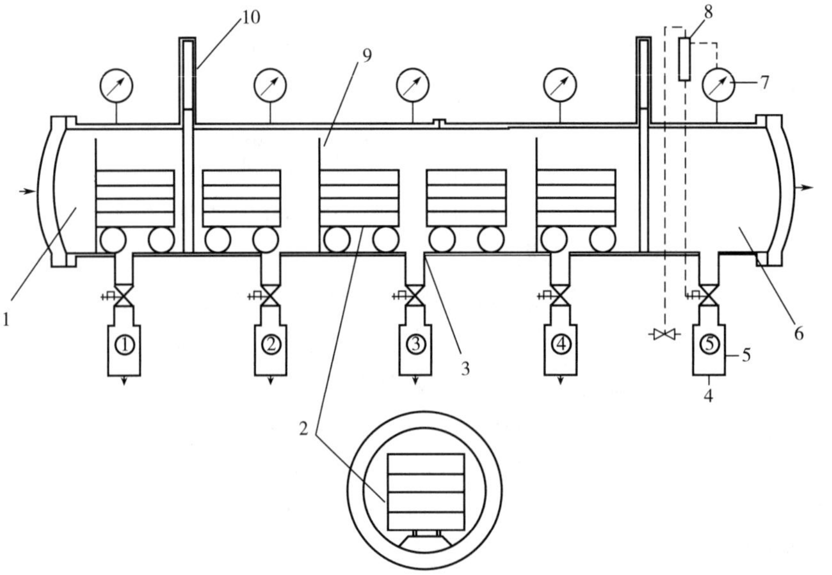


图 8-7　水平隧道式连续冷冻干燥装置结构示意图

1—前级真空锁气室；2—食品运输车在固定加热板间的移动；3—真空连接；4—真空泵；5—冷凝器；6—后级真空锁气室；7—真空表；8—电子控件；9—蒸气压缩板；10—闸阀。

2. 垂直螺旋式真空冷冻干燥装置

垂直螺旋式真空冷冻干燥装置主要适用于干燥颗粒状物料，图 8-8 所示是该干燥机的结构。

此干燥装置的干燥箱由多层不同直径的圆盘构成，在干燥室上部和下部分别有两个交替开口的进料口和出料口。干燥室的两侧还有两个相互独立的冷阱，通过大型开关阀门与干燥箱相连。它们交替工作以实现交替融霜，从而使干燥箱能连续工作。

## 二、真空冷冻干燥装置的主要装置与部件

### （一）冷冻干燥室（干燥箱）

冷冻干燥室（干燥箱）是一个真空密闭容器，有圆筒形、矩形等。它是冷冻干燥装置的主要部分，通常用于放置待处理物料。干燥箱在真空冷冻干燥过程中提供冷量以冻结物料，冷却速率为 0.1~0.5℃/min；同时也会提供热量使冰晶升华，加热速率为 0.1~1.2℃/min。

冷冻干燥室内部有搁置物料的搁板以及用于制冷和加热的管道或夹层通道。搁板结构根据

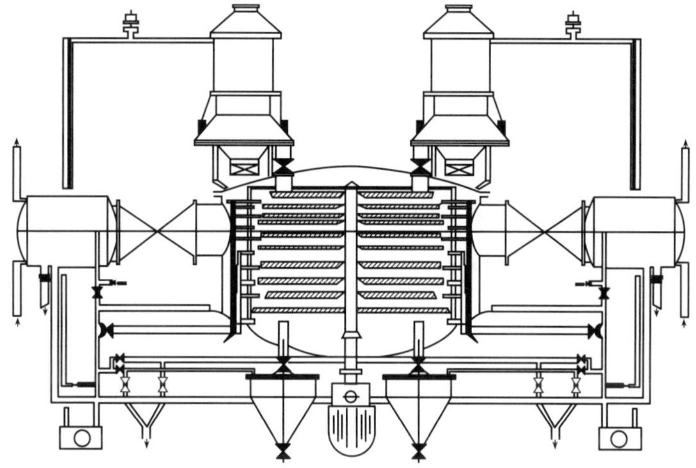

图 8-8　垂直螺旋式连续冷冻干燥装置结构示意图

冷却和加热方式可分为间冷间热式、直冷直热式、间冷直热式、直冷间热式等，图 8-9 所示是几种常见的加热搁板结构。

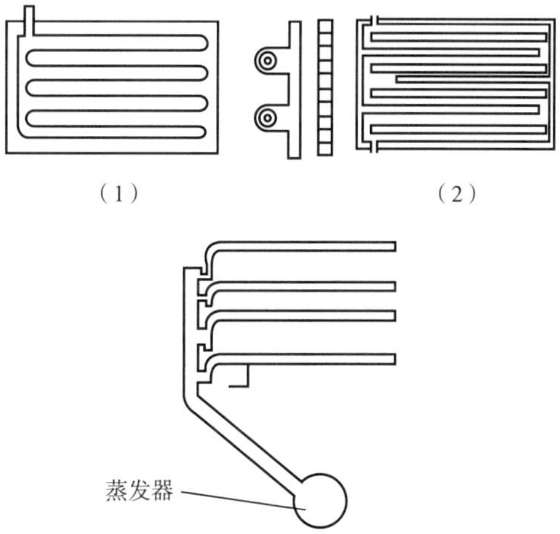


（1）直热式　（2）间热式　（3）悬挂式

图 8-9　几种常见的加热搁板结构

### （二）水汽凝结器（冷阱）

水汽凝结器（冷阱）是真空冷冻干燥机制冷装置中的蒸发器。物料在冷冻干燥过程中，被冻结的水分以水蒸气的形式升华出来，而固体冰变为水蒸气时体积会急剧增大。为了保证干燥箱的真空度和真空泵的正常工作，需在真空泵进口前设置冷阱，专门用于将水蒸气冻结成冰保存在冷阱上。冷阱通常要有制冷到-80～-40℃低温的能力，其结构通常有平板式、盘管式、蛇管式和壳管式等，图 8-10 所示是两种干燥箱与冷阱的匹配示意图。

### （三）制冷装置

制冷装置在真空冷冻干燥装置中的作用主要是向干燥箱和冷阱提供冷量。根据冷冻干燥装

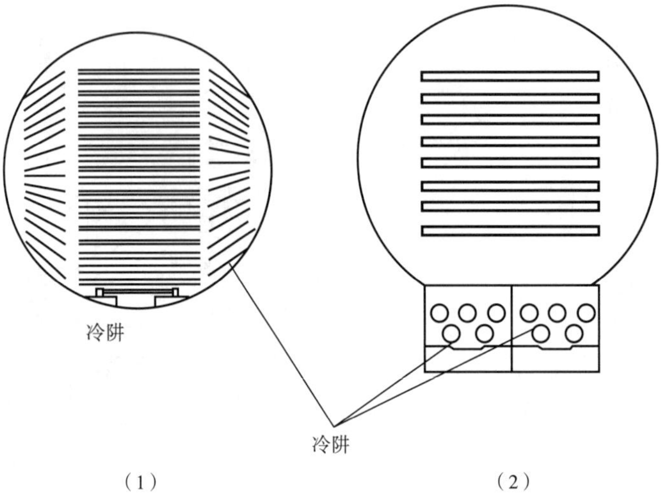


（1）平板式　（2）盘管式

图 8-10　两种干燥箱与冷阱的匹配示意图

置的大小和物料预冷的方式，干燥箱和冷阱既可共用一套制冷装置，又可拥有相互独立的制冷装置，一般较大型的真空冷冻干燥装置会采用两套制冷装置。

### （四）真空装置

真空装置是冷冻干燥的动力，其作用是保证在一定时间内抽走水蒸气和干空气以维持干燥箱内物料水分升华和解吸所需的真空度。真空装置主要由真空泵、真空阀和管路等组成。真空装置及其组合有多种，但由于要满足抽除能力和空载极限真空度等条件，较为常见的真空装置是蒸汽喷射器，图 8-11 所示是蒸汽喷射器的结构。

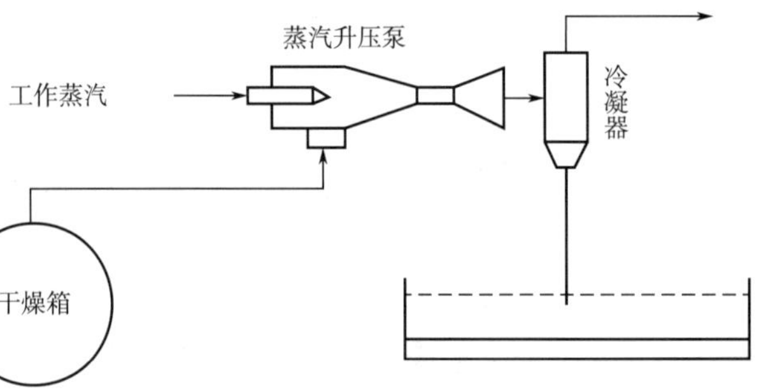


图 8-11　蒸气喷射器结构示意图

### （五）加热装置

加热装置的作用是加热冷冻干燥箱内的搁板以促使物料水分升华。按提供热量的方式分类，加热装置可分为直接加热和间接加热两种。前者一般采用电加热器、红外加热器和微波加热器对已冻结的物料进行加热。后者是由加热源在干燥箱外部对载热介质进行加热，由泵将载热介质送入干燥箱内的搁板中，对已冻结的物料进行加热。

### （六）控制装置

真空冷冻干燥装置的控制主要有制冷装置的控制、真空泵的控制、加热装置的控制和时间控制等。控制装置有手动控制和自动控制两大类。在自动控制中以 PLC 可编程序控制较为先进，现已应用于专用的冻干程序控制仪中。PLC 可编程序控制是在 PLC 的基础上按冻干食品的工艺要求设计而成的，能自动完成冻干过程中复杂的控制操作，并有储存数据的功能。

## 第三节　真空冷冻干燥技术在农特产品干燥中的应用

### 一、真空冷冻干燥工艺流程

真空冷冻干燥的工艺流程受多种因素影响，如物料特性（品种、成分、形状、浓度、含水率、共晶点、共熔点等）、装置（结构、极限真空度、加热方式、降温速率、干燥室容积等）、装料方式等。但其工艺流程基本包含 5 大部分：预处理、预冻、升华干燥、解吸干燥和后处理。

图 8-12 所示为食品真空冷冻干燥工艺流程，不同食品的真空冷冻干燥工艺各有不同。对每一种食品物料来说，测定出共晶点温度、热导率、孔隙率等、建立冻干过程传热传质数学模型、给出真空冷冻干燥工艺曲线和确定最佳工艺条件是确保真空冷冻干燥产品质量的重要保证。

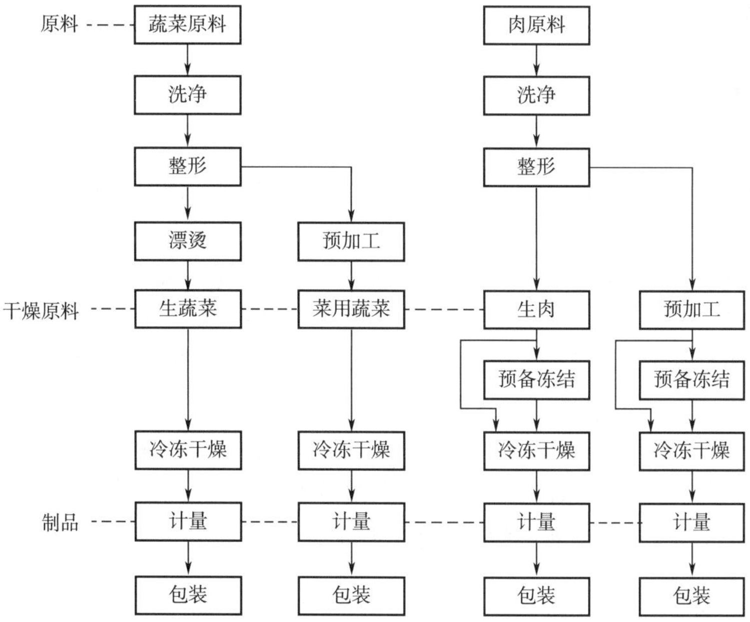


图 8-12　食品真空冷冻干燥工艺流程

### （一）预处理

预处理指在冻结前对物料进行必要的物理和化学处理，主要包括：清洗、分级、切分、漂烫、杀菌、添加抗氧化等反应制剂、浓缩等。

对果蔬类食品预处理的主要目的是减少其营养成分和色、香、味在加工、贮运过程中的损失并利于其传热与传质。冷冻干燥过程中的低温无氧环境，能够有效抑制干燥过程中的酶促反应，使干燥后的产品与新鲜产品更为接近。然而，低温无氧环境无法完全杀灭酶类，当干燥产品在室温、有氧等环境中贮藏及销售时，被抑制的酶类可重新发挥作用，使产品出现变色、变味和营养损失等现象。因此需要通过漂烫等预处理在冷冻干燥前钝化果蔬中的酶，同时漂烫还能除去部分水分和气体、软化细胞组织，使水分在冷冻干燥时易于扩散。除此以外，切分成型也是预处理工艺中的主要内容，尺寸大小和切分形状应促进冷冻干燥的传热与传质、符合消费者食用习惯、利于包装贮运等。

对于肉类、鱼类食品的预处理主要有剔除肥膘、切分、蒸煮和添加必要的抗氧化剂等。肉类脂肪极易氧化，尤其是在冷冻干燥后，其自由表面积可增大 100~150 倍，使脂肪颗粒充分暴露在有氧环境中，加速了腐败变质，并且更容易产生异味和变色。因此，为减少脂肪、蛋白质和色素氧化，可适量添加抗氧化剂。同样，为减少糖类引起的褐变，可适当添加葡萄糖氧化酶等进行改善。

针对果汁、咖啡、蔬菜汁、调味汁等液体食品，预处理主要有杀菌、浓缩、制粒，添加各种抗氧化剂、抗结块剂等制剂。

### （二）冷冻干燥

真空冷冻干燥过程就是将需要干燥的物料在低温下先行冻结至共晶点以下，使物料中的水分变成固态冰，然后在适当的真空环境下进行冰晶升华干燥，待升华结束后再进行解吸干燥，除去部分结合水，从而获得干燥的产品。冷冻干燥阶段主要包括预冻、升华干燥和解吸干燥三个步骤。

1. 预冻

降温速率和冻结温度对食品质量及冷冻干燥速率的影响非常大。预冻方式可分为利用冻结装置中的冷源将食品冻结的预冻和靠食品在中控中自身蒸发吸热冻结的蒸发自冻结两种。液体食品常采用预冻方式，这样可以防止在真空状态下的液体飞溅，而固体食品则是两种方式均可采用。

快速冻结可获得均匀致密的干制品，其细胞膜和蛋白质受破坏小、复水后食品弹性好、持水力强，但干燥中水蒸气扩散阻力大。而慢速冻结形成的冰晶大、细胞膜和蛋白质受破坏大、部分结合水游离结晶、复水后产品差异较大，但慢速冻结常应用于咖啡生产中以获得深褐色的产品。

2. 干燥

在升华干燥阶段应尽量确保供给升华界面的热量近似于升华所需的热量，进而保证冻结层不融化、干燥层不塌陷。在解吸干燥阶段则应保证食品不塌陷、不焦化并有合适的最终剩余水分。

### （三）后处理

后处理主要包括包装与贮藏两方面。虽然食品的含水率在冷冻干燥后很低，但在酶钝化不彻底的情况下仍会发生酶促反应。同时，多孔疏松结构使食品极易吸湿和氧化，从而出现结块、塌陷、变色等现象。因此，冷冻干燥食品的包装和贮藏是非常重要的生产环节。

## 二、真空冷冻干燥产品的质量标准及控制

### （一）真空冷冻干燥产品的质量标准

目前冷冻干燥食品尚无国家标准，也缺乏可参照的国际标准，常见的行业推荐检测项目及指标如下。

（1）感官评价　应有该品种原料的色泽；应有该品种的香味或熟制后的香味；粒度应按具体要求而定，其中粉末≤2%。

（2）水分　含量≤5%。

（3）不得检出非原料或其裂解物的夹杂物。

（4）微生物　细菌总数≤500 个/g；大肠菌群≤10 个/g；致病菌不得检出。

（5）重金属　砷含量≤1mg/kg；铅含量≤2mg/kg；铜含量≤60mg/kg。

（6）装量不低于标示量。

### （二）真空冷冻干燥产品的质量控制

真空冷冻干燥产品的质量控制普遍遵循食品“良好生产规范”（GMP）标准。它不仅对物料质量有严格要求，对厂家、关键工序也是如此，因此在真空冷冻干燥实施过程中要求有合格、称职的技术人员。此外，它对工厂的硬件也有具体要求。

## 三、果蔬干燥

### （一）草莓

草莓是具有较高经济价值的水果之一，具有成熟早、产量高、口感好、上市集中的优势。但草莓果实柔软多汁，不耐贮藏，因此常使用真空冷冻干燥技术加工，延长其贮运期。

（1）工艺流程　原料选择→挑选→清洗→预冻→冷冻干燥→包装。

（2）操作要点　①预处理：挑选体积大小一致、品种相同、没有腐烂虫咬的新鲜草莓，放入水中漂洗后捞出沥干；②预冻：在-20℃下慢冻 2.5 h 使其冻结，冻结速率约为 0.3℃/min；③冷冻干燥工艺参数：在温度为 30~40℃、真空度为 30~100Pa 的条件下真空冷冻干燥 16h；④冻干的草莓内部呈多孔海绵状，采用硬塑料盒真空充气包装，保持其形状和水分。

### （二）竹笋

竹笋是我国传统蔬菜之一，富含碳水化合物、蛋白质、膳食纤维、矿质元素和维生素等多种营养成分，深受消费者喜爱。我国竹资源丰富，可食用竹笋种类约有 200 种。竹笋除鲜食外，还可加工成水煮笋、调味笋、笋干等产品。新鲜竹笋水分多，易老化和腐烂变质，因此常加工为笋干以减少水分含量，方便运输，延长保质期。

（1）工艺流程　原料选择→剥壳→挑选→清洗→切分→护色→杀青灭酶→预冻→冷冻干燥→计量→充氮包装→成品入库。

（2）操作要点　①预处理：选择新鲜无发热发汗、无病害的新鲜竹笋放入阴凉处，及时剥壳。用水冲洗竹笋表面泥沙等，按工艺要求进行切分。采用无硫护色技术，将切分后的竹笋放入天然护色溶液中浸泡 2~3min 后滤干表面水分。在 2g/L 的柠檬酸溶液中进行漂烫，漂烫后及时冷却；②预冻：在-30℃下快速冻结成固态后，放入-18℃的急冻库中速冻 30min；③冷冻干

燥工艺参数：在温度为45℃，真空度为60~65Pa的条件下真空冷冻干燥；④在密闭、少尘埃的洁净区进行卸料，室内相对湿度在50%以下，温度为22~25℃。按规格称重计量，充氮气包装后入库。

## 四、食用菌干燥

### （一）香菇

香菇是我国的珍贵食用菌，被誉为“蘑菇皇后”，它不仅风味独特、香气浓郁，而且营养丰富。新鲜香菇含水率高、质地柔嫩、采后生理生化活动剧烈，因此可采用冷冻干燥技术进行干制以提高其贮存期。同时，干制后的香菇还可以进一步制粉，使其用途得到极大的丰富。

（1）工艺流程 原料选择→漂烫→切片→预冻→冷冻干燥→包装。

（2）操作要点 ①预处理：新鲜香菇采摘后按分级标准进行分级验收，而后进行放褐变处理，可进行漂烫或在柠檬酸/亚硫酸钠溶液中浸泡2min后沥干，切成约6mm厚的薄片；②预冻：在-30℃下冷冻90min使其冻结，冻结速率约为1℃/min；③冷冻干燥工艺参数：在温度-25~-20℃、真空度为30~60Pa的条件下升华干燥4~5h，之后在温度为-20~45℃、真空度为10Pa的条件下解吸干燥8~9h；④冻干香菇的粉碎、包装应在相对湿度为30%~40%、温度25℃下进行。冻干香菇的含水率应控制在5%以下，选择透气性差、强度高、颜色深的包装材料。

### （二）松茸

松茸即松口蘑，是世界上最名贵的野生食用菌之一，也是一种可与多种树木根系共生的菌根真菌。松茸富含蛋白质、脂肪、维生素和多种氨基酸。因此，它具有极高的食用价值和保健功效。但松茸采后极易变质，给保鲜带来了很大困难。将松茸制成冻干产品，可延长其保鲜期，有助于贮运和后期精深加工。

（1）工艺流程 原料选择→清洗→风干→切片→预冻→冷冻干燥→包装。

（2）操作要点 ①预处理：在温度2~8℃、相对湿度50%~70%的条件下将松茸洗净，之后再在风速为3~5m/s、温度为40~50℃的空气中放置30~60s，使其表面干燥，接着再将其切成6mm厚的薄片；②预冻：在-60~-30℃下快速冷冻使其冻结；③冷冻干燥工艺参数：在温度为40~50℃、真空度为53~78Pa的条件下真空冷冻干燥12h；④制备所得的松茸片不萎缩，香味损失在10%以内，用水浸泡后能马上恢复原态且仍能保持固有香味。

## 五、海产品干燥

我国的名贵海产品加工制品，如干贝、海参、鱼翅、海米等，几乎都是采用干制方法制成的。采用传统自然风干或人工热风干燥加工时，水溶性及热敏性等营养活性物质易损失。此外，制品的体积严重缩小，复水较难，还极易出现表面结壳龟裂、脂肪氧化，导致产品表面出现变色等质量缺陷，影响产品质量的均一性和耐藏性。采用真空冷冻技术可保证制成品品质均一，改善外观和内在品质，提高经济效益。

### （一）海参

目前国内的海参制品主要有海参鲜品、传统海参干品、深加工的海参食品。冷冻干燥后的海参含水率极低，不需要任何添加剂和防腐剂就可维持较长的保质期。此外，冷冻干燥还能保持海参原有的性状，使其物理形态大而饱满，复水容易。而且海参的高附加值可以弥补冷冻干燥生产成本高的缺点，因此冷冻干燥被公认为目前最好的海参加工方法。

（1）工艺流程 原料选择→去内脏、清洗→预冻→冷冻干燥→包装。

（2）操作要点 ①预处理：鲜参首先要进行去内脏、清洗等前处理。②预冻：将海参置于-25℃进行预冻结；③冷冻干燥工艺参数：将冷阱温度预冷至-31～-29℃，放入预冻结的海参，启动真空装置，当干燥仓的真空值达到10～20Pa时，开始加热并保持物料最高温度不超过60℃；④冷冻干燥的海参经复水后，口感与水发海参相同，且能保持海参的营养、色泽和形状。

### （二）牡蛎

牡蛎是我国目前产量最大的经济贝类，它营养丰富、味道鲜美，是优质的海洋蛋白质。我国牡蛎除鲜活销售外，也有部分被加工为干制品、蚝油和牡蛎罐头等食品。传统的牡蛎干制方式虽然成本低，但干燥时间长、干燥条件难以控制、制作方式粗放、产品易受致病菌污染，且品质较差，附加值低。真空冷冻干燥技术特别适用于热敏性高和易氧化食品的干制，因此在牡蛎干制中也得到了广泛应用。

（1）工艺流程 原料选择→去壳洗净→牡蛎肉→清洗→烫漂→预冻→冷冻干燥→包装。

（2）操作要点 ①预处理：鲜活带壳牡蛎的外壳及肉上附有许多泥沙、黏液及微生物，首先应剥去壳，将肉放在洁净容器中，加入清水轻轻搅拌洗净，之后放入约50℃的热水中烫漂1min；②预冻：在-40～-30℃下快速冷冻约2h使其冻结；③冷冻干燥工艺参数：当冷阱温度达到-40℃，在温度100～120℃，真空度为20～30Pa的条件下冷冻干燥约15h；④牡蛎经冻干后形成海绵团状结构，其空隙致密且体积、形状基本无变化。复水后在外观上与鲜牡蛎相似，质地和风味也都不变。

## 六、药食同源类产品干燥

中药材在晾晒、风干以及饮片炮制等加工过程中，其含有的植物蛋白、微生物、挥发油等有效成分会受到破坏。因此，真空冷冻干燥技术在一些名贵中药材，如人参、枸杞、鹿茸、三七等药材的生产中开始得到广泛应用以保证饮片原有的生物活性和药物效力，解决服用难、药物在体内吸收差等问题。

### （一）人参

人参是一种名贵药材，具有极高的营养、药用和经济价值。我国人参种植面积和总产量均为世界最高，但成品质量欠佳，在国际市场上缺乏竞争力，除栽培、管理等因素外，产后干燥加工技术落后也是一个重要的制约因素。人参内部结构紧密，鲜参的水分含量高且外部皮层较厚，因此干燥周期长，如遇阴雨天，大批鲜参极易霉烂变质。近年来，应用冷冻干燥技术对人参进行干制，不仅形、色、气、味明显优于晒参和红参（晒参与红参相似，是人参经过蒸制、晾晒、烘干等工序的加工品），生物性状和组织中的内容物也都保持得较为完整，有效成分含量高，故应用冷冻干燥技术加工的人参也有“活性参”的美称。

（1）工艺流程 原料选择→洗刷→分级→整形→切片→预冻→冷冻干燥→计量→包装。

（2）操作要点 ①预处理：将收获后的鲜参用冷水迅速洗刷干净，以最大限度减少药效成分的流失，然后进行分级、整形、称重，并将人参切成3mm厚的薄片；②预冻：在-30~-20℃下降温预冻结；③冷冻干燥工艺参数：在温度为45~50℃、真空度为80~100Pa的条件下进行冷冻干燥；④将冻干参用蒸馏水打潮后包装入库。人参经过干燥后，支根及须根含水量少，易折断，因此需略微打潮软化。

### （二）枸杞色素粉

枸杞是我国传统名贵中药材，具有提高机体免疫力、抗衰老、降血糖、降血脂等功效。枸杞色素是存在于枸杞浆果中的各种呈色物质的总称，主要由类胡萝卜素和其他有色物质组成，是枸杞中重要的生理活性成分之一。利用离心和超滤技术分离枸杞鲜果色素，再经冷冻干燥制成的枸杞色素粗粉，可作为食品和化妆品添加剂，具有广阔的开发前景。

（1）工艺流程　枸杞鲜果→清洗→榨汁→均质→脱气→灭菌→冷却→酶处理→冷却→离心→浸膏状枸杞色素→清洗消毒→预冻→冷冻干燥→干品粉碎→包装。

（2）操作要点　①预处理：利用离心和超滤等技术分离枸杞鲜果色素并清洗消毒；②预冻：在-30℃下降温预冻结，冻结速率约0.2℃/min；③冷冻干燥工艺参数：在温度40~50℃、真空度30~45Pa的条件下进行冷冻干燥18~20h；④枸杞色素粉具有吸湿性强、易潮解、易氧化的特性，因此包装材料应选择不透明、防潮性好的材料，如复合铝箔膜等。此外，包装环境要清洁，温度要低于25℃，湿度要小于50%，最好采用真空包装或真空充氮包装。

## 思考题

1. 简述真空冷冻干燥的原理。

2. 真空冷冻干燥技术加工农特产品有哪些特点和优势？

3. 牛排密度$\rho$=965kg/m$^3$，厚度$L$=2.54cm，初始含水率75%，冷冻干燥后剩余水分4%，干燥室气体温度26.7℃，真空度66.65Pa，多孔干燥层热导率$\lambda_d$=0.0692W/（m·K），将牛排作为大平板考虑，并且两面为均匀对称干燥。干燥箱气体与多孔干燥层表面的对流换热热阻近似为3mm厚水蒸气的导热热阻［水蒸气层热导率$\lambda_d$=0.0235W/（m·K）］。请计算冷冻干燥所需要的时间。

4. 简述真空冷冻干燥装置的结构及其性能特点。

5. 简述真空冷冻干燥工艺对干燥产品的影响。

6. 找出身边存在的冷冻干燥食品或农特产品，分析其可能应用的干燥工艺。

# 第九章 真空脉动干燥技术

CHAPTER 9

[学习目标]

1. 理解真空脉动的基本原理与特点。
2. 掌握真空脉动干燥的形式及发展现状。
3. 熟练掌握真空脉动干燥所涉及参数的计算方法。
4. 明确真空脉动干燥对农特产品品质的影响。

## 第一节 概述

真空脉动干燥是近年来新兴的干燥技术，干燥室内压力（常压与真空状态往复循环）在干燥过程中呈周期性变化，不仅能改变物料的超微结构，增加水分迁移孔道，还能打破物料表面水蒸气分压与干燥室内水蒸气分压的平衡状态，促进水分的迁移扩散。真空脉动对表皮有蜡质层覆盖、高糖分、易褐变的枸杞、葡萄等小浆果的干燥具有明显优势；而且干燥过程处于真空低氧环境，在柠檬片、山药等易褐变类物料的干燥上效果显著；真空脉动还被应用于红枣脆片、茯苓丁等的干燥，具有干燥速率快、品质好的优点。

本章主要讲述真空脉动干燥技术的原理、装置及其在农特产品加工中的典型应用和未来的发展趋势。

真空脉动干燥技术在干燥过程中（图 9-1）进行周期性循环升压降压，直至达到目标含水率。进行干燥时，将新鲜物料放置于密闭的干燥室内通过真空泵的开闭，控制干燥室内压力的变化，使物料处于真空与常压交替循环的干燥环境中，直到干燥结束。真空脉动干燥的一个压力循环周期包括抽真空阶段（图 9-1①）、真空保持阶段（图 9-1②）、破空阶段（图 9-1③）和常压保持阶段（图 9-1④）。将物料置于干燥室后，干燥室在常压状态下经过抽真空阶段进入真空保持阶段。经过一定的真空保持时间 $t_v$ 后，由破空阶段进入常压保持阶段；经过设定时间 $t_a$ 后，再进入真空阶段，如此往复循环，使新鲜物料完成传热传质过程。其中，常压阶段的干燥室压强与大气压一致，真空阶段的压强要求在 5~10kPa 内，真空保持时间与常压保持时间之比为脉动比。

真空脉动干燥具有较高干燥速率和良好干燥品质的原理主要来自以下几个方面。

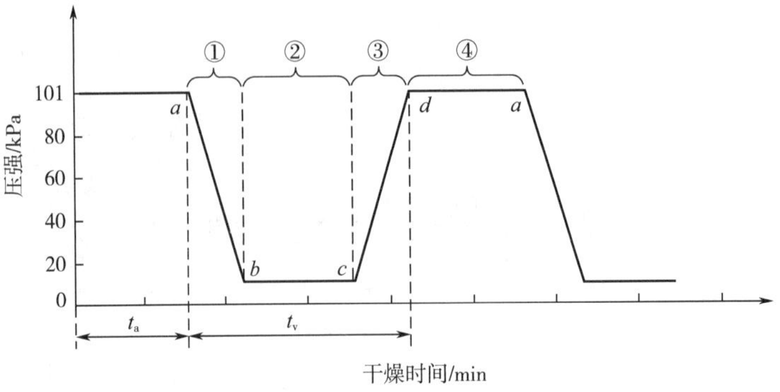


图 9-1　真空脉动干燥过程中干燥室压力变化

（1）真空-常压脉动交替循环能够打破物料表面与干燥介质之间的水蒸气分压平衡状态，促进水分从物料表面向干燥介质迁移扩散。物料之所以能够被干燥是因为物料表面的水蒸气分压大于干燥环境中的水蒸气分压，即二者存在压力梯度，而且干燥速率与压力梯度的大小成正比。若干燥介质中的水蒸气饱和，将不存在压力梯度，此时干燥过程处于停滞状态，所以应设法将物料表面蒸发的水分及时排出以维持一定的压力梯度。为此，人们在干燥装置中增加了抽真空装置来维持干燥物料表面和干燥介质之间的压力梯度，以提高干燥速率，这就是真空干燥的原理。但干燥室如果一直处于一个稳定的真空状态，物料在干燥到一定程度和时间后，就会出现物料表层水蒸气分压与干燥介质水蒸气分压平衡的现象，极大降低了物料干燥速率。而真空脉动则会打破这种平衡并促进水分从物料表面向干燥介质迁移扩散。与真空干燥相比，真空脉动干燥能大幅提高干燥速率，缩短干燥时间，降低干燥能耗，减少干燥成本。

（2）真空-常压脉动的交替循环使物料超微结构发生改变，促进了水分迁移孔道的挤压与扩张，有利于水分的扩散。谢（Xie）等采用扫描电镜对干后枸杞的表皮微观组织结构进行了观察，由图 9-2 可以看出，自然晾干的枸杞表皮有清晰的细胞组织结构以及蜡质层薄膜碎片；热风干燥的枸杞表皮比较平滑，蜡质层呈条索状排布；真空脉动干燥的枸杞内外表皮有裂缝和细纹产生，同时在内表皮可以观察到更多的微孔道。果蔬中的水绝大部分是以自由水的形式贮藏在液泡中，干燥过程中自由水的脱除需要穿过液泡膜、细胞膜和细胞壁的结构屏障。在干燥初始阶段，干燥并不会破坏细胞，细胞整体保持着完整的结构。随着干燥的进行，在热力胁迫和真空-常压交替切换的脉动压力的作用下，细胞壁果胶等大分子多糖会发生降解和解聚，进而破坏细胞结构的完整性，液泡膜、细胞膜和细胞壁的结构屏障被打破。这使得自由水能更容易地穿过细胞膜和细胞壁的结构屏障并进入细胞间隙，有助于水分的迁移扩散和蒸发。刘（Liu）等采用环境扫描电镜观察蓝莓表皮的蜡质层在干燥过程中的变化，采用透射电镜观测蓝莓表皮细胞超微结构的变化，采用低场核磁共振和磁共振成像技术分析蓝莓干燥过程中含水率、状态以及空间分布的变化（图 9-3）。研究发现，真空脉动干燥改变了蓝莓表皮的蜡质层结构和果皮细胞的超微组织结构，使其表面产生微裂纹，为干燥中后期水分的扩散迁移提供了更多路径；常压与真空在干燥过程中的持续交替变化改变了蓝莓中水分的分布，为提高干燥速率创造了条件。

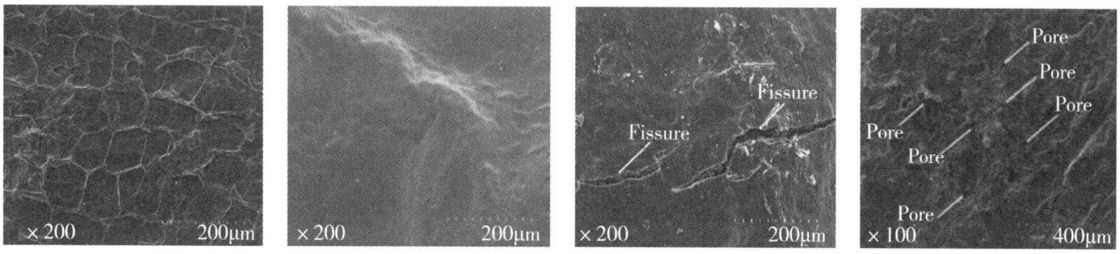


图 9-2 枸杞在不同干燥方式下的表面微观结构图

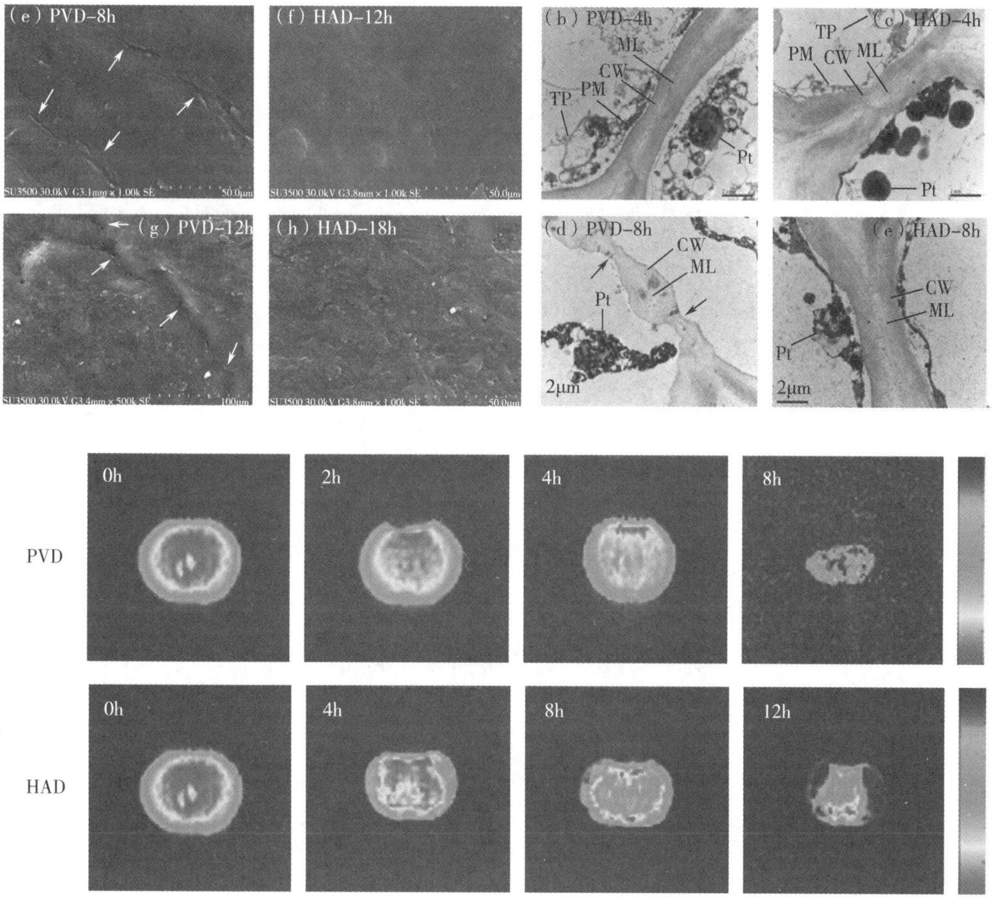


图 9-3 蓝莓表皮超微结构与水分空间分布在真空脉动和热风干燥过程中的变化

PVD，真空脉动干燥；HAD，热风干燥。

（3）真空脉动干燥大部分时间是处在真空负压和低温环境下，基本隔绝空气，有效抑制了热敏性物质的生物、化学反应，使物料中的营养成分和活性物质能够得到良好保存。水的沸点与环境压力成正比，随着环境压力的降低，水的沸点也会降低。在具有相同传热条件的真空环境下，物料内部的水分会更快达到沸点，从而促进物料内部水分的汽化，提高了干燥效率。与热风干燥相比，真空脉动可在较低温度下对物料进行干燥。此外，真空脉动的干燥速率快，缩短了干燥时间，从而减少了产品品质在干燥过程中的劣变。

葡萄等果蔬含有丰富的酚类物质，但该物质在干燥过程中易发生褐变。过去常采用熏硫处理的方法护色，但这会造成产品的硫含量超标。硫含量超标的食品容易破坏肠道菌群的稳定性，诱发呼吸哮喘等疾病，威胁消费者健康。真空脉动干燥使物料在大部分时间内都处于真空低氧环境，有效抑制了产品在干燥过程中的褐变反应。图 9-4 所示是真空脉动干燥的葡萄干，呈黄绿色或琥珀色。刘（Liu）等采用真空脉动干燥和热风干燥对蓝莓进行干燥试验，前者的干燥条件是真空保持 15min、常压保持 4min、干燥温度 65℃；后者的条件为干燥温度 65℃、风速 3m/s。采用化学方法测定不同干燥条件下的蓝莓总酚含量、花青素含量发现：与处于相同温度的热风干燥相比，真空脉动能够缩短约 35%的干燥时间，而且真空脉动干燥的蓝莓总酚和花青素含量分别是热风干燥的 3.20 倍、2.11 倍。

图 9-4　真空脉动干燥的葡萄干

# 第二节　真空脉动干燥装置

## 一、基于水循环的滚筒式真空脉动干燥装置

食品、生物制品和药品中的水主要以游离水、胶体结合水和化合水这 3 种状态存在。其中，游离水所占比例最大，流动性强，易从表面蒸发，也能借助毛细管作用从内向外迁移，只需较低温度和较少能量就能将其除去；胶体结合水是胶体的水合与吸附作用的结果，围绕胶粒形成一层水膜，水分和原料结合成胶体状态，这部分水需要较高的温度才能除去；化合水则存在于物料的化学物质分子结构中，干燥无法将其去除。但传统的干燥机在完整的干燥过程中往往是使用一个干燥温度或者真空度进行干燥，造成了品质差、能耗高等问题。为解决上述问题，高振江、肖红伟等发明了一种滚筒式真空脉动变温干燥方法。在滚筒干燥技术的基础上结合了脉动式真空技术，而且随着真空度的脉动变化，加热循环装置的温度也是变化的。滚筒的转速为 10~100r/min，干燥室压力在常压与真空（真空度 0.090~0.097MPa）之间变化，加热介质的温度在 20~80℃内随物料的干燥状态变化。上述装置的密闭圆形滚筒干燥室沿径向分为 1~5 个小干燥室，每个干燥室在滚筒的中心都与脉动式真空装置连接。干燥时，每个小干燥室中的物料能够随着滚筒的旋转不断滚动，保证了物料受热的均匀性。

密闭圆形滚筒干燥室的外表面有个螺旋状的加热介质环，该环的一端为加热介质的入口，另一端为出口。该滚筒的干燥装置包括密闭的圆形滚筒干燥室、电机传动装置和机架；加热循环装置包括加热器装置、压力泵、加热介质及加热介质进出管道、加热介质环、三通旋转接头；脉动式真空装置包括真空泵、真空抽排气管道、卸压真空电磁阀、控制电磁阀，真空抽排气管道将真空泵、电磁流量阀、负压传感器、控制电磁阀、卸压真空电磁阀连接起来；控制装置包括负压传感器、用于控制真空度的电磁流量阀。滚筒真空脉动干燥机的优点是：接触式传热能较好地解决传统真空干燥热量传递困难与干燥不均匀的问题，而且分割的小干燥室使得传热更加均匀。

如图 9-5 所示，水循环滚筒式真空脉动变温干燥装置的具体工作流程，以干燥胡萝卜丁为例：①将一定量的（最大装料量为干燥室体积的 40%）切成正方体状的胡萝卜丁（含水率约为 90%湿基）通过进料口放入干燥室 1 内；②设定加热介质温度为 65℃，循环介质的进出口温度差约为 5℃，开启压力泵 9，加热介质开始循环；③设置脉动压工作装置的脉动周期，即真空度为 0.095MPa，保持该真空度 15min；然后变为常压保持 1min（真空度的保持由控制真空度的电磁流量阀和负压传感器通过控制器实现控制，改变真空度由控制器中的时钟开关和卸压真空电磁阀，控制电磁阀通过控制器实现控制）；④开启电机驱动装置并将转速设定为 20r/min。通过 3h 的干燥后，物料的含水率达到 8%，与传统的热风干燥相比，物料的色泽呈橘红色更加鲜艳，而且经试验测试其干燥的胡萝卜丁复水率比传统热风干燥高出约 30%（图 9-6）。

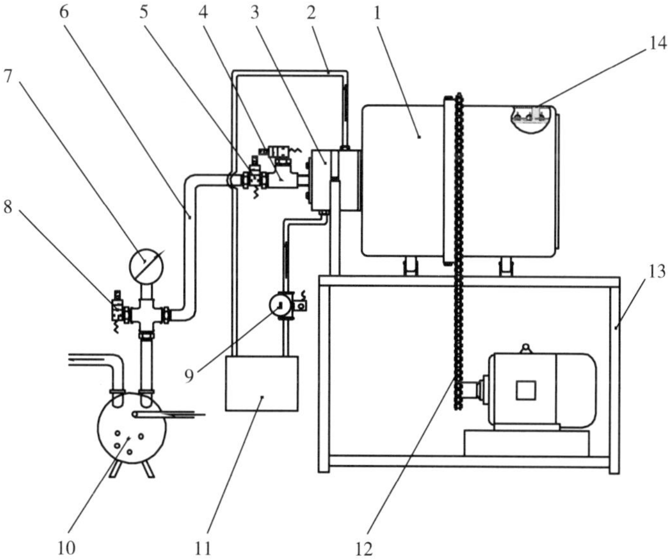


图 9-5　水循环滚筒式真空脉动变温干燥装置

1—圆形滚筒干燥室；2—加热介质及加热介质进出管道；3—三通旋转接头；4—卸压真空电磁阀；5—控制电磁阀；6—真空抽排气管道；7—负压传感器；8—控制真空度的电磁流量阀；9—压力泵；10—脉动式真空装置包括真空泵；11—加热循环装置包括加热器装置；12—电机传动装置；13—机架；14—螺旋状的加热介质环。

图 9-6　水循环滚筒式真空脉动变温干燥装置干燥的胡萝卜丁

对于在干燥过程中翻滚碰撞易导致破损（碎）的物料，滚筒式真空脉动干燥装置的应用受到了限制，因此需要采用平板式，干燥过程中将物料静置于加热平板，来实现脱水干燥，以避免物料因翻滚碰撞造成破损。此外，采用水（或导热油）循环的方式作为干燥热源的真空脉动干燥装置，突出存在如下缺点。

(1) 需焊接复杂的管路，装置成本高。为提高传热效率，加热部分往往采用迷宫式走水(油)，焊缝多，易漏水，更由于其应用于真空环境中，易漏真空，显著提升了装置的加工难度。同时，装置还需配套热水箱、热水泵等附件，增加了干燥装置的附加成本。

(2) 能耗高。要完成加热介质循环，加热介质需要达到一定量，仅将其加热就需耗费大量的能量；加热介质在复杂的管路中循环，存在大量的水头损失；并为加热均匀，供热充分，热水循环泵需连续运行，增加了干燥的附加运行能耗；同时，当一批物料干燥结束，未连续进行下批物料的干燥操作时，加热介质中蕴含的大量热量又会流失和浪费。

(3) 加热介质循环管路装置，易结垢、难清洗、怕堵塞，一旦出现故障，都需要将复杂管路中的加热介质倒出后更换维修，维护十分不便。

(4) 不利于加热温度的动态调控。采用变温干燥，有利于提高干燥效率和保证产品质量，但加热介质热容大，质量高，升温速率有限，且降温更为缓慢，不符合对干燥过程进行快速动态调整的新型工艺要求。同时，加热介质升温缓慢，还导致了干燥前期预热时间长，影响了干燥过程的整体效率。

可见，如能设计新型结构，采用清洁能源，简化加热装置，将有效降低现有真空脉动变温干燥装置的制造、维护和使用成本。

## 二、基于电加热的平板式真空脉动干燥装置

现有技术中存在铸造电加热板，其是以管状电热元件为发热体，弯曲成型，进入模具后，使用金属合金材料，通过浇铸加工成一体的电加热板。由于浇铸所用金属材料具有良好的导热性能，所以铸造加热板的显著特点是加热板表面温度均匀，但其也存在制造依赖专用装置，加工工艺复杂，价格高，对于多层加热的干燥装置而言，成本更高，不利于显著降低装置的成本。

热量是物料水分脱除的基本驱动力，目前，真空脉动干燥技术，物料加热以热传导为

主，而传热效果的好坏，会极大影响真空脉动干燥的效率和产品的质量。目前，干燥料盘多采用金属材料制作，厚度为1.0~1.5mm，而往往由于其薄壁结构且面积较大，料盘难以制造得完全平整，导致料盘与加热面间贴合不紧，导热热阻大；同时，干燥过程中较大的温度变化范围（温升幅度达20~60℃）以及使用过程中难以避免的碰撞，也会使硬质的金属料盘产生翘曲、凹凸等情况，产生区域接触不良、点状导热等现象，导致干燥供热不足、供热不均，影响干燥效率，并产生物料干燥不均匀的问题。

为了克服现有真空脉动干燥技术存在的问题，肖红伟等发明了基于电加热的平板式真空脉动干燥装置，如图9-7所示。该装置具有多层结构的料层支架，其上分层安装特制的电加热板，在干燥时使用食品级，导热软质材料制作干燥料盘，并使用专门的料盘铲来装卸料盘。所采用电加热板，显著降低了装置的制造、使用和维护难度，能有效降低干燥能耗，并且相比于现有铸制电热板，具有加工工艺简单，制造工艺简单，不需依赖专用装置，价格低，安装及维护更换方便的优点；加热料盘采用导热、软质、薄壁的食品级材料制成，放置在电加热板上时，料盘底部会自由下塌，以紧密地与加热板接触，有效改善以往采用硬质金属制造料盘时，由于料盘难以避免的不平整或凸凹，所造成的接触热阻大、接触不良、供热不足及不均匀，并由此导致的干燥效率低、干燥不均匀等问题；采用特制料铲装卸料装置，克服了大面积软质料盘不好移动、装卸的问题。

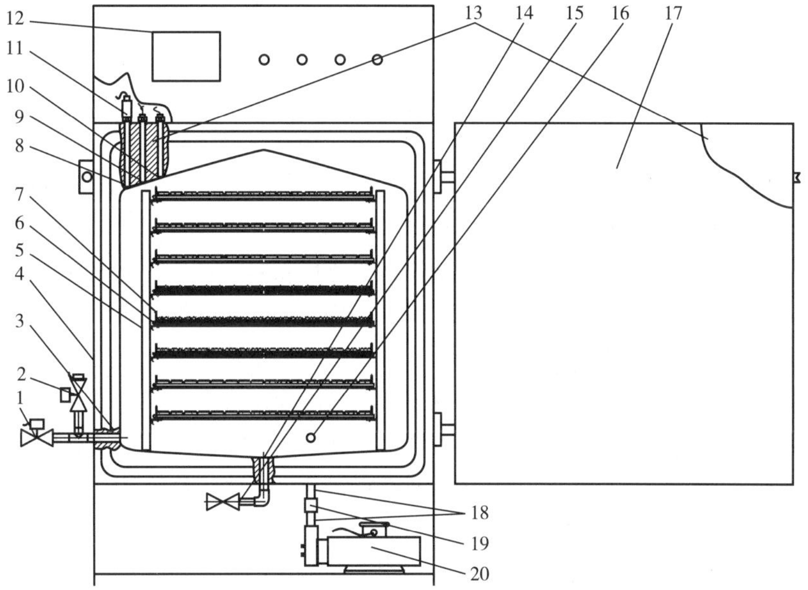


图9-7　基于电加热的平板式真空脉动干燥装置

1—泄压电磁阀；2—微孔调压电磁阀；3—泄压孔；4—机箱；5—料层支架；6—电加热板；7—料盘；8—真空传感器孔；9—加热板供电孔；10—温度传感器导线孔；11—真空传感器；12—人机界面；13—保温材料；14—排水孔；15—排水阀；16—抽气孔；17—箱门；18—真空管路；19—单向止回阀；20—真空泵。

## （二）基于电加热的平板式真空脉动干燥多参数监控实验平台硬件设计

真空脉动干燥是一个动态的过程，可细分为若干阶段。在不同干燥阶段，脱去水分的性质（游离水、结合水）、干燥速率、物料温度的变化情况会存在明显的阶段性特征。典型的干燥过程可分为升速、恒速及降速干燥阶段，除恒速干燥阶段中的干燥速率可视为不变外，其他阶段的干燥速率一直在变化。不同干燥阶段的运行参数也不同，这就需要结合干燥阶段的特点，对参数进行阶段性调整，这样才能在保证产品品质的前提下，使干燥过程处于效率较高而能耗较低的状态。传统干燥过程常采用单一固定工艺，没有充分考虑物料在不同干燥阶段所具有的不同干燥特性问题，干燥工艺粗放，导致干燥装置低效运行、干燥时间长、能耗高。

工艺优化需从干燥过程的传热传质角度出发，干燥装置只有与适宜的工艺相结合才能发挥高效能。所以干燥工艺优化既是干燥研究的热点，又是真空脉动干燥研究的重要内容。在以往的工艺优化中，主要考虑的因素有加热温度、真空保持时间及常压保持时间。优化方式是基于试验设计方法，采用 3 个因素的不同水平组合，进行工艺优化试验，试验次数多、周期长，且具有一定的盲目性。若能通过准确科学的方法对真空脉动干燥传热传质过程进行分析，深入理解真空脉动干燥的机制和阶段性特征，则能更好地优化干燥工艺。

目前，国内真空脉动干燥装置的控制装置以 51 单片机为控制核心，利用机械式按键进行参数输入，并以发光二极管（LED）数码管进行状态显示。该装置存在操作不便、显示信息量少、数据处理能力有限、不能对干燥过程中的大量数据进行存储、不利于物料干燥过程分析、难以实践新型控制理论的问题。此外，在功能上，真空脉动干燥装置还存在如下突出问题。

（1）不具备干燥过程物料质量及含水率的在线监测技术　含水率在很多情况下是干燥产品的重要指标，它会影响产品贮藏的稳定性、色泽、口感及其他许多方面，所以干燥含水率的在线检测技术一直以来都是干燥研究领域的热点。目前，物料含水率的在线检测方法主要有电阻法、电容法、微波法及自动称量法。前 3 种方法均是基于物料含水率与相应电特性信号间的关系，以完成物料含水率的快速检测。但该类装置检测物料的针对性强，且多用于谷物等低含水率物料的在线检测。自动称量法则是通过测定干燥过程中物料质量的变化，对物料含水率进行分析。对于含水率高、加工品种繁多的果蔬、中草药的干燥，适宜采用通用性好、精度高的自动称量法，而且能够表征物料的实时脱水情况。目前，用于果蔬和中草药类农特产品的真空脉动干燥技术尚不具备在线检测物料质量及含水率的功能。而采用人工取样称重来计算含水率的方法存在劳动强度大、称量间隔长（0.5~1.0h）、实时性差等问题。在线自动称量不但可以克服上述缺点，还方便监控物料的干燥情况以保证产品品质。因此，开发真空脉动干燥物料质量及含水率的在线检测技术是十分必要的。

（2）不具备实时物料内部温度检测功能　物料内部温度的变化情况是干燥过程传热传质分析的重要内容。在由冷冻干燥机改装而来的真空脉动干燥机的基础上，白竣文利用温度传感器首次研究了葡萄在真空脉动干燥过程中的温度变化情况，并得出了很多有益的结论。但其采用的探头有着尺寸大、采样周期长、软件无法二次开发等缺陷。此外，绝大多数真空脉动干燥装置基本不具备检测物料内部温度的功能，影响了物料内部温度的研究和干燥过程的优化。当前，真空脉动干燥的研究均集中于干燥温度对干燥速率和产品品质影响的研究上。其中，物料内部温度是物料在干燥时内部水分向蒸发表面迁移的重要动力，它的变化情况更为直接地影响了物料在加工过程中的理化变化，并进一步影响物料的营养成分、外观色泽等。因此，检测物料在干燥过程中的内部温度变化规律有利于保证产品品质，尤其是降低产品中热敏性营养成分的损失。

（3）未进行常压进气状态监测　研究人员发现，使用同一台真空脉动干燥装置在相同干燥条件下对同种物料进行干燥，在夏季的干燥时间会比在秋季延长数小时。造成这种差异的主要原因是：夏季环境温度和湿度较高，而秋季环境温度和湿度较低，进气与常压保持阶段吸入气体的温度、湿度不同，而吸入气体的状态对真空脉动干燥过程有显著影响。因此有必要对吸入气体的温度与湿度进行监测，以研究其对干燥过程的影响，保证干燥试验条件的一致性。

针对上述问题，研制具有多参数监控功能的电加热真空脉动干燥装置，可以为真空脉动干燥技术研究、分析物料在干燥过程中的传热传质变化规律、干燥工艺优化与装备研发提供技术基础。

1. 电加热板设计

用电加热板代替原有水循环加热装置，无复杂的能量传递路径，可极大减少加热装置的能量损耗。新型电热板需导热良好、加热均匀、成本合理。现在市面上销售的电热板可分为不锈钢电加热片及铸造电加热板。前者的中心层为电阻丝且中心层上下敷有绝缘导热的云母层，外包裹不锈钢蒙皮，结构简单、加工方便、厚度较薄，为8~12mm，尺寸灵活可制造成多种形状，如盘状、管状，并且价格低廉。但其存在的缺点有：不锈钢蒙皮的导热系数较一般金属低（不锈钢304的导热系数为16.2W/m）；不锈钢蒙皮在制作时易出现鼓起不平现象，导致加热不均匀。而铸造电加热板是以管状电热元件为发热体并将其弯曲成型送入模具，使用金属合金材料（铜、铁及铝）浇铸、机械加工而成的电加热板。由于浇铸所用金属具有良好的导热性，所以铸造加热板的显著优点就是加热板表面温度均匀。但也存在以下缺点：制造该加热板要依赖专用装置，加工工艺较为复杂，且加工尺寸灵活性差，特殊尺寸需要开模，成本较高；浇铸金属需将管状电热元件完全覆盖，使得电加热板厚度及质量较大，给后续称量传感器的选型带来不便。

综合两种加热板优点，上部分使用纯铝板材，下部分采用不锈钢云母加热板，设计出了新型的价格低廉、加热均匀的电加热板。

如图9-8所示，电加热板包括上层的铝板和下层的电发热部分。铝板厚度为10mm，可保证加热板加热的均匀性；下层电发热部分包括电热丝和云母层，绝缘导热的云母层分别敷设在电热丝的上下表面，电发热部分的上表面紧密贴合铝板，下表面及侧面均由不锈钢蒙皮包裹。铝板、电发热部分及下层蒙皮由沉头铆钉固接成一体，可保证电加热板上表面的平整，并在蒙皮与铝板的结合处进一步使用耐温密封胶密封，起到密封防水的作用。同时，在铝板的侧壁开有传感器孔，用于安装温度传感器来监测电加热板的温度，并通过自行设计的单片机电路板完成加热板的温度监控。该电加热板的导热性能良好、加热温度均匀、铆接工艺简单。相比于现有的铸造加热板，性能相差无几，但成本明显降低。同时，该加热板质量轻、热容小、升降温快，具有较好的温度动态调控性能。

2. 能监控多参数的装置硬件设计

选用信息处理能力强、人机交互性能好的主控单元，设计单片机电路板完成数据采集。因装置要求的功能和涉及的器件较多，拟采用搭建控制器网络的方式来构建监控装置平台。采用模块化设计理念，对需要实现的功能进行拆分，将各功能部件均挂接在通信总线上。以通信方式将这些电路板与主机连接起来，实现装置整合。当装置功能需要进一步拓展时，通过在通信总线上增加电路板数量的方式即可完成扩展，可有效降低多任务时装置设计的难度，具有扩展

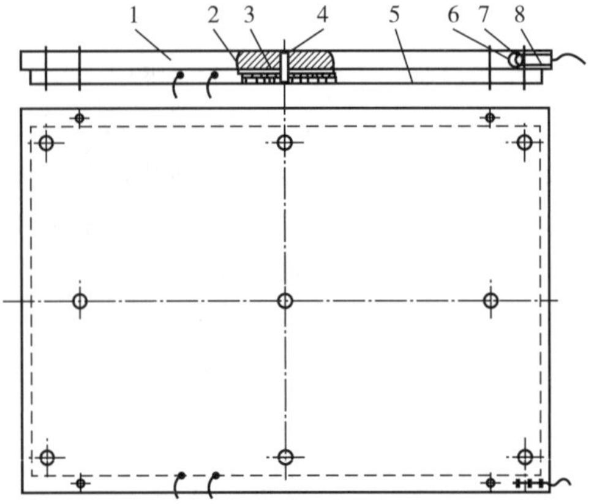


图 9-8 电热板结构示意图

1—铝板；2—电热丝；3—云母层；4—沉头铆钉；5—不锈钢蒙皮；6—传感器孔；7—温度传感器；8—密封胶。

方便、模块间影响小等优点。至于物料内部温度的测定，采用的是接触式测温，进行传感器选型和探头设计，需达到测温准确、探头尺寸合理、满足多种物料内部温度检测需要的性能要求。物料自动称量方面，选用称量传感器来获取干燥过程中物料质量的变化。此外，温度对称量装置精度会有影响，要做好隔热措施以有效减少加热板向称量传感器的热量传递。还可设置一个温度传感器来实时检测称量传感器的温度，用作后续对称量传感器进行软件温度补偿的基准。而自动称量装置因采用硬连接方式会产生固定应力，对称量结果的重复性造成影响，设计新型称量结构时应予以消除。

具有多参数功能监控的装置软件设计：采用模块化设计理念，将软件各部分按功能划分并以子程序形式进行封装，以便软件编写、调试和更新。编制主机端宏程序及各监控装置界面，通过人机界面与宏程序共同协助，实现数据的采集、运算、运行控制、各关键数据的实时显示、曲线生成及数据存储。而且还要测定脉动压力对称量装置的影响情况，并结合规律进行脉动压力软件补偿。为有效削弱温度对称量装置精度的影响，需对称量装置进行分温度段标定。为便于干燥动力学研究，在准确获取物料质量后，装置要根据物料质量进行相关干燥动力学参数的自动计算，包括湿基与干基含水率、干燥水分比。

（1）监控装置的性能要求　监控装置性能要求包括：①干燥过程中物料质量、含水率、真空度、每层 2 路共计 6 路的物料内部温度、进气温度与湿度、称量传感器温度及装置能耗等信息的监测功能。②3 个加热料层温度的单独精确控制。温度是影响干燥效率和产品品质的重要影响因素，温度与产品品质的关系也是真空脉动干燥研究的重要内容，采用分层控温方案，便于研究温度对于物料品质影响时，一次进行 3 种加热温度水平的试验，提高试验效率，保证试验条件的一致性。此外，分层控温技术，也是为后续大型真空脉动干燥装置加热装置的节能分层分区控制打下良好基础。③装置压力脉动监控。④检测单元应达到：分辨率高、重复性好、抗干扰能力强。⑤装置人机交互性好，可实现各数据的实时显示、曲线生成及数据存储。⑥模块化设计，功能拓展、维护、升级方便。

（2）装置结构设计　数据处理能力强、人机交互性良好、价格适中的工控触摸屏常用于现代机电装置的监控装置。装置以工控触摸屏为主机，通过自行设计的单片机电路板完成各项数据采集及外设（3 层电加热板、真空泵及常压阀）控制。将工业控制器连接成控制器网络并使用专门的网络协议，可使控制器与控制器之间、控制器与其他装置之间进行通信，便于控制器件间的信息交流和实施集中监控。在监控装置中，触摸屏及多路单片机装置均是具有较强信息处理交换能力的控制器单元，可分别作为控制器网络的节点。Modbus 是工业控制器网络协议的一种，与其他同类型协议相比，该协议具有开放性、标准化、支持器件多、支持多种电气接口等优势，降低了搭建控制器网络的复杂性和成本。多参数监控装置基于 Modbus 通信协议搭建，工控触摸屏支持 Modbus 通信。在自动称量传感器的信号获取方面，装置选用支持 Modbus 协议的高精度称量仪表来完成称量传感器的信息采集，并以通讯方式将其集成于监控装置当中。

Modbus 具有美国信息交换标准代码（ASCII）及远程终端单元（RTU）两种串行通信模式，它们有以下差异：①编码方式方面，在 RTU 模式中，信息中的每 8 位字节分成两个 4 位 16 进制的字符，而 ASCII 信息帧中每 8 位字节则是拆分为 2 个 ASCII 字符传输。因此 RTU 模式的主要优点是：在相同波特率下，其传输的字符密度高于 ASCII 模式。②数据传输的时间间隔方面，RTU 模式要求每个信息必须连续传输，即整个信息必须连续发送。如果在发送帧信息期间出现大于 1.5 个字符的静止时间，接收装置就会认为出错了，将刷新不完整的信息。而 ASCII 模式的主要优点是允许字符之间的时间间隔长达 1s 且不会出现错误。监控装置的程序设计还需要考虑大型生产用真空脉动干燥装置的监控需要，此时可利用单片机设计的智能采样控制节点来完成大型装置的监控。智能采样控制节点在实际使用时，存在布置分散、通信信号传输距离较远等问题。因此，选用信息间隔允许时间较长的 Modbus ASCII 协议作为单片机装置与主机间的通信协议。但所选的智能称量仪表仅支持 Modbus RTU 通信协议，故将其作为智能称量仪表与主机间的通信协议。

（3）装置结构框图及工作过程　多参数监控装置结构如图 9-9 所示。以触摸屏作为装置主机，从机部分分为单片机和智能型仪表两部分。单片机通过 RS485 总线将主机的串行端口 COM1 与主机进行通信，智能型称量仪表则通过 RS232 总线占用主机串行端口 COM3 与主机进行通信。其中，单片机 1~3 分别承担对应加热料层 1~3 的信息采集与温度控制。此外，主机在干燥过程中以 5s 为采样周期，分时获取各单片机采集的数据（各加热板温度、多路物料内部温度、环境温湿度、真空度、称量传感器温度），并依照装置运行逻辑向对应单片机发送目标温度及温控启动指令。对应单片机根据目标温度结合实时采集的加热板温度，再利用数字比例积分微分（PID）温度控制算法来控制加热温度。此外，主机还向单片机 5 发送真空泵启动/停止指令、进气阀开启/关闭指令，单片机 5 通过控制对应固态继电器的通断来控制真空泵启动和停止以及进气阀的开启和关闭（密闭干燥室），同时主机还会记录真空泵的运行时间。自动称量部分：称量传感器实时获取称量料层的质量信息，智能型称量仪表采集称量传感器的输出信号，经调理、变换后成为质量信息。自动称量时，主机连续获取多个当前质量信息并进行软件滤波。根据当前称量传感器温度和脉动阶段，完成分温度段脉动压力补偿和线性化校准以获得准确的质量数据，然后据此进行含水率、水分比等相关干燥动力学参数的计算。主机对干燥过程中的各外设状态、脉动阶段、各项干燥参数（物料质量及含水率、多路物料内部温度、真空度及各加热板温度等）进行实时显示，对多项关键参数进行趋势曲线生成及数据存储。

（4）监控装置硬件设计　装置主机为威纶（Weinview）公司的触摸屏 MT6070iH，该触摸屏具有 32bit 精简指令集（RISC）处理器、7 英寸高品质耐触碰显示屏和通用串行总线

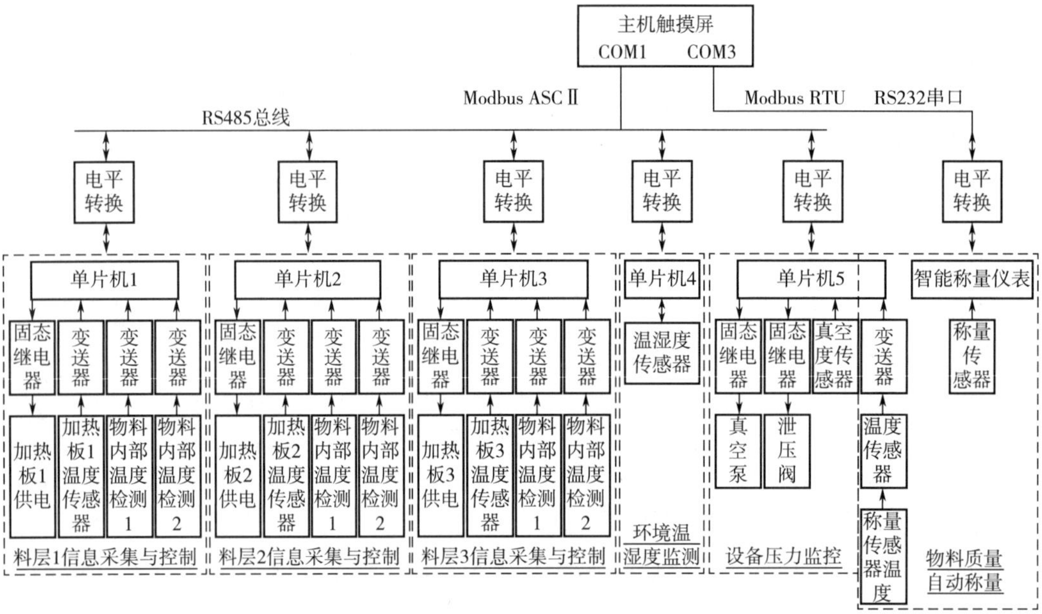


图 9-9 多参数监控装置结构框图

（USB）、RS232 及 RS485 接口，支持 Modbus 协议，可编程数据存储，满足了装置性能要求。单片机装置中的主控芯片选型关乎装置的软硬件设计、性能和调试。为减小电路板体积、便于集成安装、降低装置软硬件设计的复杂程度、综合装置性能要求，装置选用功能模块齐全的美国微芯（Microchip）公司的 8 位单片机 PIC16F1829（Microchip Technology Inc，2010），其主要性能有：单片机内核在“哈佛”结构的基础上，程序存储器与数据存储器在物理空间上是完全分开的，读取指令的总线和存取数据的总线也是完全分开的。引入指令流水线机制，可以提高单片机片内数据流量和代码运行效率。此外，PIC16F1829 具有增强型中档 8 位 RISC 处理器内核、8kb 线性程序存储器、1024 字节静态随机存取存储器（SRAM）及 256 字节带电可擦可编程只读存储器（EEPROM），能够满足装置数据处理及编程需要，而且 EEPROM 数据存储器可用于存储主机发送的目标加热温度等重要数据。但是单片机易受到干扰或者因程序设计方面的缺陷而容易发生程序陷入死循环的问题，看门狗技术是常见的解决途径，即当程序因某种原因进入死循环超过看门狗的超时周期，而未执行清除看门狗程序时，单片机就会被复位。很多单片机都集成有软件看门狗（如单片机 P89V51RD2），但软件看门狗可通过软件关闭，易受到代码错误的影响，因此较多的单片机装置往往需集成看门狗芯片以提供足够的保护功能。

PIC16F1829 单片机的片上看门狗电路与其他电路完全独立（图 9-10），并由独立的低频内部振荡器（LFINTOSC）振荡电路模块提供计时时钟。通过看门狗定位器使能位（WDTE 位）选择开启模式后，在芯片烧写程序时决定了看门狗是否打开，一旦打开，软件将无法关闭。所以从可靠性角度来讲，PIC16F1829 单片机的片上看门狗芯片与外加看门狗是一样的，减少了软硬件设计的工作量。

具有 10 位分辨率的 12 通道模数转换器（ADC）可满足装置多路模拟信号的采集需求。

模数 A/D 框图如图 9-11 所示，ADC 模块使用模拟输入 AN0~AN11 并对所选通道逐个进行

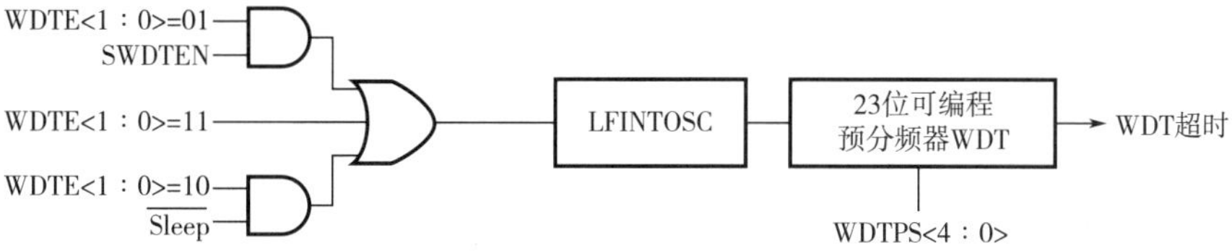


图 9-10 PIC16F1829 看门狗定时器框图

A/D 转换，所有输入通过多路开关连接到同一个采样和保持电路中；通过 ADCON0 寄存器的 CHS（4~0）位，选择与采样保持电路相连接的通道；转换通道的采样保持电路输出与 ADC 的输入相连接；转换器利用逐次逼近法产生 10 位二进制结果并将转换结果存储在 ADC 结果寄存器（ADRESH：ADRESL 寄存器对）中。单片机工作需要时钟，使得其程序能够按照节拍一步一步地执行程序，PIC16F1829 单片机支持多种外部时钟模式。本装置选择单片机的内部振荡器模块，不但简化了硬件设计，还充分利用了片上资源。此外，在内部振荡器（INTOSC）模式下，用于连接外部时钟模块的 OSC1/CLKIN/RA5 和 OSC2/CLKOUT2/RA4 的这两个引脚可用作通用端口，以弥补所选单片机引脚相对较少的不足。其中，RA5 在本装置中用于外设控制，RA4 用于模拟量的采集。

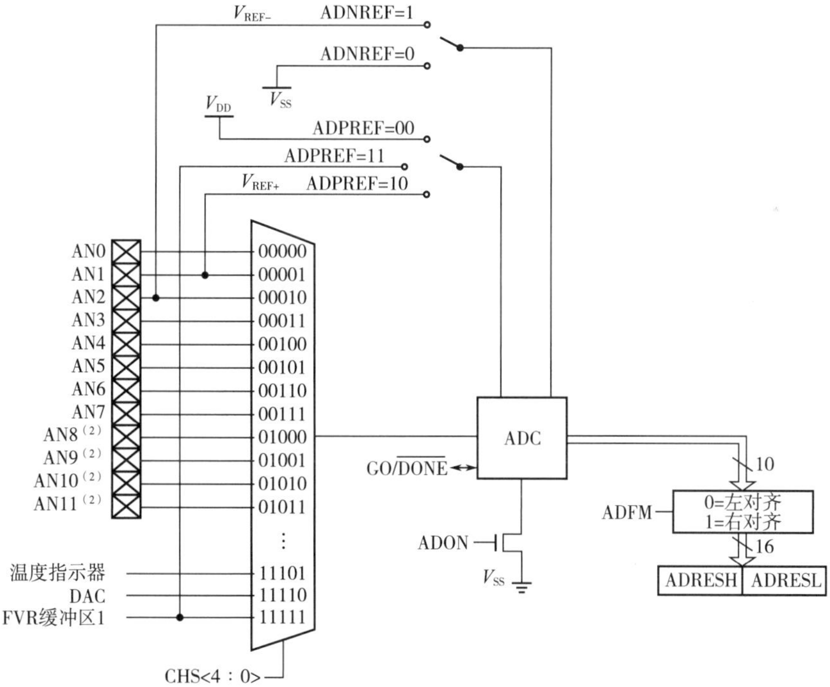


图 9-11 PIC16F1829 片上多路 A/D 转换框图

$V_{REF-}$ 和 $V_{REF+}$：参考电压的输入端（这些电压用于校准 ADC 的测量范围）；$V_{DD}$ 和 $V_{SS}$：正电源和负电源；AN0~AN11（12）：模拟输入通道；DAC：数字到模拟转换器；FVR 缓冲区 1：固定的参考电压源；CHS<4：0>：通道选择寄存器；GO/DONE：启动 ADC 转换的控制信号；ADON：ADC 的使能开关；ADFM：对齐模式选择开关（0 表示左对齐，1 表示右对齐）；ADRESH 和 ADRESL：ADC 的结果寄存器。

软件调试工作是监控装置的重要内容，占去了总开发时间的2/3，它能在电脑上通过模拟仿真软件进行调试工作。虽然软件调试工作可解决绝大部分的调试问题，但终究与单片机在实际电路板中的运行环境不一致，使得一些实际运行中出现的程序错误问题仍无法得到解决。而PIC系列的单片机编程工具Mplab Icd3则支持硬件调试，其调试对象可以是一个实实在在的硬件电路。该调试器装置使用带有内置仿真电路的器件（非特殊调试器芯片）进行仿真，因此执行代码的方式与实际器件相似。用户可以交互访问给定器件的所有可用功能，还可通过MPLAB IDE界面来设置和修改这些功能，以达到事半功倍的调试作用。此外，与本装置设计相关的性能还包括，增强型通用同步/异步收发器（EUSART）：用于依照Modbus ASCII协议与主机通信；18个输入/输出（I/O）引脚：可满足装置接口需要。

触摸屏主机与单片机从机在RS485总线上进行Modbus通信，而单片机无法直接处理RS485通信信号，需通过电平转换芯片完成两种信号间的转换。常见的生存时间（TTL）与RS485电平转换芯片为MAX487和MAX485，两者都是美信（MAXIM）公司生产的RS485芯片。器件中均有一个驱动器和一个接收器。MAX487具有限摆率驱动器，可以减小电磁干扰（EMI）并降低由不恰当的终端匹配电缆引起的反射，实现最高250kbps的无差错数据传输；MAX485的驱动器摆率不受限制，可以实现最高2.5Mbps的传输速率。相比之下，MAX485传输效率更快，但MAX487则更适用于运行环境较为复杂、有可能存在干扰的情况，而且MAX487的传输速率已经能满足本装置的要求。因此，装置选用MAX487芯片进行TTL电平与通信信号间的转换。MAX487通信模块与单片机的连接如图9-12所示，电路中MAX487的DE、RE引脚连接在一起，用单片机的RA4引脚进行控制。高电平时发送，低电平时接收，构成半双工通信方式。MAX487采用平衡发送和差分接收方式实现通信，发送端将串口的TTL电平信号转换成差分信号，由RG+、RG-两路输出。接收端再把差分信号还原成TTL电平信号，将数据传输给单片机。

电路板的功率驱动需具备对多路外设加热板、真空泵及进气阀等控制功能。在单片机电路板中设计由I/O端口控制的三极管功率驱动电路，选用固态继电器作为功率驱动元件。通过单片机的I/O端口对连接有强电负载的固态继电器输出端实施通断控制，完成单片机弱电信号直接驱动强电负载的功能。基于团队干燥装置的常见外设控制需求，单片机电路中共设计了5路功率驱动电路，如图9-12所示。

装置需通过接触式温度检测方式来完成电加热板温度检测、物料内部温度检测和称量传感器温度检测。接触式温度检测的类型有很多，最常见的是热电偶和热电阻这两种。热电偶测温范围广（常见为-200~1300℃），更适合于高温范围的测定，并且热电偶需要进行冷端温度补偿以及使用补偿导线，低温范围测定的精度不如热电阻，价格也比热电阻高；热电阻是中低温区（-200~420℃）最常用的一种温度检测器，测量精度高，其中铂热电阻（Pt100）的测量精度是最高的。装置的接触式温度检测范围均小于100℃，并且都选用三线制铠装Pt100温度传感器，配套北京新鑫工控科技有限公司生产的HT-11型温度变送器，将温度信号放大调理并转化为0~5V标准电压信号进行输出。温度变送器的主要技术指标为：量程范围是0~100℃，输出信号是DC0~5V，精度是0.2%。装置接触式温度检测范围较小，10位A/D转换基本可达到0.1℃的测定精度，满足了装置温度检测精度要求。使用单片机PIC16F1829芯片的A/D转换器来完成多路接触式温度检测，可以充分利用装置资源。为便于插入物料内部，护套设计为锥形不锈钢铠装探头，坚固耐用且防锈，可用于多种物料的内部温度检测。为减小探头对测定结果的影响，

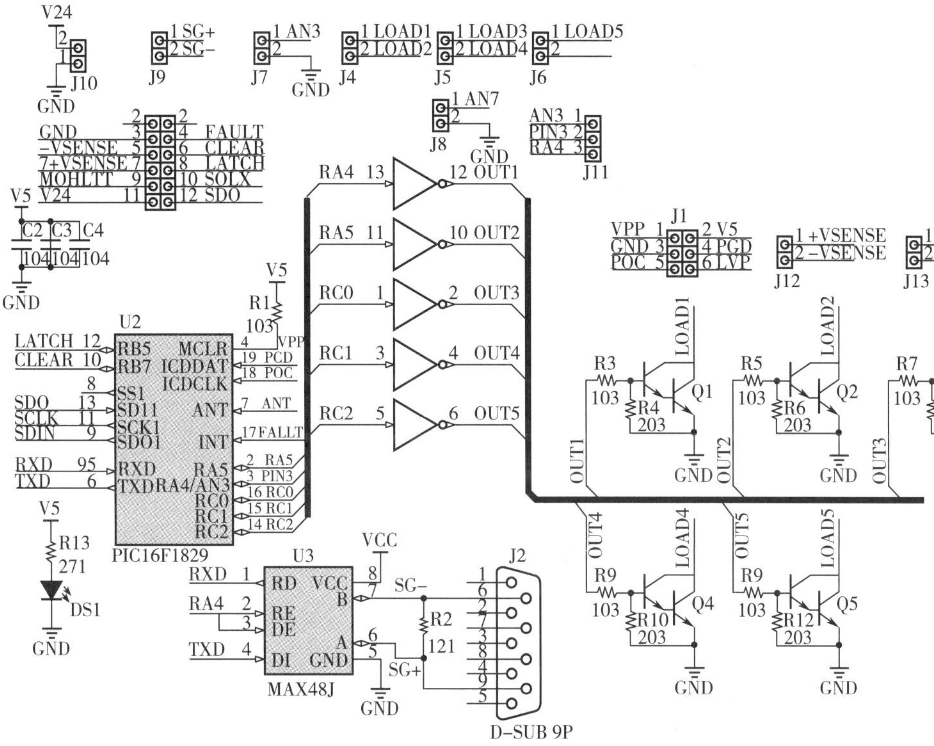


图 9-12　单片机电路板原理图

探头尺寸应尽可能小，所用探头直径≤2mm、长 10mm，较小的尺寸能使物料内部温度检测的响应更为迅速。每一层料架均平行设置 2 路物料内部温度传感器，以满足同一物料的不同位置点或不同物料间的内部温度检测需要。

本装置选用瑞士盛思锐（Sensirion）生产的基于 CMOSens ® 技术的 SHT15 数字温湿度传感器（SENSIRION Inc orporated，2009）来获取环境温度与湿度。检测真空脉动干燥进气阶段的气体状态要用到一个电容性聚合体测湿敏感元件和一个用能隙材料制成的测温元件，并且还要在同一芯片上连接 14 位 ADC 以及串行接口电路。该传感器的性能指标为：全量程标定，两线数字输出；湿度测量范围 0~100%相对湿度，精度±2.0%相对湿度；温度测量范围-40~123.8℃，精度：±0.3℃；响应时间：8s（T63）。

SHT15 采用表面贴装器件（SMD）封装，具有 4 个引脚，如图 9-13 所示。①SCK 引脚用于微处理器与 SHT15 之间的通信同步；②DATA 为双向数据线；③$V_{DD}$ 与 GND 分别为供电及接地。在监控装置中，SHT15 传感器需布置于进气阀附近，与单片机电路板存在一定距离单片机的 RC7 和 RB4 引脚分别连接 SCK 引脚与 DATA 引脚，通过虚拟 I2C 总线的形式获取 SHT15 的温湿度数据。

3. 物料质量自动称量装置

称量传感器是获得质量变化最直接的方式，即在衡器上使用压力传感器，将衡器上被测物体的质量按一定函数关系转换成电信号输出。按照转换原理不同，称量传感器可分为电阻应变式、光电式、液压式、电磁力式、电容式、振动式等。目前市面上的大多数衡器仍采用模拟电阻应变式，这主要得益于它价格便宜、技术较为成熟。在基于自动称量法的干燥过程含水率检

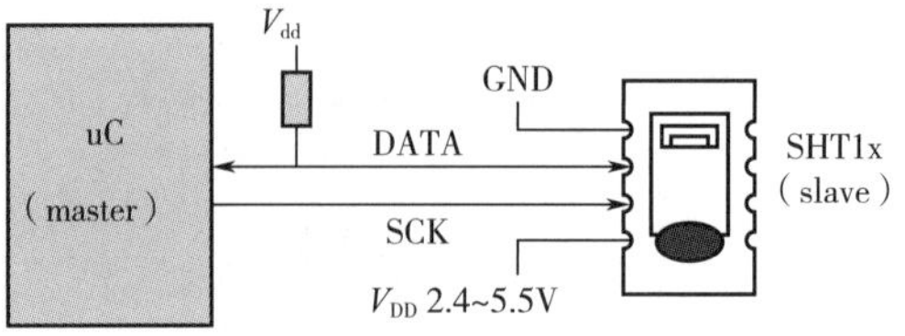


图 9-13 SHT15 与单片机的典型连接图

uC：微控制器（Microcontroller）；SHT1x：SHT1x 传感器；$V_{DD}$：电源电压；GND：地线；DATA：数据线；SCK：串行时钟线（Serial Clock Line）。

测方面，电阻应变式称量传感器也是主要的使用类型。它的工作原理是弹性体在外力作用下产生弹性形变，使粘贴在弹性体表面的电阻应变片（转换元件）也随之产生形变，从而使应变片的阻值发生变化。通过相应的测量电路把这一电阻变化转换为电信号（电压或电流）输出，完成重力转换为电信号的过程。自动称量装置设计真空脉动干燥的热量传递方式为热传导，盛装物料的料盘需与电加热板紧密接触，并且在进行后续干燥过程的传质分析时，需要不断获得短时物料的脱水情况。本研究通过获取称量料层整体质量并在后续软件计算时剔除质量不变部分（加热板、金属托架、料盘等）的方式，来获得物料质量。称量料层的电加热板、金属托架及料盘等质量之和为 2800g，物料称量的最小量程需达到 500g。装置选用的是量程为 5000g 的 S 型电阻应变式称量传感器（YL516D，北京康森特科技公司），主要性能如表 9-1 所示。

表 9-1 称量传感器技术指标

| 项目 | 参数 | 项目 | 参数 |
|---|---|---|---|
| 额定载荷/g | 5000 | 灵敏度温度系数/（%Load/℃） | -0.02~0.02 |
| 不重复性/%R. O. | ≤0.01 | 零位输出/%R. O. | -1~1 |
| 非线性/%R. O. | -0.02~0.02 | 直流激励电压/V | 12 |
| 滞后/%R. O. | -0.02~0.02 | 工作温度/℃ | -20~65 |
| 蠕变/（30min/%R. O.） | -0.02~0.02 | 过载能力/%F. S. | 152 |

注：%Load/℃，%负载/摄氏度；%R. O.，%相对输出；%F. S.，%满量程。

称量传感器的信号获取选用的是支持 Modbus 数字通信的智能型专业力值仪表 XST-IC-S2，它在完成称量传感器的供电及信号采集转换后，可以将质量数据上传于主机中。其主要性能参数为：测量分辨力，16 位 A/D 转换器；基本误差，±0.2%F. S.；测量控制周期，0.2s。称量仪表通过主机触摸屏端口 COM3 与主机连接，其为 RS232C 接口标准，称量仪表的数字通讯接口标准为 RS4852w，使用光电隔离型 RS232 转 RS485 模块（型号 UT-201，UoTekCo.，Ltd）完成通信时的电平转换。在以往的称量传感器应用实践中，温度、固定应力是影响称量装置测量精度的重要因素。温度会影响电阻应变片发生单位应变时的电阻变化量；在采用电压源供电时，温度还会影响测量电路的电桥输出。而降低温度影响的常见措施在于做好隔热、选择温漂小的传感器、进行温度补偿。隔热措施方面：干燥室中的 3 个电加热板是发热源，它们首先将热量传递给铝合金支架并经支架传递给称量传感器。电加热板与支架之间的隔热安装：在电加热板下部设置隔热石膏板，将电加热板与其固定，而隔热板在其他位置与支架固定，使电加热板与支架之间隔了 40mm 隔热石膏板。这有效阻碍了电热板的热量传递，进而降低了温度对称量传感器的影响。在干燥过程中，热量仍不可避免地通过辐射、水分汽化遇冷放热等方式使称量传感器缓慢升温。为此，设置一个温度传感器实时检测称量传感器的温度，用作后续对称量传感器进行温度补偿的基准。这可有效降低对称量传感器弹性形变的影响。

固定应力是指称量料盘与传感器之间为刚性连接时不可避免地会产生硬连接应力，会造成称量误差，致使称量结果的重复性降低。本称重装置采用的是柔性悬吊式称量结构（图9-14）来消除固定应力。称量传感器的上表面与料层支架顶部的横板固定，下表面则紧固铝合金板件，在料层支架和铝合金板件两端均开有通孔。悬吊绳索（选用高强度的非金属隔热绳索）通过这两个通孔柔性悬吊连接加热料层的金属托架，以此将称量料层的质量传递给称量传感器。称量装置的实际分度值 $d$ 为称量仪表相邻两个示值之差，本装置 $d$ 为0.5g。监控装置默认称量间隔为1min，而对于称量精度要求较高的情况，需将间隔设计为可调并通过数倍延长称量间隔时间的方法予以弥补。

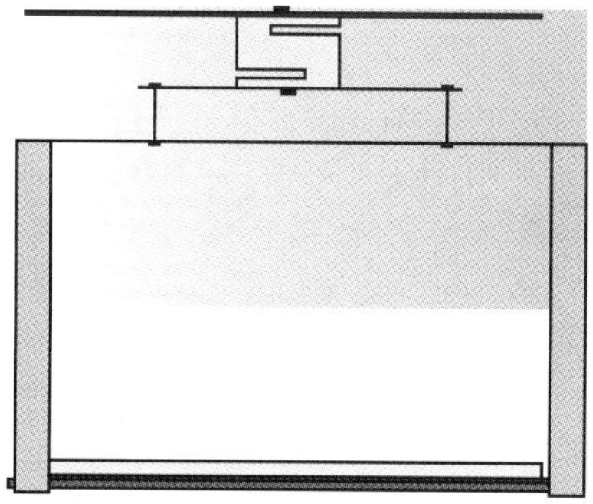

图9-14 柔性悬吊式称量结构示意图

## 三、基于碳纤维红外辐射加热的真空脉动干燥装置

真空状态下无空气等热对流传递介质，主要依靠热传导和热辐射来传递能量。真空脉动干燥以及真空干燥装备一般是采用“热水循环”或电加热板的方式，通过热传导加热物料。枸杞等椭球形物料与加热板的接触面积较小，为“点接触”传热。而红外干燥是一种依靠电磁辐射来传播能量的干燥方式，其传热过程为“面接触”，物料受热面积大且可穿透物料表层，从内部加热物料。红外的辐射能量可与水分直接耦合，有效提高物料的干燥效率，而且红外干燥还能起到灭酶、灭虫的作用。红外、红外热风联合、红外真空联合等干燥技术现已被应用于牛肉干、番茄、稻米、胡萝卜片等物料的加工中。但常用干燥装置的红外热源大都为石英电加热管，温度一般在400℃以上，结构复杂且不耐真空，尤其是在极端的压力变化环境中。而由碳纤维制成的红外加热板能在220V电压的激励下激发红外线，具有加热能力强、升温速率快、能量转化效率高的优势。将该新型材料作为红外热源应用于干燥领域，可有效结合真空脉动干燥与红外干燥的技术优势，实现农特产品的快速有效干燥。

### （一）整机结构

基于碳纤维红外板加热的真空脉动干燥装置由真空装置、加热装置、控制装置三部分组成，较适合农特产品的薄层静态干燥。干燥室内部有多层料盘，极大提高了物料装载量，具体结构如图9-15所示。

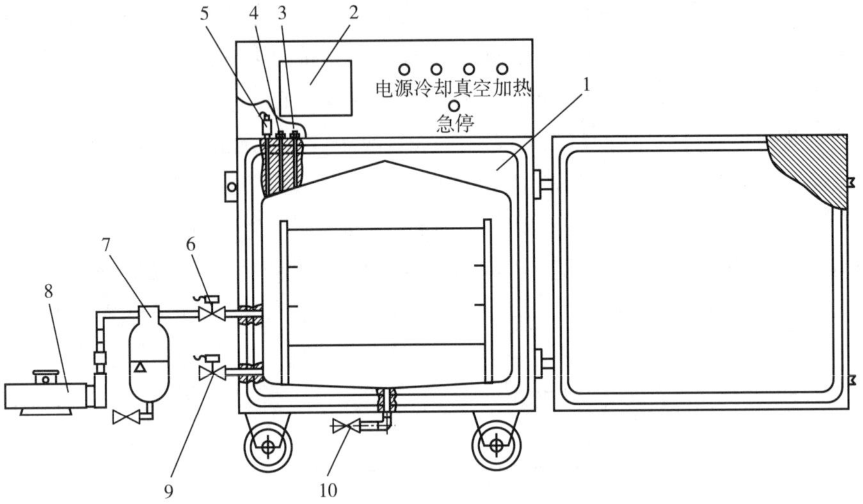


图 9-15　基于碳纤维红外板加热的真空脉动干燥装置

1—干燥室；2—触摸屏；3—红外板温度传感器；4—物料温度传感器；5—压力传感器；6—真空电磁阀；7—冷凝器；8—真空泵；9—破空电磁阀；10—排水阀。

真空装置包括水循环式真空泵、冷却装置、板式冷凝器、干燥室。其中，板式冷凝器可利用低温冷壁来搜集物料在干燥过程中蒸发的可凝性蒸气以缩短真空抽气时间。干燥室壳体由304不锈钢焊接而成，外为槽钢焊接的框架以保证其整体强度。干燥室的外部管道上连接有真空电磁阀和破空电磁阀。加热装置的核心部件为单层红外干燥单元，由碳纤维红外板、T形框架、Pt100温度传感器组合而成。控制装置以MT6070iH触摸屏为主机，单片机为从机，由Pt100温度传感器、压力传感器MIK-P300、信号变送器组成。该装置可以控制真空电磁阀、破空电磁阀的协调动作并调节干燥室内真空度和真空保持时间，实现常压-真空的连续脉动。控制装置主要技术参数如表9-2所示。

表 9-2　控制装置主要技术参数

| 参数 | 数值 |
|---|---|
| 外形尺寸（长×宽×高） | 2700mm×1200mm×1500mm |
| 温度控制范围及精度/℃ | 30～（120±0.5） |
| 相对真空度控制范围及精度/kPa | 0～（97±2） |
| 料盘尺寸 | 560mm×430mm |
| 总功率 | 3kW |
| 干燥室容积 | 1.5m³ |

## （二）工作原理

碳纤维材料制作的红外辐射板属于直热式红外加热器，为“面发热”材料，可直接将电能转化为辐射能。如图9-16所示，发热层由一层碳纤维导电纸构成。将碳纤维导电纸的两侧粘贴在电极上并置于上、下两层基材层中间，经黏合剂粘贴、热压融为一体即可。整个碳纤维红外板面积为60cm×90cm，厚度2～3mm，易形变，通电（220V）后激发的红外电磁波波长主要分布在 5~15μm，发热面温度最高可达 120℃。其中，周围 2cm 宽为非加热区，无法有效加热物料。干燥时，料盘需位于发热面的正下方。

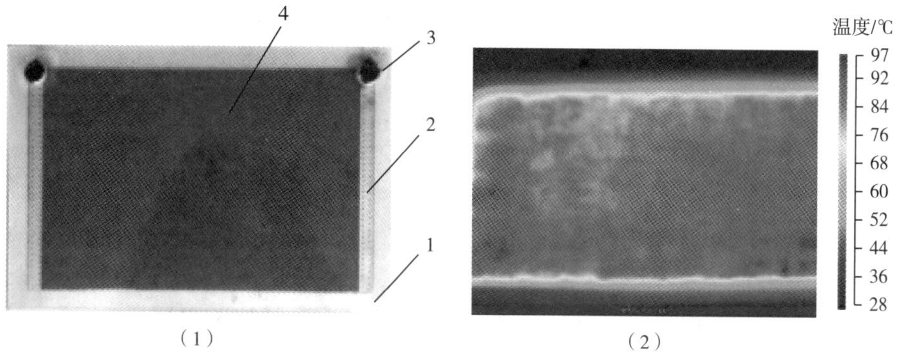


（1）实物图　（2）温度场分布图

图 9-16　碳纤维红外板实物图

1—基材层；2—电极；3—电极结点；4—碳纤维导电纸。

真空脉动技术可在一次完整干燥过程中连续进行升压降压循环，理想状况下的真空脉动干燥压力变化如图 9-17 中虚线所示。在常压和绝对真空度之间交替循环，即干燥室内压力首先以常压保持一段时间（图 9-17 中 $t_1$），然后变为真空再保持一段时间（图 9-17 中 $t_2$），如此循环往复直到干燥结束。所述脉动比为真空时间 $t_2$ 与常压时间 $t_1$ 之比。但在实际干燥时，抽真空和破空过程都需要一定时间，而且绝对真空是很难达到的。此外，压力传感器的模拟量信号向数字量信号转化过程中存在精度误差。所以实际脉动过程是在接近常压［(95±3) kPa］和接近真空（0~6 kPa）之间交替循环，如图 9-17 中实线所示。为便于分析，将实际脉动过程划分为 *ab* 抽真空阶段、*bc* 真空保持阶段、*cd* 破空阶段和 *da* 常压阶段。启动干燥机组的真空泵后，真空电磁阀被首先打开：在 *ab* 段，干燥室内压力迅速达到额定真空度；在 *bc* 段，控制装置通过 PID 控制策略调控真空电磁阀的开闭以维持干燥室内的额定压力；在 *cd* 段，真空电磁阀完全闭合，破空电磁阀打开，干燥室内压力迅速恢复到常压状态；在 *da* 段，破空电磁阀关闭，等待下一个循环开始。

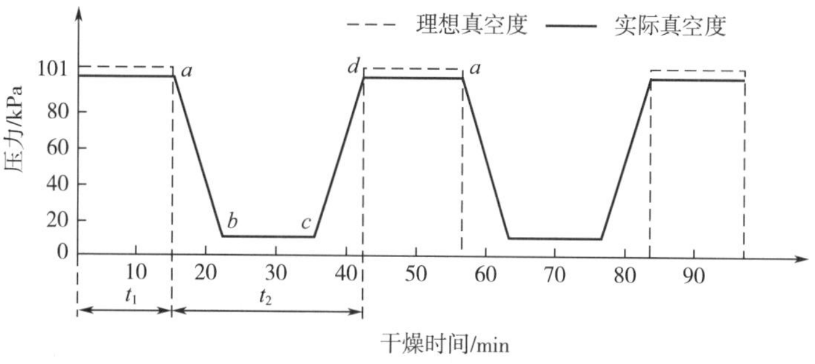


图 9-17　真空-常压脉动示意图

*a*、*d* 分别为常压保持时间终点、起点；*b*、*c* 分别为真空保持时间起点、终点；

$t_1$、$t_2$ 分别为常压保持时间、真空保持时间。

### （三）关键性零部件的设计与选型

料架结构设计和安装碳纤维红外板的辐射加热装置与以往的热蒸汽、电加热板的热传导加热装置不同，其周围有约 2cm 的“非加热区”。红外板较薄，平放时通电发热后会发生凹陷形变。红外辐射能量的传递与辐射间距成反比：辐射间距太大，不利于热量传递；辐射间距太小，红外板的微小形变即可导致局部热量集中，温度过高。结合预试验，确定红外板下表面与料盘的较佳距离为 3cm。料架的结构设计要求为：保证料盘易于装卸、料盘内部物料可有效避开“非加热区”，均匀受热、能够保证适宜的辐射间距。为此，将碳纤维红外板和料盘通过支撑架集成一体，成为一个结构、功能完整的干燥模块——单层红外干燥单元。如图 9-18 所示，框架上部的有效面积是 604mm×904mm，可使红外板直接嵌入料架内部，碳纤维红外板发热面朝下。为提高红外板的辐射干燥效果，在其上又覆盖保温层，防止红外辐射向上传递。碳纤维红外板、保温层沿图 9-18（1）的虚线方向垂直嵌入支撑架，通过框架边框和中间横梁的支撑，避免红外板因自身重力而导致的凹陷以及受热产生的物理形变。整个单层红外干燥单元最后逐个集成到可移动料车上，提高物料装载率。单个料盘大小为 430mm×560mm，可沿“L”型槽或“T”型槽推进以保证物料辐射的均匀性及物料装卸的便捷性。相比于热传导加热装置，该加热装置可使物料由“点接触”传热变为“面接触”辐射传热，提高了传热面积和效率。

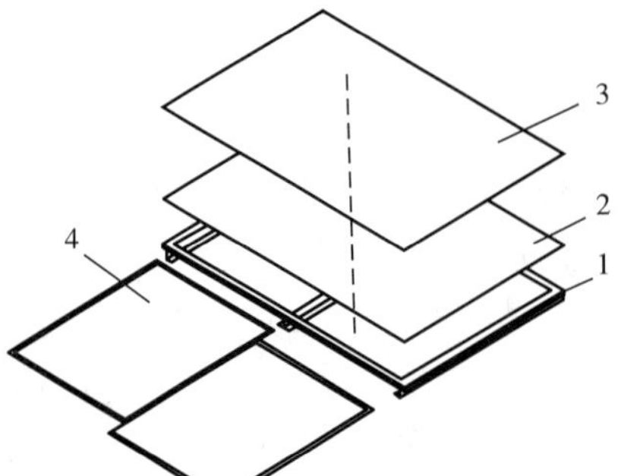


（1）单元结构示意图

1—框架；2—碳纤维红外板；3—保温层；4—料盘。

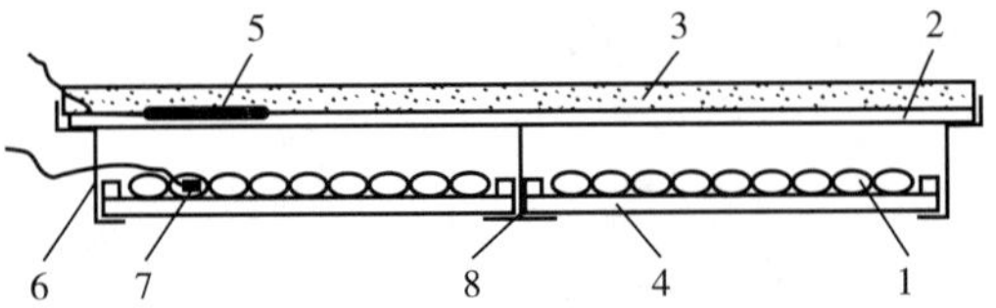


（2）单元传感器分布

图 9-18　单层红外干燥单元结构及传感器分布示意图

1—物料；2—碳纤维红外板；3—保温层；4—料盘；5—红外板温度传感器；6—“L”型槽；7—物料温度传感器；8—“T”型槽。

碳纤维红外板为面发热材料，其正下方的物料均匀单层分布且距离较近，红外板辐射传热过程可简化为两个无限大的平行灰体表面的辐射换热问题，该装置的装置黑度如式（9-1）。

$$\varepsilon_s = \frac{1}{\left(\frac{1}{\varepsilon_1} - 1\right) + \frac{1}{X_{1,2}} + \frac{A_1}{A_2}\left(\frac{1}{\varepsilon_2} - 1\right)} \tag{9-1}$$

式中　$\varepsilon_s$——任意位置的两灰体表面的装置黑度，无量纲；

$X_{1,2}$——角系数，与辐射源尺寸和红外板的直接距离 $L$ 有关，距离越大，该值越小，此处值为 15；

$\varepsilon_1$——辐射源黑度，此处为 0.70~0.90；

$\varepsilon_2$——待干燥物料的黑度，物料不同取值范围也就不同，此处为 0.60~0.95；

$A_1$、$A_2$——辐射源和被干燥物料的表面积，物料均匀分布在发热面的下方，此处 $A_1/A_2$ 为 1。

### （四）碳纤维红外板功率的确定

真空脉动干燥过程中，当真空保持段的真空度是 95.5kPa 时，水的临界沸点为 35℃，碳纤维红外板的极限工作温度约为 110℃。取极限求换热情况，此处 $T_1$ 为 110℃，$T_2$ 为 35℃。根据式（9-2），式（9-3）和式（9-4），可知装置辐射换热热流密度、红外板能量辐射转化率 $\eta_1$、能量利用率 $\eta_2$ 分别如式（9-3）、式（9-4）。

$$q_{1,2}=\varepsilon_s\sigma_0(T_1^4-T_2^4) \tag{9-2}$$

$$\eta_1=\frac{\varepsilon_1\sigma_0A_1T_1^4}{W_0} \tag{9-3}$$

$$\eta_2=\frac{q_{1,2}A_1}{W_0} \tag{9-4}$$

式中　$q_{1,2}$——辐射源的热流密度，J/（$m^2$/s）；

$\sigma_0$——黑体辐射常数，$5.67\times10^{-8}$W/（$m^2\cdot K^4$）；

$T_1$——辐射源温度，℃；

$T_2$——物料温度，℃。

在计算过程中，$q_{1,2}$ 应大于 0.87kW。为了提高真空脉动干燥装备的物料适应性，根据碳纤维板的实际制作工艺，实际选用功率 $W_0$ 为 1.1kW/$m^2$。结合式（9-3）、式（9-4）可知，在该条件下，红外板能量辐射转化率 $\eta_1$、能量利用率 $\eta_2$ 分别为 85%、52%。

### （五）干燥室的设计与真空泵的选型

结合已确定的料车结构及尺寸来确定干燥室的外形及尺寸。干燥室是干燥装备的核心部件，相对于“恒真空”干燥，该装置的干燥室要能承受极端压力的连续脉动变化，即需要较高的强度。所以尽管箱式壳体设计制造复杂，但相较于圆筒形干燥室，它更适合长方形的碳纤维红外板的安装。满载物料时干燥室内部空隙较少，空间利用率较高。综合考虑，壳体材料由 304 不锈钢焊接为箱形，采用加强筋补强。箱式壳体加强筋的焊接方式如图 9-19 所示，为“口”形。

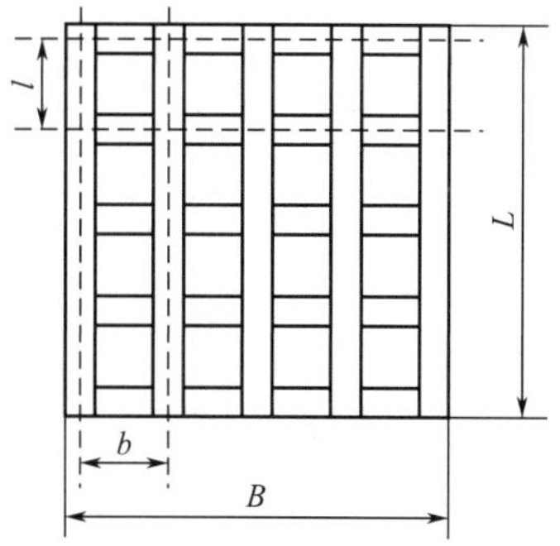


图 9-19　箱式壳体加强筋的焊接方式示意图

箱式壳体的厚度按矩形平板计算，并假定被加强筋分割的小平面所受压力由加强筋均匀承受，校核计算如式（9-5）。

$$S_0 = \frac{0.22w}{\sqrt{\sigma_v}} + C \tag{9-5}$$

式中 $S_0$——壳体的计算厚度，cm；

$\sigma_v$——材料拉伸需用应力，MPa，此处值为 180MPa；

$C$——附加壁厚度，cm，此处值为 0.2cm；

$w$——$b$、$l$ 中的较小值，此处值为 20。

结合计算结果来看，本装置选用 4mm 厚的 304 不锈钢板和 16 号槽钢。控制柜位于干燥室上方，并在干燥室上方统一开设传感器接口，再通过航空插头连接干燥室内外线路。这能缩短传感器信号的传输距离，并保证了干燥室的密封性。真空脉动干燥过程的真空装置抽气时间要求较为严格，干燥室内的真空度应在 2min 内达到额定真空度 $P_g$，则被抽容器所要求的真空泵有效抽速如式（9-6）。

$$S_{ey} = \frac{Q}{P_g} \tag{9-6}$$

若 $S_{ey} > K_e S_{ey}$，则泵选用合理。

式中 $S_{ey}$——主泵有效抽速，$m^3/s$；

$Q$——真空干燥过程中产生的总气流量，$Pa \cdot m^3/s$；

$P_g$——额定真空度；

$K_e$——主泵抽速损失系数，此处值为 2~2.5。经计算，本装置选用 2BV2070 水环式真空泵，冷凝器需结合相关技术手册进行选配。

### （六）控制装置的设计

控制装置是该干燥装置的核心部分，具有干燥室压力调控、温度检测、碳纤维红外板温度保护等功能，其结构框图如图 9-20 所示。装置主机选用 Weinview 公司的触摸屏 MT6070iH，其 RS485 串口依据 Modbus 协议与单片机进行通讯。Pt100 温度传感器中的 3 路用于物料内部温度检测，1 路用于碳纤维光波片的温度检测。温度、压力传感器信号先经变送器转换成 0~5V 的标准电压信号，再经 A/D 转换、软件滤波后成为标准数据。当从机接收到“读取”指令后，将采集信号传输至主机。主机对采集数据进行综合逻辑判断后，发送指令到从机，从机执行指令。

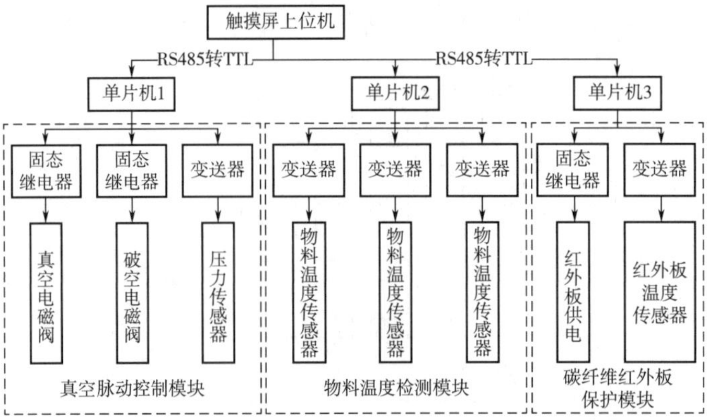


图 9-20 控制装置硬件结构

单片机需完成压力、温度等输入信号的采集以及电磁阀动作信号的输出，而采用单块单片机会增加软件设计的难度。本装置采用 3 块单片机，每个单片机对应不同的功能模块。它们协同完成控制任务，降低了控制装置的实现难度，如图 9-21 所示。从机选用 8 位单片机 PIC16F877A，具有 40 个 I/O 引脚、10 位分辨率 8 通道 A/D 转换器、异步串行通信，可有效满足数据采集需要。单片机不能直接处理 RS485 通信信号，装置选用的 MAX232 芯片可进行 TTL 电平与 RS485 通信信号的转换。单片机通过 ULN2003A 输出引脚控制固态继电器的输出以实现对碳纤维红外板的供电和对电磁阀的控制。

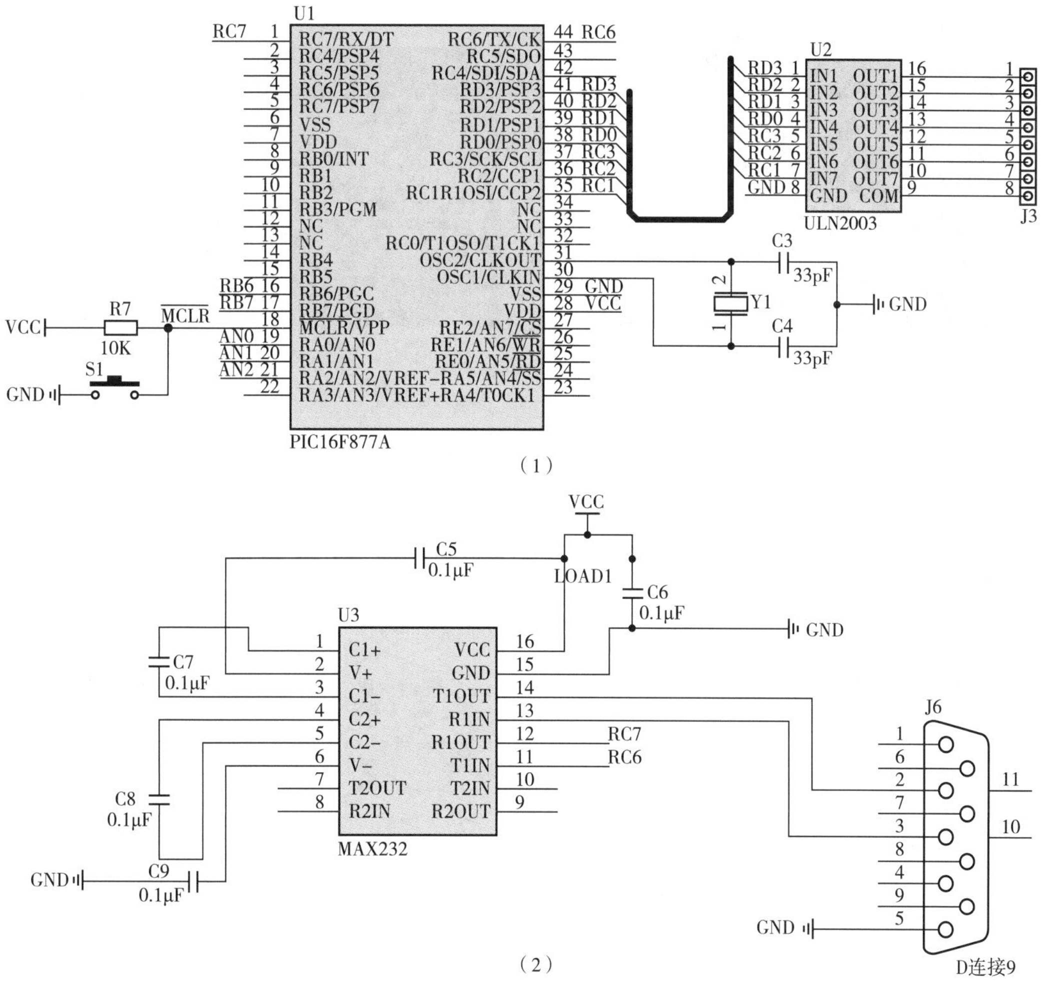


（1）输出模块 （2）通信模块

图 9-21 控制装置硬件结构

## （七）控制装置软件设计

干燥装备通过触摸屏的人机交互界面输入、显示试验参数，主机程序包括装置界面以及宏指令库。触摸屏使用 Easybuilter 8000 开发的环境编制主界面，装置主界面如图 9-22（1）所示，可显示干燥过程中的物料温度、碳纤维红外板温度、干燥时间等参数；图 9-22（2）所示是参数设置界面，可设置脉动比、干燥时间、红外板表面温度等工艺参数。宏指令库包括干燥计时、各个阶段的脉动过程电磁阀等程序进而可实时有效地通过指令库对脉动整体过程进行监控。触摸屏控制装置基于干燥室的压力状态监测，对装备进行时序控制，具体逻辑判断过程如图 9-23 所示。控制装置结合控制逻辑以及不同阶段设定的判断条件，控制真空电磁阀、破空电磁阀的开闭，进而完成压力脉动的控制过程。主机首先获取干燥室压力参数，并判断处于何种状态。当为抽真空阶段时，真空电磁阀打开，干燥室的真空度持续上升，当达到设定的真空度时，状态标记改为真空保持阶段；真空保持时间结束时，破空电磁阀打开，状态标记改为进气阶段；干燥室真空度小于设定值时，破空电磁阀关闭，状态标记改为常压阶段；常压阶段计时结束，状态标记更改为真空阶段，真空泵开启，开始下一阶段的循环。

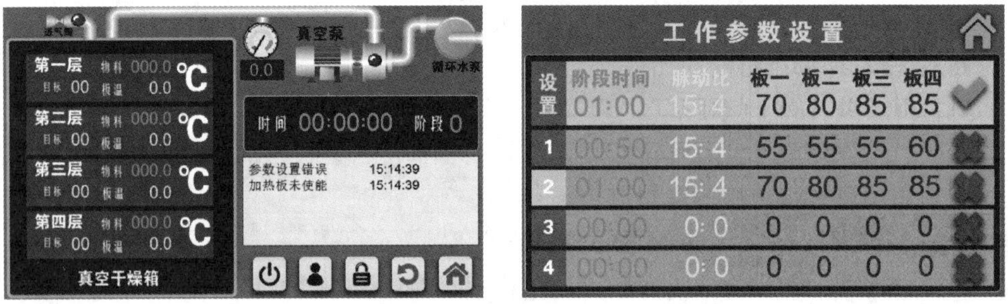


（1）　　　　　　　　　　（2）

（1）主界面　（2）参数设置界面

图 9-22　触摸屏控制界面

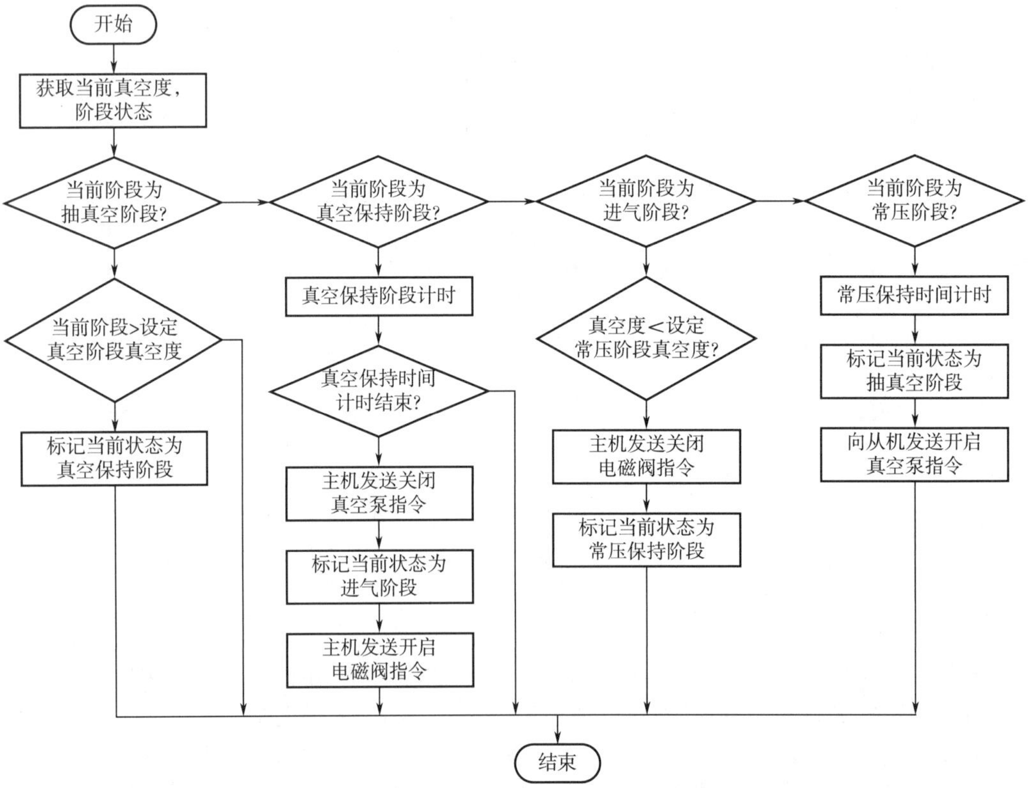


图 9-23　真空脉动控制装置逻辑判断流程图

### （八）单片机程序设计

单片机程序在 MPLAB 集成开发环境（MPLAB IDE）中使用，由 C 语言编写，采用模块化程序封装。主要程序模块包括物料温度采集模块、红外板温度采集模块、控制继电器输出模块、串口通信模块以及 Modbus 通信模块。单片机自身没有 Modbus 通信模块，需依照 Modbus 协议编写相应程序，实现触摸屏、单片机的通信，具体的通信子程序如图 9-24 所示。

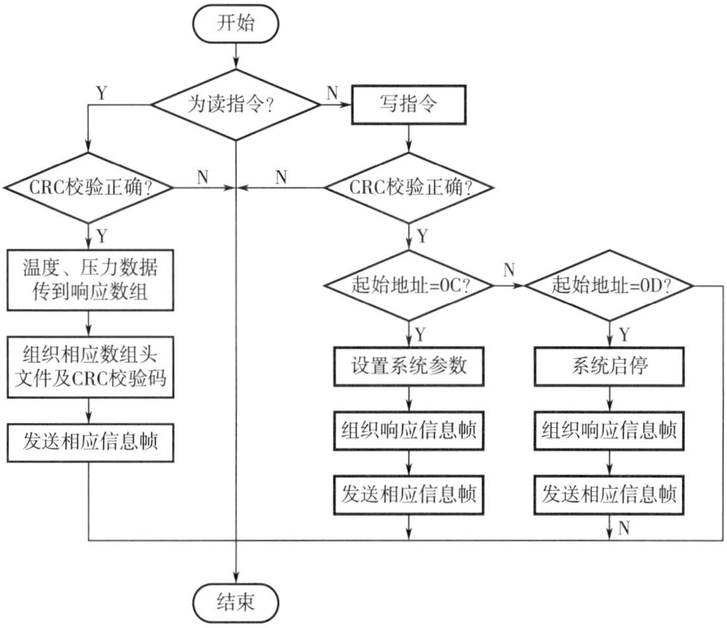


图 9-24 Modbus 协议信息帧的解析与查询

CRC，循环冗余校验。

触摸屏通过 RS485 串口发送数据，单片机通过串口中断接收到数据后，将数据存放于命令接收数组。对接收到的数据从机地址和功能码进行解析，判断是否为该单片机数据。若不正确，则接收下一帧；反之则依照功能码区分是读指令还是写指令。若为读指令，组织物料温度、红外板温度等数据，发送响应信息帧；若为写指令，则根据信息帧中的地址命令执行不同的操作，如电磁阀开闭、装置启停等，随后发送响应信息帧。

### （九）碳纤维红外板加热温度控制装置设计

如图 9-25 所示，碳纤维红外板的工作温度可以设定，为 35~110℃。红外板加热时，物料升温较快。采用积分分离式数字 PID 控温策略精确调控红外板温度 $s(t)$，保证物料温度的稳定性。同时将物料内部温度反馈 $b(t)$ 作为内部控制因素，当 $b(t)$ 超调时，加热装置会及时断电降温，避免物料温度超调。具体流程如图 9-25 所示。将设定的红外板目标温度 $s(t)$ 与红外板当前温度 $n(t)$ 的偏差定义为 $e(t)=s(t)-n(t)$。设定阈值 $\varepsilon>0$，当 $|e(t)|>\varepsilon$ 时，采用 PID 控制，防止板温超调；当 $|e(t)|<\varepsilon$，稳定输出 $P\_out$，精准调控板温。其中，阈值 $\varepsilon$ 根据碳纤维红外板加热惯性确定为 1%，$P\_out$ 为单片机输出占空比，即调节红外板的通断时间以控制板温。结合试验，设定采样时间 5s、增益系数 $KP$ 为 0.1、积分时间 $KI$ 为 2min、微分时间 $KD$ 为 0.25min。物料内部温度 $b(t)$ 大于设定值时即超调，$P\_out$ 输出为 0。

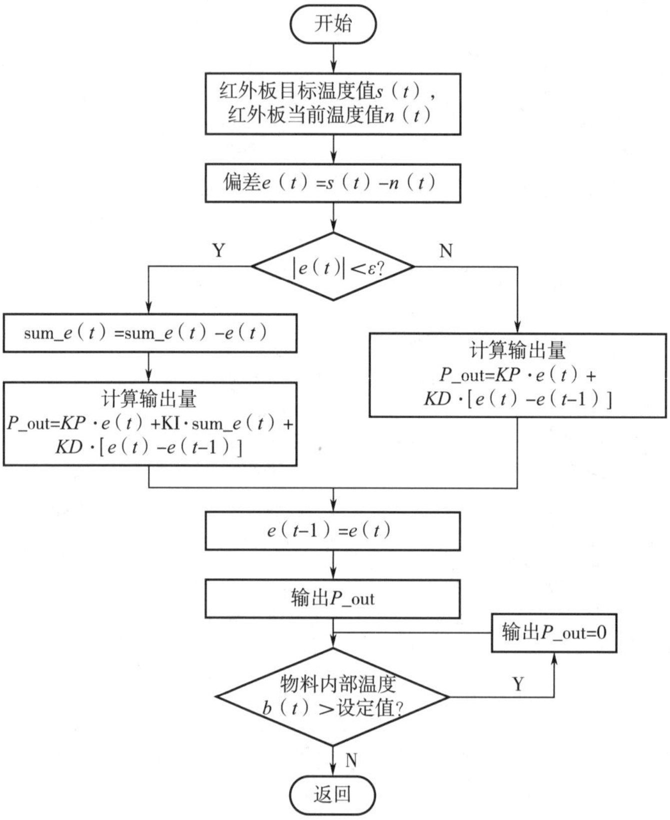


图 9-25　物料内部温度控制装置流程图

# 第三节　真空脉动干燥在农特产品干燥中的应用

葡萄、枸杞、蓝莓等高含糖浆果类物料的营养成分十分丰富。枸杞作为一种“药食同源”的滋补品，含有的功能性成分很多，包括枸杞多糖、多酚类物质、类胡萝卜素等，具有改善视力、预防神经退化等功效；葡萄富含维生素 C、膳食纤维以及酚类物质，有着很好的抗氧化性能，可用于改善贫血、提高机体免疫力；近年来，蓝莓作为发展最为迅速的浆果之一，其全球种植面积和产量在 2021 年分别达到 2354.00$km^2$ 和 1934.40 千 t。蓝莓富含多种功能性成分，如花色苷、原花青素、类黄酮、维生素 C、维生素 E 等，具有抗衰老、改善视力、预防癌症等功效。其产品形态多样，包括鲜果、冻果、食品添加剂、果汁、果粉以及花青素片等。然而，新鲜高含糖浆果类物料的含水率高达 75%以上，采后极易腐烂变质，不耐储运。

脱水制干是新鲜浆果类物料的主要加工方式，通过干燥处理可降低物料含水率和水分活度并抑制微生物生长，在延长保质期的同时提高了产品附加值。然而，由于枸杞、葡萄、蓝莓等浆果类物料的表面有蜡质层覆盖且含糖量高、易褐变，导致其干燥加工困难，常用化学促干剂提高干燥效率。同时为了改善枸杞和葡萄干的色泽，传统干制过程多采用熏硫护色，这使得化学试剂残留高（图9-26），极大增加了食品安全隐患。此外，传统干燥方式的干制时间较长，枸杞自然晾晒需要4~5d、热风干燥需要30~40h；葡萄阴干需要30~40d、热风干燥需要40~50h；蓝莓热风干燥需要20~30h。长时间的干燥过程不仅使浆果物料的色泽、风味、功能性成分劣变严重，极大降低了产品干燥后的价值，还会增加干燥能耗，降低生产效率。真空脉动干燥技术利用干燥室真空-常压交替脉动循环的状态能够改变物料的超微组织结构，加速水分的迁移扩散。并且真空低氧环境有效防止了物料干燥过程中的氧化褐变，有助于保护产品色泽和品质。本节主要陈述真空脉动干燥技术在枸杞、葡萄和蓝莓等浆果类物料上的应用。

图9-26　化学浸渍枸杞干制后的化学物残留

## 一、枸杞

干燥加工中，果实表面的组织结构和组成成分在很大程度上决定了果实在干燥过程中的内外水势梯度，从而影响整个干燥过程。成熟的枸杞鲜果呈椭圆形或长卵形（图9-27），图9-28所示为枸杞果实的组织结构横断面示意图，可见枸杞鲜果由果皮、横隔、中轴三部分构成的空腔及空腔内填充的枸杞果浆组成。枸杞果浆含有很高的糖分，高糖组分增强了与水分子的结合能力，从而加大了干燥脱水的难度。枸杞果皮的显微结构显示其果皮组织由外果皮、中果皮和内果皮组成，中果皮及内果皮的机构较为疏松，而外果皮由多层致密细胞排列组成，且外

图9-27　新鲜枸杞实物图

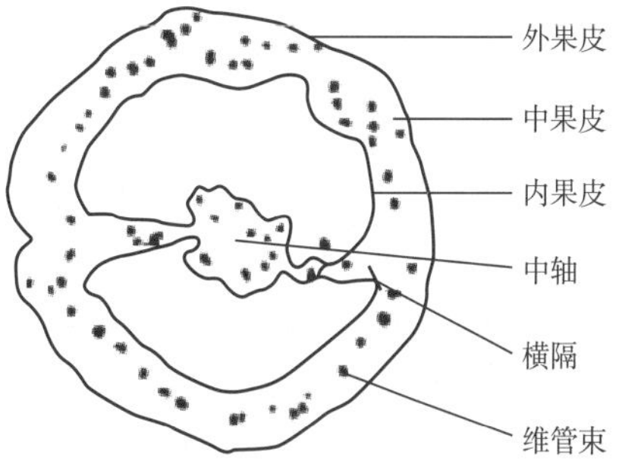


图9-28　枸杞果实组织结构横断面示意图

果皮由覆盖有特殊薄层蜡质结构的角质层组成，该薄层蜡质结构主要由二十九碳烷、碘代十八烷等长链脂肪烃类化合物构成。枸杞中的水分主要存在于枸杞果浆中，在干燥枸杞时，果浆中的水分除了从果柄处迁移外，还会通过果皮组织向干燥介质迁移。薄层蜡质结构在该过程中会抑制内部水分向外部环境扩散，阻碍了干燥过程的进行。较高的糖含量和薄层蜡质结构抑制了枸杞的干燥，导致枸杞制干需要很长时间。

为解决枸杞在干燥过程中出现的问题，谢龙等将基于电加热板接触式传热的真空脉动干燥技术（Pulsed vacuum drying based on electronic panel contact heating，PVD-EPC）和基于远红外辐射加热的真空脉动干燥技术（Pulsed vacuum drying based on far-infrared radiation heating，PVD-FIR）应用于枸杞的干燥加工。他们主要研究了真空保持时间（10min、15min、20min）、常压保持时间（2min、4min、6min）和干燥温度（60℃、65℃、70℃）对枸杞真空脉动干燥特性的影响，并对枸杞干后的色泽、挥发性成分、复水特性、微观组织结构、总黄酮含量、总抗氧化能力进行了检测和分析。在此之上，以最优恒温恒脉动周期工艺（65℃，15：2）为基础，进行了不同方式的阶段控制试验（变温恒脉动周期、恒温变脉动周期及变温变脉动周期），并研究了不同阶段控制下的干燥特性及品质特性，为阶段控制干燥提供了理论依据。通过对枸杞真空脉动干燥特性的研究表明，真空保持时间、常压保持时间和干燥温度均对干燥时间有显著影响。最优的 PVD-FIR 干燥参数为真空保持时间 15min，常压保持时间 2min。在相同干燥条件下，PVD-FIR 所需干燥时间比 PVD-EPC 减少了 17%~19%。利用韦布尔（Weibull）模型计算出枸杞在 PVD-FIR 和 PVD-EPC 干制过程中水分的有效扩散系数分别为 $3.72\times10^{-10}\sim7.31\times10^{-10}m^2/s$（PVD-FIR）和 $3.34\times10^{-10}\sim6.88\times10^{-10}m^2/s$（PVD-EPC），并根据阿伦尼乌斯公式计算出枸杞在 PVD-FIR 和 PVD-EPC 过程中的干燥活化能分别为 54.30kJ/mol 和 68.59kJ/mol。在 PVD-FIR 和 PVD-EPC 过程中，枸杞内部温度随着干燥室内的压力变化呈现出高低交替的规律性变化。由于电加热板接触式（EPC）加热具有点接触传热和多步传热特点以及远红外辐射（FIR）的加热能量可直接被物料内部快速高效利用，所以 FIR 加热更适合应用于枸杞的真空脉动加工中。通过卡方检验值（$\chi^2$）、残差平方和（RSS）及平方确定系数（$R^2$）评价分析了 8 种描述农特产品薄层干燥模型与试验数据的拟合程度，研究发现 Weibull 模型、Wang and Singh 模型与试验数据拟合较好。相关人员还进行了模型参数与真空保持时间、常压保持时间、干燥温度的回归分析，建立了枸杞真空脉动干燥模型。比较不同的 PVD-FIR 与 PVD-EPC 干燥工艺对枸杞干燥品质的影响，结果表明所有枸杞样品在室温下（24.7~25.6℃）的水分活度是 0.312~0.351，达到了安全水分活度的要求。与 PVD-EPC 加工的枸杞样品相比，PVD-FIR 加工的枸杞样品在 $L^*$ 值（明亮度）、$a^*$ 值（红/绿值）和 $b^*$ 值（黄/蓝值）上与新鲜样品更为接近，同时 PVD-FIR 样品具有较大的 $C$ 值（色度，Chroma）和较小的 $\Delta E$（色差）值。这表明 PVD-FIR 加工后的枸杞色泽要比 PVD-EPC 更为饱满鲜艳，与新鲜枸杞色差更小。此外，PVD-FIR 干制的枸杞样品含有更多的醛类、酯类、酚类和杂环类挥发性成分，而 PVD-EPC 干制的枸杞样品则含有更多的醇类、酮类和酸类挥发性成分。PVD-FIR 与 PVD-EPC 加工后的枸杞样品复水性能差异不显著。PVD-FIR 制干的枸杞相比于 PVD-EPC 制干的枸杞，其内外表面的微孔道及裂纹结构更多，更有利于枸杞内水分的逸散。PVD-FIR 和 PVD-EPC 在干燥温度为 60℃、脉动周期不变的情况下，枸杞样品的总黄酮类物质含量没有显著差异，然而当干燥温度升高至 65℃和 70℃时，PVD-FIR 干制枸杞中的总黄酮含量显著高于同等干燥条件下 PVD-EPC 干制的枸杞。PVD-FIR 和 PVD-EPC 对枸杞中槲皮素含量及芦丁含量的影响与对总黄酮量的影响基本相同。

相比于 PVD-EPC 干制方式，PVD-FIR 加工的枸杞样品总抗氧化性更强。

## 二、葡萄

葡萄，落叶藤本植物，原产于欧洲、西亚和北非一带，其栽培历史悠久，分布范围很广，是世界第二大栽培水果。中医认为，葡萄味甘微酸、性平，具有补肝肾、益气血、开胃力、生津液和利小便之功效。《神农本草经》记载葡萄主："筋骨湿痹，益气，倍力强志，令人肥健，耐饥，忍风寒。久食，轻身不老延年。"葡萄含有白藜芦醇，它是一种抗癌微量元素，可以防止健康细胞癌变，阻止癌细胞扩散。葡萄中的类黄酮是一种强抗氧化剂，能抗衰老并清除体内自由基。葡萄干含糖量 60%~70%（质量分数），富含矿物质和维生素，属于高热能、高营养的食品，具有活血、健骨、促消化、保健神经装置等功效。我国的葡萄干大多产于新疆的吐鄯托盆地，当地在通风的戈壁上搭建花砖晾房。葡萄果穗在 8 月成熟后被送入晾房，由里向外、由下至上逐层上架挂满，自然阴干，一般需 20~45d。但是这种传统干燥方法存在干制时间长、效率低的问题。葡萄干制时需保持果粒的完整性，果皮作为保护组织，其致密的结构对水分蒸发起到阻隔作用，使干燥过程变得相对漫长。由于葡萄自然干燥时间长，在制干过程中容易滋生细菌和霉菌，引起果粒脱落、腐烂霉变，导致原料损耗高。开放式操作还会招引蝇虫，造成贮藏隐患，并且产品尘沙含量高，生产过程中的卫生条件差。为了缩短葡萄的干制周期并保持较好的色泽，大多数的葡萄干生产国都普遍使用碱性浸渍液处理葡萄，但其碱性成分会在葡萄干中残留，大量摄食会影响人体消化装置的正常功能。此外，为了防止在干燥过程中发生变色，葡萄干制前还要作熏硫处理。控制不当的话，会造成葡萄干中 $SO_2$ 残留量超标。过量的 $SO_2$ 对人体有害，会造成机体黏膜损伤，诱发胃肠及呼吸装置疾病。因此，开发一种新的葡萄干燥技术对提高干燥速率和葡萄干品质具有重要意义。

为此，王军等将葡萄从未成熟到成熟分成Ⅰ、Ⅱ、Ⅲ、Ⅳ、Ⅴ和Ⅵ分级，并探究了不同成熟度的葡萄在真空脉动中的干燥特性及产品品质，发现干燥至同一含水率时，不同成熟度的葡萄的干燥时间存在着显著不同（图 9-29）。成熟度为Ⅰ、Ⅱ、Ⅲ、Ⅳ、Ⅴ和Ⅵ，其总干燥时间分别为 58.0h、44.3h、32.3h、18.8h、14.7h 和 12.1h，对应的水分有效扩散系数分别为（0.475~0.128）、（0.808~0.285）、（0.977~0.323）、（1.650~0.675）、（1.860~0.862）和（1.880~0.869）$\times10^{-10}m^2/s$。成熟度为Ⅳ、Ⅴ和Ⅵ级的葡萄干燥速率接近，干燥终点也趋于一致。而低成熟度葡萄（总可溶性固体<20°Brix）的干燥时间存在显著差异，尤其干燥后期的水分下降十分缓慢。说明在未进行成熟度分级的情况下，成熟度较低的葡萄（总可溶性固体<20°Brix）会影响葡萄干燥速率与均匀性。这也进一步说明了在干制前进行葡萄成熟度的分级有利于干燥的均匀性，对实现标准化干燥具有重要意义。同时，通过预处理的方式提高成熟度较低的葡萄（总可溶性固体<20°Brix）的干燥速率是必不可少的。

真空-常压脉动往复循环能够改善物料表皮的组织结构，形成微裂纹和水分迁移扩散通道。然而，微裂纹的形成与物料的自身表皮组织结构密切相关。研究发现，低成熟度的葡萄表皮硬度大，蜡质层厚，使得破坏其表皮需要更大的作用力，这可能与相同干燥条件下低成熟度葡萄的干燥速率更加缓慢有关。另一方面，干燥过程中物理-化学结合水的脱除快慢直接影响干燥过程。该水分在干燥过程中能够被脱除但脱除相对困难，主要表现在干燥后期。物理-化学结合水主要指毛细管水以及果胶、纤维素、半纤维素等大分子多糖包裹的水分，因此，该水分的脱除与大分子的交联状态相关。研究发现，随着果蔬成熟度的增加，果胶大分子发生解聚，对

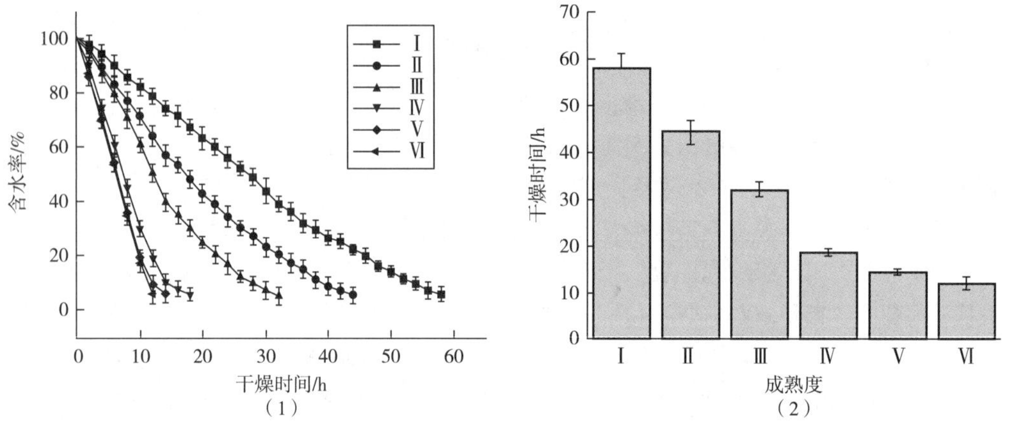


图 9-29 不同成熟度葡萄的干燥动力学曲线（1）与干燥时间（2）

水分束缚作用减弱。这无疑使干燥过程中的水分扩散变得容易，很好地解释了不同成熟度的葡萄干燥速率相差较大的原因。

随着成熟度的升高，葡萄干的外观得分显著上升，其外观评价包括色泽及色泽均匀性、大小及大小均匀性。由结果可以看出，成熟度高的葡萄干色泽品质更优。风味评价主要包括焦糖味、香料味、甜、酸、苦和涩等方面。从表 9-3 可以看出，随着成熟度的增加，葡萄干风味得分略有上升。其中，成熟度为Ⅰ（总可溶性固体为 17. 2°Brix）和Ⅱ（总可溶性固体为 18. 5°Brix）的样品风味得分显著低于其他样品（$P<0.05$）。质地评价主要从咀嚼性、黏结性和多汁性 3 个方面进行，不同成熟度的葡萄干质地存在显著差异。成熟度越高，质地评价得分就越高，这说明高成熟度的葡萄干更加饱满，富有弹性。其中成熟度为Ⅵ（总可溶性固体为 25. 8°Brix）的葡萄干质地得分最高，为 8. 10±0. 20。除此之外，还要求感官评价者对所有样品的整体可接受性进行打分。可以看出，感官评价者总体上是偏向于高成熟度的葡萄干，尤其对于总可溶性固体大于 20°Brix 的葡萄所制样品的整体可接受性显著高于其他样品，这进一步说明成熟度对葡萄干品质具有重要影响。褐变指数（BI）常被用来评价酶促褐变反应的程度，图 9-30 为不同成熟度的葡萄干褐变指数变化。可以看出，随着葡萄成熟度的上升，褐变指数呈显著下降趋势，这说明成熟度高的葡萄褐变小，色泽更优，这与感官评价过程中肉眼观察的结果一致。色泽是食品重要的评价指标，色泽的优劣不仅影响消费者对产品的喜好程度，也在很大程度上决定着产品的经济价值。目前传统葡萄干制包括阴干、晒干和直接在葡萄藤上挂干，得到产品需进一步分级，而分级的主要方式就是通过色泽和大小进行筛选。该研究则对原料进行分级，不仅提高了干燥过程中加工的一致性，而且为后续产品分级节约了成本。

表 9-3 不同成熟度葡萄干的感官属性

| 感官指标 | 成熟度分级* | | | | | |
|---|---|---|---|---|---|---|
| | Ⅰ | Ⅱ | Ⅲ | Ⅳ | Ⅴ | Ⅵ |
| 外观* | 4. 77±0. 25$^{e}$ | 5. 53±0. 25$^{d}$ | 6. 33±0. 31$^{c}$ | 7. 23±0. 26$^{b}$ | 8. 27±0. 21$^{a}$ | 8. 23±0. 21$^{a}$ |
| 风味** | 5. 60±0. 35$^{c}$ | 6. 27±0. 31$^{b}$ | 6. 53±0. 31$^{ab}$ | 6. 77±0. 31$^{ab}$ | 6. 90±0. 30$^{a}$ | 7. 07±0. 21$^{a}$ |

续表

| 感官指标 | 成熟度分级* | | | | | |
| --- | --- | --- | --- | --- | --- | --- |
| | Ⅰ | Ⅱ | Ⅲ | Ⅳ | Ⅴ | Ⅵ |
| 质地*** | 4.80±0.26[e] | 5.53±0.25[d] | 6.60±0.20[c] | 6.90±0.36[c] | 7.40±0.20[b] | 8.10±0.20[a] |
| 总体可接受度 | 5.63±0.15[d] | 5.80±0.36[d] | 6.53±0.15[c] | 7.33±0.15[b] | 7.57±0.15[b] | 8.03±0.21[a] |

注：1=极不喜欢，9=非常喜欢，同行不同字母表示差异显著（$P<0.05$），Duncan 检验。* 包括绿色/绿色-黄色，色泽同质性，葡萄干大小和收缩同质性；** 包括焦糖、香料、甜、酸、苦和涩；*** 包括咀嚼性、黏结性和多汁性。

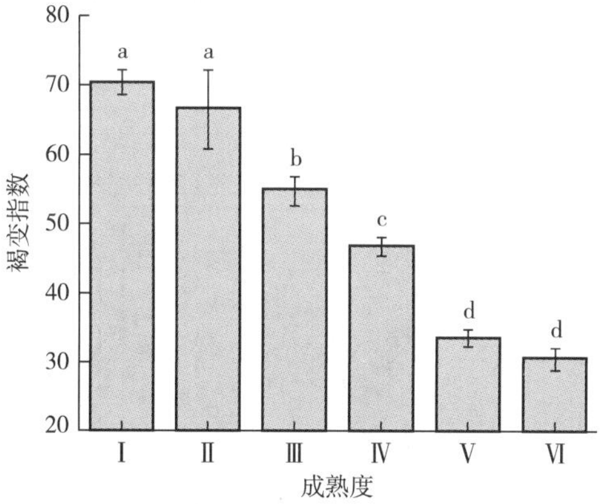


图 9-30 不同成熟度葡萄干燥后褐变指数分析

根据 Duncan 检验，图中不同字母表示差异显著（$P<0.05$）。

由图 9-30 还可以看出，成熟度较高的葡萄（总可溶性固体>20°Brix）褐变指数低于 50，这说明高成熟度的葡萄在干燥过程中褐变程度较低，产品色泽更优。对于无核白葡萄而言，干燥过程中色泽的变化主要由酶促褐变与叶绿素降解造成，随着成熟度的增加，葡萄表皮多酚氧化酶含量呈下降趋势，这无疑降低了干燥过程中酶促褐变反应的发生，佐证了高成熟度葡萄干燥后褐变指数低的结果。质地特性作为葡萄干的重要的品质评价指标，主要包括硬度、弹性、凝聚力、胶着性、咀嚼性和恢复性等参数。图 9-31 所示为不同成熟度葡萄干质地参数分析结果。由图 9-31（1）可知，不同成熟度葡萄干的硬度之间存在显著差异（$P<0.05$），成熟度Ⅴ（总可溶性固体=22.7°Brix）和Ⅵ（总可溶性固体=25.8°Brix）的葡萄干硬度显著低于其他样品；不同成熟度葡萄干的弹性之间不具有显著性差异（$P>0.05$）[图 9-31（2）]；不同成熟度葡萄干凝聚力没有明显规律，其中，成熟度Ⅵ（总可溶性固体=25.8°Brix）样品显著高于样品Ⅲ（总可溶性固体=19.1°Brix）和Ⅳ（总可溶性固体=20.4°Brix）（$P<0.05$）；由图 9-31（4）和图 9-31（5）可以看出，不同成熟度葡萄干胶着性和咀嚼性变化规律基本一致，均随着成熟度的增加，呈下降变化趋势，其中成熟度Ⅴ（总可溶性固体=25.8°Brix）和Ⅵ（总可溶性固体=25.8°Brix）的葡萄干胶着性和咀嚼性显著低于其他样品（$P<0.05$），而成熟度Ⅴ（总可溶性固体=22.7°Brix）和Ⅵ（总可溶性固体=25.8°Brix）的葡萄干样品之间不具有显著性差异；由图 9-31（6）可以看出，葡萄干Ⅵ（总可溶性固体=25.8°Brix）恢复性显著高于其他样品，而

且其他样品之间不具有显著差异。

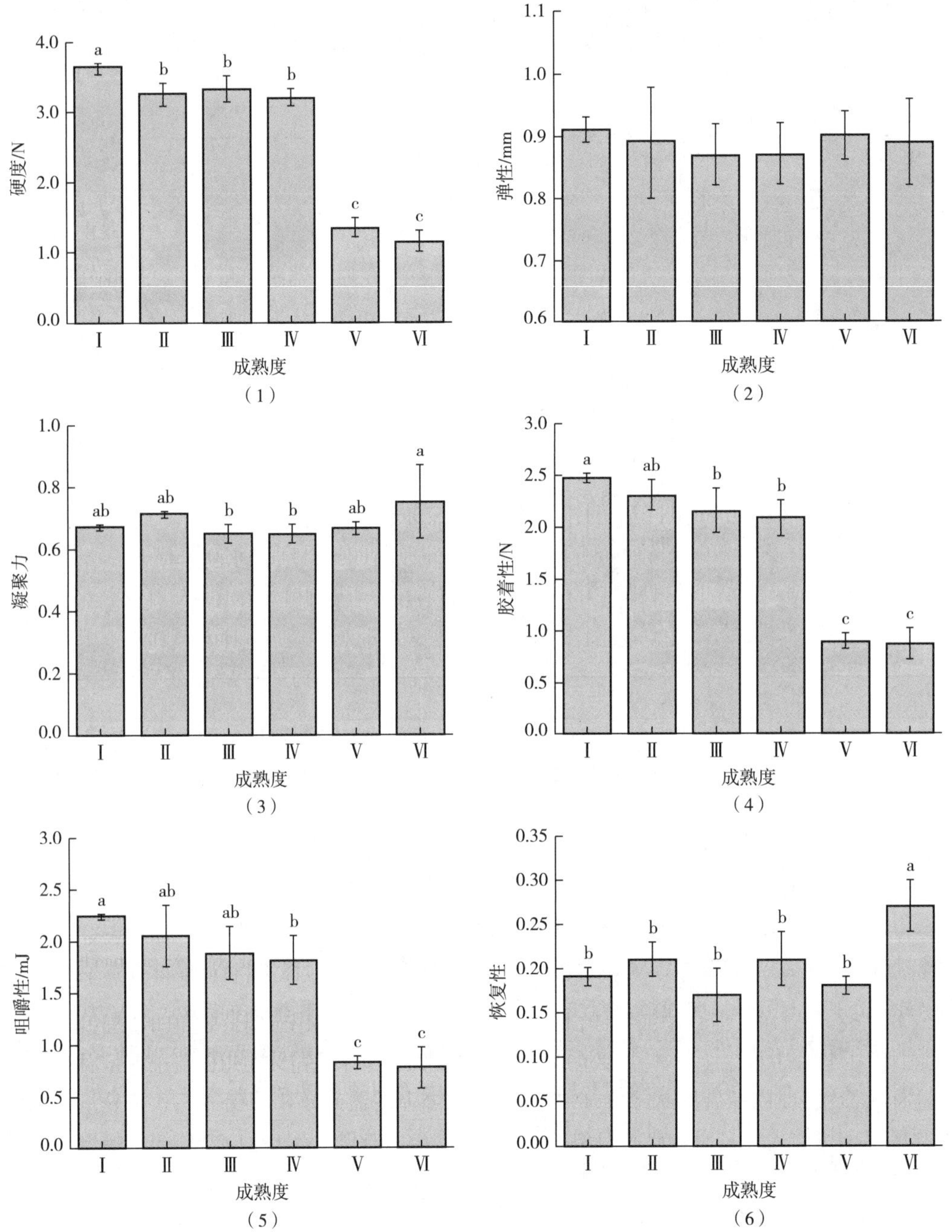


图 9-31　不同成熟度葡萄干质地参数分析

根据 Duncan 检验，图中不同字母表示差异显著（$P<0.05$）。

## 三、蓝莓

蓝莓，又称蓝浆果、越橘，为杜鹃花科（Ericaceao）越橘属（*Vaccinium*）植物，起源于北美洲，目前主要分布于欧洲、北美洲、俄罗斯和中国。因其果皮呈蓝色，故称蓝莓，是目前世界上存在的较少的蓝色水果之一。据统计，2016 年全球蓝莓产量排名前十的国家分别为智利、美国、西班牙、加拿大、中国、波兰、阿根廷、秘鲁、墨西哥、摩洛哥。这些国家的蓝莓产量占全球的 90%以上，其中北美国家（加拿大、美国和墨西哥）总产量达 53.0 万 t，占世界总产量的 65%。我国蓝莓种植起步晚，于 1983 年才引入，2001 年的种植面积才 0.24$km^2$，至 2016 年种植面积达 559$km^2$，年产量达 10.19 万 t。目前，市场销售的蓝莓品种主要有兔眼、矮丛、高丛和半高丛，各蓝莓品种的种植地主要分布在云贵高原、大小兴安岭与长白山、四川盆地、胶东半岛等。随着政府对农业发展的重视程度越来越高，蓝莓种植业作为我国的特色农业将有着更大的发展空间。蓝莓果肉细腻，披白霜，风味独特，酸甜可口，单颗蓝莓质量一般为 0.2~5.0g。其含有丰富的多酚、花青素、维生素、黄酮、有机酸、人体必需氨基酸以及大量的微量元素（铁、锰、锌、钾等），被誉为“浆果之王”。已有研究表明，蓝莓鲜果中的酚类物质含量远高于草莓、树莓、黑莓等浆果类水果，具有很强的保健功能，主要包括降低胆固醇、保护肝脏、预防心脑血管疾病的发生、防止自由基带来的氧化损伤、延缓衰老、预防癌症的发生、减少视网膜光损伤、增强记忆力等功能。随着社会的发展，蓝莓加工产业的发展越来越具有多样性。因其独特的口感风味以及丰富的营养物质，市场上常用新鲜蓝莓果实加工果汁、果醋、果酒等，也可加工成配料用于调味剂、烘焙品和乳制品中。蓝莓中存在的花色苷天然色素可用于改善食品色泽。据统计，包括花色苷在内的主要天然食品色素在 2016—2019 年的世界产量年均增加 6.22%。蓝莓在食品营养领域有着越来越重要的作用。

新鲜蓝莓的表皮覆盖有一层特殊蜡质层结构，用于减少内部水分的散失以及促进营养素的积累，是蓝莓植物在生长期间抵御病虫害、阻挡高温辐射的重要保护层。蜡质层主要由长链脂肪烃与环烃组分的复杂混合物包括伯醇（$C_{26}$、$C_{28}$、$C_{30}$）、碳氢化合物（$C_{29}$、$C_{31}$）、脂肪酸等。然而，该蜡质层的存在成了蓝莓干制加工过程中水分由内向外迁移的主要障碍，极大降低了水分在干燥过程中的扩散速率。再加上蓝莓内容物含糖量较高，大分子糖类物质增强了对水分子的束缚力，从而进一步抑制了水分迁移，极大程度地延长了干燥时间，降低了干燥加工效率，而长时间的干燥过程易导致产品品质劣变严重。为提高蓝莓干制效率，常将化学处理或热处理用于蓝莓干制前的预处理，旨在减少表皮蜡质层的影响，促进水分迁移。化学预处理主要采用化学溶液（主要是 $Na_2CO_3$、NaOH、油酸乙酯）对新鲜蓝莓果实进行浸泡处理，通过破坏蜡质层结构的完整性来促进蓝莓内部水分由内向外扩散。尽管化学预处理能极大提高干燥速率，但干制后的蓝莓表面易残留化学物质，过量摄入会损伤人体消化装置，且处理浸泡后的化学废液也是一个棘手的问题。热处理主要为热水或蒸汽烫漂处理，通过增强蜡质层和组织的渗透性，促进水分扩散。但烫漂易导致蛋白质、矿物质等可溶性物质的流失，且高温条件易使热敏性成分尤其是花色苷物质降解。因此，发展绿色保质的新型加工技术来提高蓝莓干制效率和品质以及食品安全性是势在必行的。

为此，刘子良等探究真空脉动干燥蓝莓研究发现：如图 9-32 所示，在不同干燥温度下，蓝莓真空脉动干燥所需时间为 532~1008min，比热风干燥（65℃，3m/s）用时短。在相同干燥温度（65℃）下，蓝莓真空脉动干燥（脉动比为 15min：4min）所需时间比热风干燥缩短了 32.14%。基于 Weibull 分布函数计算的蓝莓在真空脉动干燥过程中的水分有效扩散系数为（1.109~2.230）$\times 10^{-10} m^2/s$，干燥活化能为 37.342kJ/mol。Weibull 模型与 Page 模型均能很好地模拟出蓝莓的真空脉动干燥过程。

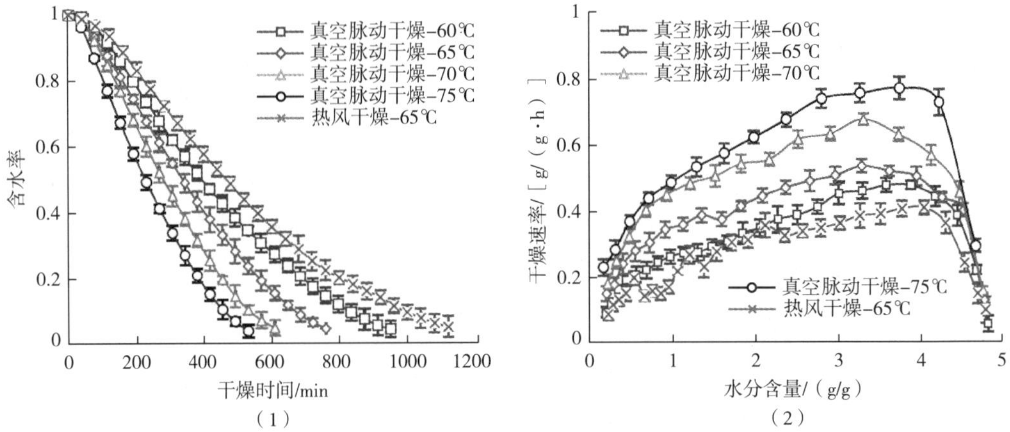


图 9-32 不同干燥温度对蓝莓干燥水分比变化（1）和干燥速率（2）的影响

如图 9-33 所示，蓝莓表皮细胞壁在真空脉动干燥过程中发生了严重的扭曲现象，相比于热风干燥，真空脉动干燥能更大程度地破坏细胞壁结构。常压与真空的交替变化改变了蓝莓内部的水分分布以及水分迁移路径，在干燥前期（4h），蓝莓中的水分由中心向果柄末端移动。与热风干燥相比，真空脉动干燥可使蓝莓内部组织在干燥脱水过程中产生的孔隙分布更均匀。在真空脉动干燥后期（8h 后），蓝莓表皮产生了微裂纹，而蓝莓在热风干燥过程中则是发生了明显的结壳现象。真空脉动干燥前中期通过改变蓝莓内部的水分分布以及组织结构来改变水分迁移路径，使大部分自由水从果柄处迁移出来，同时细胞结构完整性的破坏减少了对水分的束缚力。蓝莓表皮在干燥后期产生的微裂纹为水分由内向外扩散提供了新的通道。

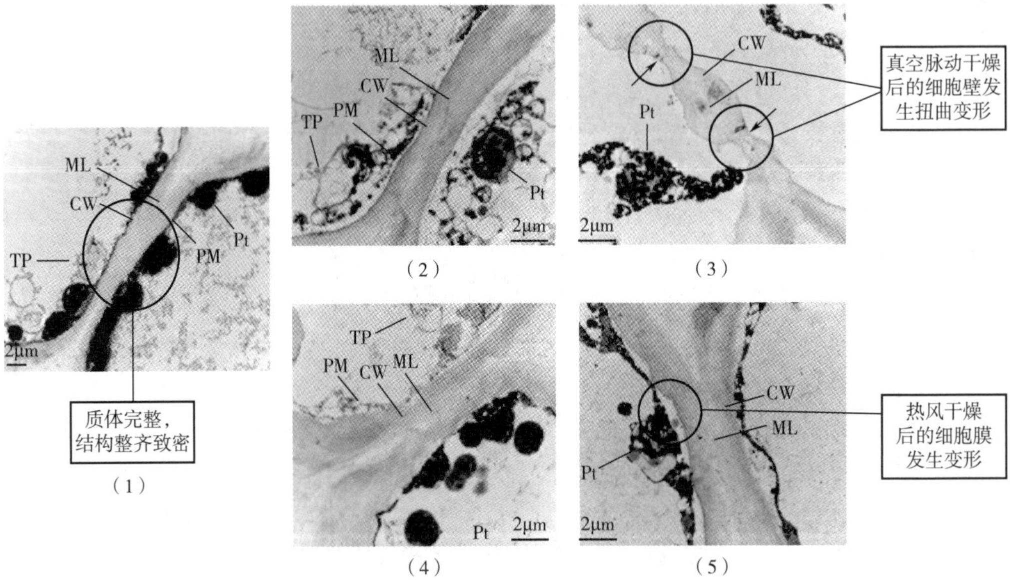


（1）0h （2）真空脉动干燥 4h （3）热风干燥 4h （4）真空脉动干燥 8h （5）热风干燥 8h

图 9-33 蓝莓表皮细胞超微结构在真空脉动和热风干燥过程中的变化

相同干燥温度下，蓝莓经真空脉动干燥后的总酚和总花青素保留率（59.6%和39.8%）均比热风干燥的保留率（31.2%和19.0%）高。如图9-34所示，真空脉动干燥过程中，蓝莓干总酚含量随干燥温度、真空保持时间均呈先升高后降低的趋势；在干燥条件为65℃、脉动比为15min：4min时干制品的总酚含量最高，为13.11mgGAE/g，比热风干燥高40%。除此之外，真空脉动干燥得到的蓝莓干制品的表皮横截面具有清晰可见的孔隙结构，复水比要比热风干燥高38.64%，具有更好的质构特性。干制品的抗氧化活性随干燥温度的升高或真空保持时间的延长呈现先增大后减小的趋势，常压保持时间的延长会明显降低1,1-二苯基-2-三硝基苯肼（DPPH）和铁离子还原/抗氧化能力（FRAP）值，两者与总酚、总花青素含量呈显著正相关（$P<0.05$）。不同真空脉动干燥条件对蓝莓干制品的$L^*$、$a^*$、$b^*$和$\Delta E$没有太大影响。

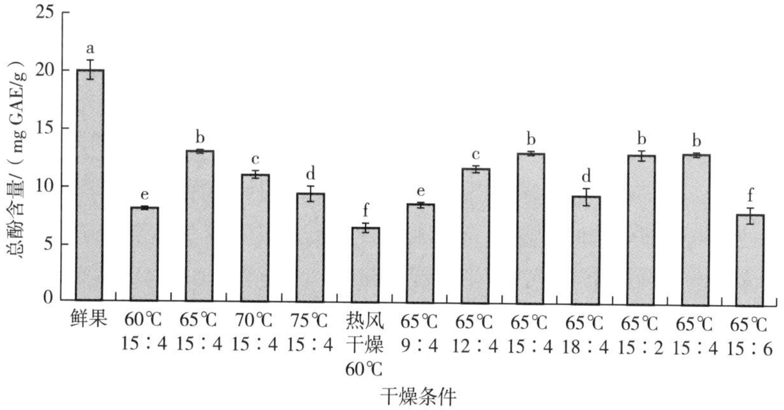


图9-34　不同干燥条件下蓝莓的总酚含量

根据Duncan检验，图中不同字母表示差异显著（$P<0.05$）。比值为脉动比，单位为min。

基于层次分析法得到总酚含量、总花青素含量、铁离子还原能力、干燥时间、咀嚼性、复水比的权重分别为0.16、0.28、0.16、0.16、0.06、0.09和0.09。将试验所得数据组用于极限学习机的模型训练、测试，确定隐含层的神经元个数为9，其训练与测试过程得到的决定系数、均方根误差值分别为0.9838和$1.176\times10^{-3}$、0.9827和$1.309\times10^{-3}$。结合粒子群优化算法，通过全局寻优得到蓝莓真空脉动干燥最佳工艺为干燥温度66℃、真空保持时间15min、常压保持时间3min。经试验验证，得总酚含量为13.50mgGAE/g、总花青素含量为2054.5mgCy-3-G/kg、DPPH值为21.6mmolTrolox/g、FRAP值为35.8mmolTrolox/g、干燥时间为753min、复水比为4.54、咀嚼性为1.90 mJ，综合评分为0.9277，与预测值的相对误差为1.87%。最佳真空脉动干燥工艺下得到的蓝莓干在不同贮藏条件下加速贮藏72d后，总酚含量、总花青素含量和抗氧化活性显著降低。真空脉动干燥对蓝莓表皮结构的破坏使其在相同贮藏条件下，要比热风干燥的蓝莓的总酚含量、总花青素含量、抗氧化活性降解速率更快，干制品在加速贮藏后的营养组分保留率均比热风干燥的更低。蓝莓干表面色泽参数$L^*$、$a^*$和$b^*$的变化幅度均较小。避光-真空包装条件能有效减少蓝莓总酚含量、总花青素含量和抗氧化活性在贮藏过程中的降低。该研究从宏观与微观角度揭示了真空脉动干燥提高蓝莓干燥速率与品质的机制，并明确了真空脉动干燥对蓝莓干制品贮藏稳定性的影响，为蓝莓绿色保质加工方法的开发以及产品保质期的延长提供了理论基础与技术支持。

## 四、酥脆枣片

天然果蔬脆片是指将新鲜果蔬作为原料，通过一定的脱水技术加工成的一种酥脆性天然食品，是果蔬的深加工产品之一。因其能够较好保持原有食品的色、香、味并赋予食品松脆的口感，加之易于携带、食用方便，成为深受消费者尤其是青少年喜爱的休闲健康类食品。

红枣种植面积的扩大和产量的提高促进了红枣加工企业的大量涌现，但与迅猛发展的种植业相比，其加工水平与技术明显发展滞后。当前我国红枣加工仍以粗加工产品居多，深加工程度不高，科技附加值低，且在加工过程中忽视了营养物质的保存，无法将资源优势转化为商品优势和经济优势。就我国目前的加工情况来看，干制仍然是我国最主要的初级加工方式，中国有95%以上的红枣都被制成干枣并以原枣为主要形式进行出售。除此之外，其他的加工产品也多是糖制类、饮料类、酿造类等传统产品，均属于简单加工，不能凸显红枣本身的营养特性和口味特色。红枣的深加工是指将干制红枣的次级产品经过加工或加入一些辅料来改变原枣状态，经过某种工艺流程制成产品的一种加工方式。近年来，伴随着消费市场的逐步升级，初级加工产品早已无法满足消费者的消费期许，他们更倾向于选择营养、绿色的深层次加工产品。特别是休闲类水果零食，已随着人们生活水平的提高和闲暇时间的不断增加越来越受到消费者青睐。面对红枣产业的过剩危机，对枣果进行再加工，开发出易被消费者接受的健康、天然、美味的红枣休闲食品必定会成为未来红枣产业的发展方向。

因此，钱婧雅等研究真空脉动干燥枣片的干燥效果发现：随着干燥时间的延长，酥脆枣片在不同真空脉动干燥温度下的水分比均呈指数形式下降，而且真空脉动干燥温度对酥脆枣片的干燥时间具有显著影响。如图9-35所示，干燥温度为80℃时，枣片所需干燥时间最短，干燥至湿基含水率为3%时只需72min。相较于干燥温度为65℃、70℃、75℃下的177min、132min、87min，枣片的干燥时间分别缩短了59.32%、45.45%和17.24%。这表明酥脆枣片的真空脉动干燥时间会随干燥温度的升高而缩短，所以适当提高干燥温度可大幅缩短枣片干燥所用时间。因为干燥温度的高低会直接影响水分蒸发速率的快慢，干燥温度升高，加快了物料表面的温度增长速率，从而促进了水分的快速蒸发与扩散，使枣片的干燥时间缩短。

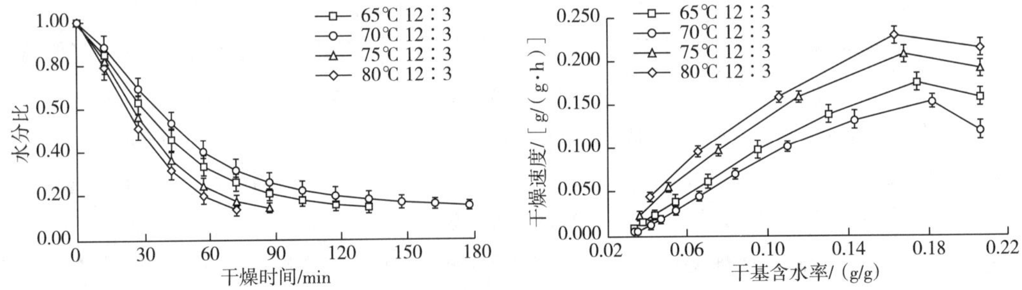


图9-35 不同干燥温度下酥脆枣片水分比和干燥速率随干燥时间和干基含水率的变化

1. 真空脉动干燥温度对酥脆枣片还原糖、总糖和可滴定酸含量的影响

将真空时间保持为12min，常压时间保持为3min，枣片还原糖、总糖和可滴定酸在不同干燥温度（65℃、70℃、75℃、80℃）下的含量如表9-4所示。真空脉动干燥温度对酥脆枣片还原糖、总糖和可滴定酸的含量有明显影响。随着干燥温度的升高，酥脆枣片中的还原糖、总糖

和可滴定酸含量呈下降趋势，且均小于新鲜红枣。这表明在干燥过程中，红枣的还原糖、总糖和可滴定酸会发生一定程度的降解。干燥温度越高，降解越严重。当干燥温度为 80℃时，枣片的还原糖含量最低，仅为 266.9g/kg 干重，这可能是因为还原糖是美拉德反应的主要产物。干制温度过高会促进还原糖与氨基酸发生美拉德反应，生成 5-甲基糠醛等褐变产物，使还原糖含量降低，这也解释了 80℃下所得枣片的褐变程度最大、色泽最差的原因。而 75℃下所得枣片的还原糖、总糖和可滴定酸含量要比 70℃下得到的枣片高，这可能是因为 75℃下枣片所需干燥时间较短，降解相对减少。

表 9-4 不同干燥温度下酥脆枣片还原糖、总糖和可滴定酸含量

| 干燥温度/℃ | 还原糖含量/（g/kg 干重） | 总糖含量/（g/kg 干重） | 可滴定酸含量/（g/kg 干重） |
|---|---|---|---|
| 鲜样 | 397.4±6.4[a] | 885.6±16.3[a] | 1378±0.08[a] |
| 65 | 353.1±3.0[b] | 855.2±3.5[b] | 11.52±0.17[b] |
| 70 | 303.7±2.3[d] | 822.3±0.9[c] | 9.61±0.06[d] |
| 75 | 343.4±2.8[c] | 829.5±1.7[c] | 9.82±0.09[c] |
| 80 | 266.9±3.2[e] | 782.7±8.9[d] | 7.81±0.13[e] |

注：根据 Duncan 检验，图中不同字母表示差异显著（$P<0.05$）。

2. 真空脉动真空保持时间对酥脆枣片还原糖、总糖和可滴定酸含量的影响

将干燥温度保持为 75℃，常压时间保持为 3min，枣片还原糖、总糖和可滴定酸在不同真空保持时间（6min、9min、12min、15min）下的含量如表 9-5 所示。真空脉动真空保持时间对酥脆枣片的还原糖与可滴定酸含量有显著性影响，但对总糖的影响并不太大。随着真空保持时间的缩短，酥脆枣片的还原糖、总糖和可滴定酸含量下降且都小于新鲜红枣。当真空保持时间为 6min 时，枣片的还原糖、总糖和可滴定酸含量最低，分别为 297.3g/kg 干重、802.1g/kg 干重和 83.0g/kg 干重。这可能是因为在此条件下的干燥时间较长，给还原糖参与美拉德反应以及总糖、可滴定酸的降解提供了条件。这表明真空保持时间的延长有利于减少还原糖和可滴定酸的损失。

表 9-5 不同真空保持时间下酥脆枣片还原糖、总糖和可滴定酸含量

| 真空保持时间/min | 还原糖含量/（g/kg 干重） | 总糖含量/（g/kg 干重） | 可滴定酸含量/（g/kg 干重） |
|---|---|---|---|
| 鲜样 | 397.4±6.4[a] | 885.6±5.3[a] | 13.78±0.08[a] |
| 6 | 297.3±1.7[e] | 802.1±1.2[c] | 8.30±0.08[d] |
| 9 | 325.5±1.0[d] | 815.1±1.5[b] | 9.00±0.05[c] |
| 12 | 343.4±2.8[c] | 829.5±1.7[b] | 9.82±0.09 b |
| 15 | 351[8]±0.6[b] | 825.1±4.9[b] | 9.84±0.05[b] |

注：根据 Duncan 检验，图中不同字母表示差异显著（$P<0.05$）。

3. 真空脉动常压保持时间对酥脆枣片还原糖、总糖和可滴定酸含量的影响

将干燥温度保持为 75℃，真空时间保持为 12min，枣片还原糖、总糖和可滴定酸在不同常

压保持时间（2min、3min、4min、5min）下的含量如表 9-6 所示。随着常压保持时间的延长，酥脆枣片的还原糖和总糖含量均呈下降趋势，但差异并不显著。在 4 个常压保持时间下，枣片的可滴定酸含量并无明显差异，可见真空脉动常压保持时间对酥脆枣片还原糖、总糖和可滴定酸含量没有太大影响。这可能是因为枣片在不同常压保持时间下所需干燥时间基本相同，从而使还原糖、总糖和可滴定酸维持在近似等同的水平。

表 9-6 不同常压保持时间下酥脆枣片还原糖、总糖和可滴定酸含量

| 常压保持时间/min | 还原糖含量/(g/kg 干重) | 总糖含量/(g/kg 干重) | 可滴定酸含量/(g/kg 干重) |
|---|---|---|---|
| 鲜样 | 397.4±6.4[a] | 885.6±5.3[a] | 13.78±0.08[a] |
| 2 | 344.6±2.1[b] | 826.4±1.1[a] | 9.86±0.08[bc] |
| 3 | 343.4±2.8[b] | 829.5±1.7[b] | 9.82±0.09[bc] |
| 4 | 333.0±1.2[c] | 827.3±0.9[b] | 9.77±0.07[c] |
| 5 | 329.3±0.6[c] | 814.4±5.0[b] | 9.83±0.05[b] |

注：根据 Duncan 检验，图中不同字母表示差异显著（$P<0.05$）。

## 五、蒜片

由于大蒜瓣特定的组织结构，其表面覆盖着一层具有保护性的蜡质层薄膜，在一定程度上阻绝了水分与环境的传热传质。大蒜组织本身固水性较强，并含有丰富的碳水化合物，主要是多糖，其中果聚糖含量最高，而且大蒜多糖具有较强的保水性能。研究表明，大蒜多糖的吸湿能力和保湿能力在一定条件下要高于甘油。因此，大蒜的物理结构与化学组成对大蒜的干燥加工造成了一定的困难。在大蒜干燥加工的实际生产中，一般将大蒜瓣切成薄片，多采用履带式热风循环加热对蒜片进行干燥。作业时，易造成干燥不均，且大蒜干制品的品质劣变较为严重。在色泽品质方面，大蒜干燥时易发生褐变，使得大蒜片干制品呈黄棕色。与干燥前相比，色泽变化明显，而 GB 8861—1988《脱水 大蒜》要求优质蒜片为乳白色，色泽劣变使得蒜片的商品性下降。在营养成分方面，大蒜素的保留率较低，由于蒜氨酸酶属热敏性酶，对热不稳定，在实际生产中，热风干燥温度通常维持在 80℃以上，蒜片长时间置于高温环境中，易造成蒜氨酸酶活性降低，导致大蒜干燥后风味物质损失严重。目前，国内外对于大蒜干燥加工的研究往往不够深入，虽然不同的干燥方式在一定程度上改善了大蒜干制品的品质，但不能与工业生产相结合，在促进大蒜干制品产业发展方面起到的作用有限。

不同的干燥方式各有优势与不足：工业生产中易于应用的，干燥效果不佳；干燥效果较好的，不易进行实际生产应用，即不同干燥方式均不能较好地满足干燥效果与工业应用的统一。因此，研究一种新型的大蒜干燥技术，既能获得良好的干燥品质，又在实际生产中具有可推广性，对推动大蒜加工产业进步具有重要意义。

1. 红外板温度对蒜素含量的影响

在真空保持时间 6min、蒜片厚度 2mm 的条件下，不同红外板温度（55℃、60℃、65℃、70℃）下的蒜素含量如图 9-36 所示。红外板温度对蒜素含量有显著影响（$P\leqslant0.05$）：随着温度的升高，蒜素含量先减少后增加。在 55℃的情况下，蒜素含量最高，这是因为生成蒜素的前

体物质蒜氨酸酶是热敏性酶。在55℃的低温环境下，酶活性得以较好地保留，从而干燥后的蒜素含量最高；随着温度的升高，酶活性降低，蒜素含量减少。而在70℃的条件下，干燥速率显著提升，物料内部水分活度降低，较低的水分活度提高了蒜氨酸酶的失活温度，蒜素含量从而有所增加。

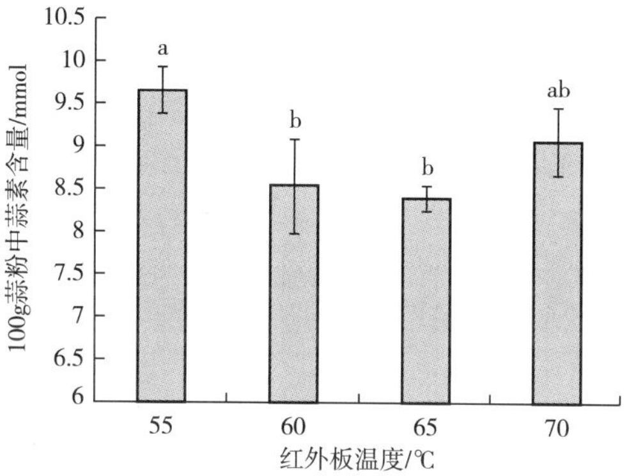


图9-36 不同红外板温度下的蒜素含量

根据Duncan检验，图中不同字母表示差异显著（$P<0.05$）。

2. 真空保持时间对蒜素含量的影响

在红外板温度65℃、蒜片厚度2mm的条件下，不同真空保持时间（6min、9min、12min、15min）下的蒜素含量如图9-37所示。蒜素含量在15min的实验条件下最高，且明显高于其他试验条件（$P\leqslant0.05$）。真空保持时间6~12min时蒜素含量较低，且无显著差异。这可能是因为在真空保持15min的情况下，蒜片处于真空环境的时间相对较长，既削弱了空气中的氧化反应对蒜氨酸酶的影响，又减少了蒜片在高温环境中的时间。

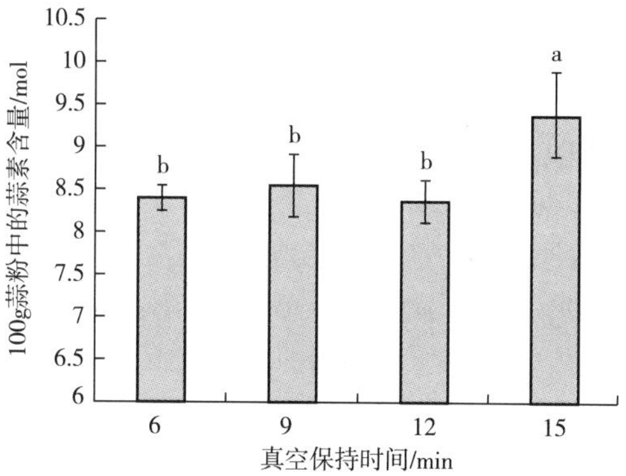


图9-37 不同真空保持时间的蒜素含量

根据Duncan检验，图中不同字母表示差异显著（$P<0.05$）。

3. 不同试验条件对蒜片复水比的影响

复水是指干燥物料吸收水分复原的过程，复水比的值越高，说明干燥过程对物料组织结构的破坏程度越小。蒜片在不同单因素试验条件下的复水比如图9-38所示。经方差分析得出，红外板温度与切片厚度对蒜片复水比影响不大（$P \geq 0.05$），而真空保持时间对复水比有显著影响（$P \leq 0.05$）。在60~70℃时，蒜片复水比较高，复水性能较好；随着真空保持时间的延长，蒜片复水比升高，特别是蒜片在真空保持时间为15min时的复水比明显高于其他真空保持时间。这可能是因为较长的真空保持时间有利于蒜片内部孔道结构的形成，从而增强了蒜片干燥后的复水性。当蒜片厚度为3~4mm时，蒜片干燥后的复水比较高，说明适当增加蒜片厚度有利于保证干燥过程中蒜片内部细胞与组织结构的完整程度。

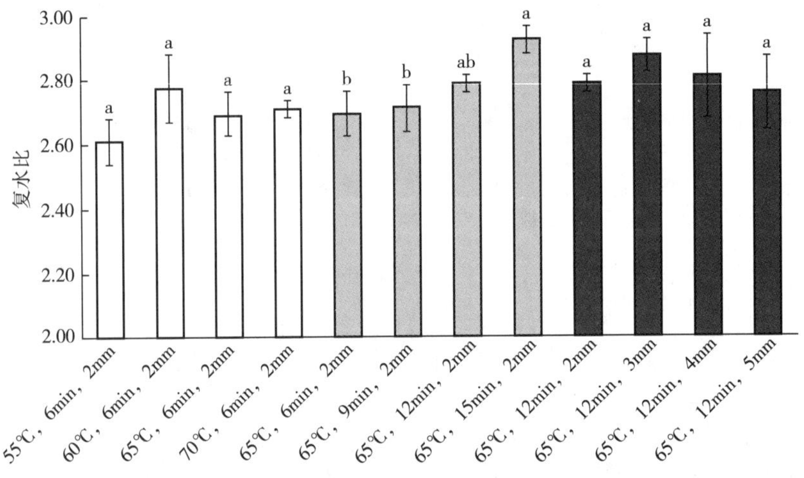


图9-38　不同单因素试验条件下蒜片的复水比

根据Duncan检验，图中不同字母表示差异显著（$P<0.05$）。白色代表不同温度，灰色代表不同时间，黑色代表不同厚度。

## 六、南瓜片

南瓜又称金瓜、倭瓜等，是夏秋两季的重要瓜菜，在全世界广泛种植。南瓜营养丰富，除了含有淀粉、还原糖、氨基酸、维生素及矿质元素等营养元素外，还富含大量的胡萝卜素、南瓜籽碱、葫芦巴碱和果胶等生理活性物质，具有治咳止喘、助消化、防治糖尿病等保健作用。南瓜是一种季节性蔬菜，一般于8—9月集中收获、上市。南瓜含水率很高，容易腐烂变质造成经济损失，即使在低温环境下也无法长期贮藏。干燥是南瓜的重要加工方式，不仅能极大地延长保质期，其干制品也可作为原料进一步加工成其他产品。目前，热风干燥是南瓜最常见的干燥方式，其相关研究也比较多。热风干燥操作简单、易于控制，但也存在干燥时间较长、褐变严重、营养成分流失大等问题。近年来，一些新的干燥技术如超声-远红外辐射、微波、真空-微波等技术开始运用于南瓜干燥研究并取得了较好的进展。红外干燥法具有物料升温快、干燥效率高的特点，但难以对干燥温度进行准确控制，导致物料在干燥后期品质劣变严重。此外，同一物料由于正反面接收能量的差异也会造成干燥不均匀。微波干燥具有很高的加热速率，但在干燥后期，由于物料内部水分不均匀使其对微波能量吸收产生差异，容易造成物料局部烤焦和品质不佳。因此，探索一种新型的南瓜干燥加工技术以提高干燥效率和品质，是非常有意义的。

针对南瓜片干燥不均匀等问题，白竣文等利用真空脉动干燥技术开展了一系列的研究。由图9-39可知，在真空保持时间（VD）为10min，常压保持时间（AD）分别为3min、5min、

7min 和 9min 的条件下，南瓜达到目标含水率的时间约为 372min、378min、359min、352min，常压保持 9min 所需干燥时间最短。经统计分析可知，常压保持时间 7min 和 9min 下所需干燥时间显著少于常压保持时间为 3min 和 5min 的（$P<0.05$）。由图 9-39 可知，不同常压保持时间下的南瓜干燥速率随着干燥的进行逐渐降低，没有恒速干燥阶段，整个过程属于典型的降速干燥。大多数农产物料的干燥都属于降速干燥，这是由于水分在物料内部扩散速率低于表层蒸发速率。根据干燥总时间和压力脉动参数，计算出常压保持时间分别为 3min、5min、7min 和 9min 时，真空泵完成干燥过程所需运行时间约为 286. 15min、252. 00min、211. 18min、185. 26min。在试验范围内，虽然 9min 常压保持条件下的干燥时间比 3min 仅缩短约 5. 38%，但真空泵在整个干燥过程中的运行时间比 3min 缩短约 35. 26%，大幅减少了真空泵的运行时间，节省了能源。

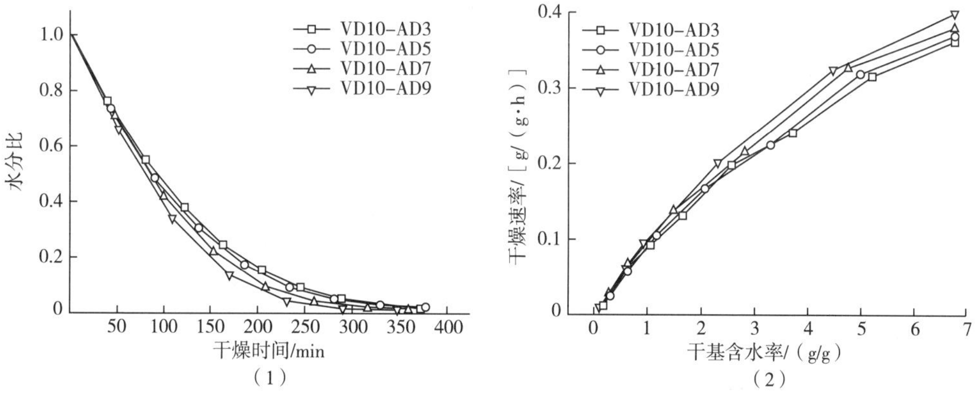


图 9-39　水分比随干燥时间（1）和干燥速率随干基含水率（2）的变化

水的沸点在真空条件下会大幅降低，因此与常压干燥相比，真空干燥具有更高的效率。但试验得到的结论却是物料处于真空环境的相对时间越长其干燥效率反而越低。为了探究常压保持时间对干燥的影响，以南瓜中心温度为指标来表征干燥过程中的传热传质。南瓜中心温度在常压保持时间为 3min 和 9min 时的变化如图 9-40 所示。南瓜首先经过约 12min 的预热阶段从室温升高至约 37. 5℃；然后随着干燥的进行，南瓜中心温度总体呈波动上升趋势；干燥完成以后，南瓜中心的最终温度为 55. 0~57. 5℃，低于加热板温度（60℃）。与热风、红外等干燥方式不同，南瓜经真空脉动干燥后其中心温度并不是稳定上升，而是随着干燥室内的压力变化呈现出“脉动式”的高低变化。其特点是：真空保持时间内，南瓜中心温度随着干燥的进行不断降低；恢复至常压后，南瓜中心温度快速升高；南瓜中心温度在干燥前中期的脉动变化幅度（5~11℃）要明显大于干燥后期的变化幅度（小于 5℃）。南瓜中心温度呈现“脉动式”变化的原因分析：真空状态下，南瓜中的水分发生剧烈的汽化，使南瓜温度下降；当压力恢复至常压后，水的沸点迅速升高，汽化速率变得十分缓慢，吸收热量很少，物料温度在加热板的作用下持续升高。由图 9-40 可知，在干燥前中期，常压保持时间为 9min 时的温度上升幅度（约 10. 5℃）大于常压保持时间为 3min 时的上升幅度（约 6. 5℃）。所以在相同的真空保持时间和干燥温度条件下，常压保持时间决定物料在真空状态结束后的升温幅度，常压保持时间越长升温幅度就越大。因此，采用较长的常压保持时间，不仅能大幅减少真空泵运行时间，还能使物料在真空泵暂停时获得较高的中心温度，有利于物料在环境压力切换到真空状态时获得较高的干燥速率。

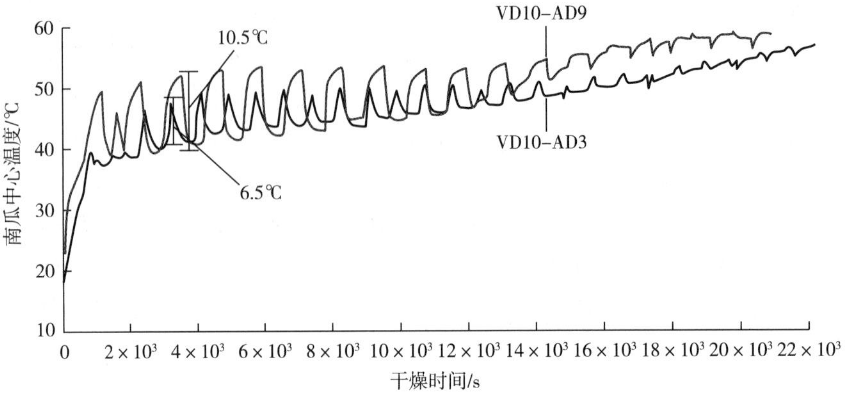


图 9-40 常压保持时间 3min 和 9min 条件下南瓜中心温度变化

根据预实验，选取干燥温度 60℃、切片厚度 7mm、常压保持时间 9min，研究南瓜在不同真空保持时间下的干燥水分比曲线和干燥速率曲线（图 9-41、图 9-42）。由图 9-41 可知，在真空保持时间分别为 5min、10min、15min 和 20min 的条件下，南瓜达到目标含水率的时间约为 398min、352min、361min、362min。真空保持时间为 10min 时所需时间最短，与真空保持时间 5min 有显著性差异（$P<0.05$），而与真空保持时间 15min 和 20min 没有显著性差异。如图 9-42 所示，真空保持时间为 10min、15min、20min 时，南瓜干燥速率随干燥的进行逐渐降低，整个干燥过程属于降速干燥；当真空保持时间为 5min 时，南瓜在干燥前期存在升速干燥阶段，在干基含水率为 8g/g 后则进入降速干燥阶段直至干燥结束。根据干燥总时间和压力脉动参数，可计算出在真空保持时间分别为 5min、10min、15min 和 20min 的条件下，真空泵完成整个干燥过程的运行时间约为 142.14min、185.26min、225.62min、249.66min。虽然在真空保持时间为 10min、15min 和 20min 的情况下，南瓜的干燥时间没有明显差异，但由于压力脉动参数的不同，真空泵在真空保持时间为 10min 时的运行总时间比常压保持时间 20min 时缩短了约 25.80%。

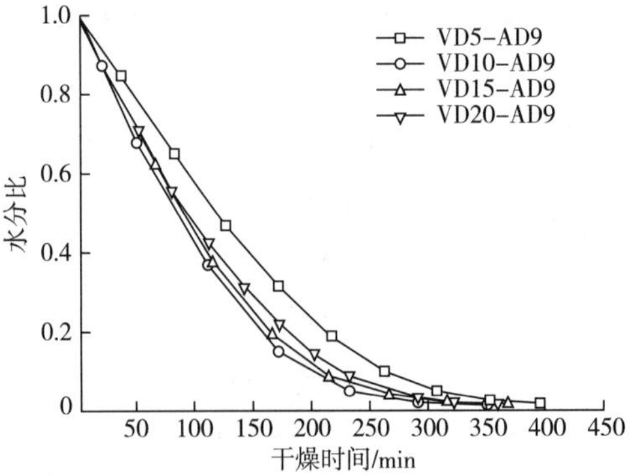


图 9-41 水分比随干燥时间的变化

由图 9-42 可知，当南瓜干基含水率在 2g/g 以下时，不同真空保持时间下的南瓜干燥速率几乎重叠。干燥速率的差异主要集中在从新鲜到干基含水率为 2g/g（南瓜水分比约为 0.22）这

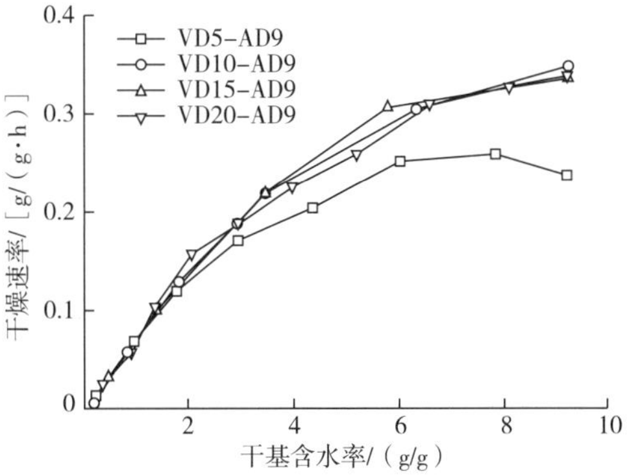


图 9-42　干燥速率随干基含水率的变化

个过程，即从初始到干燥时间约为 200min 的过程。在真空保持时间 10min 的条件下，南瓜在真空环境下的温度变化可分为两个阶段：温度迅速下降段，下降幅度为 10~12℃，时间持续约 4min；恒温段或缓慢变化段，持续时间约 6min。在第一阶段，经过常压阶段的升温后期，物料中心温度较高，当物料切换到真空状态后其水分迅速汽化并吸收了大量的热量，导致温度快速下降；第二阶段，由于物料中心温度和脱水速率下降，脱水过程吸收的热量约等于加热板传导的热量，即物料维持恒温或缓慢变化状态。在恒温段，物料吸收的热量全部用于水分蒸发，水分直线降低，干燥速率维持在较高水平。在真空保持时间为 5min 时，由于真空时间较短，温度的下降主要集中在第一阶段，缺少恒温段或缓慢下降段。在该条件下，虽然可以保持较快的脉动频率，但由于缺少恒温段，使得整体干燥速率偏低。因此，综合干燥效率和真空泵运行时间，南瓜干燥较优的压力脉动参数是：真空保持时间 10min，常压保持时间 9min。

如图 9-43 所示，在干燥温度分别为 50℃、55℃、60℃和 65℃的条件下，南瓜到达目标含水率的时间约为 533min、412min、352min、232min，温度为 65℃时所用干燥时间比温度为 50℃时缩短约 56.47%。经统计学分析可知，各温度下所用干燥时间有显著性差异，提高干燥温度能大幅缩短干燥时间，提高干燥效率。如图 9-44 所示，南瓜的干燥速率随干燥的进行逐渐降低，整个过程属于降速干燥，南瓜的干燥速率从高到低依次为：干燥温度 65℃>60℃>55℃>50℃。对于真空干燥而言，干燥温度也是影响干燥效率的重要因素。本试验所用的干燥装置其真空度可达 9kPa 左右，南瓜水分（以纯水记）沸点在 45℃左右，温度越高其沸腾越剧烈，干燥速率也越快。当干燥温度为 65℃时，虽然所需干燥时间最短，但南瓜会产生较严重的褐变并产生不良风味。因此，综合干燥效率和产品的感官品质，选取 60℃作为干燥温度。

## 七、茯苓丁

茯苓是一种药食两用的中药材，常寄生于松树根部，其菌核可入药。新鲜采集的茯苓必须经炮制加工后才可食用。茯苓去除褐色外皮后，内部质地洁白的部分称为“茯苓个”。新鲜茯苓和茯苓个如图 9-45 所示。中医认为，茯苓具有利水渗湿、健脾健胃等重要功效，其早在南北朝时就有人工种植的记载。

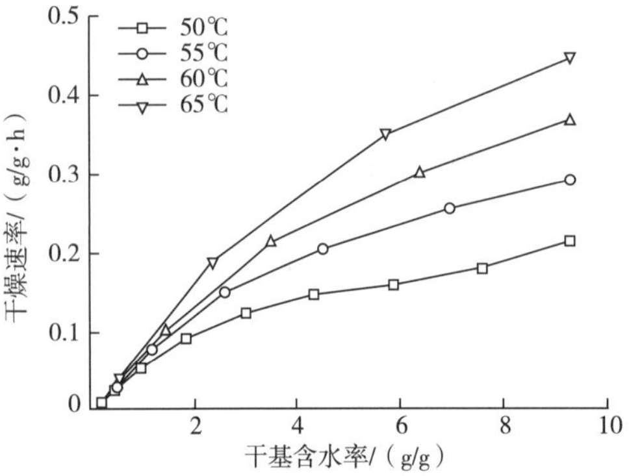


图 9-43 不同温度下干燥速率随干基含水率的变化

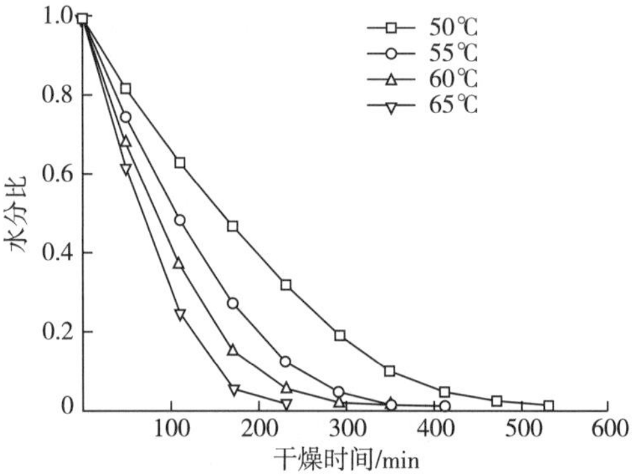


图 9-44 水分比随干燥时间的变化

（1）　　（2）

图 9-45 新鲜茯苓（1）和茯苓个（2）

新鲜茯苓不易储存。干燥合格的茯苓产品其湿基含水率通常低于 13%，这能有效抵制微生物的生长和霉变并避免茯苓多糖等有效成分的降解损失。茯苓种植区域多为丘陵且气候潮湿多雨，采摘季节集中，通常为 1 月左右。新鲜茯苓的初始湿基含水率约为 50%，内部含水率较高，如遇阴雨连绵的天气，容易产生霉变和腐烂，失去药用价值。即使天气较好，若采摘后不及时加工，新鲜茯苓的褐色表皮在室温条件下也会因快速失水而引起茯苓内部的龟裂，而且其缝隙中常滋生霉菌，不利于后期切制。目前，新鲜茯苓主要通过冷藏、冷冻来延长保质期，但效果不佳。在冷藏（1~5℃）、冷冻（-20℃）条件下，茯苓多糖和三萜含量在贮藏前三个月迅速下降。因此，如何在较短的时间内高效率、高质量地处理好这些难得的药材原材料，是生产者迫切关注的问题。而存储新鲜茯苓最好的方法就是能够在短时间内将其加工、切制并干燥到安全含水率以下，进而快速、有效地生产出品质、等级皆上等的茯苓产品。综上所述，茯苓的烦琐加工流程的主要目的是在保证品质的前提下，快速有效地获得外形完整的茯苓产品。各个加工环节的作用有很大不同：发汗环节决定茯苓物料的初始状态，切制环节决定茯苓物料的外观形态，干燥环节则直接决定产品的品相等级与市场价格。茯苓能否被及时干燥也直接决定生产者的最终经济效益，但现有的茯苓干燥加工技术和手段存在着很多问题：自然晾晒耗时耗力，需进行后期人工处理；茯苓干燥工艺参数不清晰，缺乏有效的干燥技术和装备；干燥不当容易导致品质劣变。针对上述问题，张卫鹏等利用真空脉动干燥技术对茯苓的干燥开展了一系列的研究。

1. 干燥条件对茯苓水溶性多糖含量的影响

不同干燥条件对茯苓水溶性多糖的影响如图 9-46 所示。图 9-46（1）显示茯苓水溶性多糖含量在 55~75℃条件下为 22.20~30.27mg/g；在 55~65℃时，水溶性多糖含量随温度升高而增加，但在 65~75℃时则相反。而且高温烘干易使茯苓带有“火性”，中药学认为“火性”会影响茯苓的排湿利尿等药效作用，这可能与温度过高导致其有效成分降低有关。干燥温度过高，容易破坏多糖结构并引起多糖的氧化降解，也不利于多糖的提取。但提高干燥温度可显著缩短干燥时间，所以干燥温度的选择应综合考虑干燥效率、茯苓破碎率等品质指标。

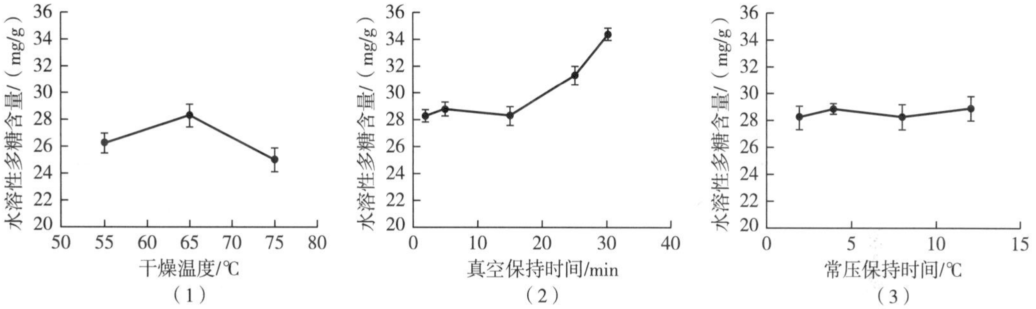


图 9-46　不同干燥条件对茯苓水溶性多糖含量的影响

图 9-46（2）所示为茯苓水溶性多糖含量在不同真空保持时间下为 28.27~34.34mg/g。在相同干燥温度下，真空保持时间为 25min 以及恒真空干燥时的茯苓有效成分含量偏高。可能是因为长时间的真空能有效减少茯苓丁与氧气的接触时间，避免多糖氧化降解。真空保持时间为 2~15min 时，水溶性多糖含量类似。这表明在试验参数范围内，常压时间主要影响茯苓丁的总干燥时间。综合分析可知，茯苓丁真空脉动干燥温度为 55~75℃，真空保持时间大于 2min，常压保持时间为 2~12min 时，产品品质均符合国家标准要求，而且适宜的干燥温度和长时间的真空环境有助于茯苓水溶性多糖含量的增加。

2. 干燥过程中茯苓质构特性参数变化

真空脉动干燥技术下茯苓丁体积收缩图像和热风干燥过程茯苓丁收缩图像分别如图 9-47、图 9-48 所示。真空脉动干燥时，茯苓丁形态完整，收缩均匀。而在热风干燥技术下，当水分比为 0.82 时，茯苓丁就已经出现裂纹，裂纹在干燥后期逐渐加深并固化。结果表明，真空脉动干燥技术有利于茯苓丁外形的维持。此外，干燥技术不同，茯苓丁的外形结构也会存在明显差异。

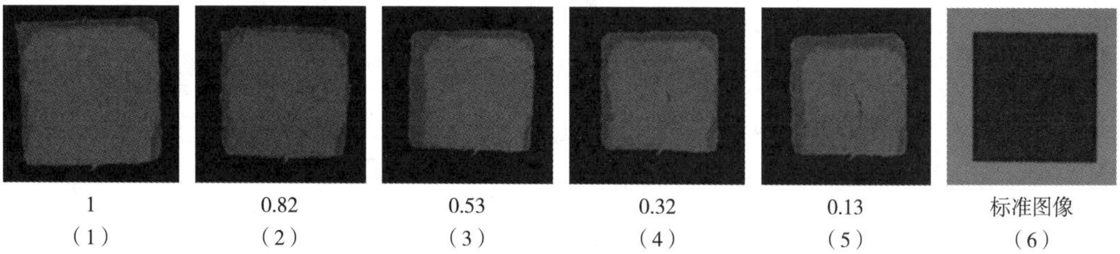


图 9-47　真空脉动干燥中的茯苓丁收缩图像

干燥温度 65℃，真空保持时间 15min，常压保持时间 4min，箱体外部环境温度约为 18℃，单位面积装载量 8kg/m²。（1）、（2）、（3）、（4）、（5）分别对应水分比为 1、0.82、0.53、0.32、0.13 时的图像，（6）为 10mm×10mm 的标准图像。

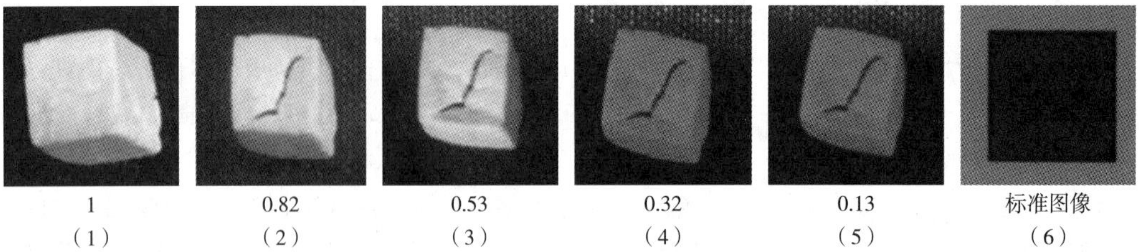


图 9-48　热风干燥中的茯苓丁收缩图像

热风干燥温度 65℃，单位面积装载量 8kg/m$^2$。（1）、（2）、（3）、（4）、（5）分别对应水分比为 1、0.82、0.53、0.32、0.13 时的图像，（6）为 10mm×10mm 的标准图像。

真空脉动红外干燥时，茯苓丁质构参数随水分比的动态变化对应图 9-49 中曲线 a、b、c、d、e，其载荷加载曲线分别如图 9-49 中曲线 a~e 所示。$F_a$~$F_e$ 表示茯苓丁在该水分比下对应的“硬度”，但该值还不足以完全表征茯苓丁的物理特性。用虚线连接起点和 $F$ 值，虚线与 X 轴之间的夹角称为“硬度角”，是表征硬度的另一个参数。该值越大，载荷上升就越快。只有“硬度”和“硬度角”都比较大时，才能说明茯苓丁质地坚硬。茯苓丁未干燥时，含水率高且质地酥软，加载曲线如图 9-49 曲线 a 所示。随着加载位移的增加，逐渐达到物料能承受的载荷极限，在最大值 $F_a$ 后，茯苓丁破碎。图 9-49 曲线 b 的加载曲线较为特殊，载荷随着位移的增大逐渐增大，中间并未出现最大值，并一直达到质构仪的加载极限，此处 $F_b$ 为 500N。这是因为在干燥前期，茯苓丁含水率高，脱水主要集中在物料表面，但表层的固化不足以显著增加物料硬度。同时在真空脉动干燥时，物料温度低于 45℃时，温度梯度越低，茯苓丁体积越收缩；但物料温度如从 45℃逐渐升高，茯苓丁由刚开始的脆性状态逐渐变为黏性状态。由图 9-49 曲线 b 对应的茯苓丁压缩图片可看出，物料只是被“压扁”，并未出现破损现象。随着茯苓丁进一步脱水，茯苓丁表面也开始进一步硬化，茯苓丁逐渐由黏性状态变为脆性状态。图 9-49 曲线 c 出现明显的峰值 $F_c$，但由于此时物料含水率依然较高，所以硬度载荷也较小，约为 220N。当茯苓丁继续脱水时，加载载荷如图 9-49 曲线 d 所示。在加载位移小于 2mm 时就已经达到了质构仪 500N 的载荷极限，说明茯苓丁此时的形态已经完全固化，硬度也最大。由图 9-49 曲线 d 可看出，此时的茯苓丁外形完整。若茯苓丁继续脱水干燥，加载曲线如图 9-49 曲线 e 所示。这

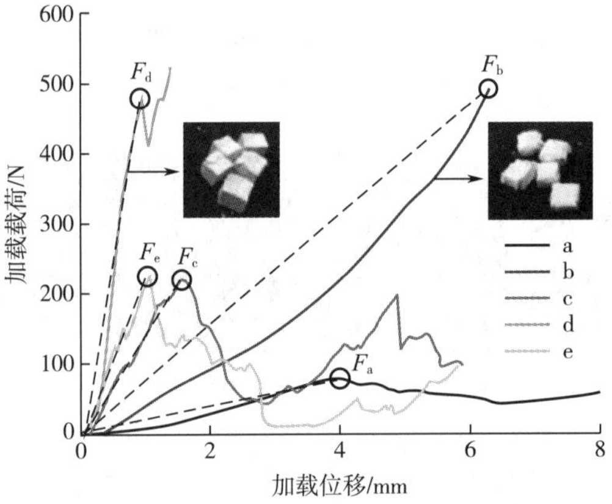


图 9-49　茯苓丁不同水分比下的加载曲线

是因为在茯苓丁干燥后期，相比其表层，茯苓丁芯部的含水率依然较高，而茯苓丁外层已经完全固化，无法继续收缩。外层与芯部互相拉扯，中心出现缝隙，表面出现“翘壳”。加载试验时，茯苓丁在外界载荷的作用下，边角的突起会首先破碎，在与芯部裂缝的共同作用下，茯苓丁的硬度降低。

因此，在真空脉动干燥过程中，茯苓丁的硬度增加与含水率的升高并非简单的线性关系，而是含水率、物料温度综合作用的结果。将各个阶段的最大载荷 $F$ 和对应的“硬度角”作图，可以看出茯苓丁破碎应力与物料水分比之间呈波动变化趋势。在水分比为 0.8 和 0.3 处呈现出两个应力突出点，即 $F_b$ 点和 $F_d$ 点。

## 八、三七

三七是一种传统的中草药，主要生长在中国西南部、缅甸和尼泊尔，具有抗高血压、抗血栓、抗动脉粥样硬化等功效。新鲜三七含水率高，很容易增强酶促和非酶促反应，导致产品质量迅速恶化，药用和商业价值降低。干燥是生产三七产品的重要步骤，它可以延长保质期，抑制微生物生长繁殖并减少水分介导的恶化反应。但另一方面，干燥工艺可能会影响三七的质量，如颜色和营养变质，或补水能力差。自然晾晒与热风干燥等常规干燥方法已广泛应用于三七之中，具有资金投入低、操作简单等优点。但是这些方法都存在着严重的缺点。自然晾晒被认为是一种干燥不均匀且耗时的过程，通常需要 2 周或 3 周，并且产品在没有阳光照射时容易重新吸附水分。而且长时间暴露在太阳辐射下，可能会导致产品颜色变差。热风干燥又可能会使物料收缩、颜色变质、营养价值丧失以及补液能力差。此外，三七中膳食纤维含量高，密度大，这会阻碍干燥过程中水分的扩散。因此，适宜的干燥方法和最佳的干燥条件对于提高干燥效率和品质非常重要。与热风干燥的样品相比，冷冻干燥的三七具有良好的颜色和最小的药用成分变化。然而，冷冻干燥的高成本阻碍了该技术的大规模应用。因此，探索新型的并适用于三七这种特殊中药材的干燥技术尤为重要。

针对上述不足，姜大龙等利用真空脉动干燥技术探究了不同条件对三七品质的影响。在不同干燥条件下，三七中皂苷 $R_1$、皂苷 $R_{g1}$、皂苷 $R_e$、皂苷 $R_d$、皂苷 $R_{b1}$ 与三七皂苷（PNS）的含量见图 9-50。干燥温度对皂苷 $R_{g1}$ 和 PNS 的含量有显著影响。随着真空脉动的干燥温度从 55℃升高到 75℃，皂苷 $R_{g1}$ 和 PNS 的含量先升高后降低。造成这种现象的原因可能是 PNS 对热敏感，在较低温度（即 55℃或 60℃）下长时间干燥以及在较高温度（即 70℃或 75℃）下短时间干燥会水解。当样品在 65℃和真空与常压保持时间比（PVR）为 9min：16min 条件下干燥时，皂苷 $R_{g1}$ 和 PNS 的含量高于在 60℃下用热风干燥的样品。真空干燥温度也在很大程度上影响皂苷 $R_1$、皂苷 $R_e$ 和皂苷 $R_d$ 的含量。随着温度从 55℃升高到 75℃，皂苷 $R_1$ 和皂苷 $R_e$ 的含量先升高后降低［图 9-50（1）］。皂苷 $R_{b1}$ 和皂苷 $R_d$ 的含量随着真空干燥温度的升高同时降低。真空干燥温度与皂苷 $R_{b1}$ 含量（$r=-1$）和皂苷 $R_d$ 含量（$r=-0.94$）呈负相关。三七皂苷通常分为两类，即中性（包括皂苷 $R_{b1}$、皂苷 $R_e$、皂苷 $R_{g1}$ 等）和酸性（包括皂苷 m-$R_{b1}$、皂苷 m-$R_c$、皂苷 m-$R_d$ 等）。事实上，在一定的干燥条件下，皂苷 m-$R_{b1}$ 可以转化为皂苷 $R_{b1}$，皂苷 m-$R_c$ 可以转化为皂苷 $R_c$。此外，皂苷 $R_{b1}$ 还可热降解为其他物质。在干燥过程中，皂苷 $R_1$ 和 PNS 的含量明显降低。在不同的真空时间中，三七的皂苷 $R_1$、皂苷 $R_e$、皂苷 $R_d$ 和皂苷 $R_{b1}$ 的含量没有太大差异［图 9-50（2）］。在加热处理过程中，天然存在的主要皂苷被去糖基化或脱水，成为次生皂苷。此外，在不同的环境压力保持时间下，三七的皂苷 $R_1$、皂苷 $R_{g1}$、皂苷

$R_e$、皂苷 $R_d$ 和皂苷 $R_{b1}$ 在真空干燥过程中的含量没有显著差异［图 9-50（3）］。然而，在真空干燥期间于不同的环境压力下观察到了皂苷含量的显著差异（$P<0.05$）［图 9-50（3）］。

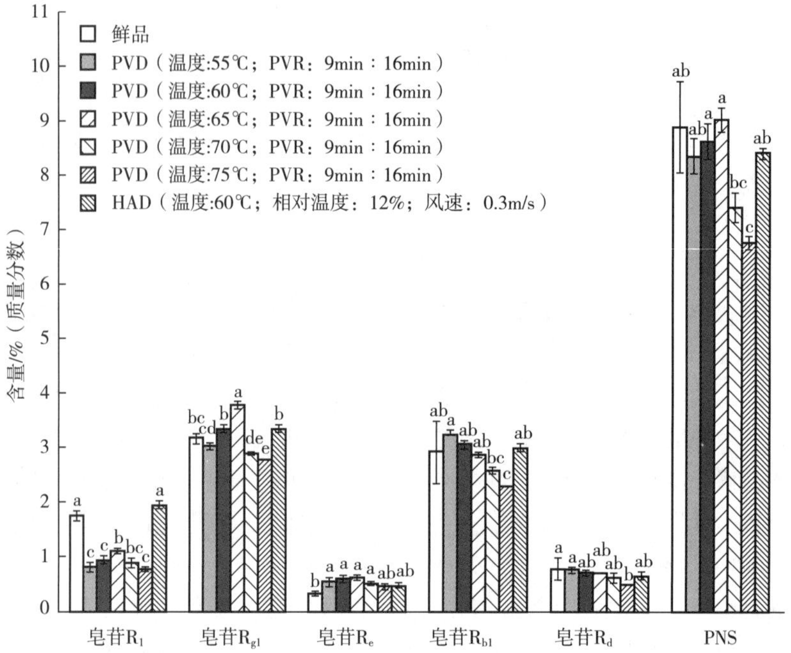


（1）

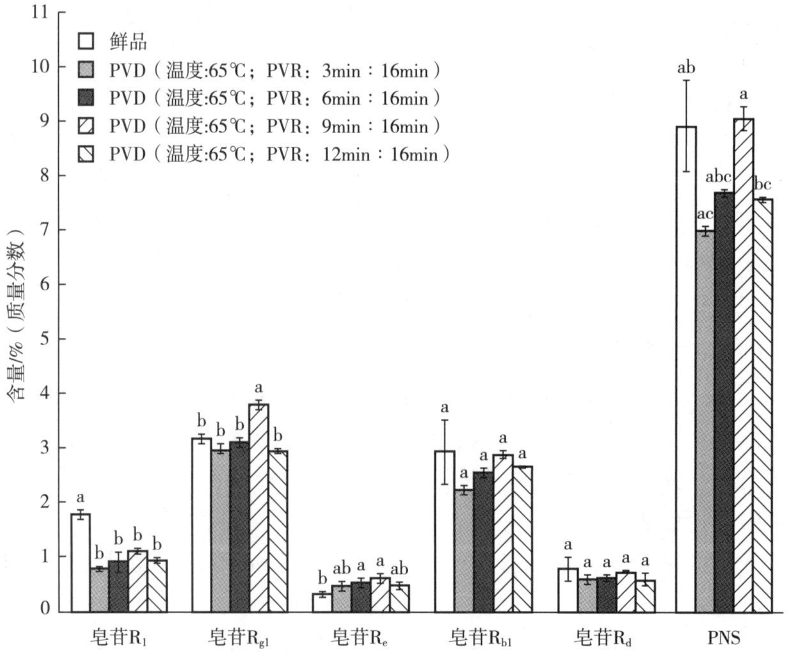


（2）

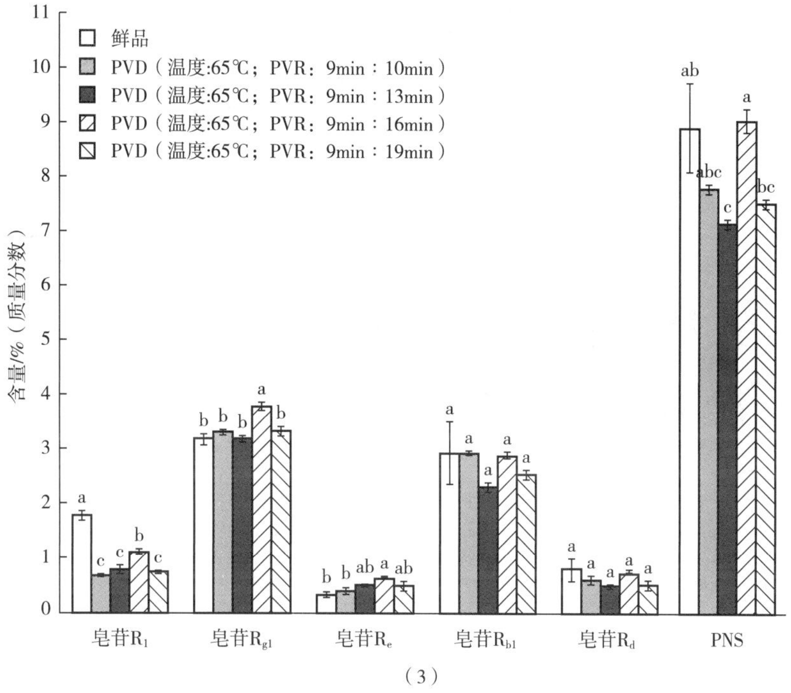


图 9-50　不同干燥条件下的三七皂苷 $R_1$、皂苷 $R_{g1}$、皂苷 $R_e$、皂苷 $R_d$、皂苷 $R_{b1}$ 与 PNS 含量的变化

PVD：真空干燥，HAD：热风干燥，PVR：真空与常压保持时间比。
根据 Duncan 检验，图中不同字母表示差异显著（$P<0.05$）。

在真空与常压保持时间比为 9min：16min 时，不同干燥温度导致的三七多孔结构如图 9-51（1）、（2）、（3）所示。干燥温度 75℃导致了三七根结构坍塌［图 9-51（3）］，而在热风干燥过程中，三七根的表面形成了凝胶层［图 9-51（4）］进而削弱了三七补水过程中水的渗透能力。真空时间对干燥样品的微观结构也有着显著影响，在真空与常压时间保持时间比为 9min：16min 时干燥温度 65℃导致结构坍塌［图 9-51（5）］。然而在相同温度条件下，其他真空与常压保持时间比，如 6min：16min、9min：16min 和 12min：16min 下，三七微观结构只产生了多孔结构，其原因是压力的频繁变化造成了三七微观结构的不同改变。此外，温度为 65℃、真空与常压保持时间比 6min：16min、9min：16min 和 12min：16min 有效阻止了凝胶层的形成［图 9-51（7）］。常压保持时间比对三七的微观结构没有显著影响。虽然三七根通过真空干燥产生了多孔结构，但干燥时间并不比热风干燥短，可能是因为干燥初期干燥速率过快，表面硬化结痂，从而影响了干燥过程，这也证实了干燥动力学的研究结果。

## 九、山药片

山药是非洲、大洋洲和东南亚国家的流行蔬菜，它主要由淀粉、蛋白质、脂类和维生素组成，平均粗蛋白含量要高于其他根茎类蔬菜，因此被广泛用作促进人体健康的传统中药材，也被用作日常生活中的功能性食品。然而，新鲜山药由于含水率高易发生腐烂，因此，通常将其干燥以减少微生物腐败并延长保质期。事实证明，真空干燥可以更好地保留山药的颜色和营养。

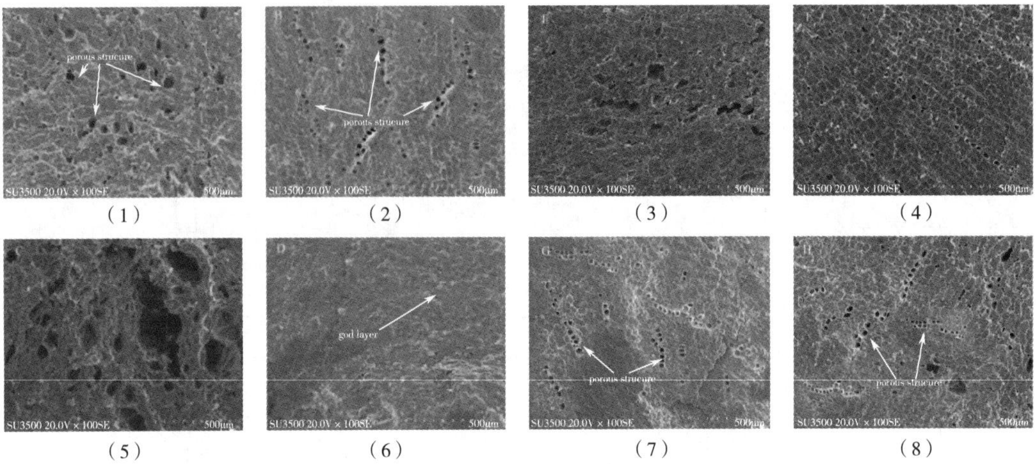


图 9-51　不同真空脉动干燥和热风干燥条件下的三七扫描电镜图

（1）PVD（温度：55℃；PVR：9min∶16min）；（2）PVD（温度：65℃；PVR：9min∶16min）；
（3）PVD（温度：65℃；PVR：3min∶16min）；（4）PVD（温度：65℃；PVR：6min∶16min）；
（5）PVD（温度：75℃；PVR：9min∶16min）；（6）HAD（温度：60℃；相对湿度：12%；风速：0.3m/s）；
（7）PVD（温度：65℃；PVR：9min∶16min）；（8）PVD（温度：65℃；PVR：12min∶16min）。

然而，若要在整个干燥过程中保持真空状态，成本会相当高。此外，长时间处于真空状态容易使物料内外水蒸气分压达到平衡状态，导致干燥速率低。

为了增加干燥速率，谢雨岑等探究了真空脉动干燥技术对山药片干燥特性和干燥品质的影响。如图 9-52 所示，山药片在真空脉动干燥过程中的干燥速率处于降速阶段，而干燥速率取决于物料内部水分的扩散。随着厚度的减小，山药片的干燥时间明显缩短。如图 9-53 所示，山药片的干燥速率也会随着山药片厚度的减小而提高。也就是说，厚度为 3mm 的样品干燥速率最快。综上所述，厚度为 5mm 的样品比厚度为 3mm 的样品具有更好的色泽与形状，比厚度为 7mm 的样品产量更高，因此确定 5mm 为真空脉动干燥山药片的最佳厚度。

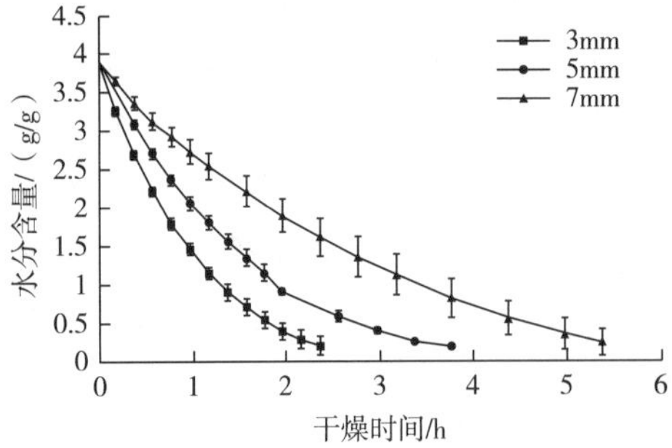


图 9-52　不同厚度山药片的干燥水分含量曲线

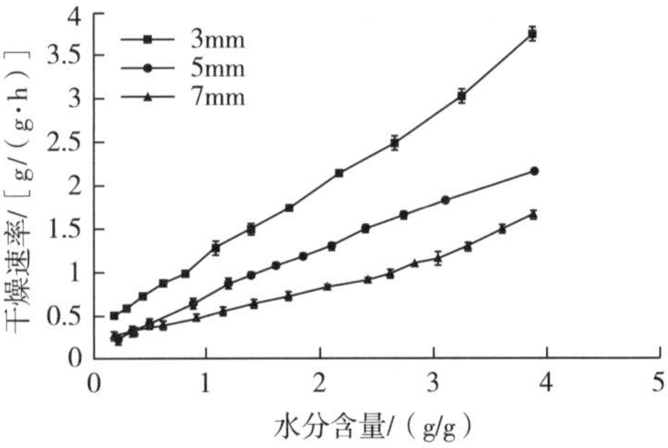


图 9-53　不同厚度山药片的干燥速率曲线

对于厚度为 5mm 的样品，在三个温度和 10∶2 脉冲比下的干燥与干燥速率曲线如图 9-54 和图 9-55 所示。如图 9-54 所示，干燥时间随温度升高而减少，温度对干燥速率的影响不如厚度对干燥速率的影响大。如图 9-55 所示，当样品水分含量变低时，65℃的最终阶段的干燥速率明显较高。考虑到干燥速率随温度升高而增加，以及在65℃下干燥的山药片变黄，而在55℃下干燥的样品颜色变褐，确定60℃为真空脉动干燥山药片的最佳温度。

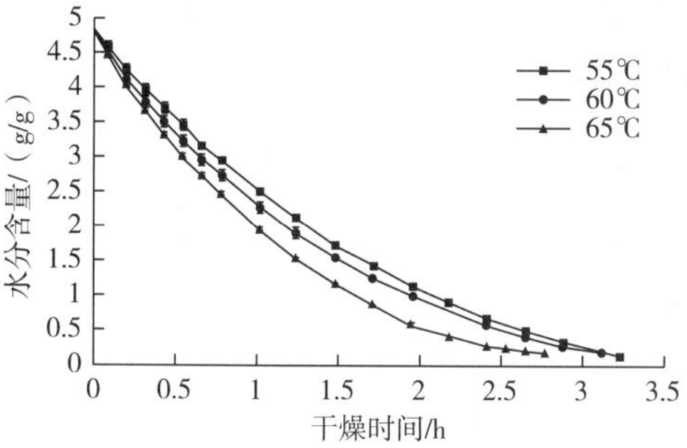


图 9-54　不同温度下的干燥水分含量曲线

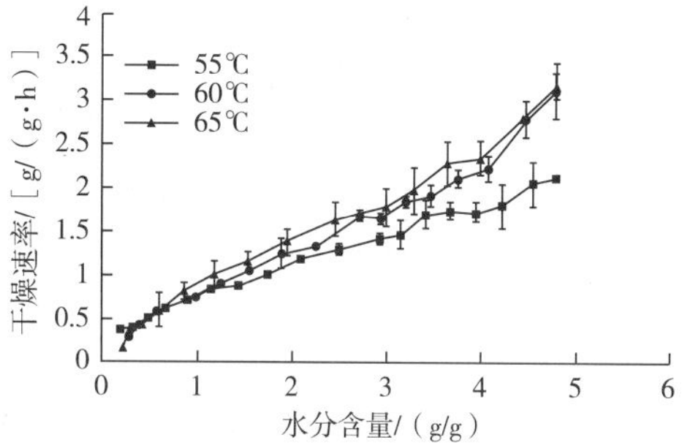


图 9-55　不同温度下的干燥速率曲线

新鲜和真空脉动干燥山药片在60℃不同脉冲比下的颜色参数见表9-7。真空脉动干燥山药切片的$L^*$值高于新鲜切片，原因之一可能是随着物料水分含量的降低，山药的主要成分淀粉的反射强度增强。还有可能是真空状态有助于抑制美拉德反应，因为它有助于氧气隔离。在5：2和10：2的脉冲比下，得到较高的$L^*$值和较低的$a^*$值、$b^*$值，因为较高的干燥速率避免了较长干燥时间导致的颜色劣变。5：1的脉冲比也有很高的干燥速率，但会得到非常低的$L^*$值和较高的$a^*$值，可能是因为大气压持续时间短导致物料温度低，不足以达到在真空早期蒸发水分的条件，即迁移的水分可能会长时间停留在物料表面，从而降低产品亮度。干燥样品和新鲜样品之间的色差相当大，这是由于水分含量的差异导致了亮度的差异。

表 9-7　　新鲜和真空脉动干燥山药片在60℃不同脉冲比下的颜色

| 脉冲比 | $L^*$ | $a^*$ | $b^*$ | 色差（$\Delta E$） |
|---|---|---|---|---|
| 10：2 | 94. 42±0. 09$^{a}$ | −0. 89±0. 01$^{f}$ | 10. 14±0. 15$^{d}$ | 15. 15 |
| 5：1 | 85. 82±0. 06$^{d}$ | 1. 41±0. 04$^{b}$ | 9. 61±0. 03$^{e}$ | 7. 95 |
| 5：2 | 93. 26±0. 18$^{b}$ | 0. 17±0. 02$^{d}$ | 8. 33±0. 16$^{f}$ | 14. 74 |
| 5：4 | 88. 41±0. 73$^{c}$ | 0. 95±0. 13$^{c}$ | 10. 81±0. 39$^{c}$ | 9. 34 |
| 5：6 | 84. 00±0. 09$^{e}$ | 1. 59±0. 04$^{b}$ | 11. 92±0. 10$^{b}$ | 5. 18 |
| 鲜品 | 80. 10±0. 25$^{f}$ | 0. 11±0. 07$^{e}$ | 14. 97. 39±0. 23$^{a}$ | 0 |

注：根据Duncan检验，图中不同字母表示差异显著（$P<0.05$）。

扫描电镜表明，真空脉动干燥的山药片由典型的多面体韧皮薄壁细胞组成，细胞壁光滑，类似于新鲜胡萝卜，而且淀粉颗粒排列得非常均匀。与5：6脉冲比干燥的样品相比［图9-56（2）、（4）和（6）］，10：2脉冲比干燥的样品的表面凸起排列更松散［图9-56（1）］，细胞尺寸和形状更均匀、更一致，空隙也更少［图9-56（3）］，淀粉颗粒变化较小并且几乎具有相同的椭圆形状和尺寸［图9-56（5）］，原因是较长的大气压持续时间使淀粉颗粒在高温下膨胀、糊化。上述发现表明，增加真空保持时间有助于形成更松散的结构，即真空条件可以膨胀空气和水蒸气并产生泡沫与膨化结构，从而获得更好的再水化性能。

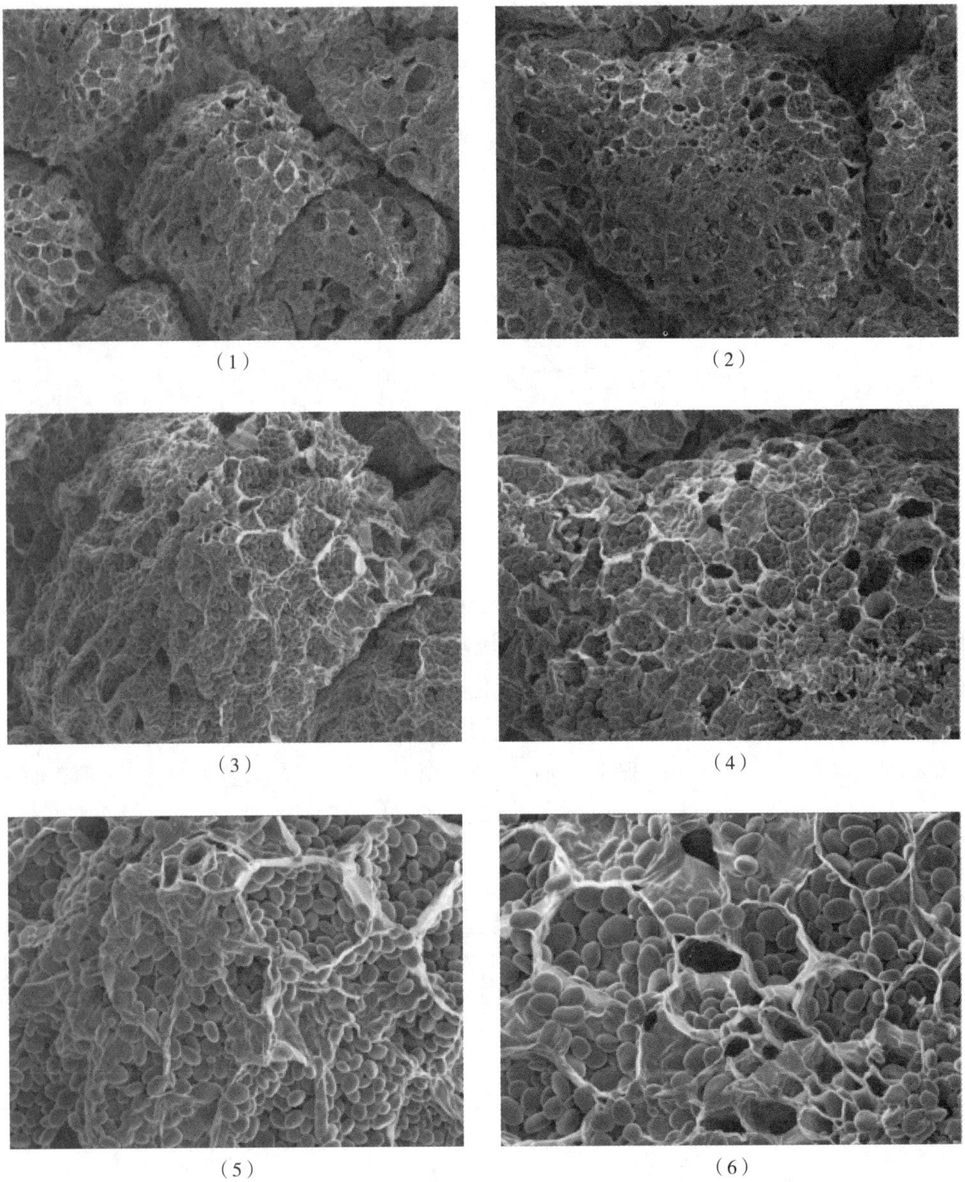


图 9-56　真空脉动干燥山药切片表面不同倍率的扫描电镜图

(1)、(3)、(5)：脉冲比为 10：2 的不同倍率的扫描电镜图；

(2)、(4)、(6)：脉冲比为 5：6 的不同倍率的扫描电镜图。

# 第四节　真空脉动干燥的未来研究趋势

## 一、不同成熟度果蔬对真空脉动干燥行为影响的研究

成熟度是造成果蔬异质性的主要影响因素之一，因光照、土壤、灌溉、栽培管理方式等的

不同，果蔬在生长过程中存在明显的成熟度差异。成熟度差异不仅影响果蔬自身的理化特性，还对其后期加工产生一定影响。因此，评价不同成熟度果蔬的理化特性与加工特性是极为必要的。此外，干燥不均是果蔬干燥中普遍存在的共性关键问题，突出表现为果蔬在相同干燥条件下的干燥行为和产品品质有显著差异（图 9-57）。干燥条件（如干燥温度、风速、相对湿度）和干燥室流场分布、物料厚度、预处理方式（漂烫、促干剂、浸渍）对干燥特性和产品品质的影响均有大量报道，相关影响机制也比较明确。而果蔬物料的自身特性尤其是成熟度对果蔬真空脉动干燥行为和品质形成的影响常常被忽视，相关机制也有待揭示。

（1）　　　　　　　　　　　　（2）

图 9-57　同一串采收的葡萄（1）和同一枝上采摘的枸杞（2）干燥行为差异显著

## 二、智能化真空脉动干燥装置的研究

真空脉动干燥是一种新型干燥技术，对于表面有蜡质层覆盖、易褐变、高糖分、难干燥的果蔬物料有很好的干燥效果。碳纤维加热板作为热源引入真空脉动干燥装置后，因具有质量小、升温快、热效率高等诸多优点而被广泛应用于枸杞、葡萄干、枣片等的干燥加工。在实际生产中，真空脉动干燥装置生产成品率为 60%~90%，仍存在较大的提升空间。干燥均匀性是影响生产成品率的重要因素，所以提高干燥均匀性对降低干燥损失、推进真空脉动干燥装备工程化应用具有重要意义。在提高干燥均匀性方面，国内外学者进行了大量研究，发现干燥装置均匀性和物料均匀性是两个主要影响因素。在微波干燥中，主要通过改善微波腔中电磁场的均匀性和在干燥过程中改变物料位置两种方式来改善微波能吸收的均匀性。在热风干燥中，主要通过优化干燥室内的温度场来实现。真空脉动干燥中的多层辐射加热方式不同于微波干燥和热风干燥，相关研究较少，仅有通过增加辐射间距来改善单层干燥均匀性的报道，并未解决多层整体干燥均匀性的问题。现有的真空脉动干燥装备普遍采用的开关式加热板温度控制方式，无法满足提高干燥均匀性的需求。因此研究提高整体干燥均匀性的解决方案，并提出相应控制策略是改善多层加热干燥装置均匀性的重中之重。此外，物料的干燥过程是一个复杂、动态、不稳定、非线性的过程。物料在干燥过程中会时刻发生变化，干燥均匀性受到了多重因素影响，目前还没有一个对干燥环境和物料整体进行精确建模的完整解决方案，因此建立相应的理论模型来进行分析验证是另一个重要的研究方向。

## 三、不同品种果蔬的加工适宜性研究

果蔬品种是影响果蔬真空脉动干燥品质的关键因素。品种显著影响果蔬干燥特性与品质，但对不同果蔬的影响呈现出不同的变化趋势，不同品种的干燥特性与品质差异也较大（图9-58）。因此，建议将品种选育和后续加工相结合，选育和筛选适宜真空脉动干燥的品种。未来应重点解析不同品种果蔬的真空脉动干燥特性和品质形成机制。这有助于丰富和完善每一种果蔬干燥行为和影响品质形成的相关理论，也可为果蔬真空脉动干燥提供一系列的调控策略和依据，对提高果蔬干燥效率和产品品质至关重要。

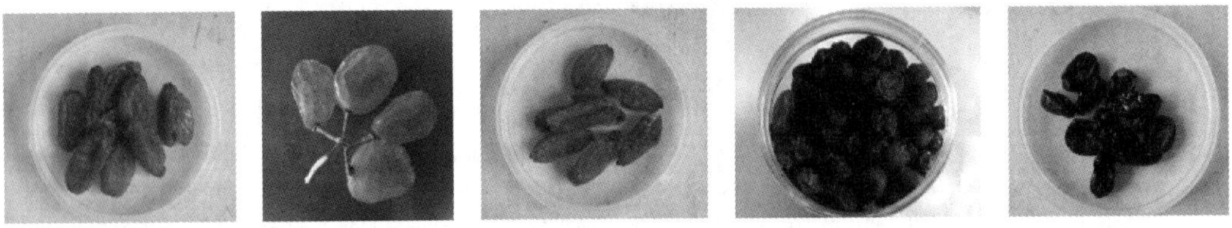

波尔莱特　　无核白　　无核白鸡心　　火焰无核　　无核紫

图9-58　不同品种葡萄的真空脉动干燥效果

### 思考题

1. 成熟度是造成果蔬干燥异质性的主要影响因素，如何解决干燥均匀性的问题？
2. 智能化真空脉动干燥装备是未来重要的研究方向，那么应如何实现智能化？
3. 不同种类果蔬具有不同的物料特性，如何有针对性地研发一款真空脉动干燥装置？

# 参考文献


［1］阿力坎．农产品干燥技术的应用与发展［J］．农产品加工（学刊），2006（4）：74-75.

［2］白竣文，周存山，蔡健荣，等．南瓜片真空脉动干燥特性及含水率预测［J］．农业工程学报，2017，33（17），290-297.

［3］白旭升，李保国，朱传辉，等．太阳能热泵联合干燥技术在农副产品中应用与展望［J］．包装与食品机械，2017，35（3）：57-61.

［4］贲宗友，孙艳辉，史德才，等．粮食远红外辐射干燥研究进展［J］．农产品加工，2018（20）：50-53.

［5］曹志向．胡萝卜滚筒脉动真空干燥试验研究［D］．北京：中国农业大学，2009.

［6］车刚，吴春升．典型农产品干燥技术与智能化装备［M］．北京：化学工业出版社，2017.

［7］陈东，谢继红．热泵干燥装置［M］．北京：化学工业出版社，2007.

［8］陈坤杰，李娟玲，张瑞合．热泵干燥技术的应用现状与展望［J］．农业机械学报，2000（3）：109-111.

［9］陈亮．农产品干燥新工艺发展［J］．山西农经，2017（16）：35-36.

［10］陈新谋，刘悟日．高频介质加热技术［M］．北京：科学出版社，1979.

［11］陈雪峰，刘爱香，罗仓学，等．大蒜冷冻干燥工艺研究［J］．食品与发酵工业，2003，29（3）：59.

［12］褚治德，王一建．红外辐射加热干燥理论与工程实践［M］．北京：化学工业出版社，2019.

［13］崔丽艳．基于图像分析的微波加热温度场监测装置研究与实现［D］．重庆：重庆大学，2015.

［14］崔清亮，郭玉明，姚智华．真空冷冻干燥过程工艺参数对解析干燥能耗的影响［J］．中国食品学报，2007，7（4）：6.

［15］崔政伟，陈丽君，宋春芳，等．热风微波耦合干燥技术和装置的研究进展［J］．食品与生物技术学报，2014，33（11）：1121-1128.

［16］丁润锁．太阳能干燥农产品现状及问题浅析［J］．农机市场，2016（7）：29-30.

［17］丁润锁．太阳能干燥农产品现状及问题探讨［J］．农业开发与装备，2016（10）：133，185.

［18］董学先．射频干燥及用于粘胶长丝丝饼烘干的探讨［J］．人造纤维，2015，45（1）：11-14，7.

［19］杜利平，崔莉，赵恒强，等．基于低场核磁技术的不同花期金银花红外干燥过程中的水分变化［J］．现代食品科技，2017，33（9）：189-194，201.

［20］杜贤涛．高效微波加热装置的设计与实现［D］．成都：电子科技大学，2019.

[21] 段续．食品冷冻干燥技术与装置 [M]．北京：化学工业出版社，2017.

[22] 方小明，张晓琳，王军，等．荷花粉真空脉动干燥特性和干燥品质 [J]．农业工程学报，2016，32 (10)：287-295.

[23] 高扬，管立军，李家磊，等．燃气催化式红外干燥工艺参数对稻谷平均干燥速率及其爆腰率的影响 [J]．中国粮油学报，2021，36 (8)：9-14.

[24] 高振江，陈添明，肖红伟，等．一种真空脉动干燥机自洁干燥滚筒：ZL 201020688172. X [P]. 2011-9-7.

[25] 高振江，肖红伟，曹志向，等．滚筒式真空脉动变温度干燥方法和装置：ZL200810104061. 7 [P]. 2010-2-3.

[26] 宫元娟，李成华，张本华，等．芦荟冷冻干燥的最佳工艺参数的试验研究 [J]．农业工程学报，2004，20 (4)：185-187.

[27] 郭彦芳，谷巍，邱蓉丽，等．不同干燥方法对潞党参药材品质的影响 [J]．南京中医药大学学报，2020，36 (5)：600-606.

[28] 韩清华．微波真空干燥膨化苹果片的机理及品质研究和装置设计 [D]．北京：中国农业机械化科学研究院，2007.

[29] 胡居吾．蔓三七叶热泵-热风联合干燥特征与模型化研究 [J]．生物化工，2020，6 (4)：14-17，24.

[30] 胡志超．花生生产机械化关键技术 [M]．镇江：江苏大学出版社，2017.

[31] 黄斌，麦馨允，张开平，等．香蕉片远红外干燥工艺的研究 [J]．食品工业，2018，39 (7)：132-136.

[32] 黄盛杰，吴煜，沈健民．粮食干燥装置发展趋势——从热风干燥到石墨烯远红外辐射 [J]．江苏农机化，2021 (1)：33-36.

[33] 黄毅成，於海明，缪磊，等．热泵干燥技术研究现状及发展趋势 [J]．农业工程，2020，10 (6)：61-65.

[34] 黄智．大豆射频加热过程有限元模拟及均匀性优化研究 [D]．咸阳：西北农林科技大学，2018.

[35] 季阿敏，孙明明，何丽，等．热泵热风联合干燥的实验研究 [J]．哈尔滨商业大学学报（自然科学版），2011，27 (5)：736-740.

[36] 姜春慧，张倩，杨娜，等．桔梗切片远红外干燥特性及动力学研究 [J]．中国农机化学报，2021，42 (2)：92-100.

[37] 金钦汉．微波化学 [M]．北京：科学出版社，2001.

[38] 景元琳，窦若淞，徐露，等．太阳能热泵联合干燥技术的研究现状 [J]．化工机械，2019，46 (3)：244-247.

[39] 雷登文．箱装片烟射频-真空局部脱水及热质传递模拟 [D]．北京：中国农业大学，2021.

[40] 雷炎，李华佳，望诗琪，等．不同干燥方式对猕猴桃果脯品质的影响 [J]．食品研究与开发，2020，41 (24)：103-108.

[41] 冷红云，赵亮．浅谈热泵技术在干燥领域中的应用 [J]．科技信息，2010 (12)：99.

[42] 李菁．农产品干燥技术装备发展现状 [J]．农机使用与维修，2021 (7)：137-138.

［43］李里特，毛志怀．农产品干燥机理、工艺与技术——曹崇文论文选编［C］．北京：中国农业大学出版社，1998.

［44］李琳琳．脉冲喷动协同微波冷冻干燥山药的品质与能耗减损研究［D］．无锡：江南大学，2019.

［45］李强，唐虎利．枸杞子冷冻干燥和热风干燥的品质比较［J］．安徽农业科学，2010（26）：14779-14780.

［46］李树君．农产品微波组合干燥技术［M］．北京：中国科学技术出版社，2015.

［47］李武强，黄晓鹏，马嘉伟，等．响应面法优化桔梗切片远红外干燥工艺［J］．林业机械与木工装置，2019，47（8）：47-51.

［48］李武强，万芳新，罗燕，等．当归切片远红外干燥特性及动力学研究［J］．中草药，2019，50（18）：4320-4328.

［49］李亚伦，李保国，朱传辉．太阳能热泵干燥技术研究进展［J］．包装与食品机械，2018，36（6）：53-58.

［50］李艳聪，李书环．真空冷冻干燥技术及其在食品加工中的应用［J］．天津农学院学报，2003，10（1）：42-45.

［51］李远志，胡晓静，张文明，等．胡萝卜薄片热风与热泵结合干燥工艺及特性研究［J］．食品与发酵工业，2000（1）：3-6，15.

［52］廖伯寿，殷艳，马霓．中国油料作物产业发展回顾与展望［J］．农学学报，2018，8（1）：107-112.

［53］林建和，陈张华．畜产品加工技术［M］．成都：西南交通大学出版社，2019.

［54］林雅文．婴儿配方奶粉介电损耗机理及射频杀菌过程品质调控研究［D］．北京：中国农业大学，2019.

［55］刘春山．远红外对流组合谷物干燥机理与试验研究［D］．长春：吉林大学，2014.

［56］刘德成，郑霞，肖红伟，等．红枣片冷冻-红外分段组合干燥工艺优化［J］．农业工程学报，2021，37（17）：293-302.

［57］刘冬冰，唐海蓉，吴宏启．真空冷冻干燥技术及其应用［J］．黑龙江科技信息，2008（16）：22-25.

［58］刘贵珊，何建国，韩小珍，等．热泵干燥技术的应用现状与发展展望［J］．农业科学研究，2006（1）：46-49.

［59］刘苗苗，叶利春，陈立军，等．真空冷冻干燥技术在中药研究中的应用［J］．中药材，2014（5）：909-911.

［60］刘倩倩．精米的射频杀虫工艺及其品质变化研究［D］．咸阳：西北农林科技大学，2020.

［61］刘松雨，黄勤挽，吴纯洁，等．冷冻干燥技术在中药领域的研究进展［J］．中草药，2022，53（3）：930-936.

［62］刘旺星，陈雄飞，胡淑芬，等．甜叶菊红外-热风联合干燥工艺优化［J］．食品工业科技，2019，40（22）：212-216，233.

［63］刘伟涛．小型太阳能干燥装置研制及试验研究［D］．广州：华南理工大学，2010.

［64］刘相东，潘永康，王喜忠．现代干燥技术［M］．北京：化学工业出版社，2007.

［65］刘相东，于才渊，周德仁．常用工业干燥设备及应用［M］．北京：化学工业出版社，2005.

［66］刘嫣红，杨宝玲，毛志怀．射频技术在农产品和食品加工中的应用［J］．农业机械学报，2010，41（8）：115-120.

［67］刘嫣红．射频-热风联合处理延长面包保存期的研究［D］．北京：中国农业大学，2009.

［68］刘瑶瑶，张迪，卢朋，等．高温热泵工质研究进展［J］．浙江化工，2020，51（7）：6-9.

［69］刘子良．蓝莓真空脉动干燥促干机理与工艺研究［D］．北京：中国农业大学，2021.

［70］卢为开，李铁津，张泽清．远红外辐射加热技术［M］．上海：上海科学技术出版社，1983.

［71］卢映洁．带壳鲜花生热风-热泵联合干燥及贮藏过程中生物特性的研究［D］．洛阳：河南科技大学，2020.

［72］吕豪．果蔬微波热风振动耦合干燥装置与试验［D］．北京：中国农业大学，2020.

［73］吕金虎．食品冷冻冷藏技术与装置［M］．广州：华南理工大学出版社，2011.

［74］罗希雷．触媒远红外干燥技术在粮食行业中的应用前景展望［J］．粮食与饲料工业，2003（10）：17-19.

［75］罗小梅，林国轩，覃榆茏，等．冷冻真空-热风联合干燥技术对金花茶花朵品质的影响［J］．中国热带农业，2021（3）：67-72.

［76］罗质．菜籽油加工技术［M］．北京：中国轻工业出版社，2019.

［77］马博，李传峰，吴明清，等．热风干燥技术在农产品干燥中的应用和发展［J］．新疆农机化，2020（5）：30-34.

［78］马翠亚，杨开敏，王远成．热泵技术在农产品干燥中的应用［J］．区域供热，2019（4）：13-20.

［79］马龙昆．基于深度学习的微波加热过程温度异常检测装置研发［D］．重庆：重庆大学，2018.

［80］麦馨允，曾维标，吴健．白玉菇热风干燥工艺优化及其对品质的影响［J］．中国食用菌，2019，38（7）：71-78.

［81］糜正喻，褚治德．红外辐射加热原理与应用［M］．北京：机械工业出版社，1996.

［82］明廷玉，李保国．太阳能干燥技术的研究及其应用［J］．中外能源，2015，20（8）：34-40.

［83］牛忠霞，雷雪，张德伟．21世纪高等院校规划教材 微波技术及应用［M］．北京：国防工业出版社，2005.

［84］潘进军，江滢，郭鹏，等．中国太阳能资源和环境气象因子影响分析［J］．科技导报，2014，32（20）：15-21.

［85］潘永康，王喜忠，刘相东．现代干燥技术［M］．2版．北京：化学工业出版社，2007.

［86］戚玉欣，陶志国．空气源热泵干燥技术的研究现状与发展展望［J］．资源节约与环保，2016（5）：69.

［87］钱婧雅，张茜，王军，等．三种干燥技术对红枣脆片干燥特性和品质的影响［J］．农

业工程学报，2016，32（17），259-265.

［88］乔宏柱，高振江，王军，等．大蒜真空脉动干燥工艺参数优化［J］．农业工程学报，2018，34（5），256-263.

［89］曲文娟，凡威，朱亚楠，等．变温滚筒催化红外-热风干燥核桃营养品质研究［J/OL］．食品工业科技，2021，42（42）：205-215.

［90］冉昕立．射频联合干燥鸡肉粉干燥特性与品质研究［D］．无锡：江南大学，2019.

［91］饶韫华，刘梅冬，王培英，等．直热式远红外辐射加热器的研究［J］．压电与声光，1994（3）：25-26.

［92］任爱清．鱿鱼热泵-热风联合干燥及其干制品贮藏研究［D］．无锡：江南大学，2009.

［93］任晓芬，陈启东，郜玉聪，等．热泵干燥技术的研究进展［J］．节能，2021，40（4）：74-76.

［94］申彦波，程兴宏，赵东．气象与太阳能生态城［M］．北京：气象出版社，2013.

［95］沈健，崔伟．浅谈真空冷冻干燥技术［J］．农业装备技术，2006，32（2）：26-28.

［96］石晓光，宦克为，高兰兰．红外物理［M］．杭州：浙江大学出版社，2013.

［97］宋建，蔡家斌，石晓洁，等．中高温热泵混合工质的循环性能分析［J］．低温与超导，2021，49（3）：78-83.

［98］宋小勇，钟宇，邓云．热泵干燥技术的研究现状与发展趋势［J］．上海交通大学学报（农业科学版），2014，32（4）：60-66.

［99］宋悦．基于不同预处理的桃脆片真空冷冻联合干燥工艺优化［D］．北京：中国农业科学院，2020.

［100］苏倩，谭艳妮，纪宏．真空冷冻干燥技术在食品方面的应用［J］．品牌与标准化，2018（6）：71-74.

［101］宿佃斌．微波热风滚动协同干燥装置关键结构设计与杏鲍菇脱水工艺研究［D］．北京：中国农业大学，2021.

［102］隋银强，杨继红，李华，等．酿酒葡萄皮渣红外干燥研究［J］．食品工业科技，2014，35（15）：258-263.

［103］孙永林，汤尚文，裴冬玲，等．湖北麦冬红外干燥特性与干燥模型［J］．江苏农业科学，2017，45（2）：163-166.

［104］孙中伟．红外干燥技术进展［J］．南京林业大学学报：自然科学版，1997（S1）：150.

［105］谭炜，刘书朋，汤大卫．微波热风组合干燥装置的设计和应用［J］．机电信息，2014（23）：12-14.

［106］汤定元．红外辐射加热技术［M］．上海：复旦大学出版社，1992.

［107］唐泽．太阳能干燥技术及其应用探究［D］．北京：北京化工大学，2019.

［108］汪琦．远红外干燥技术［J］．化工装备技术，1992（3）：21-26.

［109］汪喜波，胡琼，肖波，等．稻谷红外辐射与对流联合干燥过程的模型模拟［J］．农业机械学报，2013，44（9）：145-151.

［110］汪政富．农产品干燥技术［M］．北京：中国农业科学技术出版社，2006.

[111] 王彬．小型远红外与热风联合加热式水稻干燥机的研制［J］．机械工程师，2013（9）：29-31.

[112] 王栋．基于多参数监控的真空脉动干燥过程研究［D］．北京：中国农业大学，2015.

[113] 王芳，王飞腾，曹振华．太阳能热泵干燥装置研究［J］．福建质量管理，2016（1）：167-168.

[114] 王海鸥．微波冷冻干燥中试装置及关键技术研究［D］．南京：南京农业大学，2012.

[115] 王海燕，王小燕，李睿．食品组合干燥技术研究进展［J］．畜禽业，2020，31（1）：9-10.

[116] 王继先，徐伟君．真空冷冻干燥工艺及其在农产品加工中的应用［J］．包装与食品机械，2001，19（2）：26-28.

[117] 王军．不同成熟度葡萄干燥特性及高温高湿气体射流冲击漂烫促干机理研究［D］．北京：中国农业大学，2019.

[118] 王林军，李亚宁，张东，等．太阳能热泵联合干燥装置研究现状［J］．机械设计与制造工程，2019，48（4）：1-5.

[119] 王林军，梁志国，张东．太阳能热泵联合干燥技术的运用分析［J］．机械设计与制造工程，2019，48（2）：82-86.

[120] 王庆志，孙平．微波技术在食品工业中的应用［J］．河北农业科学，2008（12）：54-5.

[121] 王绍林．微波加热技术的应用：干燥和杀菌［M］．北京：机械工业出版社，2004.

[122] 王绍林．微波食品工程［M］．北京：机械工业出版社，1994.

[123] 王涛．真空冷冻干燥技术在果蔬中的应用与发展［J］．中国果菜，2021，41（6）：47-50.

[124] 王文茹．太阳能热风真空组合干燥试验与装置的研究［D］．西安：陕西科技大学，2017.

[125] 王秀文，刘养清，薛占成，等．连翘叶干燥方法的研究［J］．中国中医药信息杂志，2009，16（12）：41-42.

[126] 王政文，张万尧，崔建航．真空干燥技术研究进展与展望［J］．化工机械，2021，48（3）：321-325.

[127] 魏忠彩，孙传祝，苏国粱，等．红外玉米穗干燥试验研究［J］．农机化研究，2016，38（1）：247-250，256.

[128] 魏忠彩，孙传祝，张丽丽，等．红外干燥技术在果蔬和粮食加工中的应用［J］．食品与机械，2016，32（1）：217-220.

[129] 吴定伟．葡萄滚筒式真空脉动干燥装置的设计与试验研究［D］．北京：中国农业大学，2009.

[130] 吴克勤．太阳能干燥装置多点温湿度检测装置的研究［D］．呼和浩特：内蒙古农业大学，2012.

[131] 吴敏，段豪，王振文，等．基于温湿度控制的红外热风联合干燥机设计与试验［J］．农业机械学报，2020，51（S1）：483-492.

[132] 吴晓菲．特色蔬菜的红外冷冻干燥及其减损机理研究［D］．无锡：江南大学，2019.

[133] 吴新颖，李钰金，郭玉华，等. 真空冷冻干燥技术在食品工业中的应用 [J]. 肉类研究，2010 (1)：75-78.

[134] 吴智慧. 高频介质加热技术在木材工业中的应用 [J]. 世界林业研究，1994，7 (6)：30-36.

[135] 武修德. 热泵干燥技术在中药材农业食品中的应用 [J]. 机械研究与应用，2017，30 (4)：138-139.

[136] 夏朝勇，李杰，邸坤，等. HXHT1 小型粮食干燥机的简介与试验 [J]. 粮食与食品工业，2012，19 (4)：55-58.

[137] 夏朝勇. 红外辐射干燥谷物研究的进展 [J]. 干燥技术与装置，2007，5 (3)：139-141.

[138] 肖汉宁，李绪业，黄红武. 高效红外辐射搪瓷的研制及其应用 [J]. 湖南大学学报 (自然科学版)，1997 (5)：19-23.

[139] 肖红伟，王栋，高振江，等. 平板式真空脉动干燥机：ZL201510036962.7 [P]. 2016-9-14.

[140] 谢龙. 枸杞真空脉动干燥特性及干燥品质的研究 [D]. 北京：中国农业大学，2017.

[141] 谢小雷，李侠，张春晖，等. 牛肉干中红外-热风组合干燥工艺中水分迁移规律 [J]. 农业工程学报，2014，30 (14)：322-330.

[142] 谢永康，林雅文，朱广飞，等. 基于加热均匀性的射频干燥系统结构优化与试验 [J]. 农业工程学报，2018，34 (5)：248-255.

[143] 谢永康. 射频-热风联合干燥玉米种子的加热均匀性研究 [D]. 北京：中国农业大学，2017.

[144] 谢雨岑. 热风与射频-热风联合干燥玉米种子的对比研究 [D]. 北京：中国农业大学，2017.

[145] 徐怀平. 远红外加热技术 [M]. 石家庄：河北人民出版社，1979.

[146] 许敦复，郑效东. 冷冻干燥技术与冻干机 [M]. 北京：化学工业出版社，2005.

[147] 许为鲸. 试论微波干燥技术在食品中的应用 [J]. 食品安全导刊，2019 (6)：149.

[148] 薛令阳，王书茂，Mujumdar A S，等. 基于干燥均匀性的真空脉动干燥加热控制技术 [J]. 农业机械学报，2019，50 (4)：317-325.

[149] 薛令阳. 真空脉动干燥智能化试验平台及控制策略研究 [D]. 北京：中国农业大学，2019.

[150] 杨彪. 大功率微波加热装置热性能数值模拟及智能控制研究 [D]. 昆明：昆明理工大学，2014.

[151] 杨大恒，付健，李晓燕. 食品红外辅助冷冻干燥技术的研究进展 [J]. 包装工程，2021，42 (3)：100-106.

[152] 杨丰，青舒婷，王晨笑，等. 远红外辅助热泵干燥技术在食品加工中的应用研究进展 [J]. 食品科技，2021，46 (5)：75-80.

[153] 杨婧，邓媛元，张雁，等. 不同温度热风预干燥对热风-真空冷冻联合干燥龙眼果干品质的影响 [J]. 现代食品科技，2019，35 (5)：175-183.

[154] 杨磊. 基于改进 BP 神经网络算法的微波加热智能控制装置的研究 [D]. 昆明：昆

明理工大学，2014.

［155］杨丽丽，马奇虎，李重，等．枸杞真空脉动干燥工艺优化研究［J］．食品工业，2018，39（11）：74-77.

［156］杨伟杰，王艳晓．真空冷冻干燥技术在水产品加工中应用探析［J］．新农业，2021（14）：48-49.

［157］杨潇．新鲜花生热风干燥试验研究［Z］．中国农业机械化科学研究院，2017.

［158］杨晓童，段续，任广跃．新型微波真空干燥机设计［J］．食品与机械，2017，33（1）：93-96，208.

［159］伊松林，张璧光．太阳能及热泵干燥技术［M］．北京：化学工业出版社，2011.

［160］殷嘉乐，龚楚婷，汤英杰，等．胡萝卜丁中维生素 C 在热风辅助射频干燥过程中降解的动力学模型［J］．食品安全质量检测学报，2021，12（4）：1357-1361.

［161］尤春玲．真空冷冻干燥技术在食品加工中的应用分析［J］．中国新技术新产品，2010（18）：16-17.

［162］余淑娴，郝晓霞，罗明．真空冷冻干燥技术及其应用［J］．食品科技，2007，32（10）：22-25.

［163］余阳玲，马姝，史文青，等．射频微波技术在食品与农产品灭菌杀虫中应用的研究进展［J］．食品工业科技，2021，42（21）：473-481.

［164］曾雅，刘云宏，张嘉怡，等．远红外辐射温度对猕猴桃干燥水分迁移的影响［J］．食品与机械，2019，35（8）：143-147，188.

［165］詹丽茵．冷冻干燥技术的中药应用研究［J］．中国医药导报，2008，5（22）：26-28.

［166］张璧光，刘志军，谢拥群．太阳能干燥技术［M］．北京：化学工业出版社，2007.

［167］张洪滨，李世岩，梁晓军，等．国内外太阳能干燥技术研究进展［J］．农业工程，2020，10（8）：54-57.

［168］张莉会，刘杜娟，廖李，等．真空冷冻-热风联合干燥对草莓品质的影响［J］．现代食品科技，2018，34（4）：188-197.

［169］张立娟，石硕，夏秀芳，等．热风及其组合干燥技术对肉制品水分迁移及品质影响的研究进展［J］．食品研究与开发，2021，42（16）：205-211.

［170］张鹏，吴小华，张振涛，等．热泵干燥技术及其在农特产品中的应用展望［J］．制冷与空调，2019，19（7）：65-71.

［171］张卫鹏，肖红伟，高振江，等．碳纤维红外板辐射特性及其农产品物料干燥试验［J］．农业工程学报，2015，31（19）：285-293.

［172］张卫鹏，肖红伟，郑志安，等．基于碳纤维红外板加热的干燥装备设计与试验［J］．农业工程学报，2016，32（17）：242-251.

［173］张卫鹏．茯苓干燥技术适应性及真空脉动干燥特性研究［D］．北京：中国农业大学，2018.

［174］张晓斌．太阳能干燥技术的研究及其应用［J］．商品与质量，2018（43）：77.

［175］张绪坤，吴鹏辉，徐刚，等．脱水蔬菜热泵-热风组合干燥装置设计［J］．食品科技，2009，34（5）：88-91.

［176］张颜民，徐光，童建民．食品真空冷冻干燥过程工艺参数分析［J］．真空与低温，1999，5（3）：180-185.

［177］张悦．基于不同温度保持方式的婴儿配方奶粉射频杀菌方法与品质研究［D］．北京：中国农业大学，2018.

［178］张兆镗，钟若青．微波加热技术基础［M］．北京：电子工业出版社，1988.

［179］张振娜，刘祥宇，王云阳．果蔬烫漂护色技术应用研究进展［J］．食品安全质量检测学报，2018（10）：2411-2418.

［180］张振涛，杨俊玲．热泵技术与装备［M］．北京：化学工业出版社，2020.

［181］张智亮，付丽．热管技术与太阳能在粮食干燥节能上的应用［J］．粮油加工，2008（2）：91-94.

［182］赵丹丹，彭郁，李茉，等．枸杞热泵干燥室装置设计与应用［J］．农业机械学报，2016，47（S1）：359-365.

［183］赵丹丹．枸杞加工特性及热泵干燥装置理论分析与应用研究［D］．北京：中国农业大学，2016.

［184］赵海波，戴家傲，乔玲敏，等．刺参远红外干燥实验研究［J］．现代食品科技，2018，34（3）：101-107.

［185］赵鹤皋，郑效东，黄良瑾，等．冷冻干燥技术与装置［M］．武汉：华中科技大学出版社，2005.

［186］赵宗彬，朱斌祥，李金荣，等．空气源热泵干燥技术的研究现状与发展展望［J］．流体机械，2015，43（6）：76-81.

［187］郑文，王长振，胡向军．高功率微波辐射损伤防护药物研究进展［J］．军事医学，2014，38（12）：986-989.

［188］郑先哲，汪春，贾富国．农产品干燥理论与技术［M］．北京：中国轻工业出版社，2009.

［189］中国气象局风能太阳能资源中心．中国太阳能资源分布图［R/OL］. 2011-08-10.

［190］周旭．猕猴桃切片的射频真空及热风联合干燥研究［D］．咸阳：西北农林科技大学，2019.

［191］周韵，宋春芳，崔政伟．热风微波耦合干燥胡萝卜片工艺［J］．农业工程学报，2011，27（2）：382-386.

［192］周韵．热风微波耦合干燥特性研究［D］．无锡：江南大学，2011.

［193］朱瀚昆．马铃薯原粉射频精准干燥制备技术及加热结构优化研究［D］．北京：中国农业大学，2019.

［194］朱文学，张正勇．谷物红外吸收特性的研究［J］．粮食储藏，2003（3）：38-41.

［195］Alaei B，Dibagar N，Chayjan R A，et al. The effect of short and medium infrared radiation on some drying and quality characteristics of quince slices under vacuum condition［J］. Quality Assurance and Safety of Crops & Foods，2018，10（4）：1-12.

［196］Almeida M M，Silva O S，Alsina O L S. Fluid-dynamic study of deformable materials in spouted-bed dryer［J］. Drying Technology，2006，24（4）：499-508.

［197］Antal T. Comparative study of three drying methods：Freeze，hot airassisted freeze and infrared-assisted freeze modes [J]. Agronomy Research, 2015, 13 (4): 863-878.

[198] Bailey W H, Bodemann R, Bushberg J, et al. Synopsis of Ieee Std C951™-2019 "IEEE Standard for Safety Levels with Respect to Human Exposure to Electric, Magnetic, and Electromagnetic Fields, 0Hz to 300GHz" [J]. IEEE Access, 2019, 7: 171346-171356.

[199] Cao F, Zhang R, Tang J, et al. Radio frequency combined hot air (RF-HA) drying of tilapia (*Oreochromis niloticus* L.) fillets: Drying kinetics and quality analysis [J]. Innovative Food Science & Emerging Technologies, 2021, 74: 102791.

[200] Elik A. Hot air-assisted radio frequency drying of black carrot pomace: Kinetics and product quality [J]. Innovative Food Science & Emerging Technologies, 2021, 73: 102800.

[201] Fudholi A, Sopian K, Ruslan M H, et al. Review of solar dryers for agricultural and marine products [J]. Renewable & Sustainable Energy Reviews, 2010, 14 (1): 1-30.

[202] Guo W, Li R, Hou L, et al. Dielectric properties of pistachio kernels as influenced by frequency, temperature, moisture and salt content [J]. Food And Bioprocess Technology, 2015 (2): 420-430.

[203] Jiang D, Xiao H W, Zielinska M, et al. Effect of pulsed vacuum drying on drying kinetics and quality of roots of *Panax notoginseng* (Burk.) Fh Chen (Araliaceae) [J]. Drying Technology, 2021, 39 (16): 2234-2251.

[204] Jiang Dalong, Xiao Hong-Wei, Zheng Zhian. Effects of different drying methods on drying characteristics, microstructure, quality, and energy consumption of *panax notoginseng* roots (Araliaceae) [J]. *Drying technology*, 2021, 39 (16): 2234-2251.

[205] Jiao Y, Tang J, Wang S. A new strategy to improve heating uniformity of low moisture foods in radio frequency treatment for pathogen control [J]. Journal of Food Engineering, 2014, 141: 128-138.

[206] Lao Y, Zhang M, Devahastin S, et al. Effect of combined infrared freeze drying and microwave vacuum drying on quality of kale yoghurt melts [J]. Drying Technology, 2019, 38 (5~6): 1-13.

[207] Liu Y, Tang J, Mao Z. Analysis of bread dielectric properties using mixture equations [J]. Journal of Food Engineering, 2009, 93 (1): 72-79.

[208] Liu Z L, Xie L, Zielinska M, et al. Improvement of drying efficiency and quality attributes of blueberries using innovative far-infrared radiation heating assisted pulsed vacuum drying (FIR-PVD) [J]. Innovative Food Science and Emerging Technologies, 2022, 77: 102948.

[209] Liu Z L, Xie L, Zielinska M, et al. Pulsed vacuum drying enhances drying of blueberry by altering micro-, ultrastructure and water status and distribution [J]. LWT, 2021, 142: 111013.

[210] Lv H, Lv H, Lv W, et al. Moisture flow characteristics and variation patterns of dielectric constants in bitter gourd slices during microwave hot-airflow vibrating drying [J]. Drying Technology, 2019, 38 (11): 1433-1445.

[211] Lv W, Li D, Lv H, et al. Recent development of microwave fluidization technology for drying of fresh fruits and vegetables [J]. Trends in Food Science & Technology, 2019, 86: 59-67.

[212] Lv W, Zhang M, Bhandari B, et al. Smart NMR Method of Measurement of Moisture

Content of Vegetables During Microwave Vacuum Drying [J]. Food and Bioprocess Technology, 2017, 10 (12): 2251-2260.

[213] Özbek H N. Radio frequency-assisted hot air drying of carrots for the production of carrot powder: Kinetics and product quality [J]. LWT, 2021, 152: 112332.

[214] Pirasteh G, Saidur R, Rahman S M A, et al. A review on development of solar drying applications [J]. Renewable & Sustainable Energy Reviews, 2014, 31: 133-148.

[215] Prosapio V, Lopez-Quiroga E. Freeze-drying technology in foods [J]. Foods, 2020, 9 (7): 920.

[216] Protection I C O N-I R. Guidelines for limiting exposure to electromagnetic fields (100 kHz to 300 GHz) [J]. Health physics, 2020, 118 (5): 483-524.

[217] Quijera J A, Alriols M G, Labidi J. Integration of a solar thermal system in a dairy process [J]. Renewable Energy, 2011, 36 (6): 1843-1853.

[218] Sopian K, Supranto, Othman M Y, et al. Double-pass solar collectors with porous media suitable for higher-temperature solar-assisted drying systems [J]. Journal of Energy Engineering, 2007, 133 (1): 13-18.

[219] Su D, Lv W, Wang Y, et al. Influence of microwave hot-air flow rolling dry-blanching on microstructure, water migration and quality of pleurotus eryngii during hot-air drying [J]. Food Control, 2020, 114: 107228.

[220] Wan K K W, Tang H L, Yang L, et al. An analysis of thermal and solar zone radiation models using an Angstrom-Prescott equation and artificial neural networks [J]. Energy, 2008, 33 (7): 1115-1127.

[221] Wang H, Zhang M, Mujumdar A S. Comparison of Three New Drying Methods for Drying Characteristics and Quality of Shiitake Mushroom (*Lentinus edodes*) [J]. Drying Technology, 2014, 32 (15): 1791-1802.

[222] Wang J, Law C L, Nema P K, et al. Pulsed vacuum drying enhances drying kinetics and quality of lemon slices [J]. Journal of Food Engineering, 2018, 224: 129-138.

[223] Wang J, Mu W S, Fang X M, et al. Pulsed vacuum drying of Thompson seedless grape: effects of berry ripeness on physicochemical properties and drying characteristics [J]. Food and Bioproducts Processing, 2017, 106, 117-126.

[224] Wang J, Mujumdar A S, Wang H, et al. Effect of drying method and cultivar on sensory attributes, textural profiles and volatile characteristics of grape raisins [J]. Drying Technology, 2021, 39 (4), 495-506.

[225] Wang J, Xiao H W, Xiao H W, et al. Effect of high-humidity hot air impingement blanching and pulsed vacuum drying on phytochemicals content, antioxidant capacity, rehydration kinetics and ultrastructure of Thompson Seedless grape [J]. Drying Technology, 2022, 40 (5): 1013-1026.

[226] Wang Y, Tang J, Rasco B, et al. Dielectric properties of salmon fillets as a function of temperature and composition [J]. Journal of Food Engineering, 2008, 87 (2): 236-246.

[227] Windi Damayanti, 汤英杰, 敬璞, 等. 稻谷热风辅助射频干燥工艺及相关品质研究

[J]. 保鲜与加工，2021，21 (9)：79-86.

[228] Wolkers W F, Oldenhof H. Cryopreservation and freeze-drying protocols [M]. New York: Methods in Molecular Biology, 2021.

[229] Xie L, Mujumdar A S, Fang X M, et al. Far-Infrared radiation heating assisted pulsed vacuum drying (PVD-FIR) of wolfberry (*Lycium barbarum* L.): Effects on Drying Kinetics and Quality Attributes [J]. Food and Bioproducts Processing, 2017, 102: 320-331.

[230] Xie L, Mujumdar A, Zhang Q, et al. Effects of pulsed vacuum drying based on infrared radiation heating (Pvd-Fir) and electronic panel contact heating (Pvd-Epc) on drying kinetics, color, and volatile compounds of wolfberry [J]. Drying Technol, 2017, 35 (11): 1312-1326.

[231] Xie Y, Gao Z, Liu Y, et al. Pulsed vacuum drying of rhizoma dioscoreae slices [J]. LWT, 2017, 80: 237-249.

[232] Zhang S, Zhou L, Ling B, et al. Dielectric properties of peanut kernels associated with microwave and radio frequency drying [J]. Biosystems Engineering, 2016, 145: 108-117.

[233] Zhang W P, Chen C, Pan Z, et al. Design and performance evaluation of a pilot-scale pulsed vacuum infrared drying (PVID) system for drying of berries [J]. Drying Technology, 2020, 38 (10): 1340-1355.

[234] Zhang W, Pan Z, Xiao H W, et al. Pulsed vacuum drying (PVD) technology improves drying efficiency and quality of Poria cocos Cubes [J]. Drying Technology 2018, 36 (8): 908-921.

[235] Zhou X, Li R, Lyng J G, et al. Dielectric properties of kiwifruit associated with a combined radio frequency vacuum and osmotic drying [J]. Journal of Food Engineering, 2018, 239: 72-82.